CAD/CAM 专业技能视频教程

SolidWorks 2015 基础设计技能课训

云杰漫步科技 CAX 教研室

张云杰　张云静　编著

電子工業出版社

Publishing House of Electronics Industry

北京 • BEIJING

内容简介

SolidWorks 是世界上第一套基于 Windows 系统开发的三维 CAD\CAM 软件，该软件具有功能强大、易学、易用等特点。本书针对 SolidWorks 2015 机械设计功能，详细介绍了 SolidWorks 的设计方法，包括基本操作，草图绘制、实体特征设计、零件形变特征、特征编辑、曲面设计与编辑、装配体设计、焊件设计、工程图设计、钣金设计和模具设计等内容。另外，本书还配备了交互式多媒体教学光盘，便于读者学习。

本书结构严谨、内容翔实，知识全面，可读性强，设计实例专业性强，步骤明确，是广大读者快速掌握 SolidWorks 设计的自学实用指导书，同时更适合作为职业培训学校和大专院校计算机辅助设计课程的指导教材。

图书在版编目（CIP）数据

SolidWorks 2015基础设计技能课训 / 张云杰，张云静编著. —北京：电子工业出版社，2016.8
CAD/CAM专业技能视频教程
ISBN 978-7-121-29063-3

Ⅰ. ①S… Ⅱ. ①张… ②张… Ⅲ. ①计算机辅助设计—应用软件—教材 Ⅳ. ①TP391.72

中国版本图书馆CIP数据核字（2016）第131921号

策划编辑：许存权
责任编辑：许存权　　特约编辑：谢忠玉 等
印　　刷：三河市华成印务有限公司
装　　订：三河市华成印务有限公司
出版发行：电子工业出版社
　　　　　北京市海淀区万寿路 173 信箱　邮编 100036
开　　本：787×1 092　1/16　印张：28.5　字数：730 千字
版　　次：2016 年 8 月第 1 版
印　　次：2016 年 8 月第 1 次印刷
定　　价：59.00 元（含光盘 1 张）

凡所购买电子工业出版社图书有缺损问题，请向购买书店调换。若书店售缺，请与本社发行部联系，联系及邮购电话：（010）88254888，88258888。

质量投诉请发邮件至 zlts@phei.com.cn，盗版侵权举报请发邮件至 dbqq@phei.com.cn。

本书咨询联系方式：（010）88254484，xucq@phei.com.cn。

Preface/前 言

本书是“CAD/CAM 专业技能视频教程”丛书中的一本，本套丛书是建立在云杰漫步科技 CAX 教研室和众多 CAD 软件公司长期密切合作的基础上，通过继承和发展了各公司内部培训方法，并吸收和细化了其在培训过程中客户需求的经典案例，从而推出的一套专业课训教材。丛书本着服务读者的理念，通过大量的内训用经典实用案例对功能模块进行讲解，提高读者的应用水平。使读者全面的掌握所学知识，投入到相应的工作中去。丛书拥有完善的知识体系和教学套路，采用阶梯式学习方法，对设计专业知识、软件的构架、应用方向以及命令操作都进行了详尽的讲解，循序渐进地提高读者的使用能力。

本书介绍的是 SolidWorks 软件设计方法，SolidWorks 是世界上第一套基于 Windows 系统开发的三维 CAD 软件，具有功能强大、易学、易用等特点，是当前最优秀的三维 CAD 软件之一。在 Solidworks 的最新版本 Solidworks 2015 中文版中，针对设计中的多种功能进行了大量的补充和更新，使用户可以更加方便地进行设计，这一切无疑为广大的产品设计人员带来了福音。为了使读者能更好地学习和熟悉 Solidworks 2015 中文版的机械设计功能，笔者根据多年在该领域的设计经验精心编写了本书。本书拥有完善的知识体系和教学套路，按照合理的 SolidWorks 软件教学培训分类，采用阶梯式学习方法，对 SolidWorks 软件的构架、应用方向以及命令操作都进行了详尽的讲解，循序渐进的提高读者的使用能力。全书分 11 章，讲解主要包括基本操作，草图绘制、实体特征设计、零件形变特征、特征编辑、曲面设计与编辑、装配体设计、焊件设计、工程图设计、钣金设计和模具设计等内容，详细介绍了 SolidWorks 的设计方法和设计职业知识。

笔者的 CAX 教研室长期从事 Solidworks 的专业设计和教学，数年来承接了大量的项目，参与 Solidworks 的教学和培训工作，积累了丰富的实践经验。本书就像一位专业设计师，针对使用 Solidworks 2015 中文版的广大初、中级用户，将设计项目时的思路、流程、方法和技巧、操作步骤面对面地与读者交流，是广大读者快速掌握 Solidworks 2015 的实用指导书，同时更适合作为职业培训学校和大专院校计算机辅助设计课程的指导教材。

本书还配备了交互式多媒体教学演示光盘，将案例制作过程制作为多媒体进行讲解，有从教多年的专业讲师全程多媒体语音视频跟踪教学，以面对面的形式讲解，便于读者学习使用。同时光盘中还提供了所有实例的源文件，以便读者练习使用。关于多媒体教学光盘的使用方法，读者可以参看光盘根目录下的光盘说明。另外，本书还提供了网络的免费技术支持，欢迎大家登录云杰漫步多媒体科技的网上技术论坛进行交流：http://www.yunjiework.com/bbs。论坛分为多个专业的设计版块，可以为读者提供实时的软件技术支持，解答读者。

本书由云杰漫步科技 CAX 教研室编著，参加编写工作的有张云杰、靳翔、尚蕾、张云静、郝利剑、金宏平、李红运、刘斌、贺安、董闯、宋志刚、郑晔、彭勇、刁晓永、乔建军、马军、周益斌、马永健等。书中的案例均由云杰漫步多媒体科技公司 CAX 教研室设计制作，多媒体光盘由云杰漫步多媒体科技公司技术支持，同时要感谢电子工业出版社的编辑和老师们的大力协助。

由于本书编写时间紧张，编写人员的水平有限，因此在编写过程中难免有不足之处，在此，编写人员对广大用户表示歉意，望广大用户不吝赐教，对书中的不足之处给予指正。

编　者

CAR PORCH ROOF TOP PLAN
SCALE

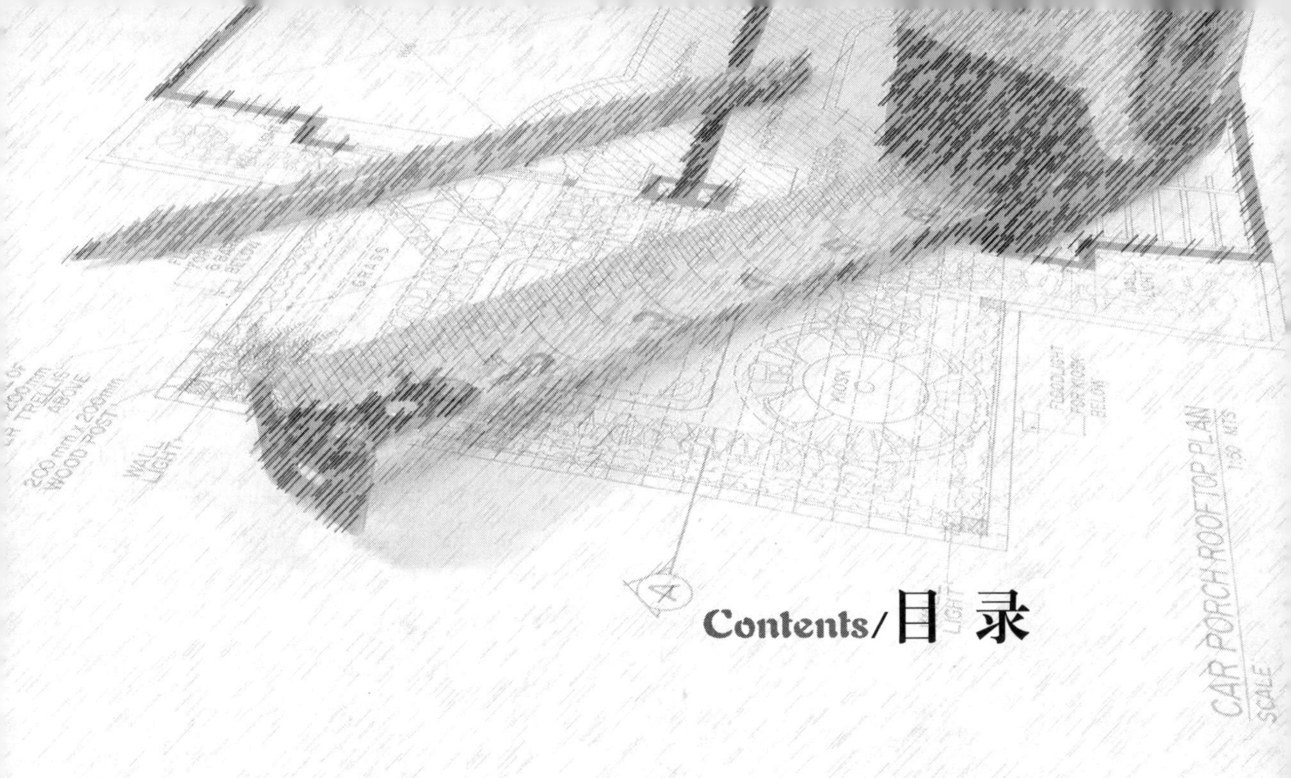

Contents/目 录

第1章　Solidworks 2015 绘图基础

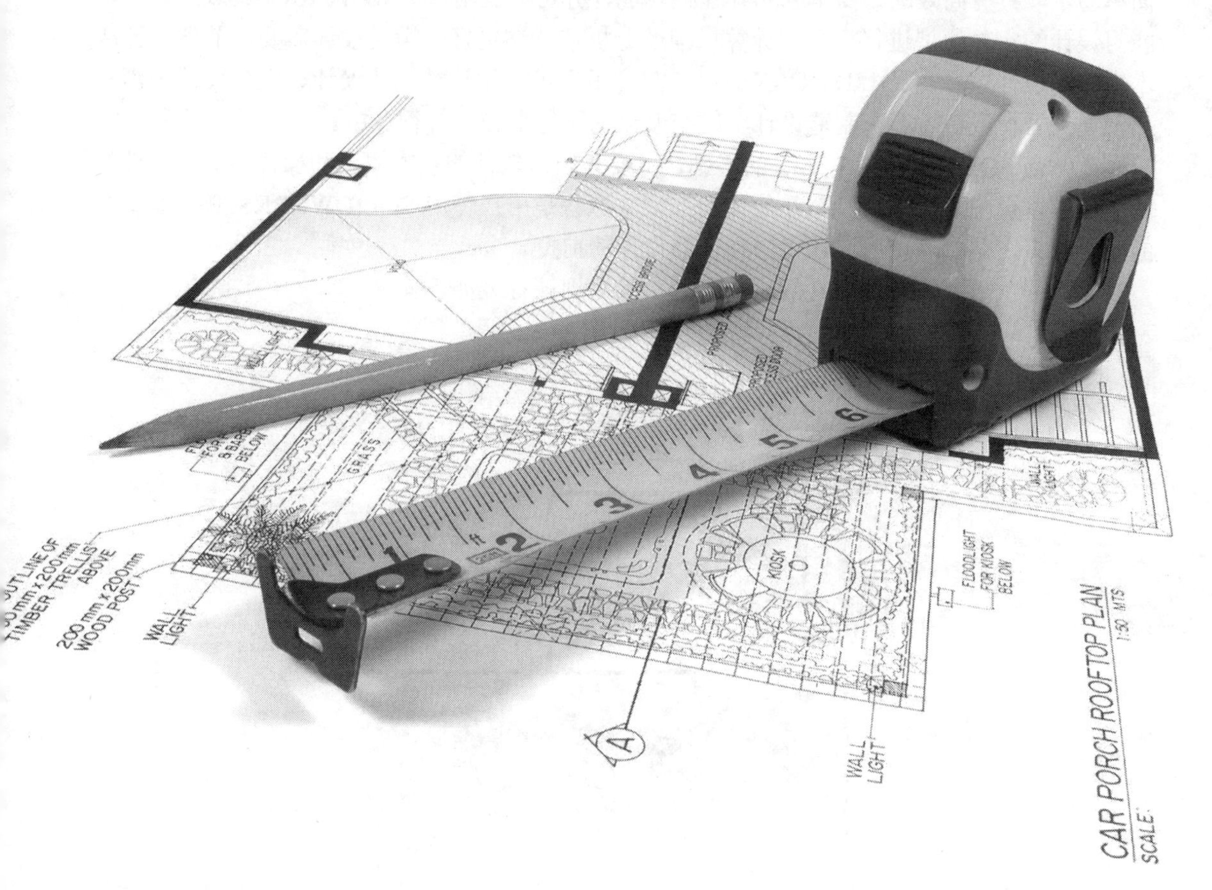

课训目标	内　容	掌握程度	课　时
	操作界面和基本操作	熟练掌握	2
	参考几何体	熟练掌握	2

课程学习建议

SOLIDWORKS 是功能强大的三维 CAD 设计软件，是美国 SOLIDWORKS 公司开发的以 Windows 操作系统为平台的设计软件。SOLIDWORKS 相对于其他 CAD 设计软件来说，简单易学，具有高效的、简单的实体建模功能，并可以利用 SOLIDWORKS 集成的辅助功能对设计的实体模型进行一系列计算机辅助分析，能够更好地满足设计需要，节省设计成本，提高设计效率。SOLIDWORKS 已广泛应用于机械设计、工业设计、电装设计、消费品及通信器材设计、汽车制造设计、航空航天的飞行器设计等行业中。

本章是 SOLIDWORKS 2015 的基础，主要介绍该软件的基本概念和操作界面，文件的基本操作以及生成和修改参考几何体的方法。这些是用户使用 SOLIDWORKS 必须要掌握的基础知识，是熟练使用该软件进行产品设计的前提。

本课程主要基于软件软件的绘图基础，其培训课程表如下。

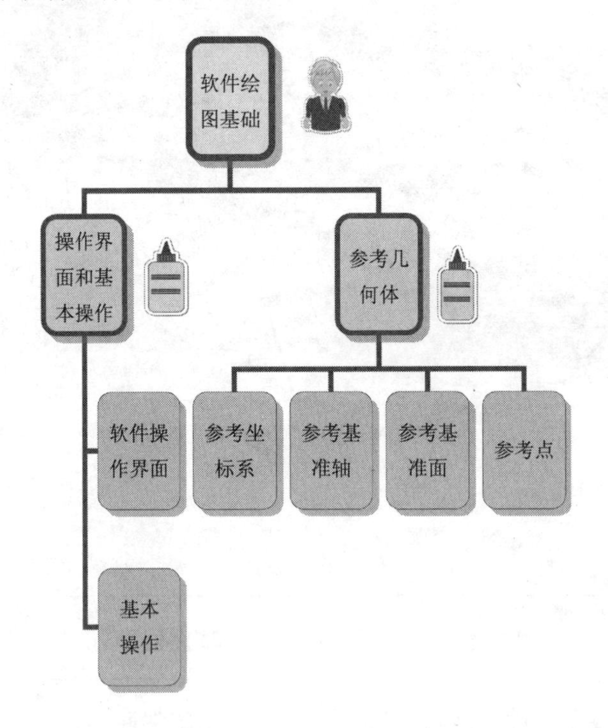

1.1 操作界面和基本操作

SOLIDWORKS 2015 的操作界面是用户对创建文件进行操作的基础，包括菜单栏、工

具栏、管理器窗口、绘图窗口及状态栏等。基本操作包括新建、保存、关闭和删除文件等的操作。

课堂讲解课时：2 课时

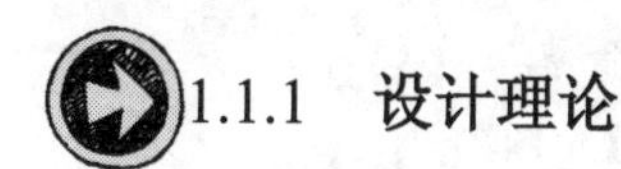

1.1.1 设计理论

在 SOLIDWORKS 2015 操作界面中，菜单栏包括了所有的操作命令，工具栏一般显示常用的按钮，可以根据用户需要进行相应的设置。

CommandManager（命令管理器）可以将工具栏按钮集中起来使用，从而为绘图窗口节省空间。

FeatureManager（特征管理器）设计树记录文件的创建环境以及每一步骤的操作，对于不同类型的文件，其特征管理区有所差别。

绘图窗口是用户绘图的区域，文件的所有草图及特征生成都在该区域中完成，FeatureManager 设计树和绘图窗口为动态链接，可在任一窗格中选择特征、草图、工程视图和构造几何体。

状态栏显示编辑文件目前的操作状态。特征管理器中的注解、材质和基准面是系统默认的，可根据实际情况对其进行修改。

1.1.2 课堂讲解

1. 操作界面

（1）菜单栏

系统默认情况下，SOLIDWORKS 2015 的菜单栏是隐藏的，将鼠标移动到 SOLIDWORKS 徽标上或者单击它，菜单栏就会出现，单击菜单栏中的图标，菜单栏就可以保持可见，如图 1-1 所示。SOLIDWORKS 2015 包括【文件】、【编辑】、【视图】、【插入】、【工具】、【窗口】和【帮助】等菜单。

此外，用户还可通过快捷键访问菜单或自定义菜单命令，如图 1-2 所示。可在绘图窗口和 FeatureManager（特征管理器）设计树（以下统称为“特征管理器设计树”）中使用快捷菜单。

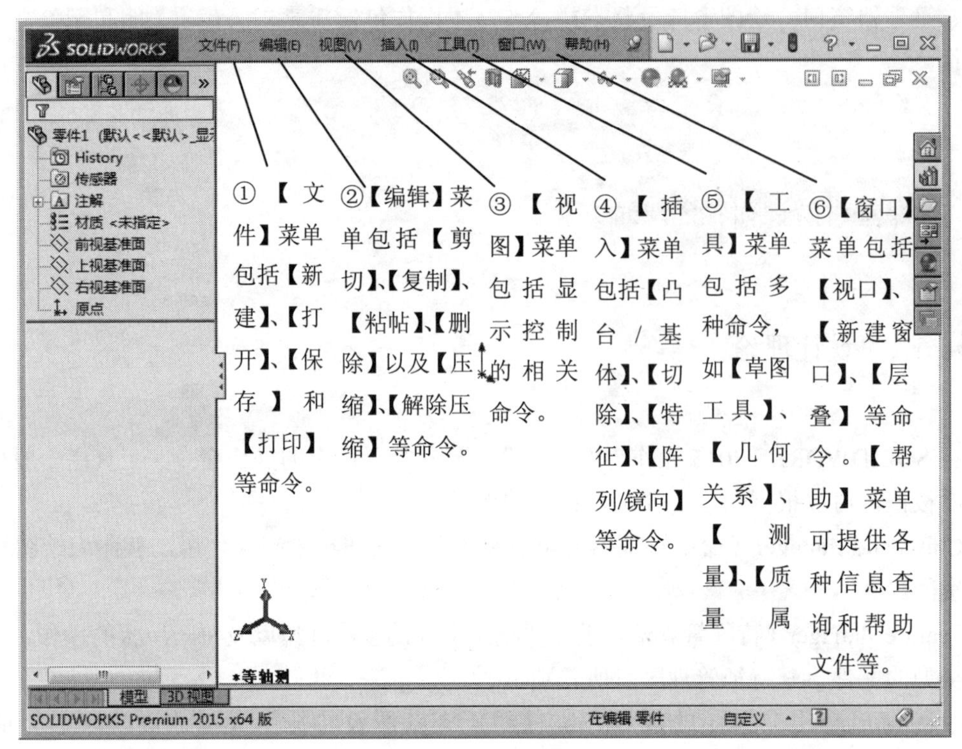

图 1-1　菜单栏

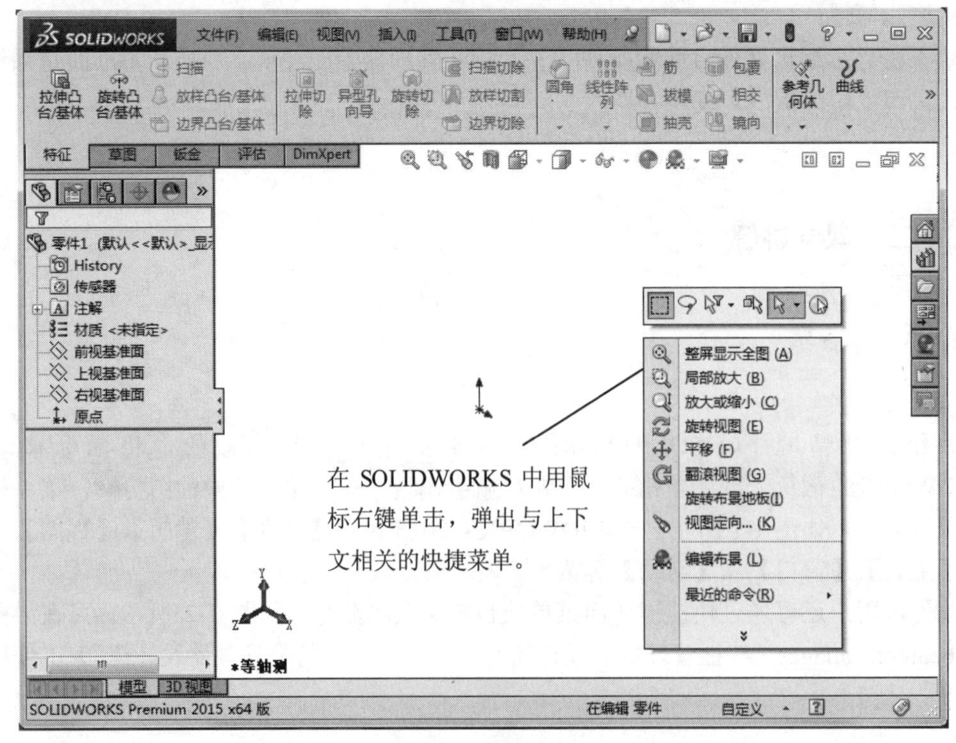

图 1-2　快捷菜单

（2）工具栏

工具栏位于菜单栏的下方，一般分为两排，用户可自定义其位置和显示内容，如图 1-3 所示。用户可选择【工具】|【自定义】菜单命令，打开【自定义】对话框，自行定义工具栏。

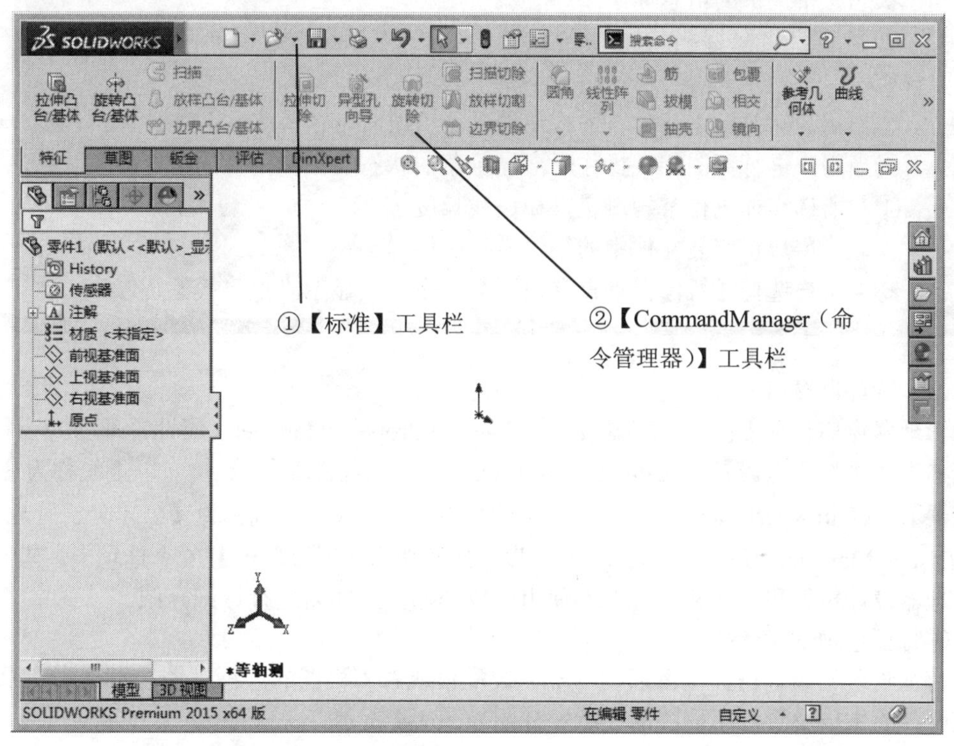

图 1-3　工具栏

【标准】工具栏中的各按钮与菜单栏中对应命令的功能相同，其主要按钮与菜单命令对应关系如表 1-1 所示。

表 1-1　【标准】工具栏主要按钮与菜单命令对应关系

图标	按钮	菜单命令
	新建	【文件】|【新建】
	打开	【文件】|【打开】
	保存	【文件】|【保存】
	打印	【文件】|【打印】
	从零件/装配体制作工程图	【文件】|【从零件制作工程图】（在零件窗口中） 【文件】|【从装配体制作工程图】（在装配体窗口中）
	从零件/装配体制作装配体	【文件】|【从零件制作装配体】（在零件窗口中） 【文件】|【从装配体制作装配体】（在装配体窗口中）

（3）状态栏

状态栏显示了正在操作对象的状态。

状态栏中提供的信息如下:

①当用户将鼠标指针拖动到工具栏的按钮上或单击菜单命令时进行简要说明。

②当用户对要求重建的草图或零件进行更改时，显示【重建模型】图标。

③当用户进行草图相关操作时，显示草图状态及鼠标指针的坐标。

④对所选实体进行常规测量，如边线长度等。

⑤显示用户正在装配体中的编辑零件的信息。

⑥当用户选择【暂停自动重建模型】命令时，显示“重建模型暂停”。

（4）管理器窗口

管理器窗口包括【特征管理器设计树】、【PropertyManager（属性管理器）】（以下统称为【属性管理器】)、【ConfigurationManager（配置管理器）】（以下统称为【配置管理器】)、【DimXpertManager（公差分析管理器）】（以下统称为【公差分析管理器】）和【DisplayManager（外观管理器）】（以下统称为【外观管理器】）5 个选项卡，其中【特征管理器设计树】和【属性管理器】使用比较普遍，下面将进行详细介绍.

①特征管理器设计树

特征管理器设计树提供激活的零件、装配体或者工程图的大纲视图，可用来观察零件或装配体的生成及查看工程图的图纸和视图如图 1-4 所示。

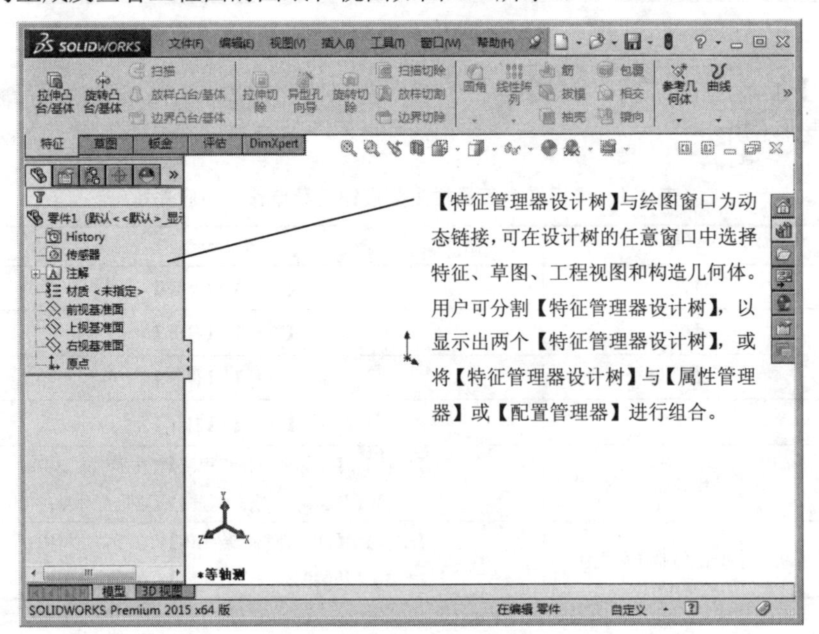

图 1-4　特征管理器设计树

②属性管理器

当用户在编辑特征时，出现相应的属性管理器，如图 1-5 所示为【拉伸】属性管理器。属性管理器可显示草图、零件或特征的属性。

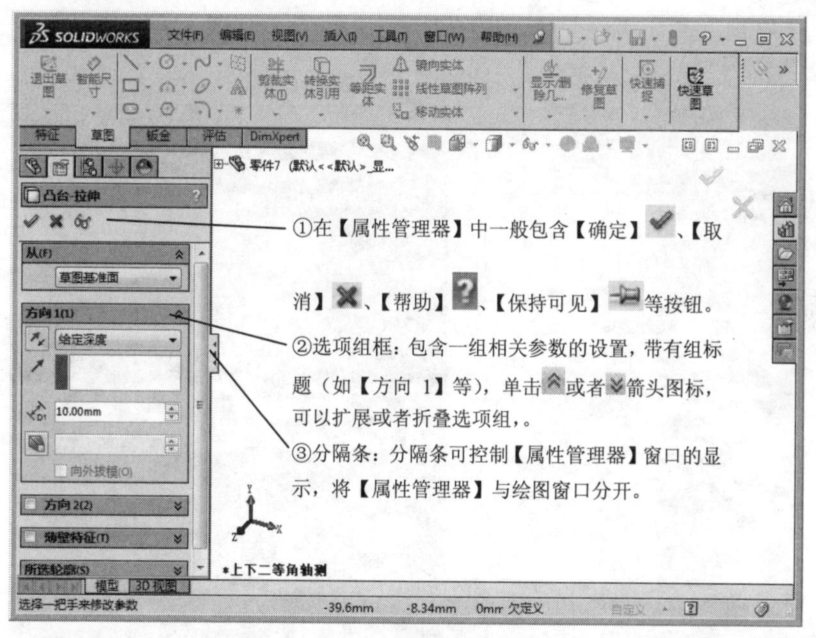

图 1-5　属性管理器

（5）任务窗口

任务窗口包括【SOLIDWORKS 资源】、【设计库】、【文件探索器】等选项卡，如图 1-6 所示。

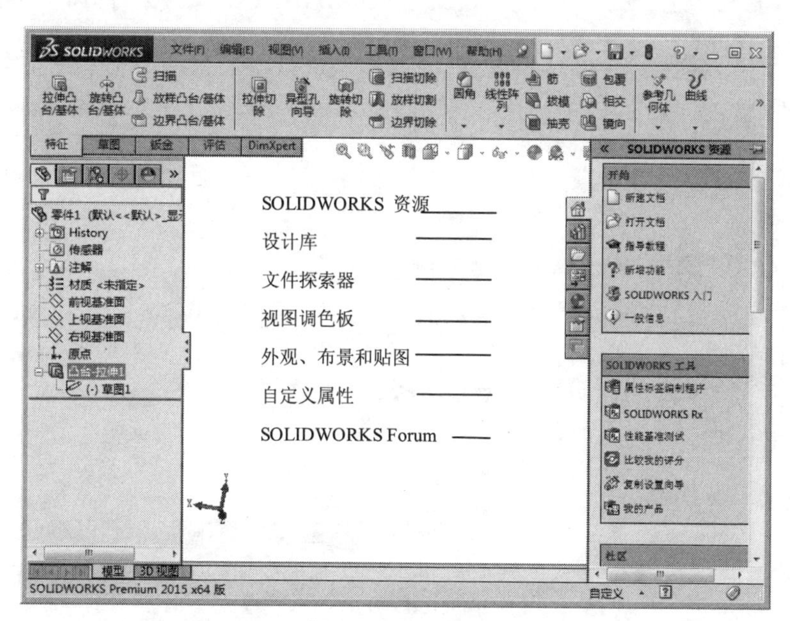

图 1-6　任务窗口

2. 基本操作

文件的基本操作由【文件】菜单下的命令及【标准】工具栏中的相应命令按钮控制。

（1）新建文件

创建新文件时，需要选择创建文件的类型，创建命令如图 1-7 所示。

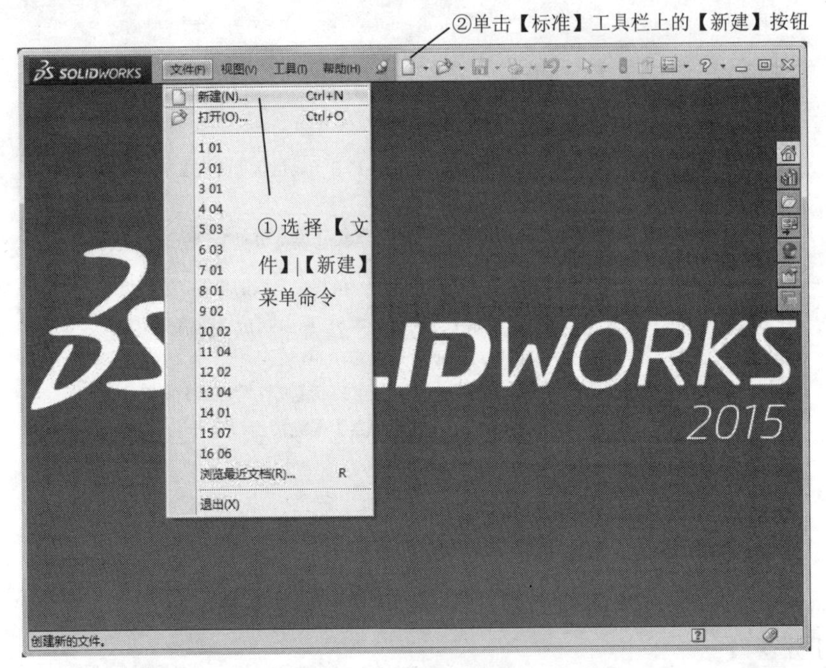

图 1-7　创建新文件命令

创建新文件命令选中后，可以打开【新建 SOLIDWORKS 文件】对话框，如图 1-8 所示。

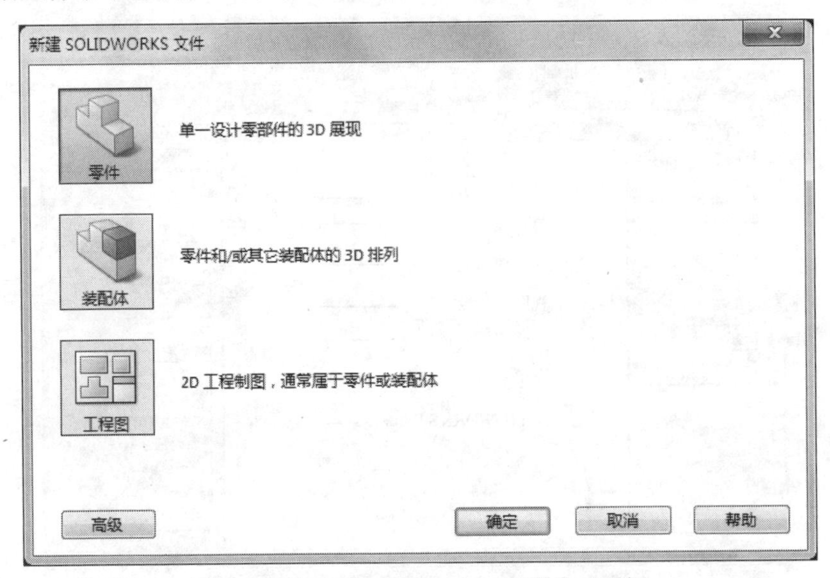

图 1-8　【新建 SOLIDWORKS 文件】对话框

不同类型的文件，其工作环境是不同的，SOLIDWORKS 提供了不同类型文件的默认工作环境，对应不同的文件模板。在【新建 SOLIDWORKS 文件】对话框中有三个图标，分别是【零件】、【装配体】及【工程图】三个图标。单击对话框中需要创建文件类型的图标，然后单击【确定】按钮，就可以建立需要的文件，并进入默认的工作环境。

在 SOLIDWORKS 2015 中，【新建 SOLIDWORKS 文件】对话框有两个界面可供选择，如图 1-9 所示。

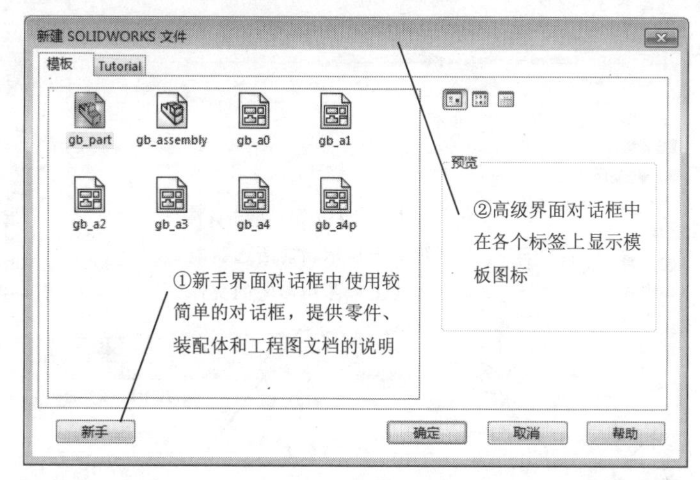

图 1-9 【新建 SOLIDWORKS 文件】对话框的高级界面

（2）打开文件

打开已存储的 SOLIDWORKS 文件，对其进行相应的编辑和操作，如图 1-10 所示。

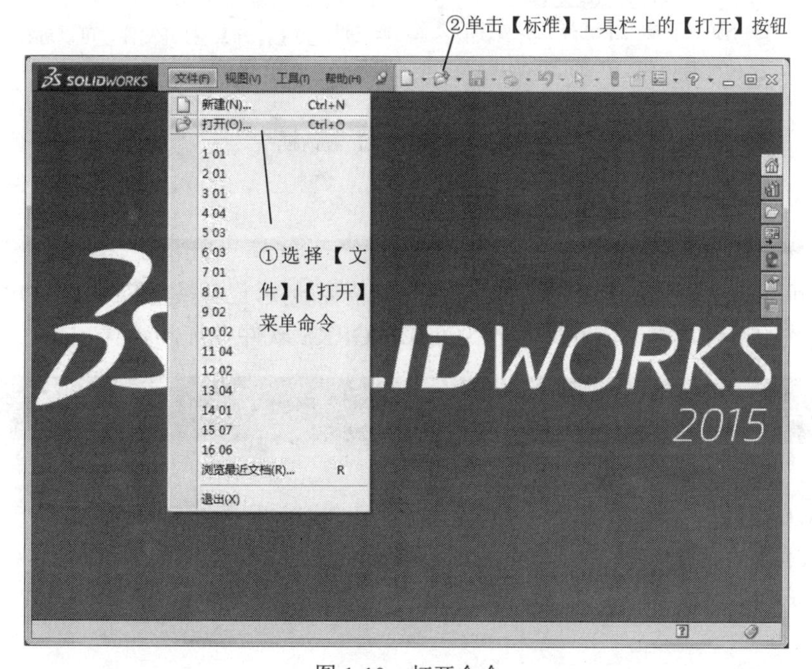

图 1-10 打开命令

打开【打开】对话框，如图 1-11 所示。如果在【文件类型】下拉列表框中选择了其他类型的文件，SOLIDWORKS 软件还可以调用其他软件所形成的图形并对其进行编辑。单击选取需要的文件，并根据实际情况进行设置，然后单击【打开】对话框中的【打开】按钮，就可以打开选择的文件，在操作界面中对其进行相应的编辑和操作。

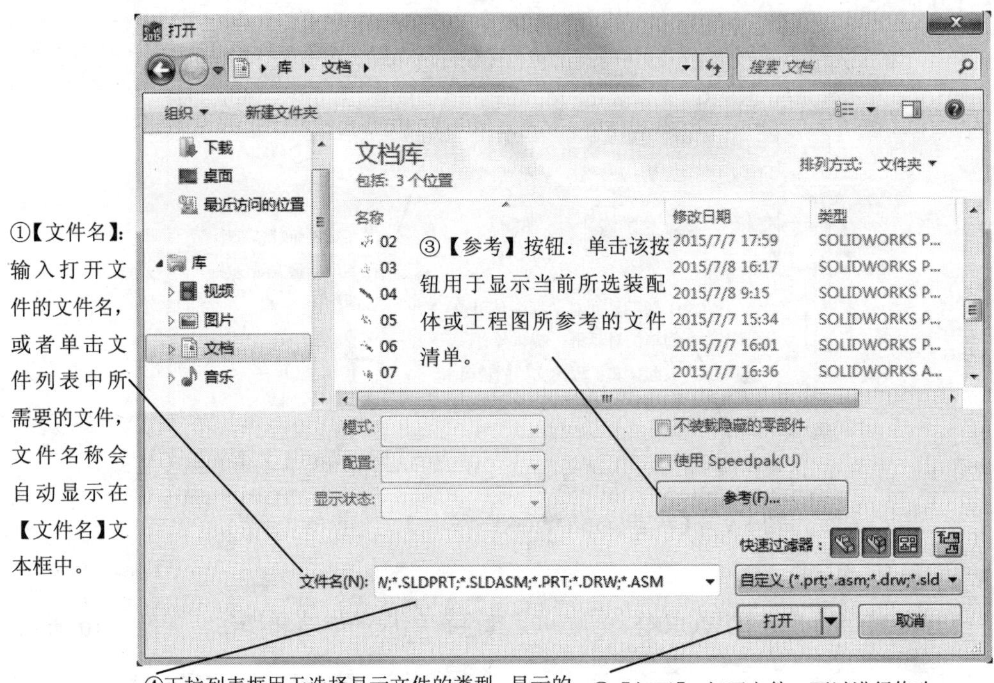

图 1-11　【打开】对话框

打开早期版本的 SOLIDWORKS 文件可能需要转换，已转换为 SOLIDWORKS 2015 格式的文件，将无法在旧版的 SOLIDWORKS 软件中打开。

名师点拨

（3）保存文件

文件只有保存起来，在需要时才能打开该文件对其进行相应的编辑和操作，如图 1-12 所示。

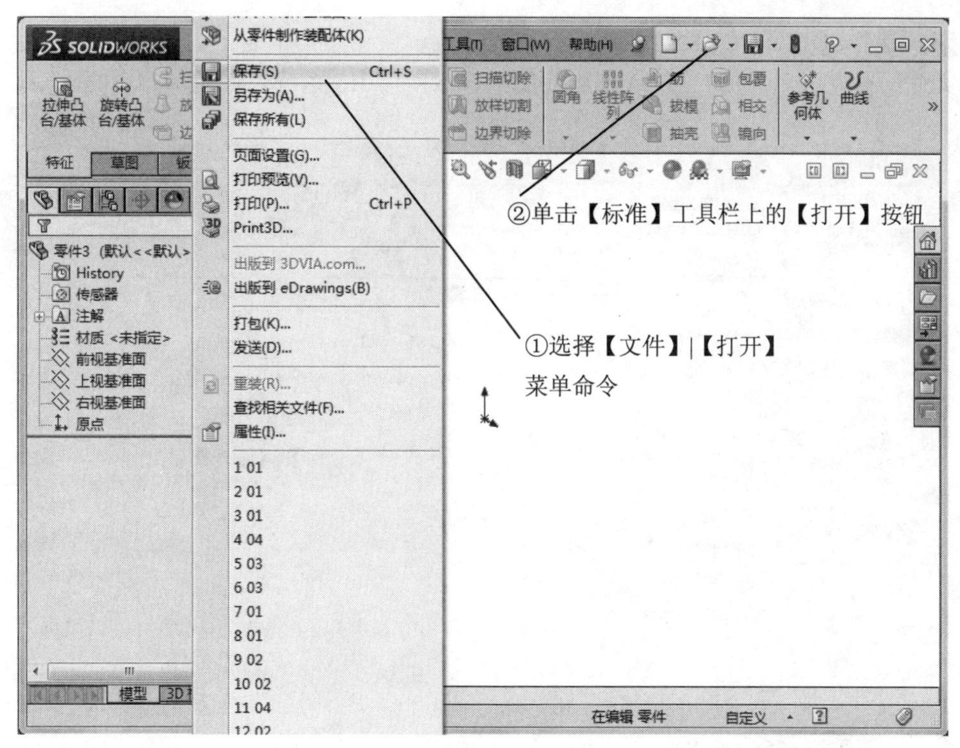

图 1-12　保存命令

打开【另存为】对话框，如图 1-13 所示。

图 1-13　【另存为】对话框

（4）退出 SOLIDWORKS 2015

文件保存完成后，用户可以退出 SOLIDWORKS 2015 系统，如图 1-14 所示。

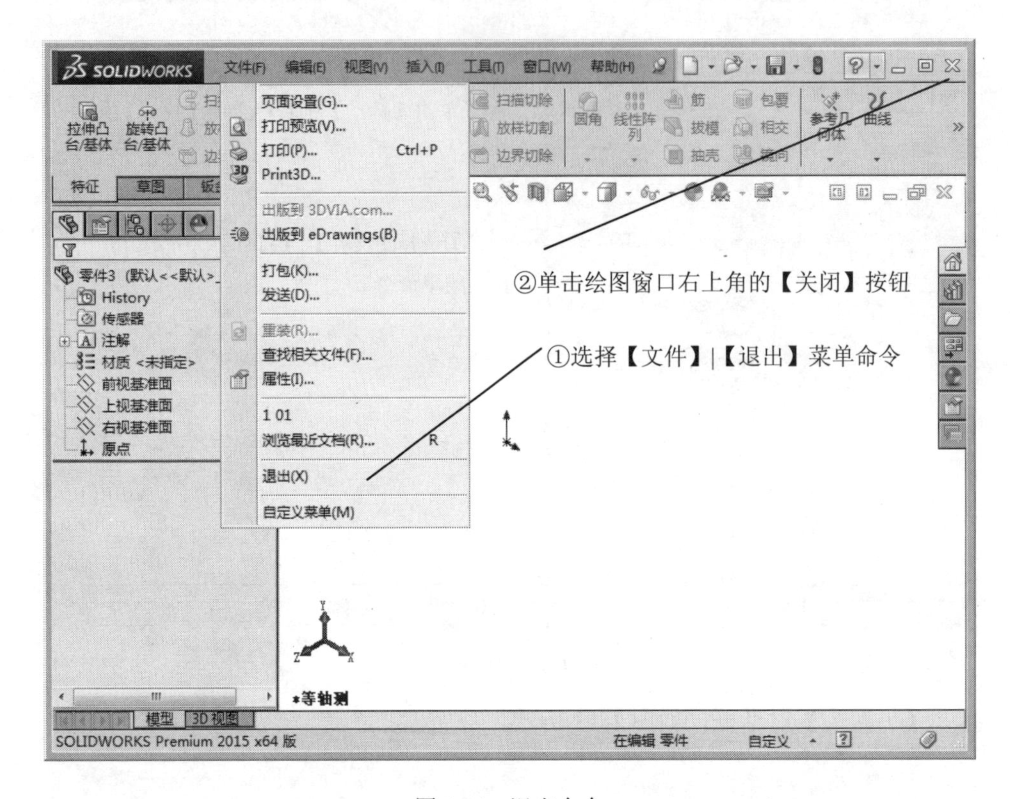

图 1-14　退出命令

如果在操作过程中不小心执行了退出命令，或者对文件进行了编辑而没有保存文件而执行退出命令，系统会弹出如图 1-15 所示的提示框。如果要保存对文件的修改并退出 SOLIDWORKS 系统，则单击提示框中的【全部保存】按钮。

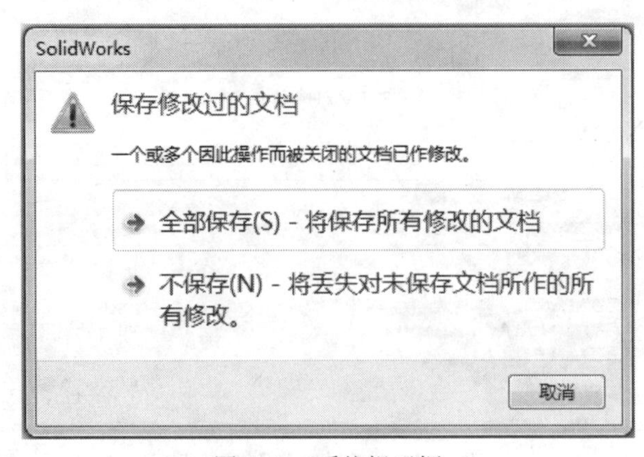

图 1-15　系统提示框

1.1.3 课堂练习——界面和文件操作

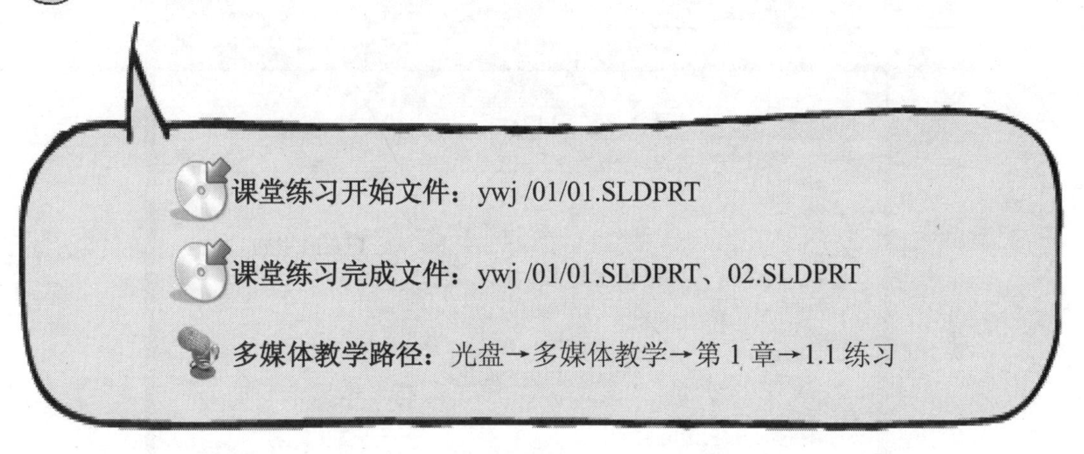

Step 1 新建零件，如图 1-16 所示。

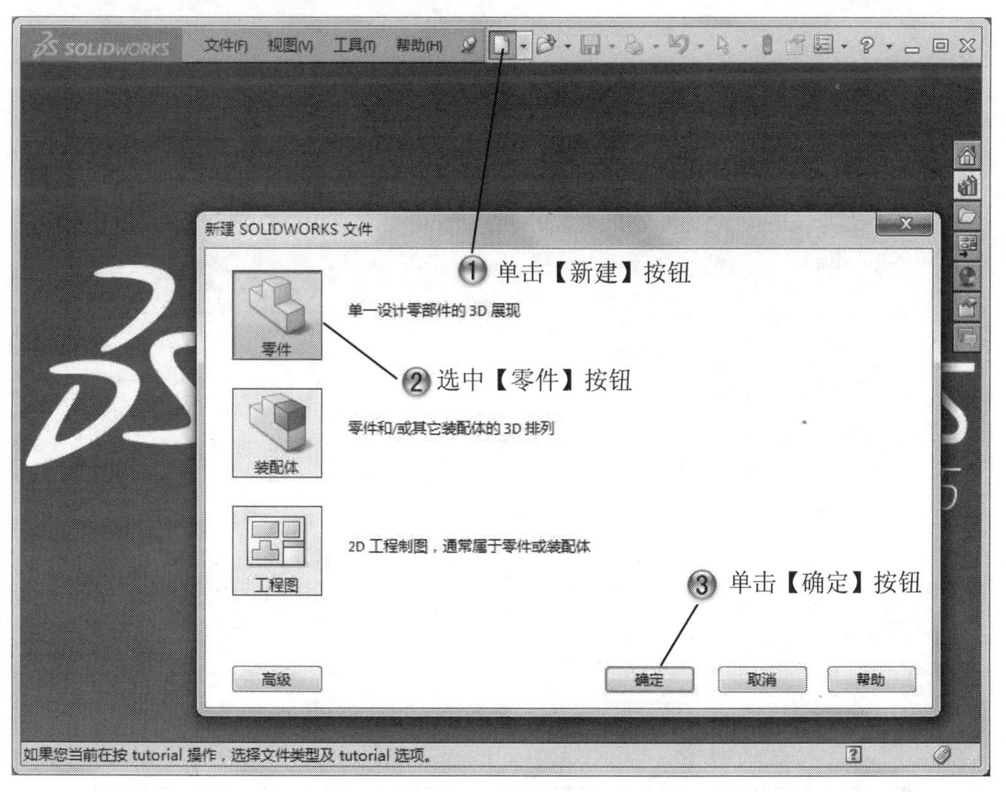

图 1-16 新建零件

Step2 保存文件，如图 1-17 所示。

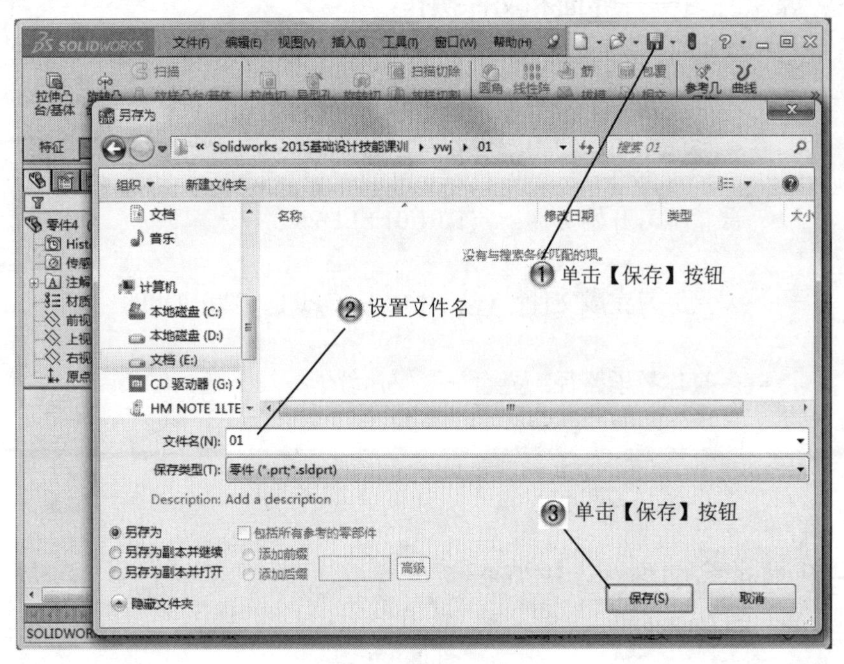

图 1-17　保存文件

Step3 选择草绘面，如图 1-18 所示。

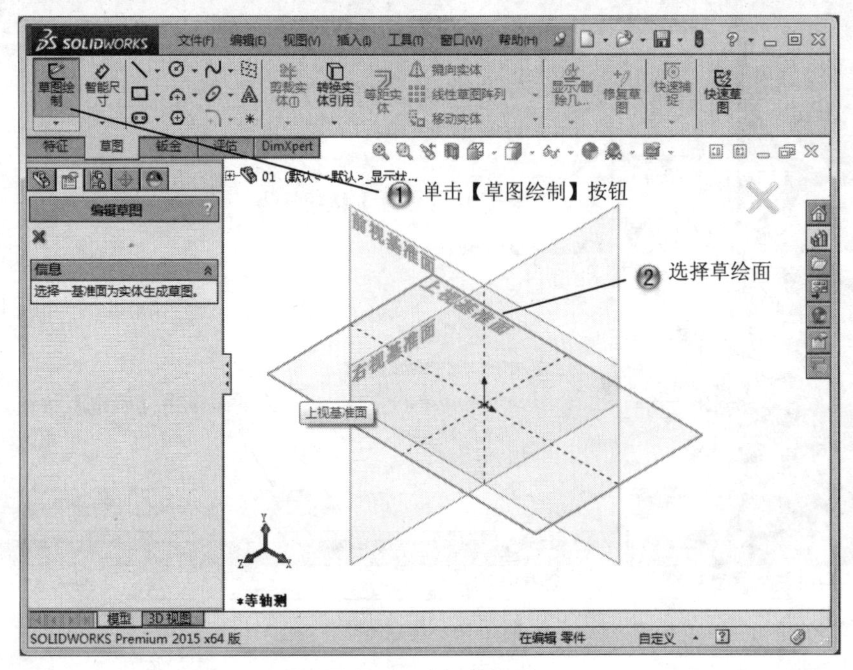

图 1-18　选择草绘面

Step4 绘制矩形，如图 1-19 所示。

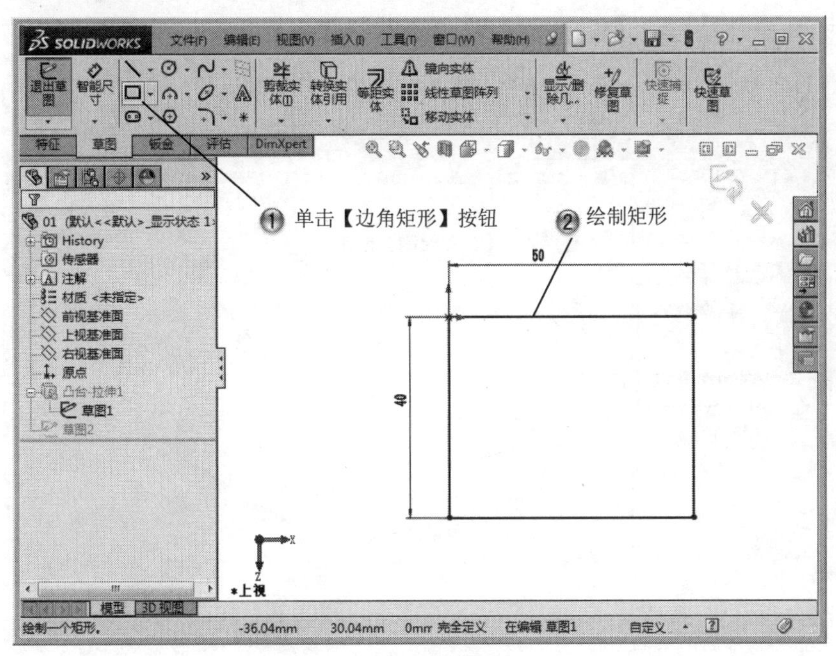

图 1-19 绘制矩形

Step5 拉伸矩形，如图 1-20 所示。

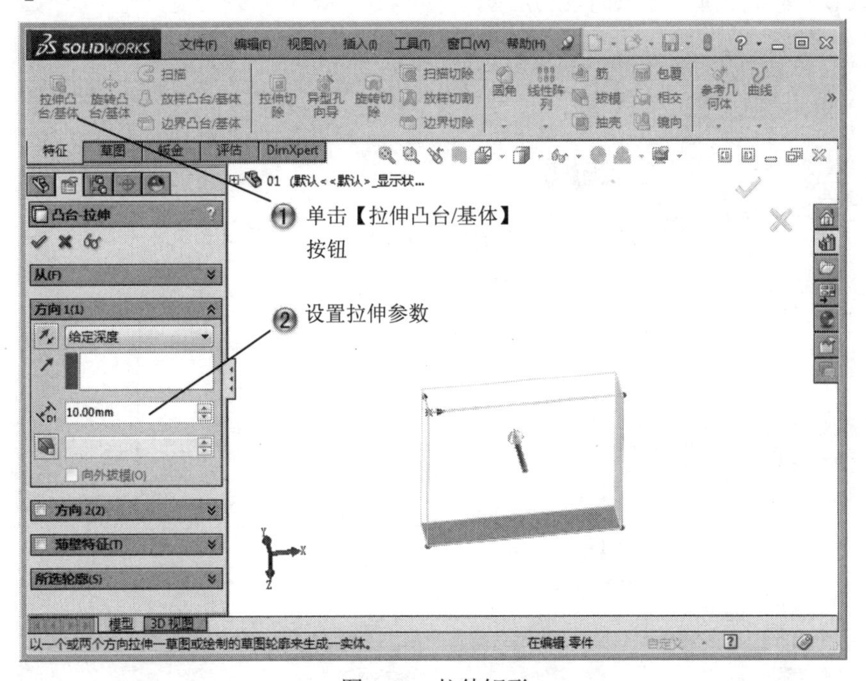

图 1-20 拉伸矩形

Step6 选择草绘面，如图 1-21 所示。

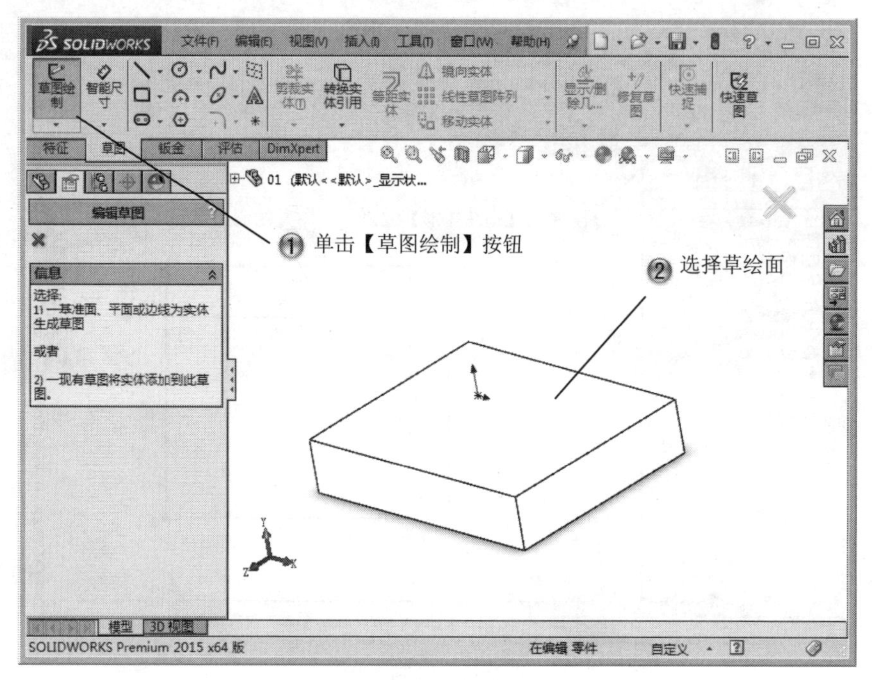

图 1-21 选择草绘面

Step7 绘制矩形，如图 1-22 所示。

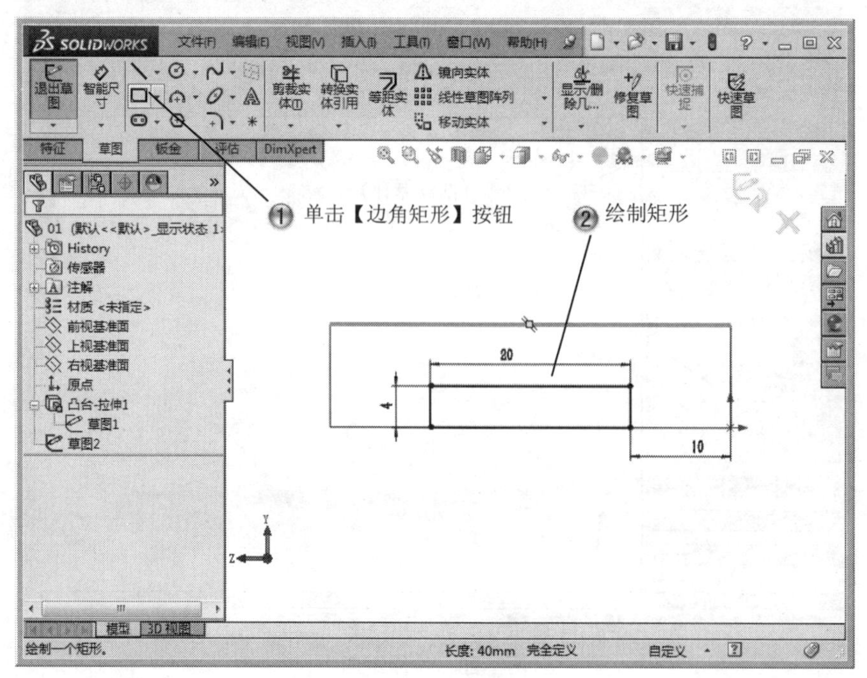

图 1-22 绘制矩形

Step8 拉伸切除，如图 1-23 所示。

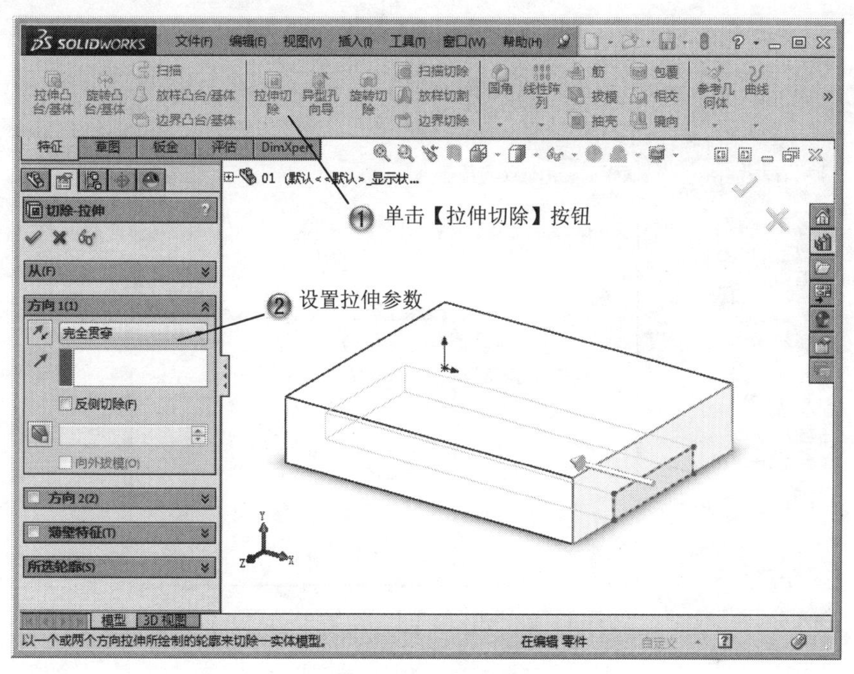

图 1-23　拉伸切除

Step9 选择草绘面，如图 1-24 所示。

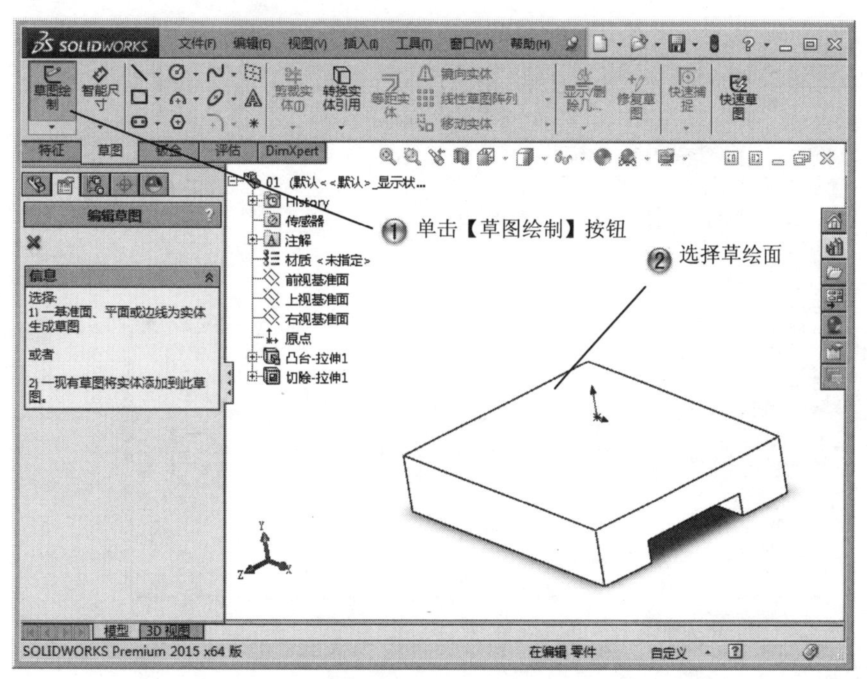

图 1-24　选择草绘面

Step10 绘制圆形，如图 1-25 所示。

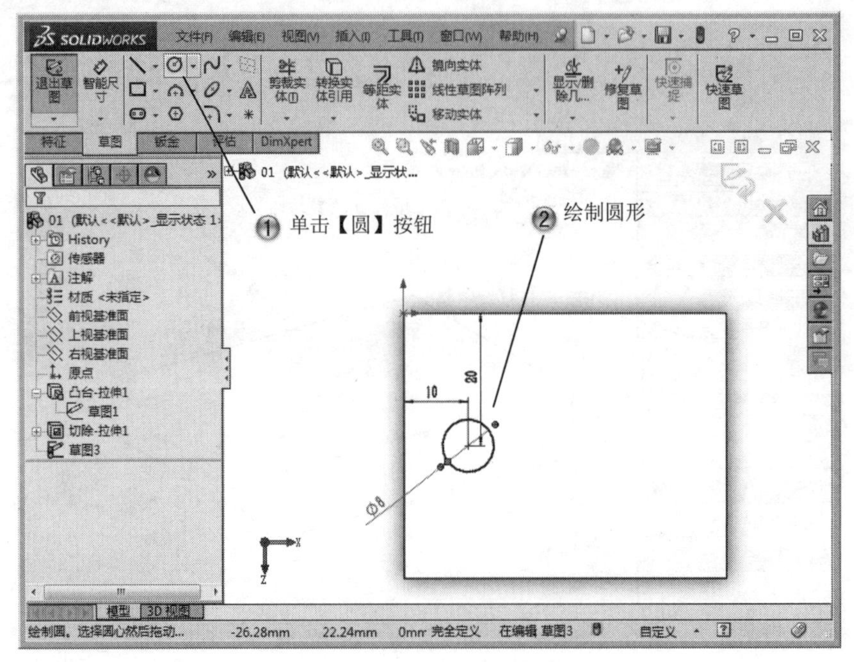

图 1-25 绘制圆形

Step11 绘制对称圆形，如图 1-26 所示。

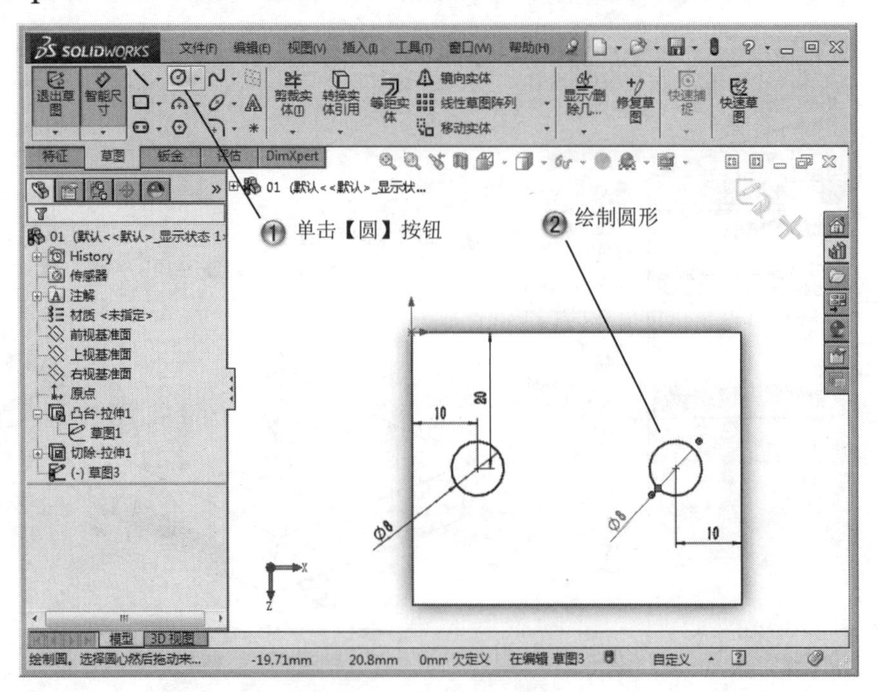

图 1-26 绘制对称圆形

Step12 拉伸切除，如图 1-27 所示。

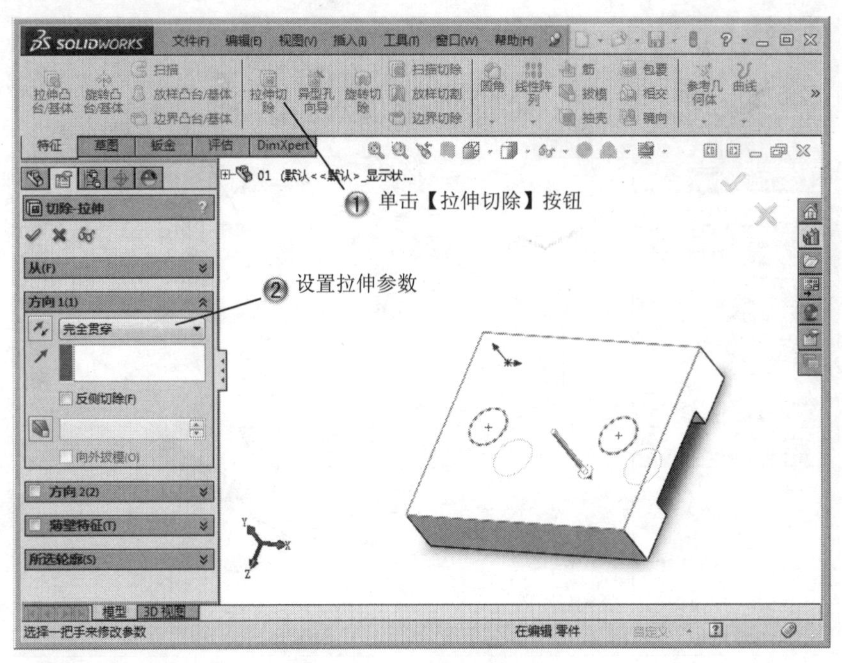

图 1-27 拉伸切除

Step13 完成的底座，如图 1-28 所示。

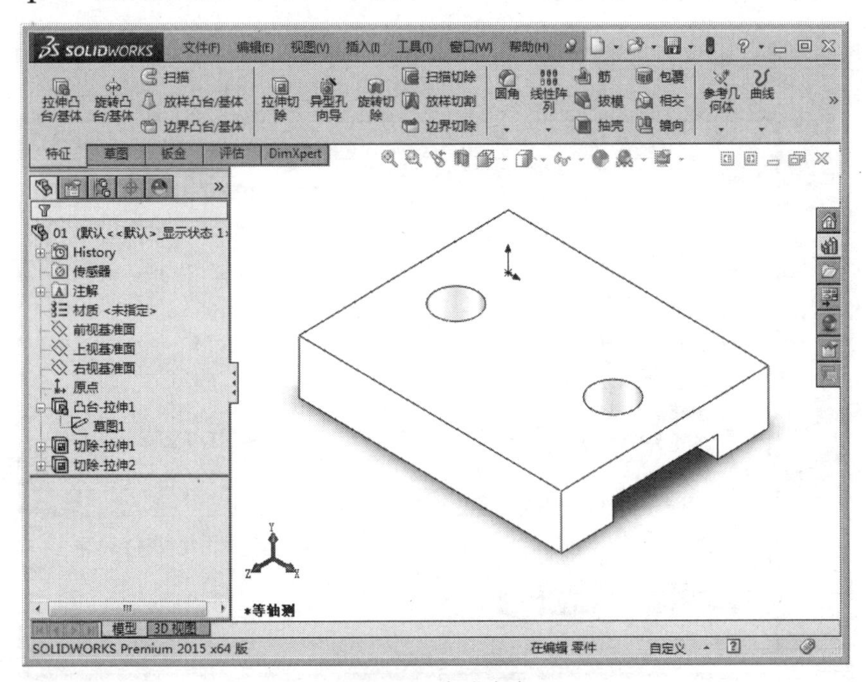

图 1-28 完成底座

Step14 保存文件，如图 1-29 所示。

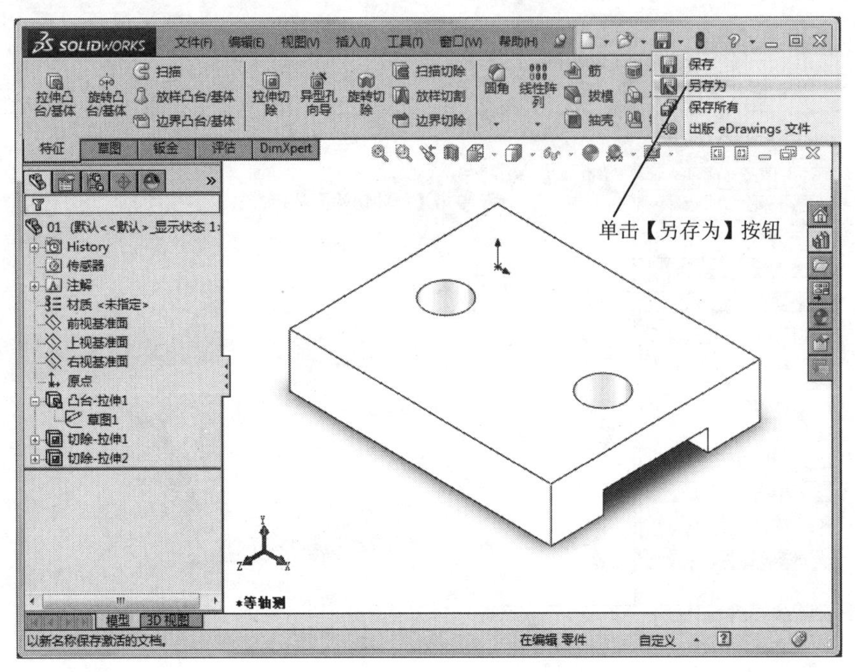

图 1-29　保存文件

Step15 另存文件，如图 1-30 所示。

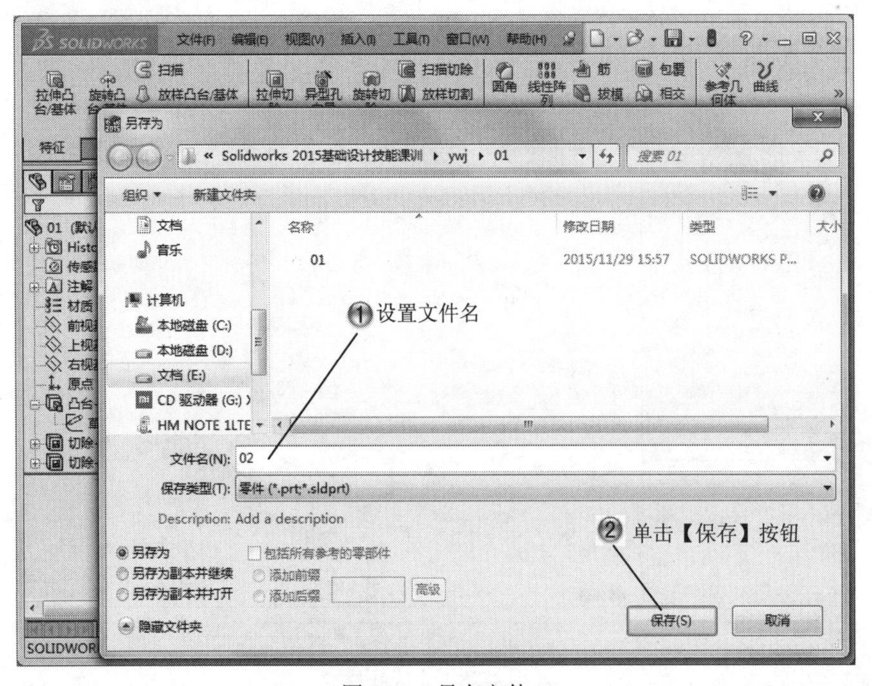

图 1-30　另存文件

1.2　参考几何体

基本概念

SOLIDWORKS 使用带原点的坐标系，零件文件包含原有原点。当用户选择基准面或者打开一个草图并选择某一面时，将生成一个新的原点，与基准面或者这个面对齐。原点可用作草图实体的定位点，并有助于定向轴心透视图。

参考基准轴是参考几何体中的重要组成部分。在生成草图几何体或圆周阵列时常使用参考基准轴。在【特征管理器设计树】中默认提供前视、上视以及右视基准面，除了默认的基准面外，可以生成参考基准面。参考基准面用来绘制草图和为特征生成几何体。SOLIDWORKS 可生成多种类型的参考点用作构造对象，还可在彼此间已指定距离分割的曲线上生成指定数量的参考点。

课堂讲解课时：2 课时

1.2.1　设计理论

参考坐标系的作用归纳起来有以下几点。

（1）方便 CAD 数据的输入与输出。当 SOLIDWORKS 三维模型导出为 IGES、FEA、STL 等格式时，此三维模型需要设置参考坐标系；同样，当 IGES、FEA、STL 等格式模型被导入到 SOLIDWORKS 中时，也需要设置参考坐标系。

（2）方便电脑辅助制造。当 CAD 模型被用于数控加工，在生成刀具轨迹和 NC 加工程序时需要设置参考坐标系。

（3）方便质量特征的计算。计算零部件的转动惯量、质心时需要设置参考坐标系。

转动惯量，即刚体围绕轴转动惯性的度量。质心，即质量中心，指物质系统上被认为质量集中于此的一个假想点。

（4）在装配体环境中方便进行零件的装配。

在 SOLIDWORKS 中，参考基准面的用途很多，总结为以下几项。

（1）作为草图绘制平面。三维特征的生成需要绘制二维特征截面，如果三维物体在空间中无合适的草图绘制平面可供使用，可以生成基准面作为草图绘制平面。

（2）作为视图定向参考。三维零部件的草图绘制正视方向需要定义两个相互垂直的平面才可以确定，基准面可以作为三维实体方向决定的参考平面。

（3）作为装配时零件相互配合的参考面。零件在装配时可能利用许多平面以定义配合、对齐等，这里的配合平面类型可以是 SOLIDWORKS 初始定义的上视、前视、右视三个基准平面，可以是零件的表面，也可以是用户自行定义的参考基准面。

（4）作为尺寸标注的参考。在 SOLIDWORKS 中开始零件的三维建模时，系统中已存在三个相互垂直的基准面，生成特征后进行尺寸标注时，如果可以选择零件上的面或者原来生成的任意基准面，则最好选择基准面，以免导致不必要的特征父子关系。

（5）作为模型生成剖面视图的参考面。在装配体或者复杂零件等模型中，有时为了看清模型的内部构造，必须定义一个参考基准面，并利用此基准面剖切壳体，得到一个视图以便观察模型的内部结构。

（6）作为拔摸特征的参考面。在型腔零件生成拔摸特征时，需要定义参考基准面。

参考基准轴的用途较多，概括起来为以下 3 项。

（1）参考基准轴作为中心线。基准轴可作为圆柱体、圆孔、回转体的中心线。通常情况下，拉伸一个草图绘制的圆得到一个圆柱体，或通过旋转得到一个回转体时，SOLIDWORKS 会自动生成一个临时轴，但生成圆角特征时系统不会自动生成临时轴。

（2）作为参考轴，辅助生成圆周阵列等特征。

（3）基准轴作为同轴度特征的参考轴。当两个均包含基准轴的零件需要生成同轴度特征时，可选择各个零件的基准轴作为几何约束条件，使两个基准轴在同一轴上。

1.2.2 课堂讲解

1. 参考坐标系

(1) 创建坐标系

零件原点一般显示为蓝色，代表零件的（0，0，0）坐标。当草图处于激活状态时，草图原点显示为红色，代表草图的（0，0，0）坐标。可以将尺寸标注和几何关系添加到零件原点中，但不能添加到草图原点中。

①：坐标系蓝色，表示零件原点，每个零件文件中均有一个零件原点。
②：坐标系红色，表示草图原点，每个新草图中均有一个草图原点。
③：表示装配体原点。
④：表示零件和装配体文件中的视图引导。

名师点拨

参考坐标系命令，如图 1-31 所示。

图 1-31 坐标系命令

系统弹出【坐标系】属性管理器，如图 1-32 所示。坐标系定义完成之后，单击【确定】按钮。

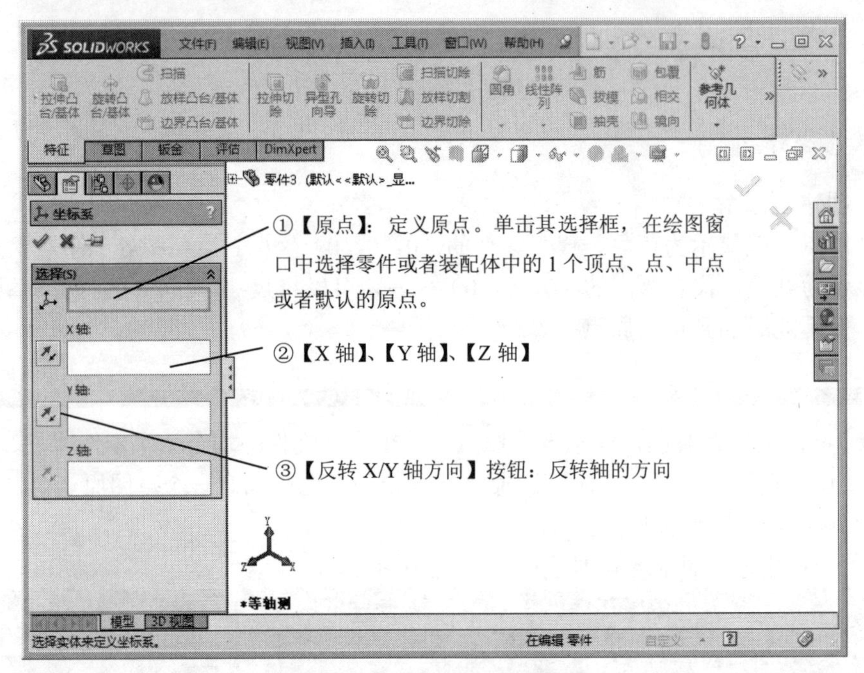

图 1-32　【坐标系】属性管理器

（2）修改坐标系

在【特征管理器设计树】中，用鼠标右键单击已生成的坐标系的图标，在弹出的菜单中选择【编辑特征】命令，系统弹出【坐标系】属性管理器，可以进行坐标系的属性修改，如图 1-33 所示。

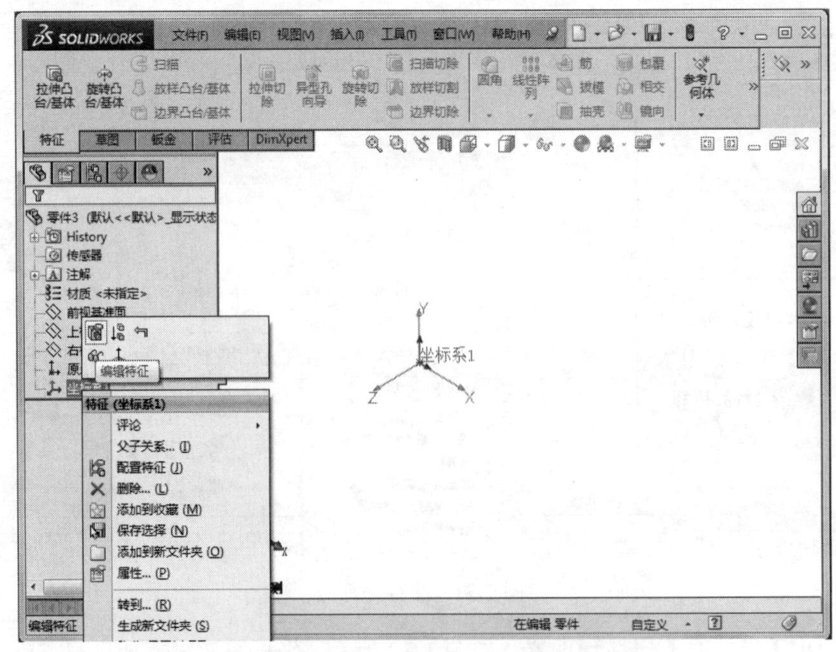

图 1-33　修改坐标系命令

2. 参考基准轴

（1）打开临时轴

每一个圆柱和圆锥面都有一条轴线。临时轴是由模型中的圆锥和圆柱隐含生成的，临时轴常被设置为基准轴。可设置隐藏或显示所有临时轴。选择【视图】|【临时轴】菜单命令，如图 1-32 所示，表示临时轴可见，绘图窗口显示如图 1-34 所示。

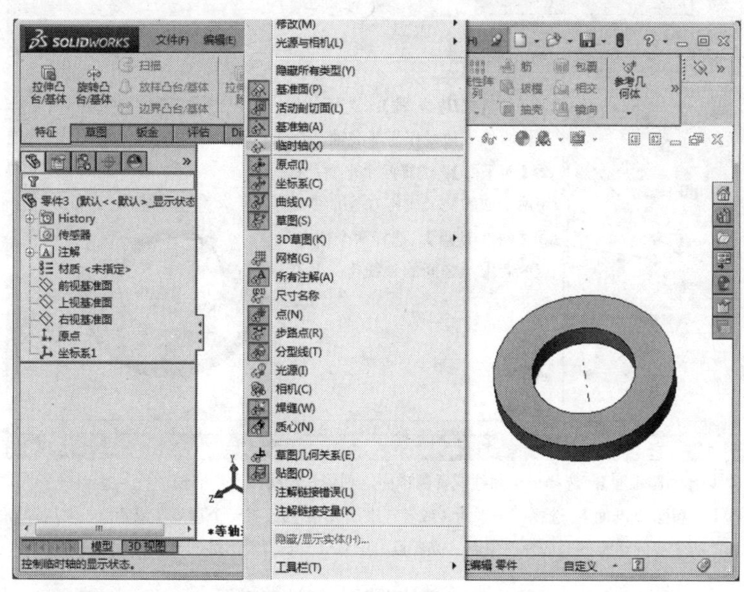

图 1-34　显示临时轴

（2）参考基准轴的属性设置

参考基准轴的属性设置命令，如图 1-35 所示。

图 1-35　参考基准轴的属性设置命令

系统弹出【基准轴】属性管理器，如图 1-36 所示。在【选择】选项组中选择以生成不同类型的基准轴。设置属性完成后，检查【参考实体】选择框中列出的项目是否正确。

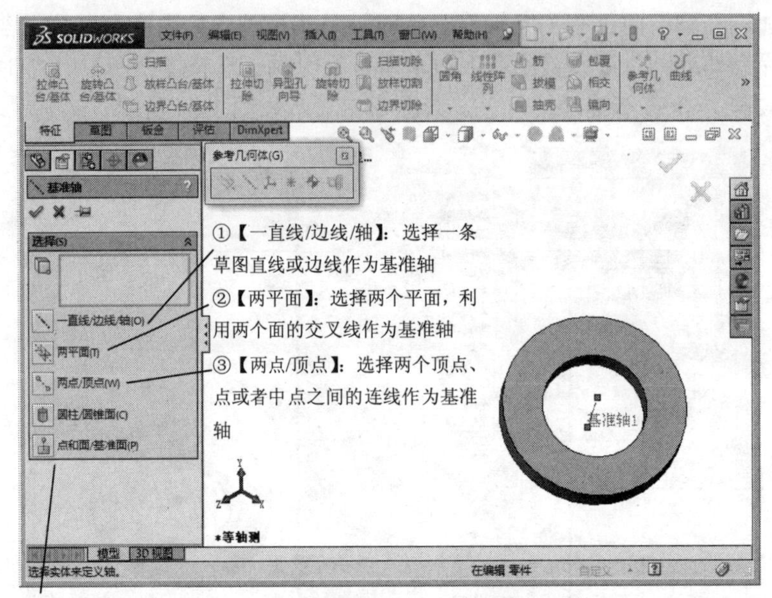

④【圆柱/圆锥面】：选择一个圆柱或者圆锥面，利用其轴线作为基准轴

⑤【点和面/基准面】：选择一个平面（或者基准面），然后选择一个顶点（或者点、中点等），由此所生成的轴通过所选择的顶点（或者点、中点等）垂直于所选的平面（或者基准面）

图 1-36 【基准轴】属性管理器

3. 参考基准面

参考基准面的命令，如图 1-37 所示。

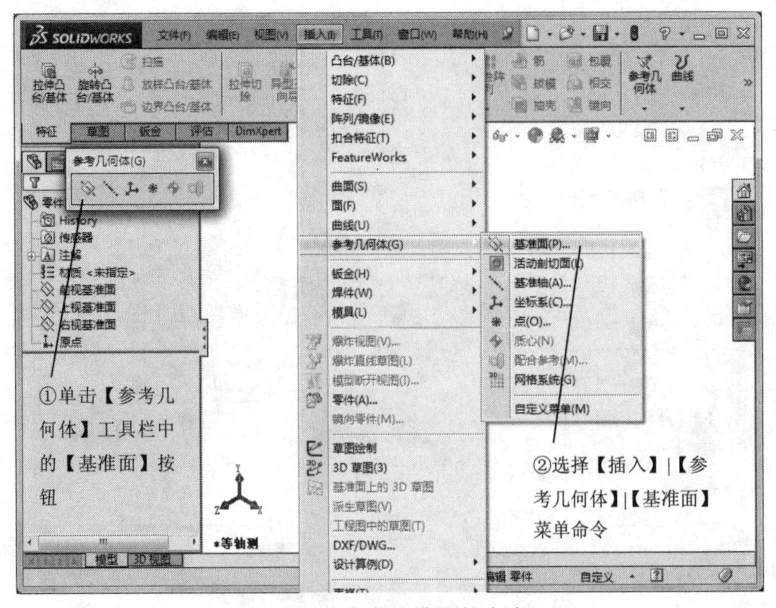

图 1-37 参考基准面的命令

系统弹出【基准面】属性管理器，如图 1-38 所示。在【第一参考】选项组中，选择需要生成的基准面类型及项目。在 SOLIDWORKS 中，等距距离平面有时也被称为偏移平面，以便与 AutoCAD 等软件里的偏移概念相统一。在混合特征中经常需要等距生成多个平行平面。

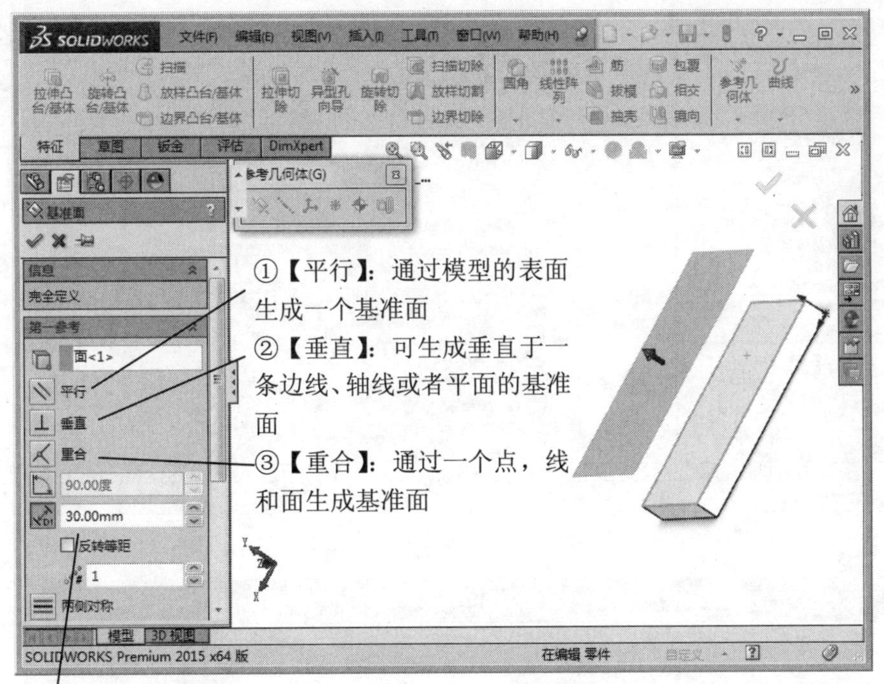

④【两面夹角】：通过一条边线（或者轴线、草图线等）与一个面（或者基准面）成一定夹角生成基准面

⑤【偏移距离】：在平行于一个面（或基准面）指定距离处生成等距基准面。首先选择一个平面（或基准面），然后设置【距离】数值

图 1-38 【基准面】属性管理器

4. *参考点*

创建参考点的命令，如图 1-39 所示。通过选择【视图】|【点】菜单命令，可以切换参考点的显示。

系统弹出【点】属性管理器，如图 1-40 所示。属性设置完成后，单击【确定】按钮✔，生成参考点。

图 1-39　创建参考点的命令

图 1-40　【点】属性管理器

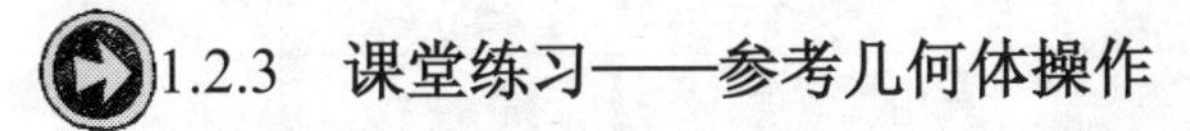

1.2.3 课堂练习——参考几何体操作

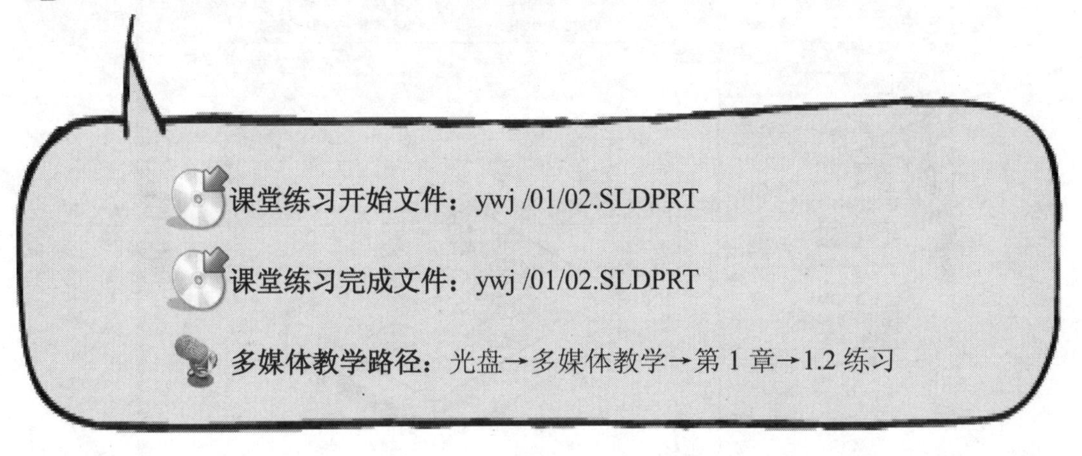

课堂练习开始文件：ywj /01/02.SLDPRT

课堂练习完成文件：ywj /01/02.SLDPRT

多媒体教学路径：光盘→多媒体教学→第 1 章→1.2 练习

Step1 打开文件，如图 1-41 所示。

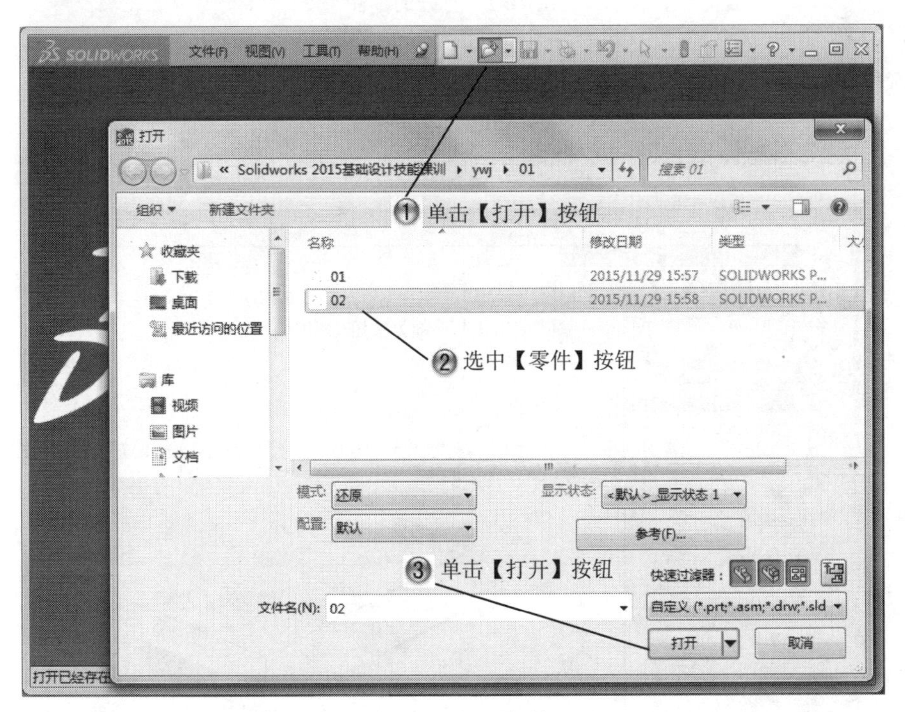

图 1-41 打开文件

Step2 打开的零件，如图 1-42 所示。

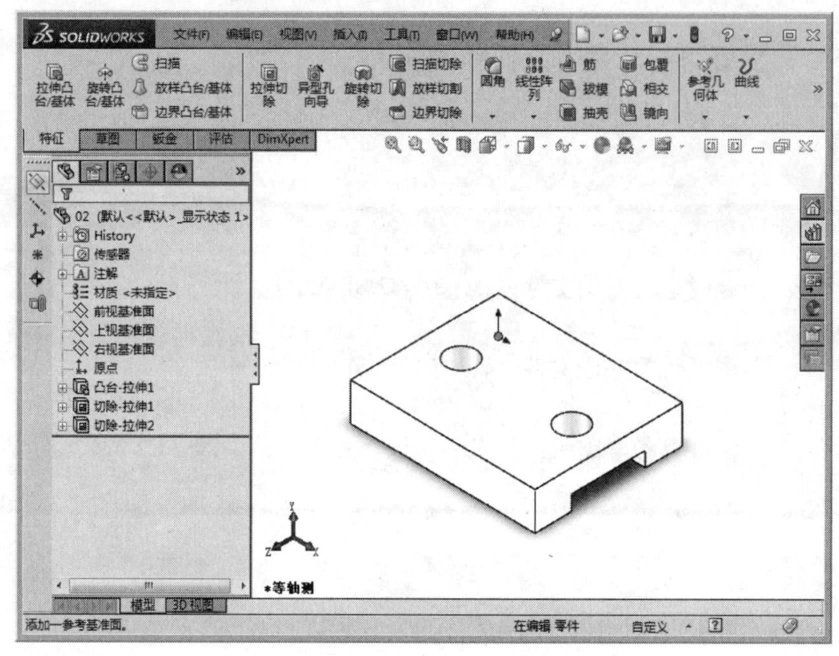

图 1-42　打开的零件

Step3 创建基准面，如图 1-43 所示。

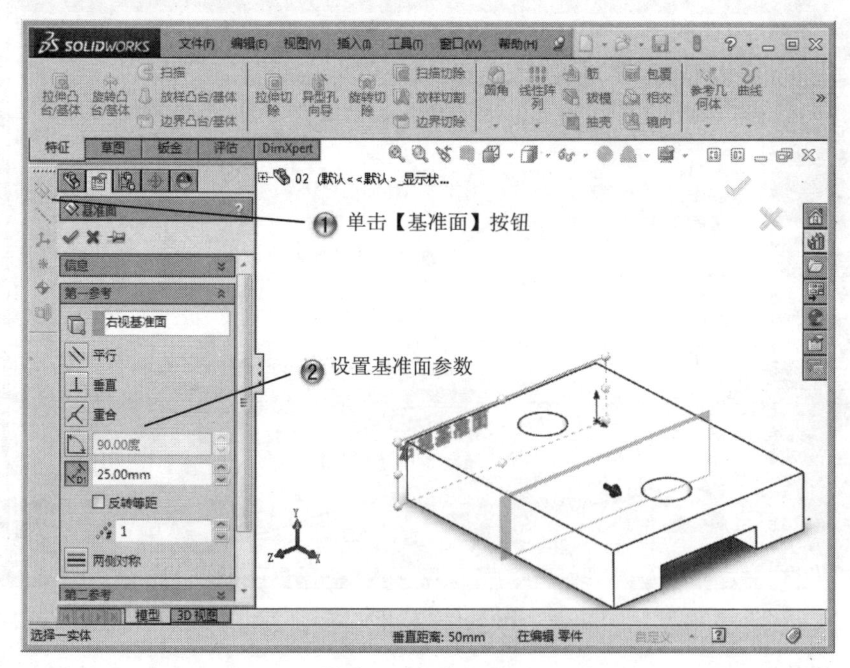

图 1-43　创建基准面

Step4 选择草绘面，如图 1-44 所示。

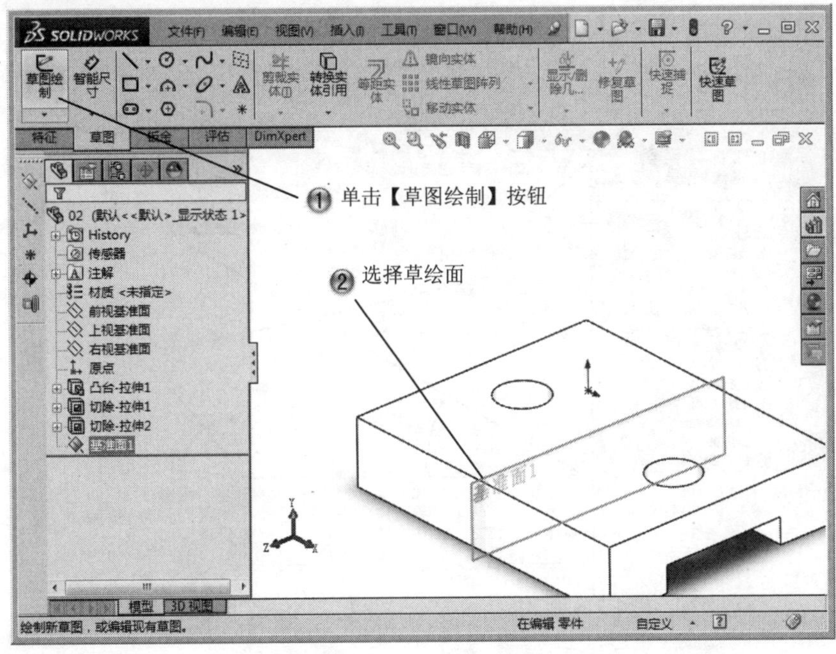

图 1-44　选择草绘面

Step5 绘制直线，如图 1-45 所示。

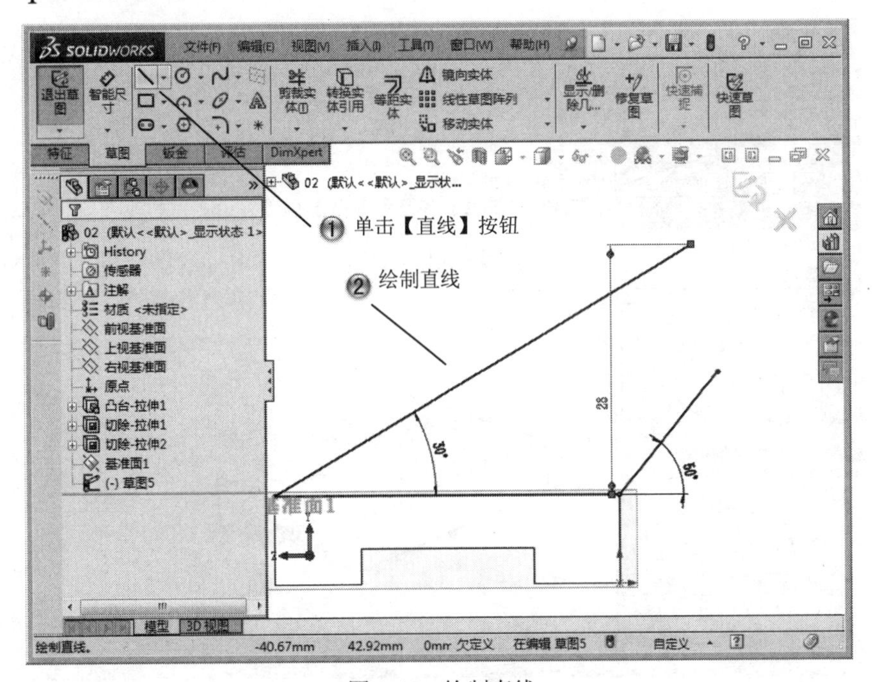

图 1-45　绘制直线

Step6 绘制垂线，如图 1-46 所示。

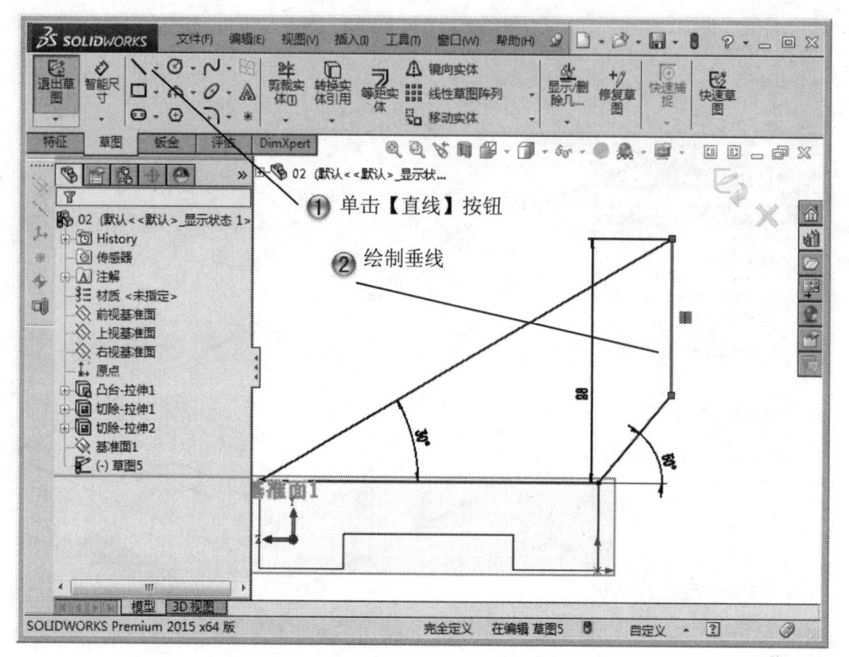

图 1-46　绘制垂线

Step7 拉伸草图，如图 1-47 所示。

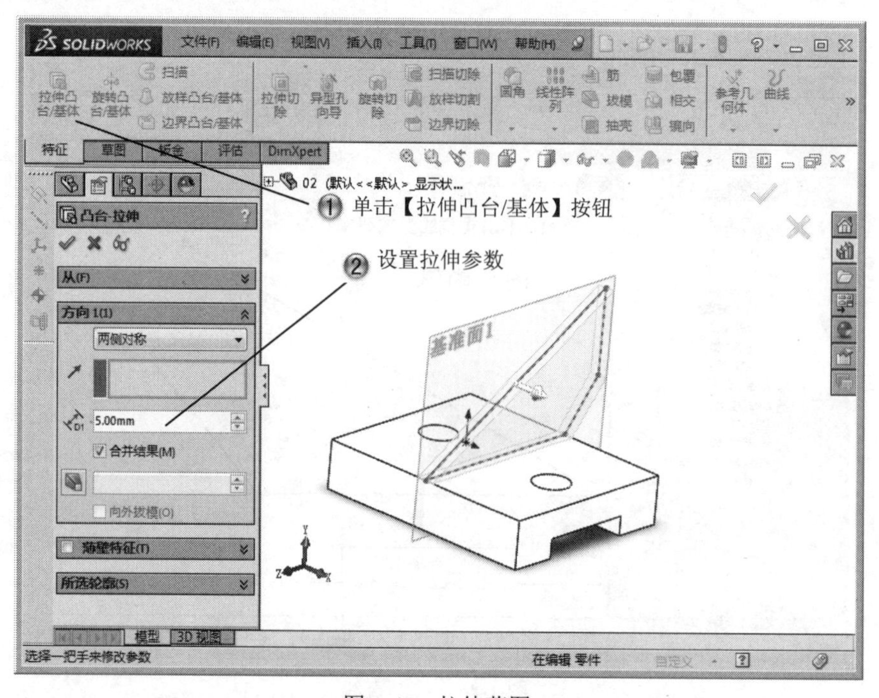

图 1-47　拉伸草图

Step8 创建基准面，如图 1-48 所示。

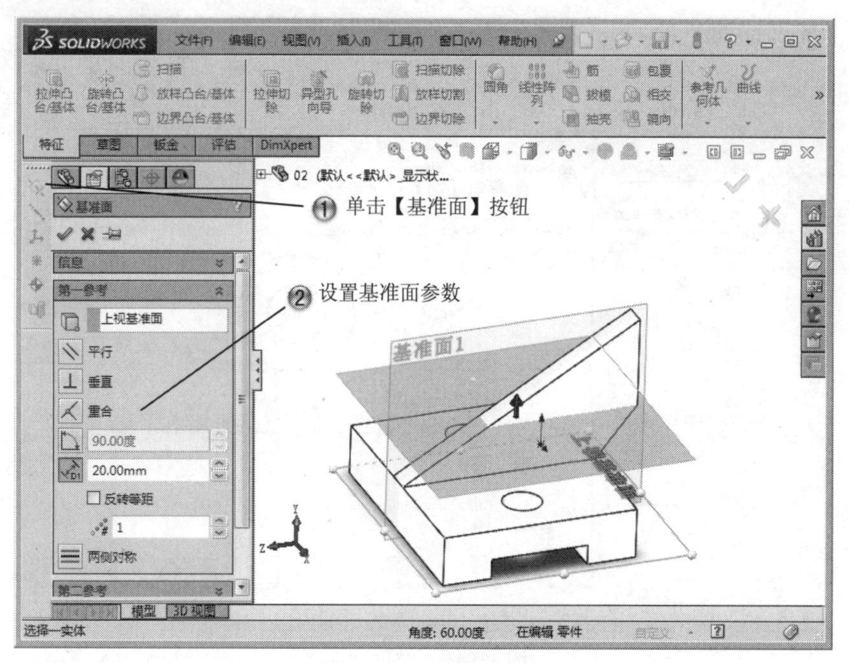

图 1-48　创建基准面

Step9 选择草绘面，如图 1-49 所示。

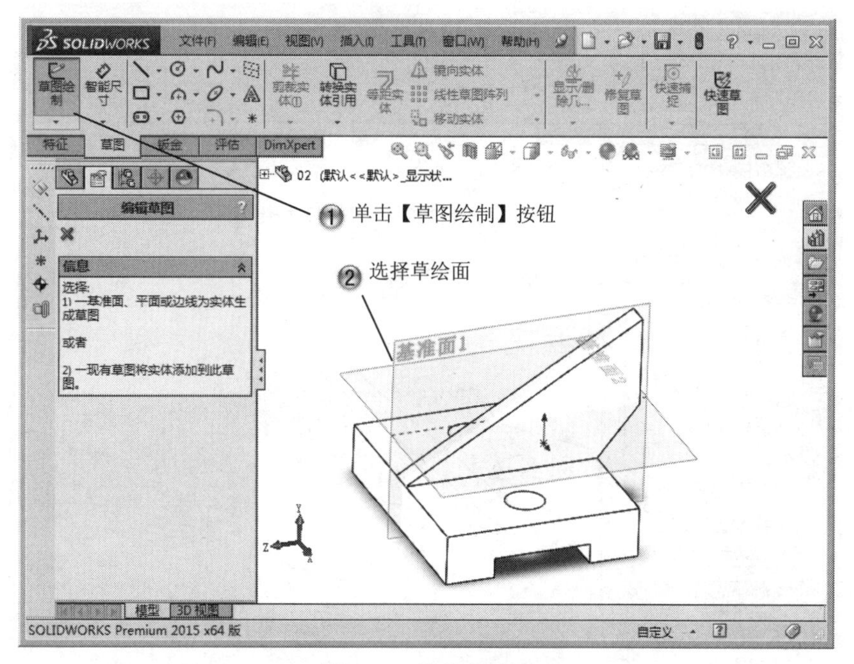

图 1-49　选择草绘面

Step10 绘制同心圆，如图 1-50 所示。

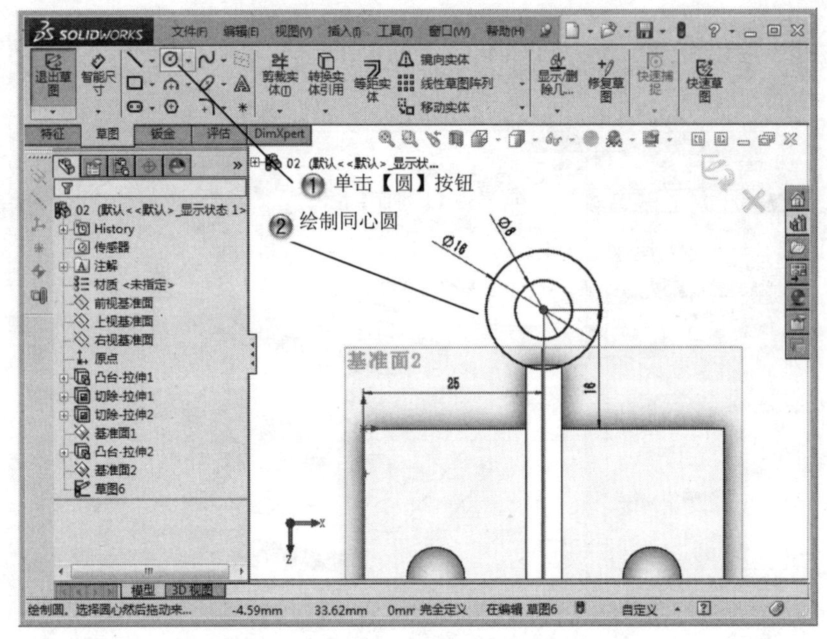

图 1-50　绘制同心圆

Step11 拉伸草图，如图 1-51 所示。

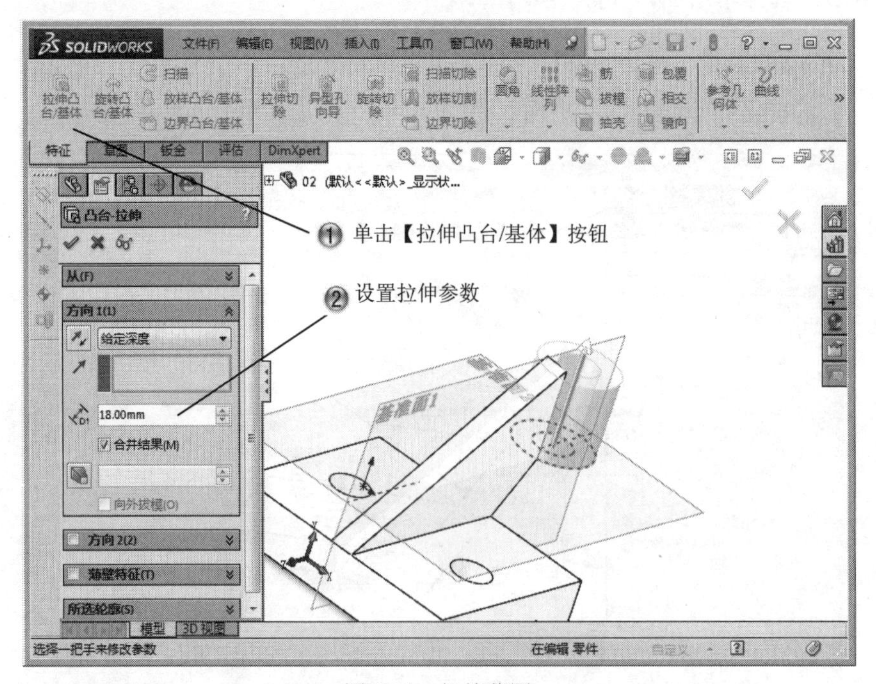

图 1-51　拉伸草图

Step12 创建基准轴，如图 1-52 所示。

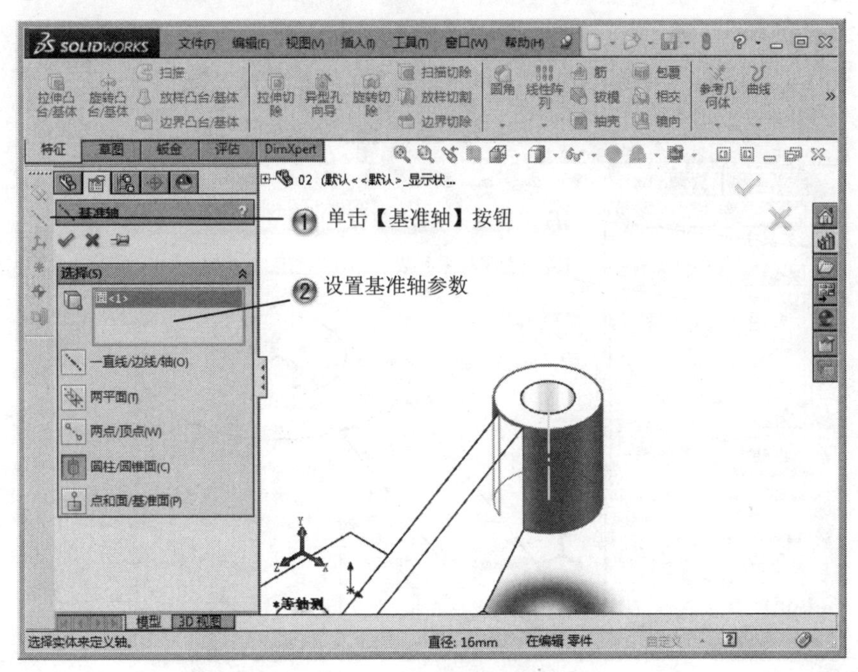

图 1-52 创建基准轴

Step13 创建点，如图 1-53 所示。

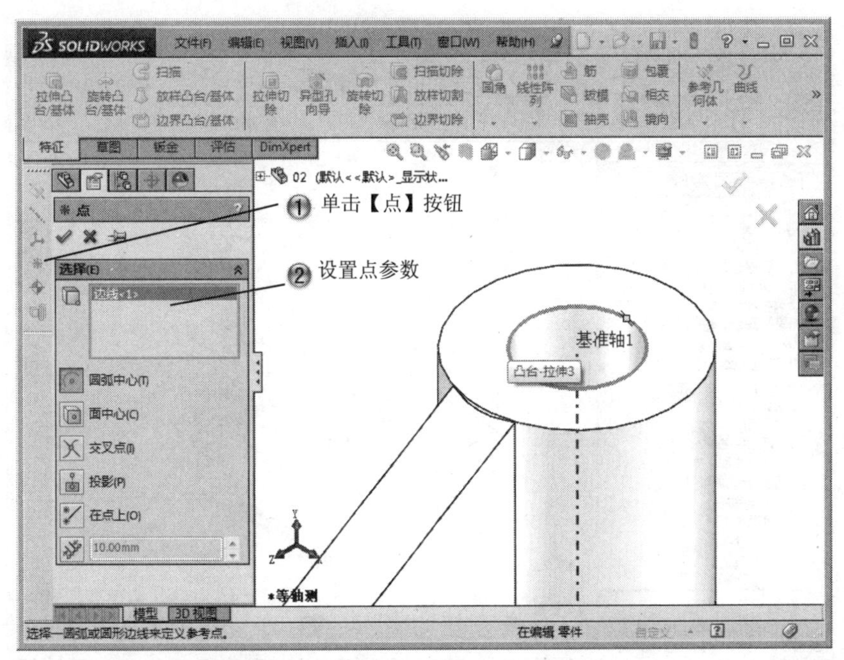

图 1-53 创建点

Step14 创建新坐标系，如图 1-54 所示。

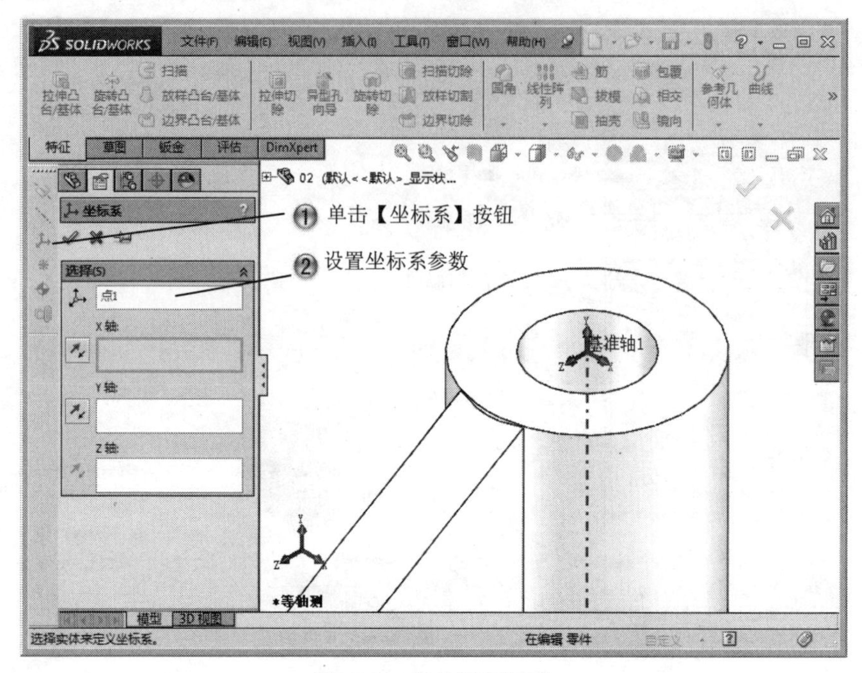

图 1-54　创建新坐标系

Step15 完成底座，如图 1-55 所示。

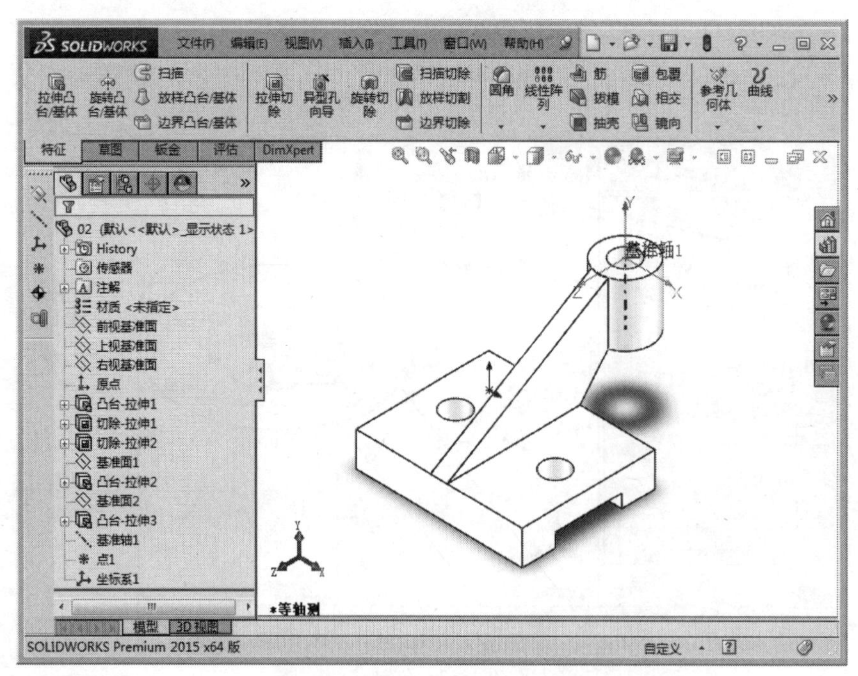

图 1-55　完成的底座

1.3　专家总结

本章主要介绍了中文版 SOLIDWORKS 2015 的软件界面和文件的基本操作方法，以及生成和修改参考几何体的方法，希望读者能够在本章的学习中掌握这部分内容，从而为以后生成实体和曲面打好基础。

1.4　课后习题

1.4.1　填空题

（1）文件的打开命令有________种。
（2）保存文件的方法________。
（3）参考几何体有________、________、________、________。

1.4.2　问答题

（1）如何创建参考点？
（2）保存不同文件格式的方法有哪些？

1.4.3　上机操作题

使用本章学过的各种命令来创建一个新文件。
练习步骤和方法：
（1）熟悉软件界面。
（2）学习文件操作。
（3）创建新的参考几何体。

第 2 章　草图设计

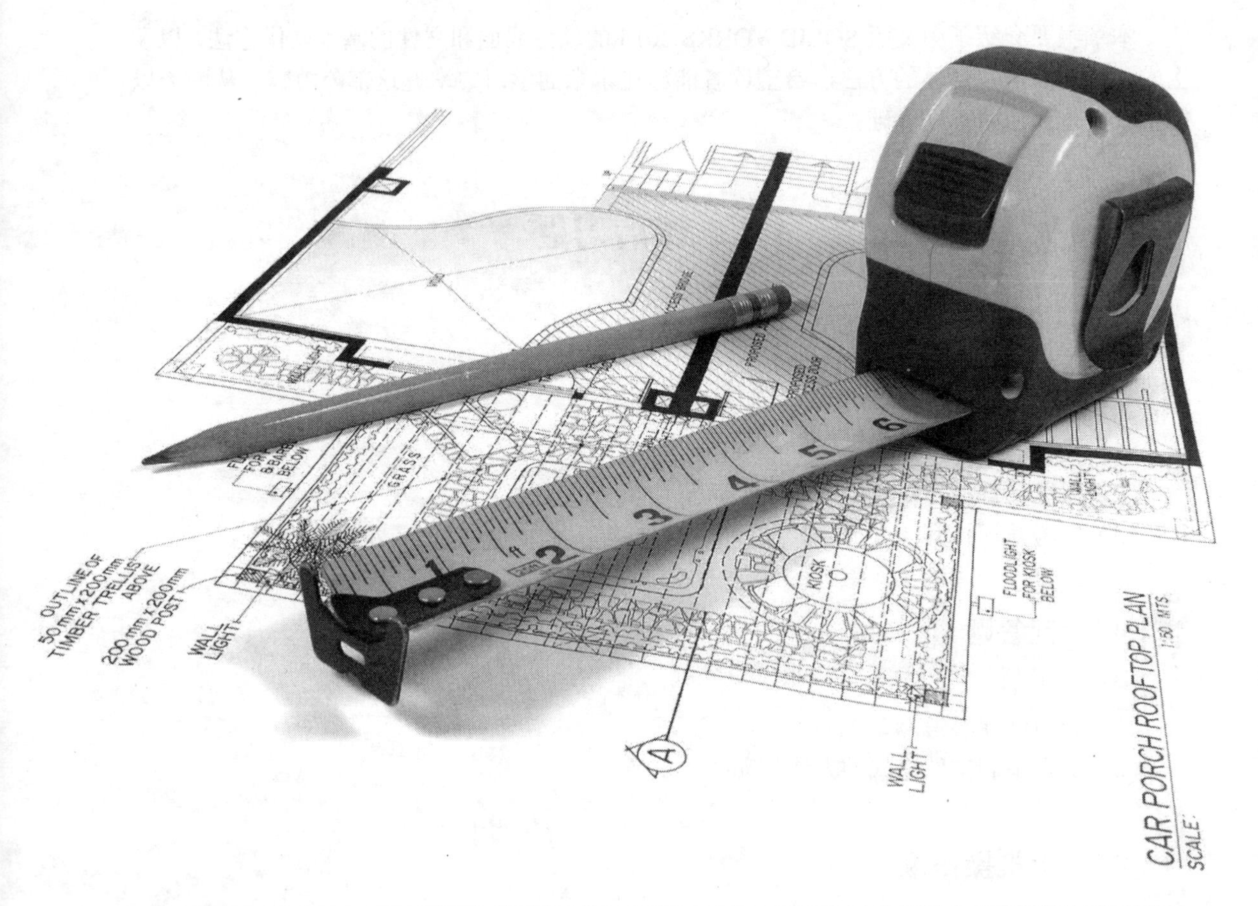

课训目标	内　容	掌握程度	课　时
	绘制草图	熟练掌握	2
	编辑草图	熟练掌握	2
	3D 草图	了解	1

课程学习建议

使用 SOLIDWORKS 软件进行设计是由绘制草图开始的，在草图基础上生成特征模型，进而生成零件等。因此，草图绘制对 SOLIDWORKS 三维零件的模型生成非常重要，是使用该软件的基础。一个完整的草图包括几何形状、几何关系和尺寸标注等的信息，草图绘制是 SOLIDWORKS 进行三维建模的基础。本章将介绍草图绘制和编辑的方法。

本课程主要基于草图设计，其培训课程表如下。

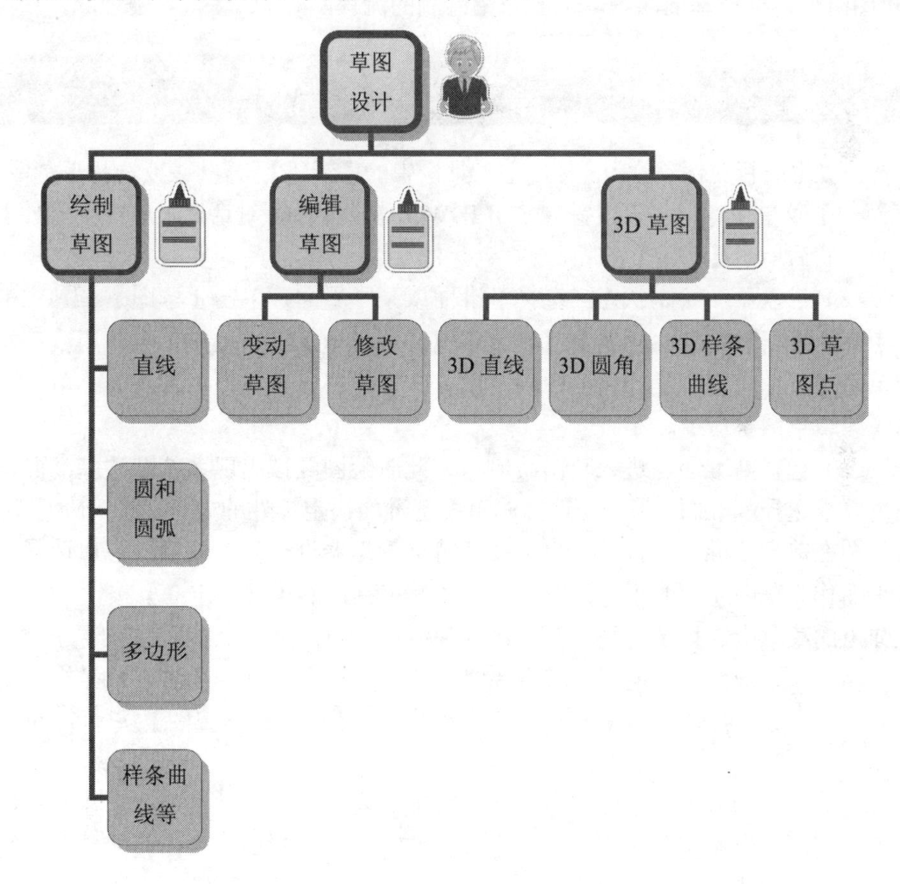

2.1 绘制草图

草图必须绘制在平面上，这个平面既可以是基准面，也可以是三维模型上的平面。初始进入草图绘制状态时，系统默认有三个基准面：前视基准面、右视基准面和上视基准面.

课堂讲解课时：2 课时

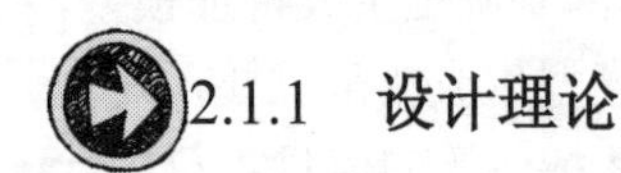

2.1.1 设计理论

绘制草图时的流程很重要，必须考虑先从哪里入手来绘制复杂草图，在基准面或平面上绘制草图时如何选择基准面等。下面介绍绘制的流程。

（1）生成新文件。单击【标准】工具栏中的【新建】按钮或选择【文件】|【新建】菜单命令，打开【新建 SOLIDWORKS 文件】对话框，单击【零件】按钮，然后单击【确定】按钮。

（2）进入草图绘制状态。选择基准面或某一平面，单击【草图】工具栏中的【草图绘制】按钮或选择【插入】|【草图绘制】菜单命令，也可用鼠标右键单击【特征管理器设计树】中的草图或零件的图标，在弹出的快捷菜单中选择【编辑草图】命令。

（3）选择基准面。进入草图绘制后，此时绘图区域出现系统默认基准面，系统要求选择基准面。第一个选择的草图基准面决定零件的方位。默认情况下，新草图在前视基准面中打开。也可在【特征管理器设计树】或绘图窗口选择任意平面作为草图绘制的平面，单击【视图】工具栏的【视图定向】按钮，在弹出的菜单中选择【正视于】按钮，将视图切换至指定平面的法线方向。

（4）如果操作时出现错误或需要修改，可选择【视图】|【修改】|【视图定向】菜单命令，在弹出的【方向】对话框中单击【更新标准视图】按钮重新定向。

（5）选择切入点。在设计零件基体特征时常会面临这样的选择。在一般情况下，利用一个由复杂轮廓的草图生成拉伸特征，与利用一个由较简单轮廓的草图生成拉伸特征、再添加几个额外的特征，具有相同的结果。

（6）使用各种草图绘制工具绘制草图实体，如直线、矩形、圆、样条曲线等。

（7）在【属性管理器】中对绘制的草图进行属性设置，或单击【草图】工具栏中的【智能尺寸】按钮和【尺寸/几何关系】工具栏中的【添加几何关系】按钮，添加尺寸和几何关系。

（8）关闭草图。完成并检查草图绘制后，单击【草图】工具栏中的【退出草图】按钮，退出草图绘制状态。

绘制草图之前需要进行设置。选择【工具】|【选项】菜单命令，弹出【系统选项】对话框，选择【草图】选项并进行设置，如图 2-1 所示，单击【确定】按钮。

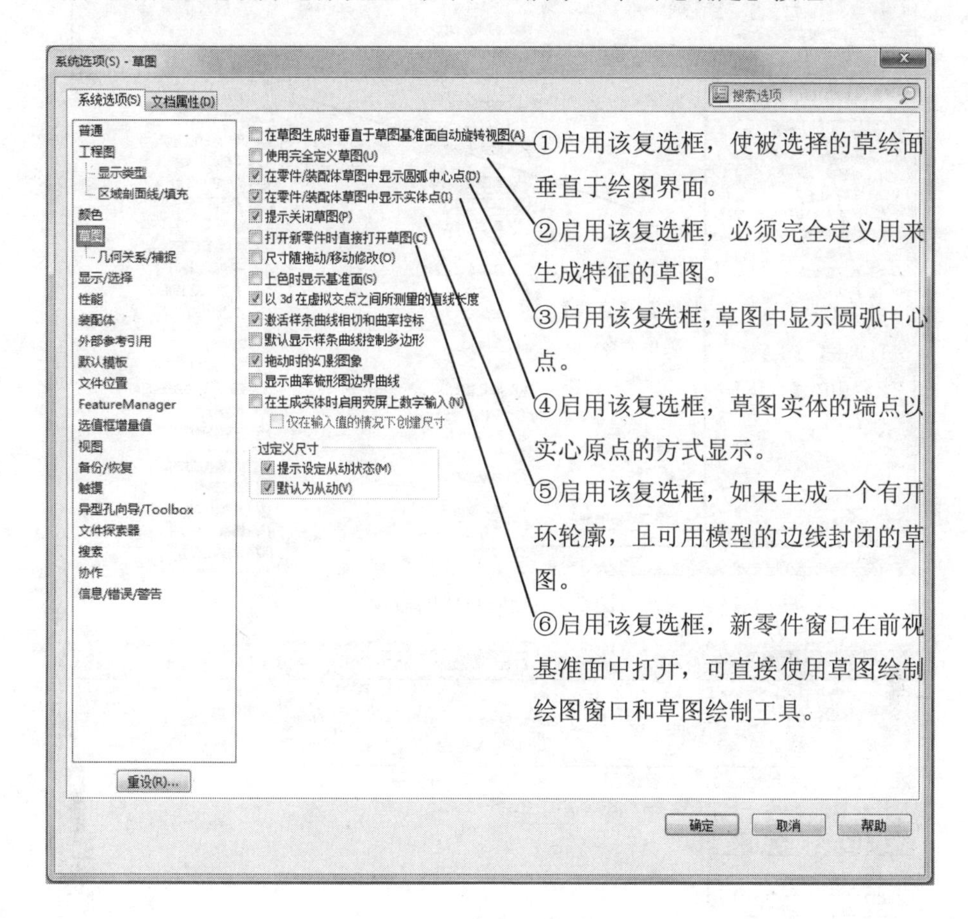

图 2-1 【系统选项】对话框

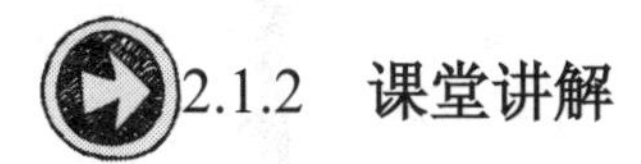

2.1.2 课堂讲解

1. 直线

绘制直线的命令，如图 2-2 所示。

系统弹出【插入线条】属性管理器，如图 2-3 所示，鼠标指针变为✎形状。

生成单一线条：在绘图窗口中单击，定义直线起点的位置，移动鼠标指针到直线的终点再次单击。生成直线链：单击一条直线的终点，然后移动鼠标指针到直线的第二个终点再次单击，最后右击，在弹出的快捷菜单中选择【选择】命令或【结束链】命令结束绘制。

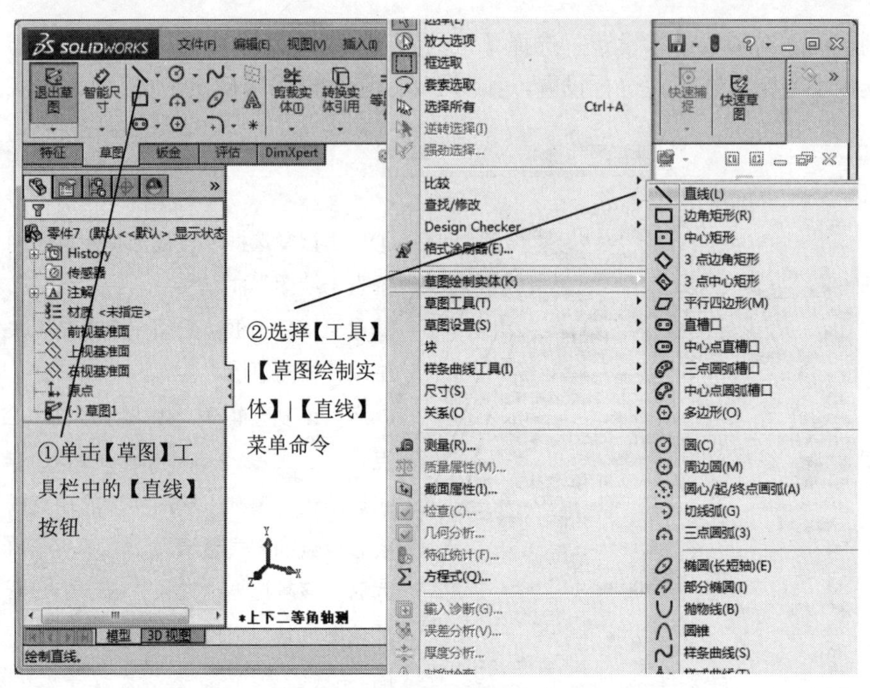

图 2-2　绘制直线的命令

⑤【作为构造线】：可以将实体直线转换为构造几何体的直线

⑥【无限长度】：生成一条可剪裁的无限长度的直线

⑦【中点线】：生成一条在中点和端点定位的直线

图 2-3　【插入线条】属性管理器

在绘图窗口中选择绘制的直线，弹出【线条属性】属性管理器，设置该直线属性，如图 2-4 所示。

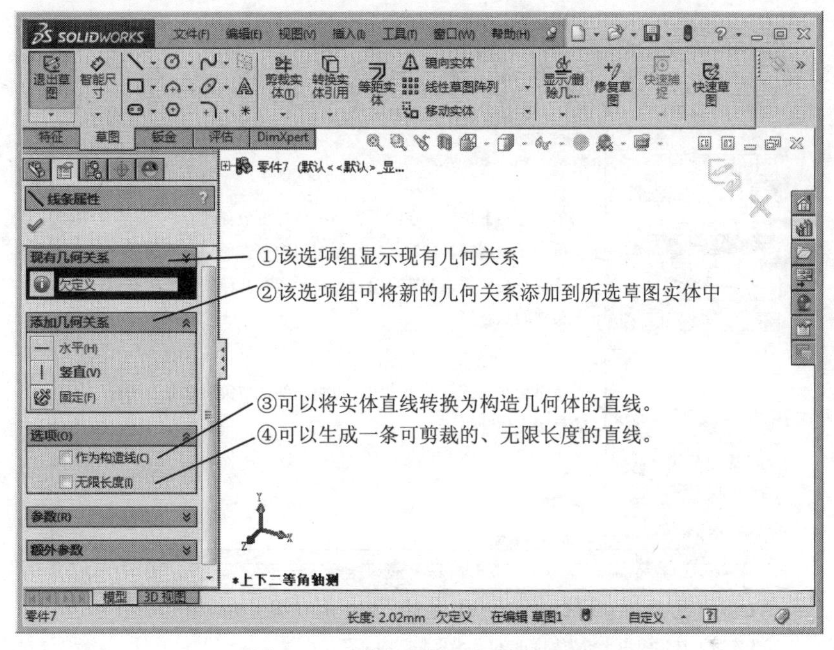

图 2-4 【线条属性】属性管理器

2. 圆

绘制圆的命令，如图 2-5 所示。

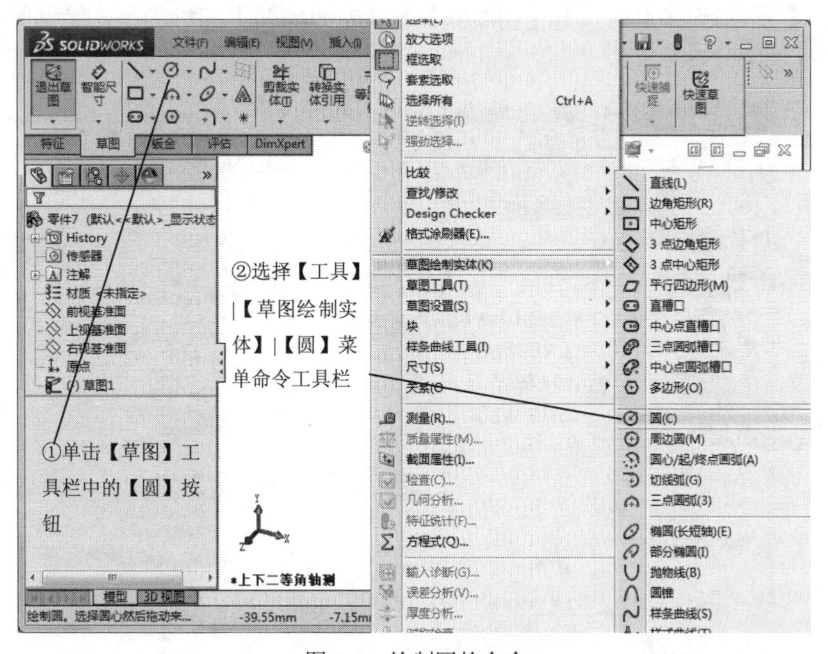

图 2-5 绘制圆的命令

系统弹出【圆】属性管理器，如图 2-6 所示，鼠标指针变为形状。设置圆的属性，单击【确定】按钮，完成圆的绘制。

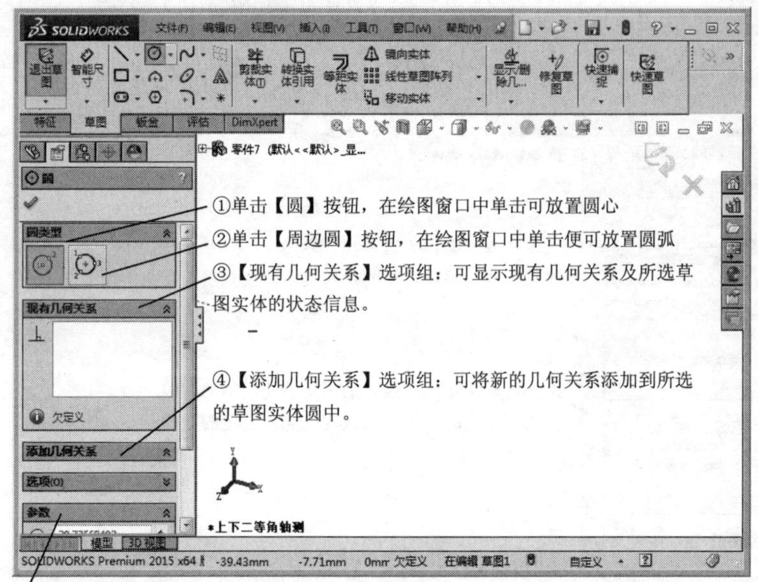

图 2-6 【圆】属性管理器

3. 圆弧

圆弧有【圆心/起/终点画弧】、【切线弧】和【3 点圆弧】三种类型，绘制圆心/起/终点画弧的命令，如图 2-7 所示。

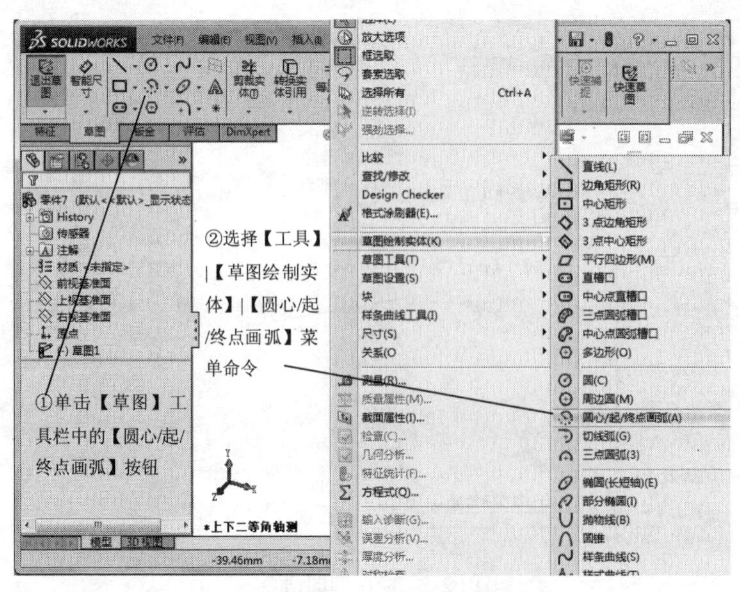

图 2-7 绘制圆心/起/终点画弧的命令

在【圆弧】属性管理器中，可设置所绘制的【圆心/起/终点画弧】、【切线弧】和【3 点圆弧】的属性，如图 2-8 所示。

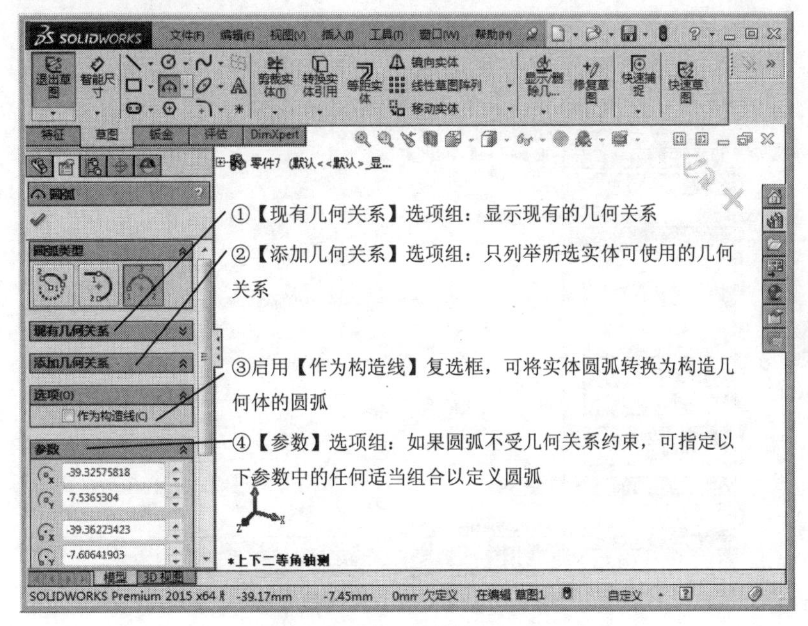

图 2-8　【圆弧】属性管理器

4. 椭圆

使用【椭圆（长短轴）】命令可生成一个完整椭圆；使用【部分椭圆】命令可生成一个椭圆弧。绘制椭圆的命令，如图 2-9 所示。

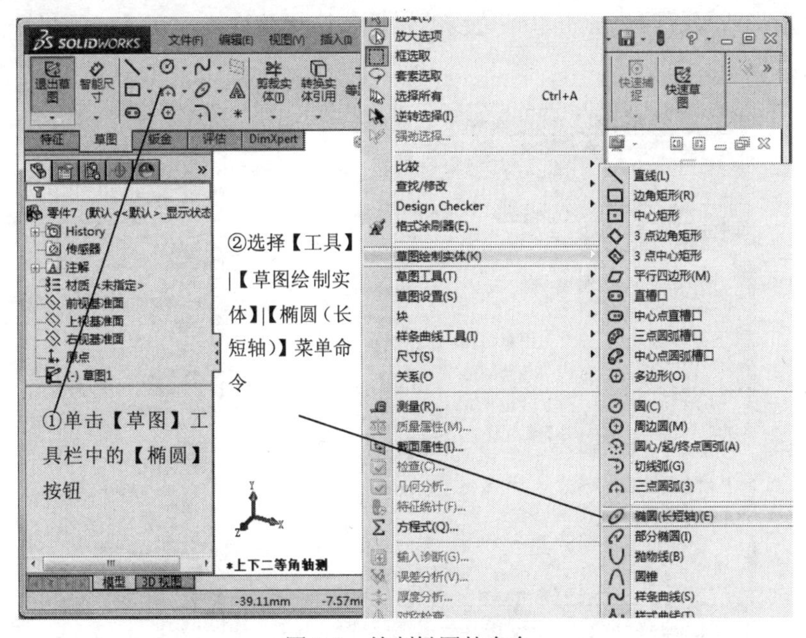

图 2-9　绘制椭圆的命令

在【椭圆】属性管理器中编辑其属性，其中大部分选项组中的属性设置与【圆弧】属性设置相似，如图 2-10 所示，在此不做赘述。

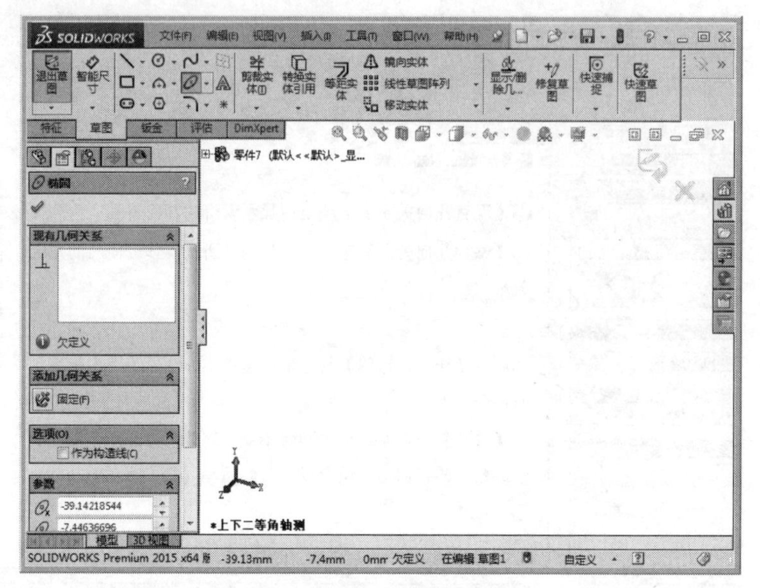

图 2-10　【椭圆】属性管理器

5. 矩形

绘制矩形的命令，如图 2-11 所示。在绘图窗口中单击鼠标左键放置矩形的第一个顶点，移动鼠标指针定义矩形。在移动鼠标指针时，会动态显示矩形的尺寸，当矩形的大小和形状符合要求时释放鼠标。要更改矩形的大小和形状，可选择并拖动一条边或一个顶点。如果需要改变矩形或平行四边形中单条边线的属性，选择该边线，在【线条属性】属性管理器中编辑其属性。

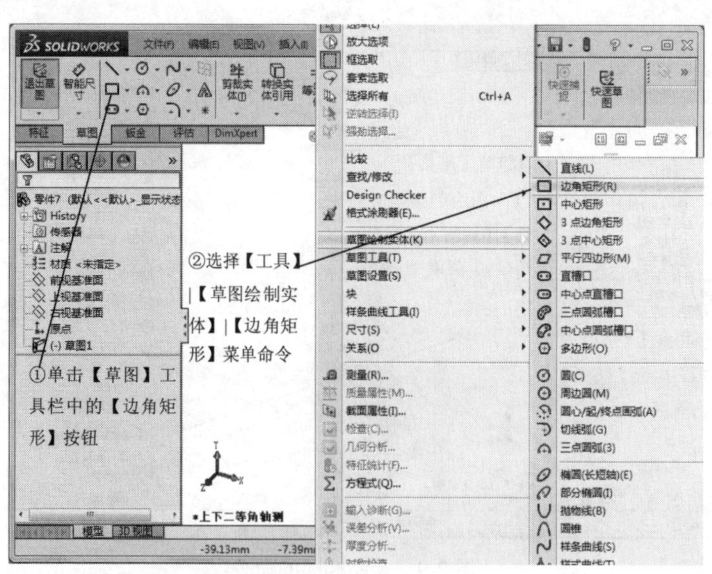

图 2-11　矩形命令

6. 抛物线

使用【抛物线】命令可生成各种类型的抛物线。选择【工具】|【草图绘制实体】|【抛物线】菜单命令，鼠标指针变为 形状。在绘图窗口中单击鼠标左键放置抛物线的焦点，然后将鼠标指针拖动到起点处，沿抛物线轨迹绘制抛物线，系统弹出【抛物线】属性管理器，如图 2-12 所示。

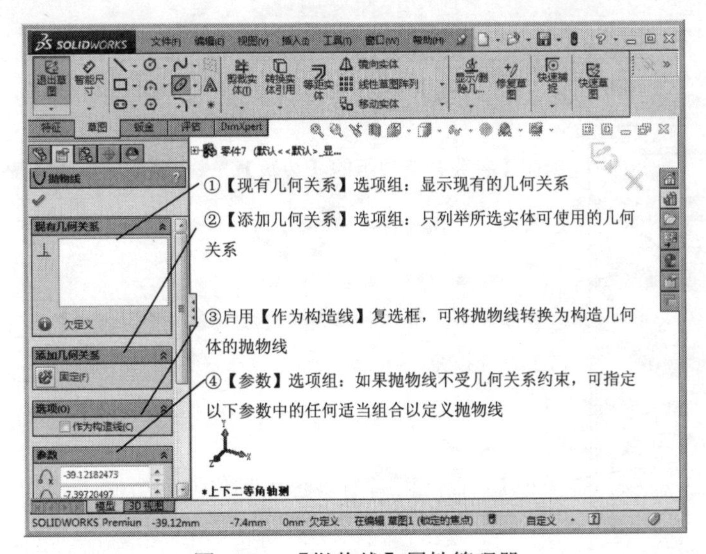

图 2-12 【抛物线】属性管理器

7. 多边形

使用【多边形】命令可以生成带有任何数量边的等边多边形。用内切圆或者外接圆的直径定义多边形的大小，还可指定旋转角度。

绘制多边形的命令，如图 2-13 所示。

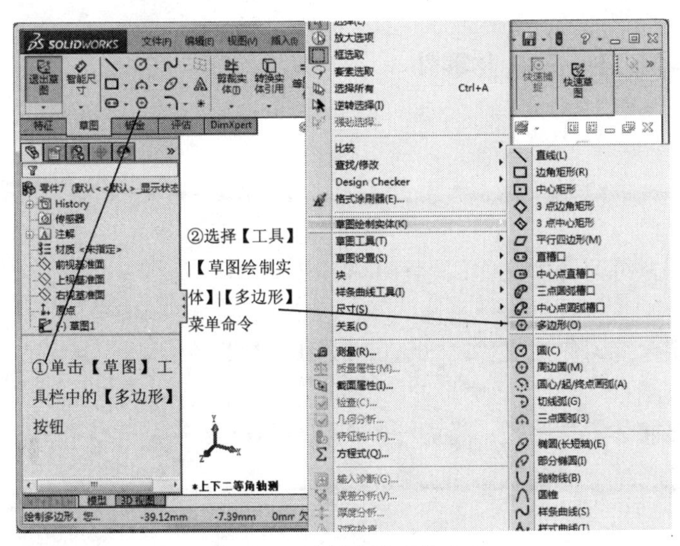

图 2-13 绘制多边形的命令

在绘图窗口中单击鼠标左键放置多边形的中心，然后移动鼠标指针定义多边形。设置多边形的属性，单击【确定】按钮，如图 2-14 所示，完成多边形的绘制。

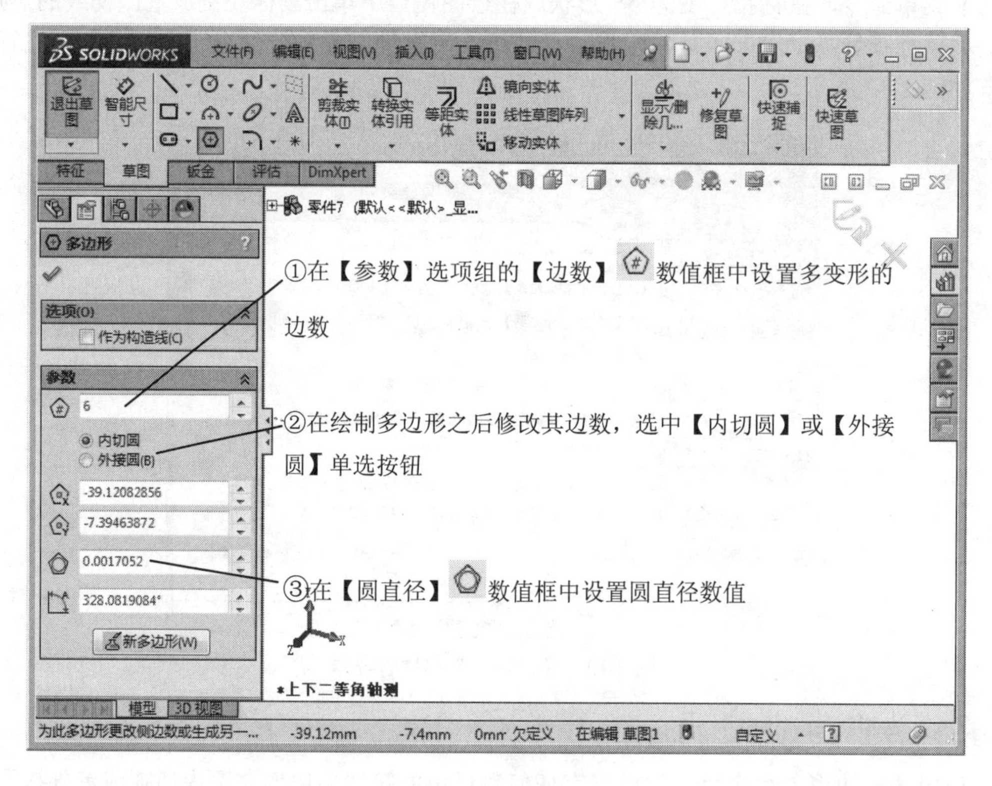

图 2-14　【多边形】属性管理器

2.1.3　课堂练习——凸台零件

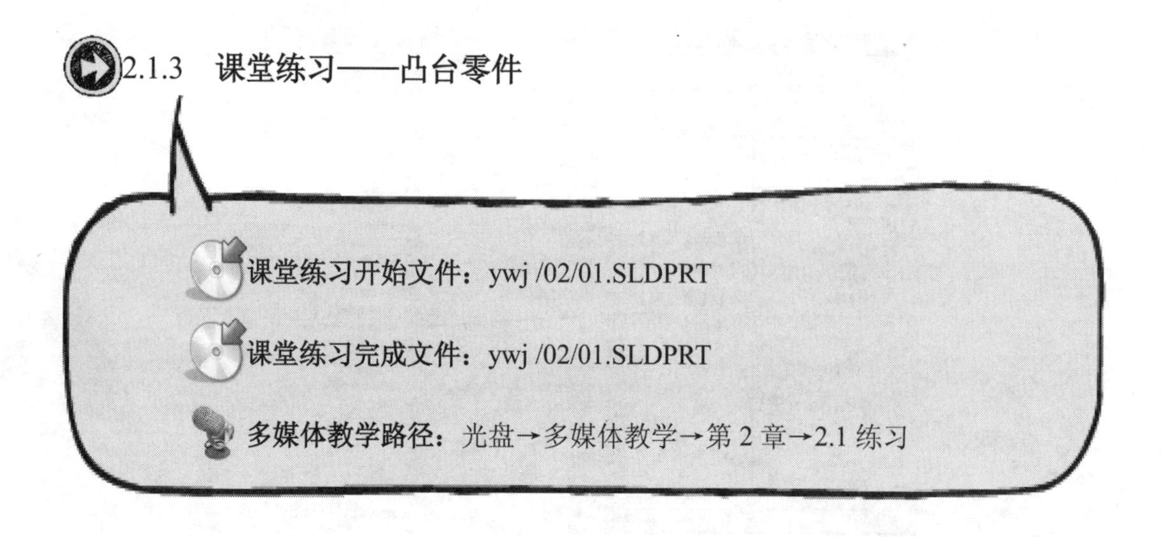

Step1 选择草绘面，如图 2-15 所示。

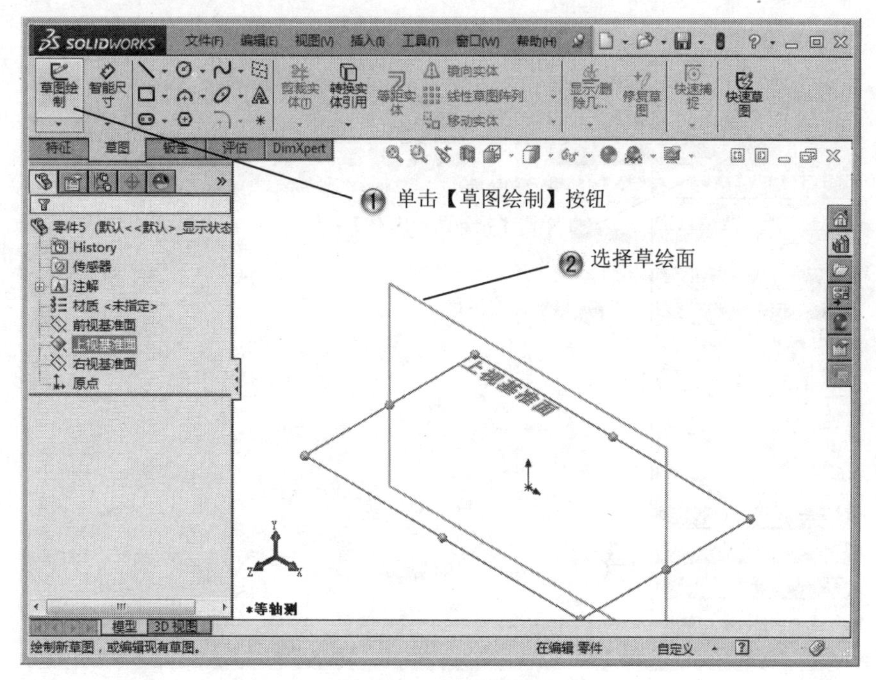

图 2-15　选择草绘面

Step2 绘制圆形，如图 2-16 所示。

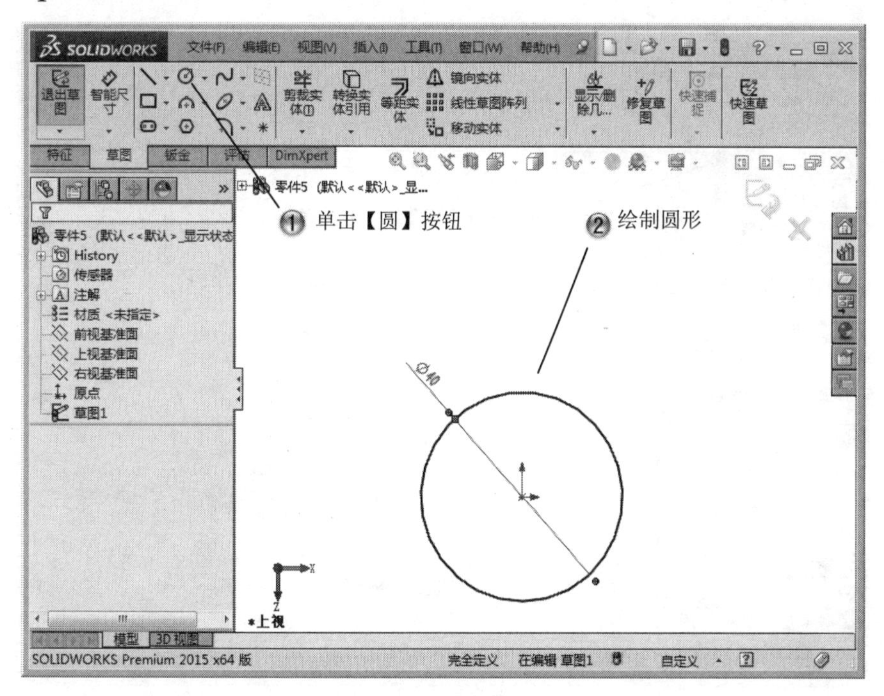

图 2-16　绘制圆形

Step3 拉伸凸台，如图 2-17 所示。

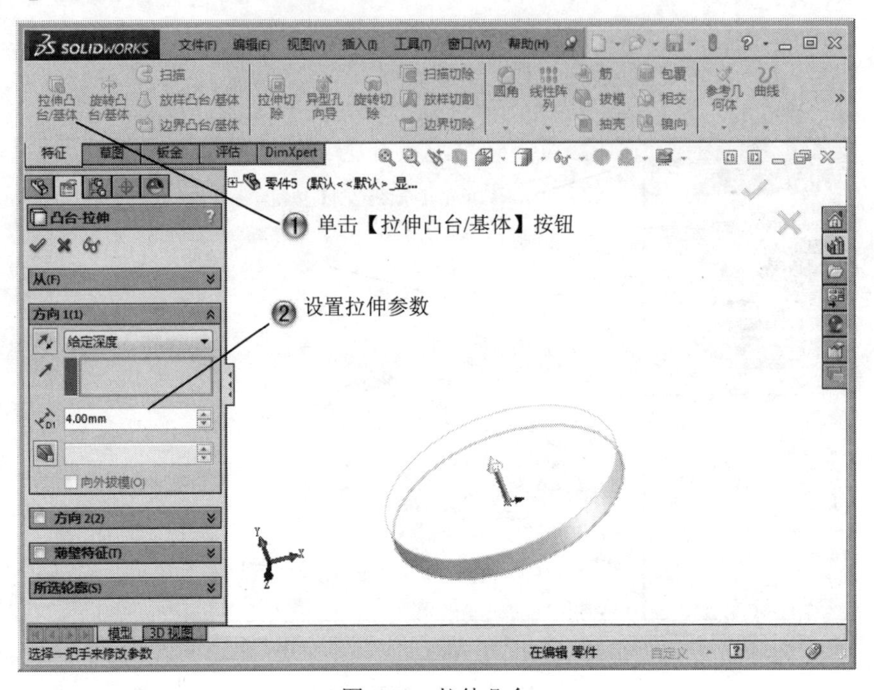

图 2-17　拉伸凸台

Step4 选择草绘面，如图 2-18 所示。

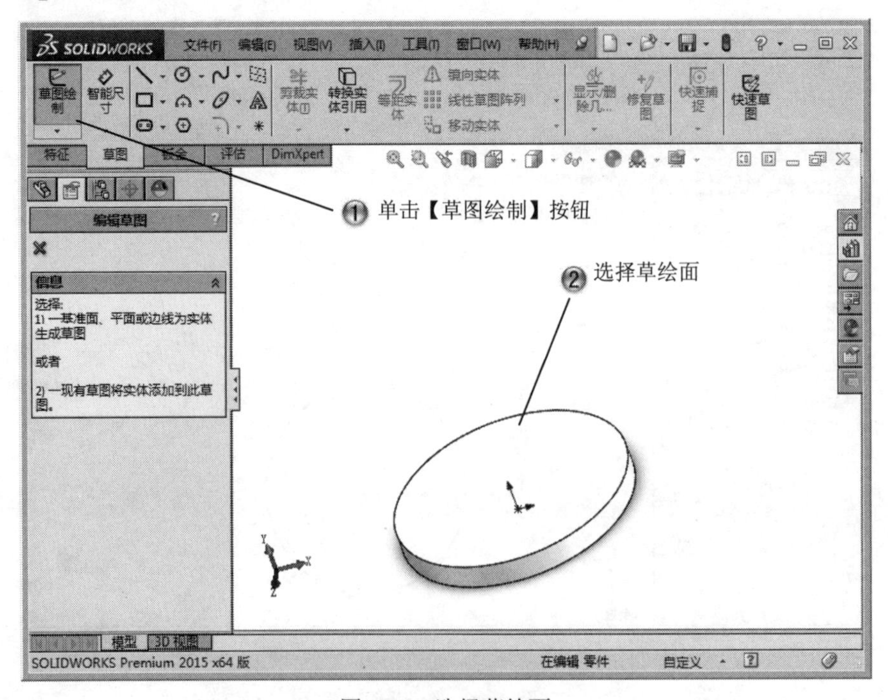

图 2-18　选择草绘面

Step5 绘制圆形，如图 2-19 所示。

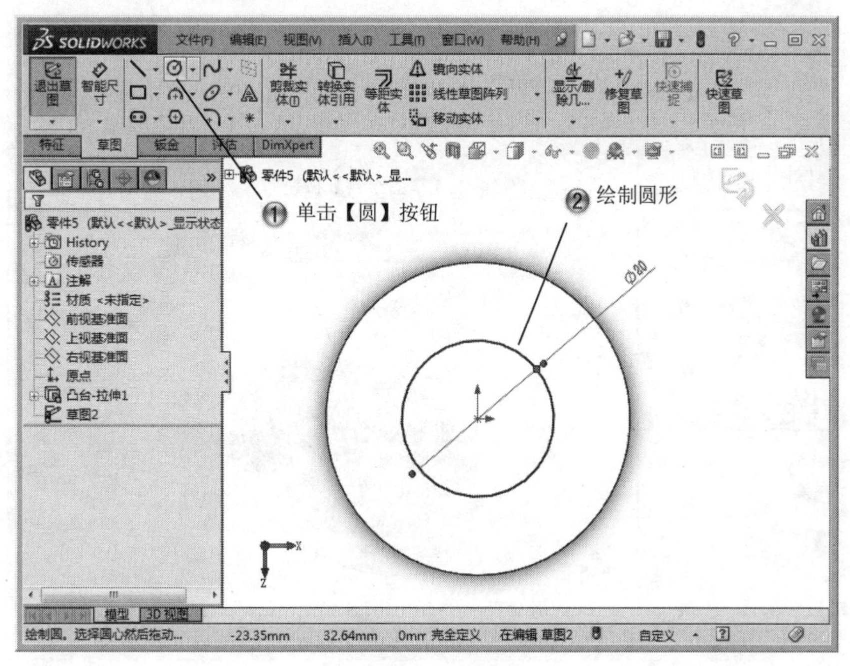

图 2-19　绘制圆形

Step6 拉伸圆形，如图 2-20 所示。

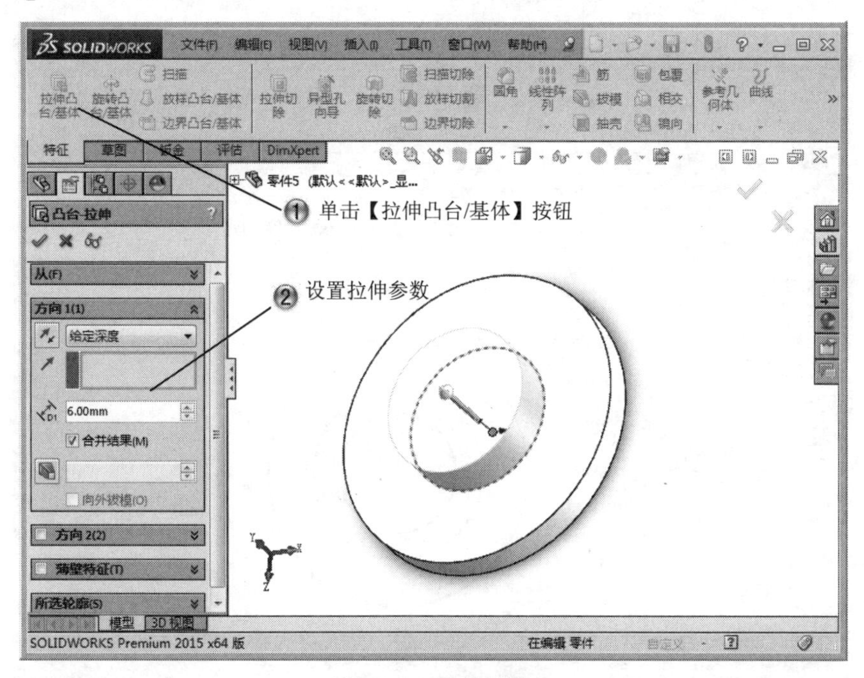

图 2-20　拉伸圆形

Step7 选择草绘面，如图 2-21 所示。

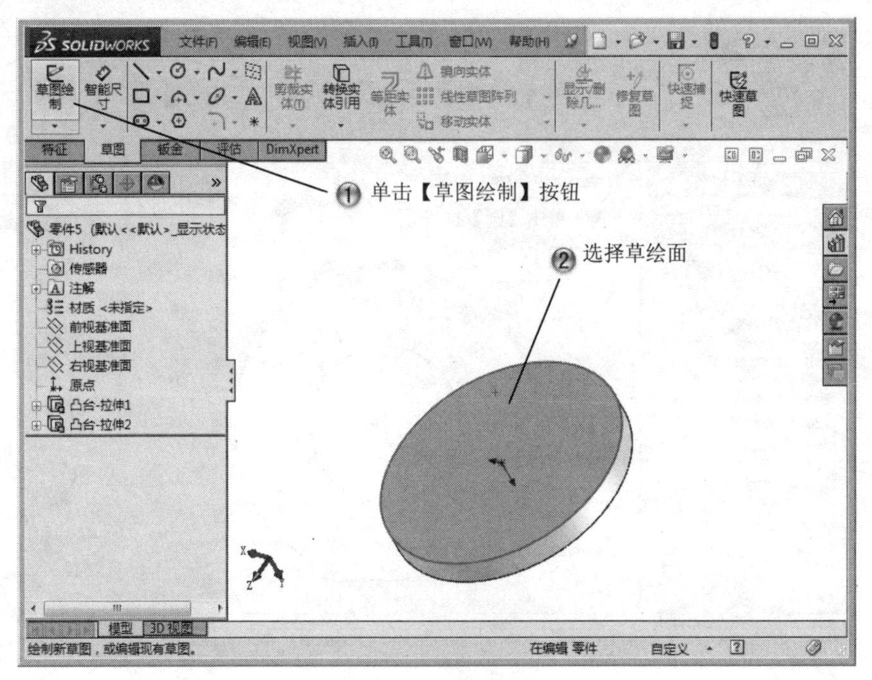

图 2-21　选择草绘面

Step8 绘制同心圆，如图 2-22 所示。

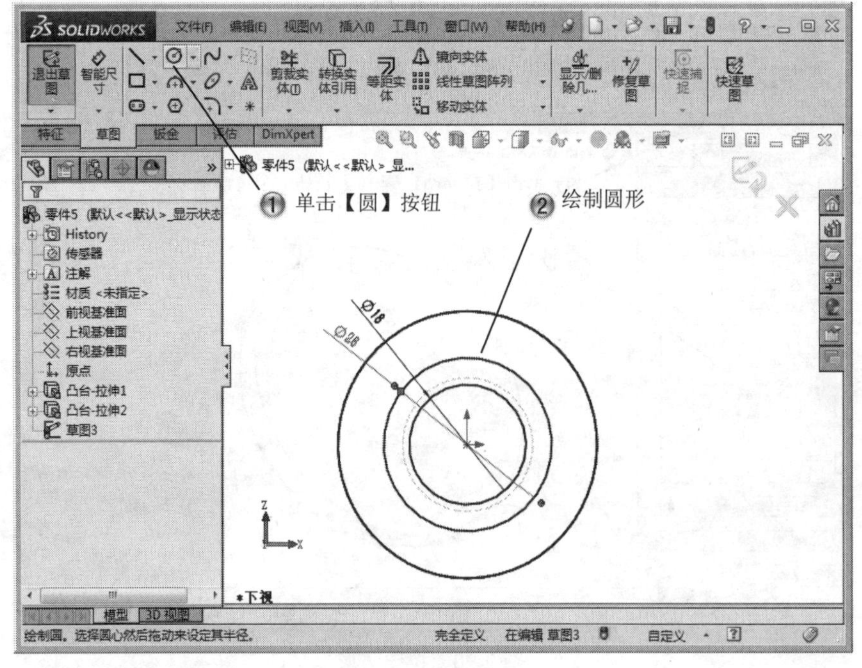

图 2-22　绘制同心圆

Step9 拉伸圆形，如图 2-23 所示。

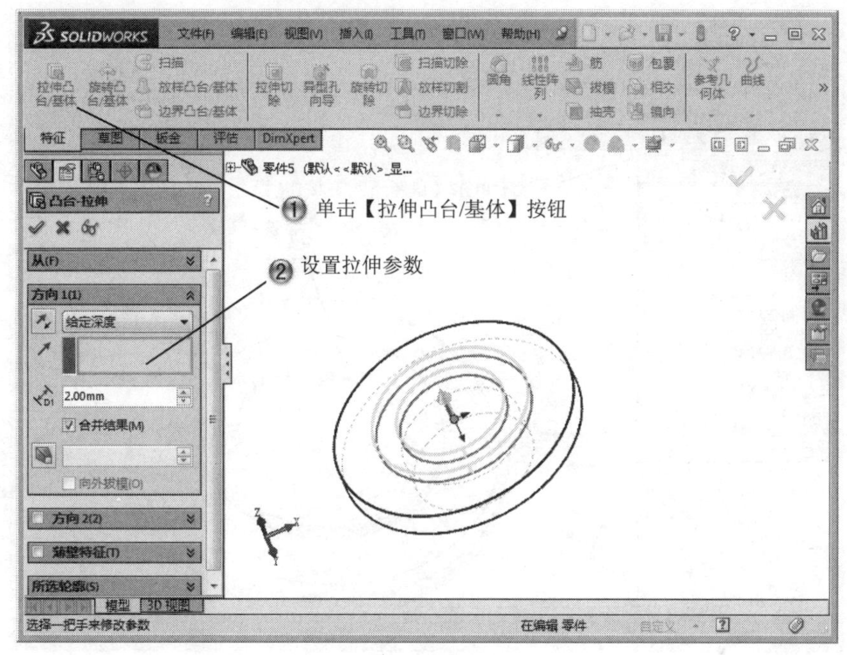

图 2-23　拉伸圆形

Step10 创建倒角，如图 2-24 所示。

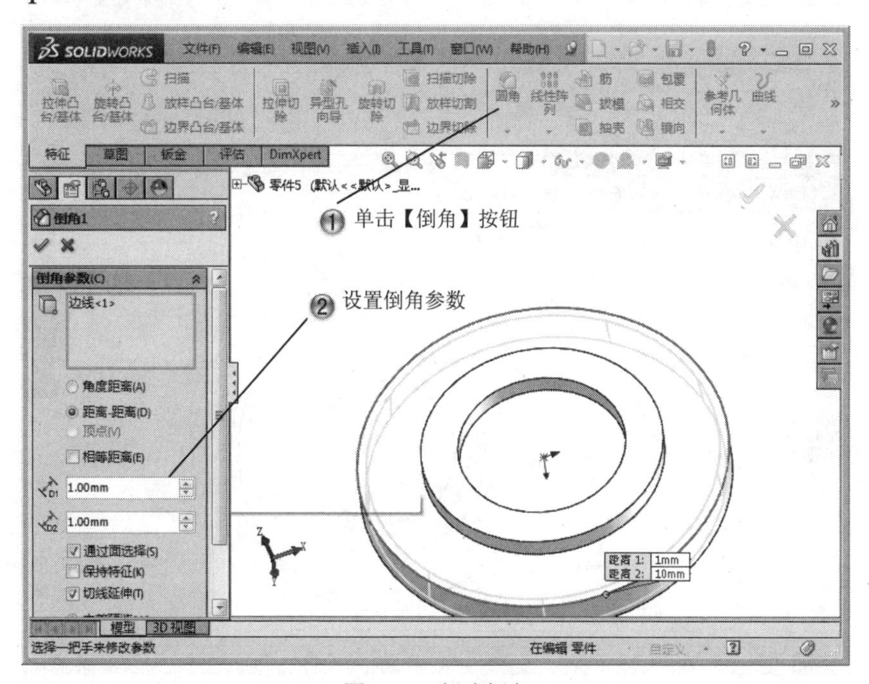

图 2-24　创建倒角

Step11 选择草绘面，如图 2-25 所示。

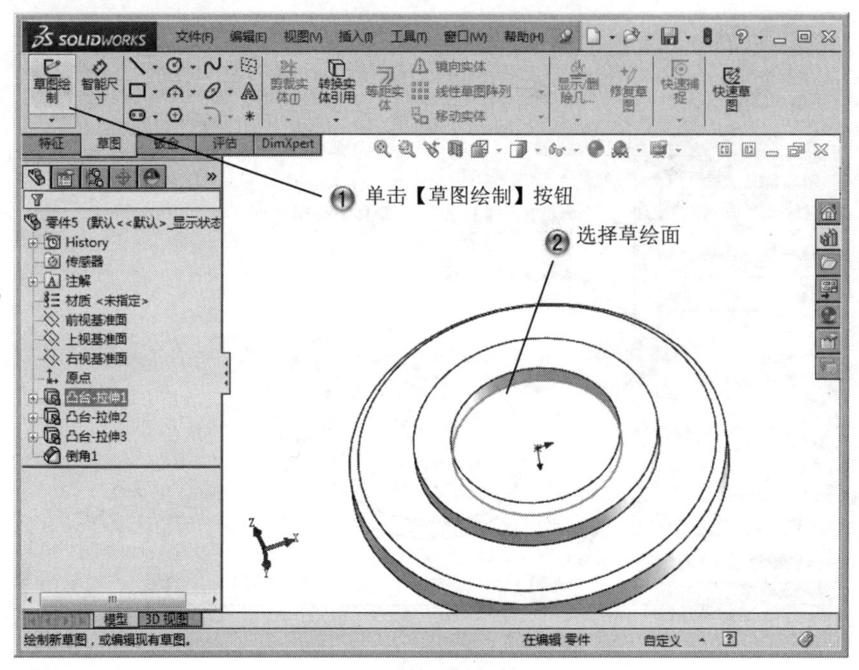

图 2-25　选择草绘面

Step12 绘制圆形，如图 2-26 所示。

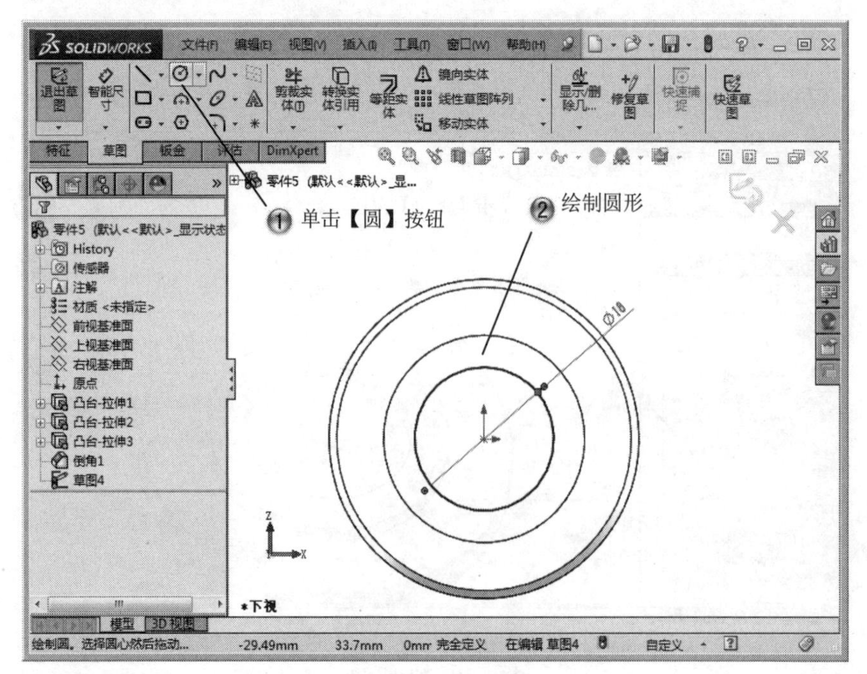

图 2-26　绘制圆形

Step13 拉伸切除，如图 2-27 所示。

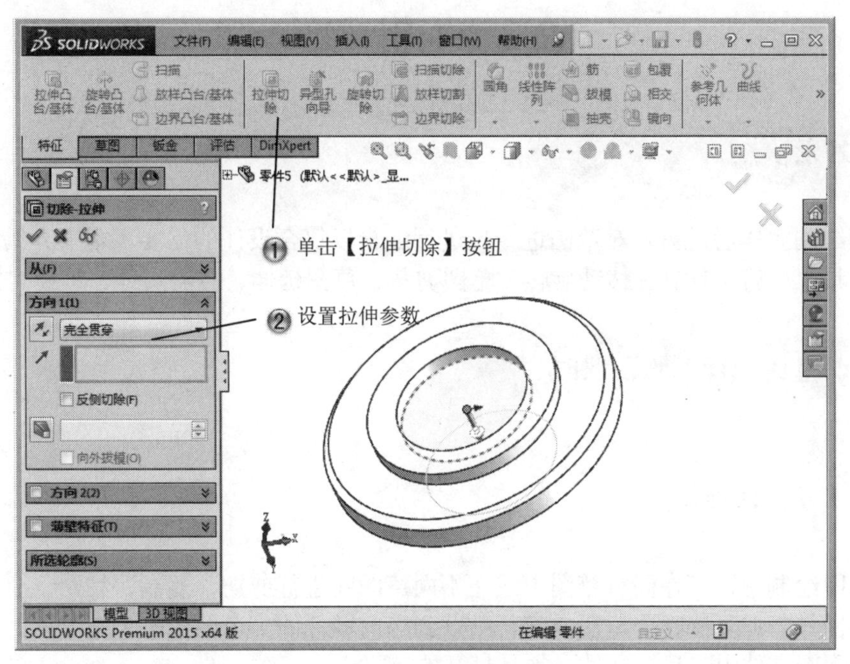

图 2-27　拉伸切除

Step14 完成凸台零件，如图 2-28 所示。

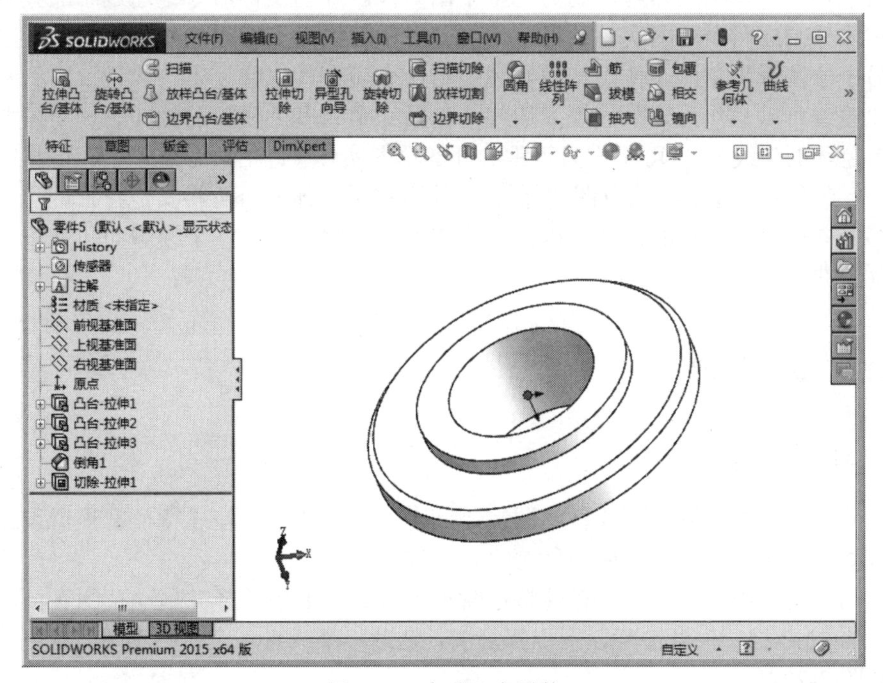

图 2-28　完成凸台零件

2.2 编辑草图

草图绘制完毕后，需要对草图进一步进行编辑以符合设计的需要，本节介绍常用的草图编辑工具，如剪切复制、移动旋转、草图剪裁、草图延伸、转换实体、等距实体等。

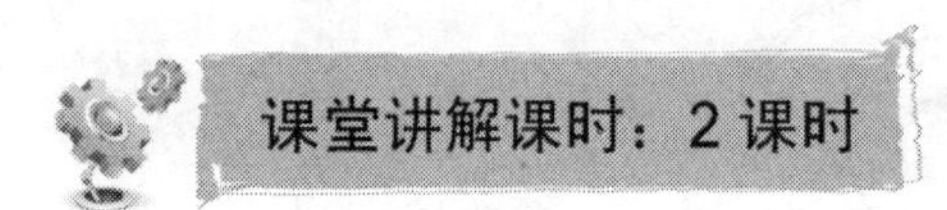

2.2.1 设计理论

在草图绘制中，可在同一草图中或在不同草图间进行剪切、复制、粘贴一个或多个草图实体的操作，如复制整个草图并将其粘贴到当前零件的一个面或另一个草图、零件、装配体或工程图文件中（目标文件必须是打开的）。

使用剪裁命令可用来裁剪或延伸某一草图实体，使之与另一个草图实体重合，者删除某一草图实体。使用延伸命令可以延伸草图实体以增加其长度，如：直线、圆弧或中心线等。常用于将一个草图实体延伸到另一个草图实体。分割实体命令是通过添加分割点将一个草图实体分割成两个草图实体。可从属于同一零件的另一草图派生草图，或从同一装配体中的另一草图派生草图。使用转换实体引用命令可将其他特征上的边线投影到某草图平面上，此边线可以是作为等距的模型边线（包括一个或多个模型的边线、一个模型的面和该面所指定环的边线），也可是作为等距的外部草图实体（包括一个或多个相连接的草图实体，或一个具有闭环轮廓线的草图实体等）。使用等距实体命令可将其他特征的边线以一定的距离和方向偏移，偏移的特征可以是一个或多个草图实体、一个模型面、一条模型边线或外部草图曲线。

2.2.2 课堂讲解

1. 复制、粘贴草图

要在同一文件中复制草图或将草图复制到另一个文件，可在【特征管理器设计树】中选择、拖动草图实体，同时按住键盘上的 Ctrl 键。

要在同一草图内部移动，可在【特征管理器设计树】中选择并拖动草图实体，同时按住键盘上的 Shift 键，也可按照以下步骤复制、粘贴一个或者多个草图实体。复制、粘贴的命令，如图 2-29 所示。

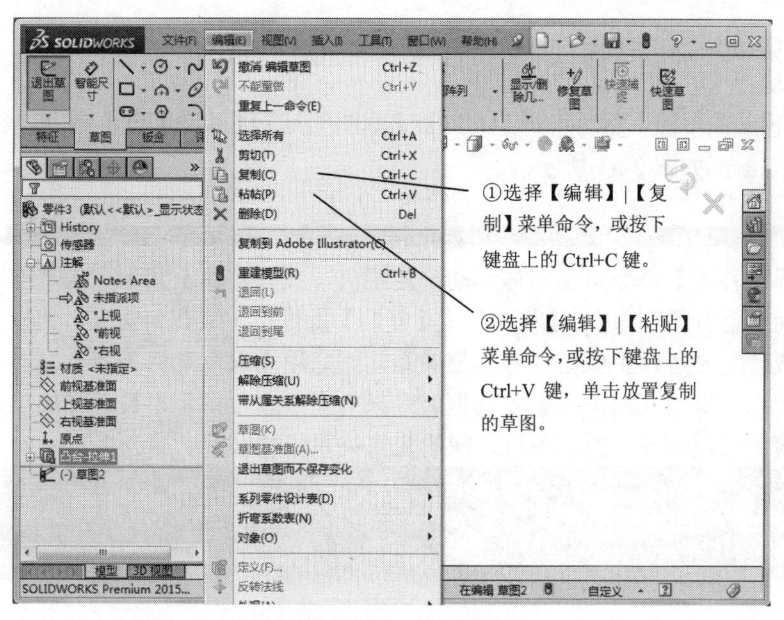

图 2-29　复制、粘贴命令

2. 移动、旋转、缩放、复制草图

如果要移动、旋转、按比例缩放、复制草图，可打开【工具】|【草图工具】菜单，然后选择以下命令，如图 2-30 所示。

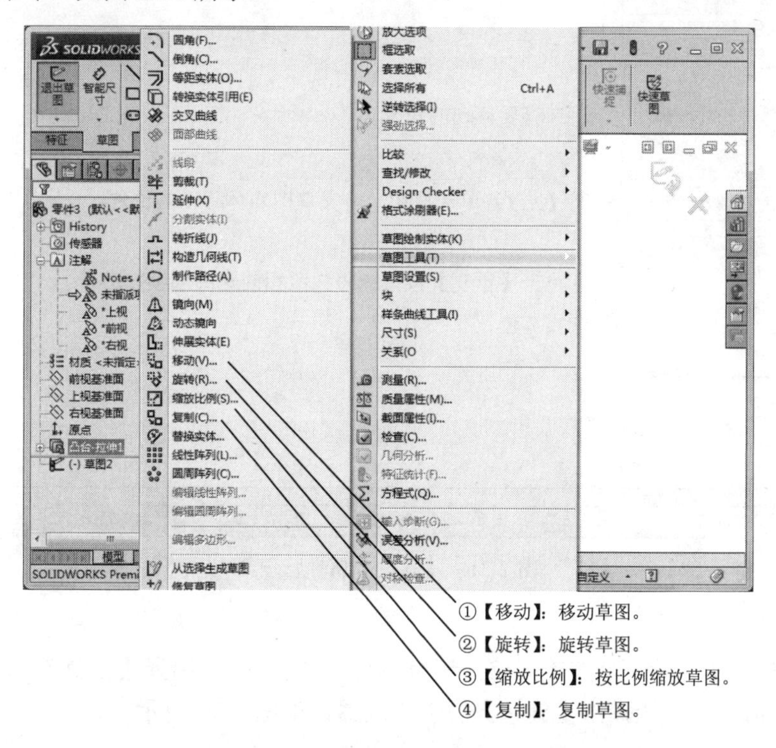

图 2-30　移动、旋转、按比例缩放、复制草图命令

下面进行详细的介绍：

（1）移动

选择要移动的草图，然后选择【工具】|【草图工具】|【移动】菜单命令，系统弹出【移动】属性管理器，如图 2-31 所示。

使用【移动】命令可将实体移动一定距离，或以实体上某一点为基准，将实体移动至已有的草图点。【移动】或【复制】操作不生成几何关系。如果需要在移动或者复制过程中保留现有几何关系，则启用【保留几何关系】复选框；当取消启用【保留几何关系】复选框时，只有在所选项目和未被选择的项目之间的几何关系被断开，所选项目之间的几何关系仍被保留。

名师点拨

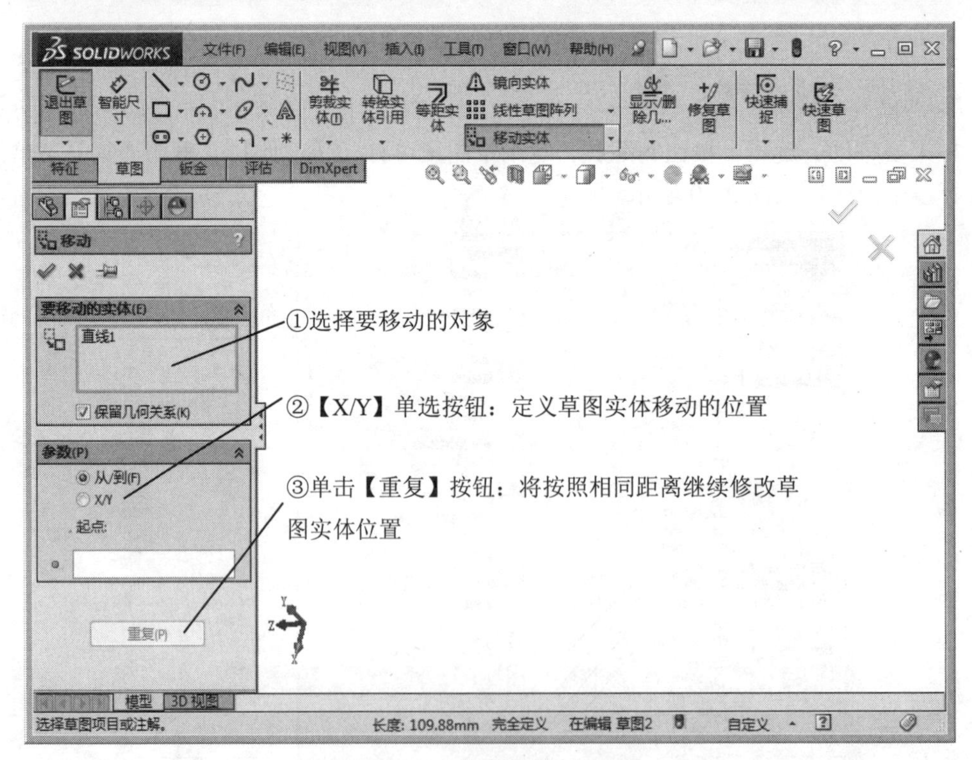

图 2-31　【移动】属性管理器

（2）旋转

使用【旋转】命令可使实体沿旋转中心旋转一定角度。选择【工具】|【草图工具】|【旋转】菜单命令，系统弹出【旋转】属性管理器，如图 2-32 所示。

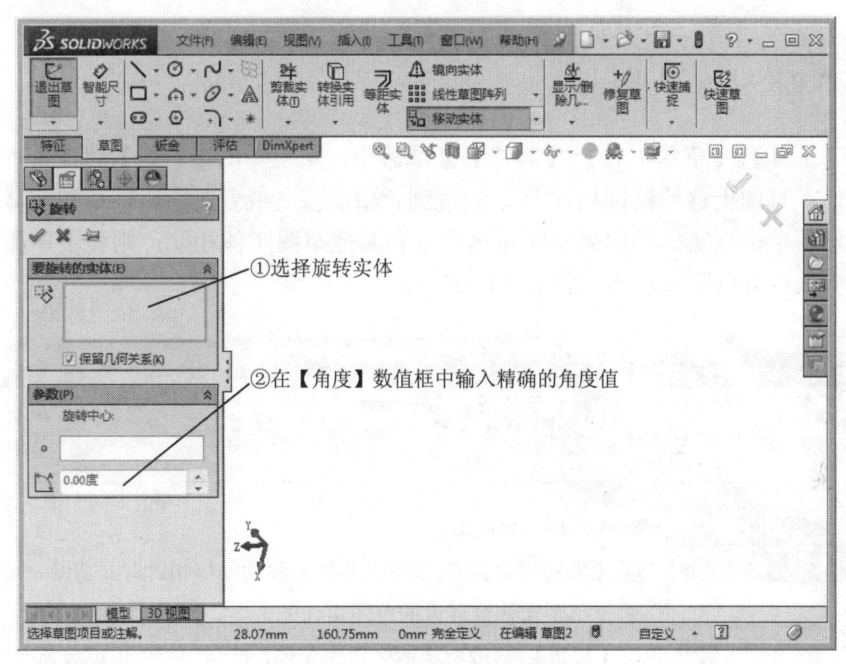

图 2-32 【旋转】属性管理器

（3）按比例缩放

使用【按比例缩放】命令可将实体放大或者缩小一定的倍数，或生成一系列尺寸成等比例的实体。选择要按比例缩放的草图，选择【工具】|【草图工具】|【缩放比例】菜单命令，系统弹出【比例】属性管理器，如图 2-33 所示。

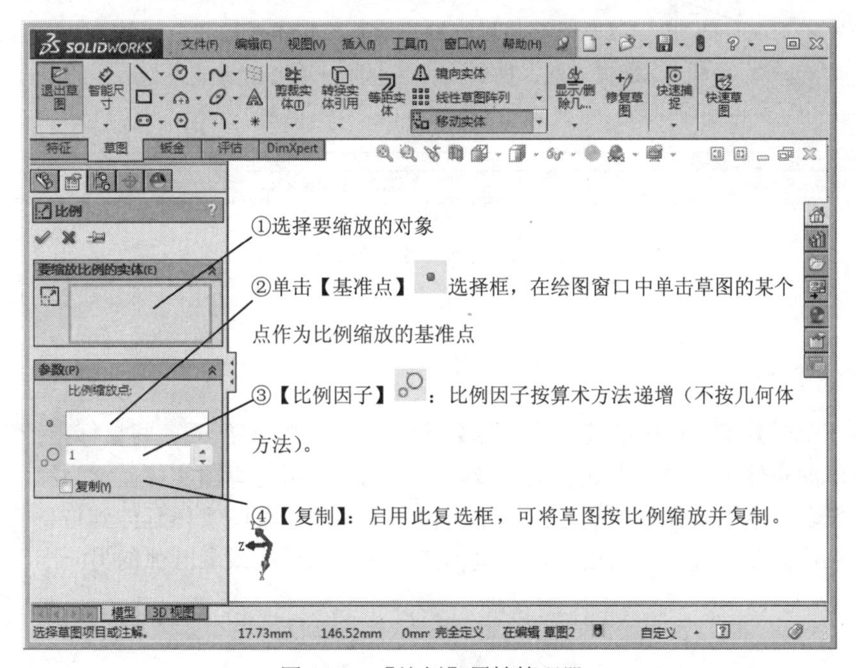

图 2-33 【比例】属性管理器

3. 剪裁草图

选择【工具】|【草图工具】|【剪裁】菜单命令，系统弹出【剪裁】属性管理器，如图 2-34 所示。在草图上移动鼠标指针，一直到希望剪裁（或者删除）的草图实体以红色高亮显示，然后单击该实体。如果草图实体没有和其他草图实体相交，则整个草图实体被删除。草图剪裁也可以删除草图实体余下的部分。

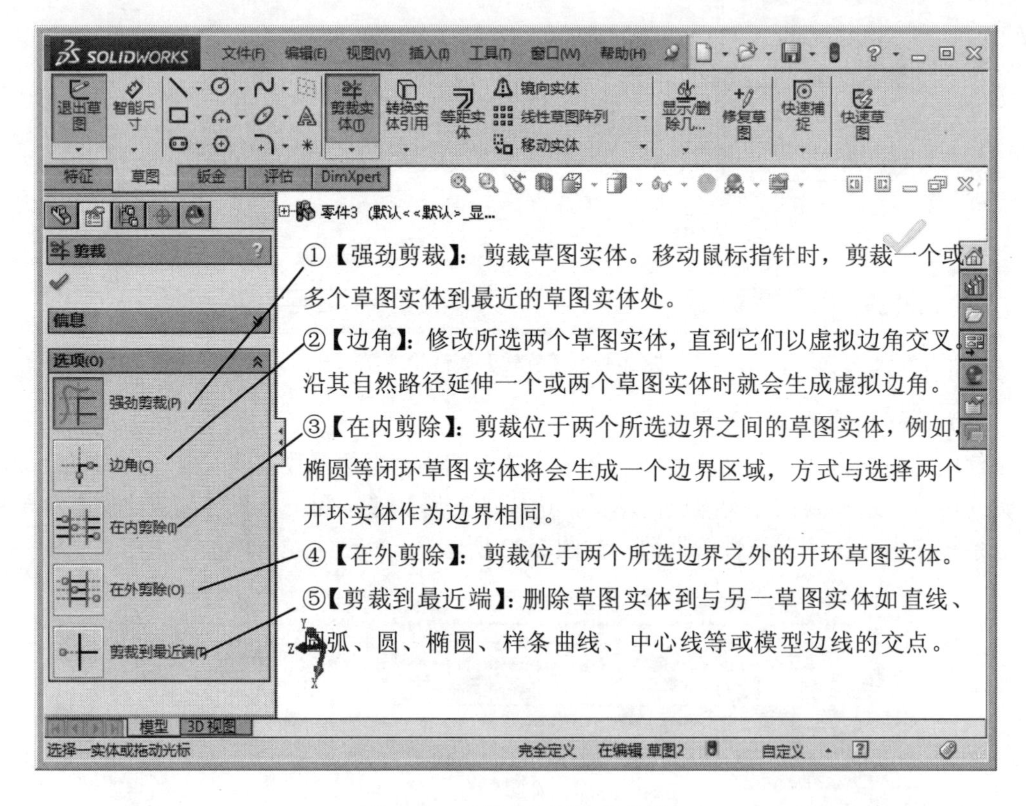

图 2-34 【剪裁】属性管理器

4. 延伸草图

单击【草图】工具栏中的【延伸实体】按钮，如图 2-35 所示。将鼠标指针拖动到要延伸的草图实体上，如：直线、圆弧或者中心线等，所选草图实体显示为红色，绿色的直线或圆弧表示草图实体延伸的方向。单击该草图实体，草图实体延伸到与下一草图实体相交。如果预览显示延伸方向出错，将鼠标指针拖动到直线或者圆弧的另一半上并再一次预览。

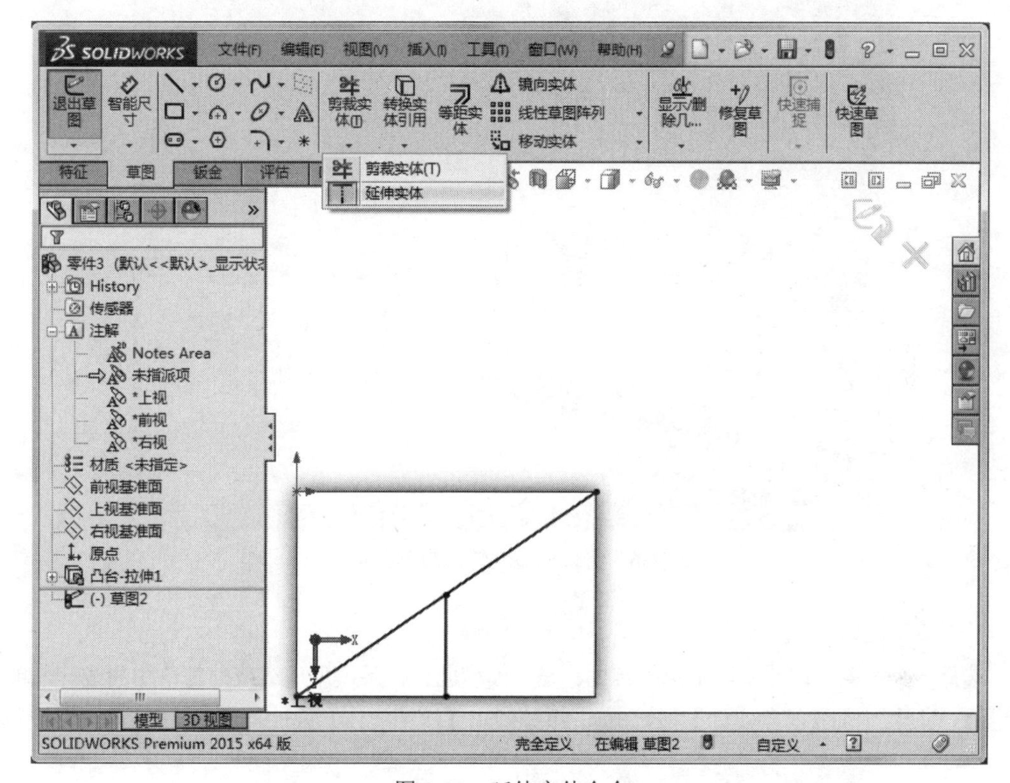

图 2-35　延伸实体命令

5. 转换实体引用

单击【草图】工具栏中的【转换实体引用】按钮，弹出【转换实体引用】属性管理器，选择实体对象，将模型面转换为草图实体，如图 2-36 所示。

【转换实体引用】命令将自动建立以下几何关系：

（1）在新的草图曲线和草图实体之间的边线上建立几何关系，如果草图实体更改，曲线也会随之更新。

（2）在草图实体的端点上生成内部固定几何关系，使草图实体保持“完全定义”状态。

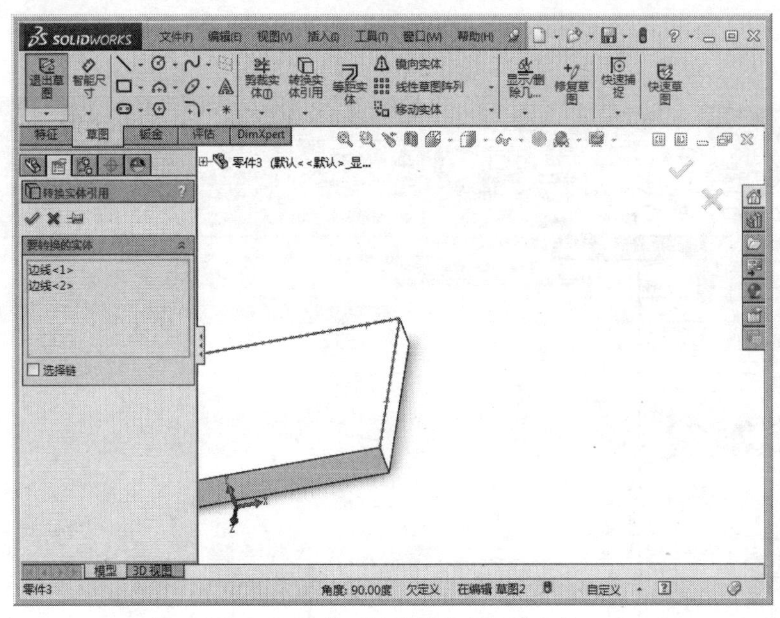

图 2-36　将模型边线转换为草图实体

6. 等距实体

选择一个草图实体或者多个草图实体、一个模型面、一条模型边线或外部草图曲线等，单击【草图】工具栏中的【等距实体】按钮，系统弹出【等距实体】属性管理器，如图 2-37 所示。

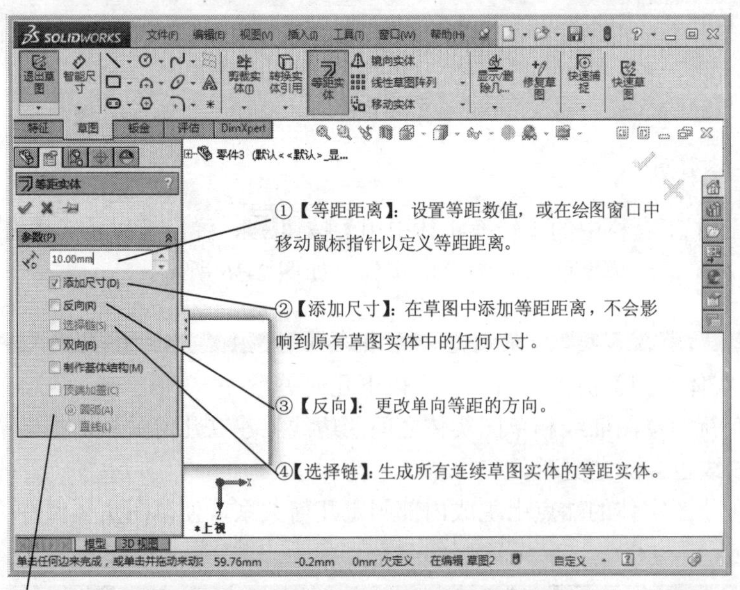

⑤【双向】：在绘图窗口的两个方向生成等距实体。

⑥【制作基体结构】：将原有草图实体转换为构造性直线。

⑦【顶端加盖】：通过启用【双向】复选框并添加顶盖以延伸原有非相交草图实体，可以选中【圆弧】或【直线】单选按钮作为延伸顶盖的类型。

图 2-37　【等距实体】属性管理器

2.2.3 课堂练习——编辑凸台零件

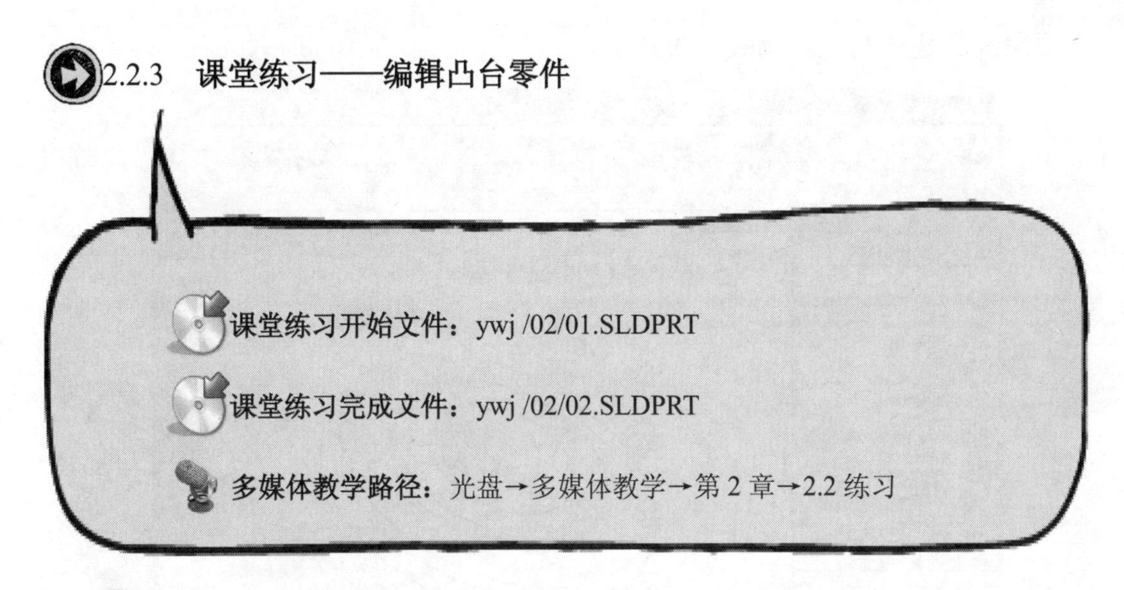

课堂练习开始文件：ywj /02/01.SLDPRT

课堂练习完成文件：ywj /02/02.SLDPRT

多媒体教学路径：光盘→多媒体教学→第 2 章→2.2 练习

Step1 打开模型，如图 2-38 所示。

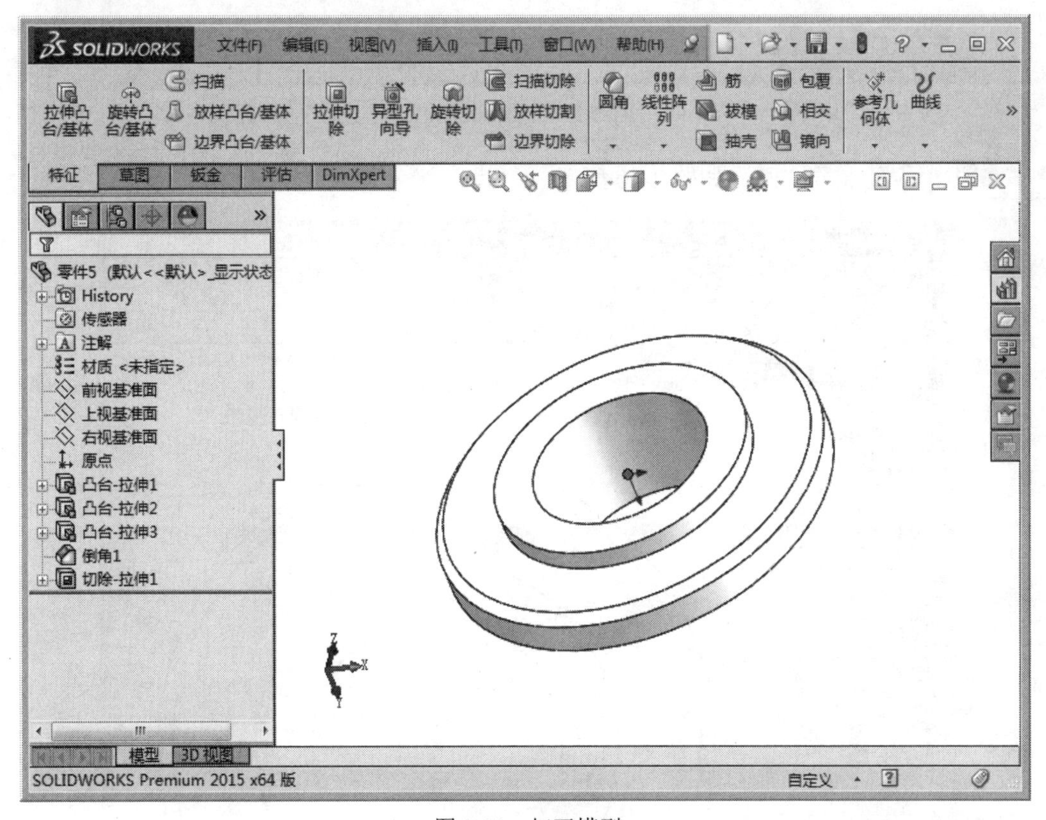

图 2-38　打开模型

Step2 选择草绘面，如图 2-39 所示。

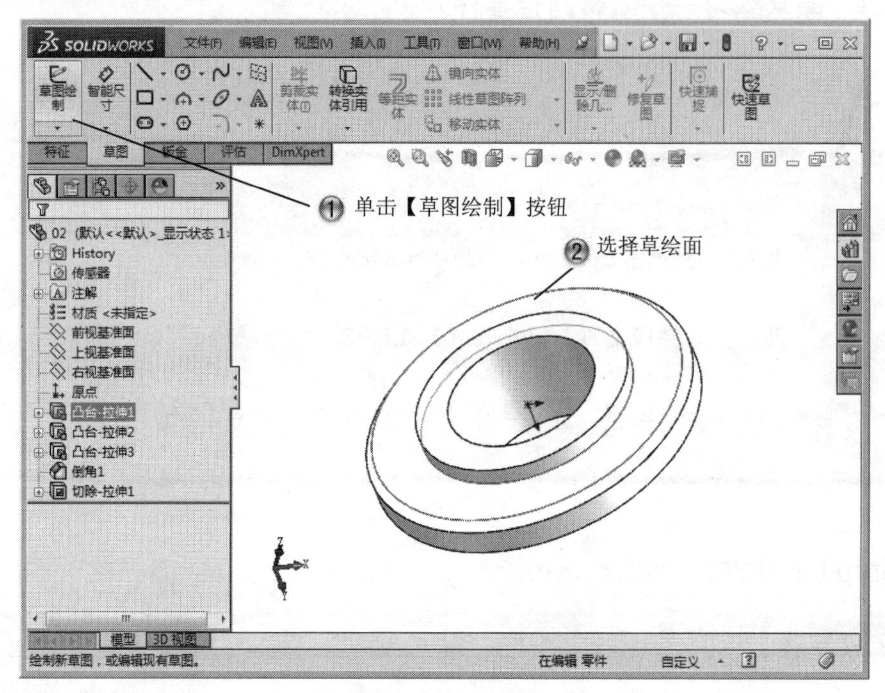

图 2-39　选择草绘面

Step3 绘制同心圆，如图 2-40 所示。

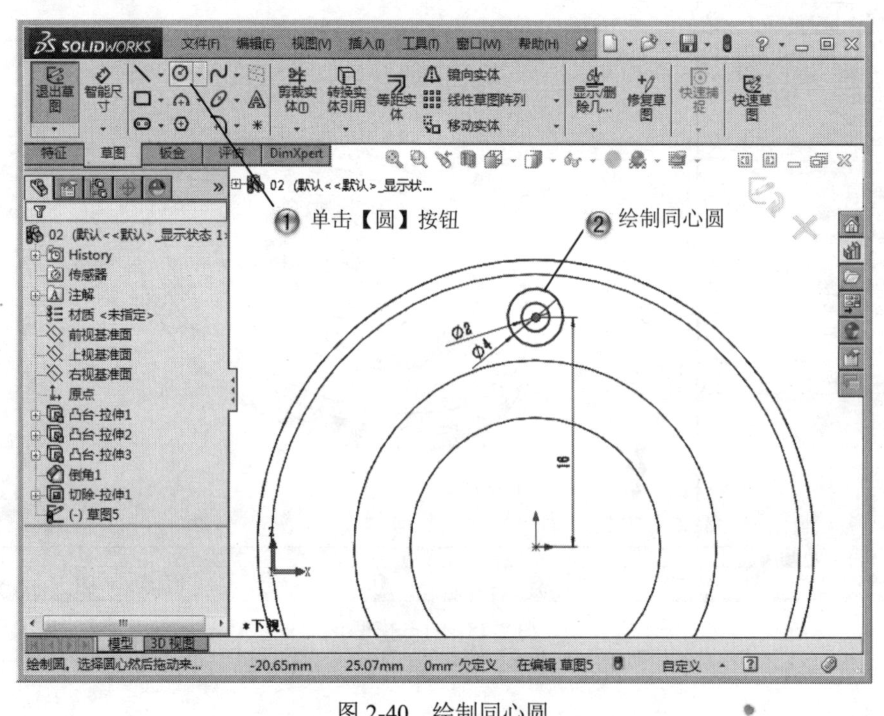

图 2-40　绘制同心圆

Step4 阵列草图，如图 2-41 所示。

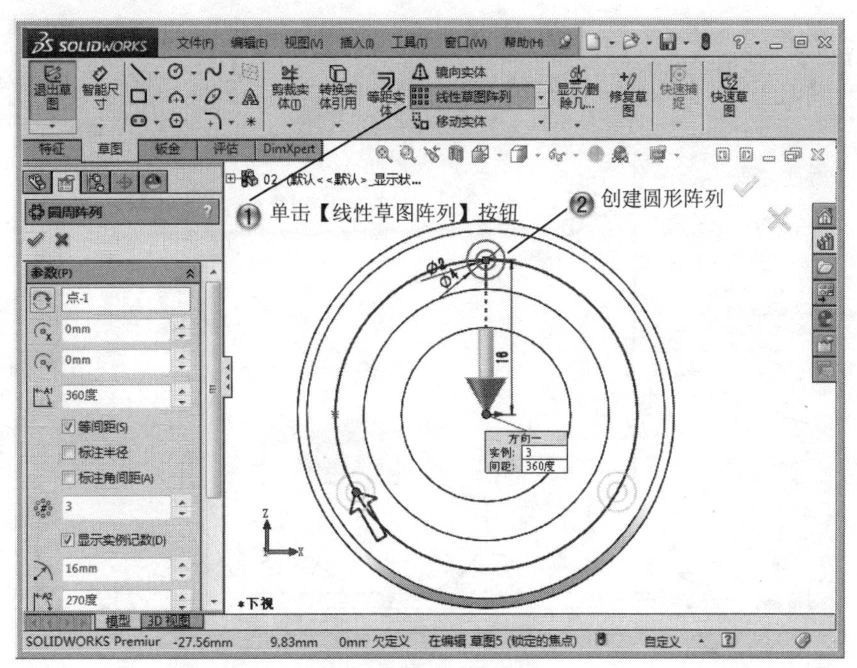

图 2-41　阵列草图

Step5 拉伸凸台，如图 2-42 所示。

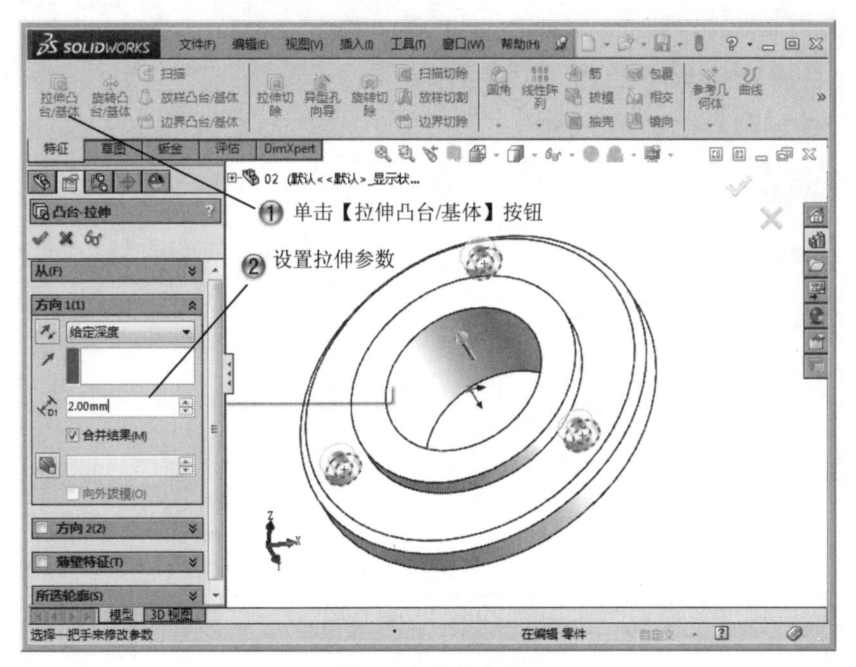

图 2-42　拉伸凸台

Step6 选择草绘面，如图 2-43 所示。

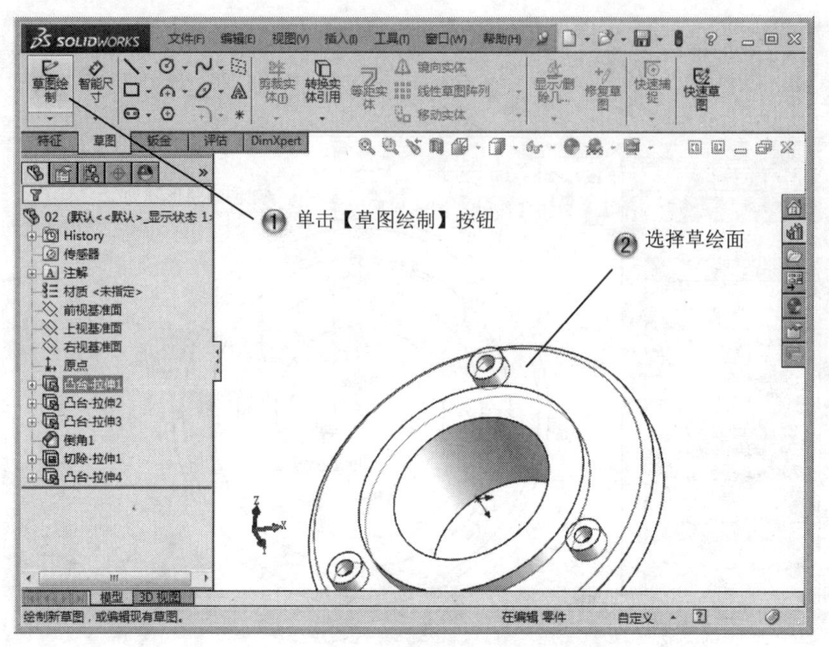

图 2-43　选择草绘面

Step7 等距实体，如图 2-44 所示。

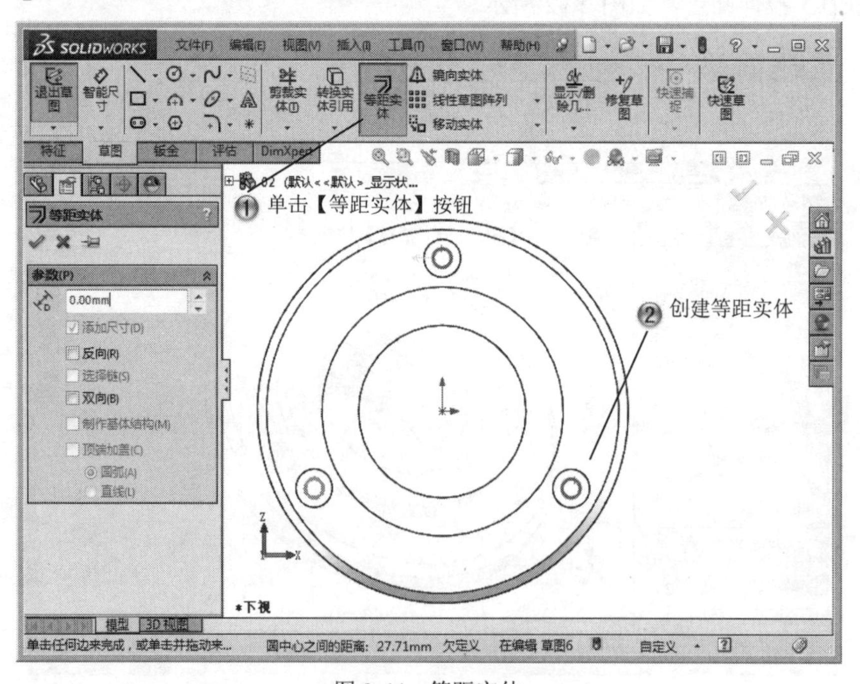

图 2-44　等距实体

Step8 拉伸切除，如图 2-45 所示。

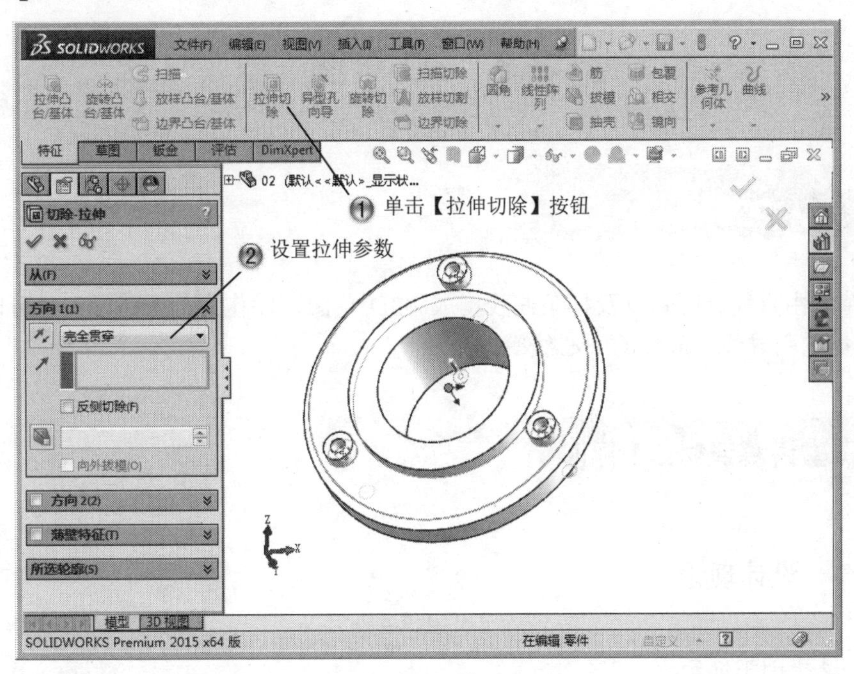

图 2-45　拉伸切除

Step9 完成凸台零件，如图 2-46 所示。

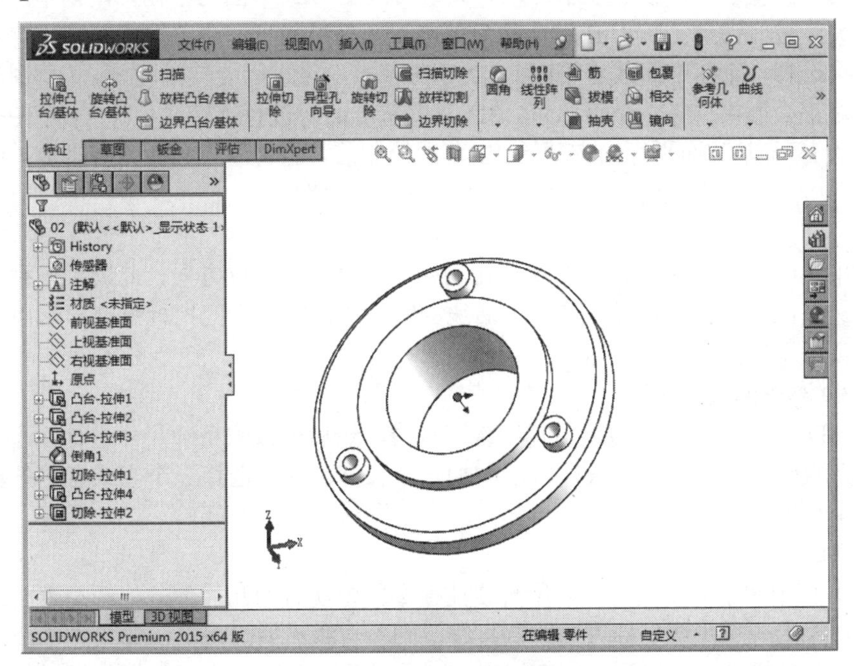

图 2-46　完成凸台零件

2.3 3D 草图

3D 草图由直线、圆弧以及样条曲线构成。3D 草图可以作为扫描路径，也可以用作放样或者扫描的引导线、放样的中心线等。

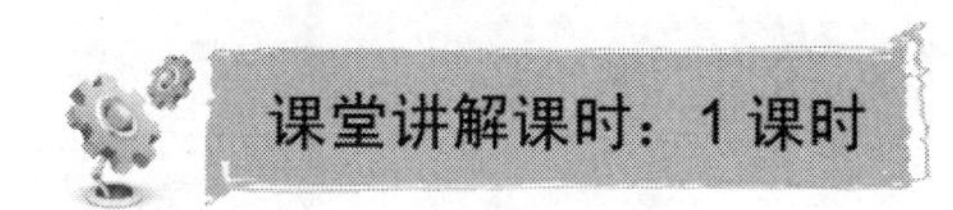

2.3.1 设计理论

（1）3D 草图坐标系

生成 3D 草图时，在默认情况下，通常是相对于模型中默认的坐标系进行绘制。如果要切换到另外两个默认基准面中的一个，则单击所需的草图绘制工具，然后按键盘上的 Tab 键，当前的草图基准面的原点显示出来。如果要改变 3D 草图的坐标系，则单击所需的草图绘制工具，按住键盘上的 Ctrl 键，然后单击一个基准面、一个平面或一个用户定义的坐标系。如果选择一个基准面或者平面，3D 草图基准面将进行旋转，使 x、y 草图基准面与所选项目对正。如果选择一个坐标系，3D 草图基准面将进行旋转，使 x、y 草图基准面与该坐标系的 x、y 基准面平行。在开始 3D 草图绘制前，将视图方向改为等轴测，因为在此方向中 x、y、z 方向均可见，可以更方便地生成 3D 草图。

（2）空间控标

当使用 3D 草图绘图时，一个图形化的助手可以帮助定位方向，此助手被称为空间控标。在所选基准面上定义直线或者样条曲线的第一个点时，空间控标就会显示出来。使用空间控标可提示当前绘图的坐标。

（3）3D 草图的尺寸标注

使用 3D 草图时，先按照近似长度绘制直线，然后再按照精确尺寸进行标注。选择两个点、一条直线或者两条平行线，可以添加一个长度尺寸。选择三个点或者两条直线，可以添加一个角度尺寸。

（4）直线捕捉

在 3D 草图中绘制直线时，可用直线捕捉零件中现有的几何体，如模型表面或顶点及草图点。如果沿一个主要坐标方向绘制直线，则不会激活捕捉功能；如果在一个平面上绘制直线，且系统推理出捕捉到一个空间点，则会显示一个暂时的 3D 图形框以指示不在平面上的捕捉。

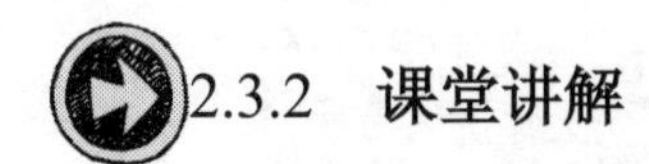

2.3.2 课堂讲解

1. 3D 直线

当绘制 3D 直线时，直线自动捕捉到的一个主要方向，即平行于 X、Y、Z 轴的方向，但并不一定要求沿着这三个主要方向之一绘制直线，可在当前基准面中与一个主要方向成任意角度进行绘制。如果直线端点捕捉到现有的几何模型，可在基准面之外进行绘制。

一般是相对于模型中的默认坐标系进行绘制。如果需要转换到其他两个默认基准面，则选择【草图绘制】工具，然后按下键盘上的 Tab 键，即显示当前草图基准面的原点。

绘制 3D 直线的命令，如图 2-47 所示。

图 2-47　绘制 3D 直线的命令

选择【直线】命令后，系统弹出【插入线条】属性管理器。在绘图窗口中单击鼠标左键开始绘制直线，此时出现空间控标，帮助在不同的基准面上绘制草图（如果想改变基准面，按下键盘上的 Tab 键）。移动鼠标指针至直线段的终点处，如图 2-48 所示。

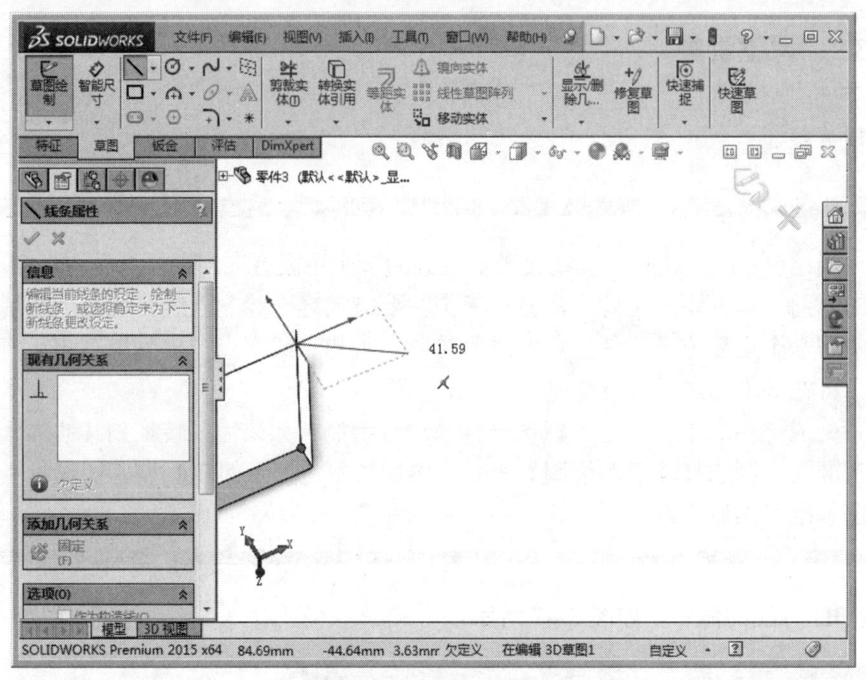

图 2-48　绘制 3D 直线

2. 3D 圆角

选择【插入】|【3D 草图】菜单命令，进入 3D 草图绘制状态。单击【草图】工具栏中的【绘制圆角】按钮，系统弹出【绘制圆角】属性管理器，如图 2-49 所示。

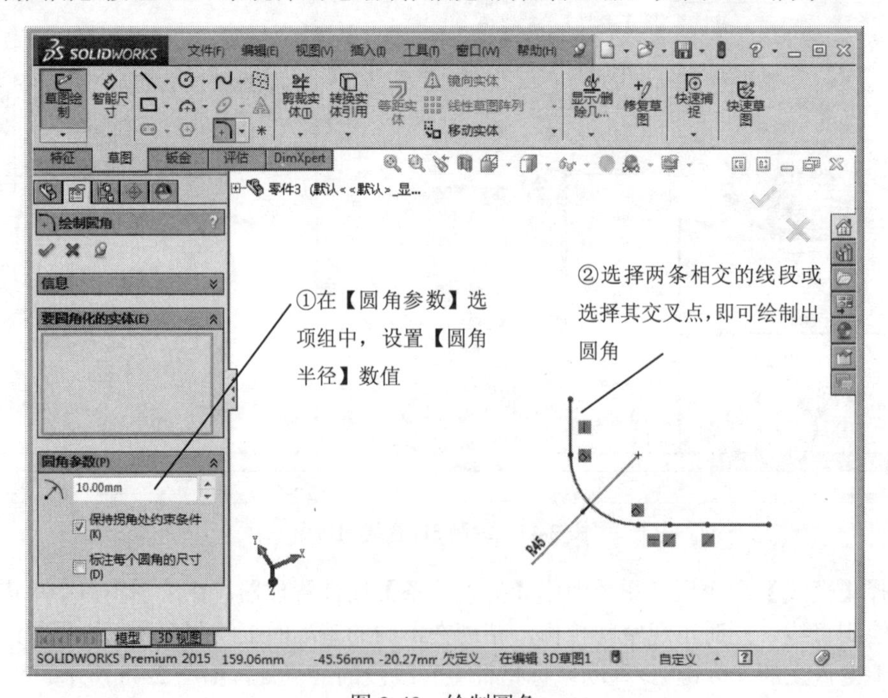

图 2-49　绘制圆角

3. 3D 样条曲线

3D 样条曲线的绘制方法如下。

选择【插入】|【3D 草图】菜单命令，进入 3D 草图绘制状态。单击【草图】工具栏中的【样条曲线】按钮，在绘图窗口中单击鼠标左键放置第一个点，移动鼠标指针定义曲线的第一段，系统弹出【样条曲线】属性管理器，如图 2-50 所示。每次单击鼠标左键时，都会出现空间控标来帮助在不同的基准面上绘制草图，重复步骤，直到完成 3D 样条曲线的绘制。

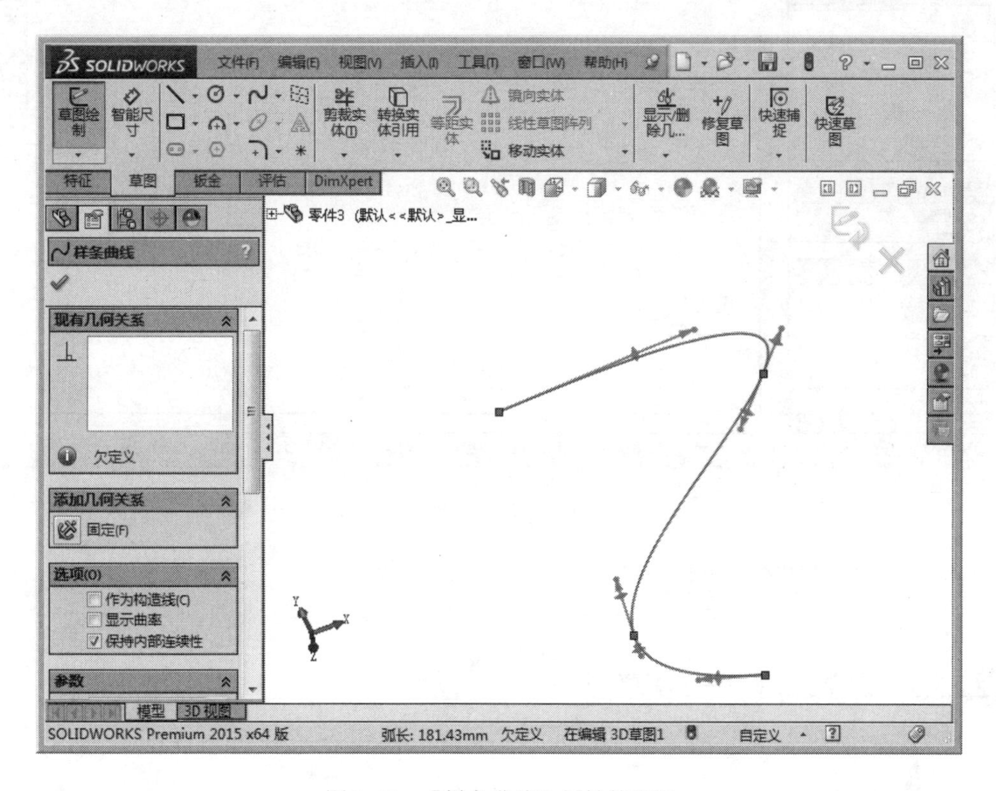

图 2-50 【样条曲线】属性管理器

4. 3D 草图点

3D 草图点的绘制方法如下。

选择【插入】|【3D 草图】菜单命令，进入 3D 草图绘制状态。单击【草图】工具栏中的【点】按钮，在绘图窗口中单击鼠标左键放置点，系统弹出【点】属性管理器，如图 2-51 所示。如果需要改变【点】属性，可在 3D 草图中选择一个点，然后在【点】属性管理器中编辑其属性。

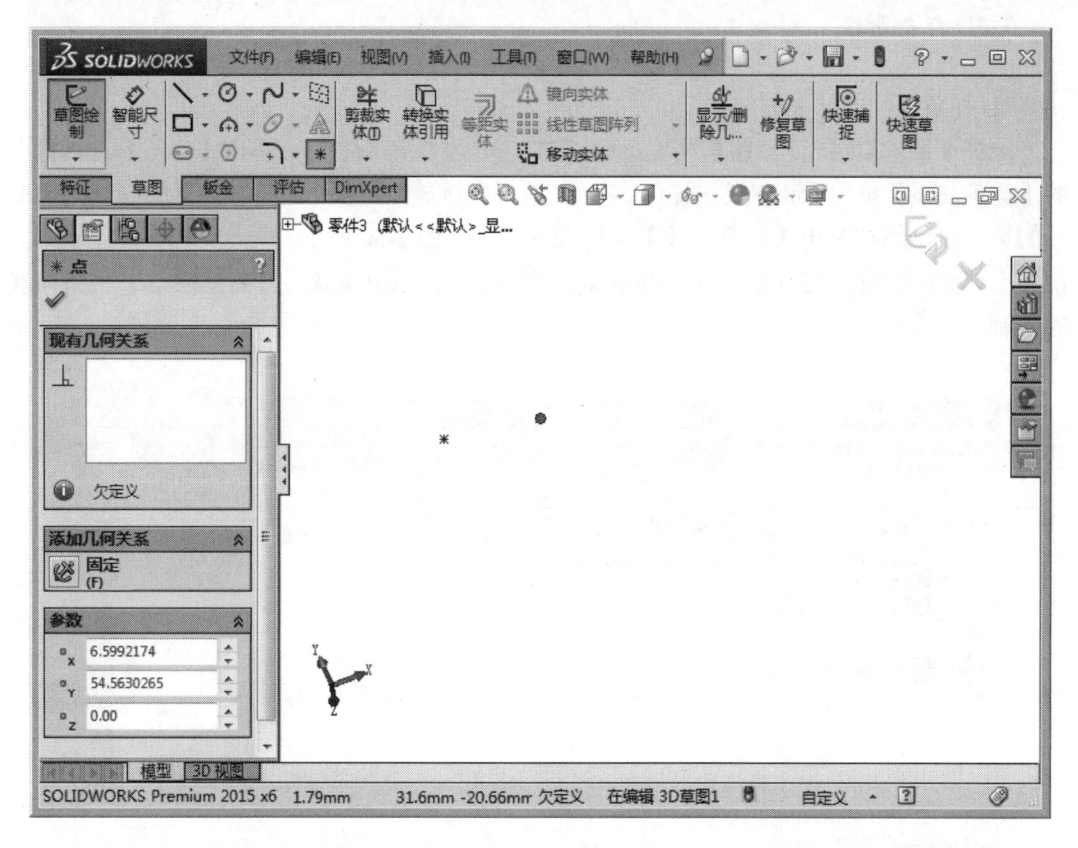

图 2-51 【点】属性管理器

2.3.3 课堂练习——3D 草图

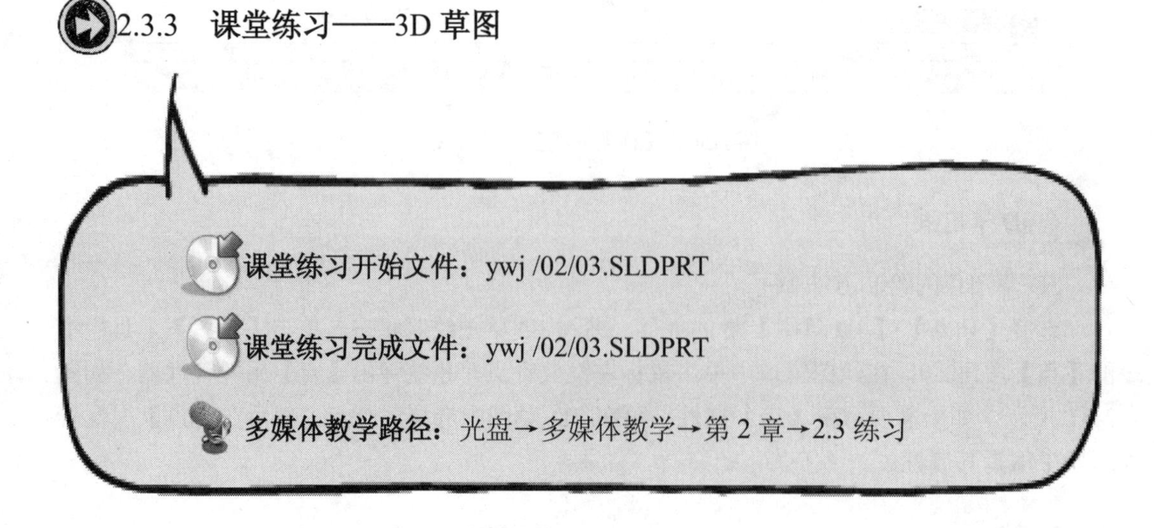

Step1 选择草绘面，如图 2-52 所示。

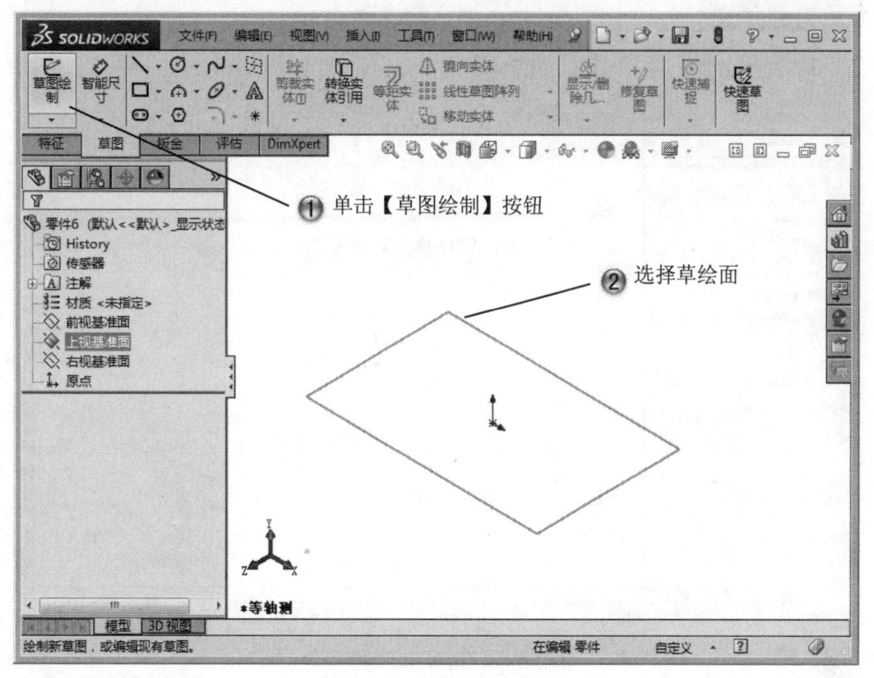

图 2-52　选择草绘面

Step2 绘制矩形，如图 2-53 所示。

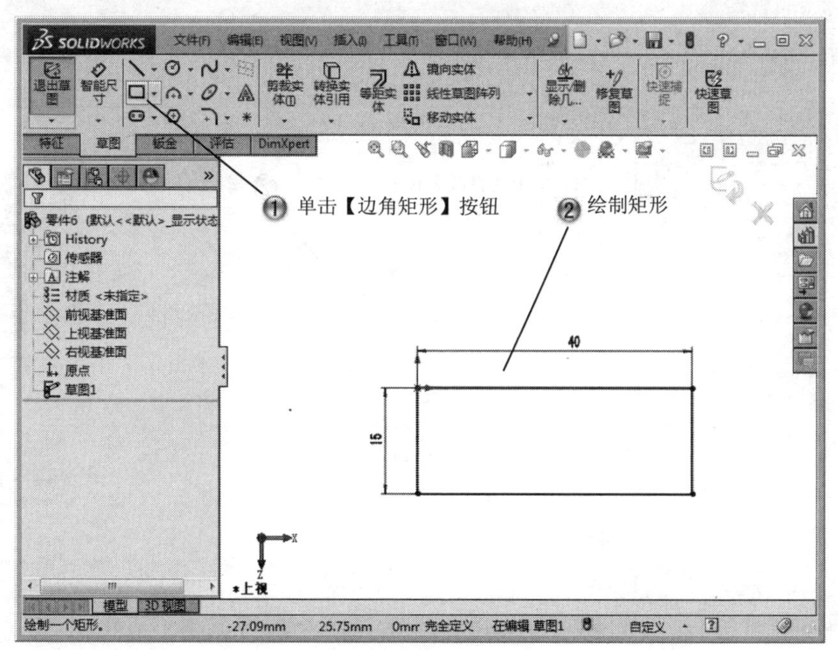

图 2-53　绘制矩形

Step3 选择 3D 草图命令，如图 2-54 所示。

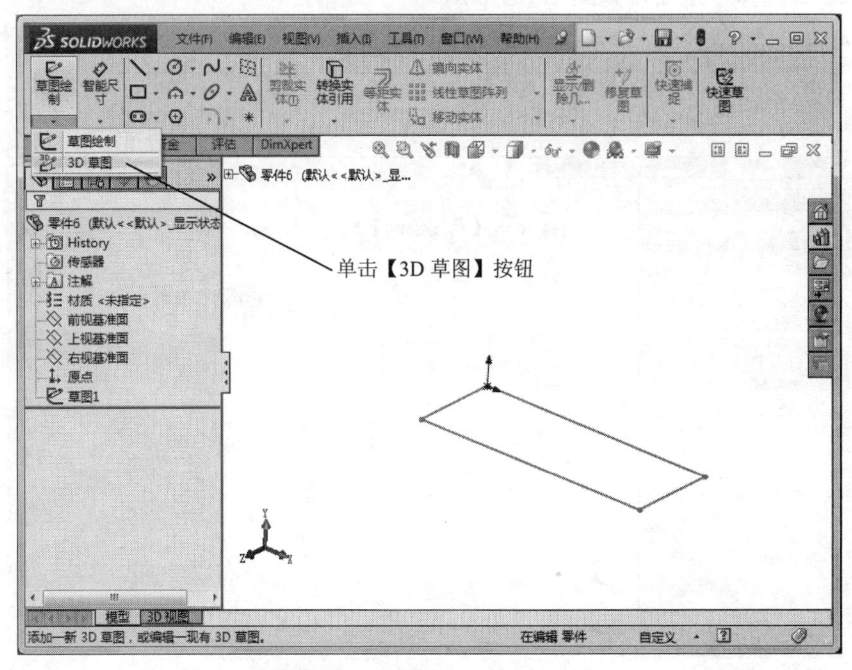

图 2-54　选择 3D 草图命令

Step4 绘制长 25 的直线，如图 2-55 所示。

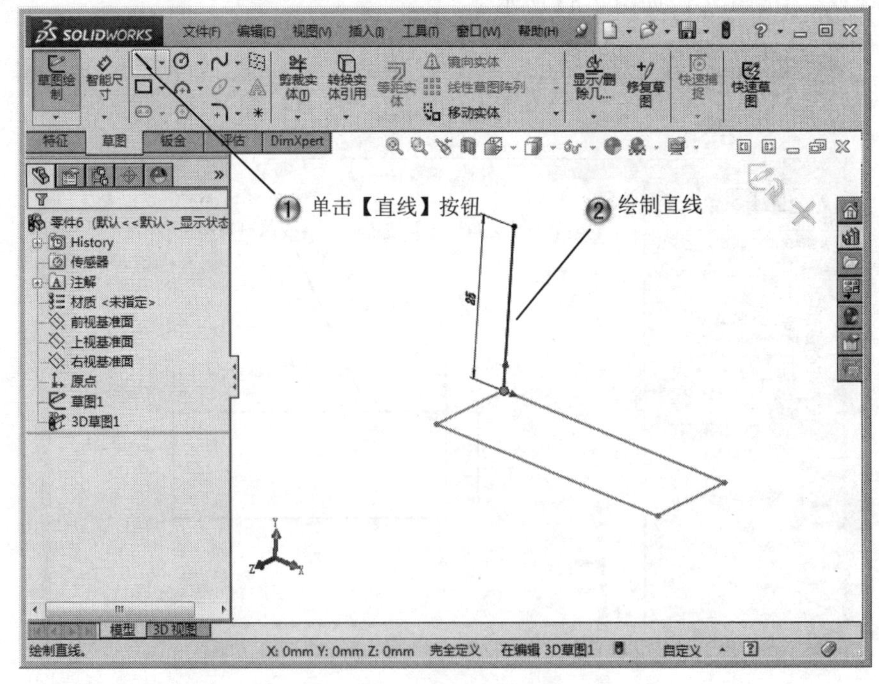

图 2-55　绘制长 25 的直线

Step5 绘制长 20 的直线，如图 2-56 所示。

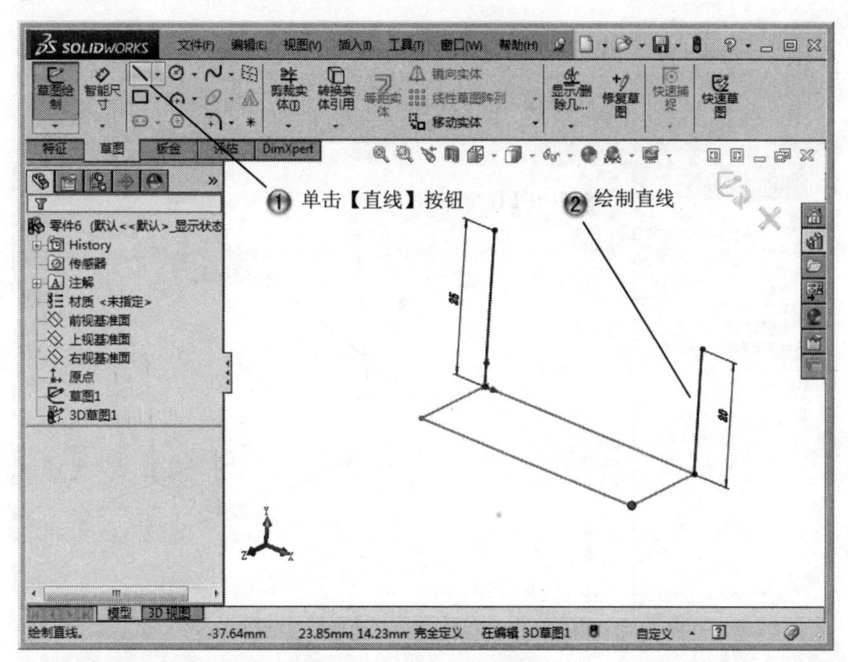

图 2-56　绘制长 20 的直线

Step6 绘制长 10 的直线，如图 2-57 所示。

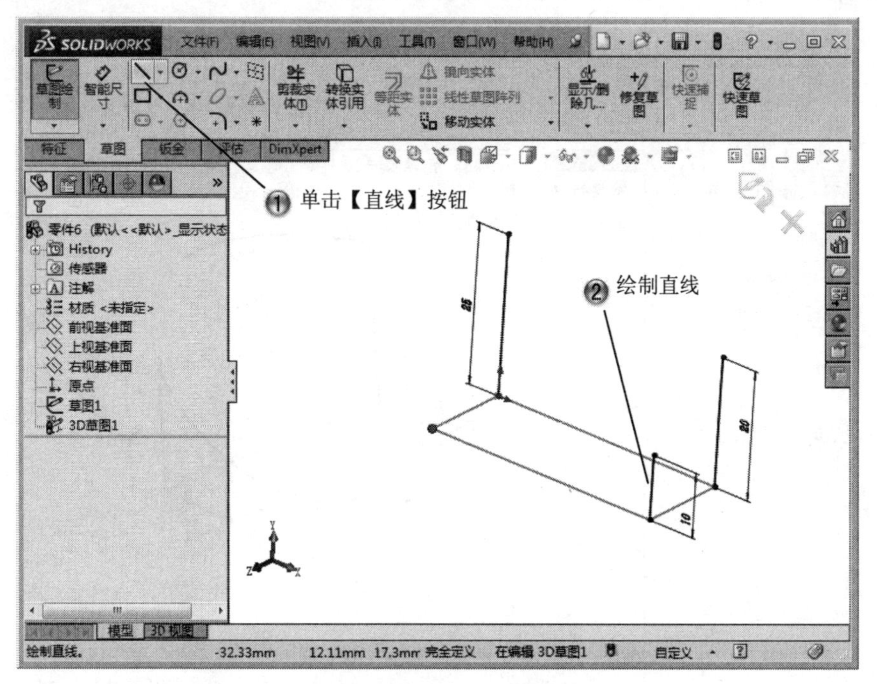

图 2-57　绘制长 10 的直线

Step7 绘制长 5 的直线，如图 2-58 所示。

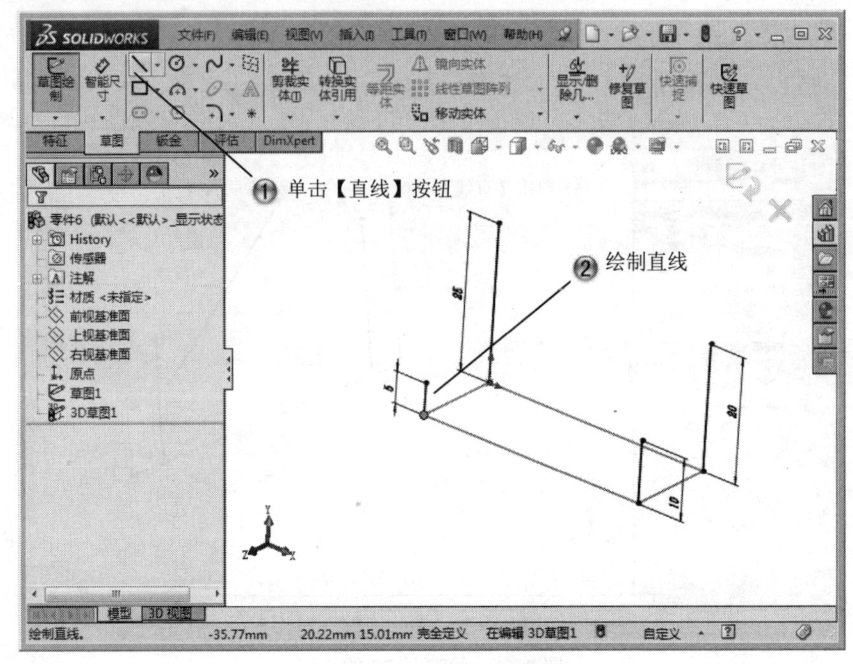

图 2-58　绘制长 5 的直线

Step8 绘制样条曲线，如图 2-59 所示。

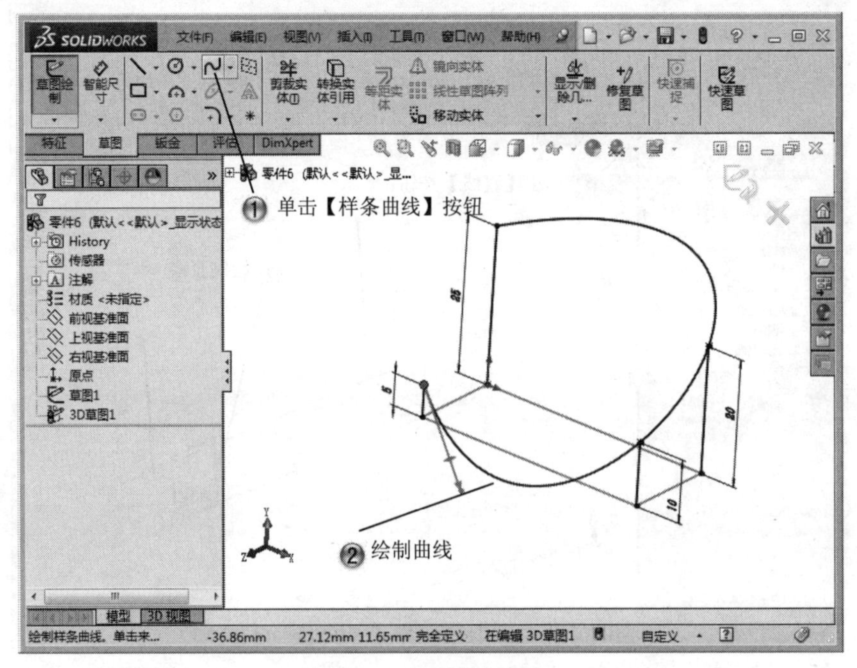

图 2-59　绘制样条曲线

Step9 完成的 3D 草图，如图 2-60 所示。

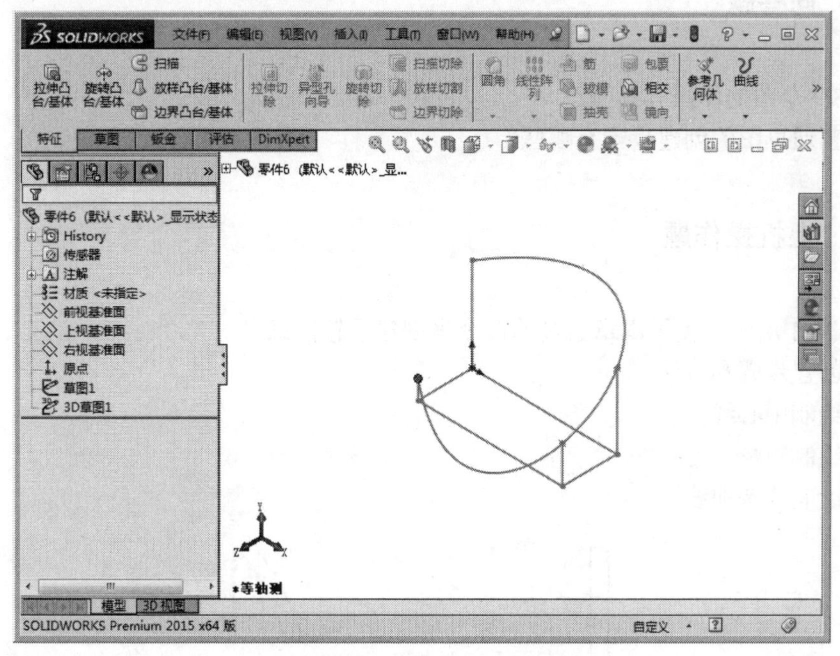

图 2-60 完成的 3D 草图

2.4 专家总结

本章详细介绍了草图绘制的基本概念和草图绘制方法、草图编辑及生成 3D 草图的方法，以及草图的设计知识，草图设计包括绘制和编辑两类，使用各种绘制草图的命令完成草图，进而生成特征。3D 草图命令在绘制空间曲线时比较有用，绘制空间曲线和曲面使用较多。

2.5 课后习题

2.5.1 填空题

（1）绘制草图的命令有________种。
（2）绘制直线的命令有________。
（3）编辑草图的方法是________、________、________。

2.5.2 问答题

（1）3D 草图的作用有哪些？

（2）普通草图的创建步骤有哪些？

2.5.3 上机操作题

如图 2-61 所示，使用本章学过的命令来创建手轮图纸。

一般创建步骤和方法：

（1）绘制中心线。

（2）绘制矩形。

（3）绘制样条曲线。

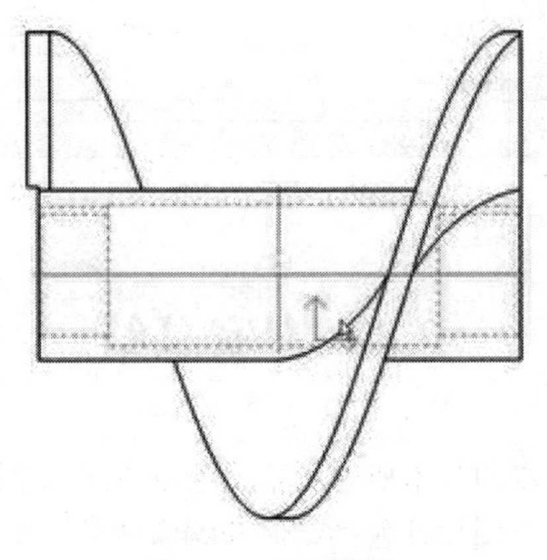

图 2-61 手轮图纸

第3章　实体特征设计

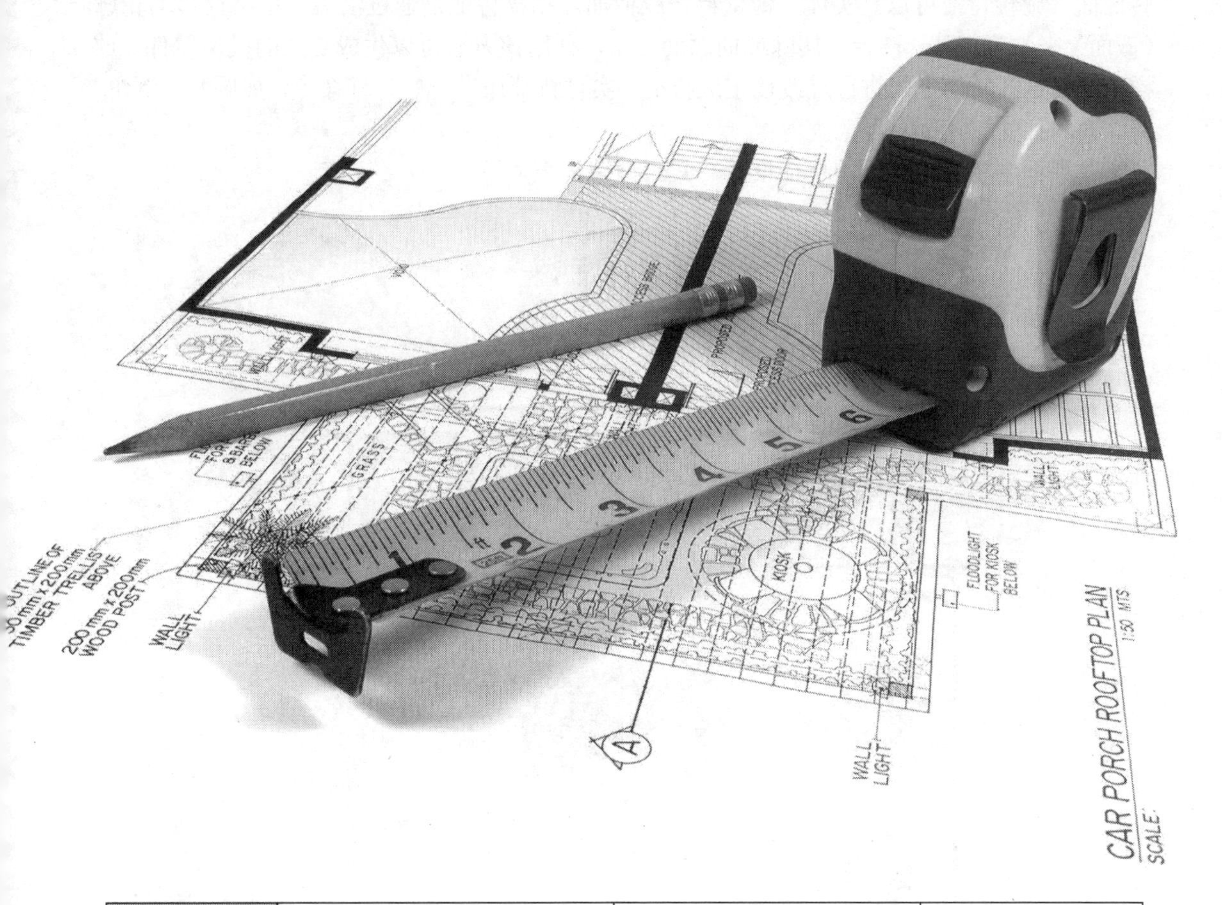

课训目标	内　容	掌握程度	课　时
	拉伸和旋转特征	熟练掌握	2
	扫描特征	熟练掌握	1
	放样特征	熟练掌握	1
	圆角和倒角特征	熟练掌握	2
	筋特征	熟练掌握	1
	孔特征	熟练掌握	1
	抽壳特征	熟练掌握	1

课程学习建议

拉伸凸台/基体是由草图生成的实体零件的第一个特征，基体是实体的基础。旋转特征通过绕中心线旋转一个或多个轮廓来添加或移除材料，可以生成凸台/基体、旋转切除或旋转曲面，旋转特征可以是实体、薄壁特征或曲面。扫描特征是通过沿着一条路径移动轮廓（截面）来生成基体、凸台、切除或曲面的方法，使用该方法可以生成复杂的模型零件。放样特征通过在轮廓之间进行过渡以生成特征。实体特征还有一些特殊命令，如圆角、倒角、筋、孔和抽壳。

本课程主要基于实体的特征设计，其培训课程表如下。

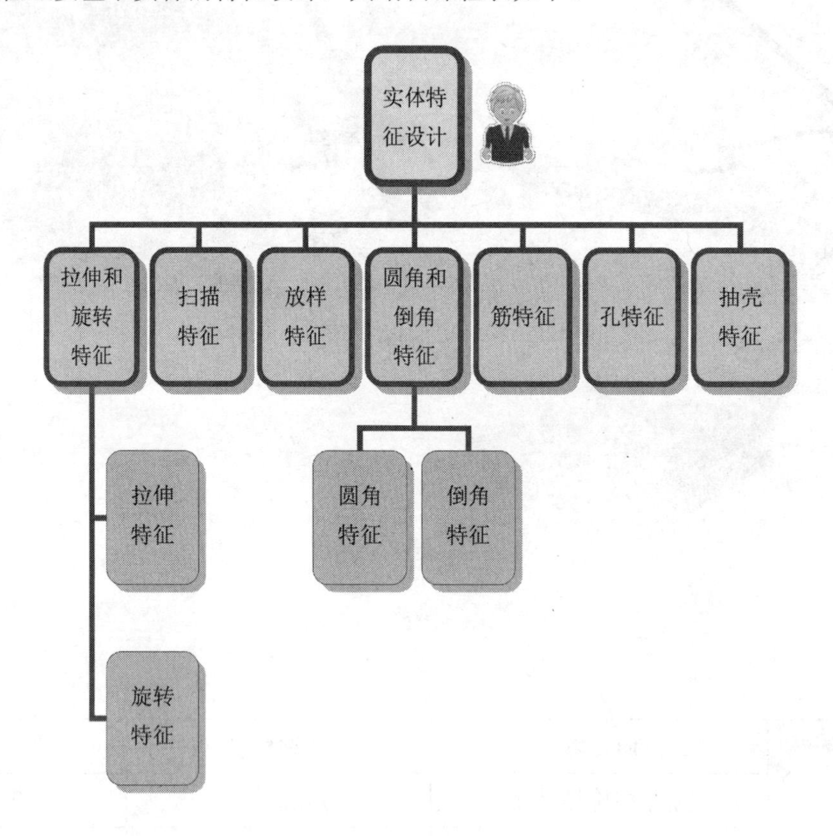

3.1 拉伸和旋转特征

拉伸和旋转特征在草图基础上，通过拉伸或者旋转的操作，来增加和减少材料以得到各种复杂的实体零件。

课堂讲解课时：2 课时

3.1.1 设计理论

拉伸特征包括拉伸凸台/基体特征和拉伸切除特征，本节的旋转特征主要讲解其属性设置和创建旋转特征的操作步骤。

3.1.2 课堂讲解

1. 拉伸特征

（1）拉伸凸台/基体特征

拉伸特征的命令，如图 3-1 所示。

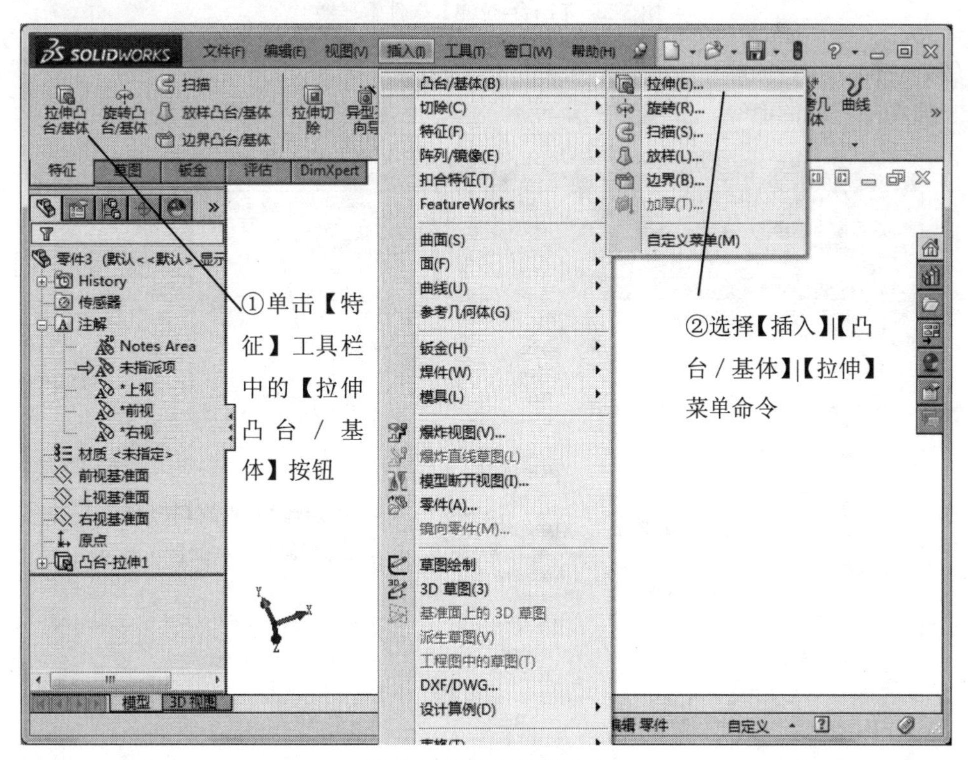

图 3-1 拉伸特征的命令

系统弹出【凸台-拉伸】的属性管理器，如图 3-2 所示。

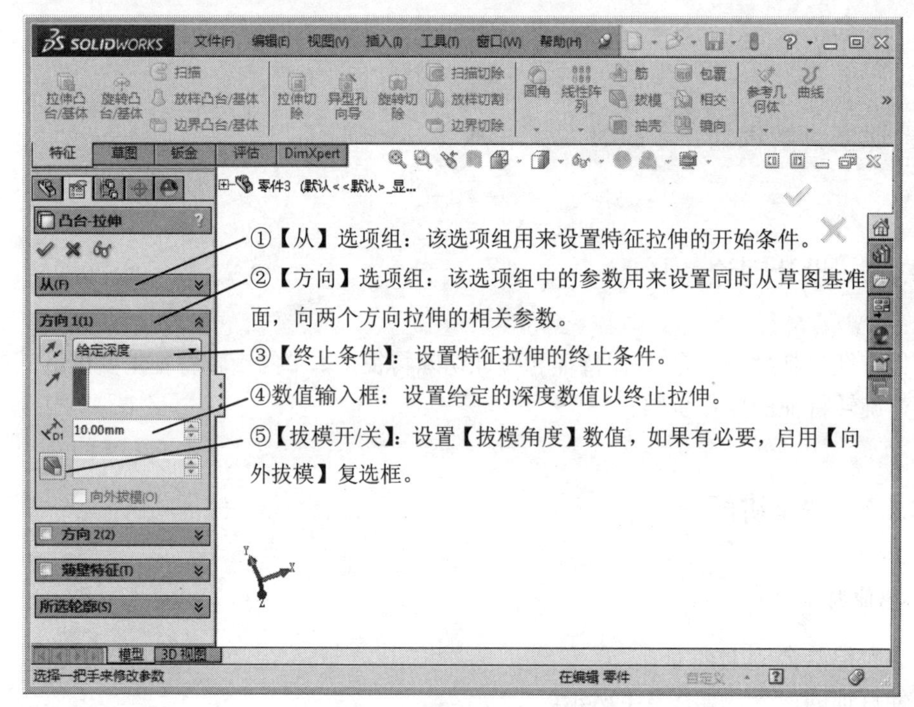

图 3-2 【凸台-拉伸】属性管理器

（2）拉伸切除特征

拉伸切除特征的命令，如图 3-3 所示。

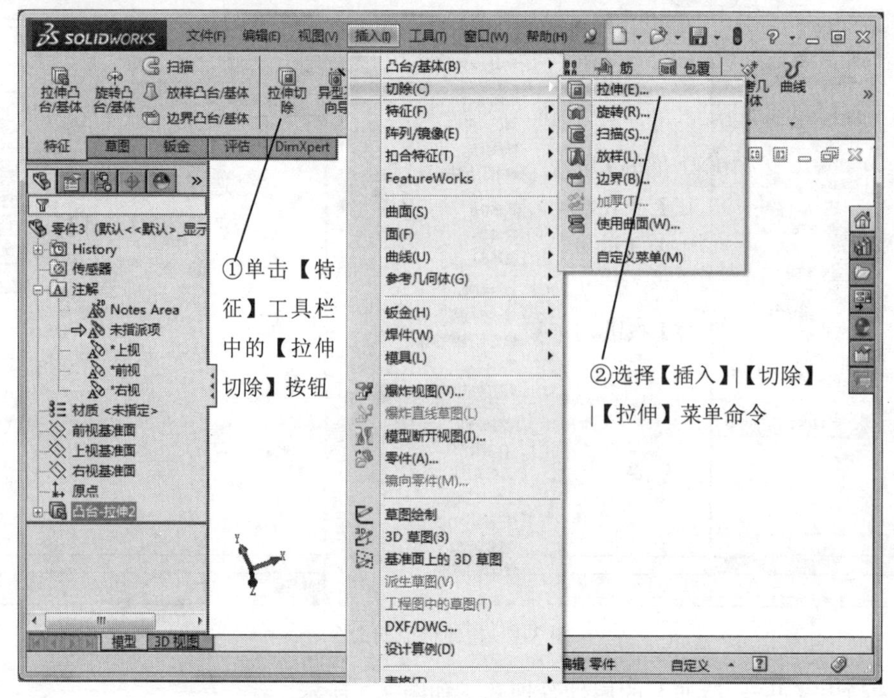

图 3-3 拉伸切除特征的命令

弹出【切除-拉伸】属性管理器，该属性设置与【拉伸】的属性设置方法基本一致，如图 3-4 所示。

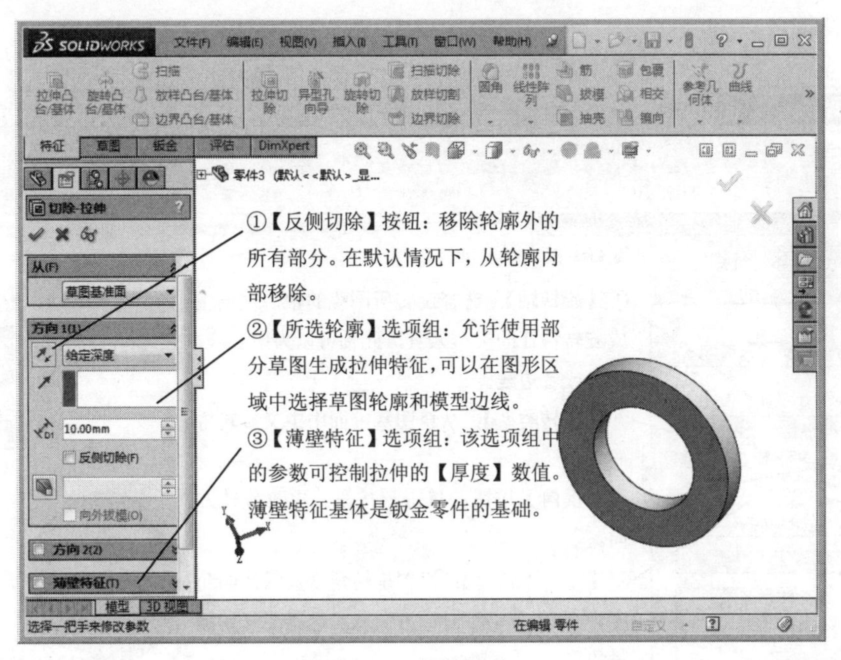

图 3-4　拉伸切除

2. 旋转特征

旋转特征的命令，如图 3-5 所示。

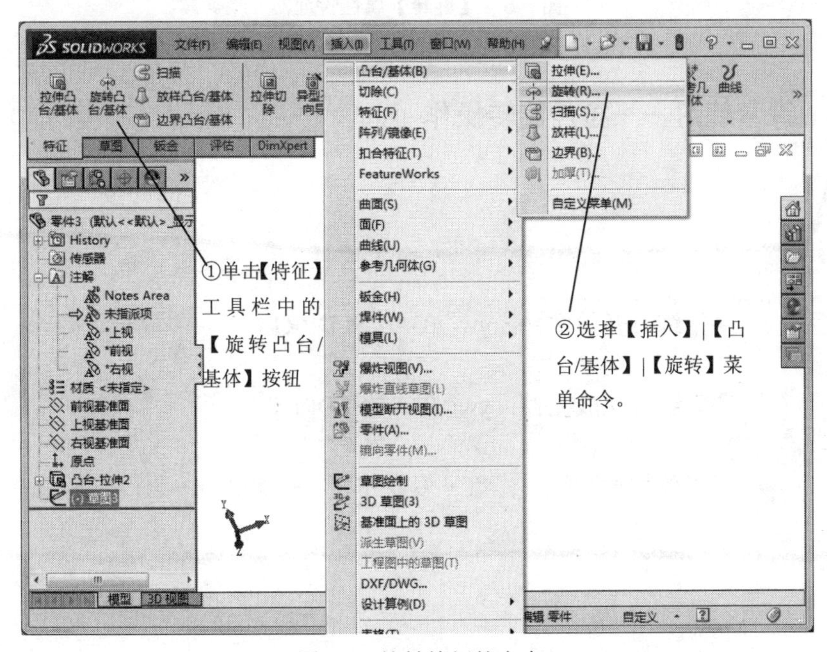

图 3-5　旋转特征的命令

系统打开【旋转】属性管理器，如图 3-6 所示。在图形区域中选择适当轮廓，此时显示出旋转特征的预览，可以选择任何轮廓以生成单一或者多实体零件，单击【确定】按钮✔，生成旋转特征。

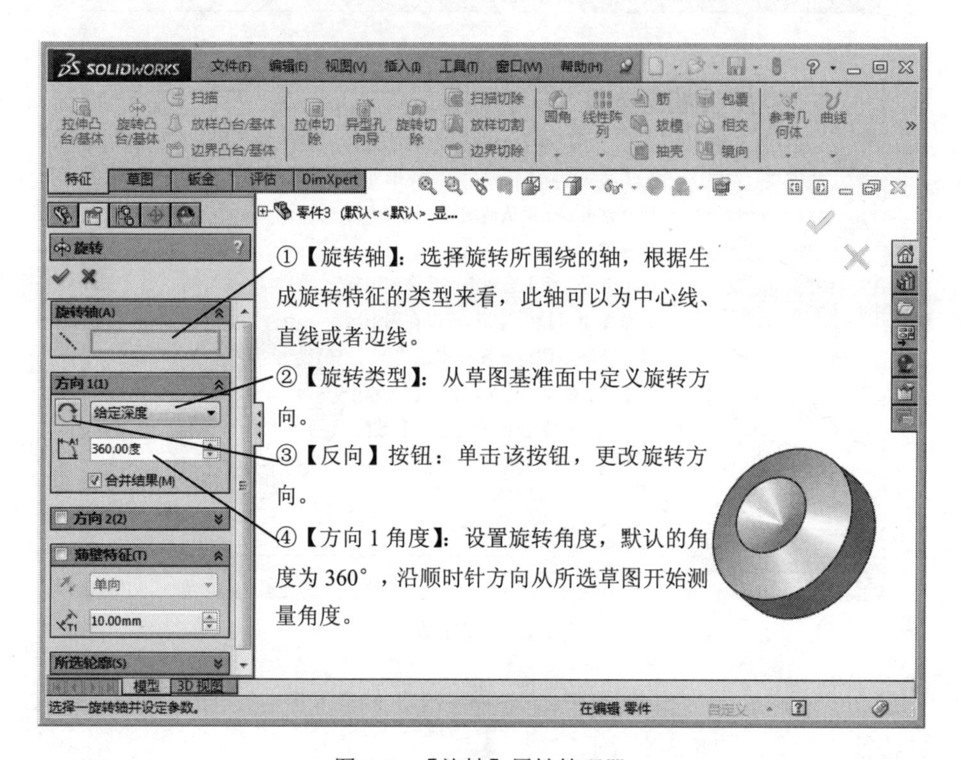

图 3-6 【旋转】属性管理器

3.1.3 课堂练习——拉伸旋转操作

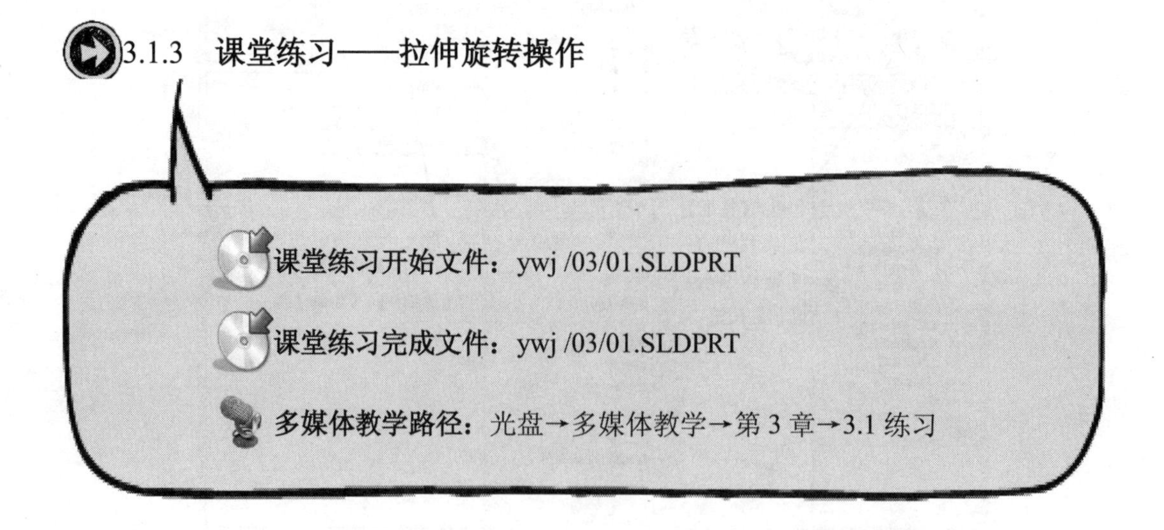

Step1 选择草绘面。如图 3-7 所示。

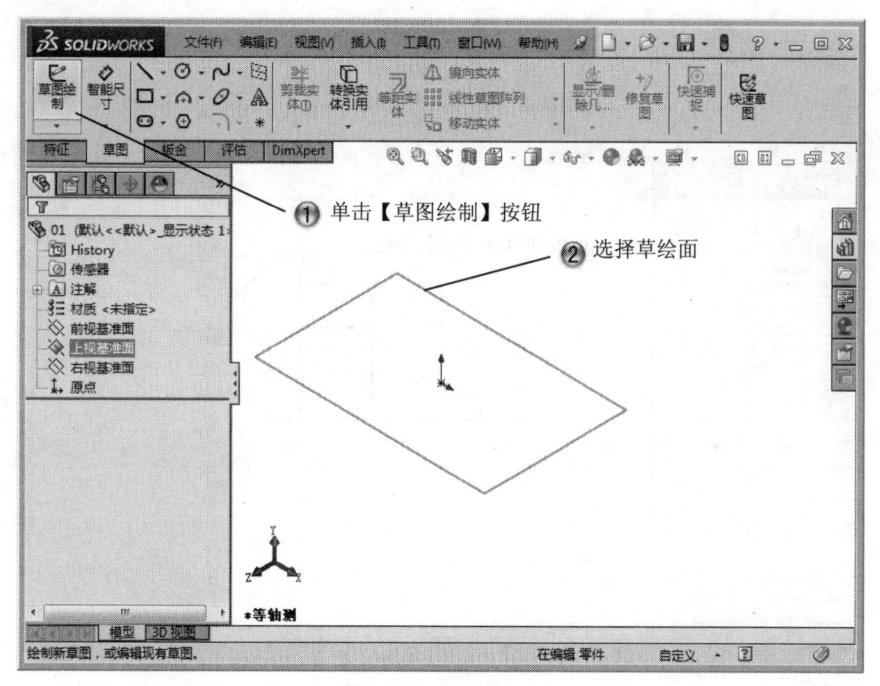

图 3-7　选择草绘面

Step2 绘制草图，如图 3-8 所示。

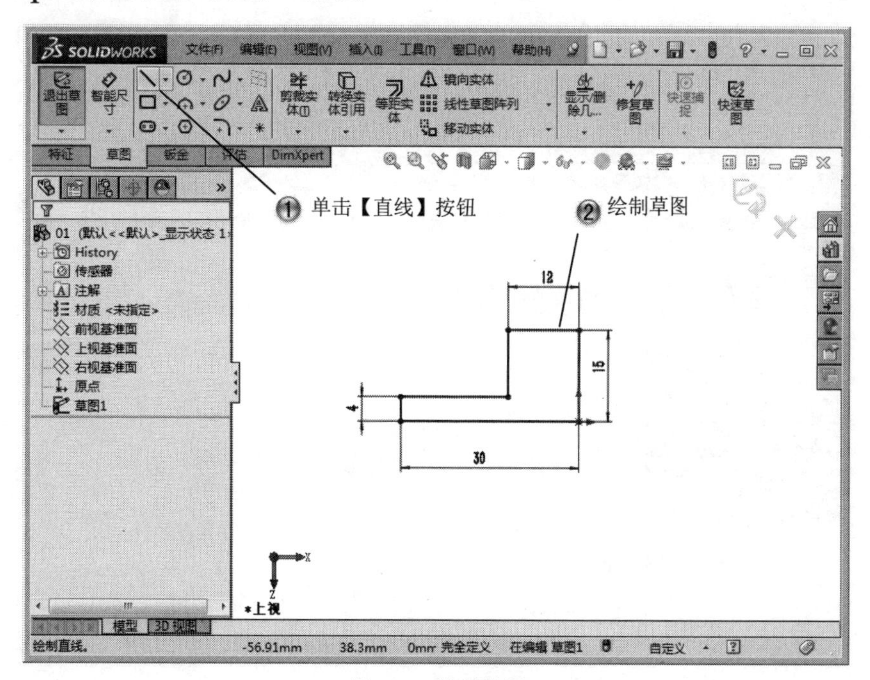

图 3-8　绘制草图

Step3 绘制中心线，如图 3-9 所示。

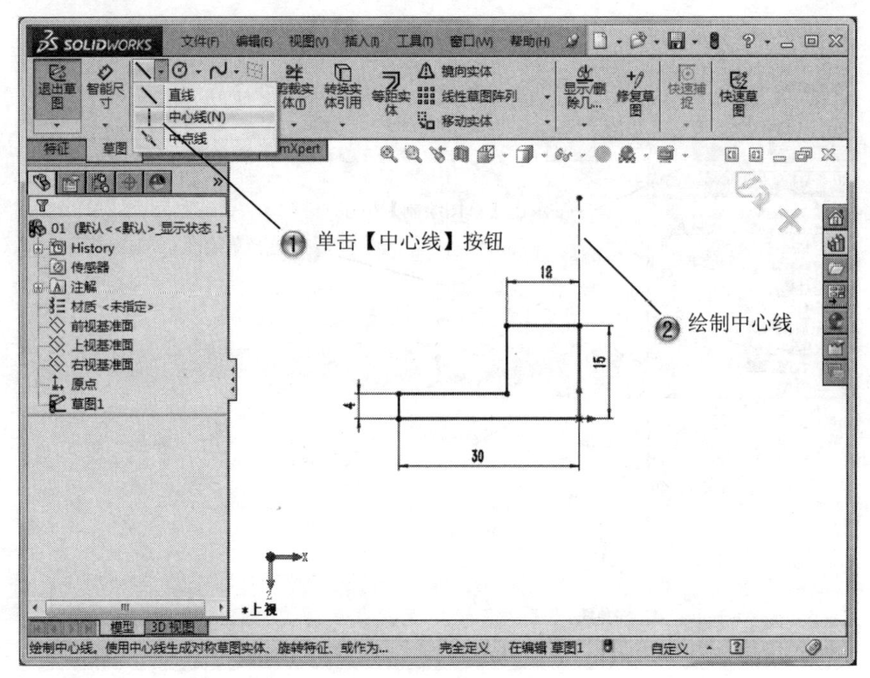

图 3-9　绘制中心线

Step4 旋转草图，如图 3-10 所示。

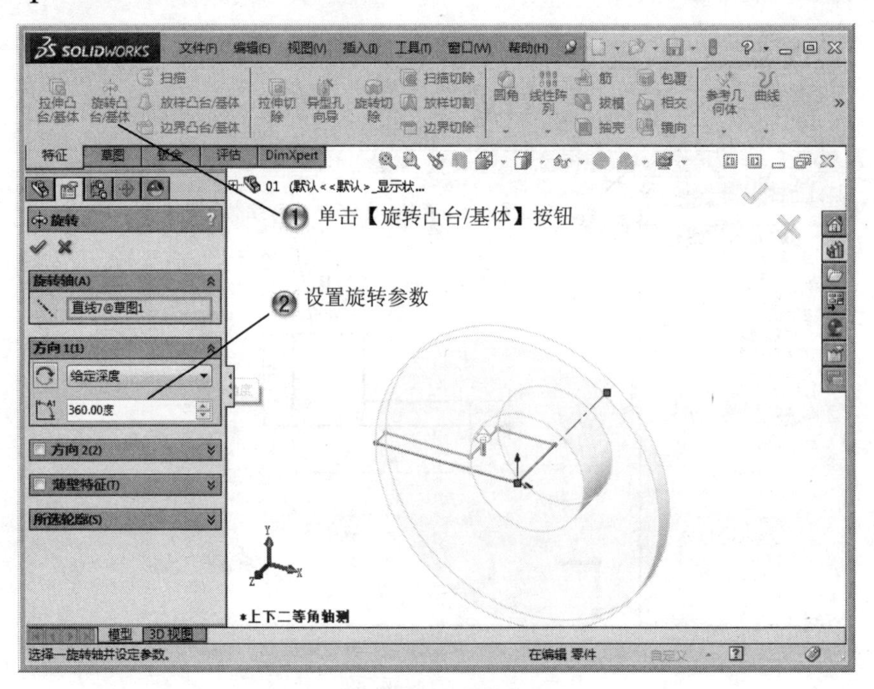

图 3-10　旋转草图

Step5 选择草绘面，如图 3-11 所示。

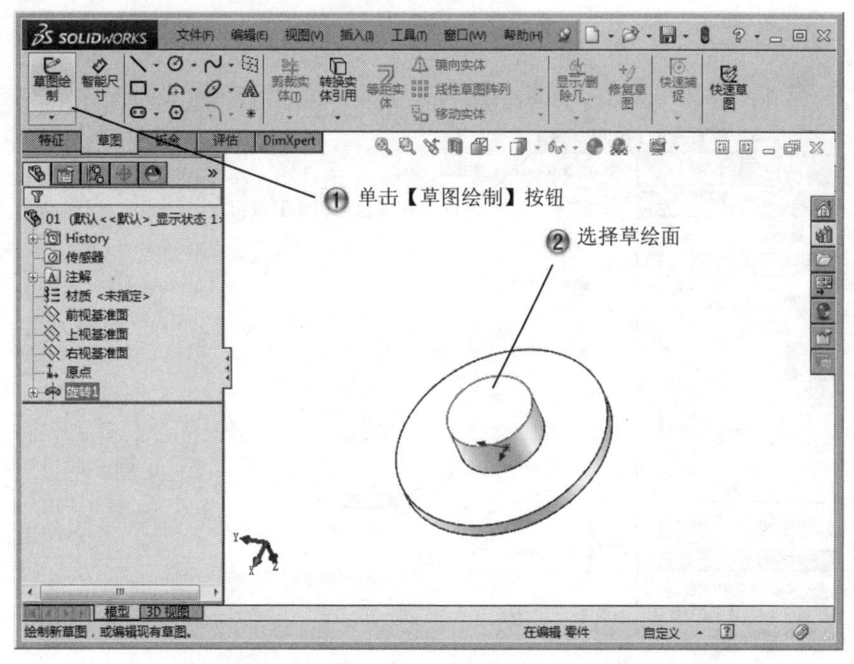

图 3-11　选择草绘面

Step6 绘制圆形，如图 3-12 所示。

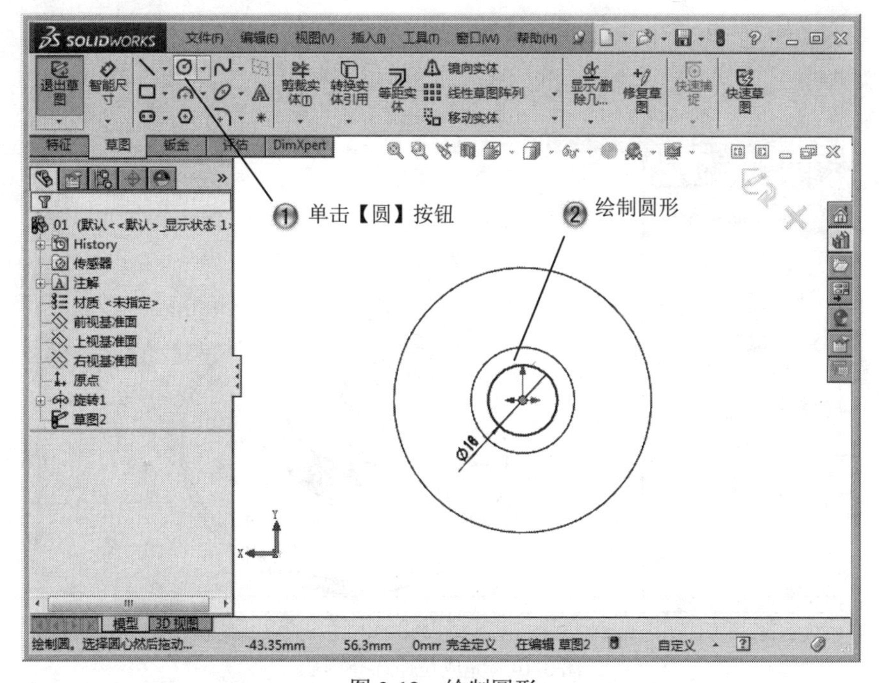

图 3-12　绘制圆形

Step7 拉伸切除，如图 3-13 所示。

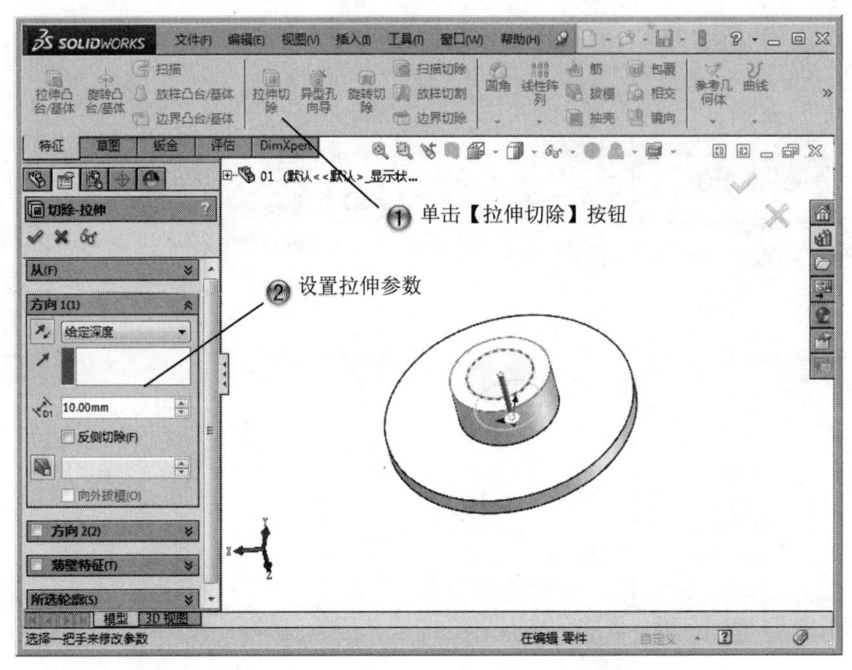

图 3-13　拉伸切除

Step8 完成拉伸选择特征，如图 3-14 所示。

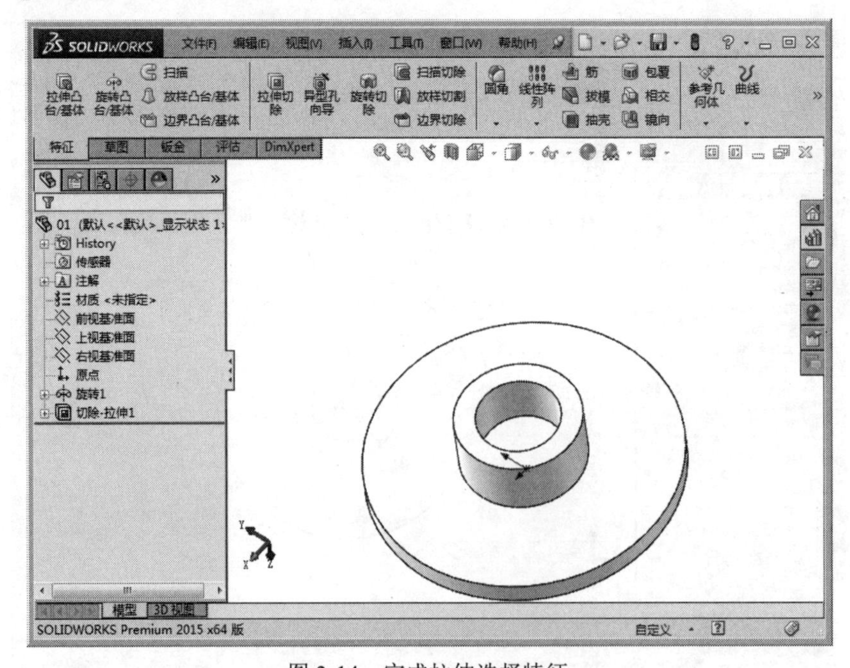

图 3-14　完成拉伸选择特征

3.2 扫描特征

基本概念

扫描特征是沿着一条路径移动轮廓，生成基体、凸台、切除或者曲面的一种方法。

课堂讲解课时：1 课时

3.2.1 设计理论

扫描特征使用的规则如下。扫描特征时可利用引导线生成多轮廓特征及薄壁特征。

（1）基体或凸台扫描特征的轮廓必须是闭环的；曲面扫描特征的轮廓可以是闭环的，也可以是开环的。

（2）路径可以是开环或者闭环。

（3）路径可以是一个草图、一条曲线或一组模型边线中包含的一组草图曲线。

（4）路径的起点必须位于轮廓的基准面上。

（5）不论是截面、路径或所形成的实体，都不能出现自相交叉的情况。

3.2.2 课堂讲解

1．扫描特征的命令

扫描特征的命令，如图 3-15 所示。

2．扫描特征的属性设置

选择扫描命令后，弹出【扫描】属性管理器，如图 3-16 所示。不论是轮廓、路径或形成的实体，都不能自相交叉。

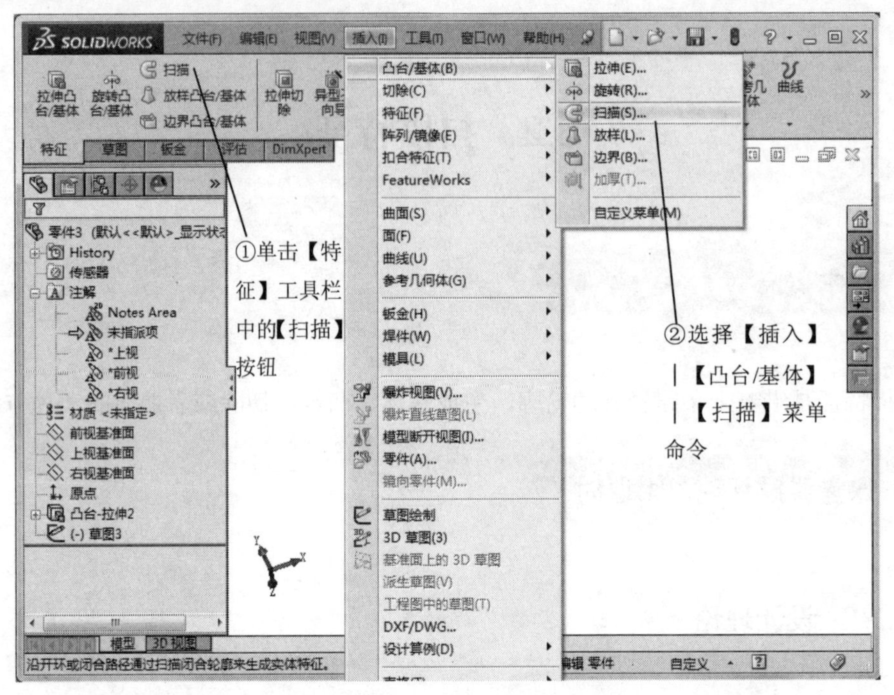

图 3-15　扫描特征的命令

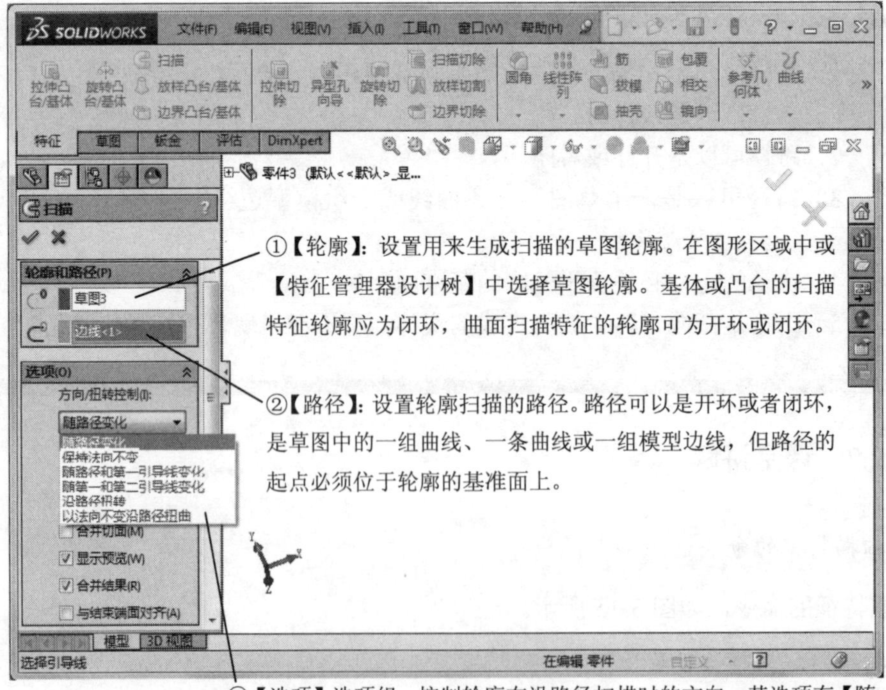

图 3-16　【扫描】属性管理器

引导线必须与轮廓或轮廓草图中的点重合。【引导线】、【起始处相切类型】、【薄壁特征】选项组如图 3-17 所示。

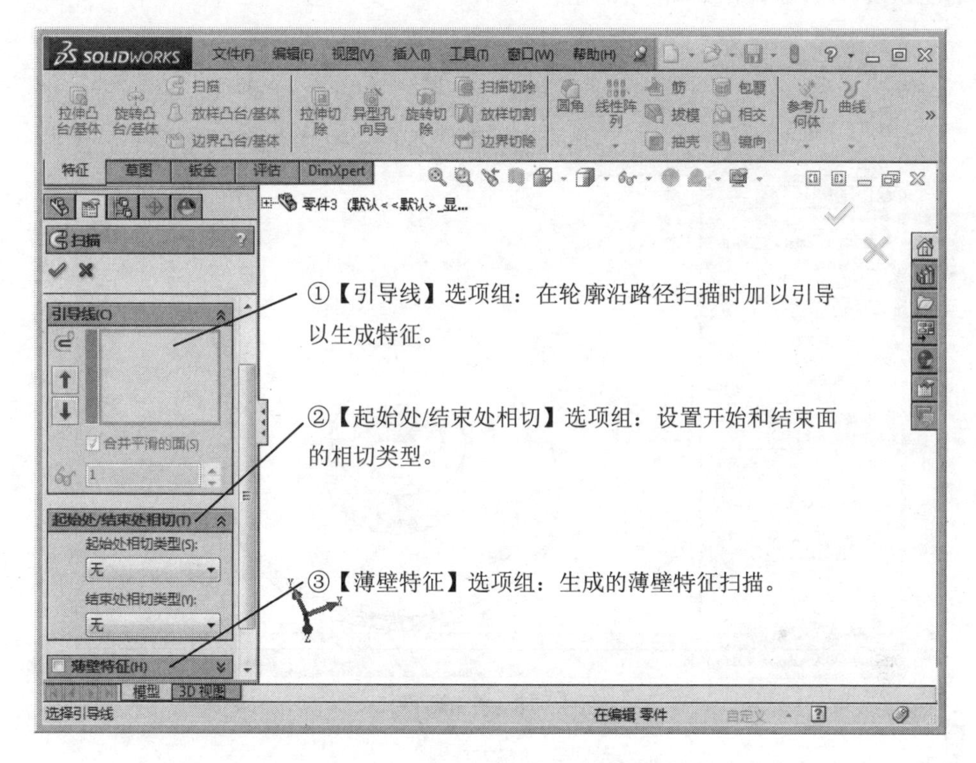

图 3-17　【引导线】、【起始处相切类型】、【薄壁特征】选项组

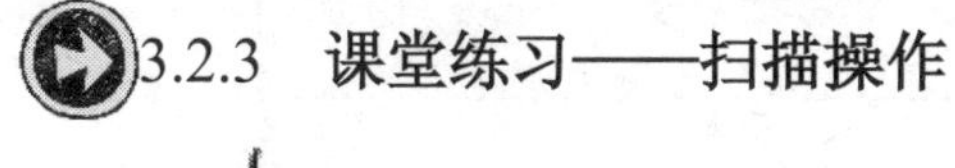3.2.3　课堂练习——扫描操作

课堂练习开始文件：ywj /03/01.SLDPRT

课堂练习完成文件：ywj /03/02.SLDPRT

多媒体教学路径：光盘→多媒体教学→第 3 章→3.2 练习

Step1 打开零件，如图 3-18 所示。

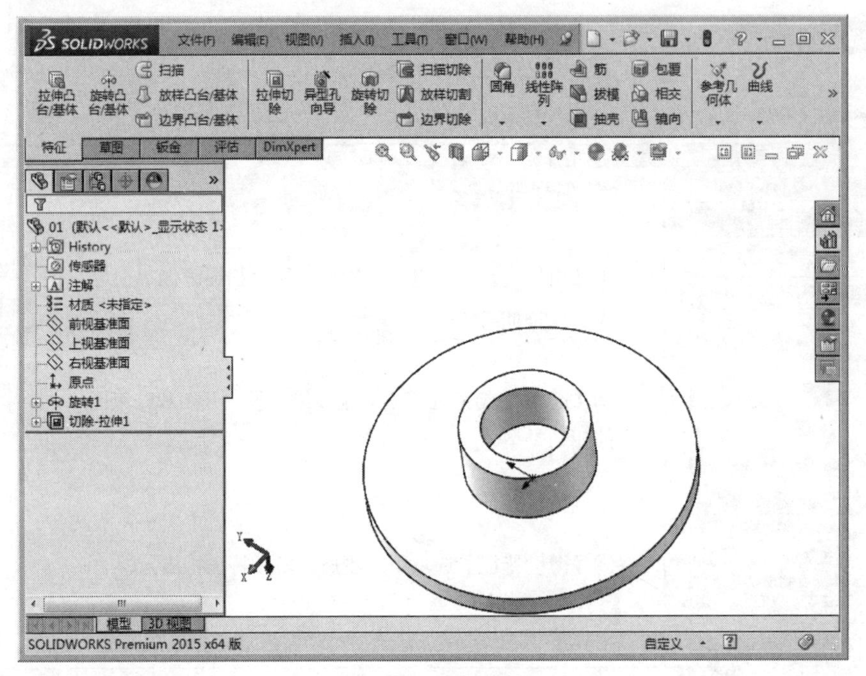

图 3-18 打开零件

Step2 选择草绘面，如图 3-19 所示。

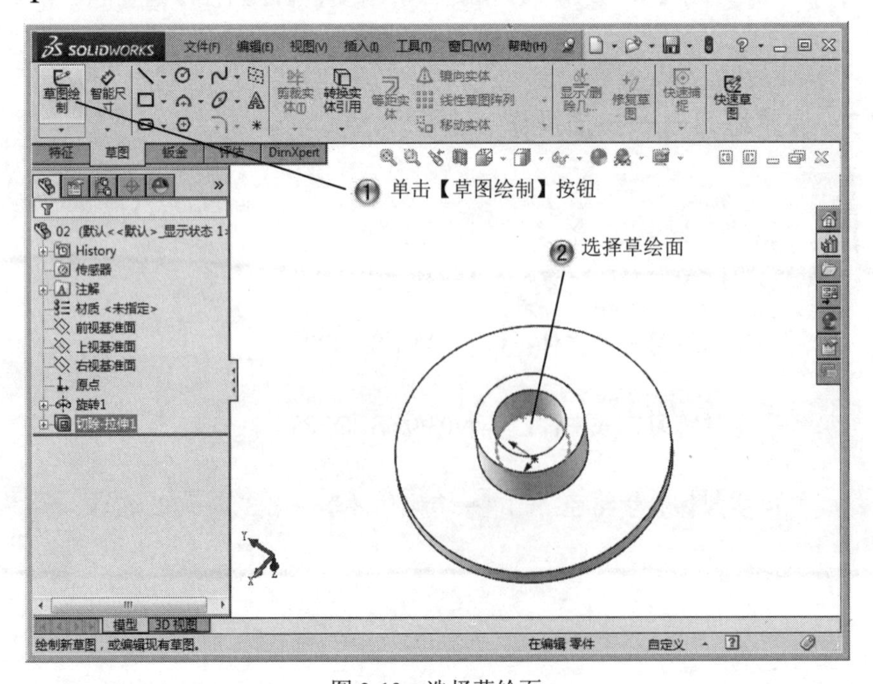

图 3-19 选择草绘面

Step3 绘制圆形，如图 3-20 所示。

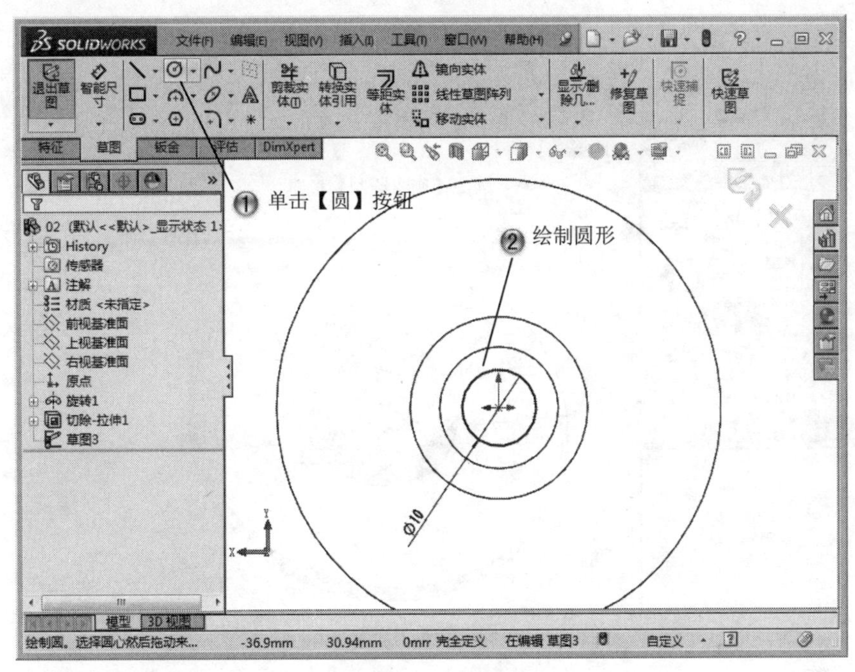

图 3-20　绘制圆形

Step4 拉伸切除，如图 3-21 所示。

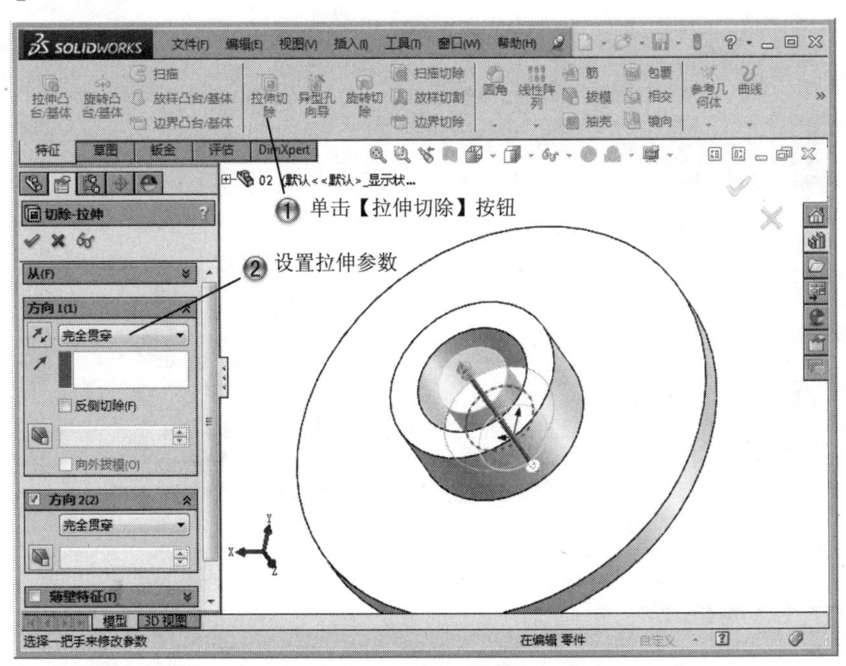

图 3-21　拉伸切除

Step5 选择草绘面，如图 3-22 所示。

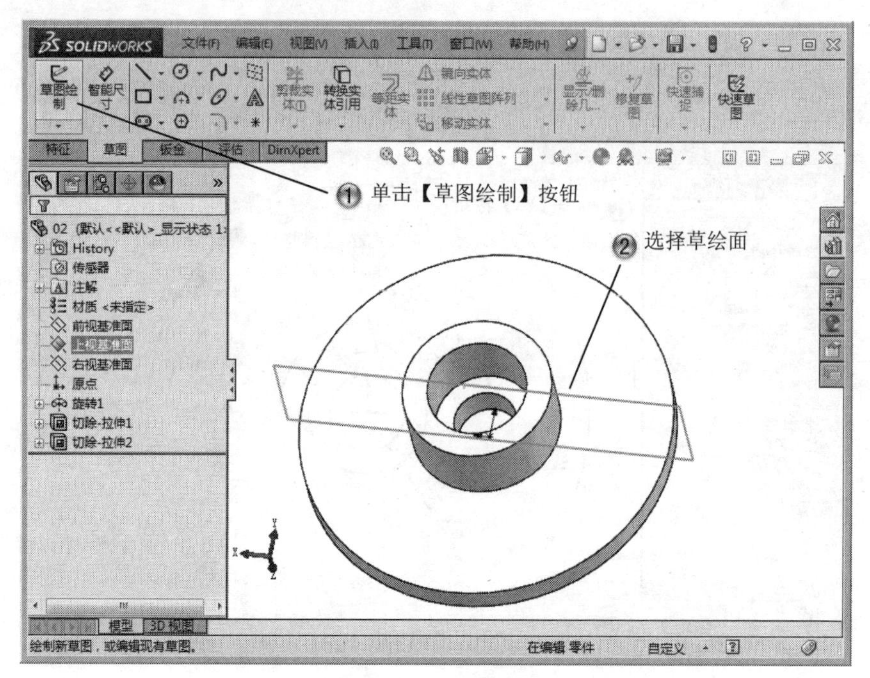

图 3-22　选择草绘面

Step6 绘制矩形，如图 3-23 所示。

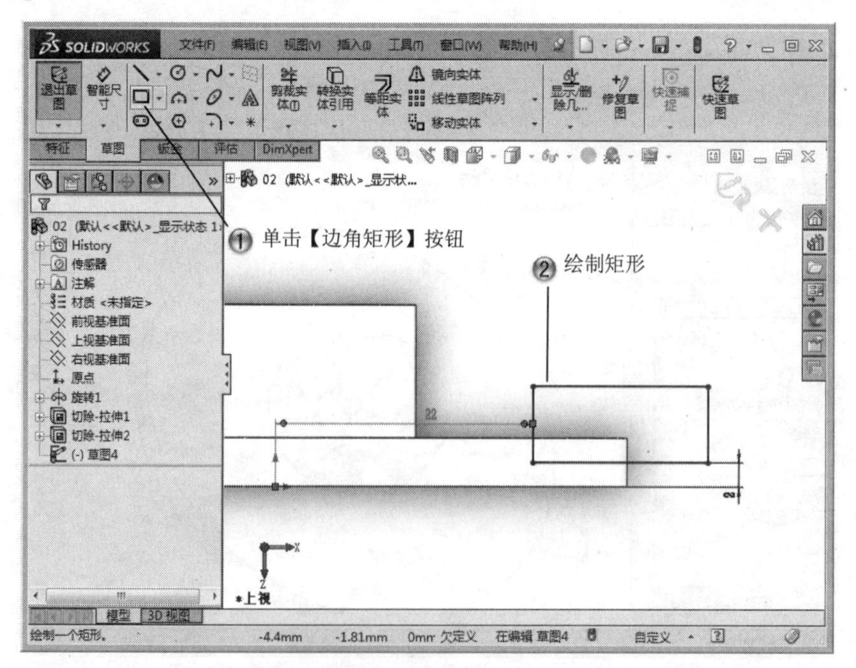

图 3-23　绘制矩形

Step7 扫描草图，如图 3-24 所示。

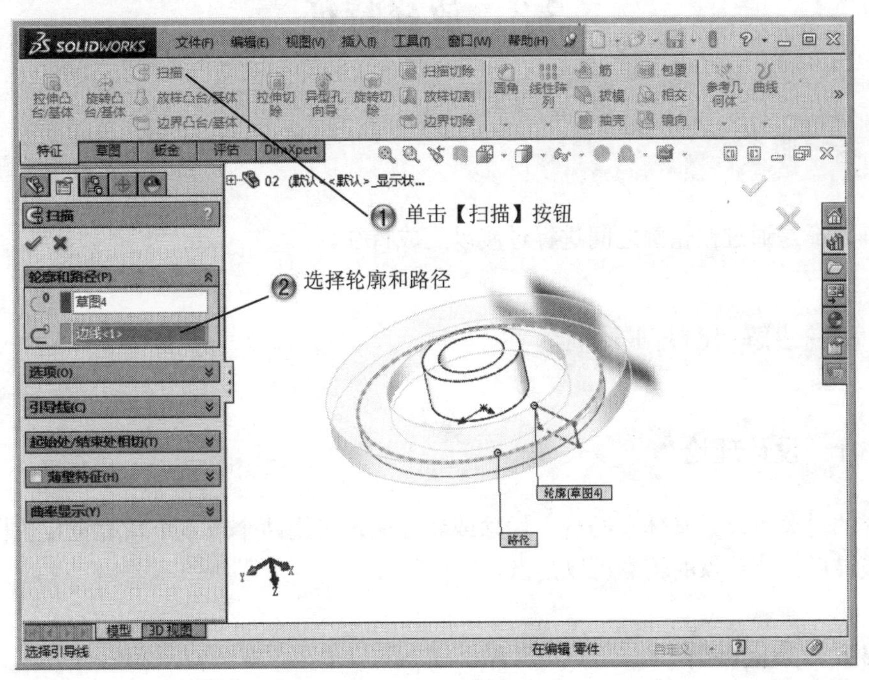

图 3-24　扫描草图

Step8 完成扫描特征，如图 3-25 所示。

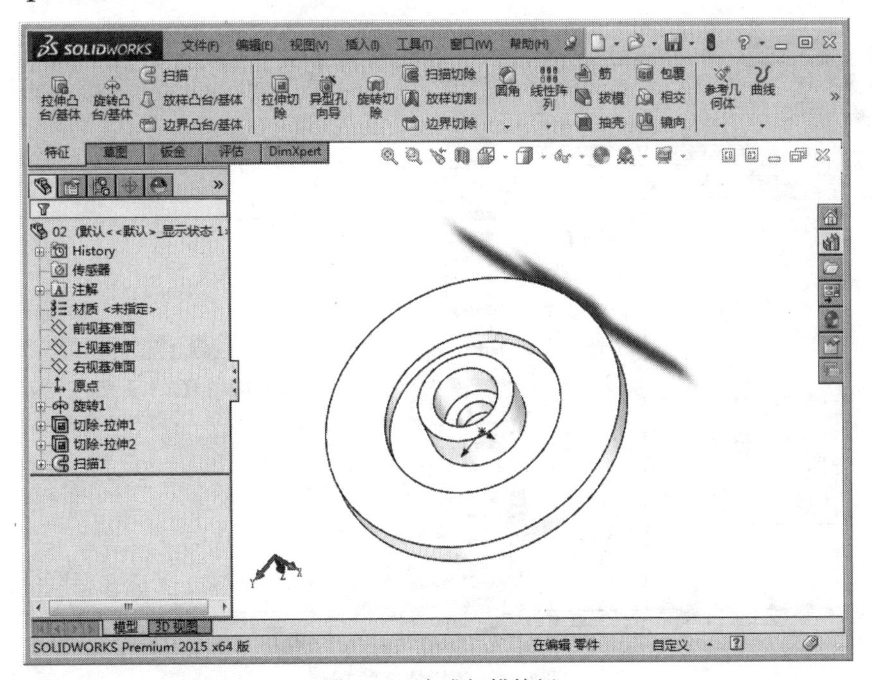

图 3-25　完成扫描特征

3.3 放样特征

放样特征是通过在轮廓之间进行过渡以生成特征。

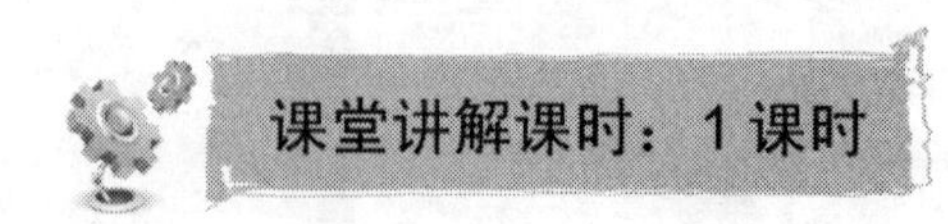

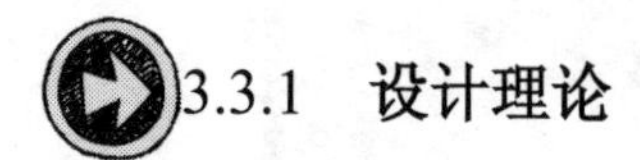

放样的对象可以是基体、凸台、切除或者曲面，可用两个或多个轮廓生成放样，但仅第一个或最后一个对象的轮廓可以是点。

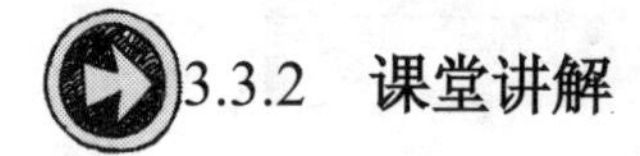

1. 放样特征的命令

放样特征的命令，如图 3-26 所示。

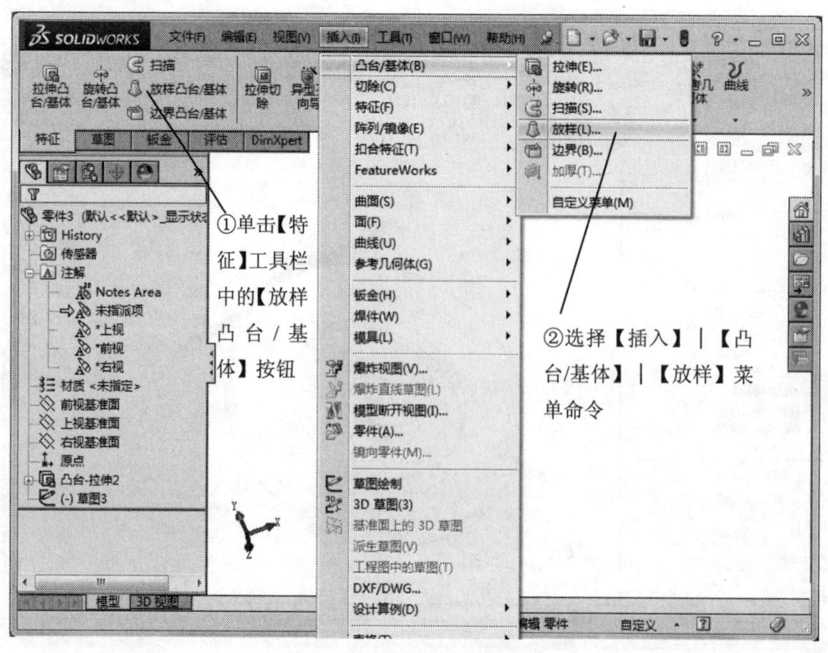

图 3-26 放样特征的命令

2. 放样特征的属性设置

选择【插入】|【凸台/基体】|【放样】菜单命令，系统弹出【放样】属性管理器，如图 3-27 所示。如果放样预览显示放样不理想，可以重新选择或将草图重新组序以在轮廓上连接不同的点。

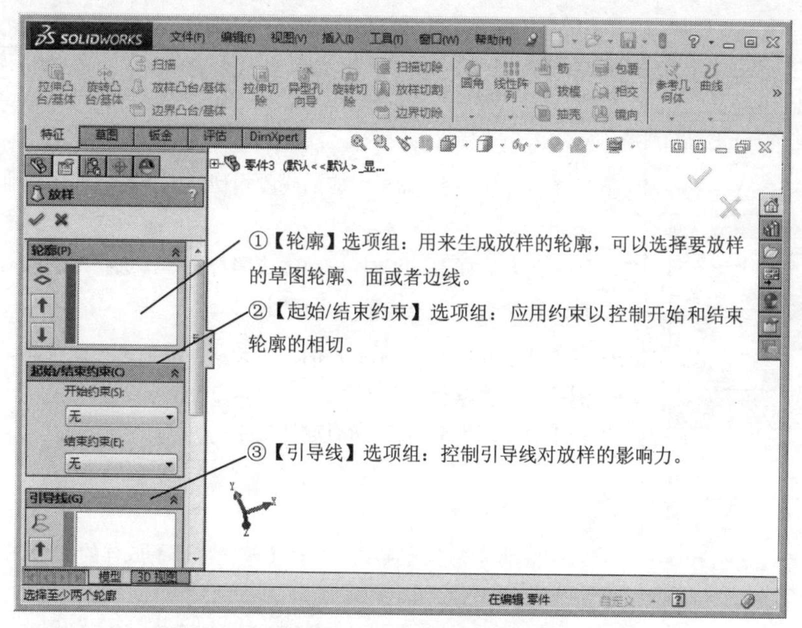

图 3-27 【放样】属性管理器

【中心线参数】和【草图工具】选项组，如图 3-28 所示。

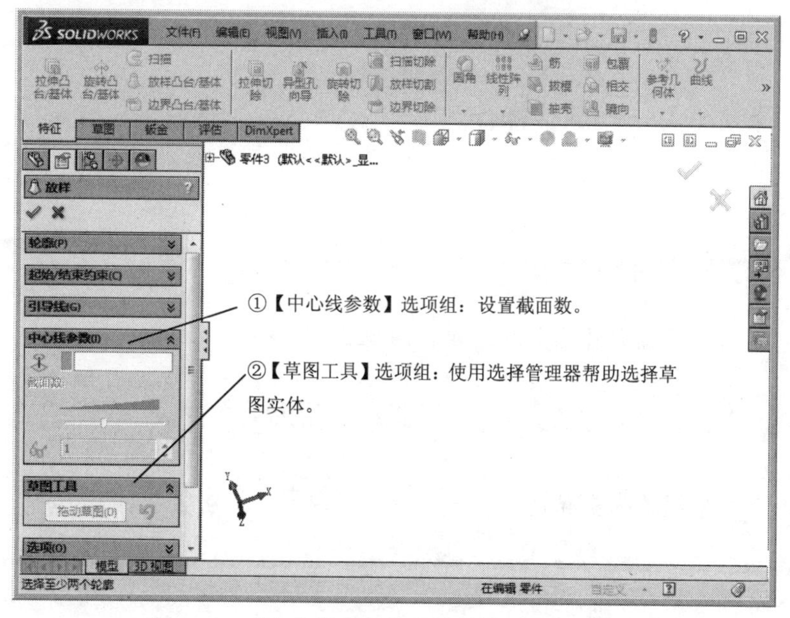

图 3-28 【中心线参数】和【草图工具】选项组

【选项】和【薄壁特征】选项组，如图 3-29 所示。

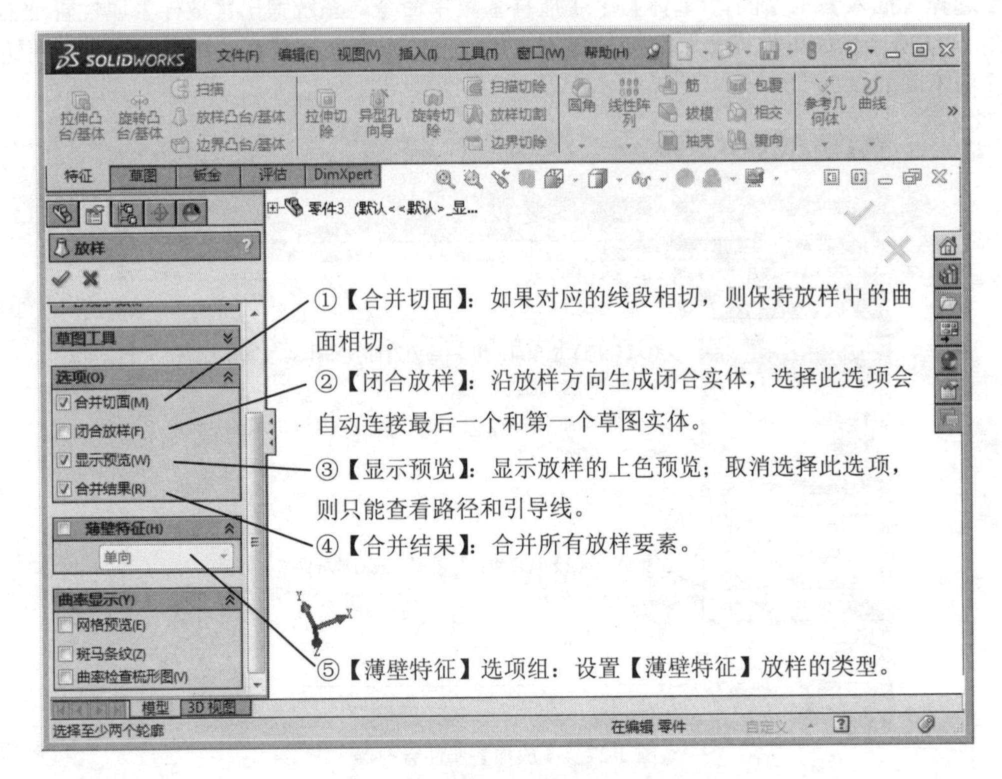

图 3-29 【选项】和【薄壁特征】选项组

3.3.3 课堂练习——放样操作

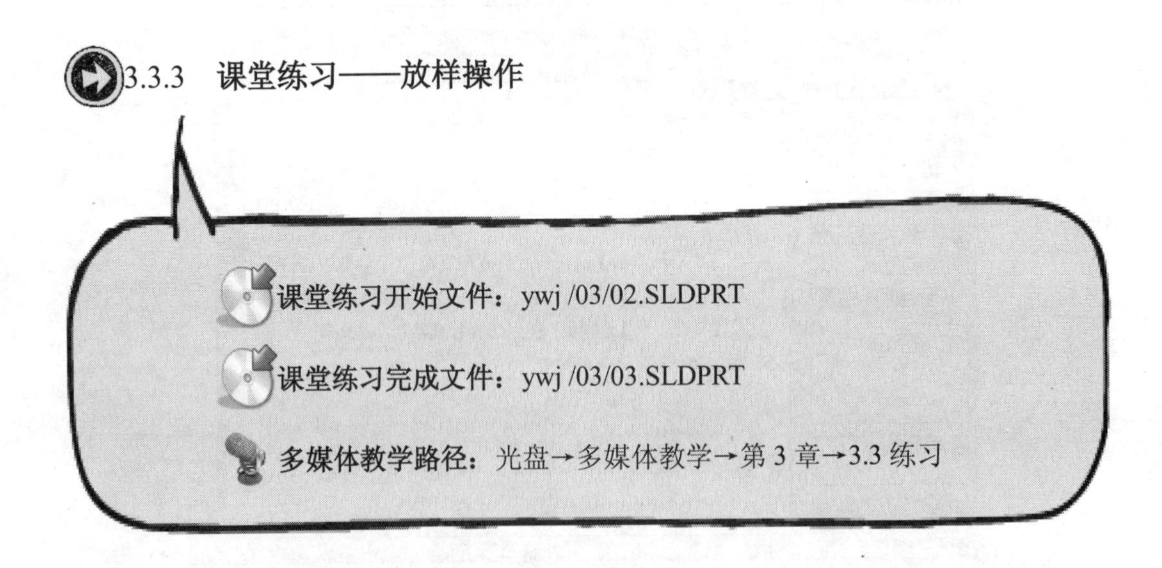

Step1 打开零件，如图 3-30 所示。

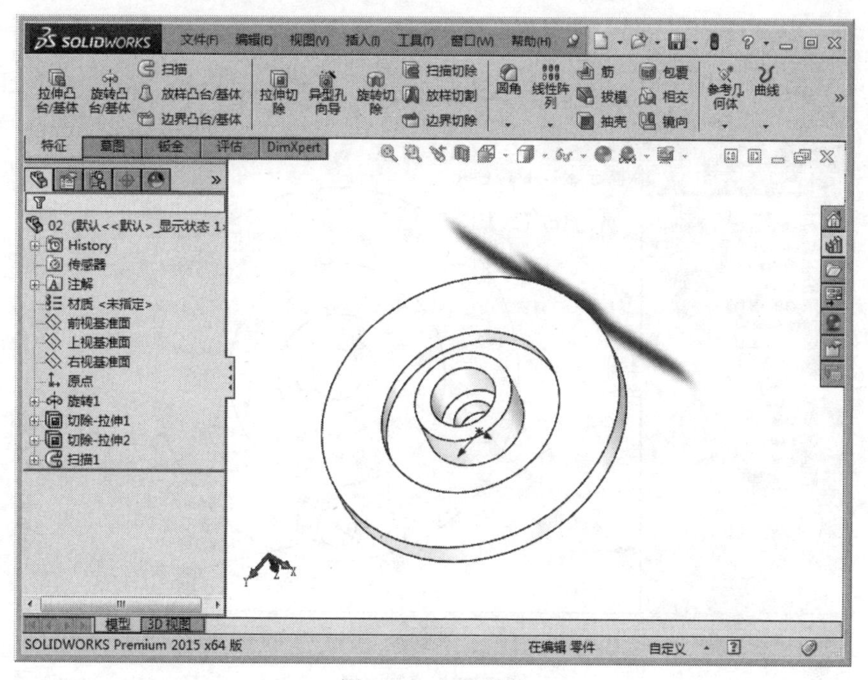

图 3-30　打开零件

Step2 选择草绘面，如图 3-31 所示。

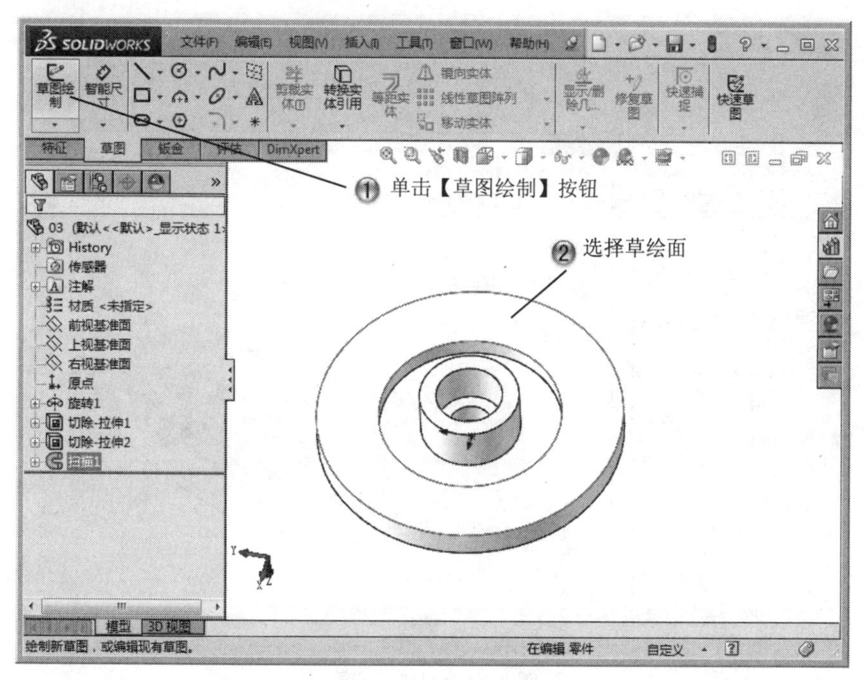

图 3-31　选择草绘面

Step3 绘制圆形，如图 3-32 所示。

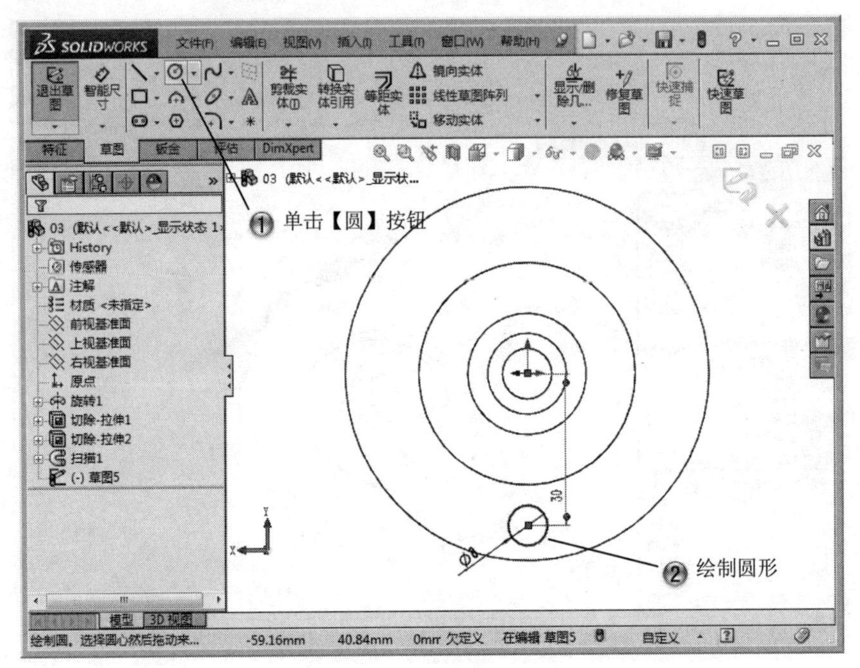

图 3-32　绘制圆形

Step4 创建基准面，如图 3-33 所示。

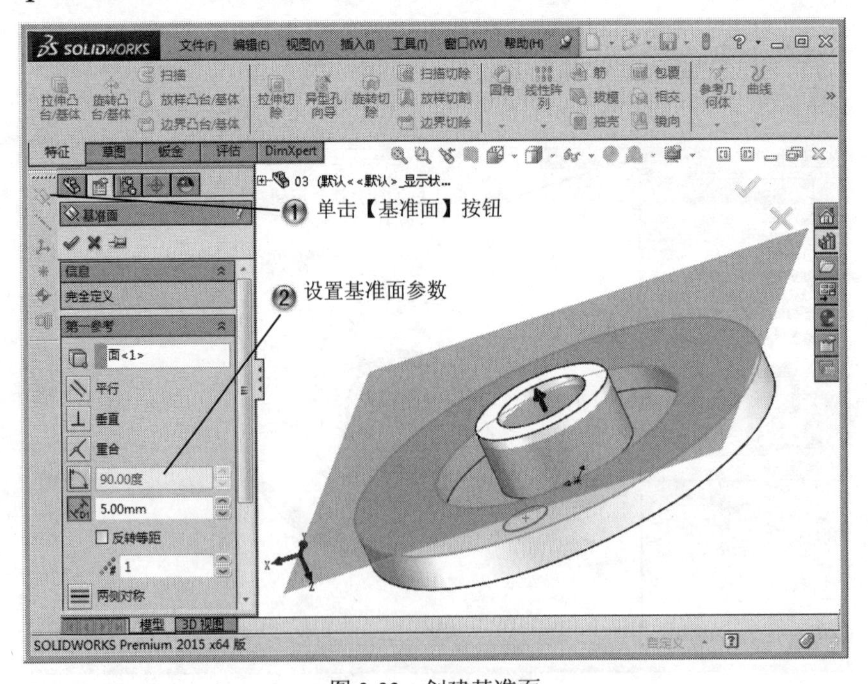

图 3-33　创建基准面

Step5 选择草绘面，如图 3-34 所示。

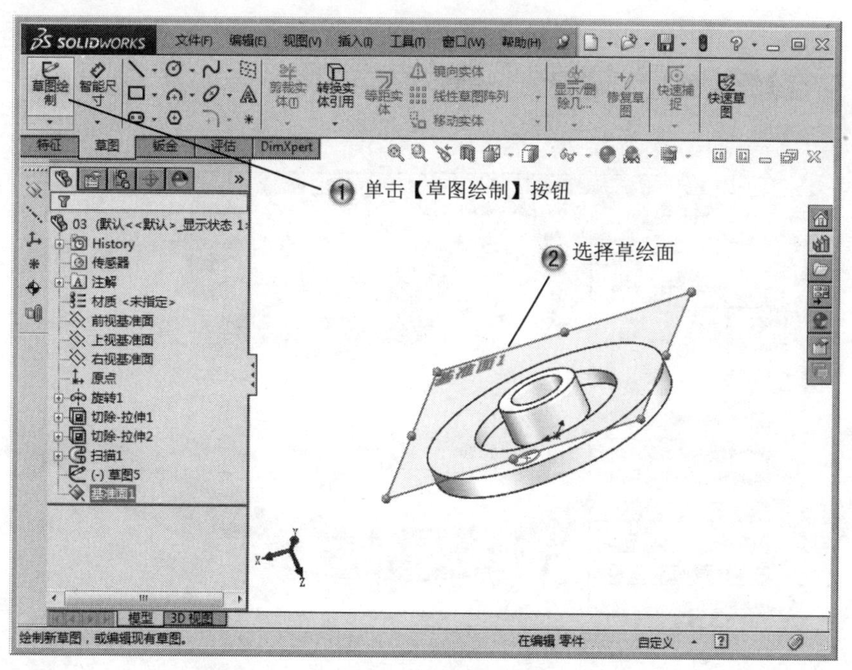

图 3-34　选择草绘面

Step6 绘制圆形，如图 3-35 所示。

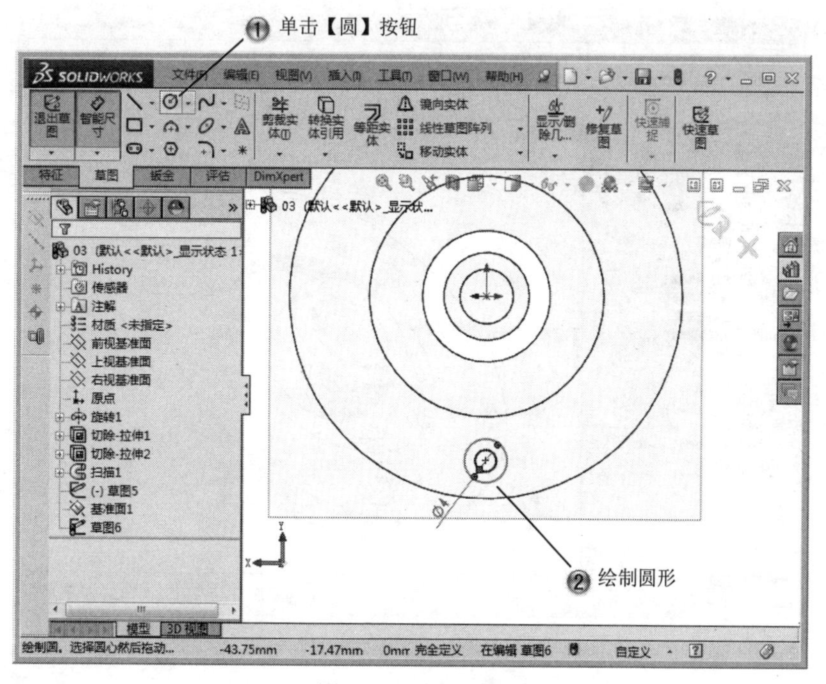

图 3-35　绘制圆形

Step7 创建放样特征，如图 3-36 所示。

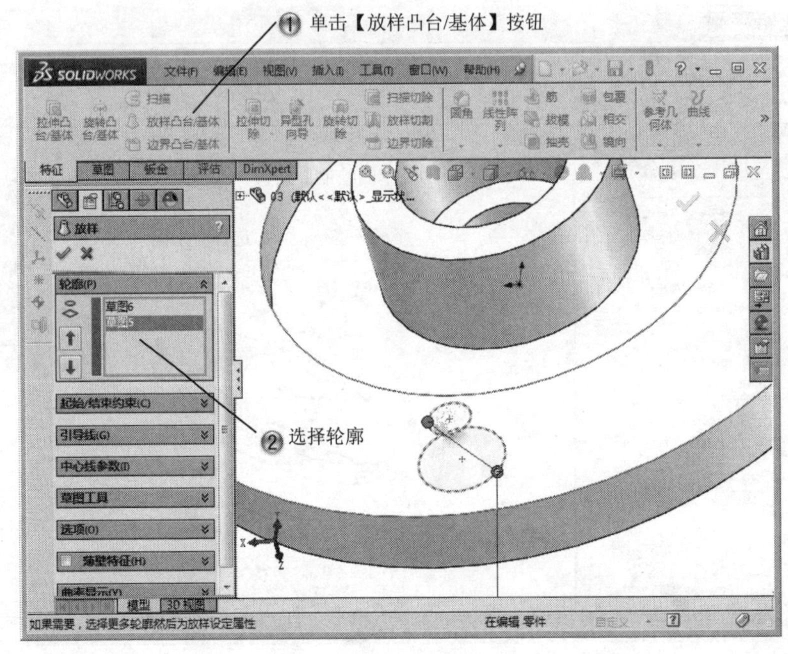

图 3-36 创建放样特征

Step8 完成放样特征，如图 3-37 所示。

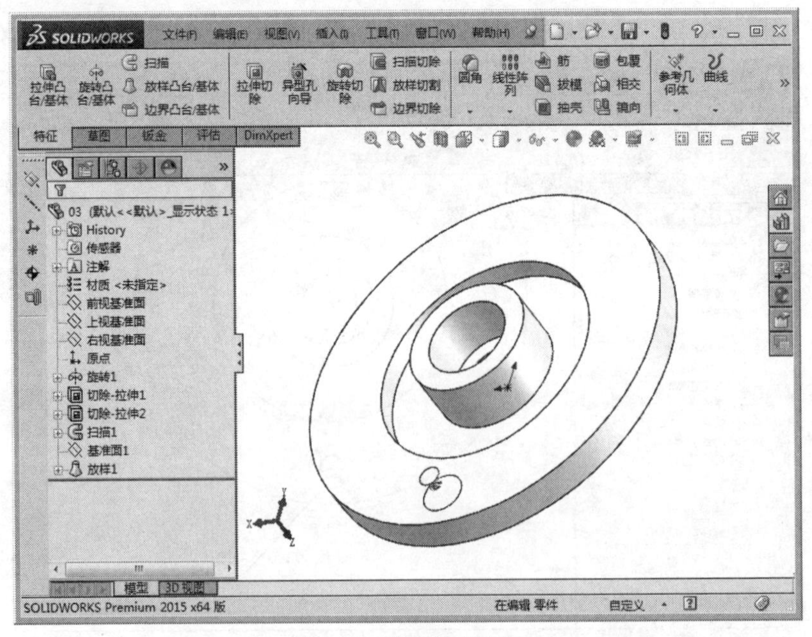

图 3-37 完成放样特征

3.4 圆角和倒角特征

基本概念

圆角特征是在零件上生成内圆角面或者外圆角面的一种特征，可在一个面的所有边线、所选的多组面、所选的边线或边线环上生成圆角。倒角特征是在所选边线、面或者顶点上生成倾斜的特征。

课堂讲解课时：2 课时

3.4.1 设计理论

一般而言，在生成圆角和倒角时应遵循以下规则。

（1）在添加小圆角之前添加较大圆角。当有多个圆角汇聚于一个顶点时，先生成较大的圆角。

（2）在生成圆角前先添加拔模特征。如果要生成具有多个圆角边线及拔模面的铸模零件，在大多数情况下，应在添加圆角之前添加拔模特征。

（3）最后添加装饰用的圆角。在大多数其他几何体定位后尝试添加装饰圆角，添加的时间越早，系统重建零件需要花费的时间越长。

（4）如果要加快零件重建的速度，使用一次生成多个圆角的方法处理，需要相同半径圆角的多条边线。

3.4.2 课堂讲解

1. 圆角特征

绘制圆角的命令，如图 3-38 所示。

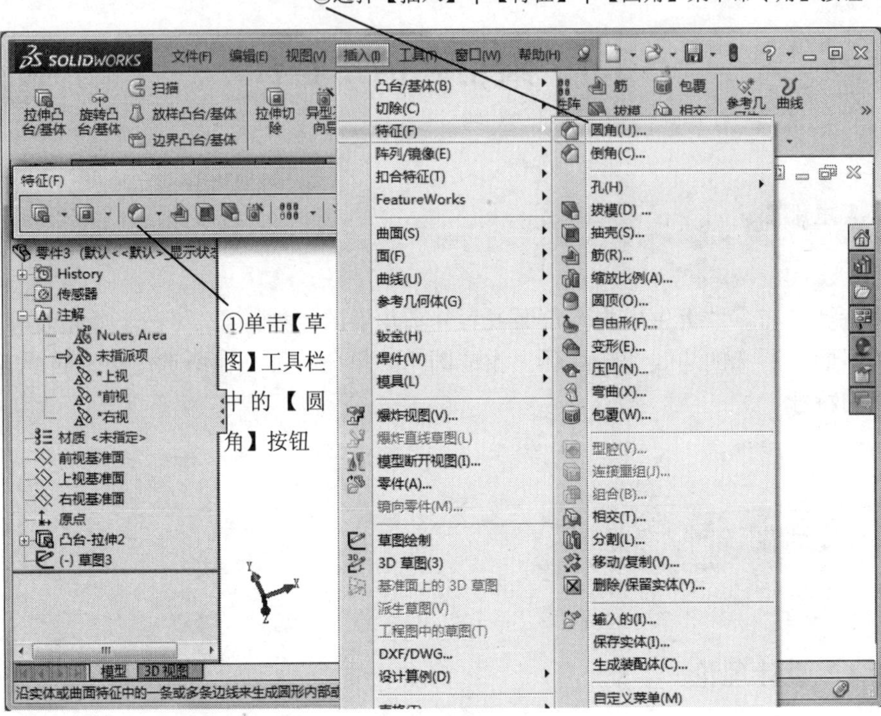

图 3-38　绘制圆角的命令

系统弹出【圆角】属性管理器，选择【手工】模式，如图 3-39 所示。

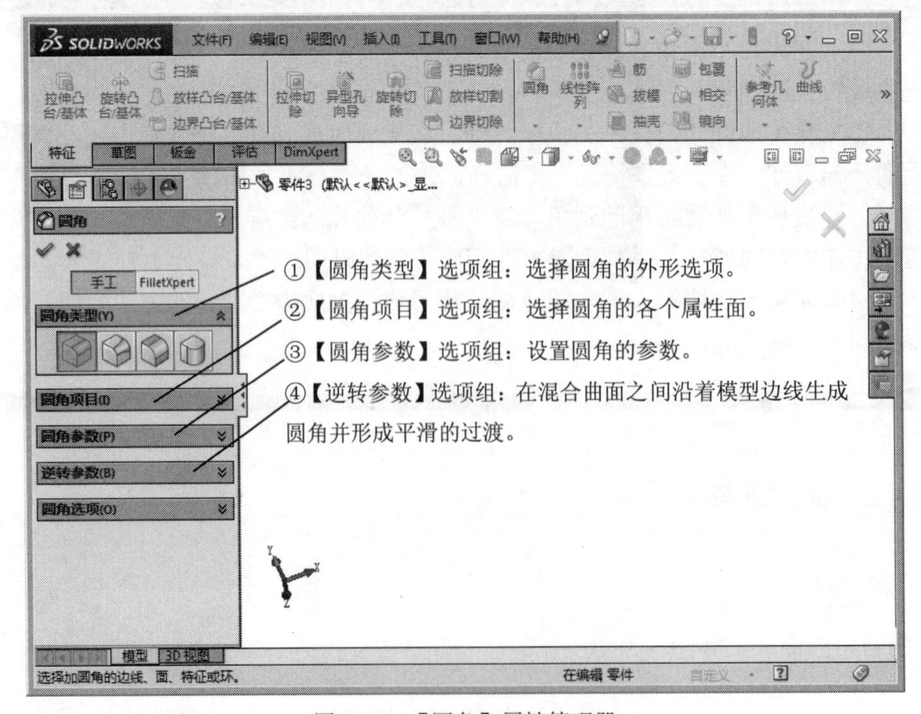

图 3-39　【圆角】属性管理器

下面介绍下【圆角项目】选项组，如图 3-40 所示。

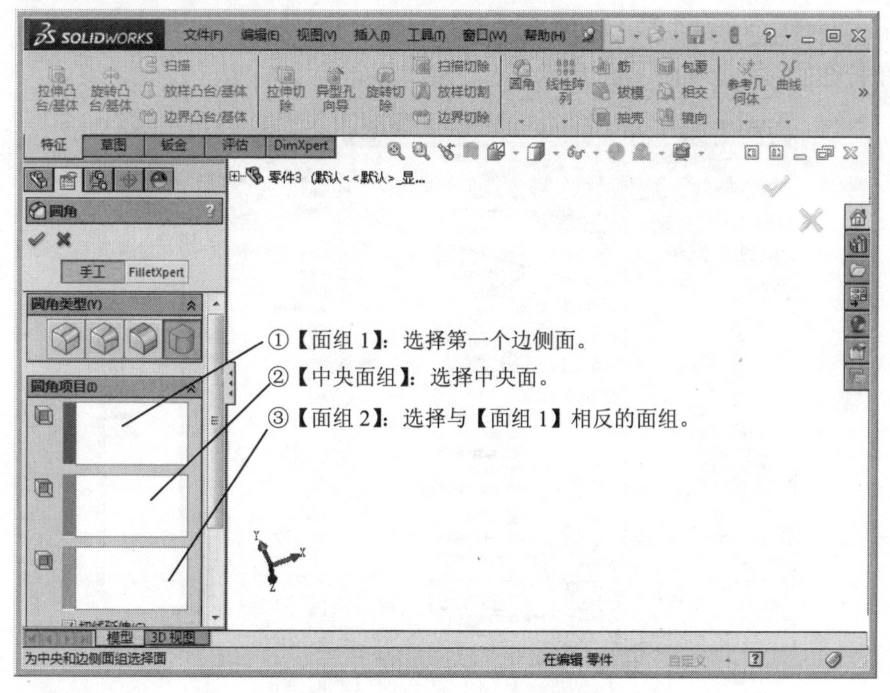

图 3-40 【圆角项目】选项组

在【FilletXpert】模式中，可以帮助管理、组织和重新排序圆角，如图 3-41 所示。

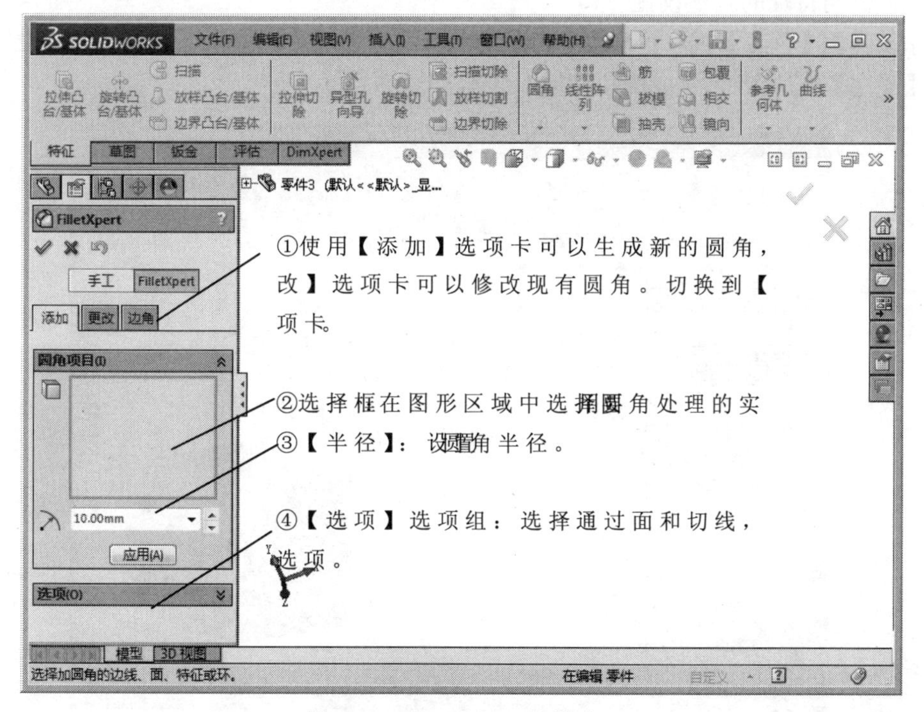

图 3-41 【FilletXpert】模式

2. 倒角特征

（1）倒角特征的命令

倒角特征的命令，如图 3-42 所示。

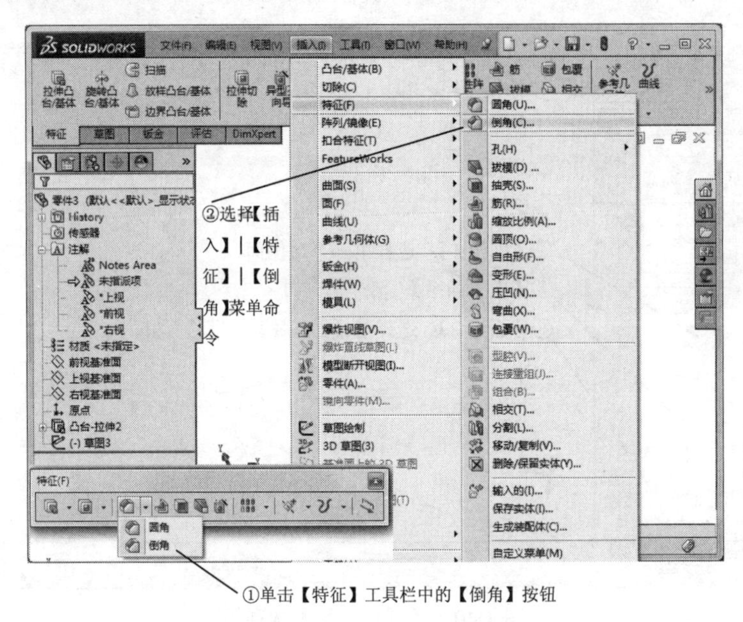

图 3-42　倒角命令

（2）倒角特征的属性设置

系统弹出【倒角】属性管理器，如图 3-43 所示。在【倒角参数】选项组中，设置选项，单击【确定】按钮，生成倒角特征。

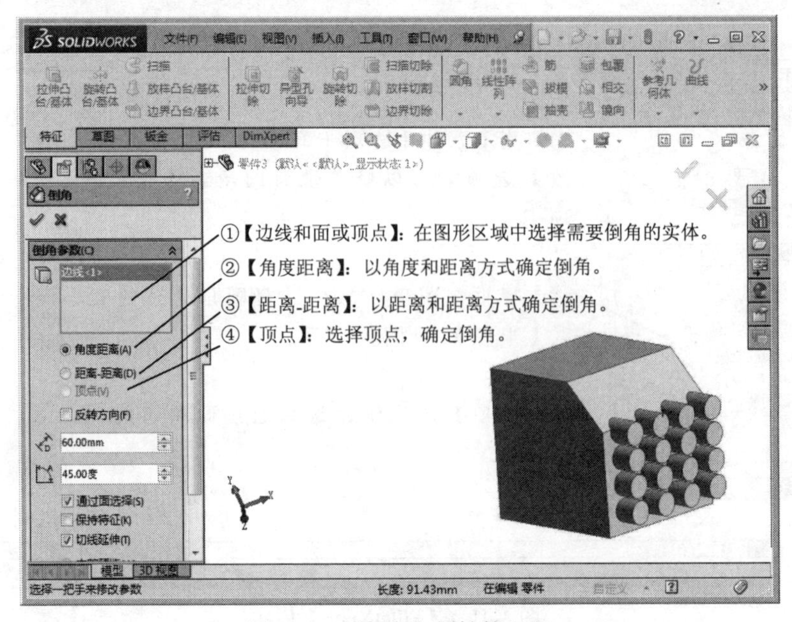

图 3-43　【倒角】属性管理器

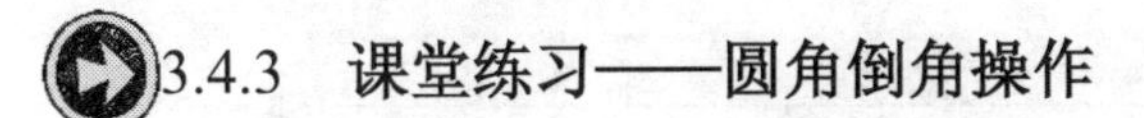

3.4.3 课堂练习——圆角倒角操作

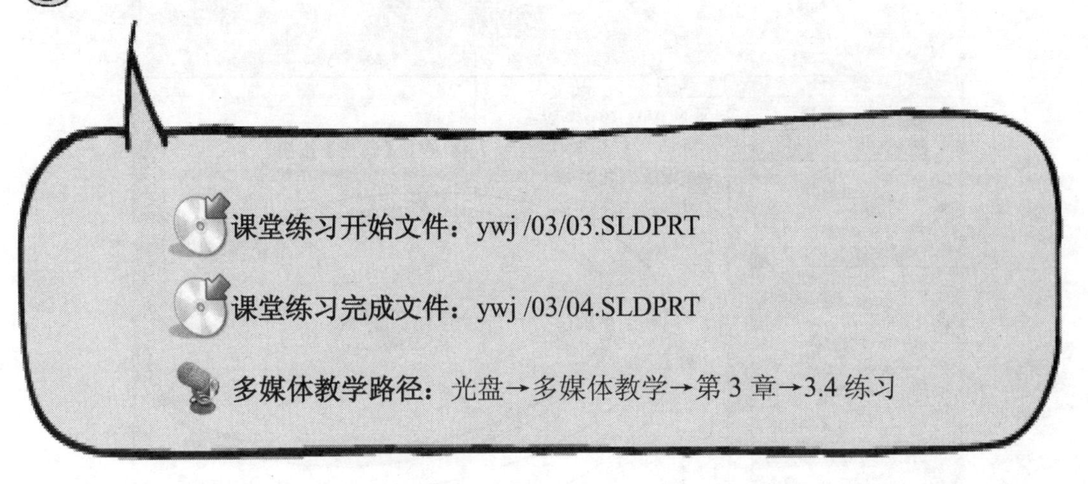

Step 1 打开零件，如图 3-44 所示。

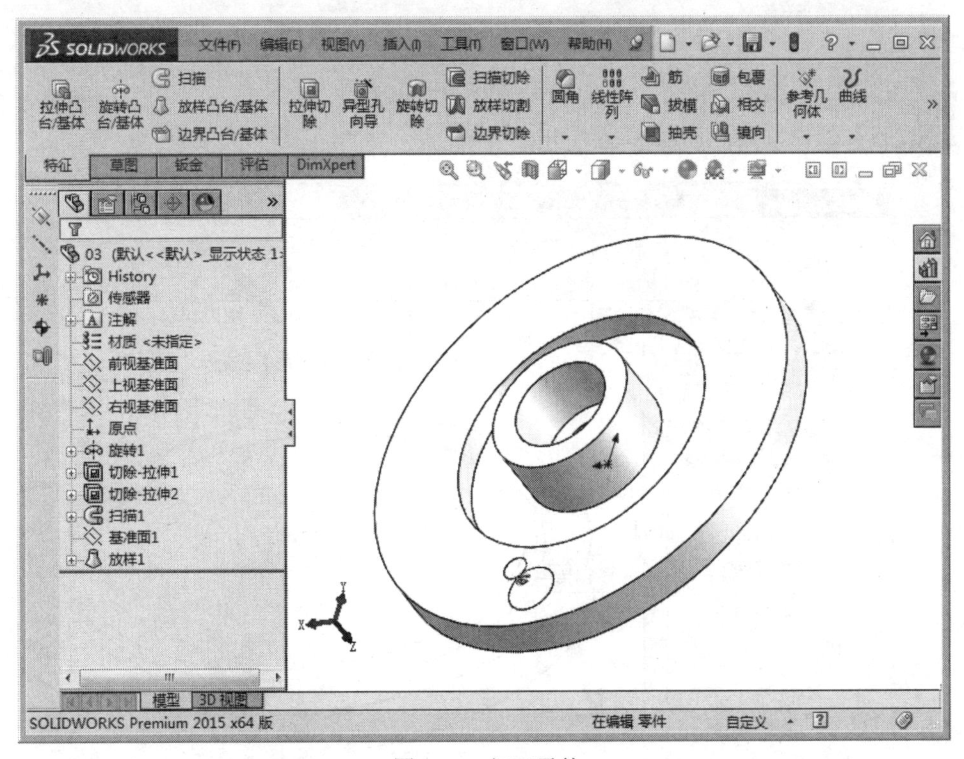

图 3-44　打开零件

Step2 创建圆角，如图 3-45 所示。

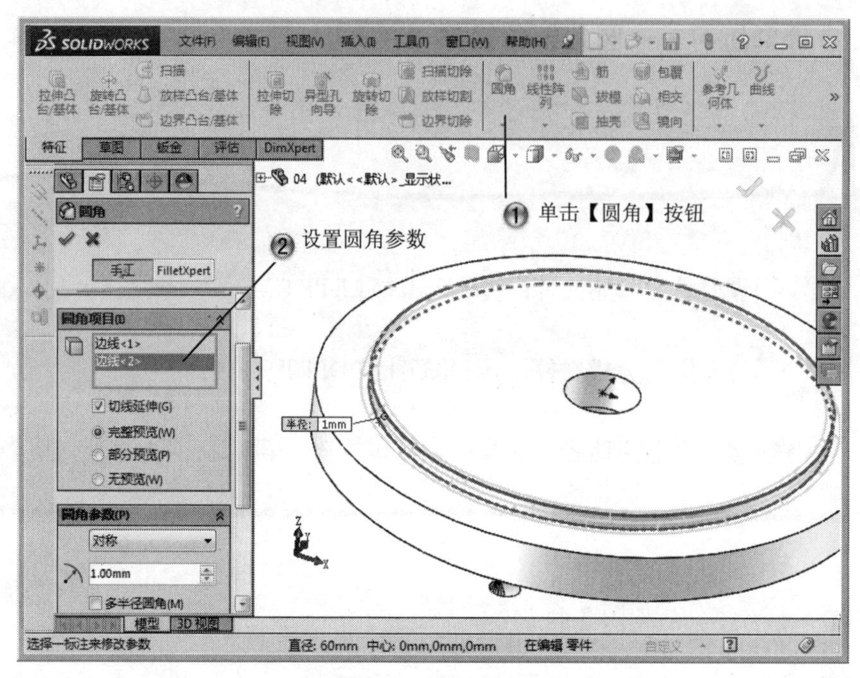

图 3-45　创建圆角

Step3 创建倒角，如图 3-46 所示。

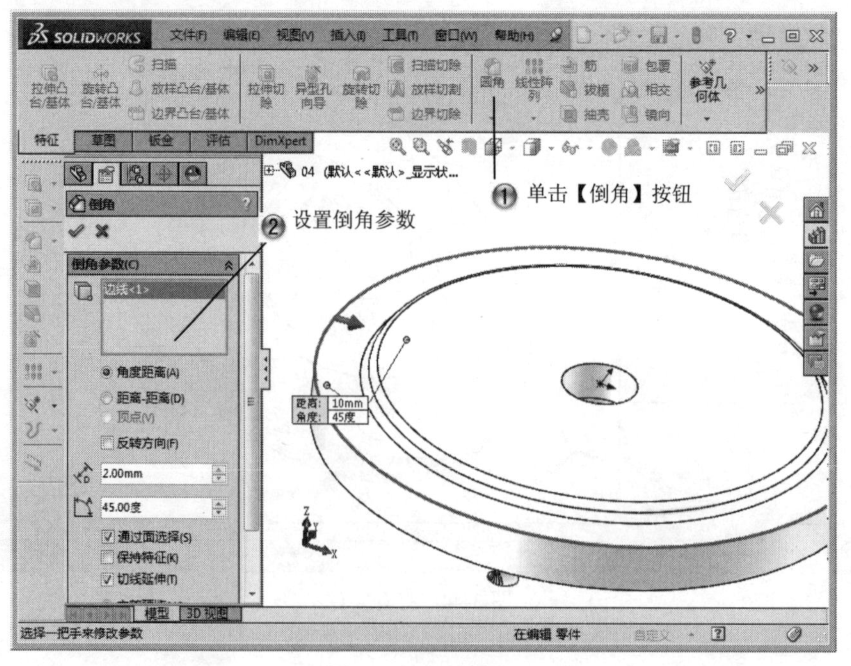

图 3-46　创建倒角

Step4 完成倒角圆角操作，如图 3-47 所示。

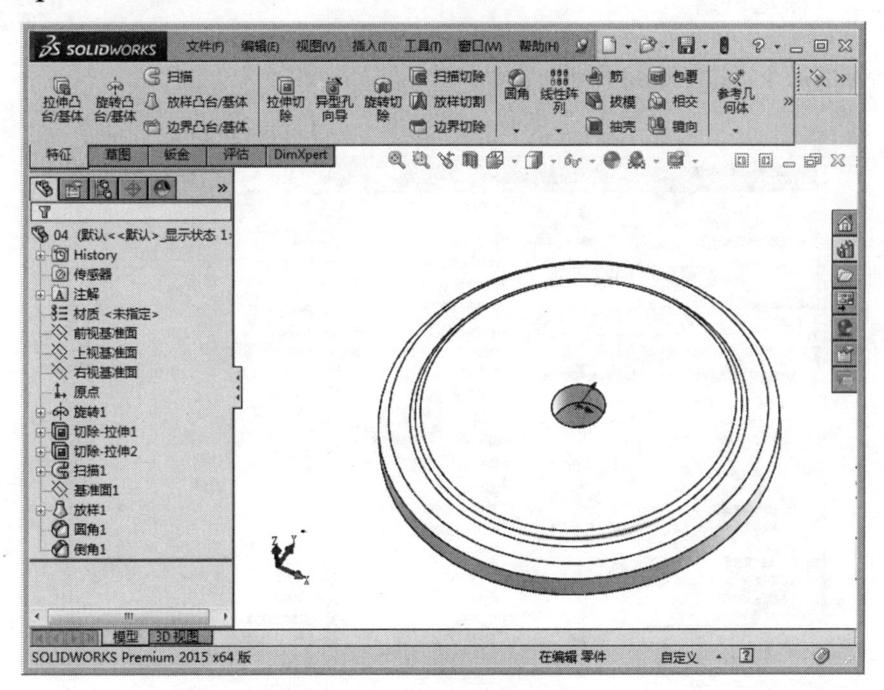

图 3-47 完成倒角圆角操作

3.5 筋特征

基本概念

筋特征是零件特征之间的加强结构。

课堂讲解课时：1 课时

3.5.1 设计理论

创建筋特征首先要创建筋的轮廓草图，可以选择单侧和双侧的拉伸方式。

3.5.2 课堂讲解

筋特征的命令，如图 3-48 所示。

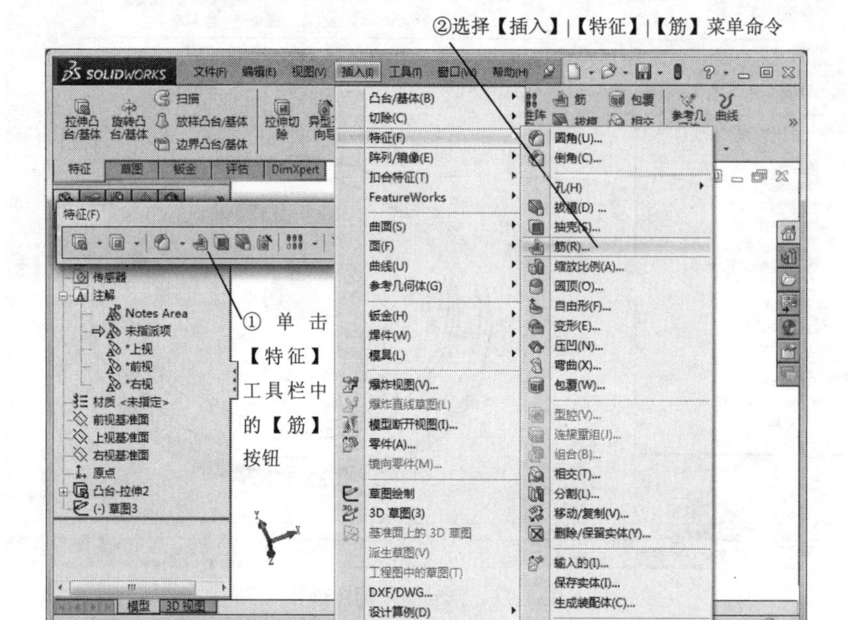

图 3-48 筋特征的命令

系统弹出【筋】属性管理器，如图 3-49 所示。

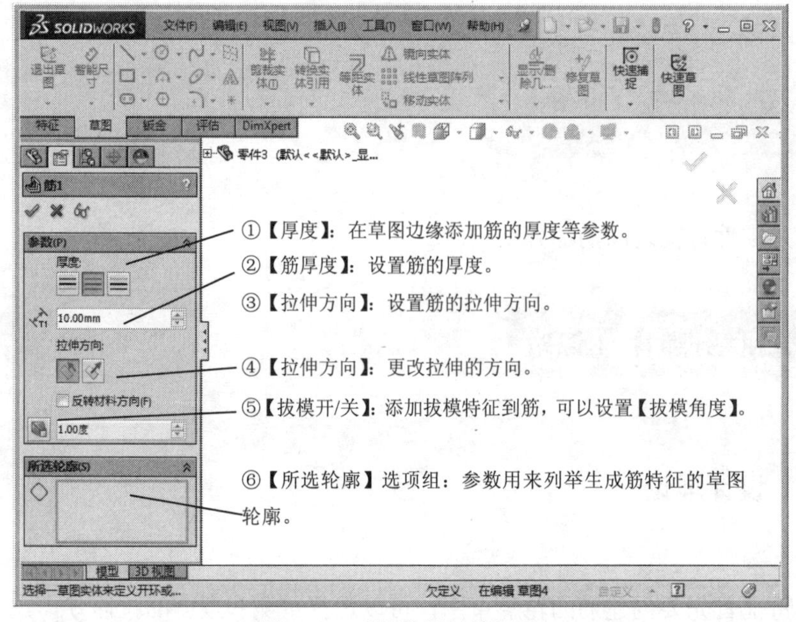

图 3-49 【筋】属性管理器

3.5.3 课堂练习——筋操作

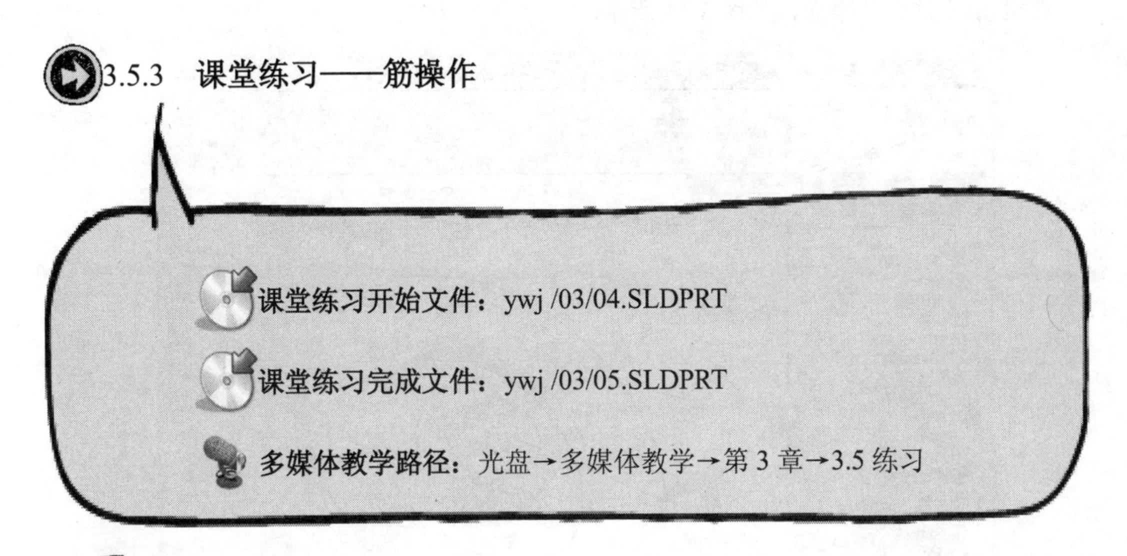

课堂练习开始文件：ywj /03/04.SLDPRT

课堂练习完成文件：ywj /03/05.SLDPRT

多媒体教学路径：光盘→多媒体教学→第 3 章→3.5 练习

Step1 打开零件，如图 3-50 所示。

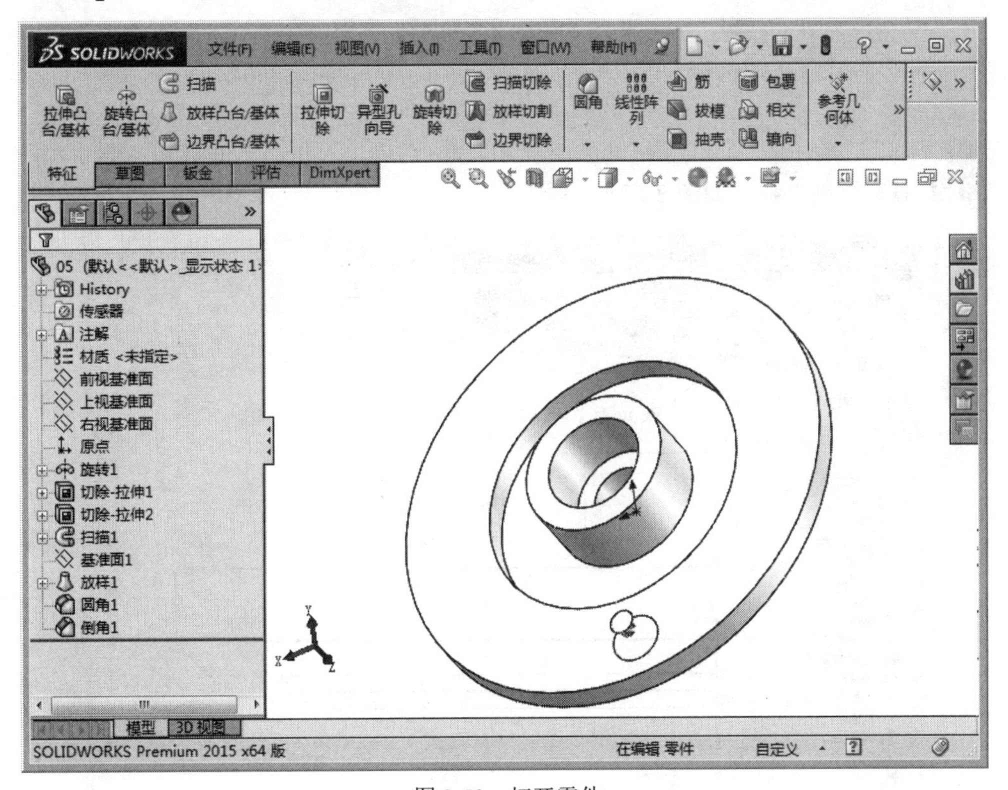

图 3-50 打开零件

Step2 选择草绘面，如图 3-51 所示。

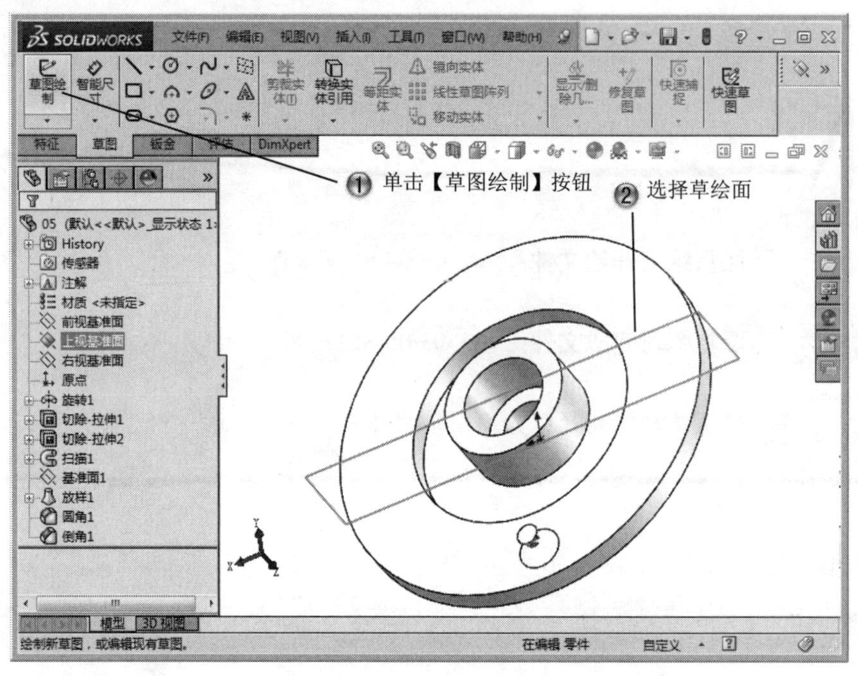

图 3-51　选择草绘面

Step3 绘制直线，如图 3-52 所示。

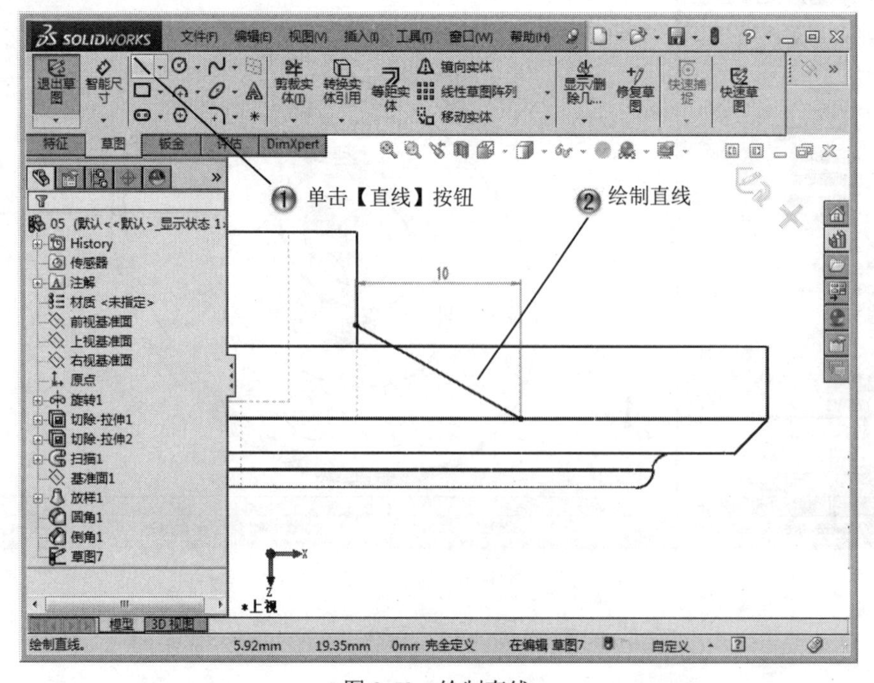

图 3-52　绘制直线

Step4 创建筋特征，如图 3-53 所示。

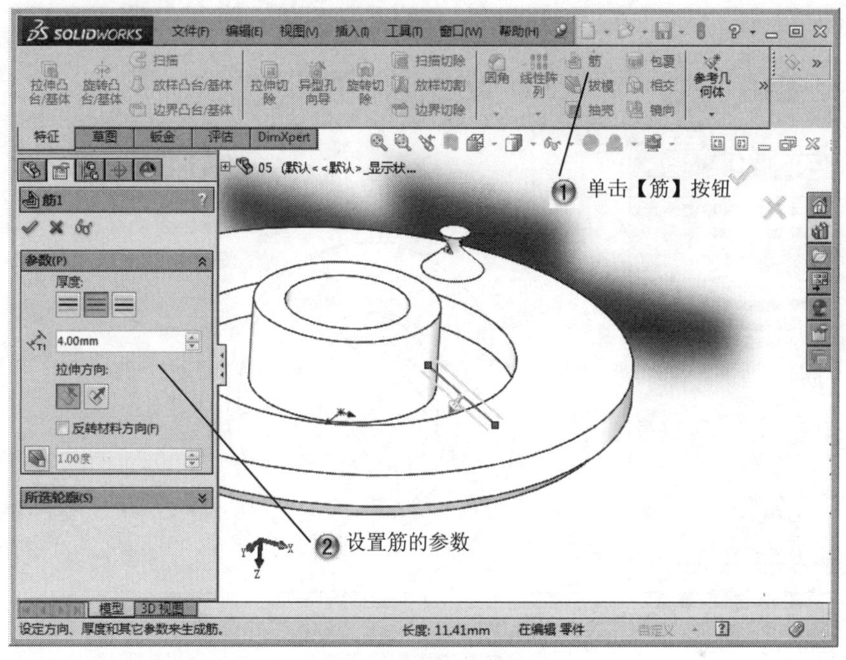

图 3-53　创建筋特征

Step5 阵列筋特征，如图 3-54 所示。

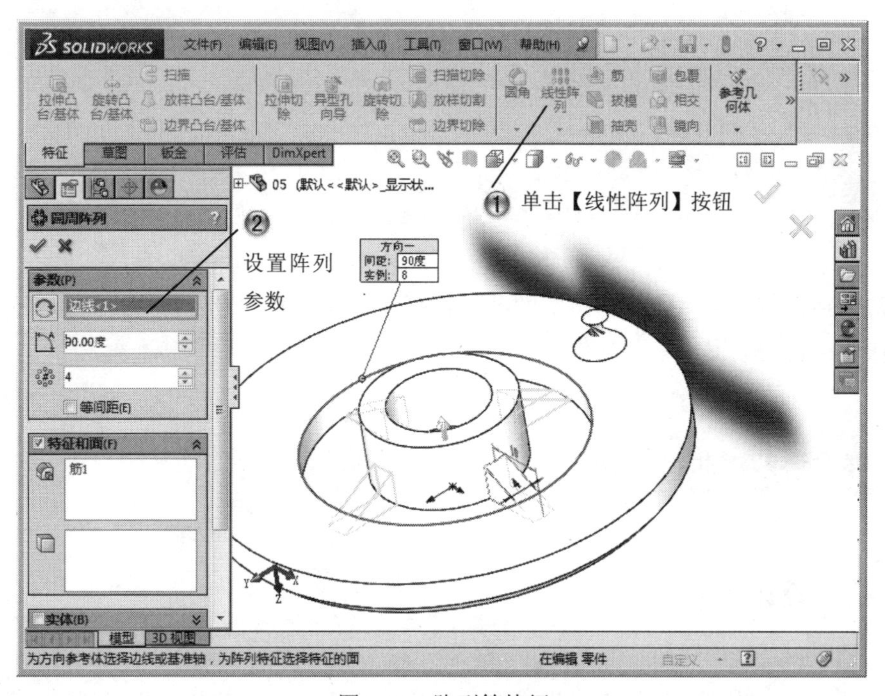

图 3-54　阵列筋特征

Step6 完成筋特征操作，如图 3-55 所示。

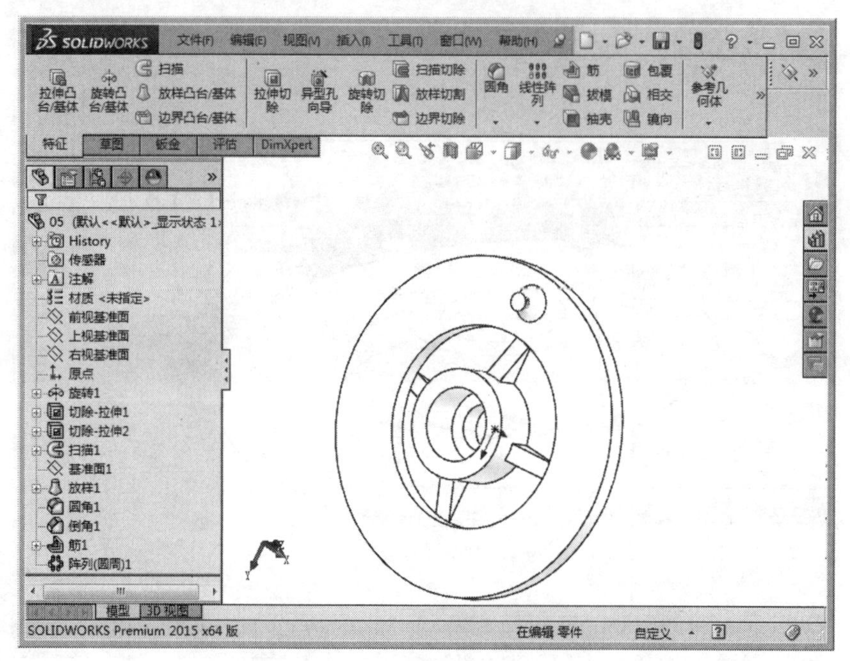

图 3-55　完成筋特征操作

3.6　孔特征

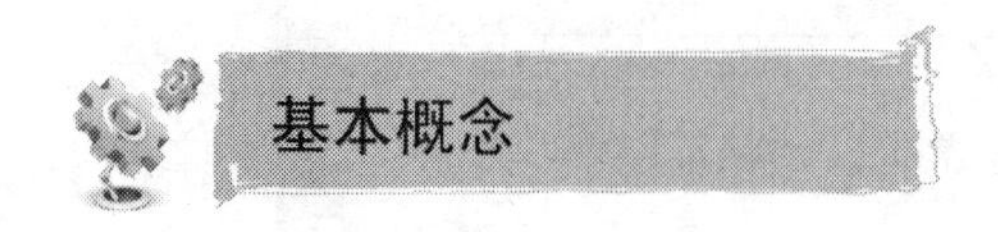

孔特征是在模型上生成各种类型的孔。在平面上放置孔并设置深度，可以通过标注尺寸的方法定义它的位置。

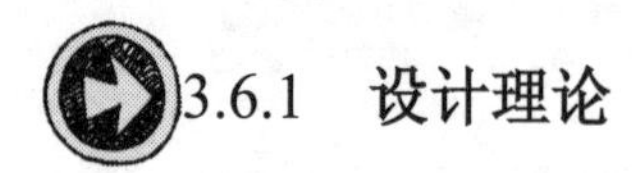

3.6.1　设计理论

一般是在设计阶段临近结束时生成孔，这样可以避免因为疏忽而将材料添加到先前生成的孔内。如果准备生成不需要其他参数的孔，可以选择【简单直孔】命令；如果准备生成具有复杂轮廓的异型孔（如锥孔等），则一般会选择【异型孔向导】命令。两者相比较，【简单直孔】命令在生成不需要其他参数的孔时，可以提供比【异型孔向导】命令更优越的性能。

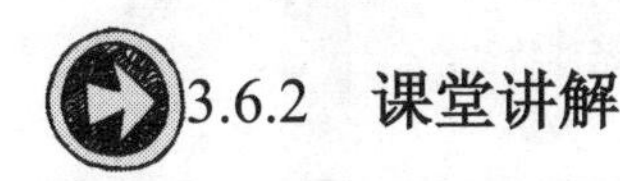

3.6.2 课堂讲解

1. 简单直孔

简单直孔的命令，如图 3-56 所示。

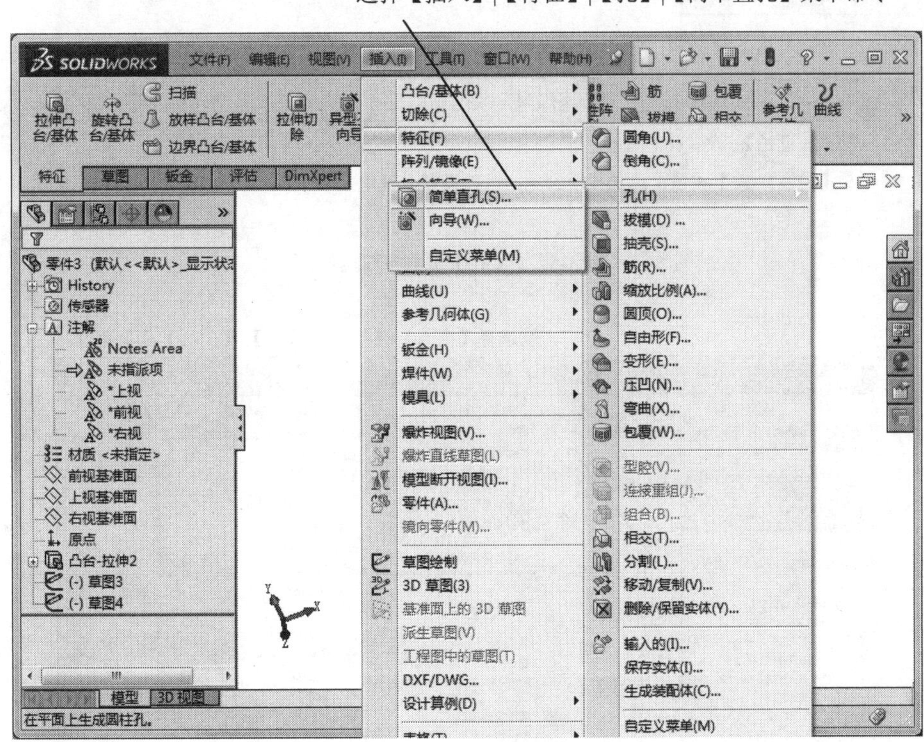

图 3-56　简单直孔的命令

系统弹出【孔】属性管理器，如图 3-57 所示。

2. 异型孔

异型孔向导的命令，如图 3-58 所示。

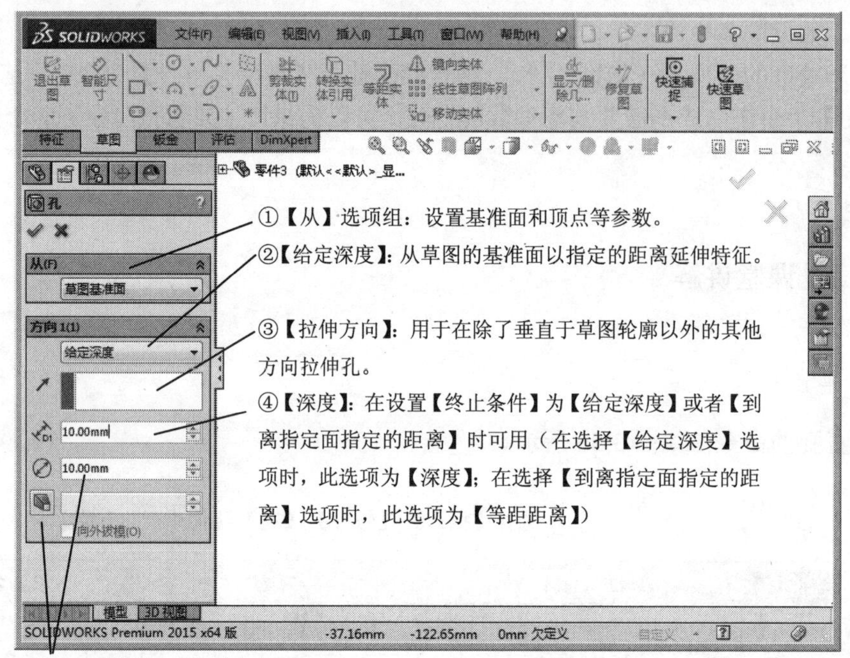

⑤【孔直径】：设置孔的直径。

⑥【拔模开/关】按钮：添加拔模到孔，可以设置拔模角度。

图 3-57 【孔】属性管理器

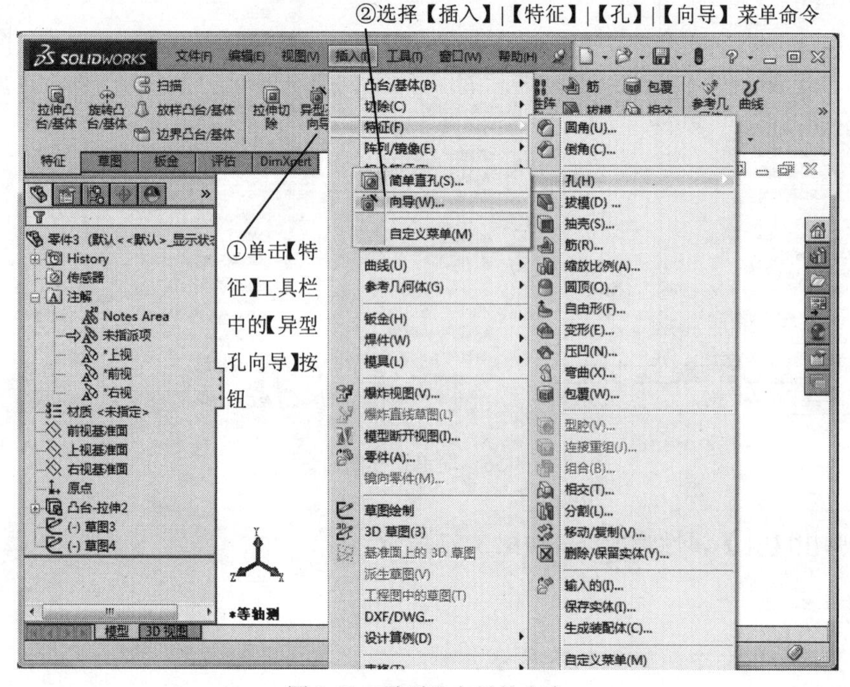

图 3-58 异型孔向导的命令

系统打开【孔规格】属性管理器，如图 3-59 所示。

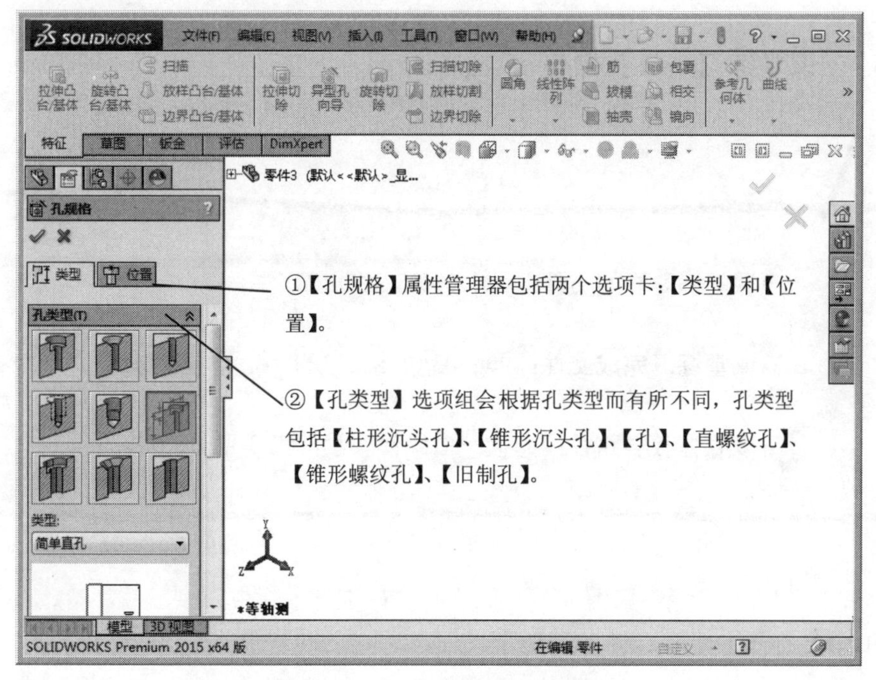

图 3-59 【孔规格】属性管理器

【截面尺寸】和【终止条件】选项组，如图 3-60 所示。

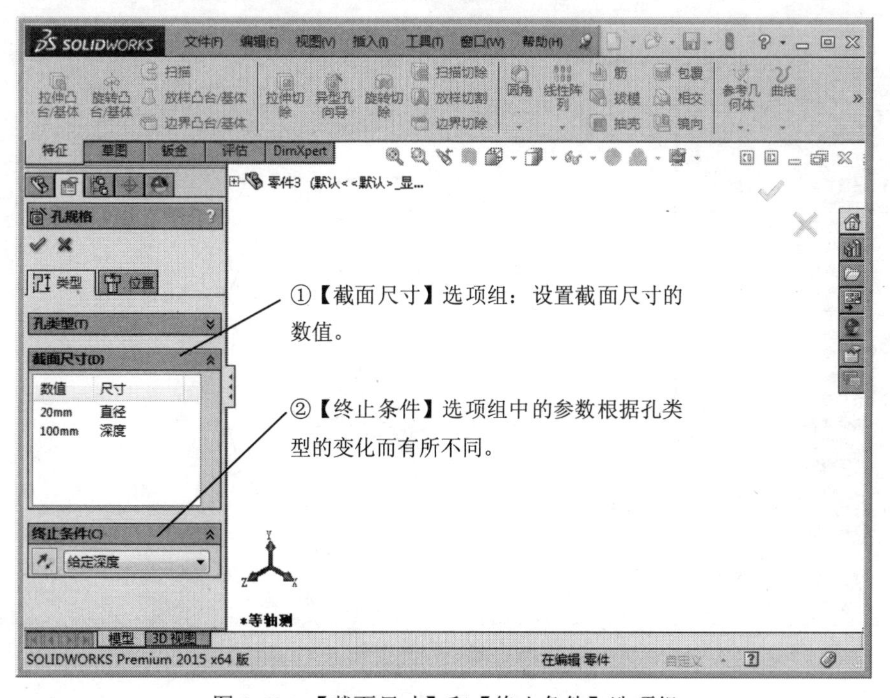

图 3-60 【截面尺寸】和【终止条件】选项组

3.6.3 课堂练习——孔操作

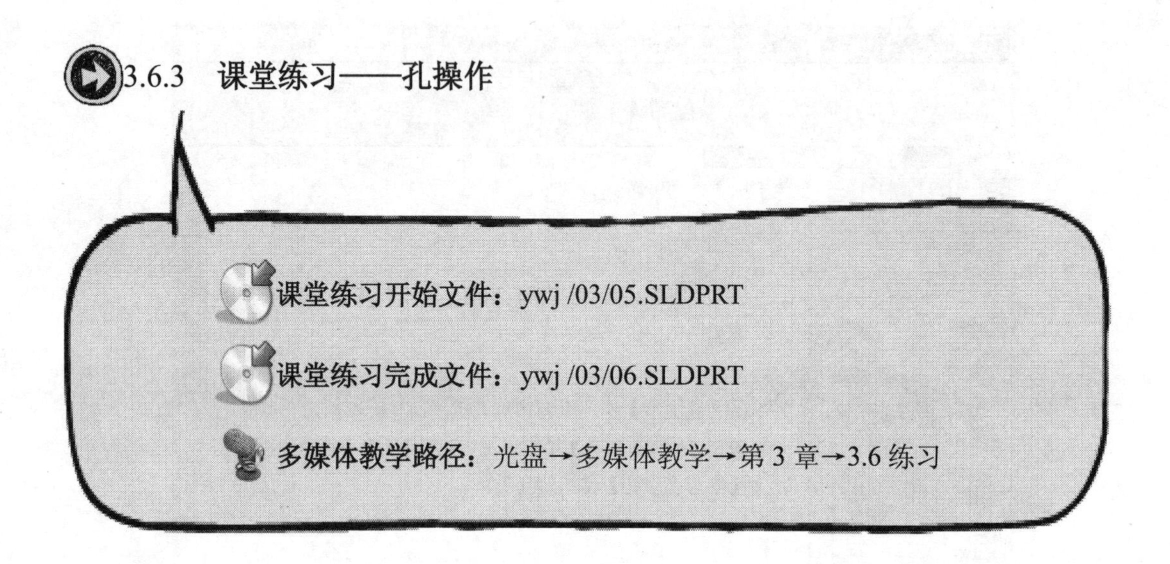

Step1 打开零件，如图 3-61 所示。

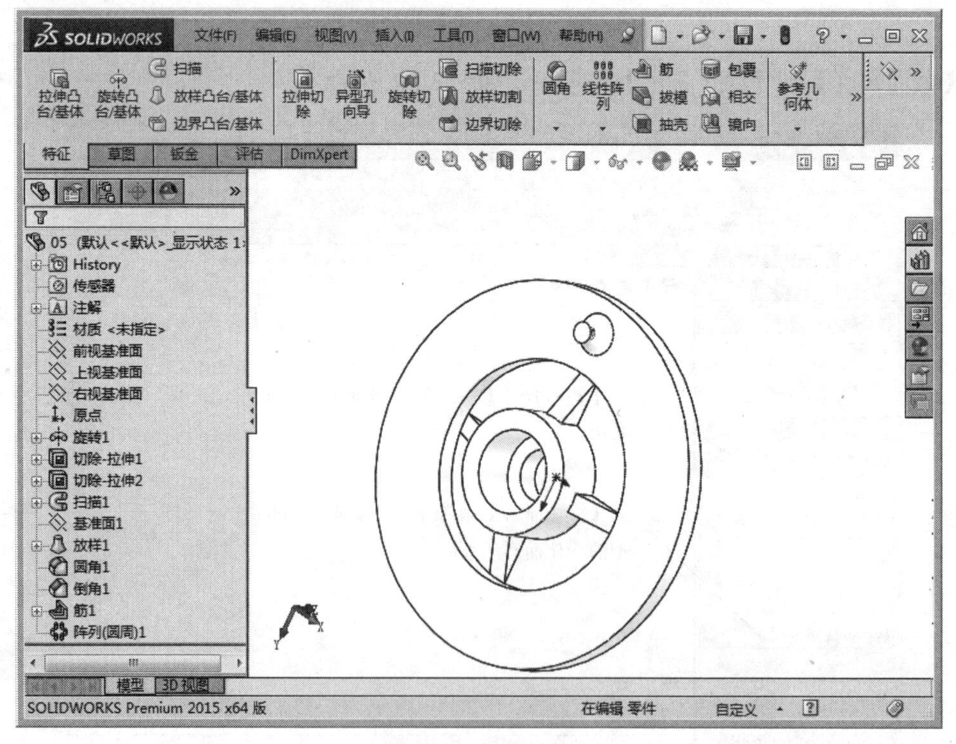

图 3-61　打开零件

Step2 选择简单直孔命令，如图 3-62 所示。

选择【插入】|【特征】|【孔】|【简单直孔】菜单命令

SOLIDWORKS 文件(F) 编辑(E) 视图(V) 插入(I) 工具(T) 窗口(W) 帮助(H)
拉伸凸台/基体 旋转凸台/基体 扫描 放样凸台/基体 边界凸台/基体 拉伸切除
特征 草图 钣金 评估 DimXpert
06 (默认<<默认>_显示状态 1>)
History
传感器
注解
材质 <未指定>
前视基准面
上视基准面
右视基准面
原点
旋转1
切除-拉伸1
切除-拉伸2
扫描1
基准面1
放样1
圆角1
倒角1
筋1
阵列(圆周)1
模型 3D 视图
凸台/基体(B)
切除(C)
特征(F)
阵列/镜像(E)
简单直孔(S)...
向导(W)...
自定义菜单(M)
曲线(U)
参考几何体(G)
钣金(H)
焊件(W)
模具(L)
爆炸视图(V)...
爆炸直线草图(L)
模型断开视图(I)...
零件(A)...
镜向零件(M)...
草图绘制
3D 草图(3)
基准面上的 3D 草图
派生草图(V)
工程图中的草图(T)
DXF/DWG...
设计算例(D)
圆角(U)...
倒角(C)...
孔(H)
拔模(D)...
抽壳(S)...
筋(R)...
缩放比例(A)...
圆顶(O)...
自由形(F)...
变形(E)...
压凹(N)...
弯曲(X)...
包覆(W)...
型腔(T)...
连接重组(J)...
组合(B)...
相交(T)...
分割(L)...
移动/复制(V)...
删除/保留实体(Y)...
输入的(I)...
保存实体(I)...
生成装配体(C)...
自定义菜单(M)

图 3-62　选择简单直孔命令

Step3 创建孔，如图 3-63 所示。

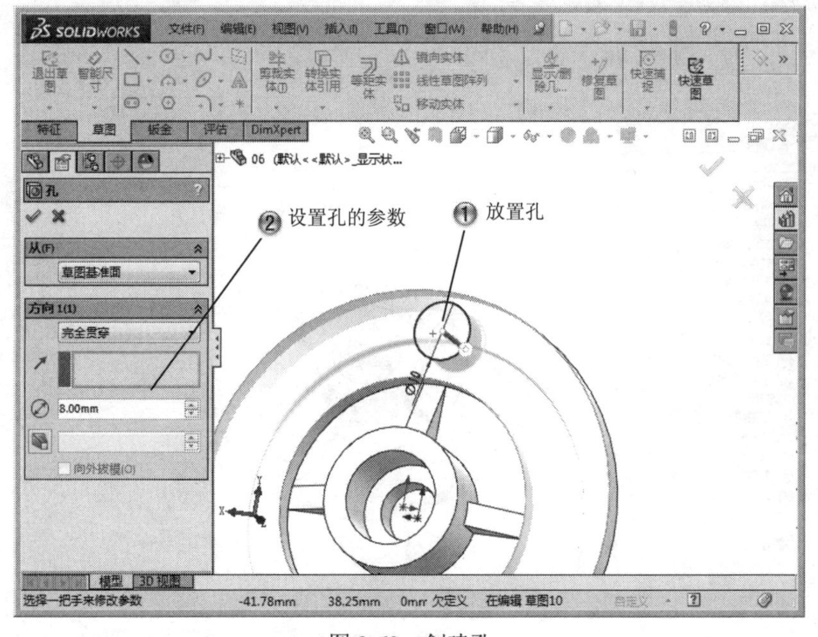

图 3-63　创建孔

Step4 阵列孔，如图 3-64 所示。

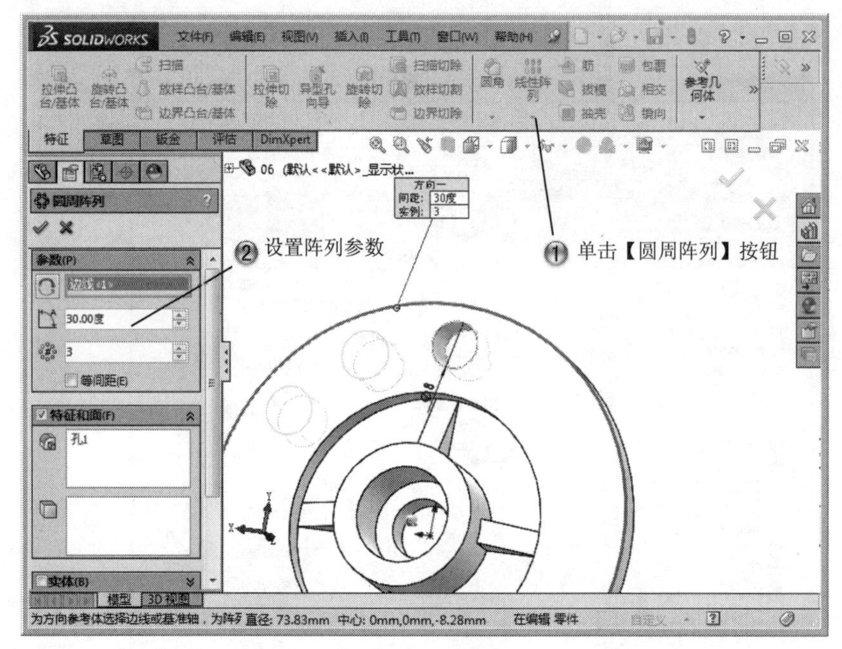

图 3-64　阵列孔

Step5 完成孔特征的创建，如图 3-65 所示。

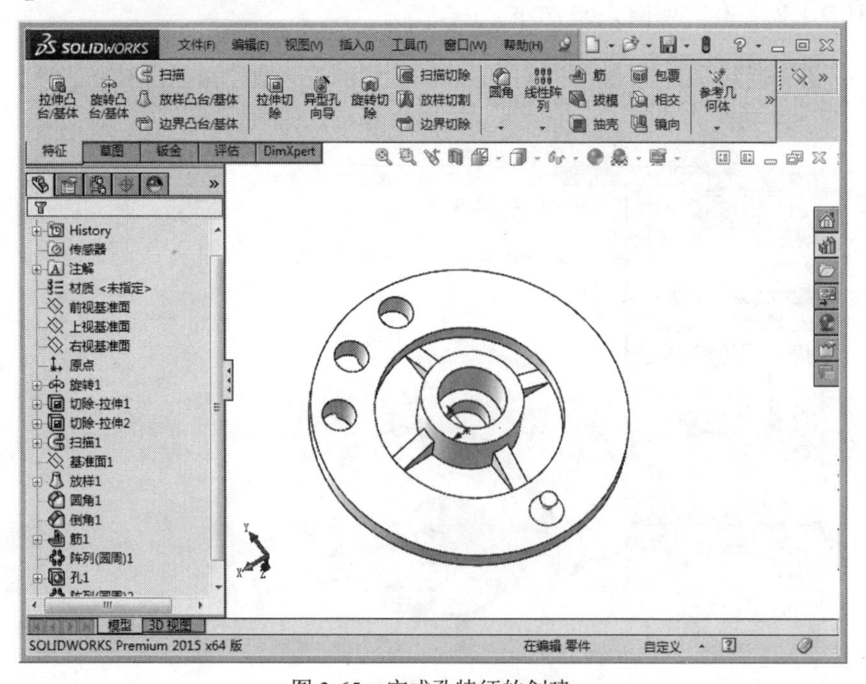

图 3-65　完成孔特征的创建

3.7　抽壳特征

抽壳特征可以掏空零件，使所选择的面敞开，在其他面上生成薄壁特征。如果没有选择模型上的任何面，则掏空实体零件，生成闭合的抽壳特征，也可以使用多个厚度以生成抽壳模型。

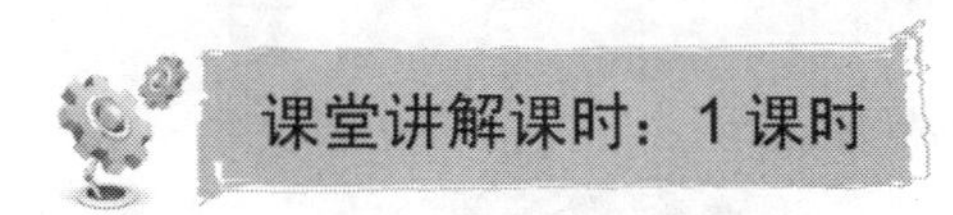

3.7.1　设计理论

抽壳特征可以选择一个或者几个面，进行删除，得到敞开的抽壳特征，如果没有选择删除面，则是一个中空的特征。

3.7.2　课堂讲解

抽壳特征的命令，如图 3-66 所示。

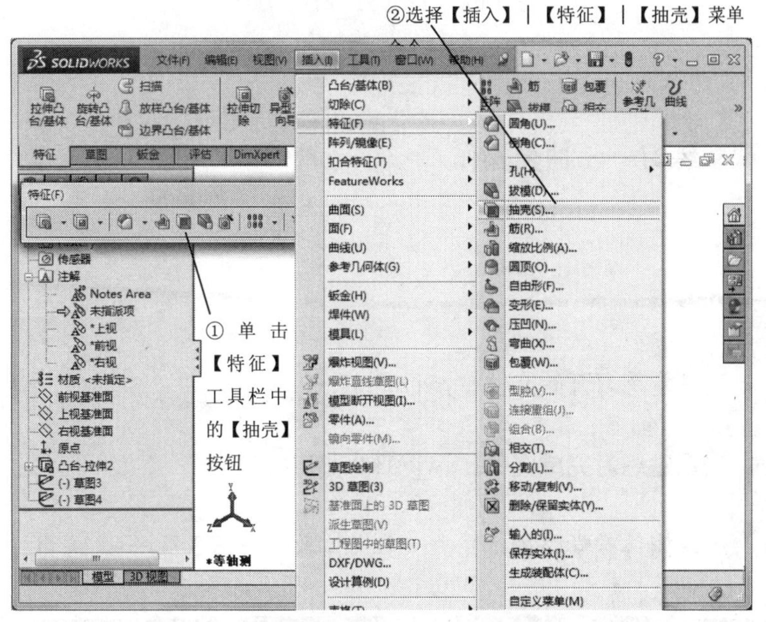

图 3-66　抽壳特征的命令

系统弹出【抽壳】属性管理器，如图 3-67 所示。

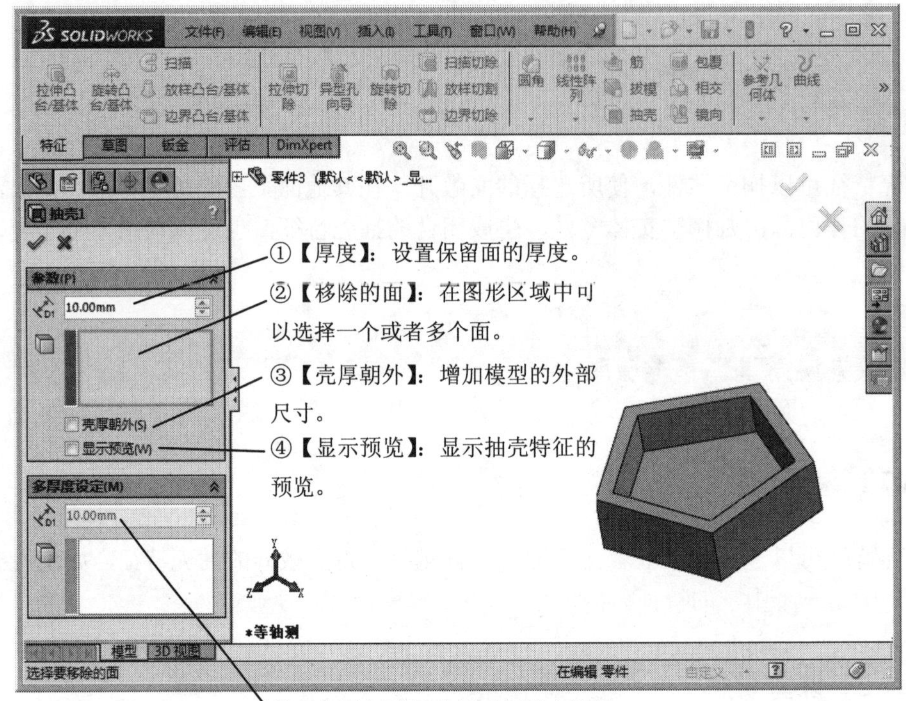

图 3-67 【抽壳】属性管理器

3.7.3 课堂练习——抽壳操作

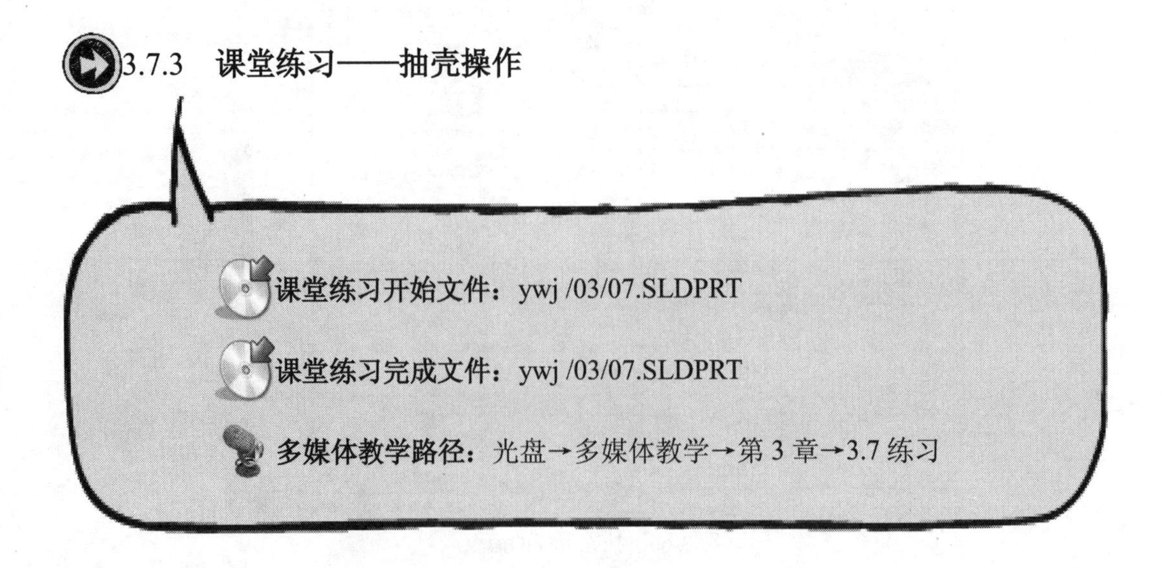

Step1 选择草绘面，如图 3-68 所示。

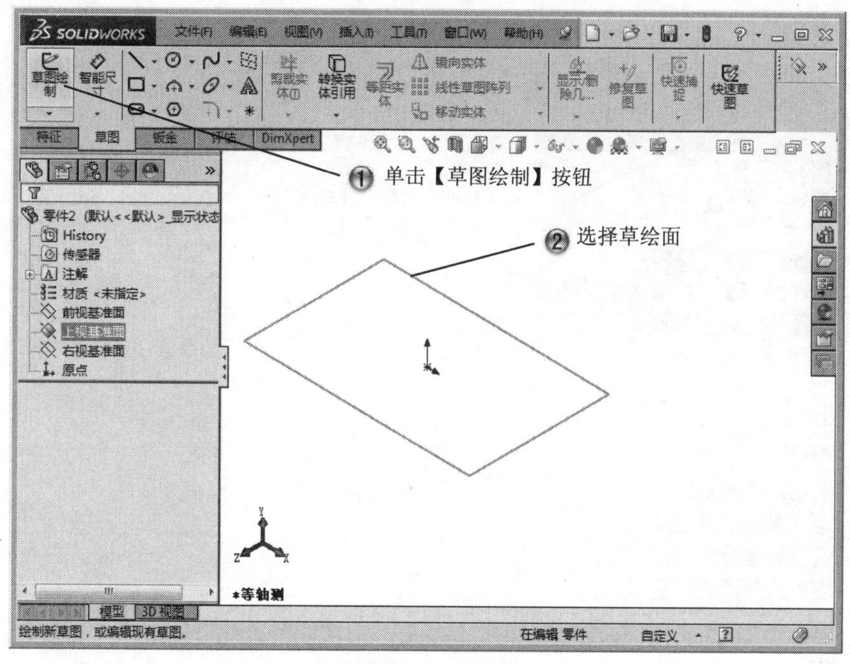

图 3-68　选择草绘面

Step2 绘制圆形，如图 3-69 所示。

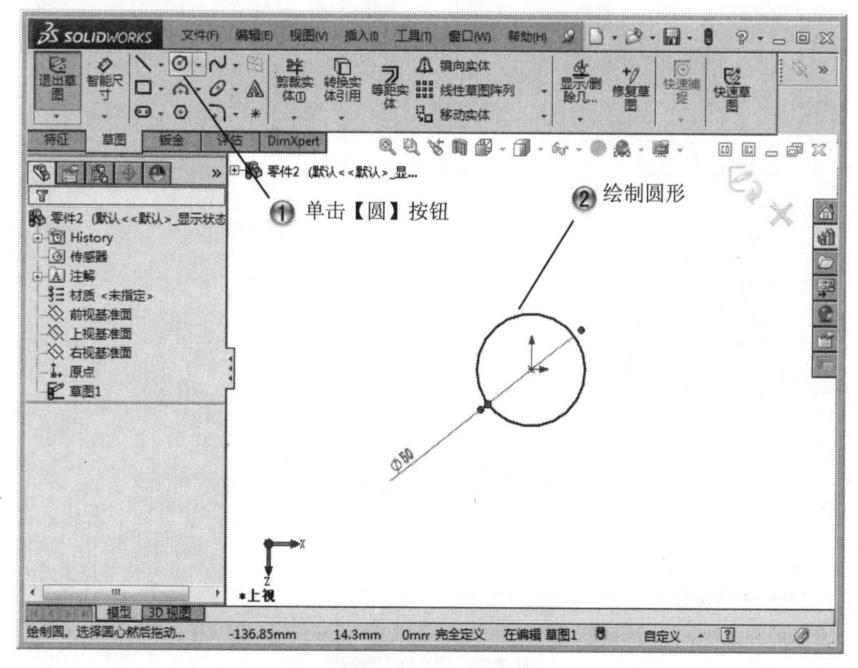

图 3-69　绘制圆形

Step3 拉伸圆形，如图 3-70 所示。

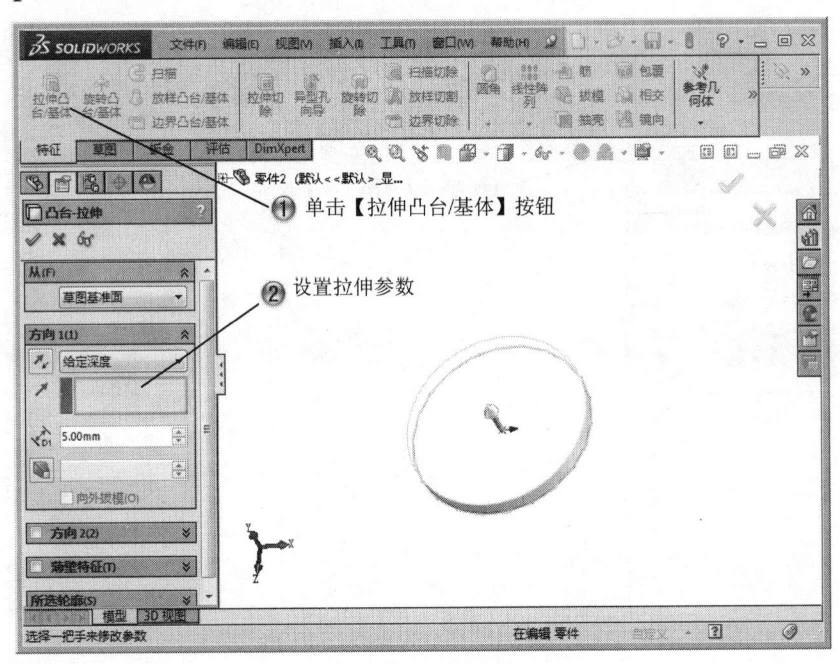

图 3-70　拉伸圆形

Step4 选择草绘面，如图 3-71 所示。

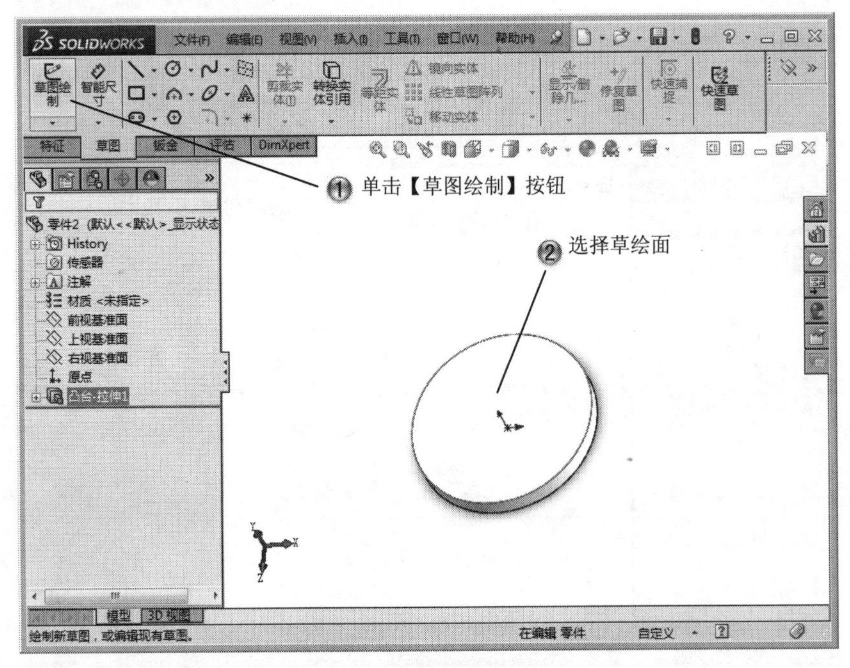

图 3-71　选择草绘面

Step5 绘制圆形，如图 3-72 所示。

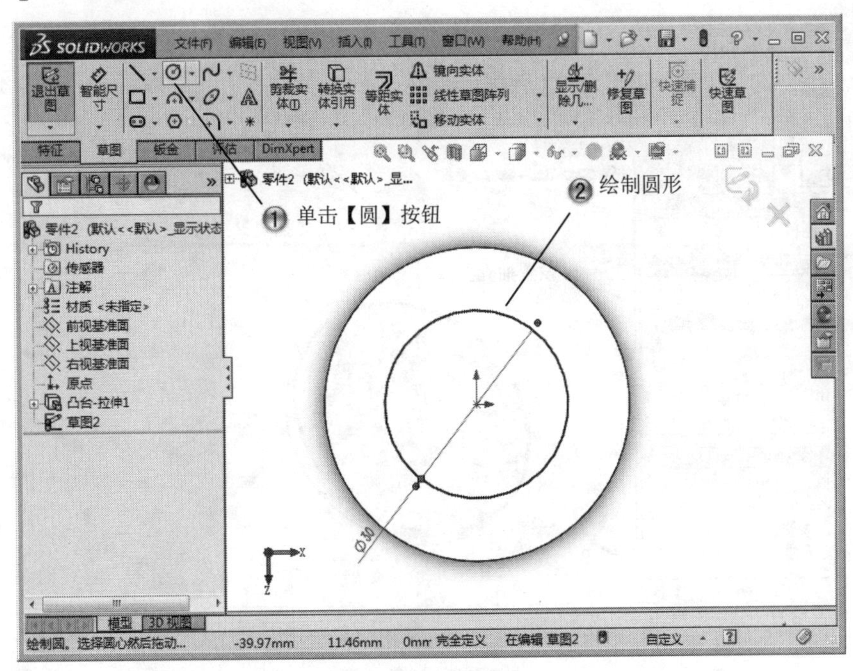

图 3-72　绘制圆形

Step6 拉伸凸台，如图 3-73 所示。

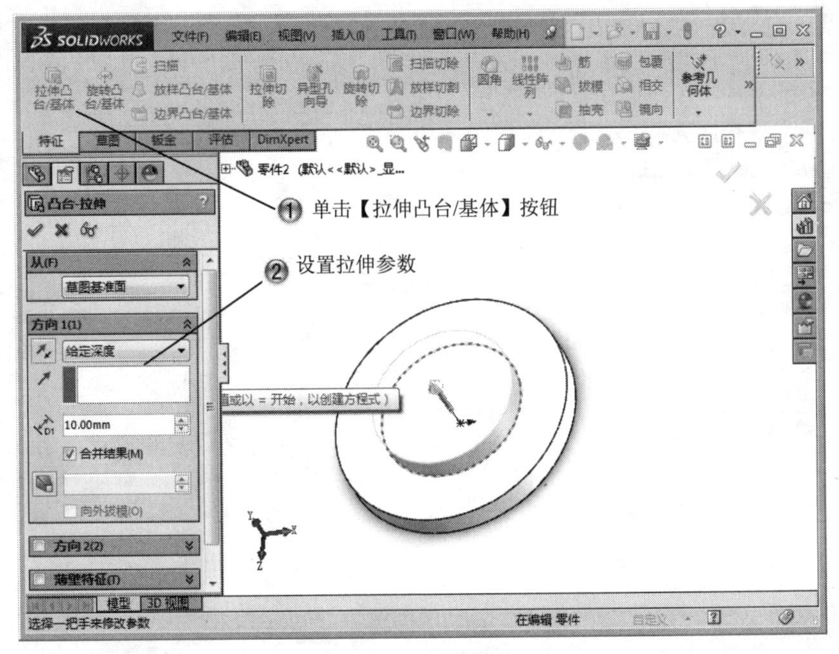

图 3-73　拉伸凸台

Step7 创建抽壳，如图 3-74 所示。

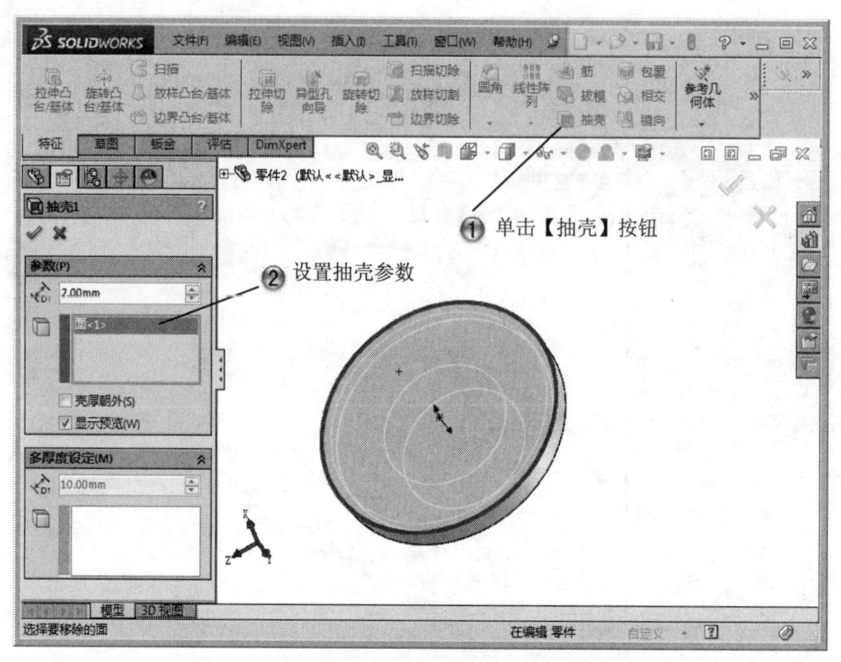

图 3-74 创建抽壳

Step8 完成抽壳操作，如图 3-75 所示。

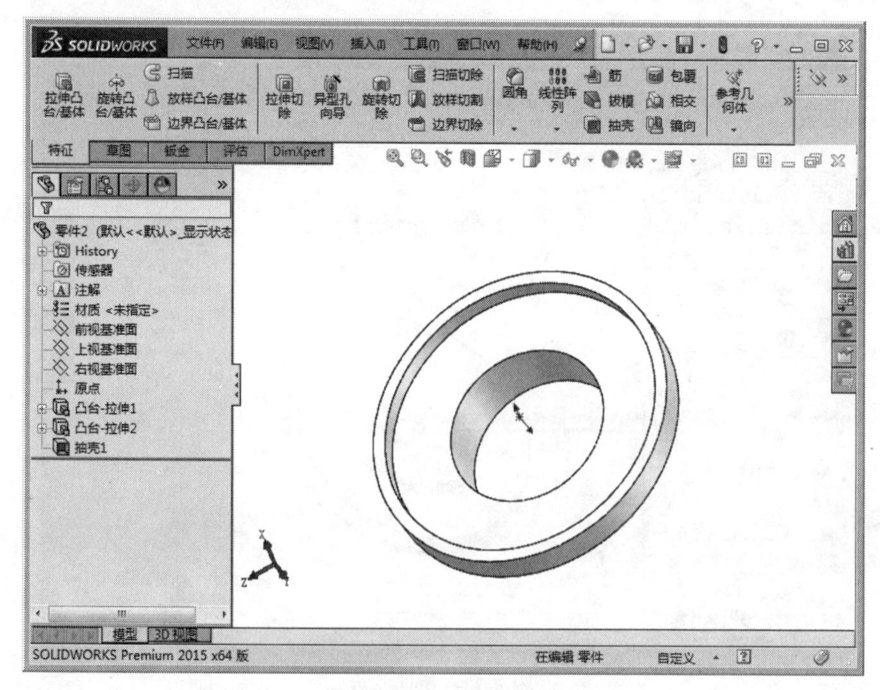

图 3-75 完成抽壳操作

3.8 专家总结

本章介绍了各种实体特征设计的方法，主要包括拉伸、旋转、扫描、圆角、倒角、筋、放样、孔和筋特征，读者可以课堂练习进行学习。

3.9 课后习题

3.9.1 填空题

（1）实体特征设计命令有________种。

（2）扫描特征的组成要素有________、________。

（3）筋特征必需的要素是________。

（4）创建孔特征的命令________、________。

3.9.2 问答题

（1）倒角和圆角有哪些不同？

（2）抽壳如何选择删除面？

3.9.3 上机操作题

如图3-76所示，使用本章学过的各种命令来创建一个壳体模型。

练习步骤和方法：

（1）拉伸创建基体。

（2）绘制草图创建筋特征。

（3）创建孔特征。

（4）创建其他细节特征。

图3-76 壳体模型

第 4 章　零件形变特征

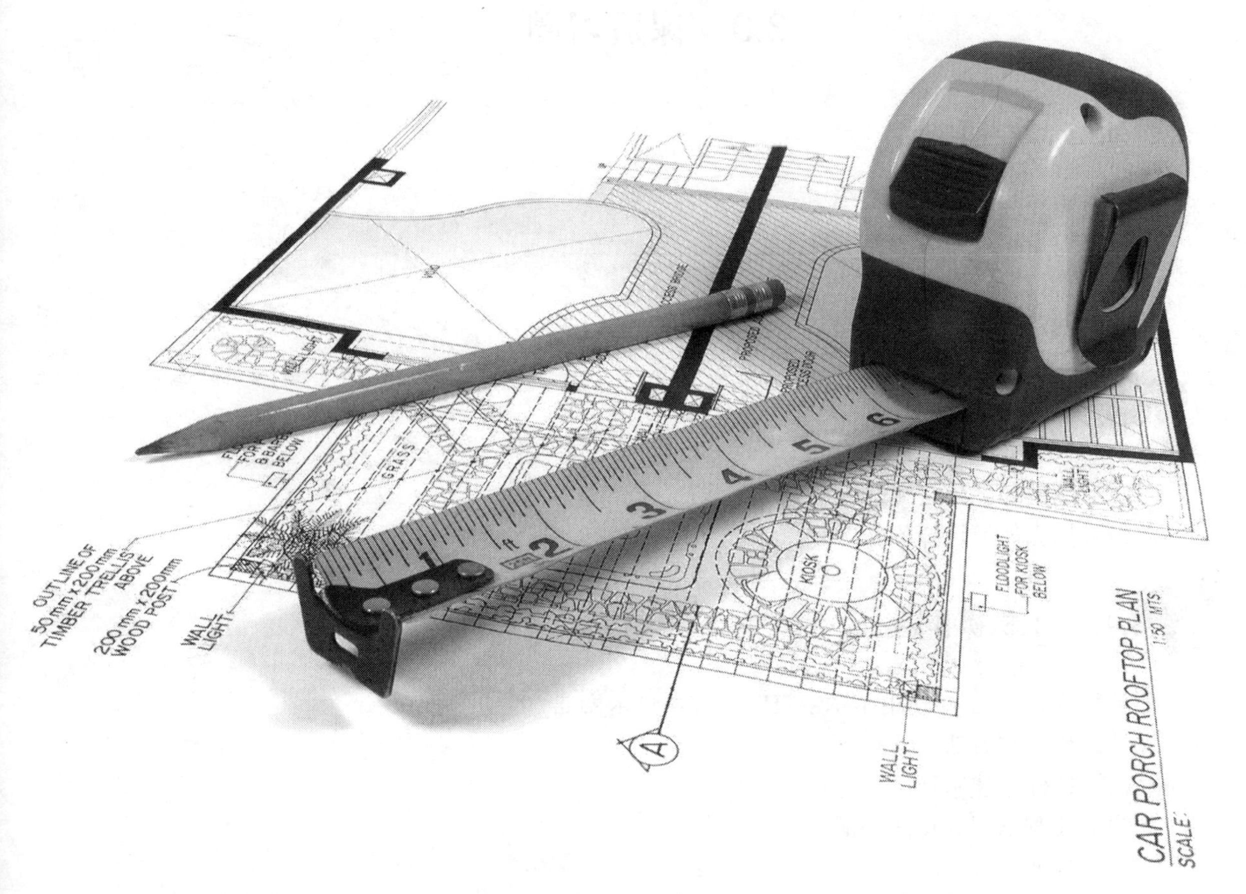

课训目标	内　容	掌握程度	课　时
	压凹特征	熟练掌握	2
	弯曲特征	熟练掌握	2
	变形特征	熟练掌握	2
	拔模特征	熟练掌握	2
	圆顶特征	熟练掌握	2

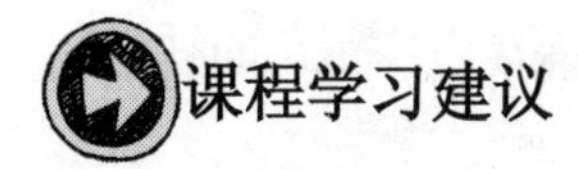

零件形变特征可以改变复杂曲面和实体模型的局部或整体形状，无须考虑用于生成模型的草图或者特征约束，其特征包括弯曲特征、压凹特征、变形特征、拔模特征和圆顶特征等。

本课程主要基于零件形变特征讲解，其培训课程表如下。

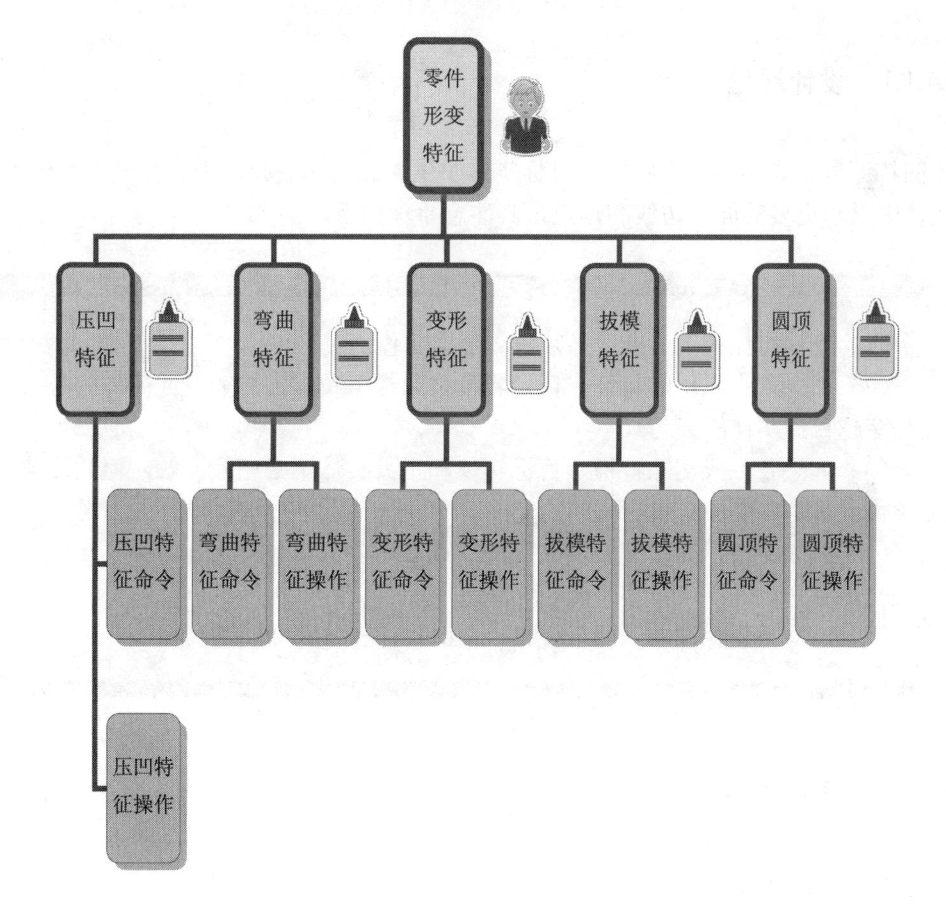

4.1 压凹特征

压凹特征是利用厚度和间隙生成的特征，其应用包括封装、冲印、铸模及机器的压入

配合等。根据所选实体类型，指定目标实体和工具实体之间的间隙数值，并为压凹特征指定厚度数值。压凹特征可变形或从目标实体中切除某个部分。

课堂讲解课时：2 课时

4.1.1 设计理论

压凹特征以工具实体的形状，在目标实体中生成袋套或突起，因此在最终实体中比在原始实体中显示更多的面、边线和顶点，其注意事项如下。

（1）目标实体和工具实体必须有一个为实体。

（2）如果要生成压凹特征，目标实体必须与工具实体接触，或间隙值必须允许穿越目标实体的突起。

（3）如果要生成切除特征，目标实体和工具实体不必相互接触，但间隙值必须大到可足够生成与目标实体的交叉。

（4）如果需要以曲面工具实体压凹（或者切除）实体，曲面必须与实体完全相交。

（5）唯一不受允许的压凹组合是：曲面目标实体和曲面工具实体。

4.1.2 课堂讲解

1. 压凹特征属性设置

选择【插入】|【特征】|【压凹】菜单命令，系统弹出【压凹】属性管理器，如图 4-1 所示。

2. 压凹特征创建步骤

选择【插入】|【特征】|【压凹】菜单命令，系统打开【压凹】属性管理器。设置参数，单击【确定】按钮✓，生成压凹特征，如图 4-2 所示。

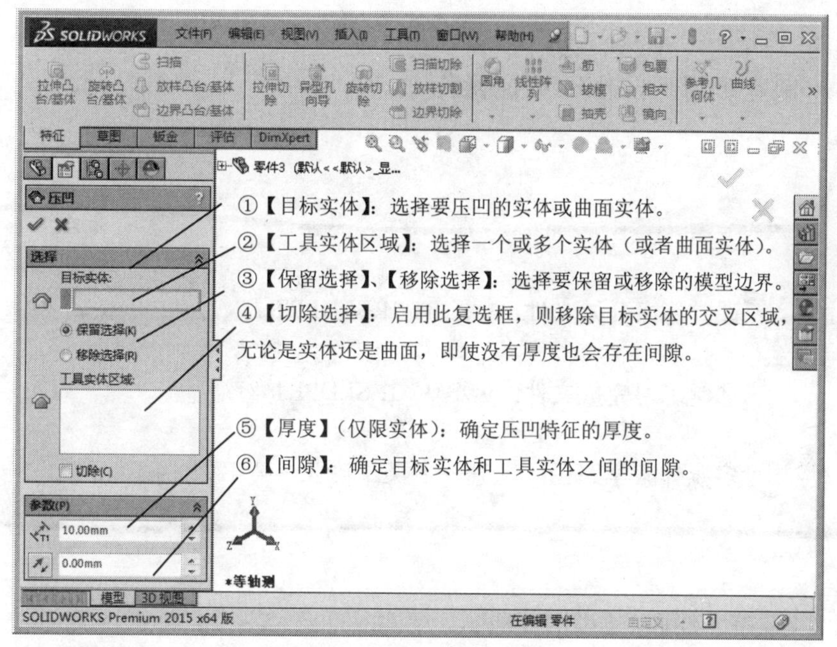

图 4-1 【压凹】属性管理器

通常压凹特征生成后，需要隐藏工具实体，才能看到压凹的结果。

名师点拨

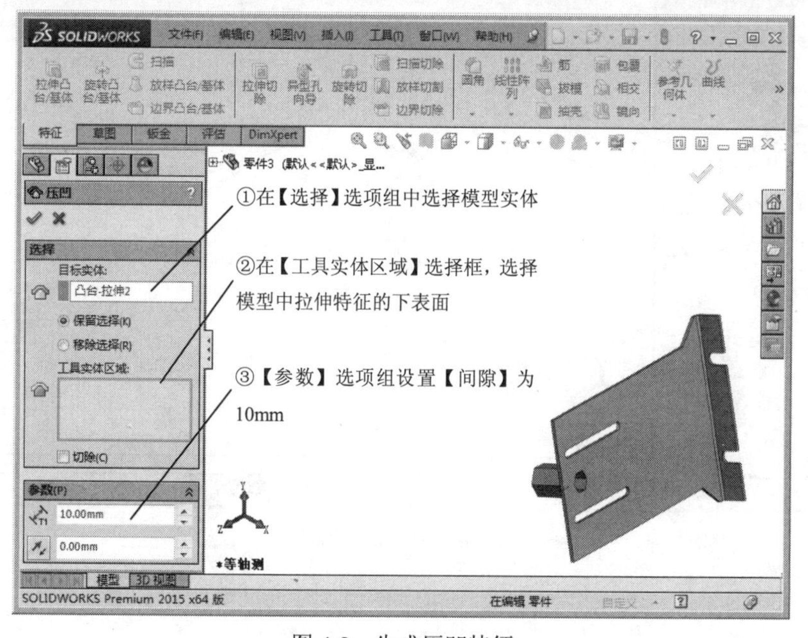

图 4-2 生成压凹特征

4.1.3 课堂练习——压凹特征操作

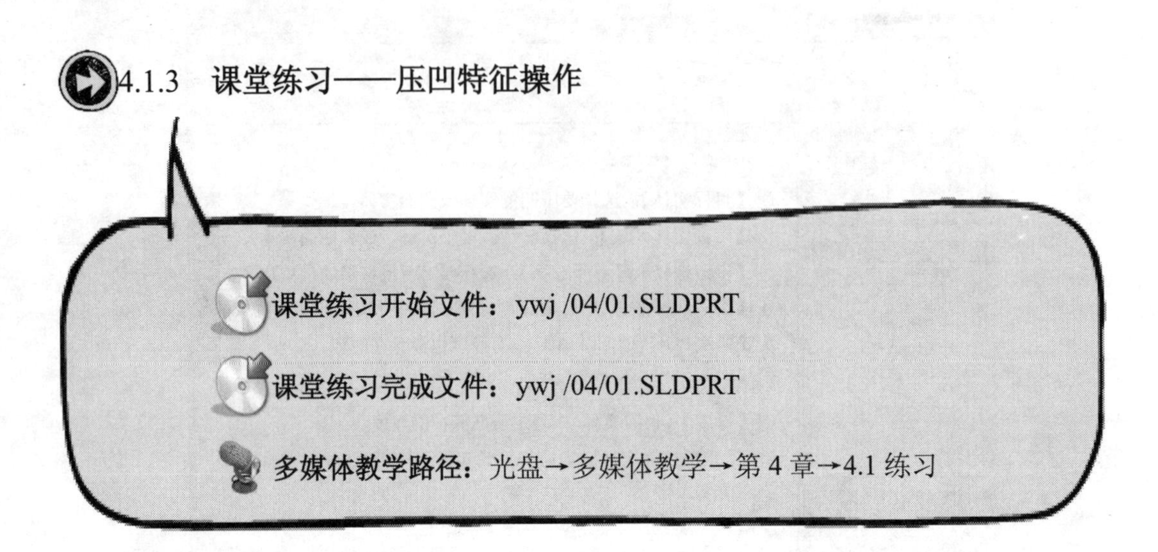

Step1 选择草绘面，如图 4-3 所示。

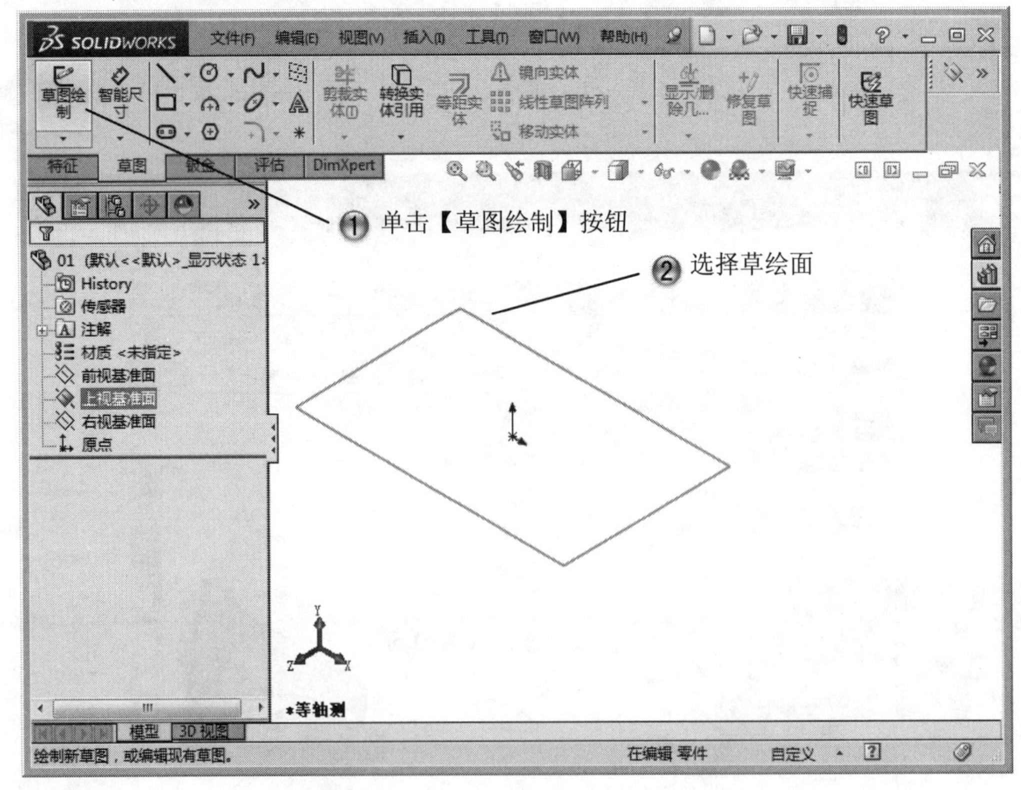

图 4-3　选择草绘面

Step2 绘制矩形，如图 4-4 所示。

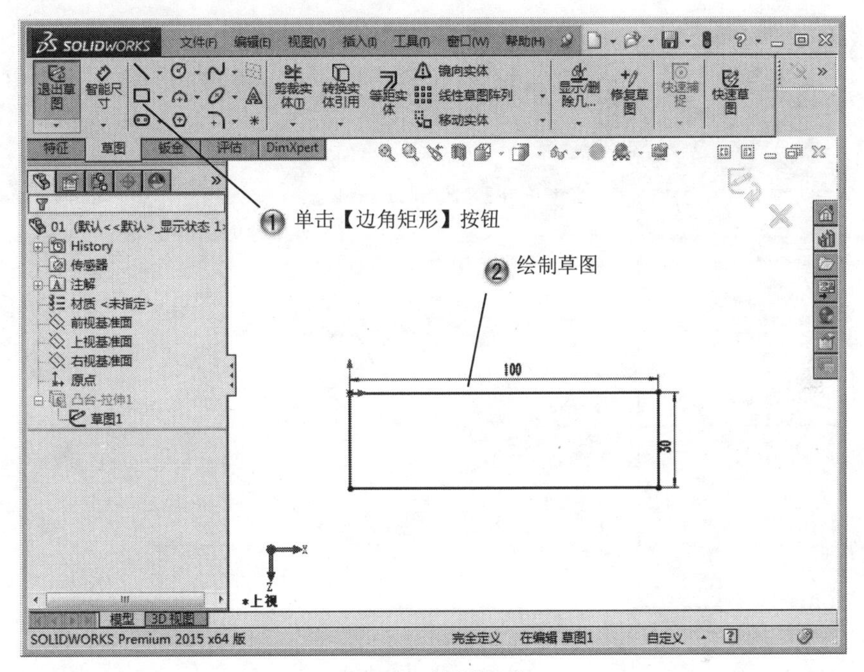

图 4-4　绘制矩形

Step3 拉伸凸台，如图 4-5 所示。

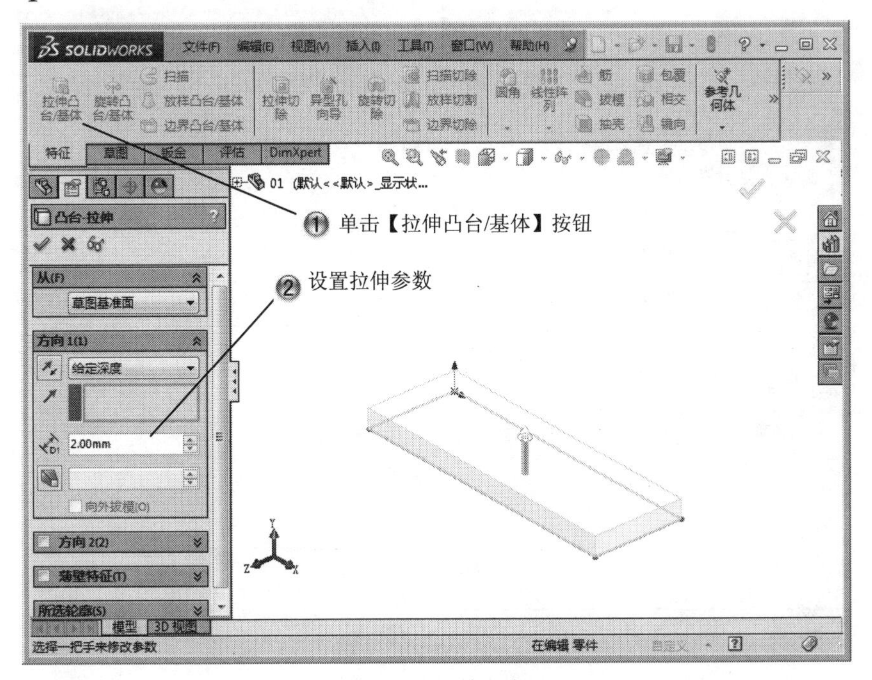

图 4-5　拉伸凸台

Step4 选择草绘面，如图 4-6 所示。

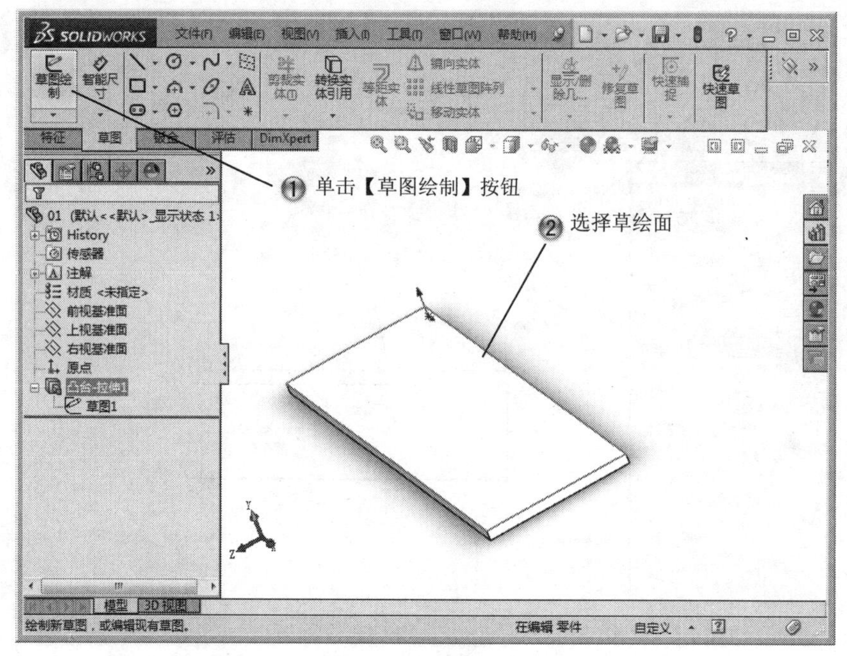

图 4-6　选择草绘面

Step5 绘制圆形，如图 4-7 所示。

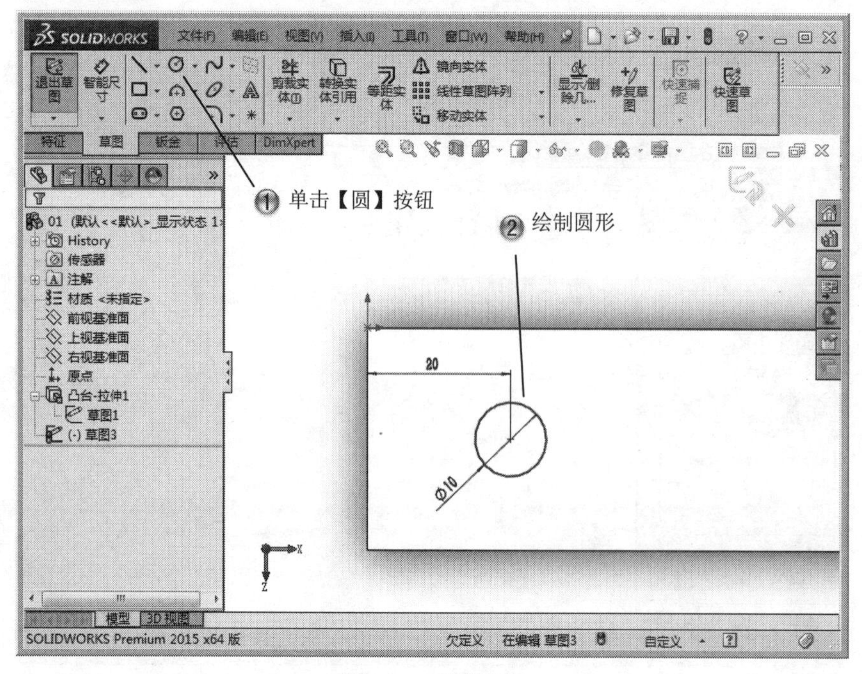

图 4-7　绘制圆形

Step6 拉伸凸台，如图 4-8 所示。

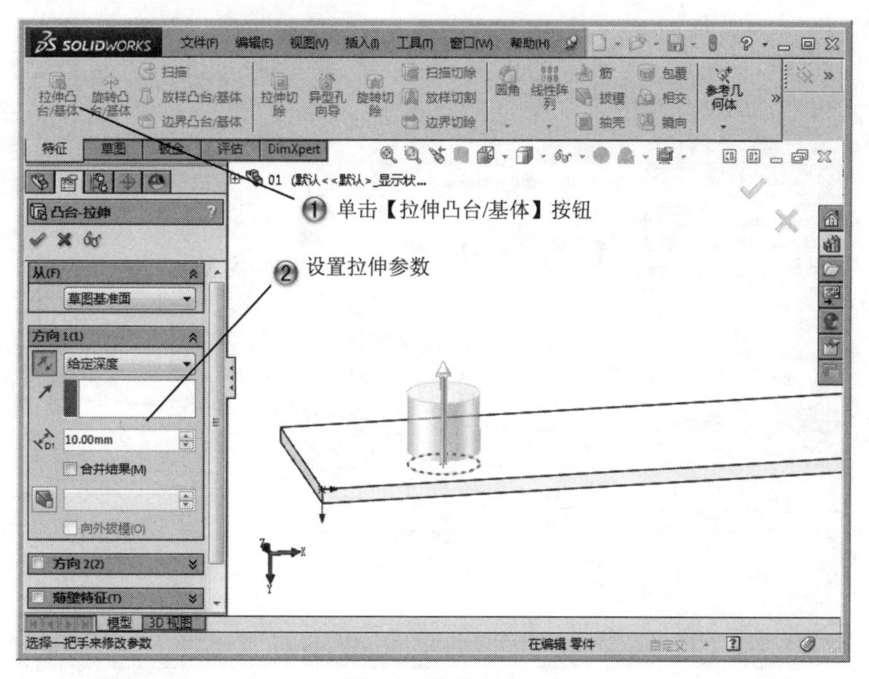

图 4-8　拉伸凸台

Step7 选择压凹命令，如图 4-9 所示。

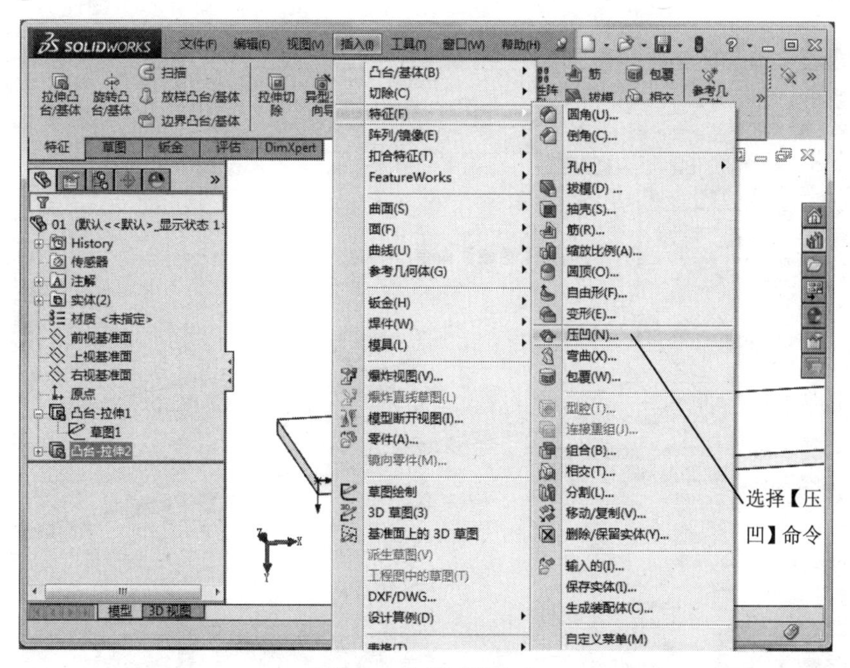

图 4-9　选择压凹命令

Step8 创建压凹特征，如图 4-10 所示。

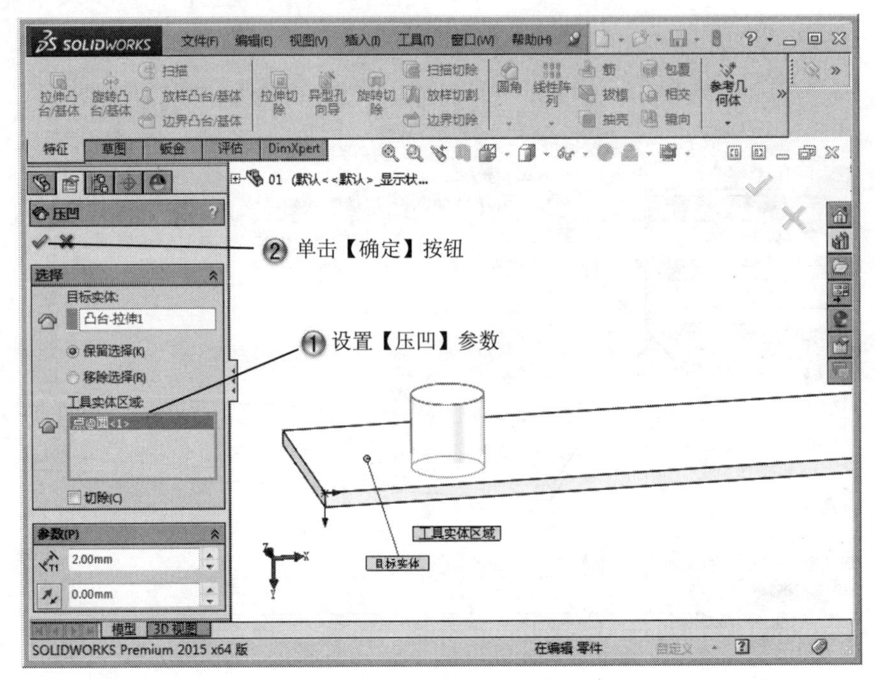

图 4-10　创建压凹特征

Step9 隐藏特征，如图 4-11 所示。

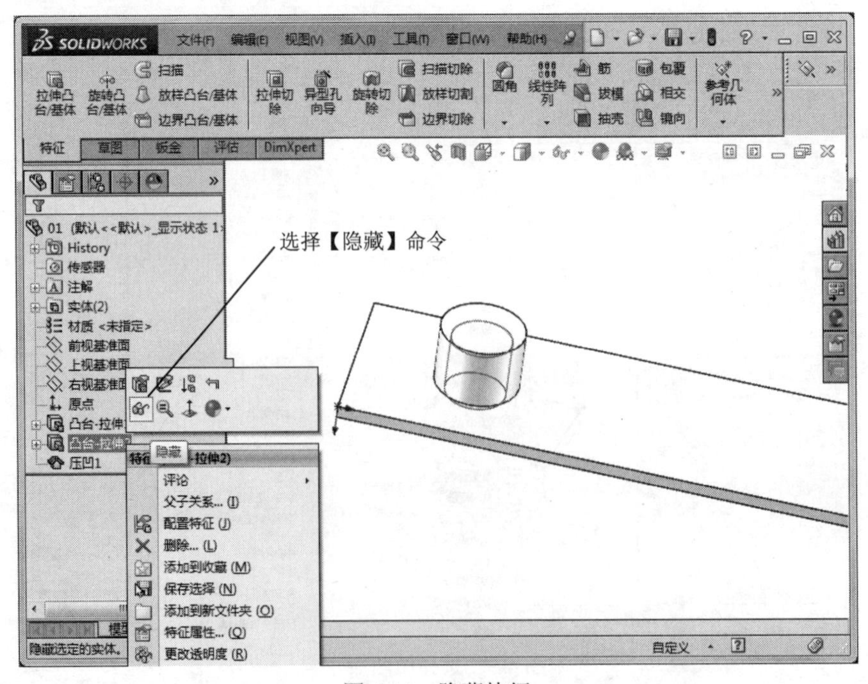

图 4-11　隐藏特征

Step10 完成压凹特征，如图 4-12 所示。

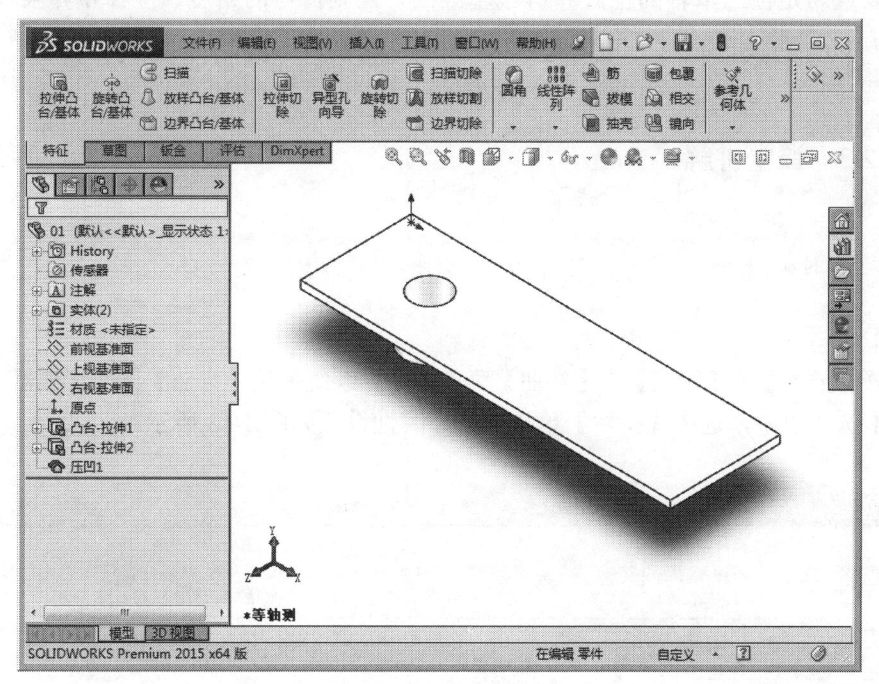

图 4-12　完成压凹特征

4.2　弯曲特征

基本概念

弯曲和扭曲特征是通过定位三重轴和剪裁基准面，控制扭曲的角度、位置和界限，使特征围绕三重轴的蓝色 z 轴扭曲。锥削特征是通过定位三重轴和剪裁基准面，控制锥削的角度、位置和界限，使特征按照三重轴的蓝色 z 轴方向进行锥削。伸展特征是通过指定距离或使用鼠标左键拖动剪裁基准面的边线，使特征按照三重轴的蓝色 z 轴方向进行伸展。

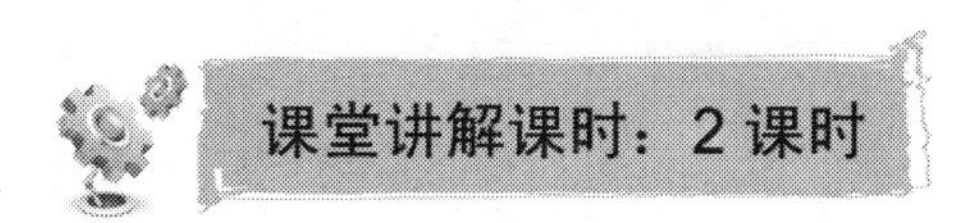

课堂讲解课时：2 课时

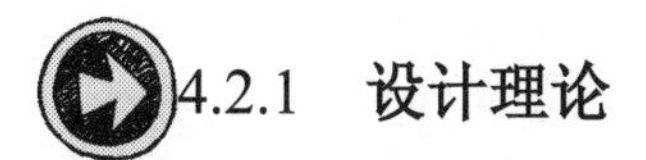

4.2.1　设计理论

弯曲特征以直观的方式对复杂的模型进行变形。弯曲特征包括 4 个选项：折弯、扭曲、锥削和伸展。弯曲特征围绕三重轴中的红色 x 轴（即折弯轴）折弯一个或者多个实体，可以重新定位三重轴的位置和剪裁基准面，控制折弯的角度、位置和界限以改变折弯形状。

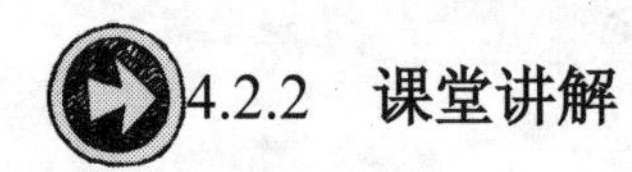

4.2.2 课堂讲解

1. 弯曲特征

（1）折弯

选择【插入】|【特征】|【弯曲】菜单命令，系统弹出【弯曲】属性管理器。在【弯曲输入】选项组中，选中【折弯】单选按钮，属性设置如图 4-13 所示。

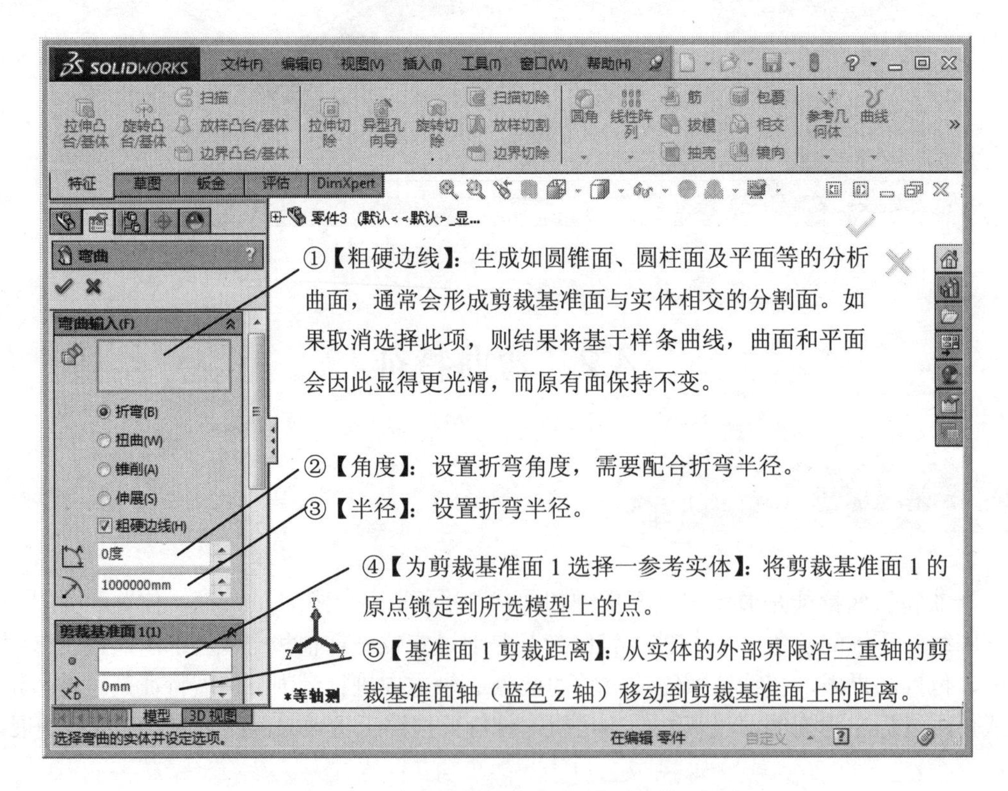

图 4-13 选中【折弯】单选按钮后的属性设置

【剪裁基准面 2】和【三重轴】选项组，如图 4-14 所示。

（2）扭曲

选择【插入】|【特征】|【弯曲】菜单命令，系统打开【弯曲】属性管理器。在【弯曲输入】选项组中，选中【扭曲】单选按钮，如图 4-15 所示。

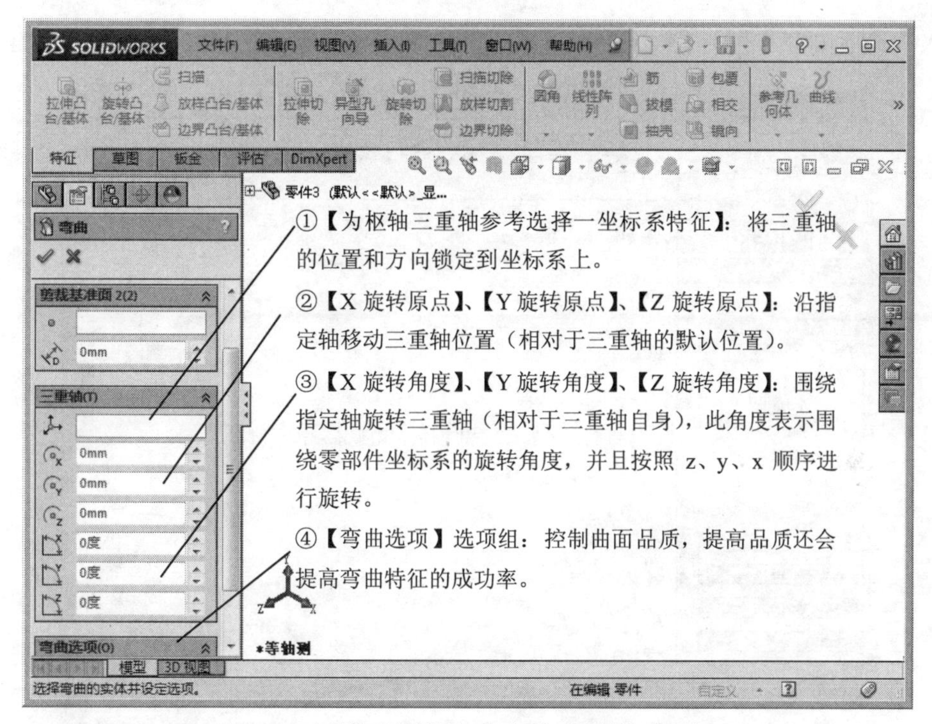

图 4-14 【剪裁基准面 2】和【三重轴】选项组

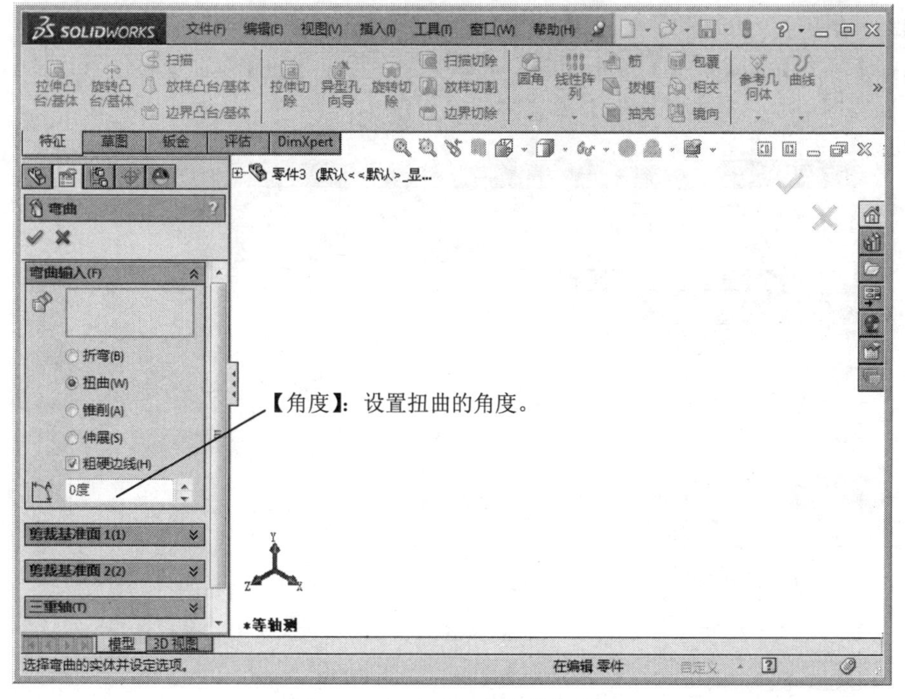

图 4-15 选中【扭曲】单选按钮

（3）锥削

选择【插入】|【特征】|【弯曲】菜单命令，系统弹出【弯曲】属性管理器。在【弯

曲输入】选项组中，选中【锥削】单选按钮，如图 4-16 所示。

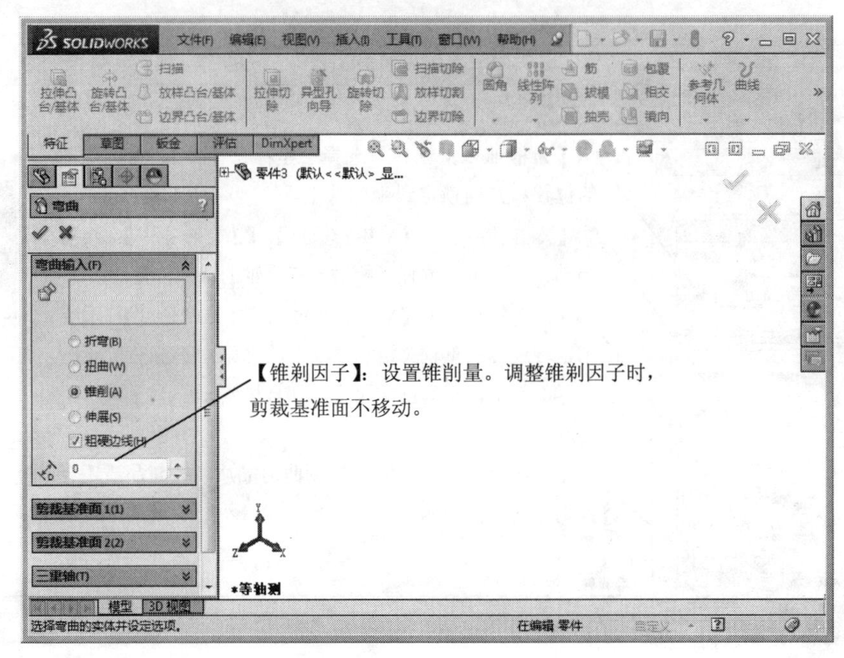

图 4-16　选中【锥削】单选按钮

（4）伸展

选择【插入】｜【特征】｜【弯曲】菜单命令，系统打开【弯曲】属性管理器。在【弯曲输入】选项组中，选中【伸展】单选按钮，如图 4-17 所示。

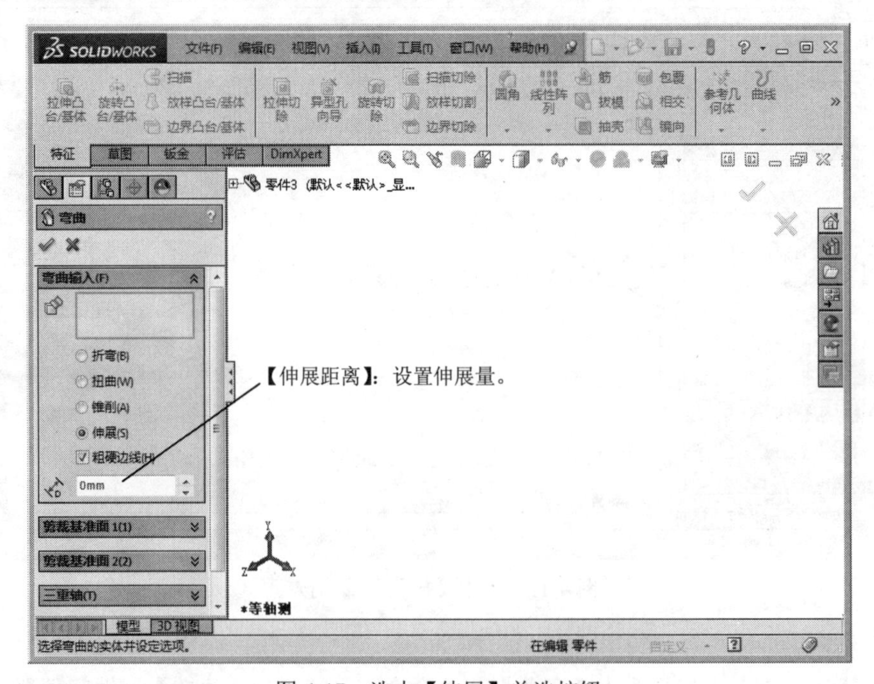

图 4-17　选中【伸展】单选按钮

2. 弯曲特征创建步骤

（1）折弯

选择【插入】|【特征】|【弯曲】菜单命令，系统弹出【弯曲】属性管理器。设置参数，单击【确定】按钮✔，生成折弯弯曲特征，如图4-18所示。

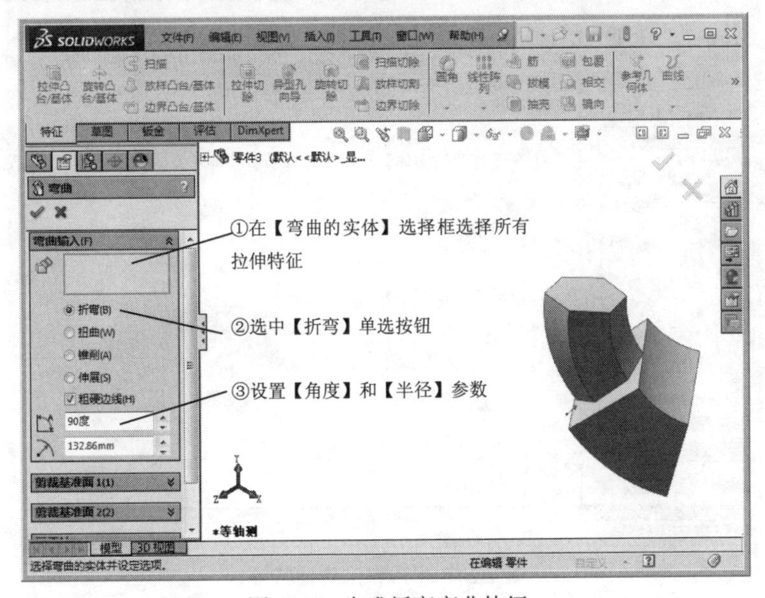

图4-18　生成折弯弯曲特征

（2）扭曲

选择【插入】|【特征】|【弯曲】菜单命令，系统打开【弯曲】属性管理器。设置参数，单击【确定】按钮✔，生成扭曲弯曲特征，如图4-19所示。

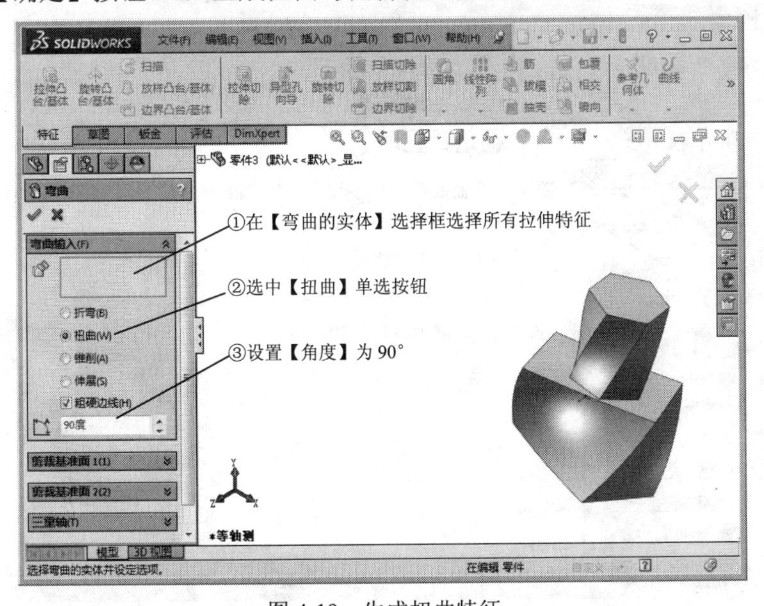

图4-19　生成扭曲特征

（3）锥削

选择【插入】|【特征】|【弯曲】菜单命令，系统弹出【弯曲】属性管理器。设置参数，单击【确定】按钮，生成锥削弯曲特征，如图 4-20 所示。

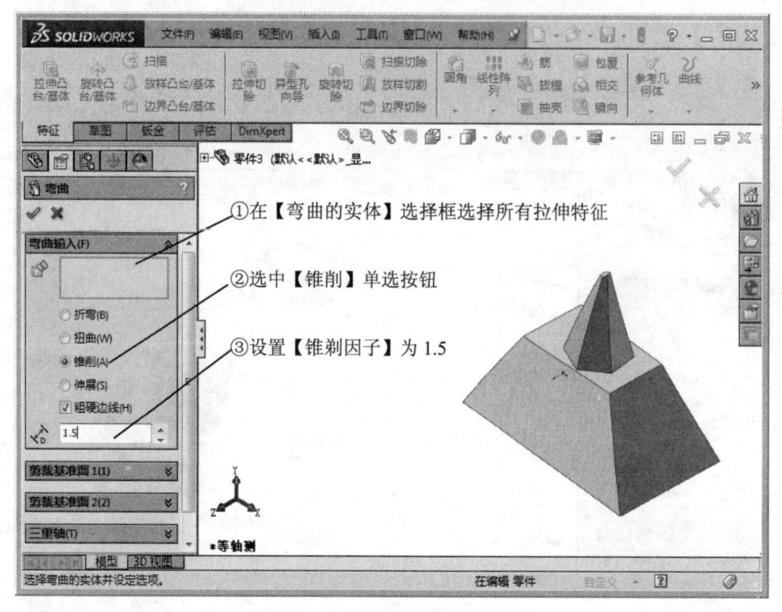

图 4-20　生成锥削弯曲特征

（4）伸展

选择【插入】|【特征】|【弯曲】菜单命令，系统弹出【弯曲】属性管理器。设置参数，单击【确定】按钮，生成伸展弯曲特征，如图 4-21 所示。

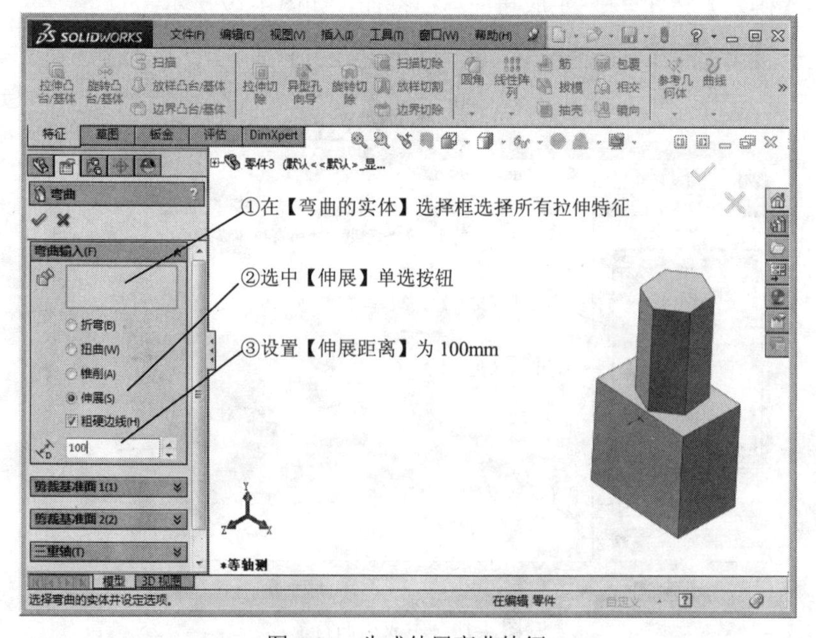

图 4-21　生成伸展弯曲特征

4.2.3 课堂练习——弯曲特征操作

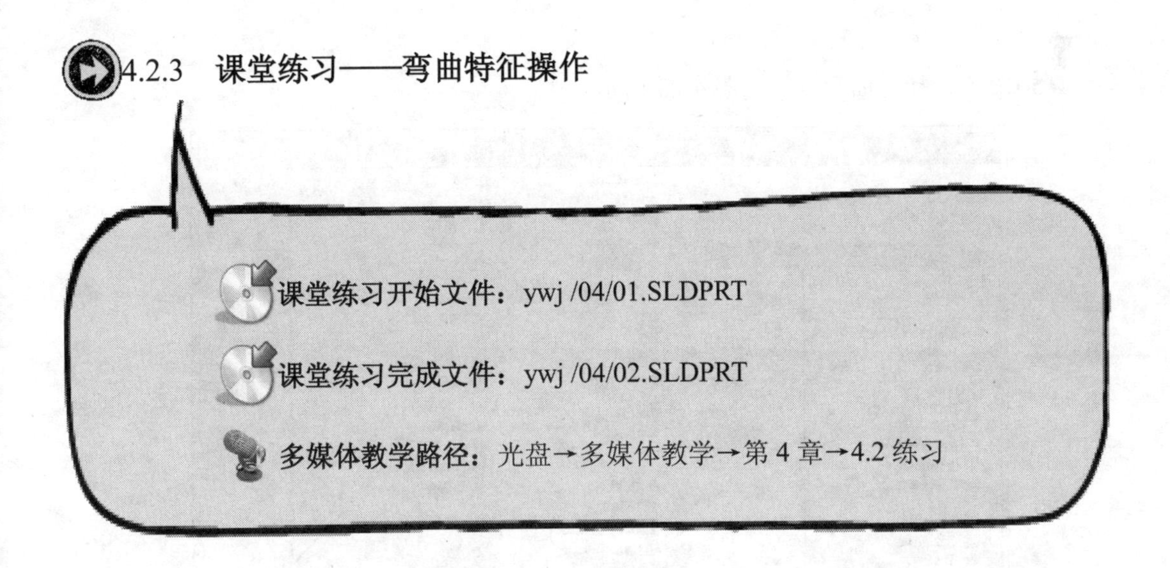

Step1 打开零件，如图 4-22 所示。

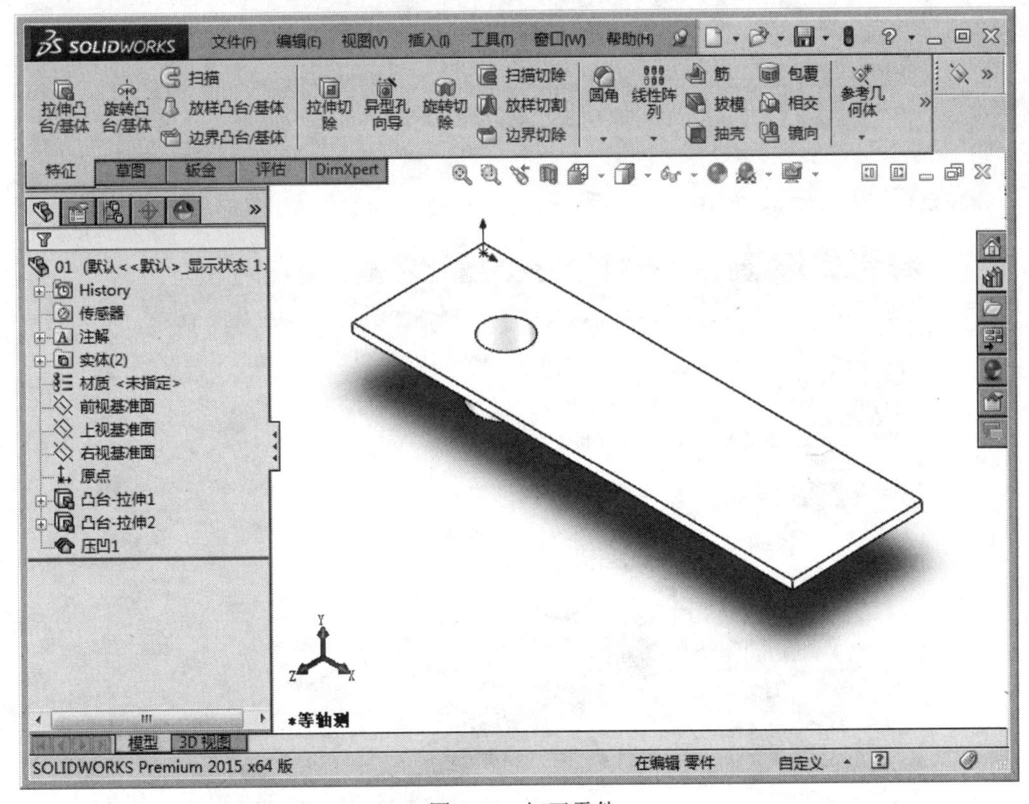

图 4-22 打开零件

Step2 选择弯曲命令，如图 4-23 所示。

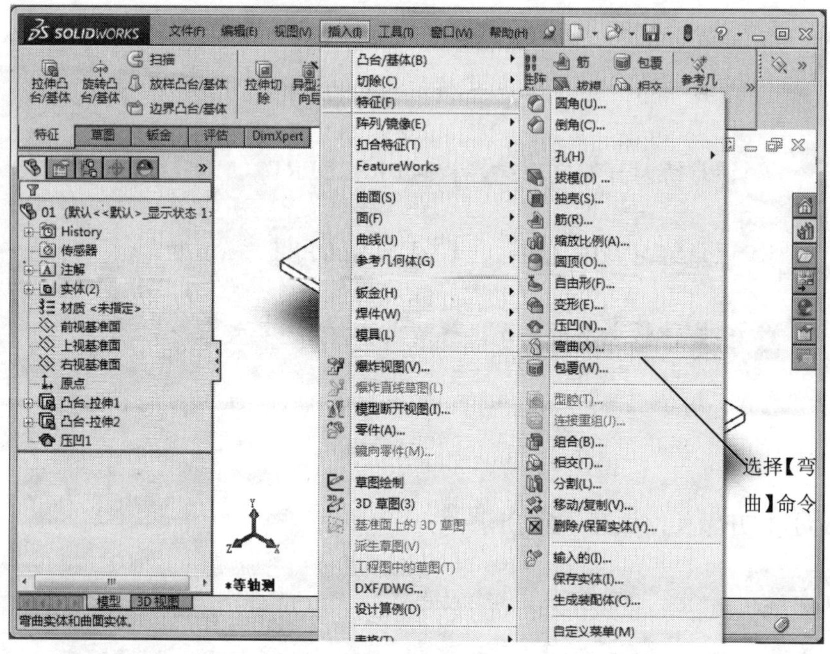

图 4-23　选择弯曲命令

Step3 折弯操作，如图 4-24 所示。

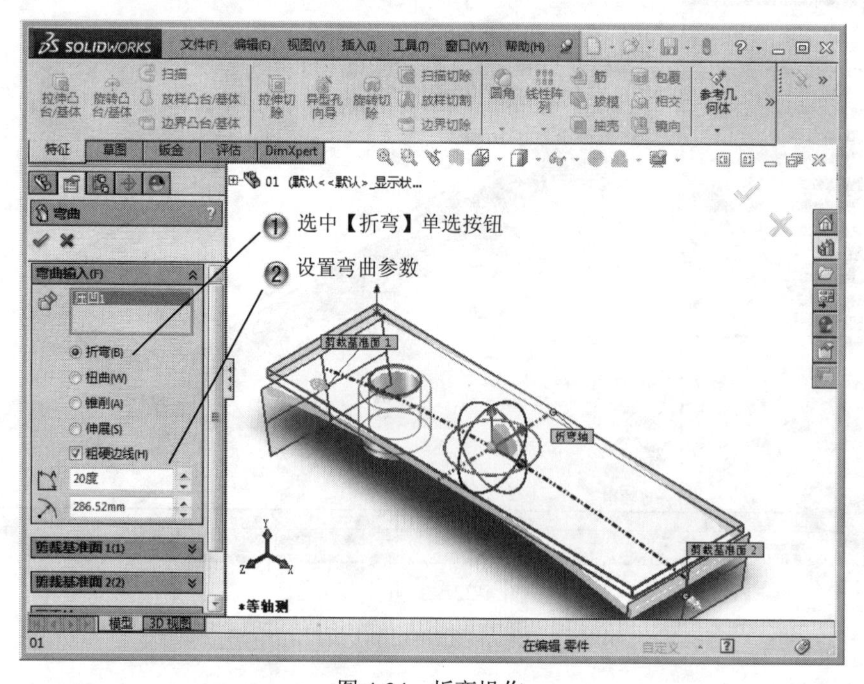

图 4-24　折弯操作

Step4 创建圆角，如图 4-25 所示。

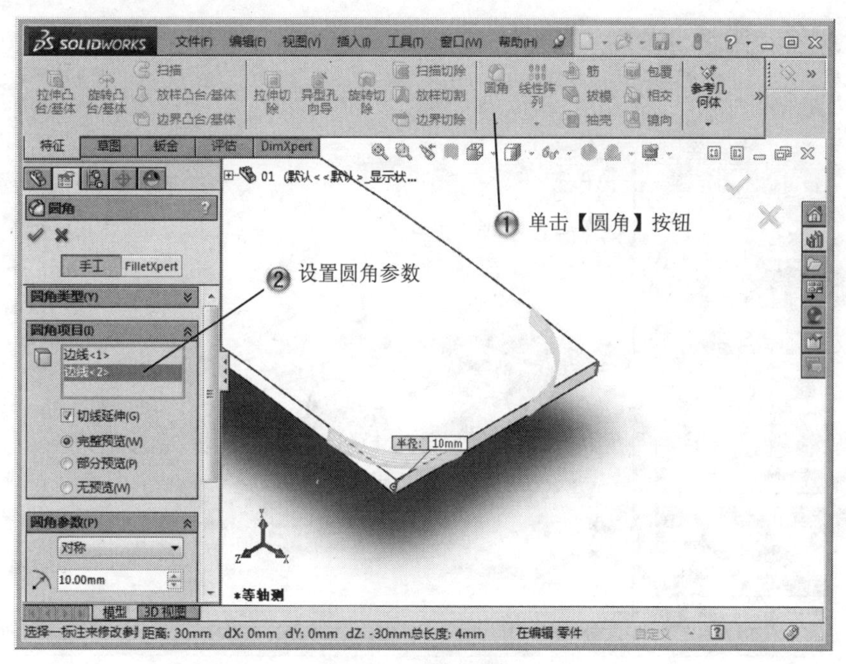

图 4-25 创建圆角

Step5 创建锥削，如图 4-26 所示。

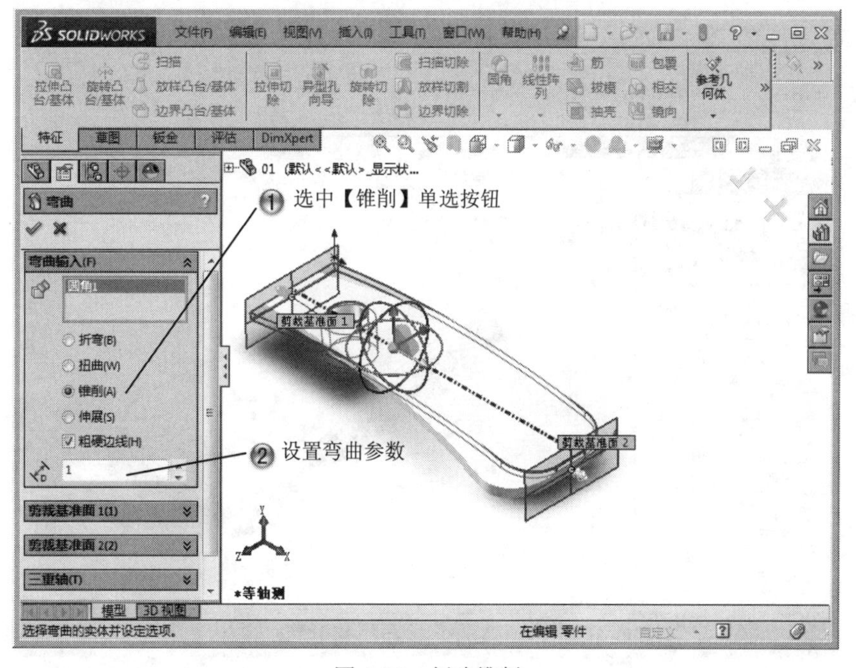

图 4-26 创建锥削

Step6 创建扭曲，如图 4-27 所示。

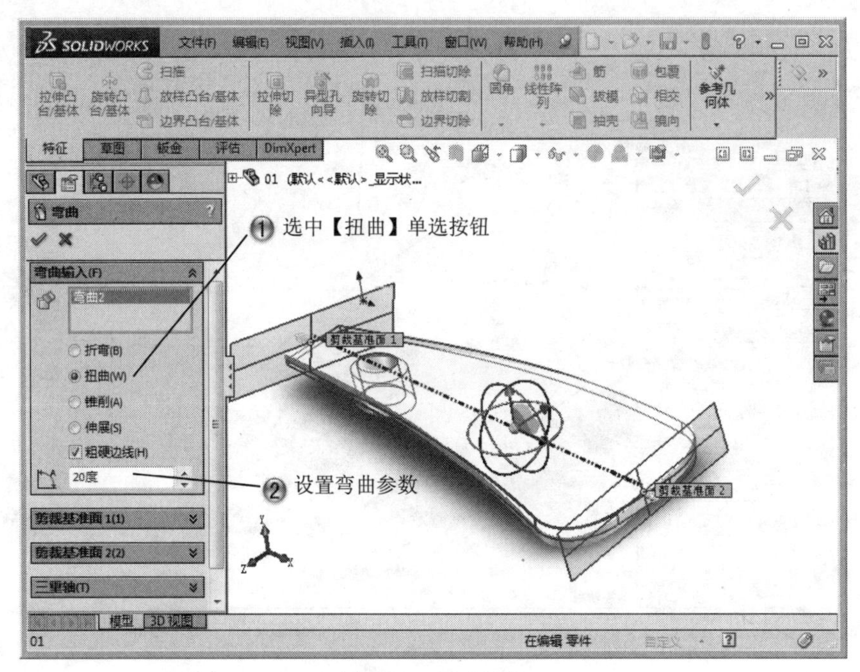

图 4-27　创建扭曲

Step7 完成弯曲特征，如图 4-28 所示。

图 4-28　完成弯曲特征

4.3 变形特征

基本概念

变形特征可以提供一种简单的形状改变方法修改模型，在生成设计概念或者对复杂模型进行几何修改时很有用，因为使用传统的草图、特征或者历史记录编辑需要花费很长的时间。

课堂讲解课时：2 课时

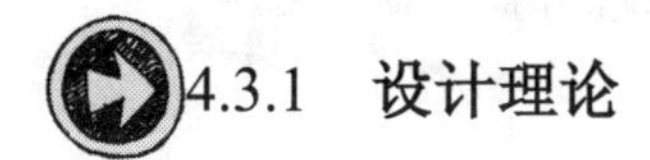

4.3.1 设计理论

变形有 3 种类型，包括【点】、【曲线到曲线】和【曲面推进】。点变形是改变复杂形状的最简单的方法。选择模型面、曲面、边线、顶点上的点，或者选择空间中的点，然后设置用于控制变形的距离和球形半径数值。曲线到曲线变形是改变复杂形状更为精确的方法。通过将几何体从初始曲线（可以是曲线、边线、剖面曲线以及草图曲线组等）映射到目标曲线组而完成。

曲面推进变形通过使用工具实体的曲面，推进目标实体的曲面以改变其形状。目标实体曲面近似于工具实体曲面，但在变形前后每个目标曲面之间保持一对一的对应关系。可以选择自定义的工具实体（如多边形或者球面等），也可以使用自己的工具实体。在图形区域中使用三重轴标注可以调整工具实体的大小，拖动三重轴或者在【特征管理器设计树】中进行设置可以控制工具实体的移动。

与点变形相比，曲面推进变形可以对变形形状提供更有效的控制，同时还是基于工具实体形状生成特定特征的可预测的方法。使用曲面推进变形，可以设计自由形状的曲面、模具、塑料、软包装、钣金等，这对合并工具实体的特性到现有设计中很有帮助。

4.3.2 课堂讲解

1. 变形特征属性设置

（1）点

选择【插入】|【特征】|【变形】菜单命令，系统弹出【变形】属性管理器。在【变形类型】选项组中，选中【点】单选按钮，其属性设置如图 4-29 所示。

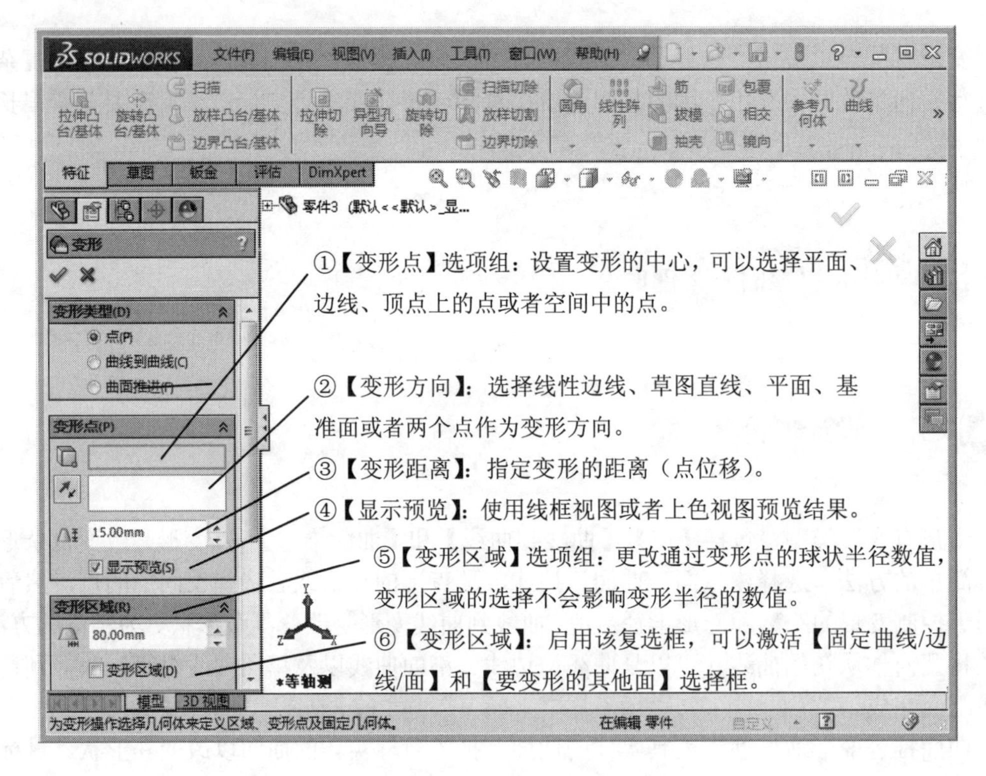

图 4-29　选中【点】单选按钮

（2）曲线到曲线

选择【插入】|【特征】|【变形】菜单命令，系统弹出【变形】属性管理器。在【变形类型】选项组中，选中【曲线到曲线】单选按钮，其属性设置如图 4-30 所示。

（3）曲面推进

选择【插入】|【特征】|【变形】菜单命令，系统弹出【变形】属性管理器。在【变形类型】选项组中，选中【曲面推进】单选按钮，其属性设置如图 4-31 所示。

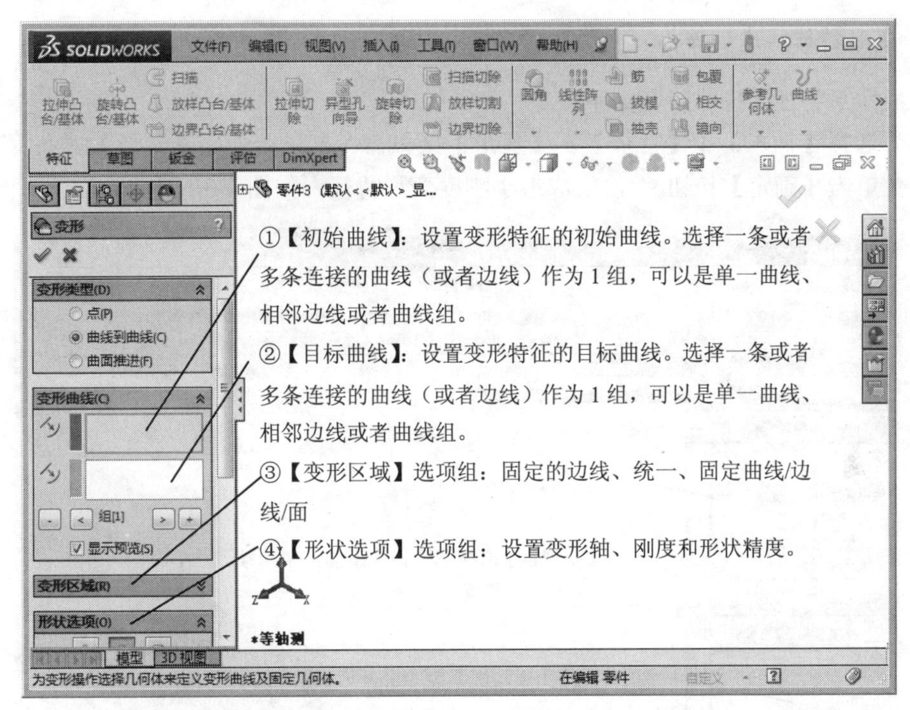

图 4-30　选中【曲线到曲线】单选按钮后的属性设置

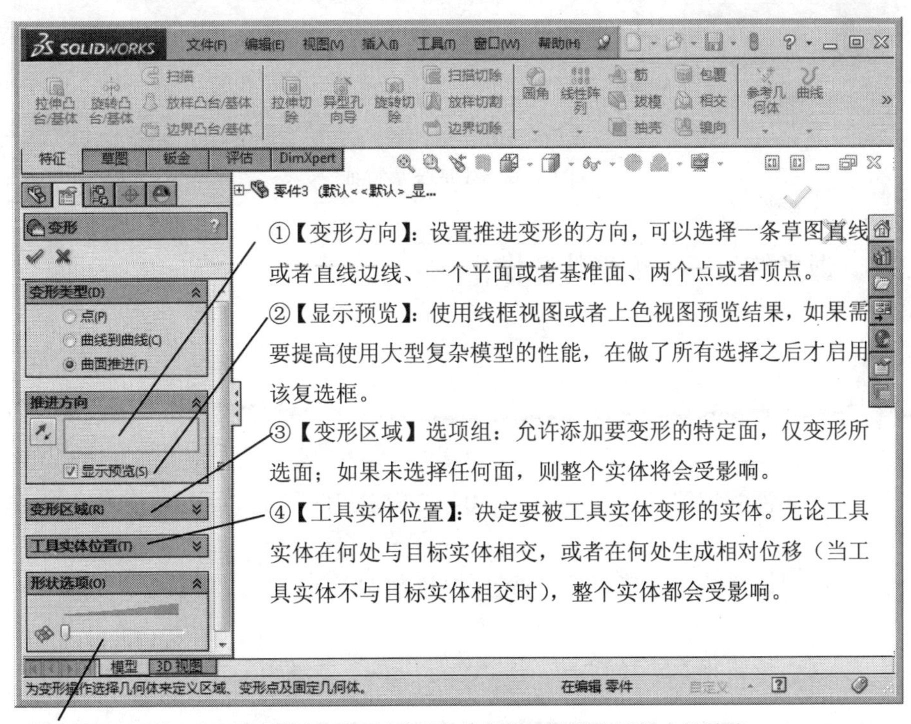

图 4-31　选中【曲面推进】单选按钮

2. 变形特征创建步骤

生成变形特征的操作步骤如下：

（1）选择【插入】|【特征】|【变形】菜单命令，系统弹出【变形】属性管理器。设置参数单击【确定】按钮✔，生成最小刚度变形特征，如图 4-32 所示。

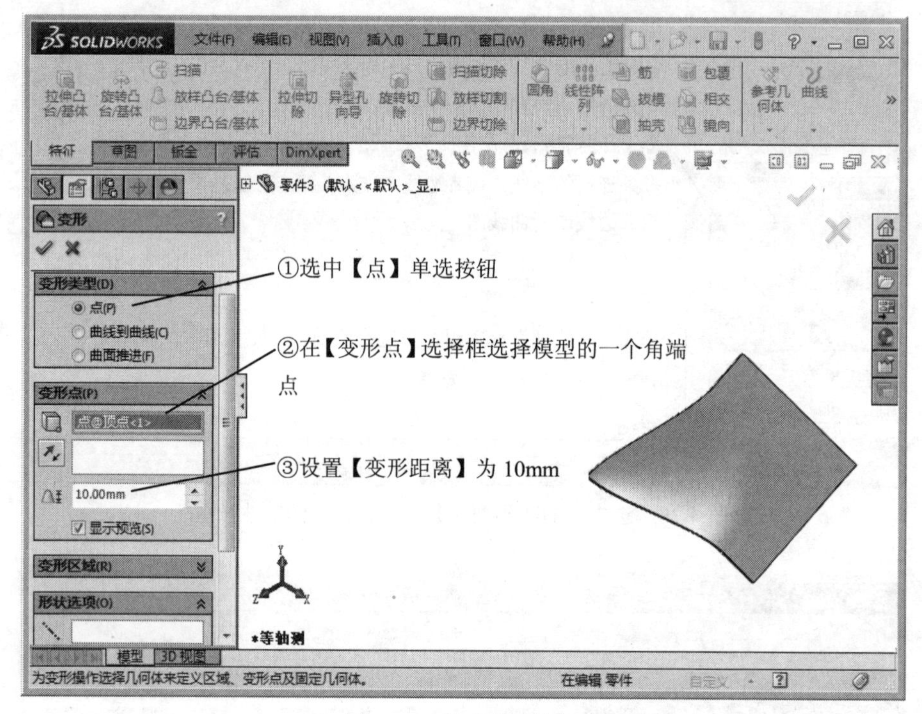

图 4-32　生成变形特征

4.3.3　课堂练习——变形特征操作

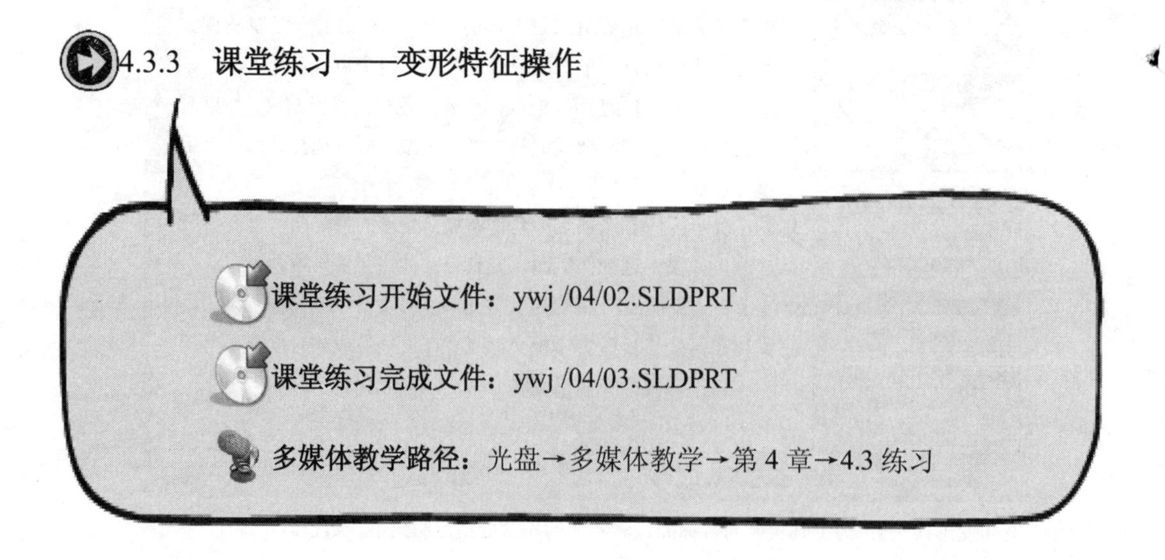

Step1 打开零件，如图 4-33 所示。

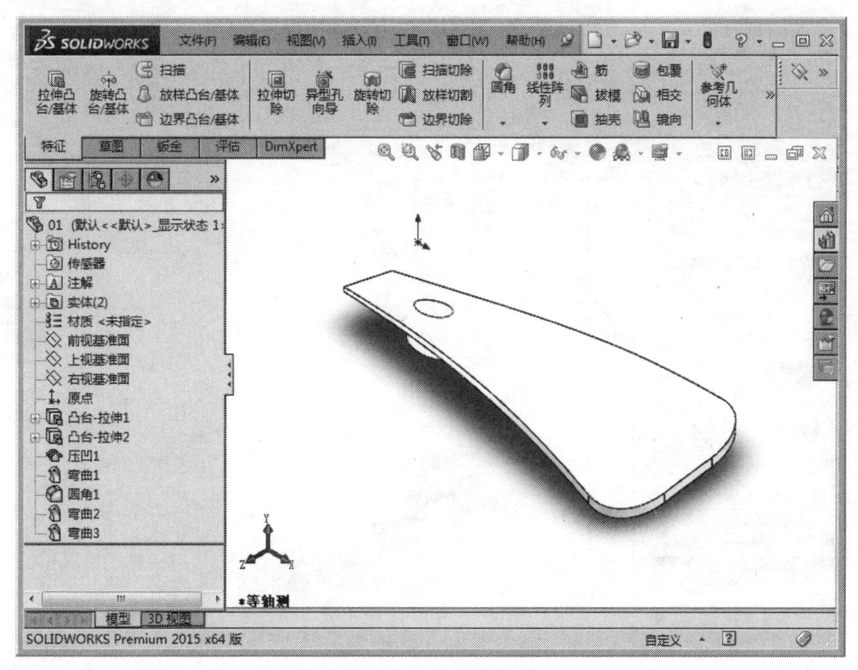

图 4-33　打开零件

Step2 选择变形命令，如图 4-34 所示。

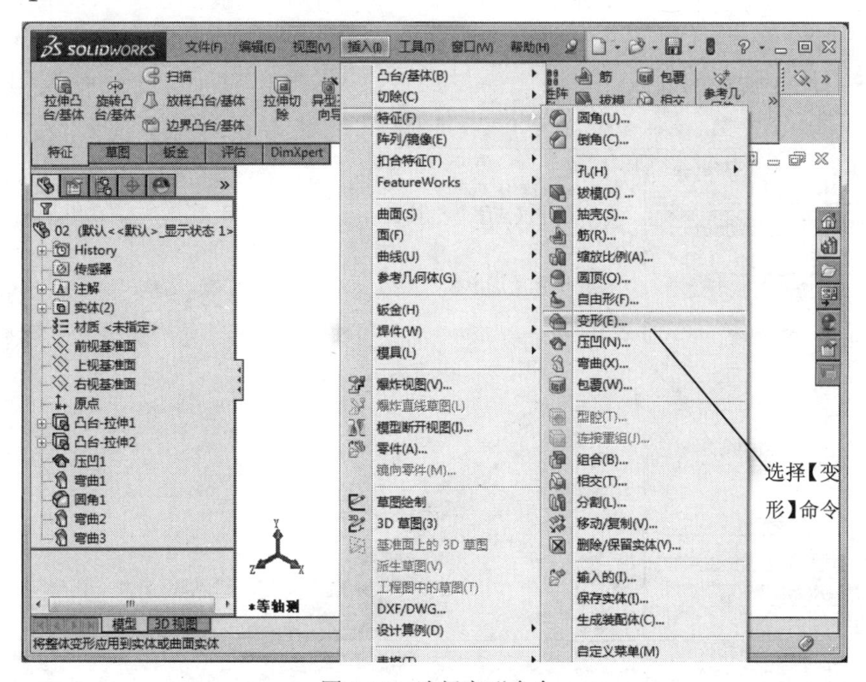

图 4-34　选择变形命令

Step3 创建点变形，如图 4-35 所示。

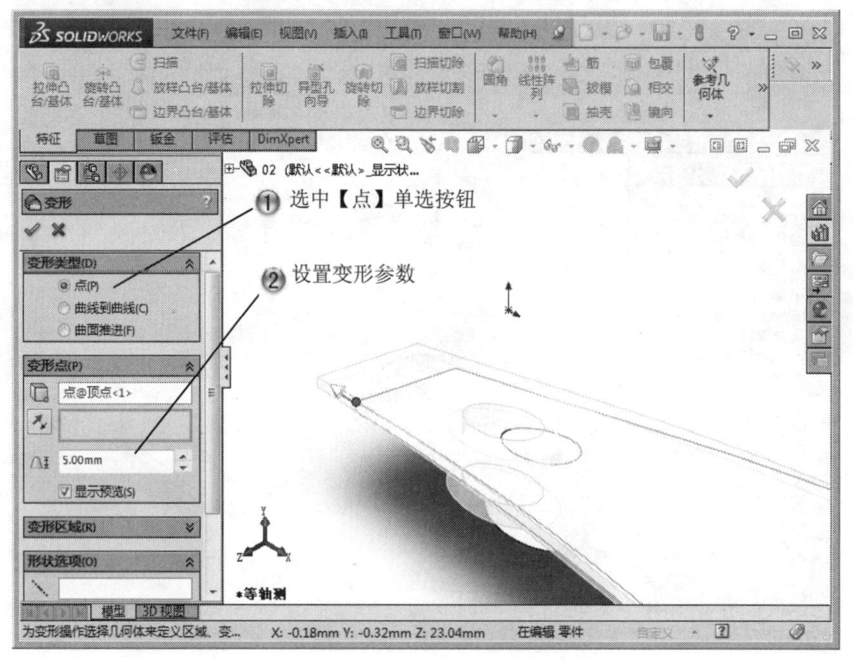

图 4-35　创建点变形

Step4 创建另一侧变形，如图 4-36 所示。

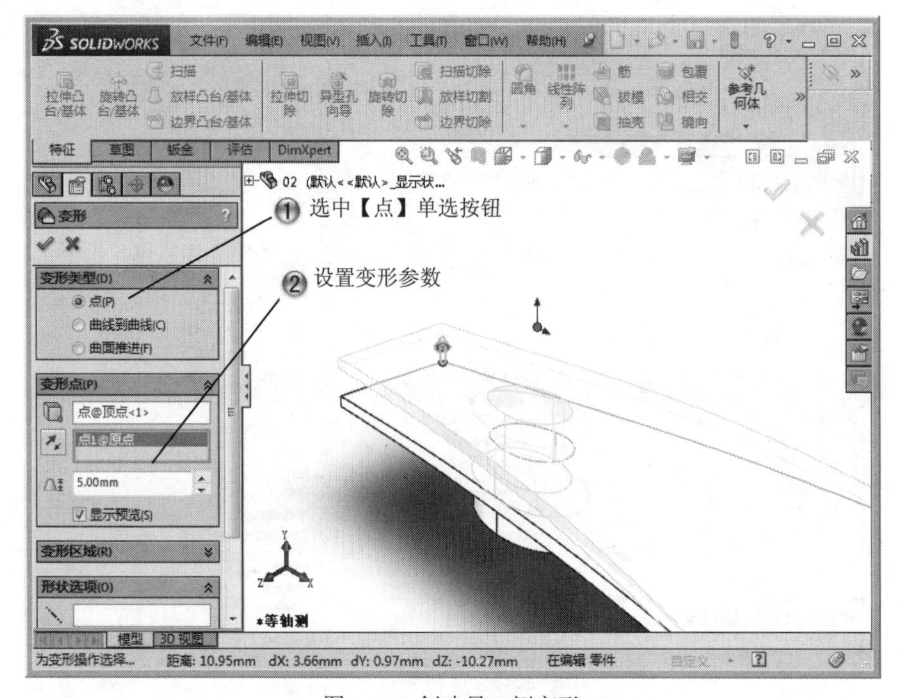

图 4-36　创建另一侧变形

Step5 完成变形操作，如图 4-37 所示。

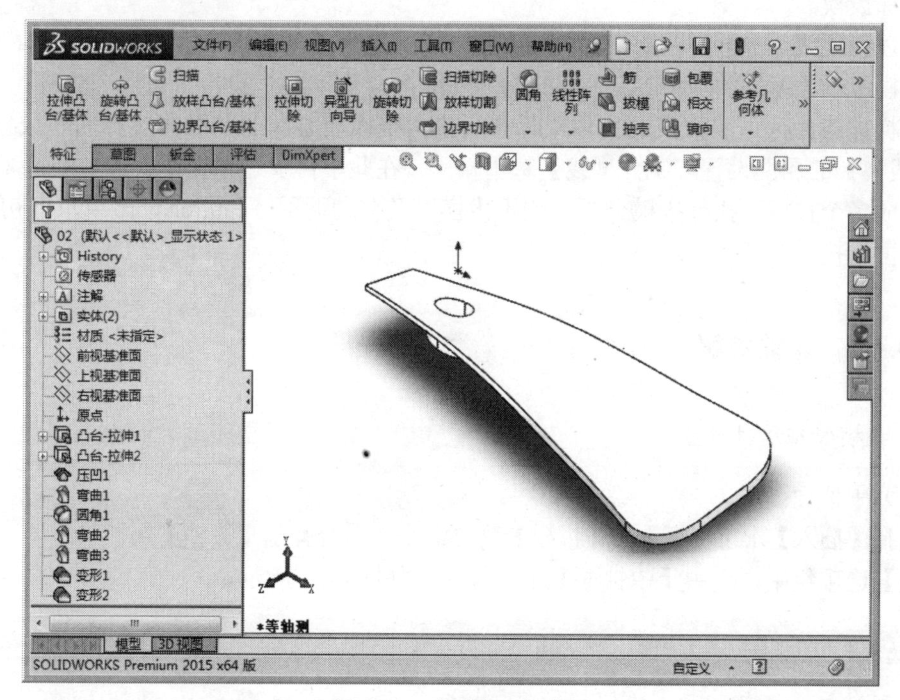

图 4-37　完成变形操作

4.4　拔模特征

拔模特征是用指定的角度斜削模型中所选的面，使型腔零件更容易脱出模具，可以在现有的零件中插入拔模，或者在进行拉伸特征时拔模，也可以将拔模应用到实体或者曲面模型中。

4.4.1　设计理论

在【手工】模式中，可以指定拔模类型，包括【中性面】、【分型线】和【阶梯拔模】。

选中【分型线】单选按钮，可以对分型线周围的曲面进行拔模。使用分型线拔模时，可以包括阶梯拔模。

可以使用拔模分析工具检查模型上的拔模角度。拔模分析根据所指定的角度和拔模方向生成模型颜色编码的渲染。

阶梯拔模为分型线拔模的变体，阶梯拔模围绕拔模方向的基准面旋转而生成一个面。【阶梯拔模】的属性设置与【分型线】基本相同，在此不再赘述。在【DraftXpert】模式中，可以生成多个拔模、执行拔模分析、编辑拔模以及自动调用 FeatureXpert 以求解初始没有进入模型的拔模特征。

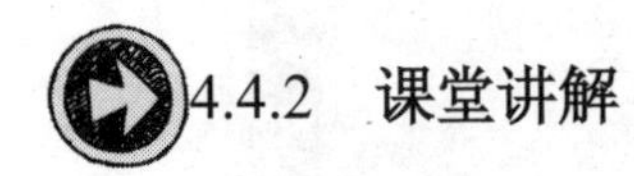

4.4.2 课堂讲解

1. 拔模特征属性设置

(1) 中性面

选择【插入】|【特征】|【拔模】菜单命令，系统弹出【拔模】属性管理器。在【拔模类型】选项组中，选中【中性面】单选按钮，如图 4-38 所示。

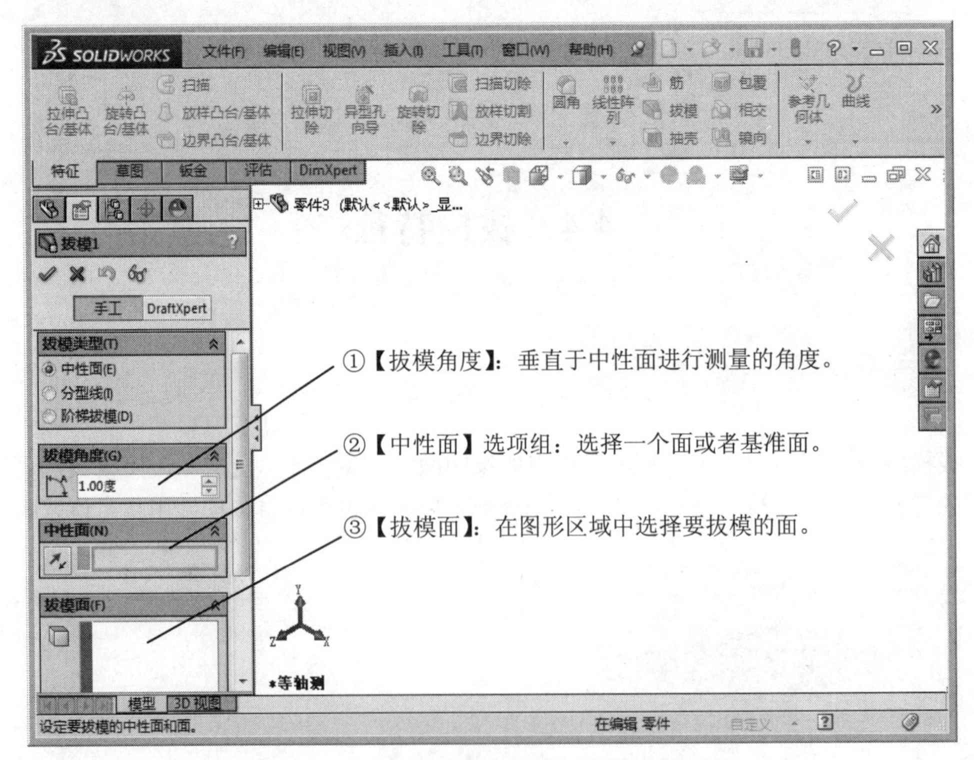

图 4-38 选中【中性面】单选按钮后的属性设置

(2) 分型线

选择【插入】|【特征】|【拔模】菜单命令，系统弹出【拔模】属性管理器。在【拔模类型】选项组中，选中【分型线】单选按钮，如图 4-39 所示。

名师点拨

如果要在分型线上拔模，可以先插入一条分割线以分离要拔模的面，或者使用现有的模型边线，然后再指定拔模方向。

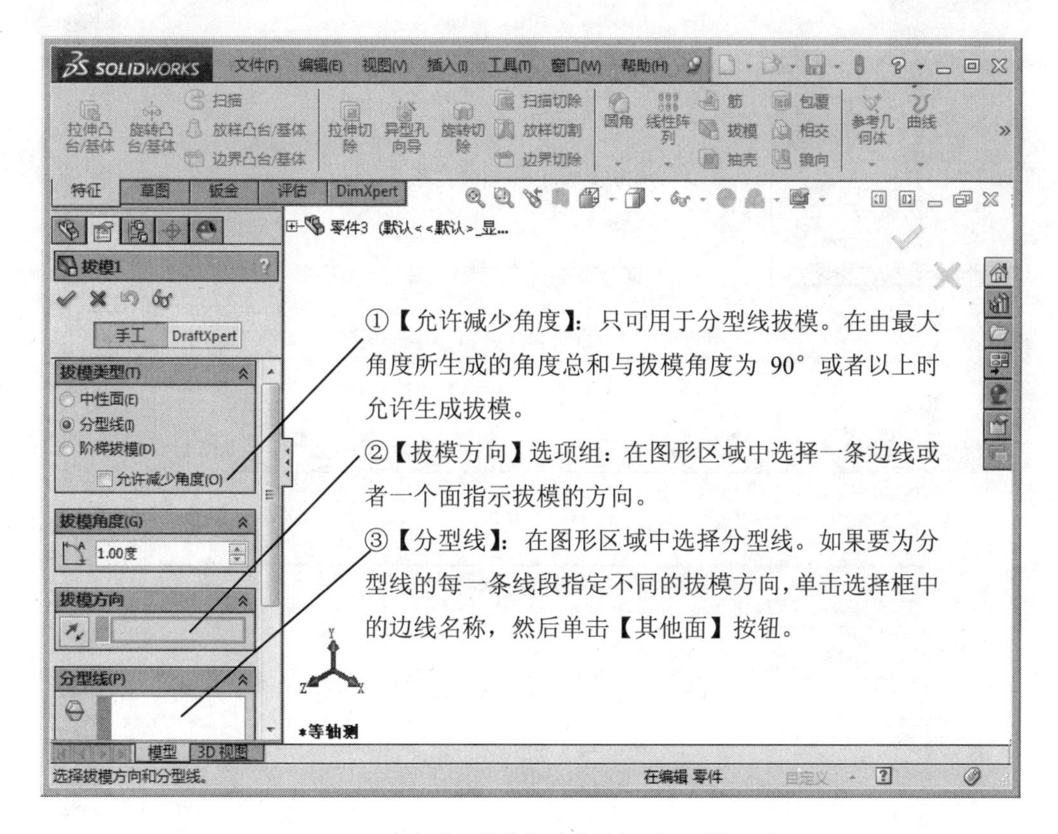

图 4-39　选中【分型线】单选按钮后的属性设置

（3）阶梯拔模

选择【插入】|【特征】|【拔模】菜单命令，系统弹出【拔模】属性管理器。在【拔模类型】选项组中，选中【阶梯拔模】单选按钮，如图 4-40 所示。

2. 拔模特征创建步骤

选择【插入】|【特征】|【拔模】菜单命令，系统弹出【拔模】属性管理器。设置参数，单击【确定】按钮✔，生成拔模特征，如图 4-41 所示。

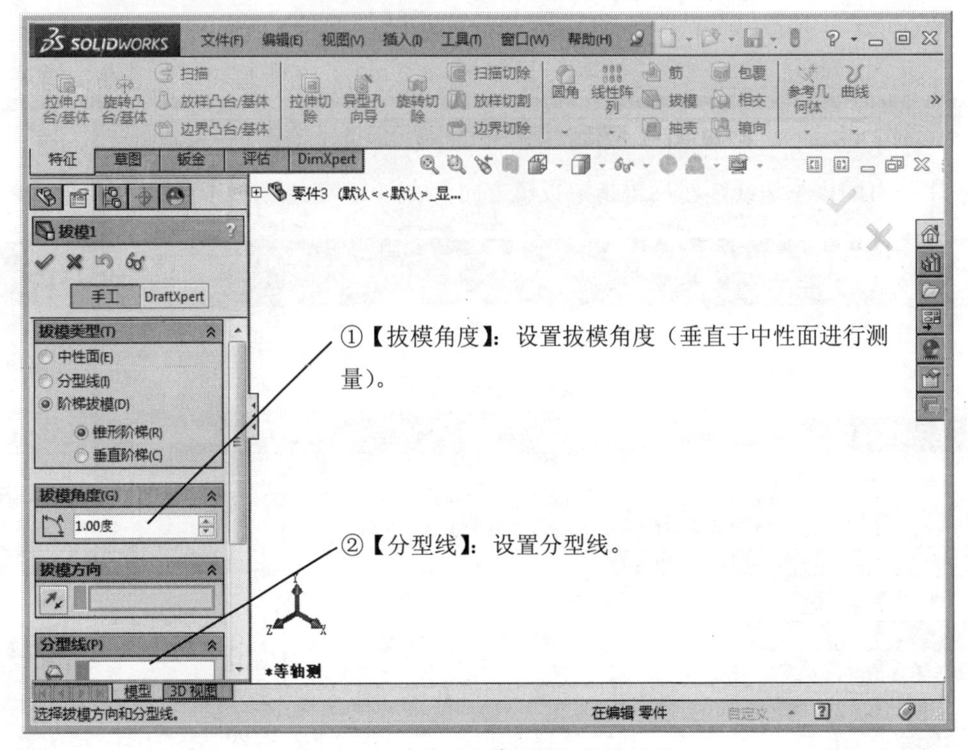

图 4-40 选中【阶梯拔模】单选按钮

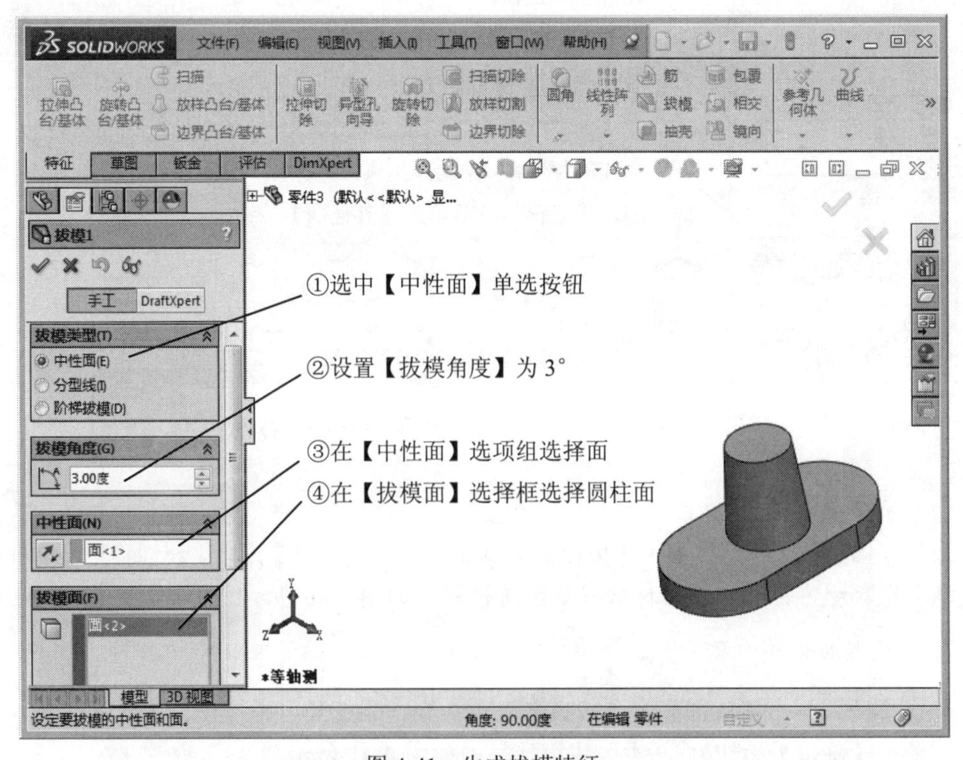

图 4-41 生成拔模特征

4.4.3 课堂练习——拔模特征操作

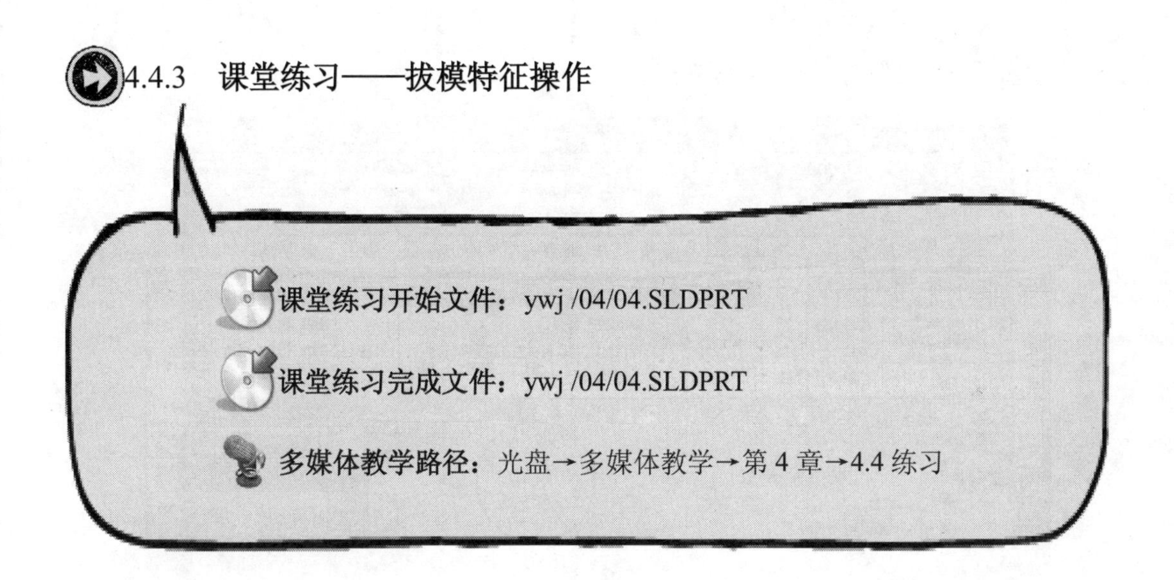

Step1 选择草绘面，如图 4-42 所示。

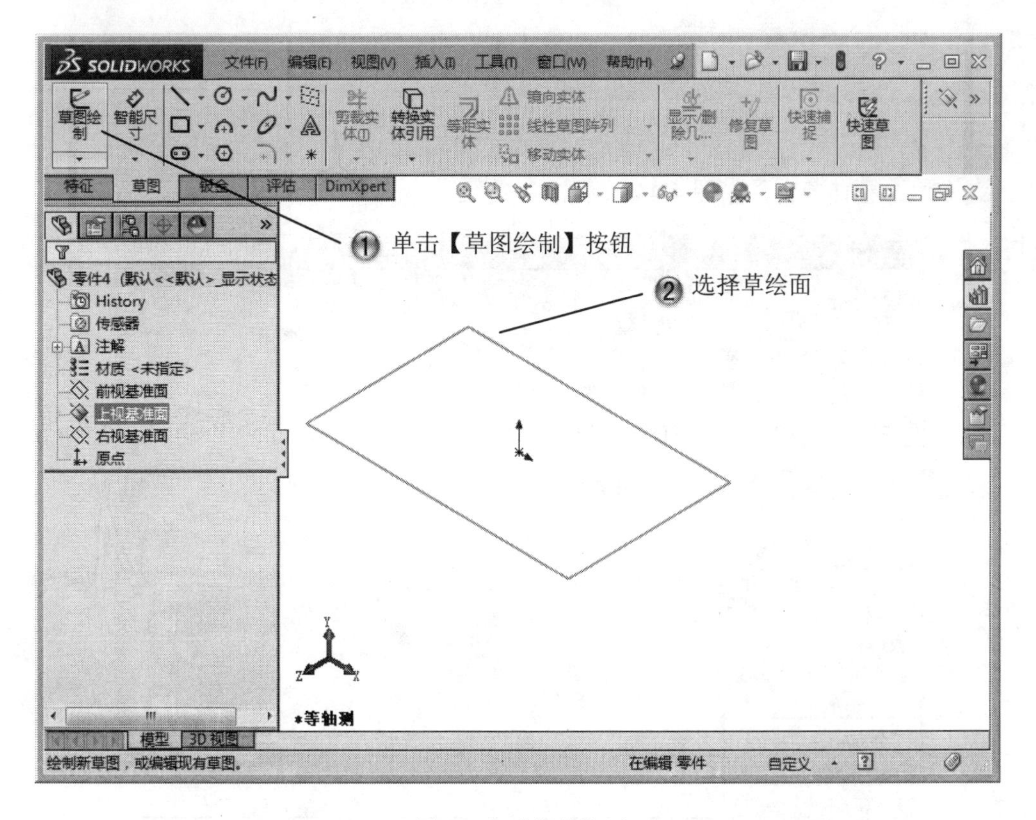

图 4-42　选择草绘面

Step2 绘制圆形，如图 4-43 所示。

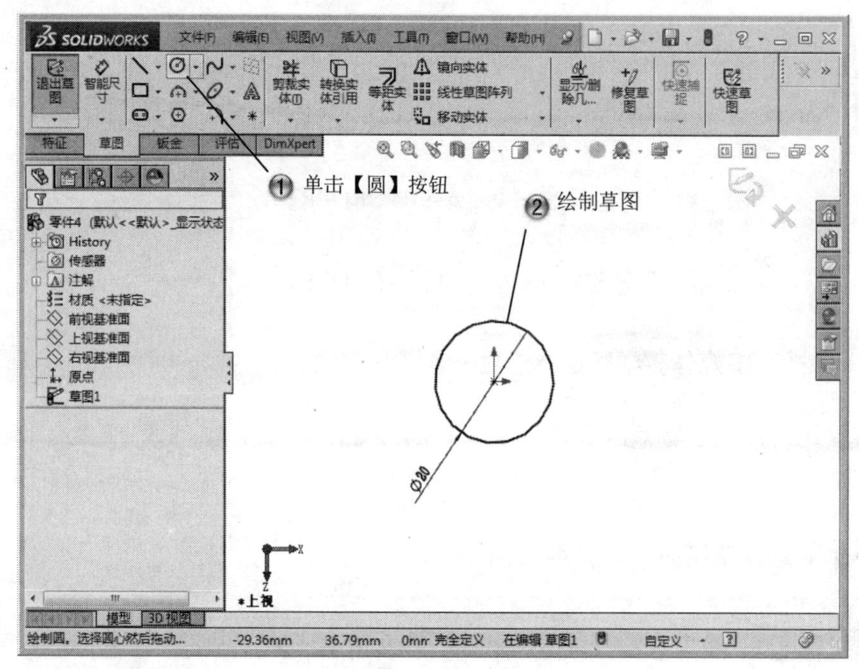

图 4-43　绘制圆形

Step3 拉伸凸台，如图 4-44 所示。

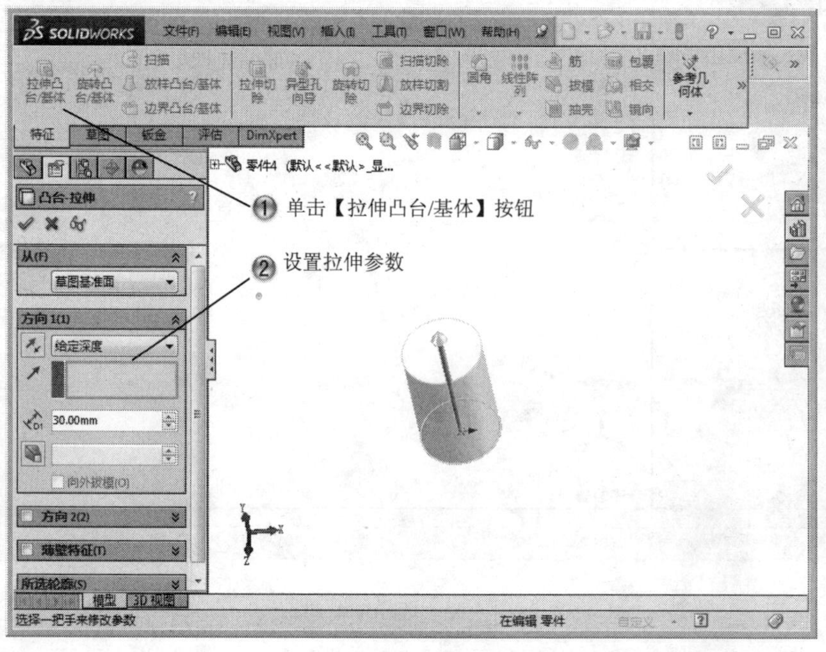

图 4-44　拉伸凸台

Step4 选择草绘面，如图 4-45 所示。

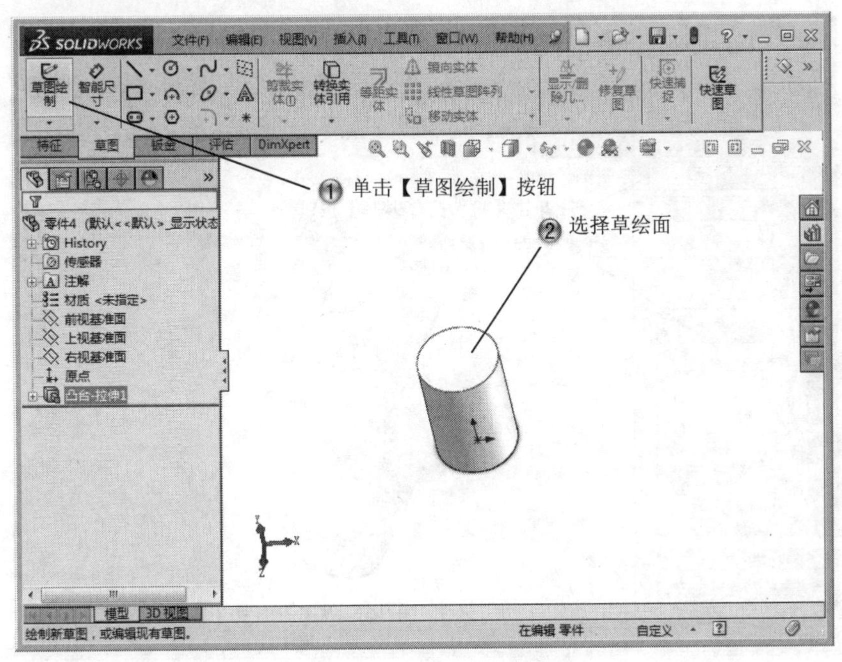

图 4-45　选择草绘面

Step5 绘制圆形，如图 4-46 所示。

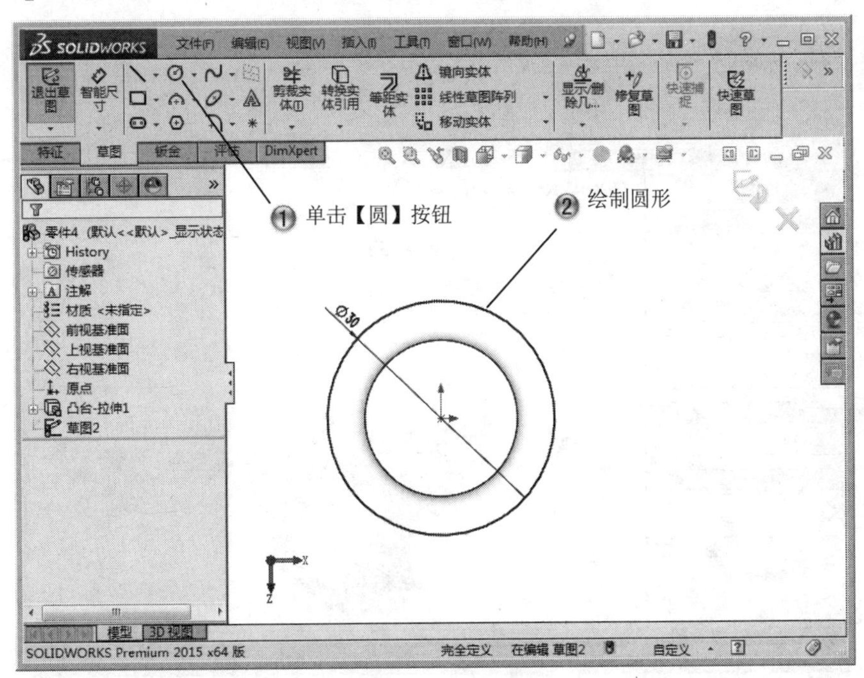

图 4-46　绘制圆形

Step6 拉伸凸台，如图 4-47 所示。

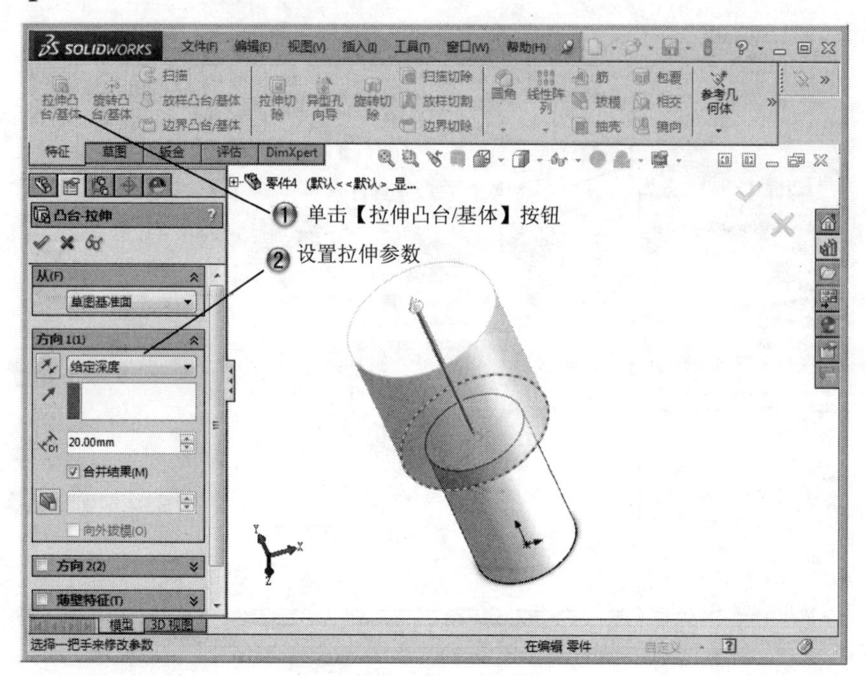

图 4-47　拉伸凸台

Step7 创建拔模，如图 4-48 所示。

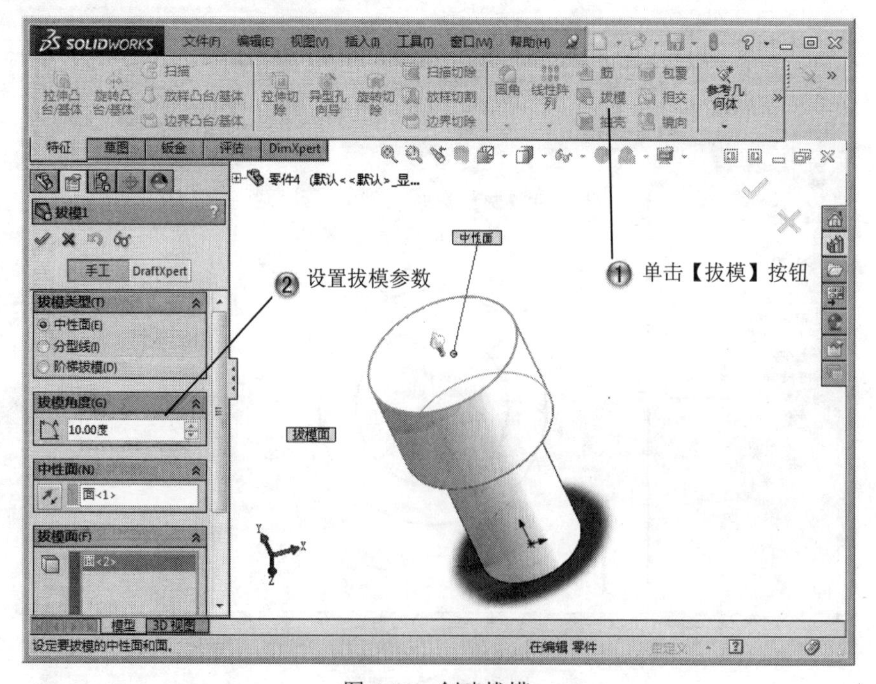

图 4-48　创建拔模

Step8 完成拔模特征，如图 4-49 所示。

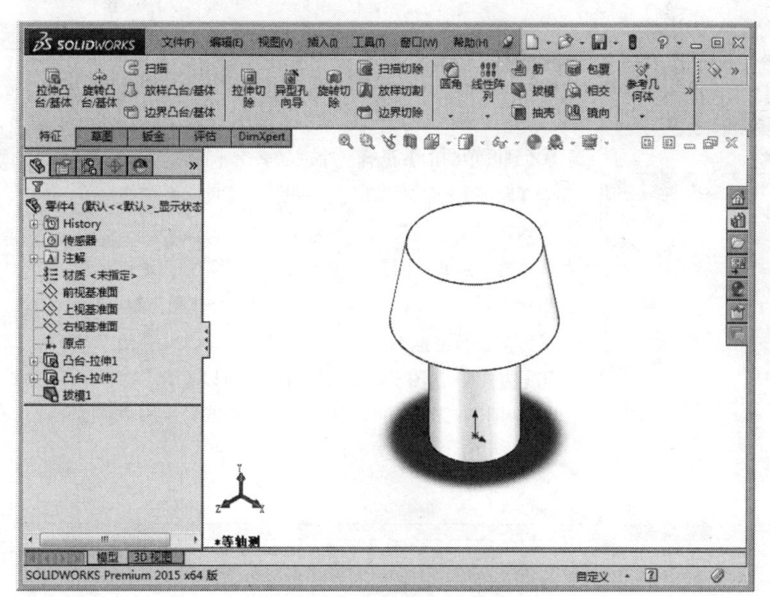

图 4-49 完成拔模特征

4.5 圆顶特征

圆顶特征是在一个平面上生成圆屋顶型的变形。

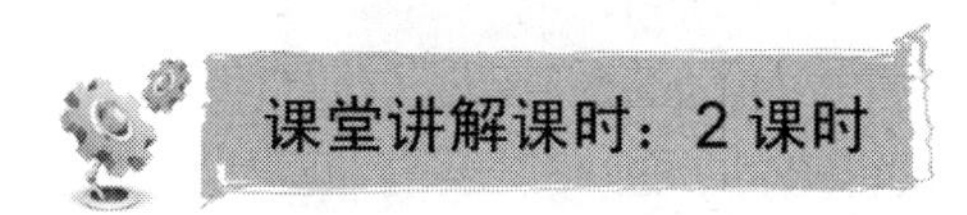

4.5.1 设计理论

圆顶特征可以在同一模型上同时生成一个或者多个圆顶，使用【圆顶】属性管理器设置圆顶的变形要素。

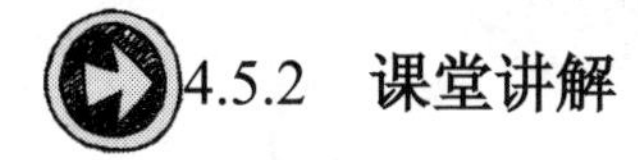

4.5.2 课堂讲解

1. 圆顶特征属性设置

选择【插入】|【特征】|【圆顶】菜单命令，系统弹出【圆顶】属性管理器，如图 4-50 所示。

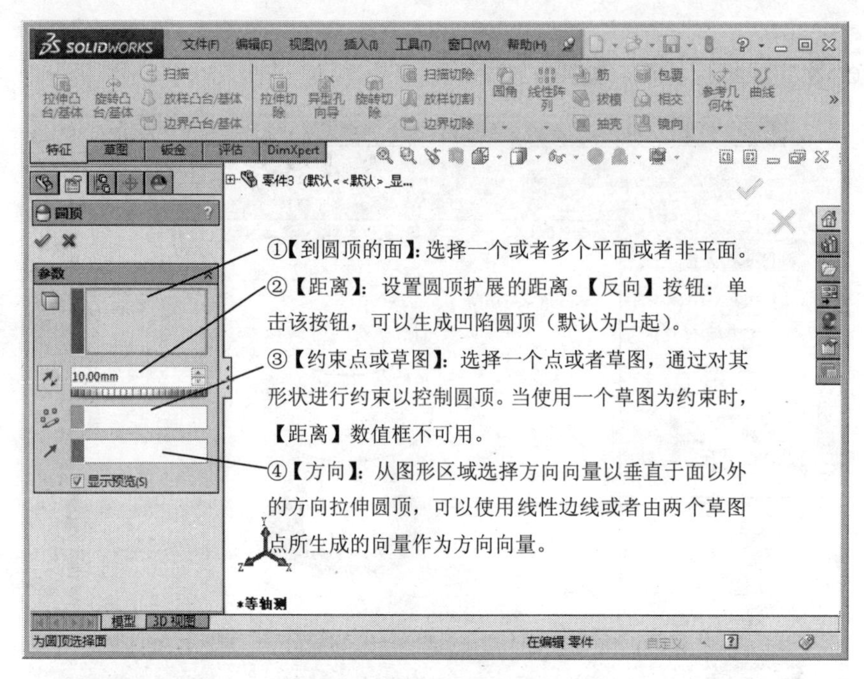

图 4-50　【圆顶】属性管理器

2. 圆顶特征创建步骤

选择【插入】|【特征】|【圆顶】菜单命令，系统弹出【圆顶】属性管理器，设置参数单击【确定】按钮✔，生成圆顶特征，如图 4-51 所示。

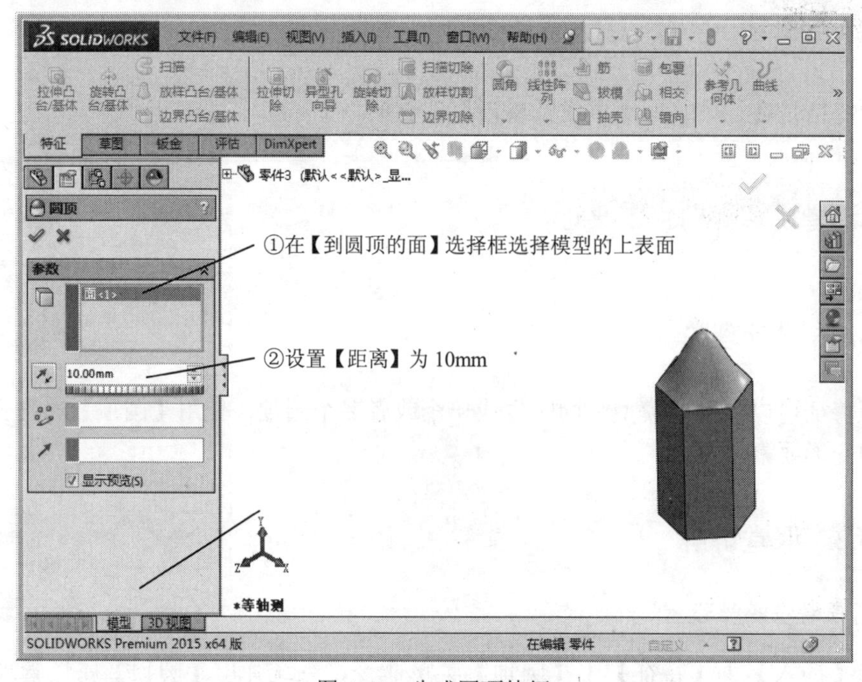

图 4-51　生成圆顶特征

4.5.3 课堂练习——圆顶特征操作

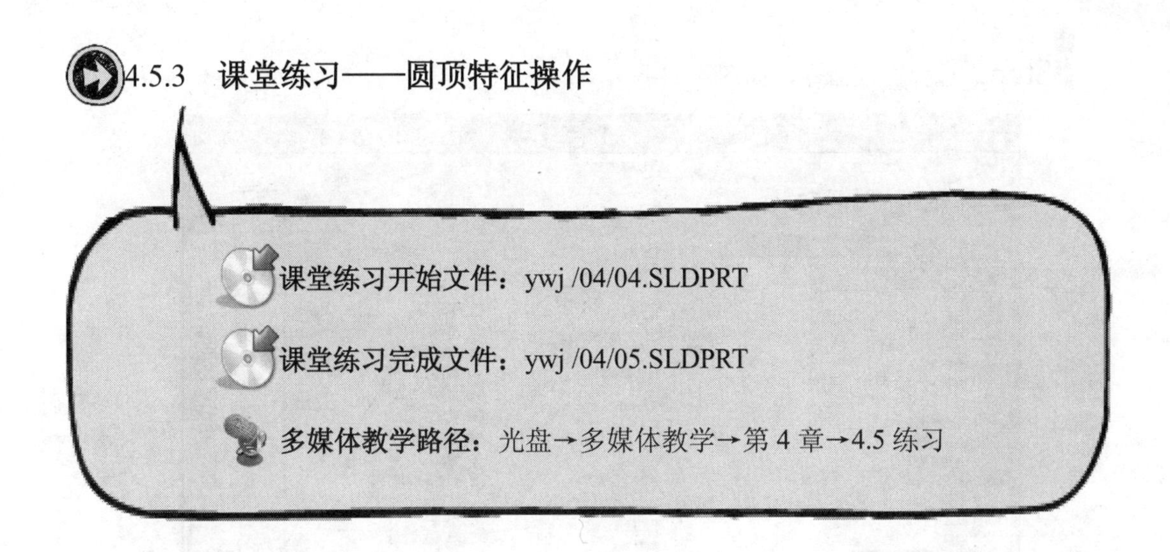

Step1 打开零件，如图 4-52 所示。

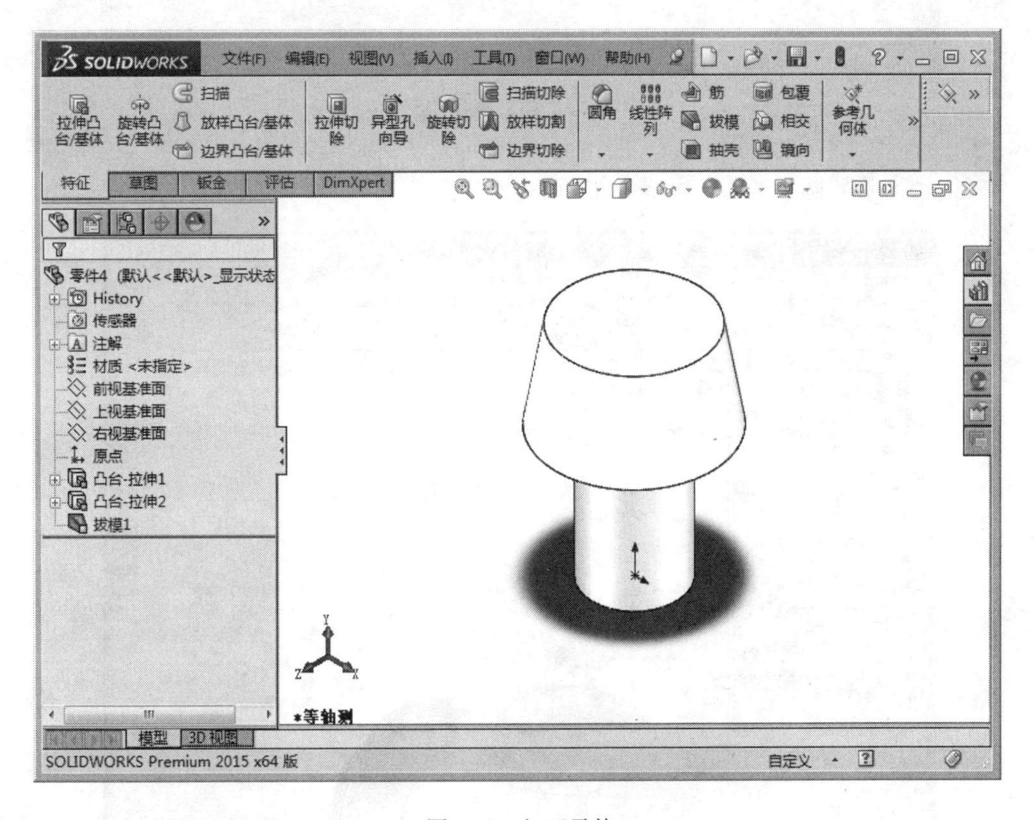

图 4-52　打开零件

Step2 选择圆顶命令，如图 4-53 所示。

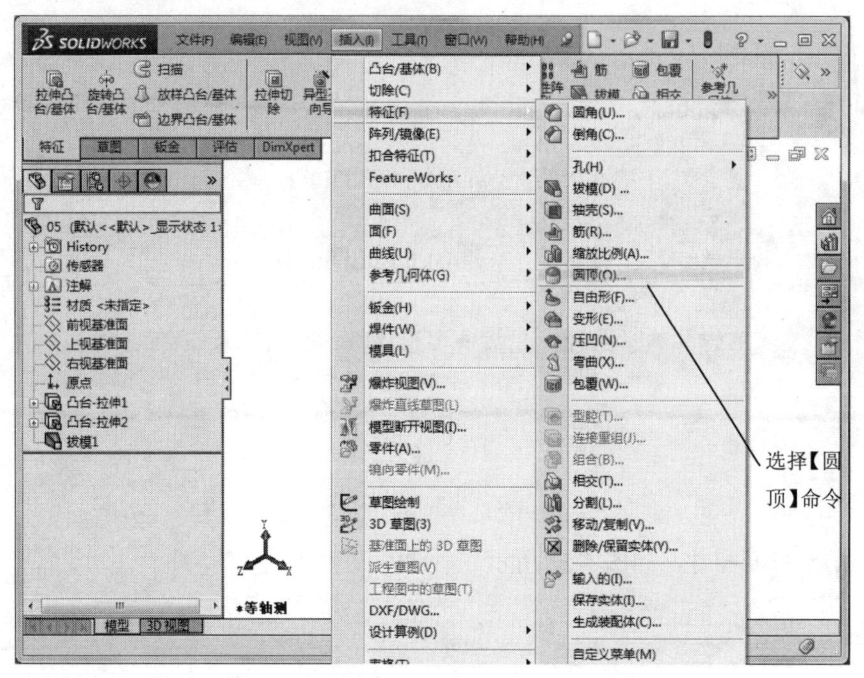

图 4-53　选择圆顶命令

Step3 设置圆顶参数，如图 4-54 所示。

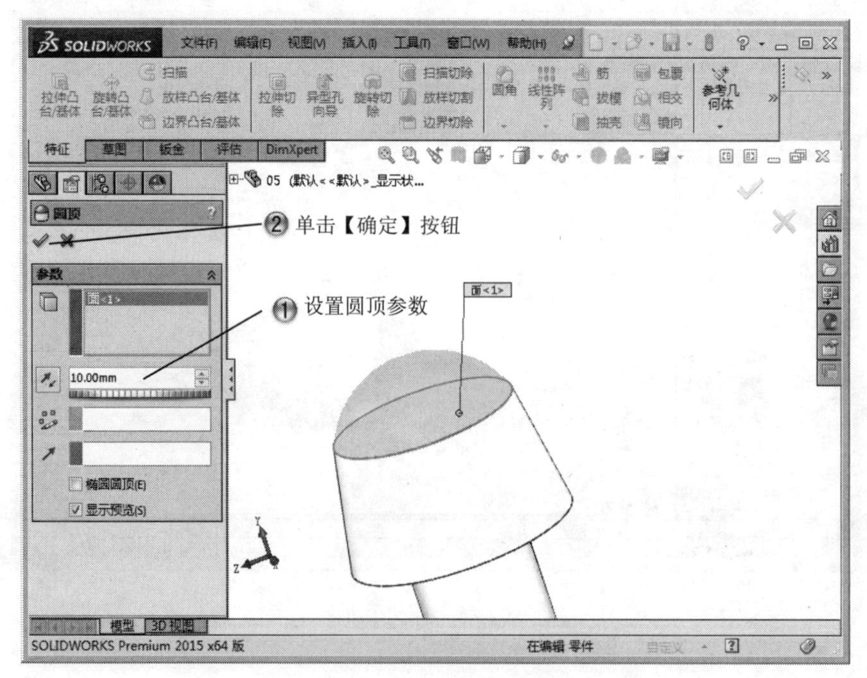

图 4-54　设置圆顶参数

Step4 创建倒角，如图 4-55 所示。

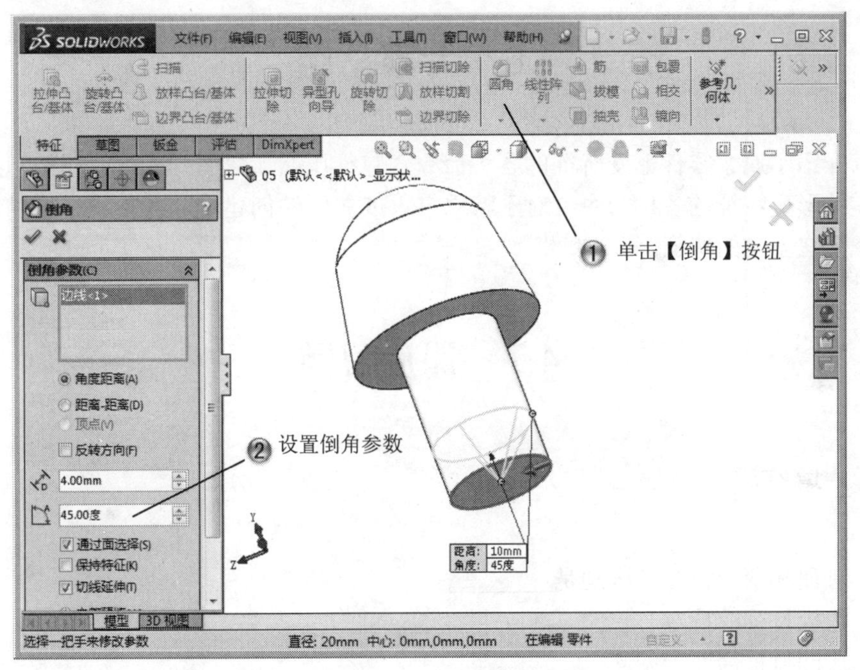

图 4-55 创建倒角

Step5 完成圆顶操作，如图 4-56 所示。

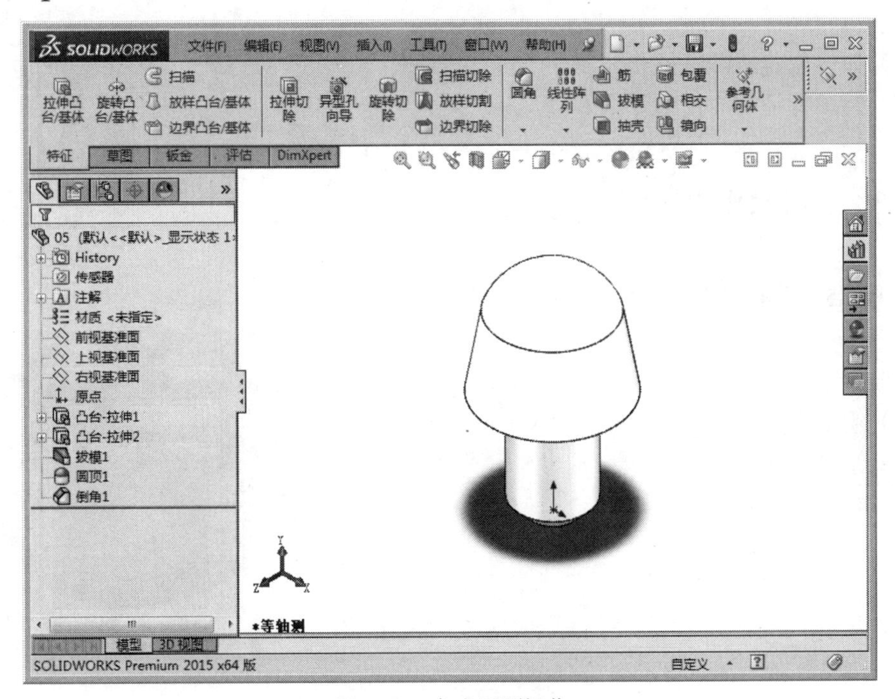

图 4-56 完成圆顶操作

4.6　专家总结

本章介绍了属于零件形变特征的各种命令，包括压凹、弯曲、变形、拔模和圆顶这些命令。零件形变特征的各种命令，对于特殊零件或曲面的创建十分有帮助，可以创建普通实体命令无法创建的特征。

4.7　课后习题

4.7.1　填空题

（1）弯曲和变形特征的区别是________。

（2）拔模特征的特点________。

（3）压凹特征需要先创建________。

4.7.2　问答题

（1）如何创建压凹特征？

（2）圆顶特征的作用是什么？

4.7.3　上机操作题

如图 4-57 所示，使用本章学过的命令来创建旋钮模型。

一般创建步骤和方法：

（1）绘制主体。

（2）绘制压凹特征。

（3）绘制弯曲特征。

图 4-57　手轮图纸

第 5 章　特征编辑

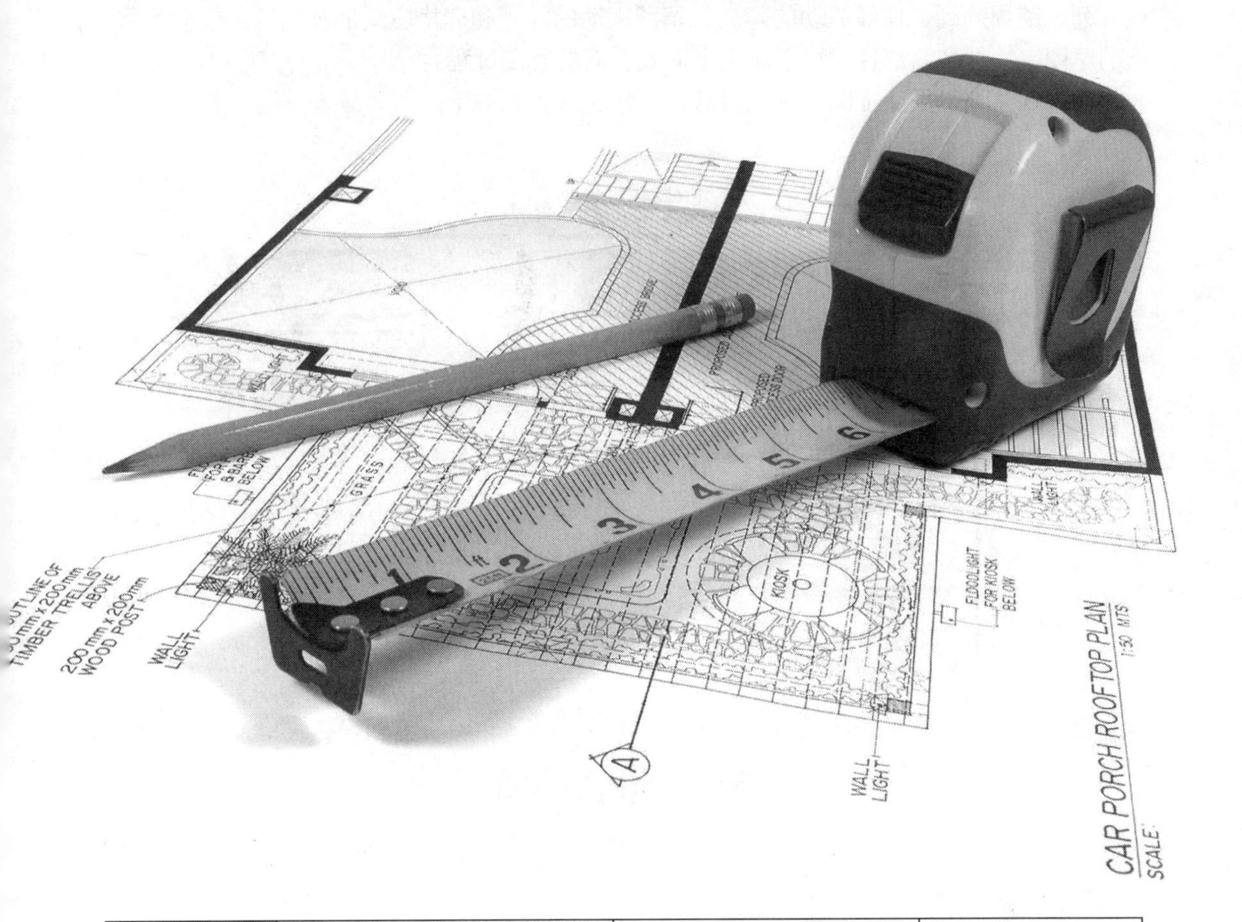

课训目标	内　容	掌握程度	课　时
	组合编辑	熟练掌握	2
	阵列	熟练掌握	2
	镜向	熟练掌握	2

课程学习建议

零件特征编辑中，组合编辑是将实体组合起来，从而获得新的实体特征。阵列是利用特征设计中的驱动尺寸，将增量进行更改并指定给阵列进行特征复制的过程；可以生成线性阵列、圆周阵列、曲线驱动的阵列、草图驱动的阵列和表格驱动的阵列等。镜向是将所选的草图、特征和零部件对称于所选平面或者面的复制过程。

本课程主要基于特征编辑进行讲解，其培训课程表如下。

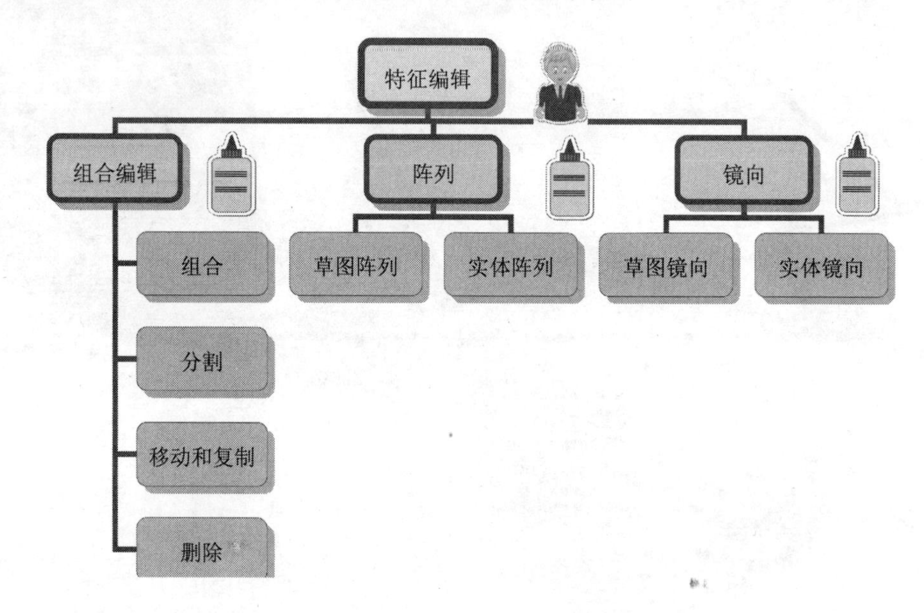

5.1 组合编辑

本节将介绍对实体对象进行的组合操作，通过对其进行组合，可以获取一个新的实体。

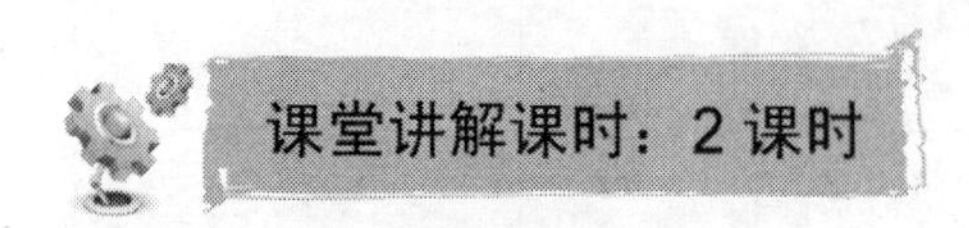

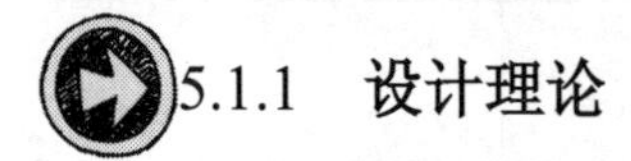

5.1.1 设计理论

组合编辑包括组合、分割、移动、复制、删除等操作，是对特征对象的修改过程。

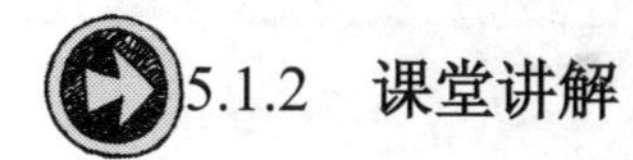

5.1.2 课堂讲解

1. 组合

（1）组合实体参数设置

选择【插入】|【特征】|【组合】菜单命令，打开【组合 1】属性管理器，如图 5-1 所示。

SOLIDWORKS 的组合编辑相当于布尔运算，布尔运算是数字符号化的逻辑推演法，包括联合、相交、相减。在图形处理操作中引用了这种逻辑运算方法以使简单的基本图形组合产生新的形体。

名师点拨

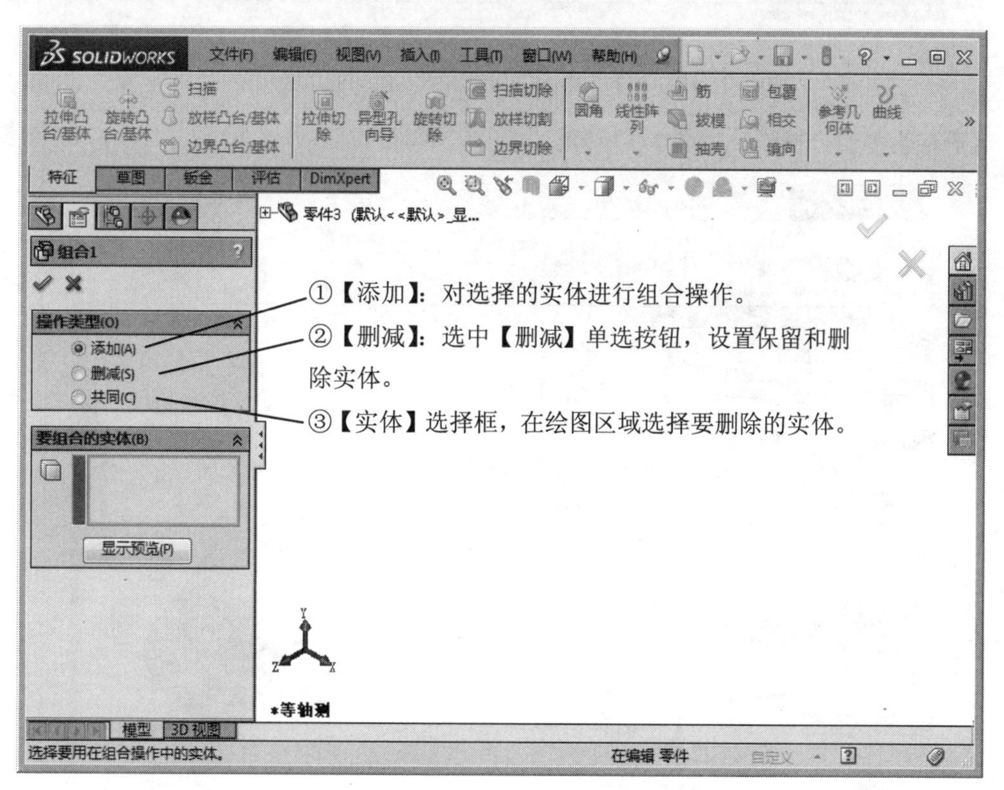

图 5-1 【组合 1】属性管理器

（2）组合实体的操作步骤

下面介绍两个实体进行的组合操作，如图 5-2 所示。

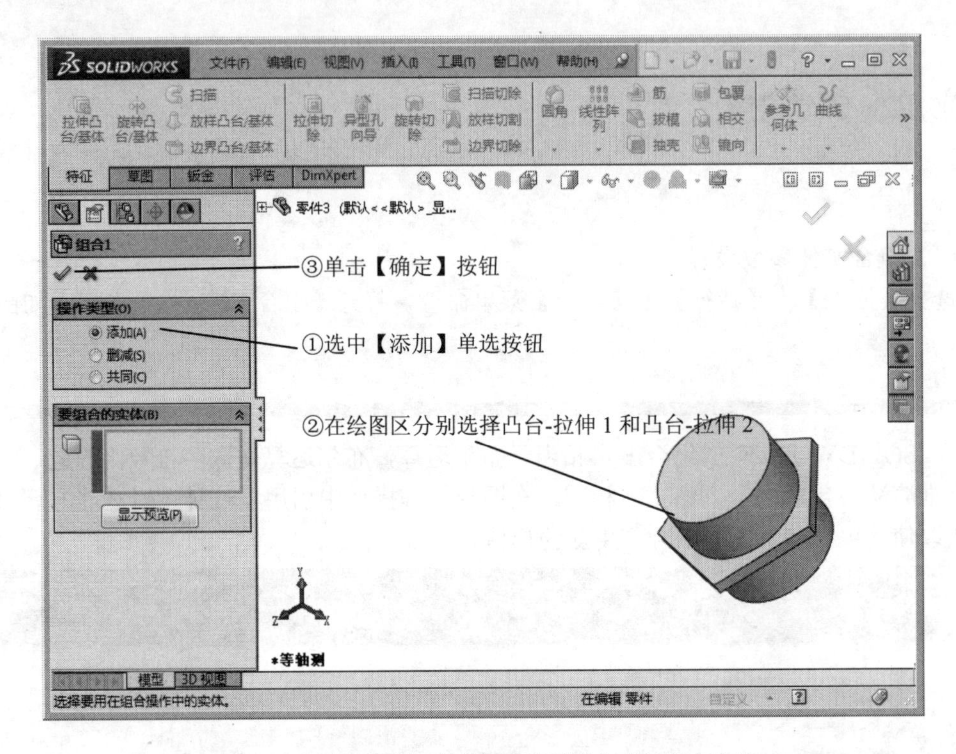

图 5-2　【添加】型组合的属性设置及生成的组合实体

【删减】型组合操作，如图 5-3 所示。

图 5-3　【删减】型组合的属性设置及生成的组合实体

【共同】型组合操作，如图 5-4 所示。

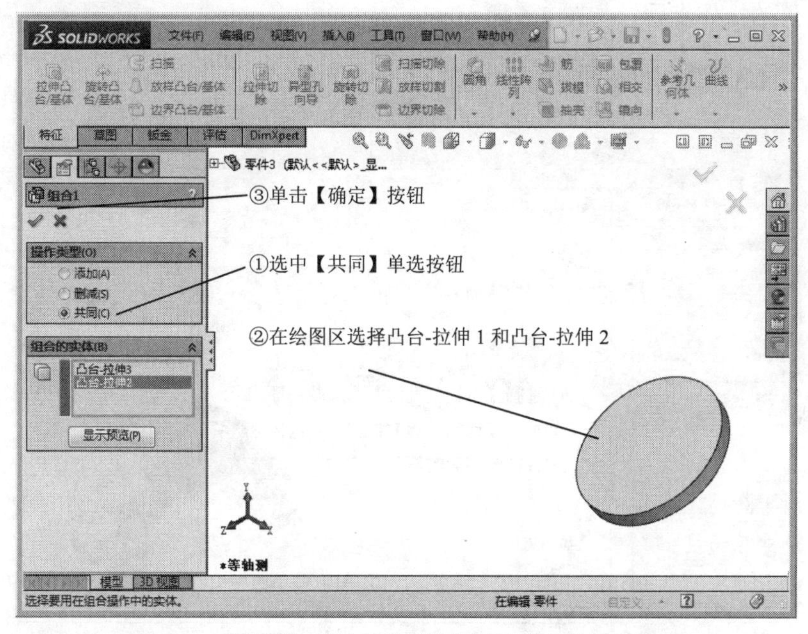

图 5-4 【共同】型组合的属性设置及生成的组合实体

2. 分割

（1）分割实体的使用和参数设置

选择【插入】|【特征】|【分割】菜单命令，打开【分割】属性管理器，如图 5-5 所示。

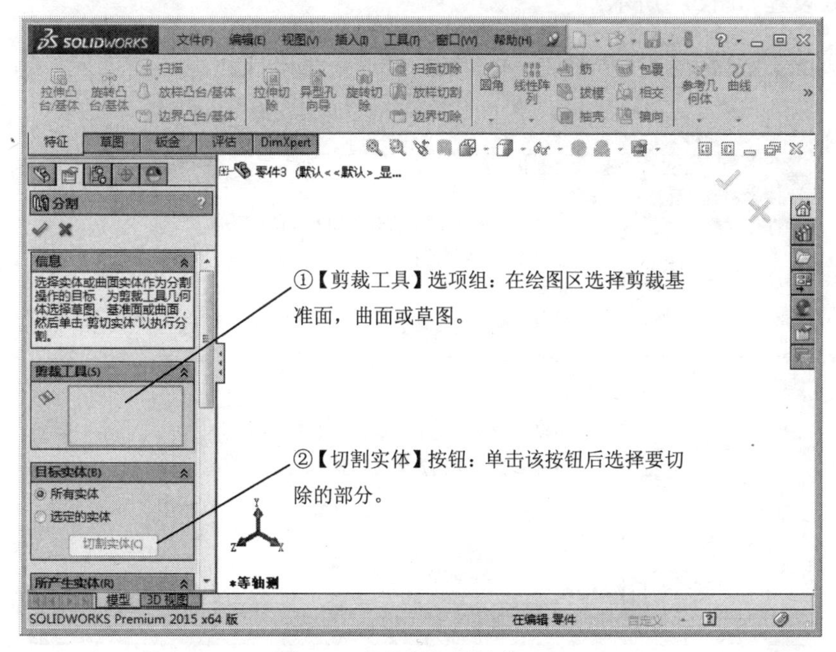

图 5-5 【分割】属性管理器

（2）分割实体的操作步骤

分割实体的操作步骤，如图 5-6 所示。

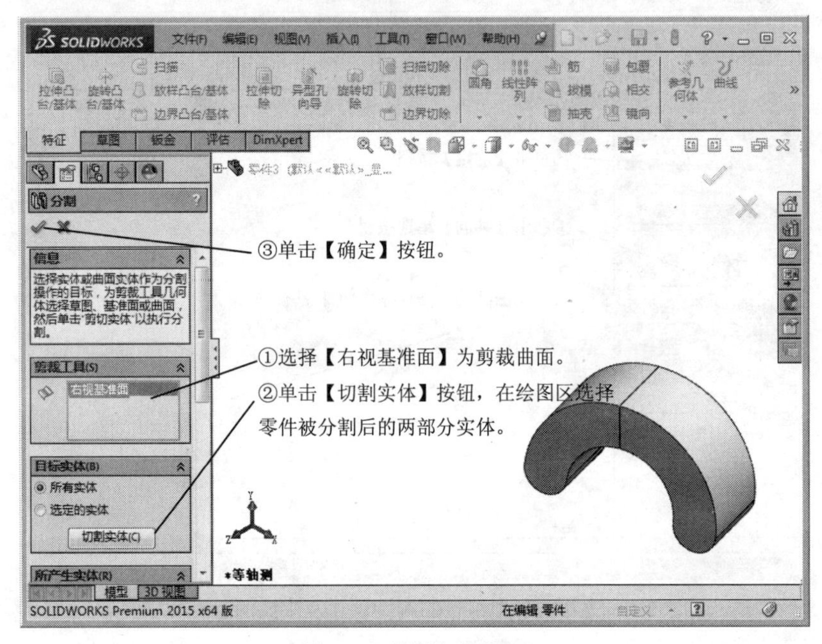

图 5-6　分割实体操作

3. 移动/复制实体

选择【插入】|【特征】|【移动/复制】菜单命令，打开【移动/复制实体】属性管理器，其参数设置如图 5-7 所示。

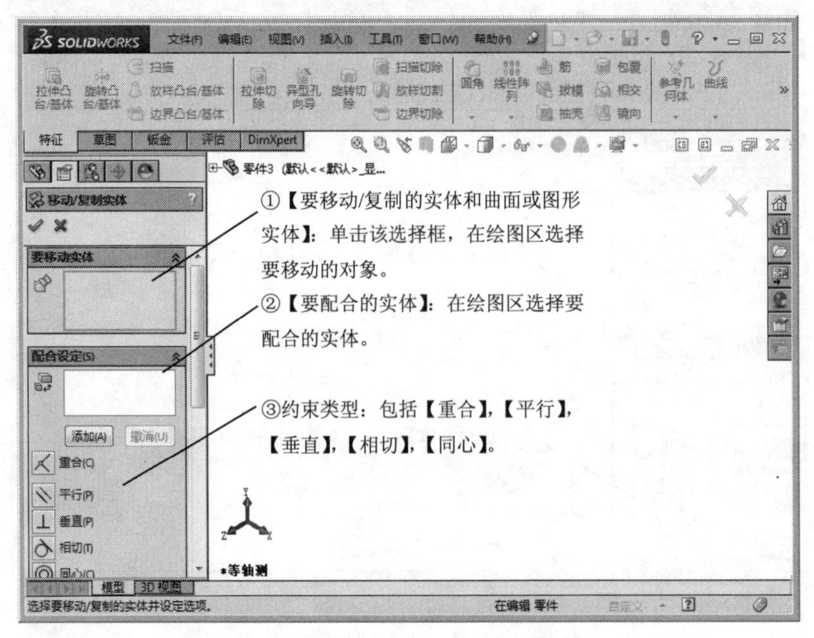

图 5-7　【移动/复制实体】属性管理器

4. 删除

选择【插入】|【特征】|【删除/保留实体】菜单命令，打开【删除/保留实体】属性管理器，如图 5-8 所示。

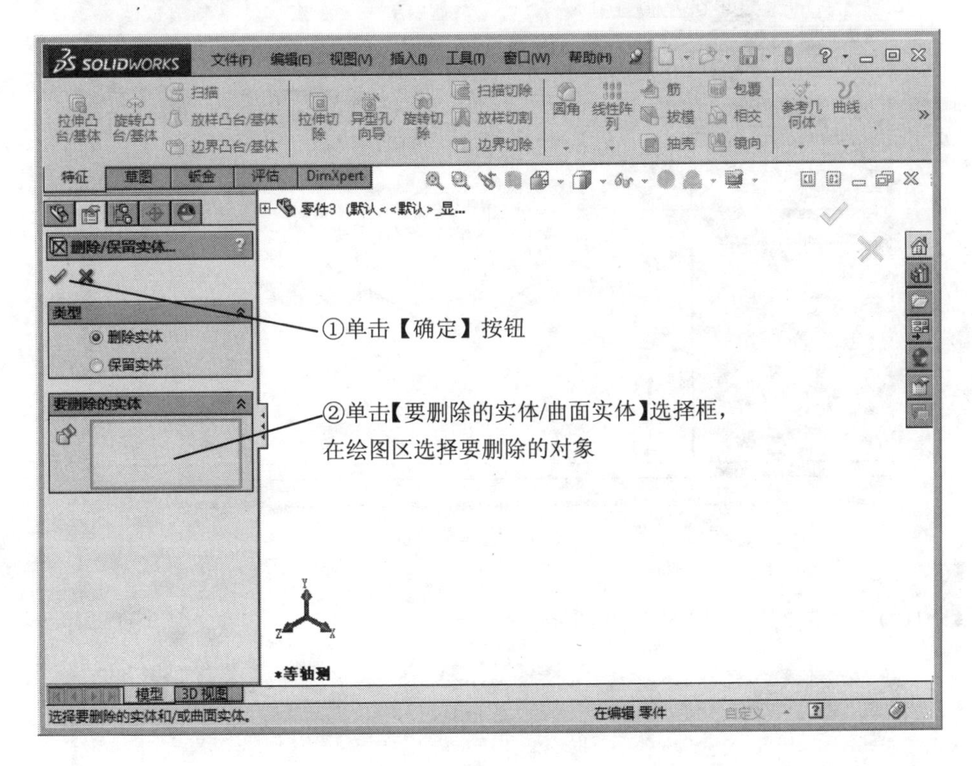

图 5-8 【删除/保留实体】属性管理器

5.1.3 课堂练习——套筒零件

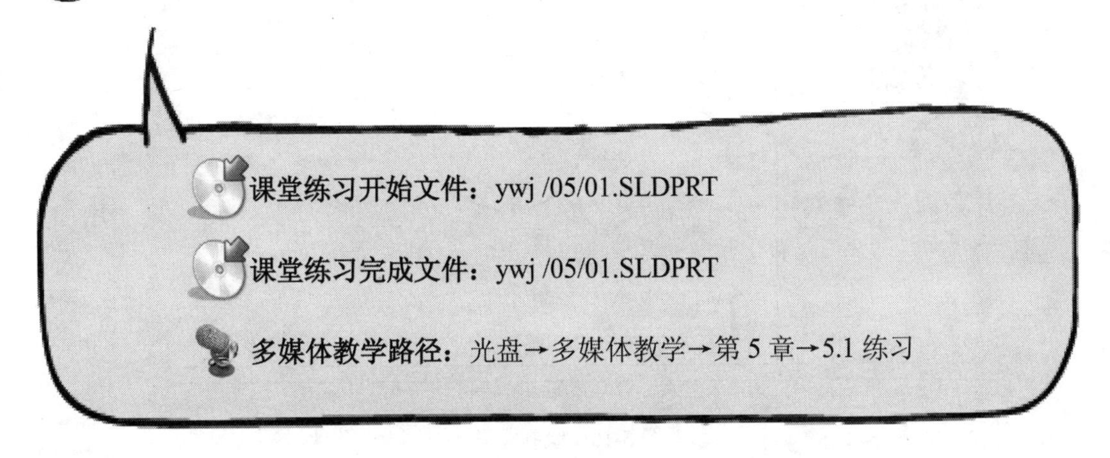

Step1 选择草绘面，如图 5-9 所示。

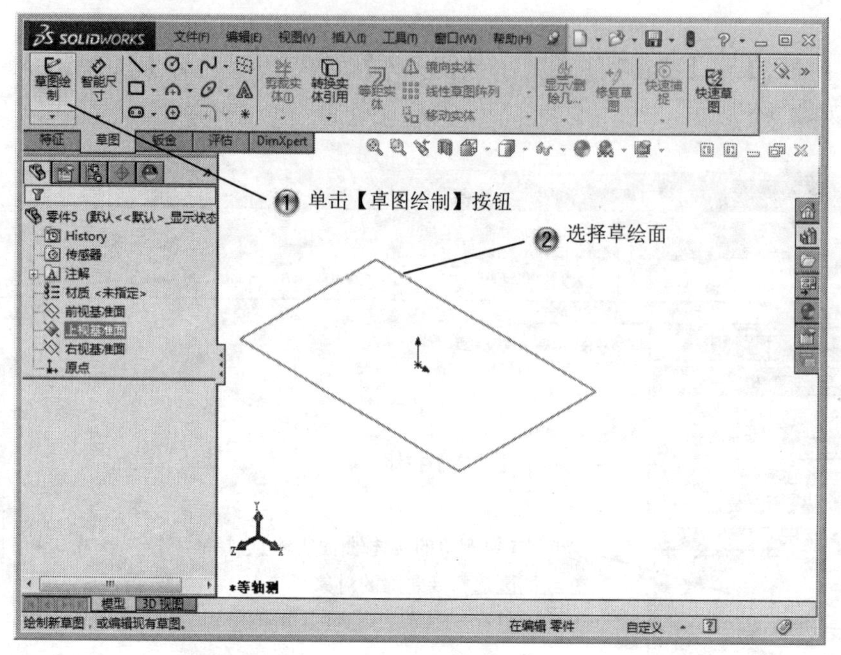

图 5-9 选择草绘面

Step2 绘制圆形，如图 5-10 所示。

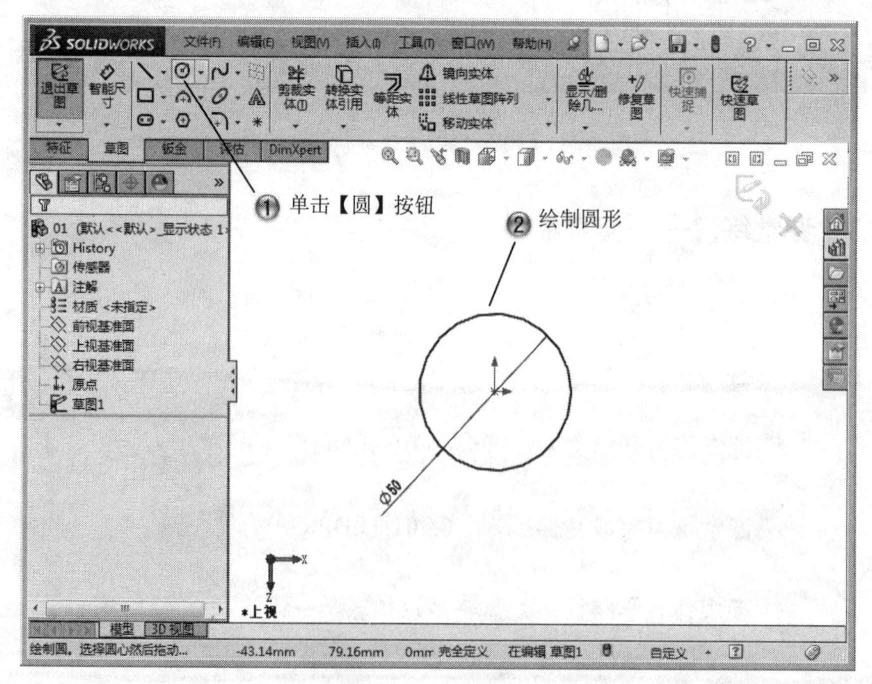

图 5-10 绘制圆形

Step3 拉伸凸台，如图 5-11 所示。

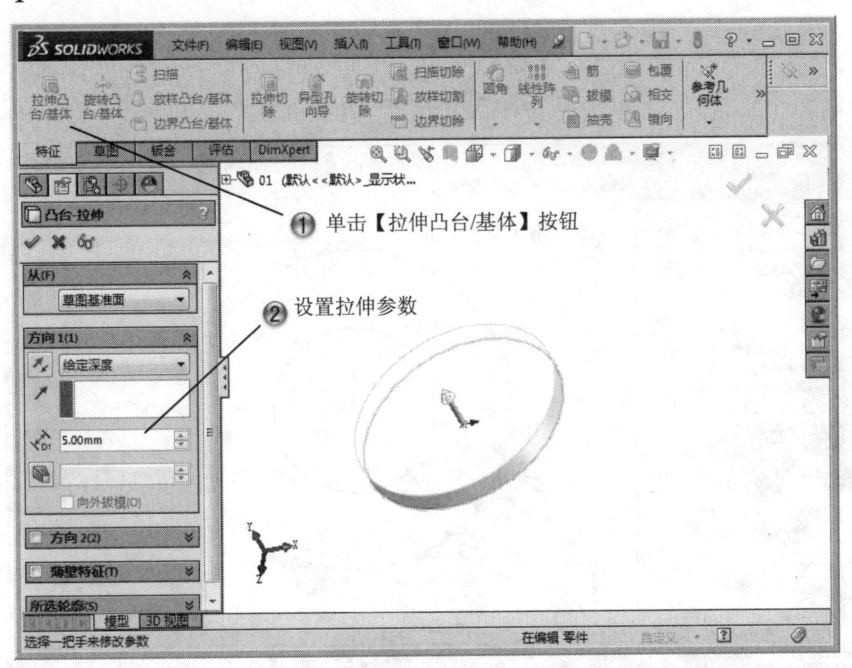

图 5-11　拉伸凸台

Step4 选择草绘面，如图 5-12 所示。

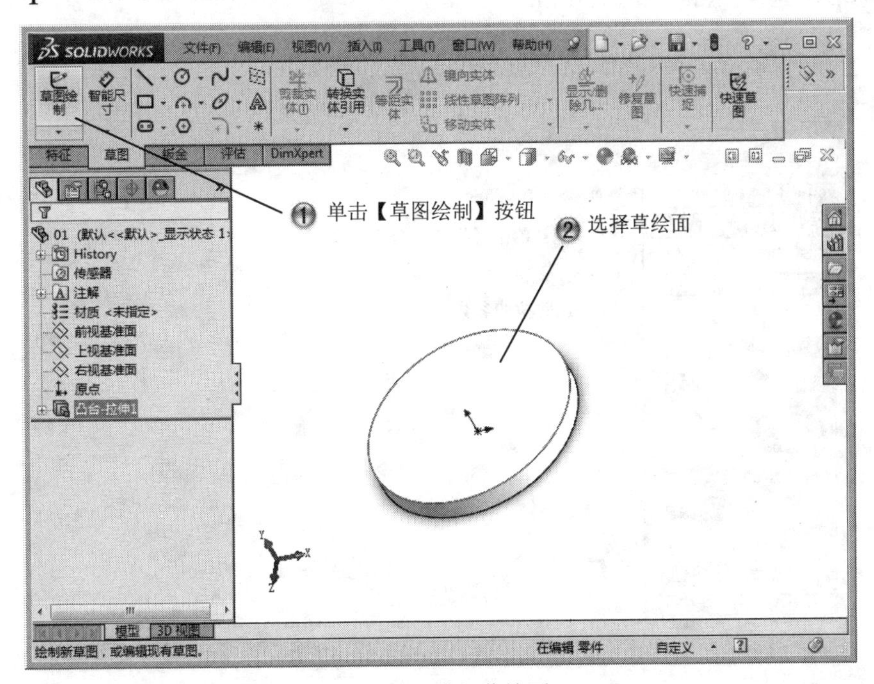

图 5-12　选择草绘面

Step5 绘制圆形，如图 5-13 所示。

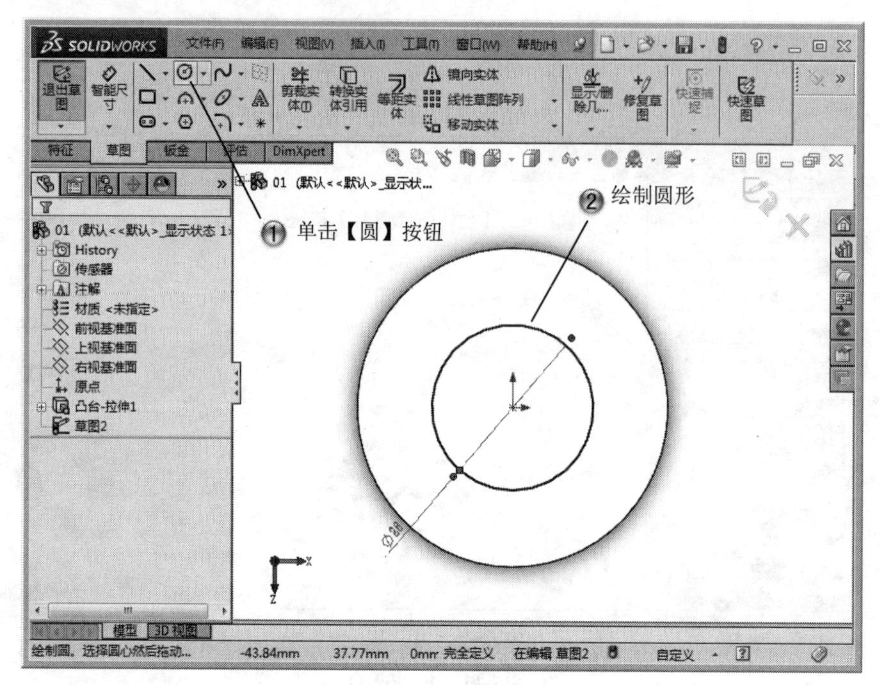

图 5-13　绘制圆形

Step6 拉伸凸台，如图 5-14 所示。

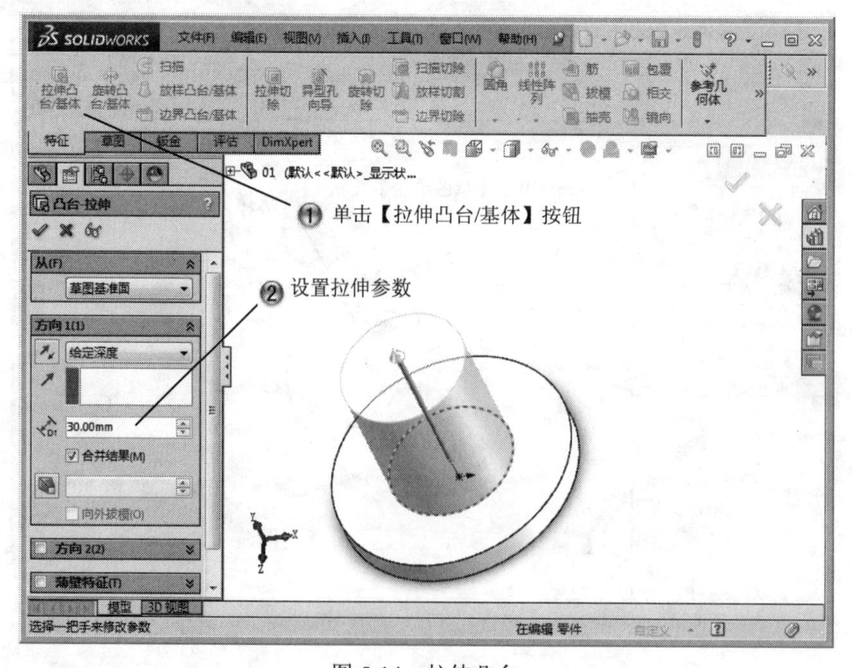

图 5-14　拉伸凸台

Step7 选择草绘面，如图 5-15 所示。

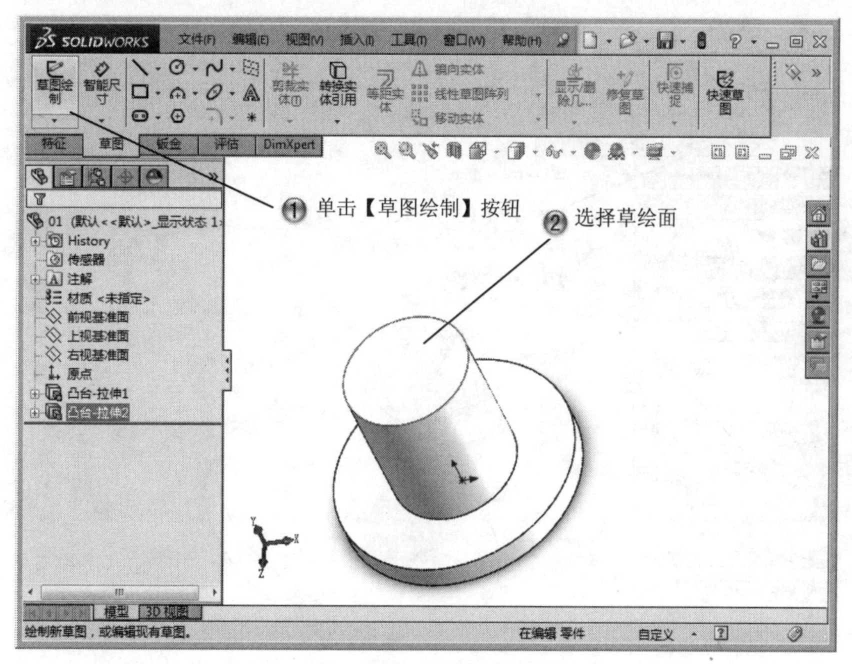

图 5-15　选择草绘面

Step8 绘制圆形，如图 5-16 所示。

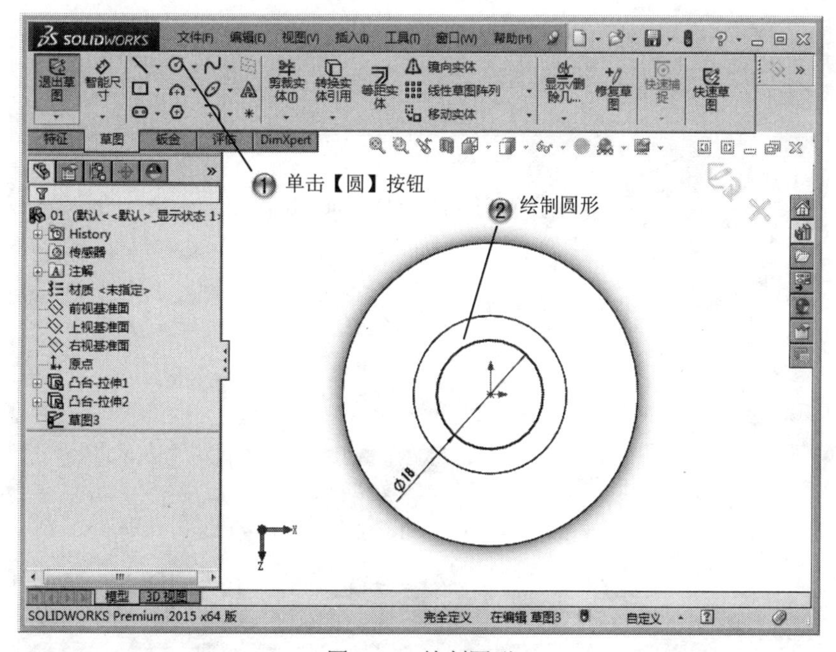

图 5-16　绘制圆形

Step9 拉伸凸台，如图 5-17 所示。

图 5-17　拉伸凸台

Step10 选择草绘面，如图 5-18 所示。

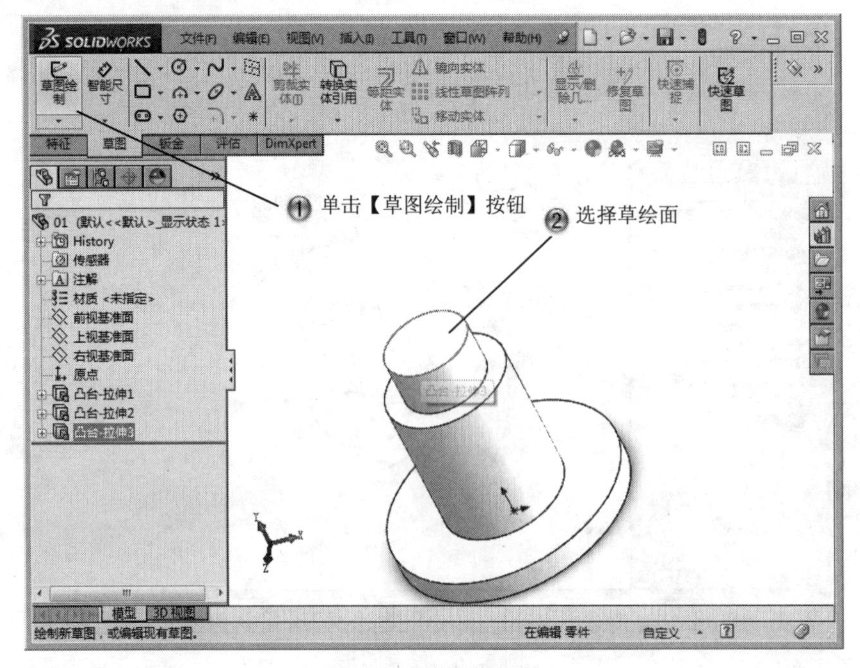

图 5-18　选择草绘面

Step11 绘制圆形，如图 5-19 所示。

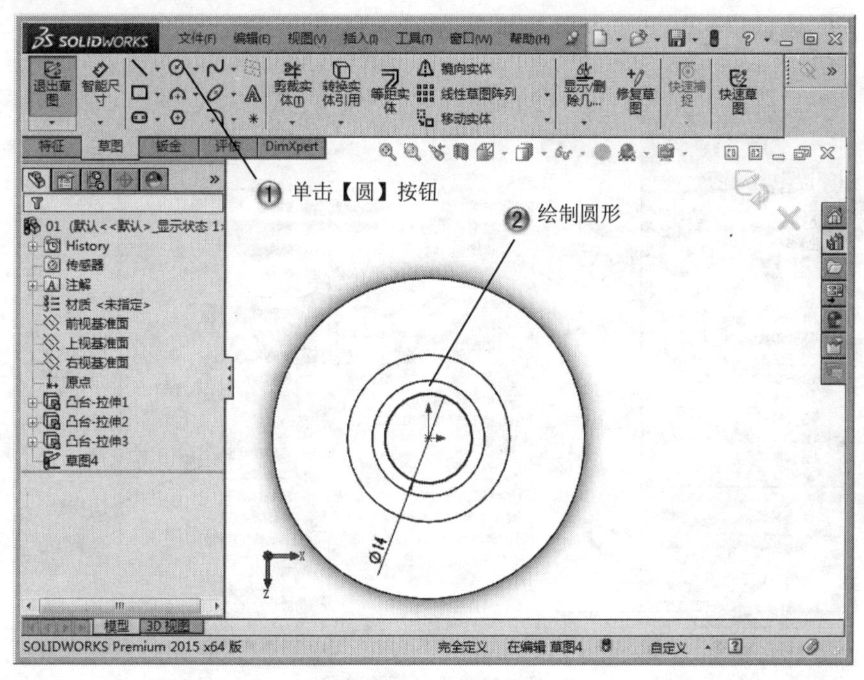

图 5-19 绘制圆形

Step12 拉伸凸台，如图 5-20 所示。

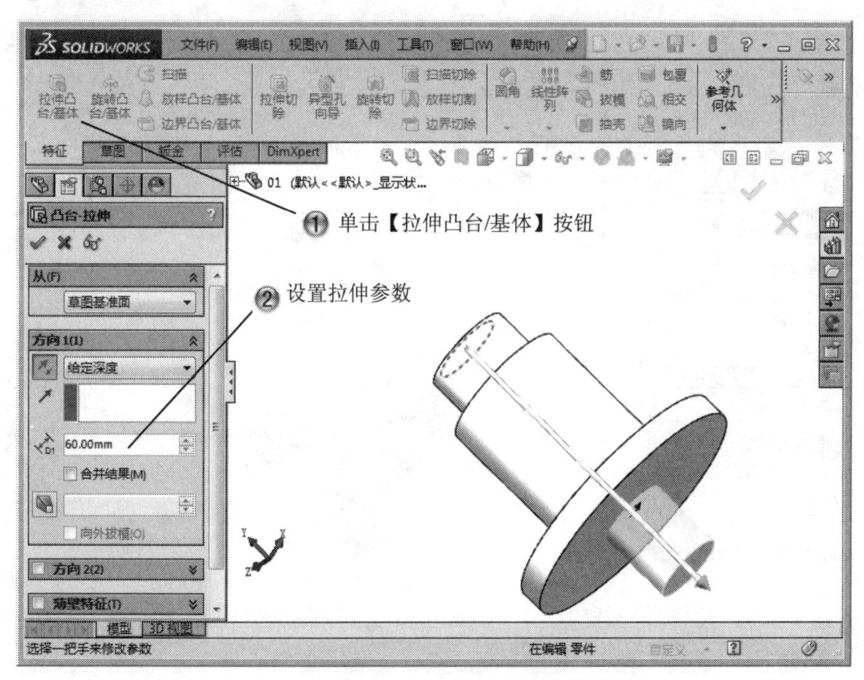

图 5-20 拉伸凸台

Step13 选择组合命令，如图 5-21 所示。

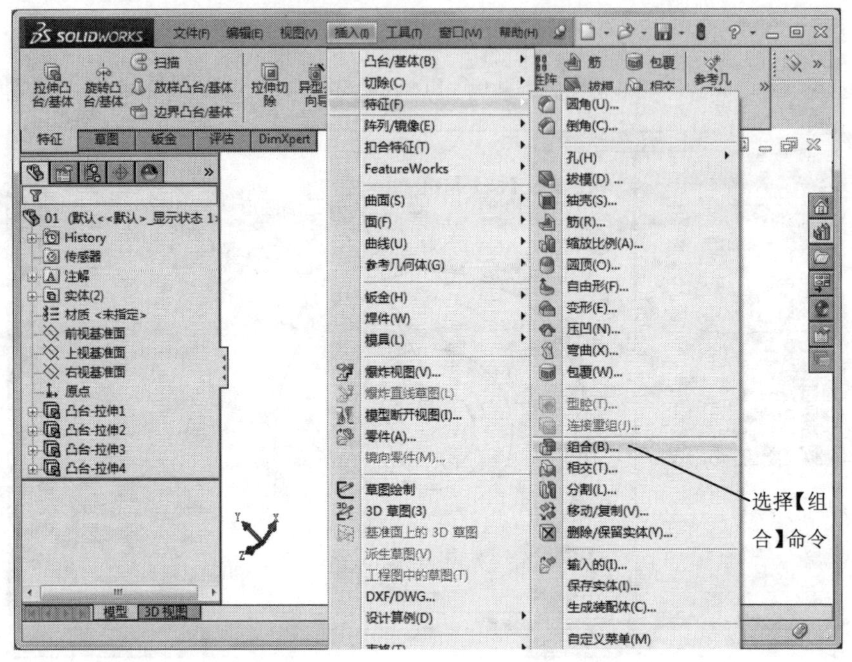

图 5-21　选择组合命令

Step14 组合操作，如图 5-22 所示。

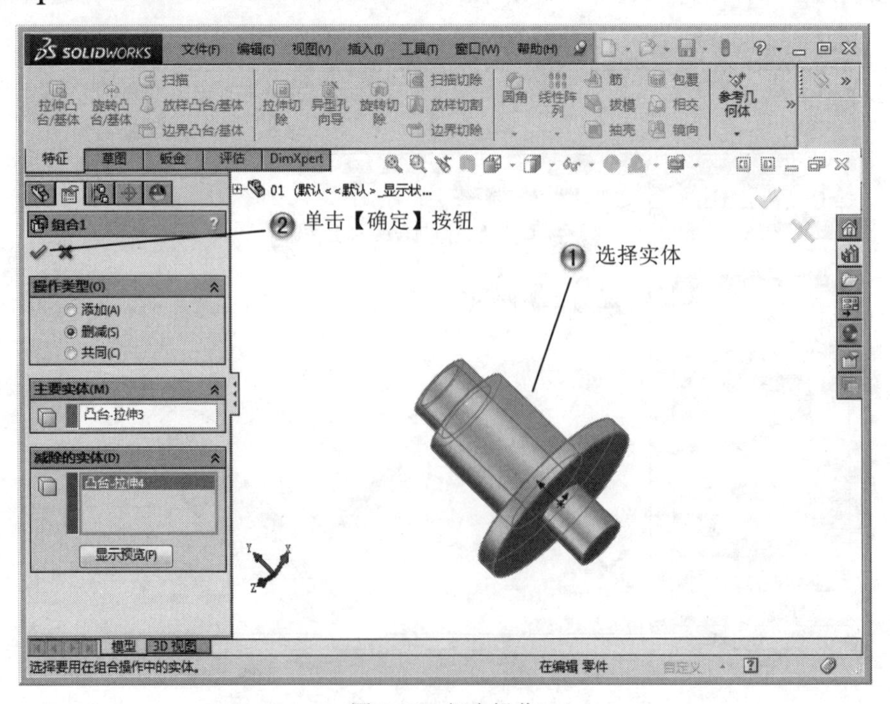

图 5-22　组合操作

Step15 选择分割命令，如图 5-23 所示。

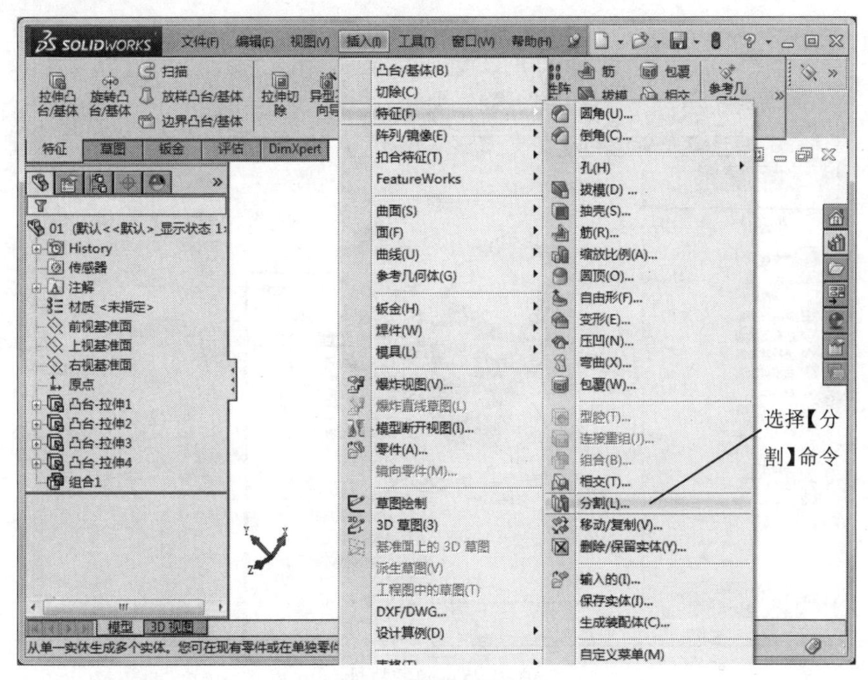

图 5-23　选择分割命令

Step16 分割实体，如图 5-24 所示。

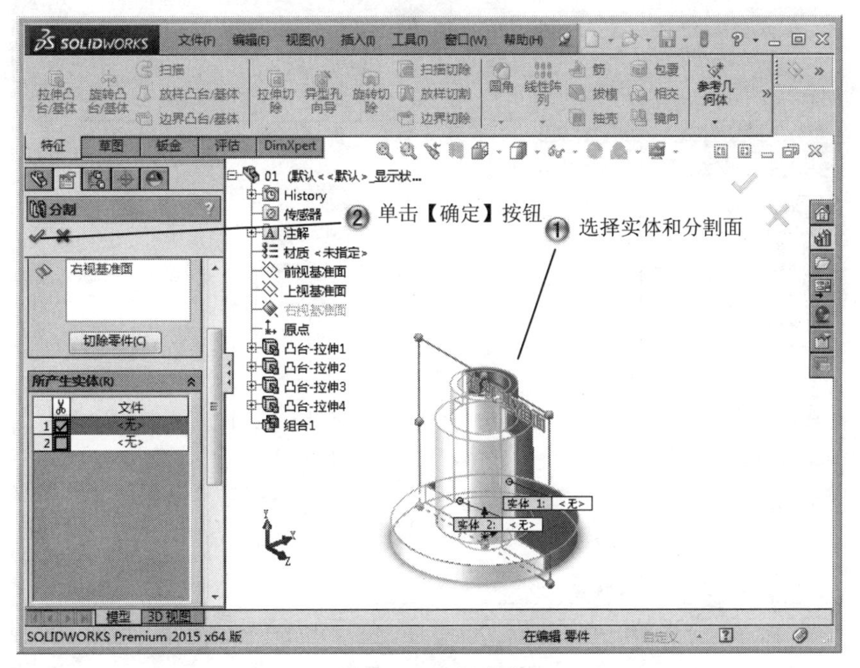

图 5-24　分割实体

Step17 隐藏特征，如图 5-25 所示。

图 5-25　隐藏特征

Step18 完成套筒零件，如图 5-26 所示。

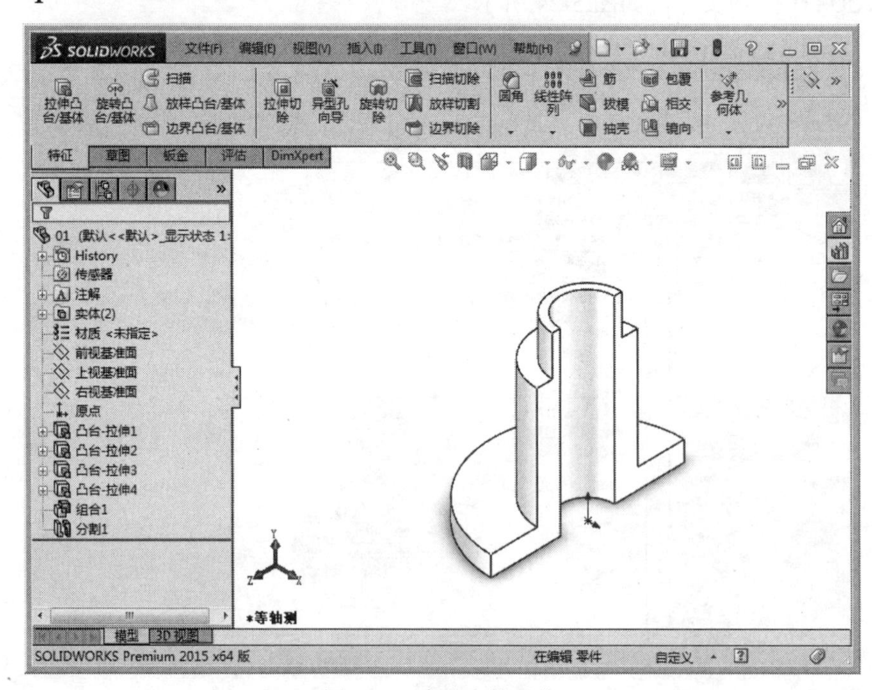

图 5-26　完成套筒零件

5.2 阵列

基本概念

特征阵列与草图阵列相似，都是复制一系列相同的要素。不同之处在于草图阵列复制的是草图，特征阵列复制的是结构特征；草图阵列得到的是一个草图，而特征阵列得到的是一个复杂的零件。

课堂讲解课时：2 课时

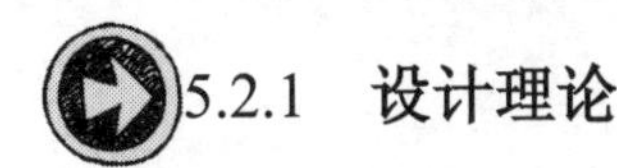

5.2.1 设计理论

特征阵列包括线性阵列、圆周阵列、表格驱动的阵列、草图驱动的阵列和曲线驱动的阵列等。阵列编辑是利用特征设计中的驱动尺寸，将增量进行更改并指定给阵列进行特征复制的过程。源特征可以生成线性阵列、圆周阵列、曲线驱动的阵列、草图驱动的阵列和表格驱动的阵列等。镜向编辑是将所选的草图、特征和零部件对称于所选平面或者面的复制过程。

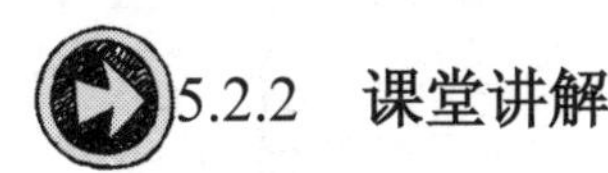

5.2.2 课堂讲解

1. 草图阵列

（1）草图线性阵列的属性设置

选择【工具】|【草图工具】|【线性阵列】菜单命令，系统打开【线性阵列】属性管理器，如图 5-27 所示。

对于基准面、零件或者装配体中的草图实体，使用【线性阵列】命令可以生成草图线性阵列。

名师点拨

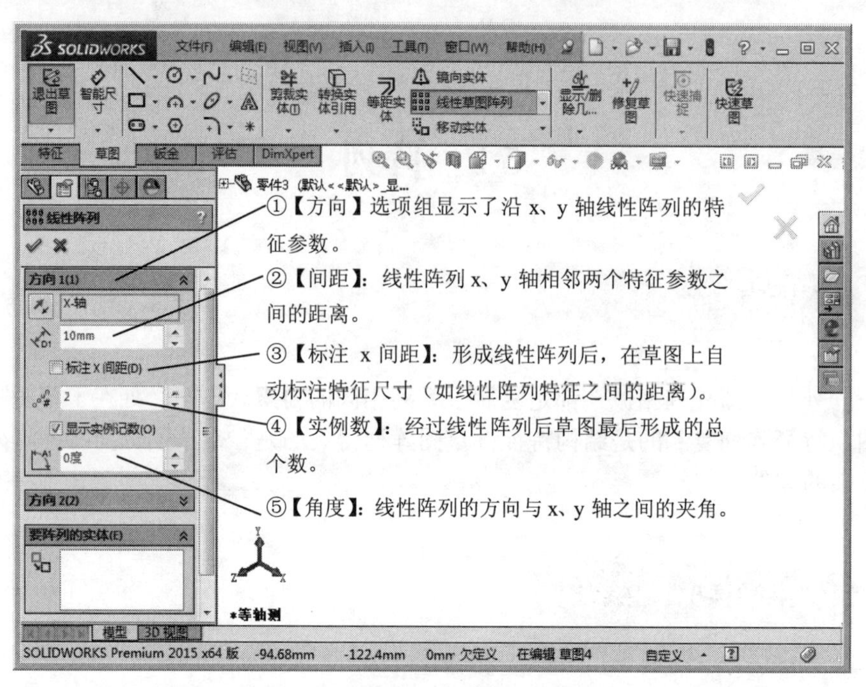

图 5-27 【线性阵列】属性管理器

（2）生成草图线性阵列的操作步骤

选择【工具】|【草图工具】|【线性阵列】菜单命令，系统打开【线性阵列】属性管理器。根据需要，设置各选项组参数，单击【确定】按钮✔，生成草图线性阵列，如图 5-28 所示。

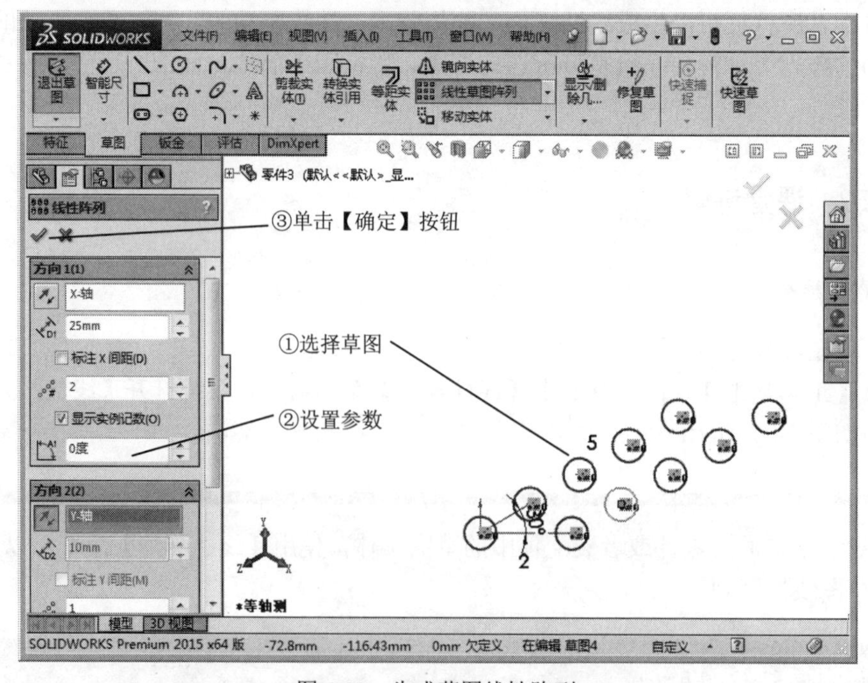

图 5-28 生成草图线性阵列

2. 草图圆周阵列

（1）草图圆周阵列的属性设置

选择【工具】|【草图工具】|【圆周阵列】菜单命令，系统弹出【圆周阵列】属性管理器，如图 5-29 所示。

对于基准面、零件或者装配体上的草图实体，使用【圆周阵列】菜单命令可以生成草图圆周阵列。

名师点拨

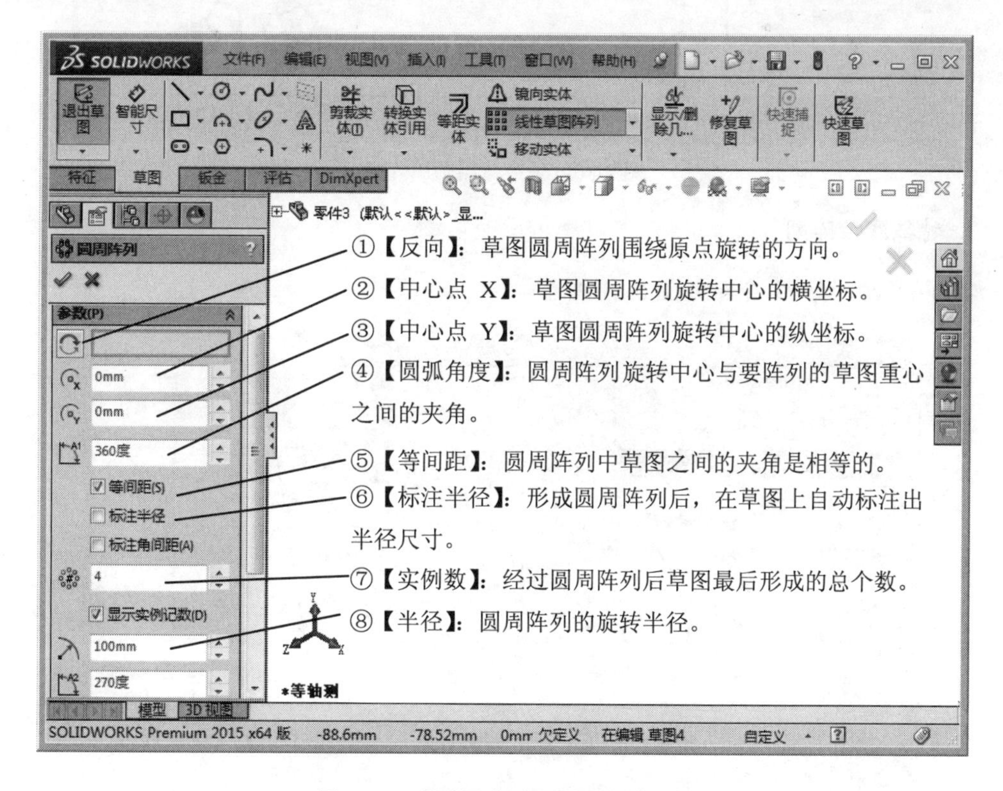

图 5-29 【圆周阵列】的属性管理器

（2）生成草图圆周阵列的操作步骤

选择【工具】|【草图工具】|【圆周阵列】菜单命令，系统打开【圆周阵列】属性管理器。根据需要，设置各选项组参数，单击【确定】按钮✔，生成草图圆周阵列，如图 5-30 所示。

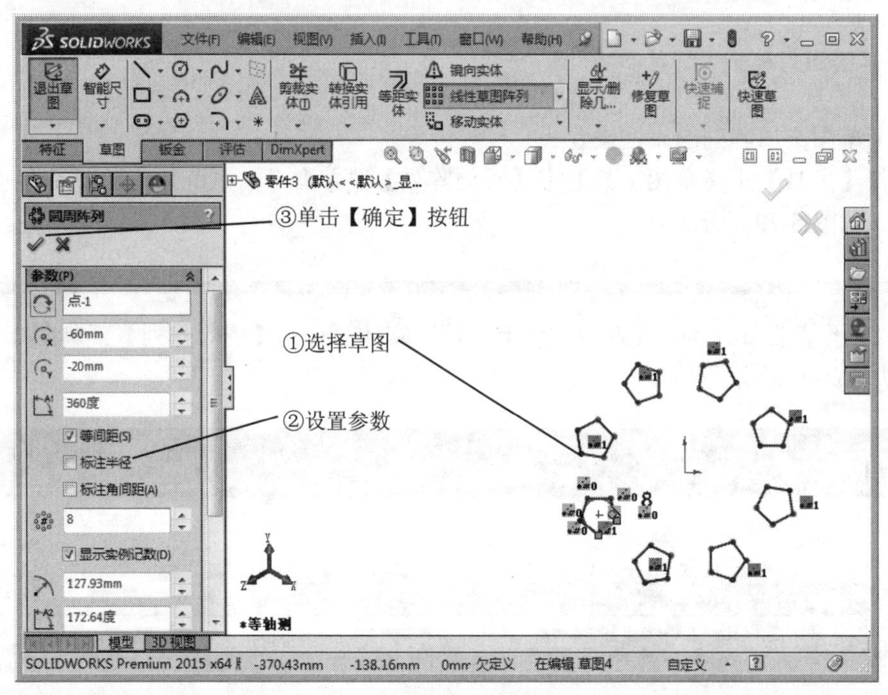

图 5-30　生成草图圆周阵列

3. 特征线性阵列

特征的线性阵列命令，如图 5-31 所示。

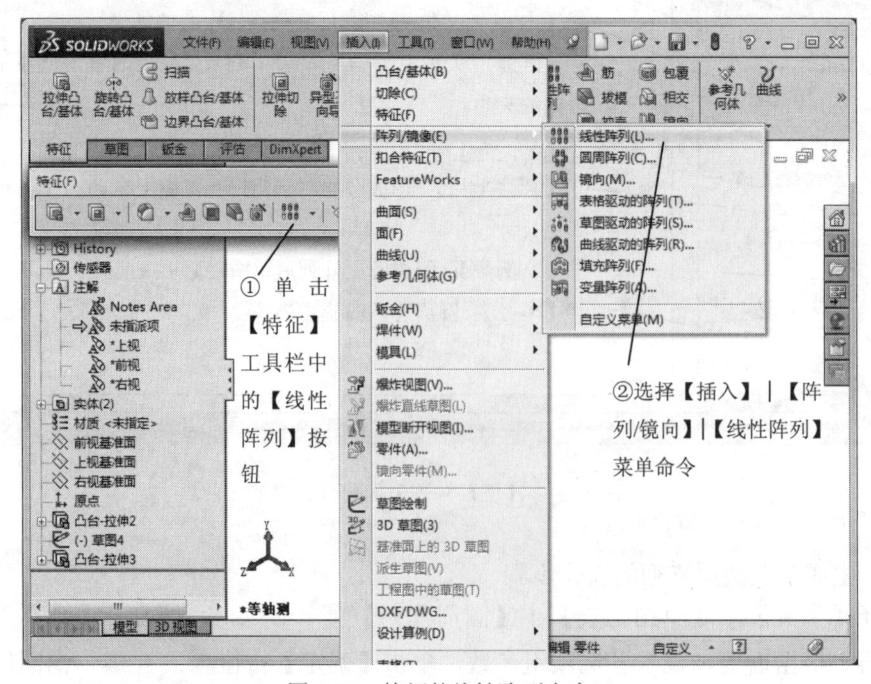

图 5-31　特征的线性阵列命令

系统弹出【线性阵列】属性管理器，如图 5-32 所示。

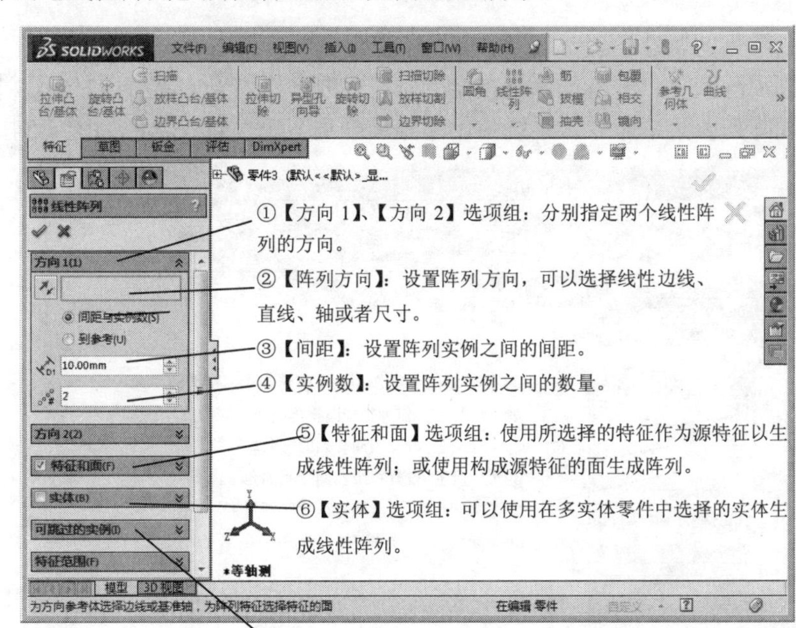

图 5-32 【线性阵列】属性管理器

（2）生成特征线性阵列的操作步骤

选择【插入】|【阵列/镜向】|【线性阵列】菜单命令，系统打开【线性阵列】属性管理器。根据需要，设置各选项组参数，单击【确定】按钮 ✔，生成特征线性阵列，如图 5-33 所示。

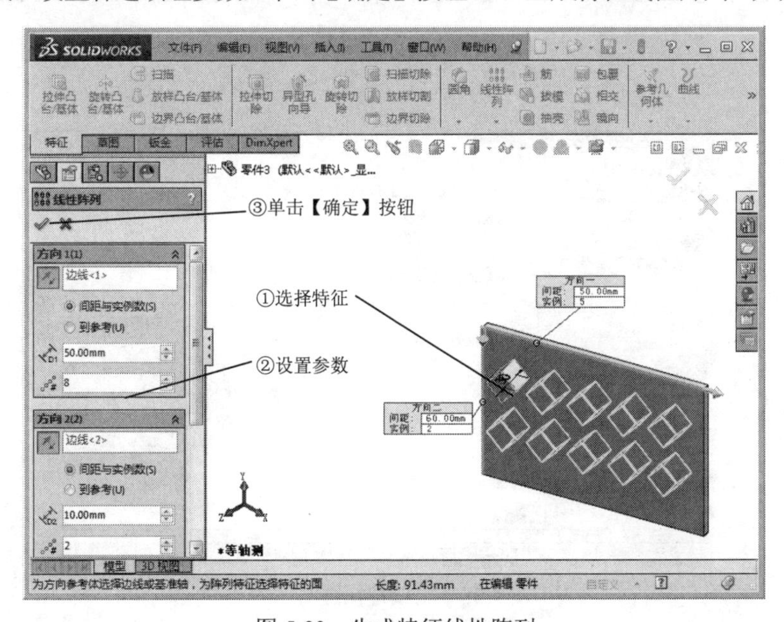

图 5-33 生成特征线性阵列

4. 特征圆周阵列

（1）圆周阵列的属性设置

特征的圆周阵列是将源特征围绕指定的轴线复制多个特征。选择【插入】|【阵列/镜向】|【圆周阵列】菜单命令。系统弹出【圆周阵列】属性管理器，如图 5-34 所示。

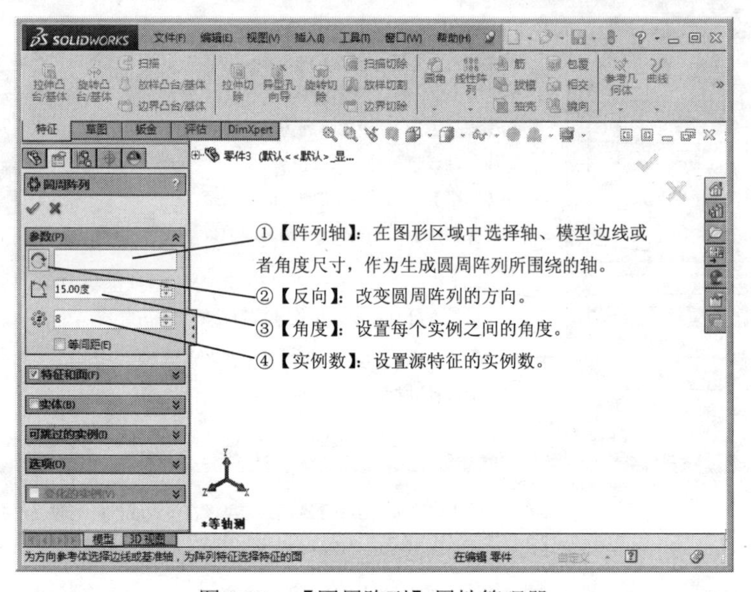

图 5-34　【圆周阵列】属性管理器

（2）生成特征圆周阵列的操作步骤

选择【插入】|【阵列/镜向】|【圆周阵列】菜单命令，弹出【圆周阵列】属性管理器。根据需要，设置各选项组参数，单击【确定】按钮✔，生成特征圆周阵列，如图 5-35 所示。

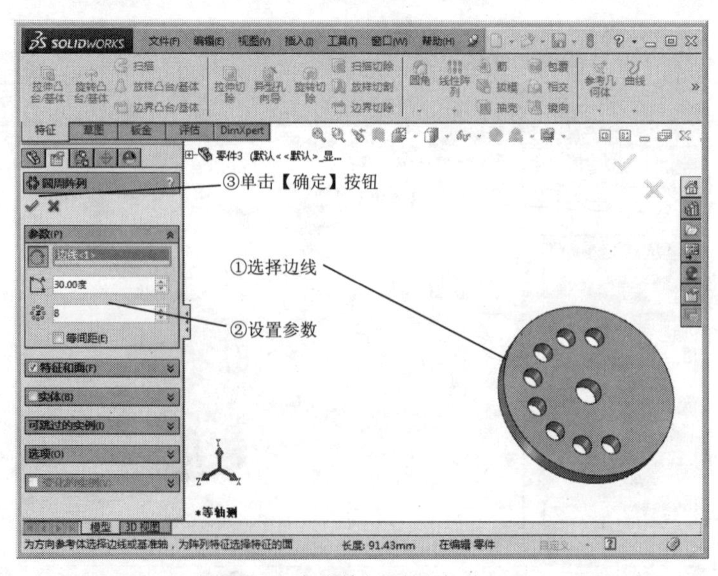

图 5-35　生成特征圆周阵列

5.2.3 课堂练习——阵列操作

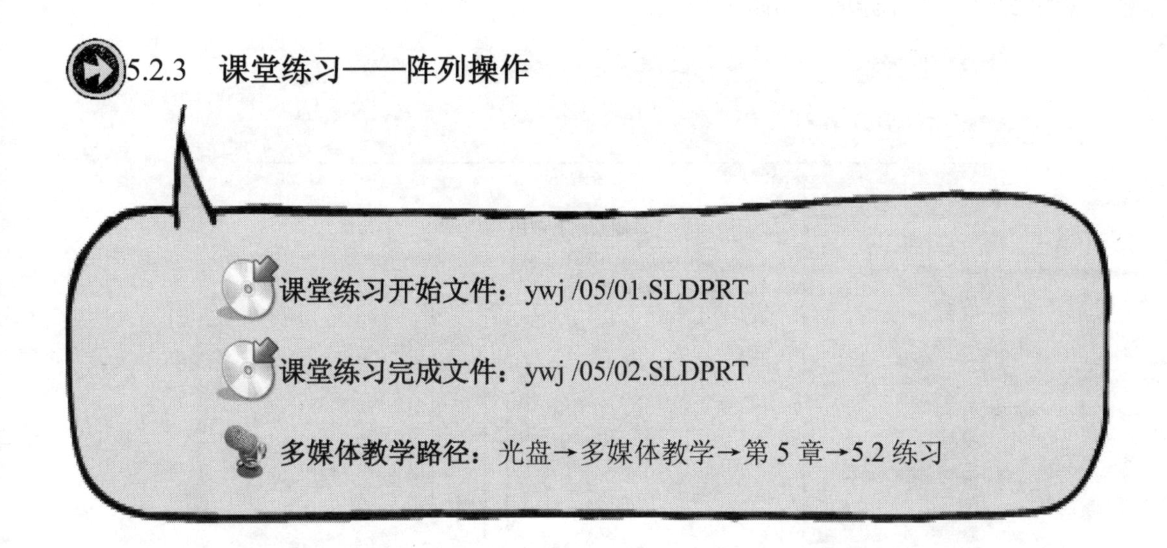

Step1 打开零件，如图 5-36 所示。

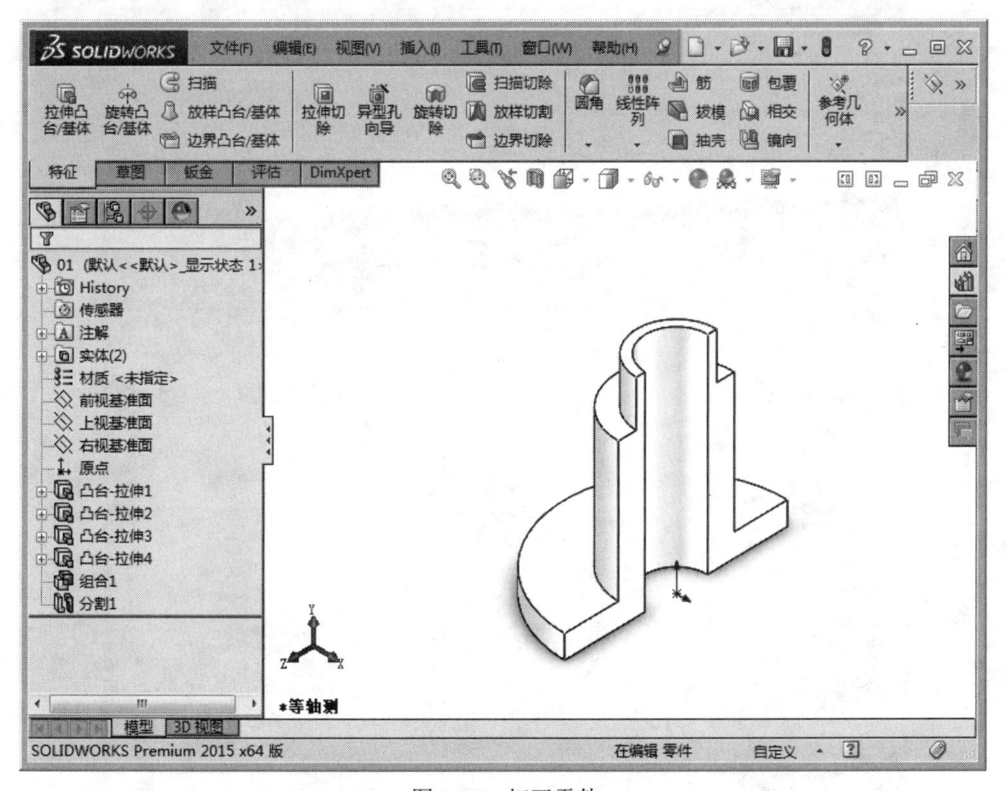

图 5-36　打开零件

Step2 选择草绘面，如图 5-37 所示。

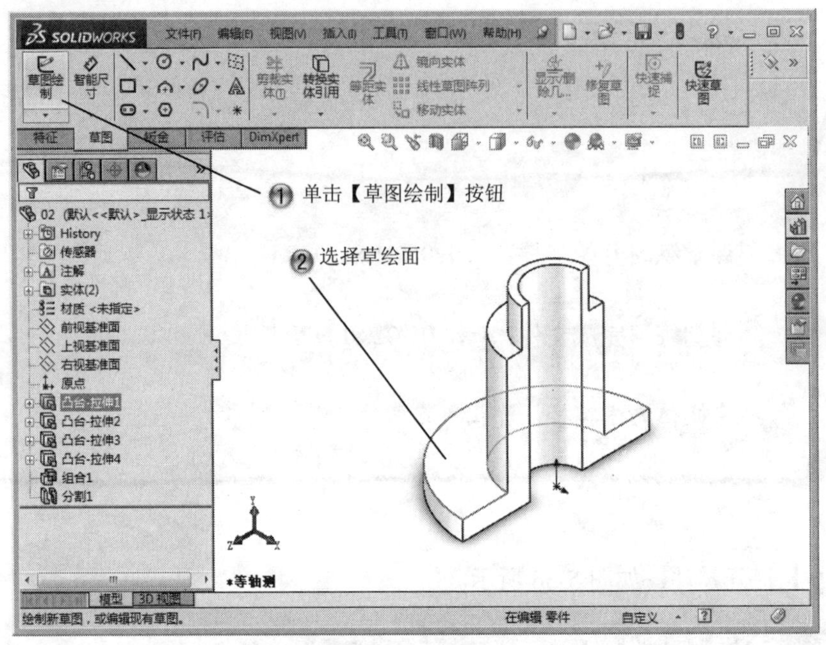

图 5-37　选择草绘面

Step3 绘制圆形，如图 5-38 所示。

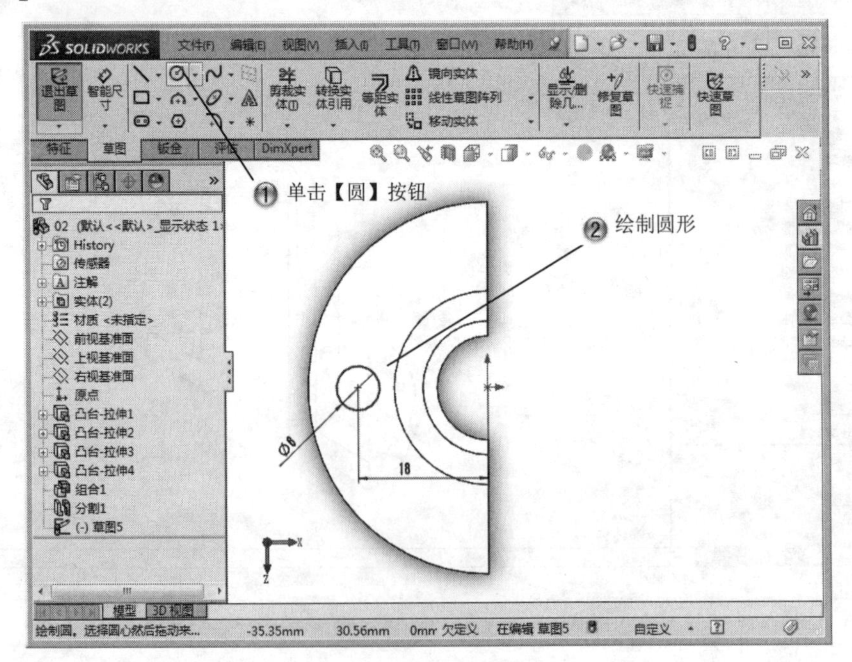

图 5-38　绘制圆形

Step4 拉伸切除，如图 5-39 所示。

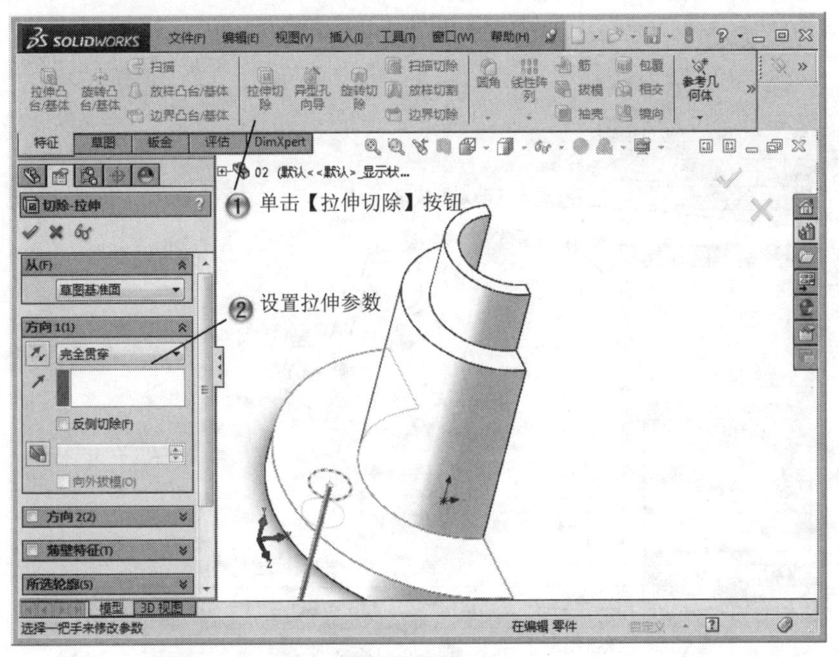

图 5-39　拉伸切除

Step5 选择圆周阵列命令，如图 5-40 所示。

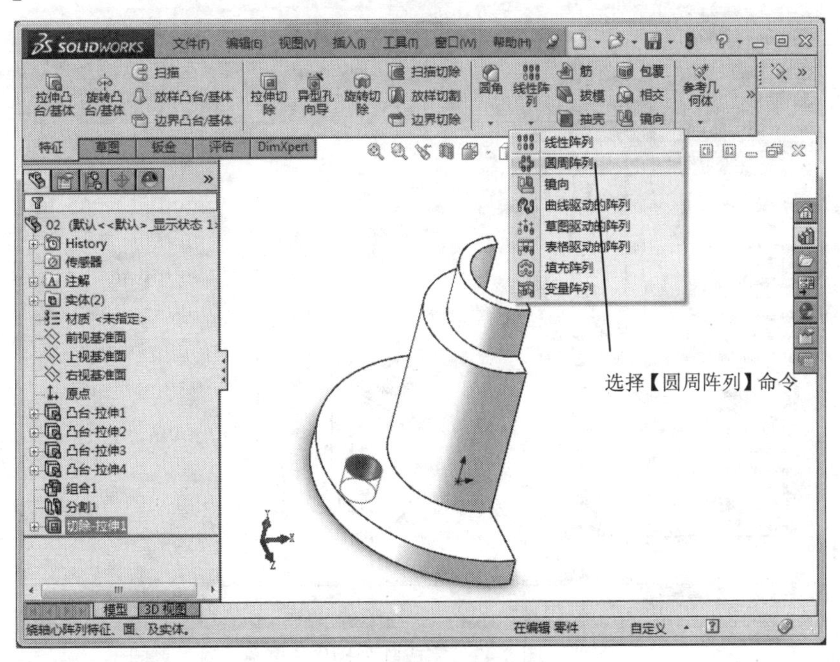

图 5-40　选择圆周阵列命令

Step6 阵列特征，如图 5-41 所示。

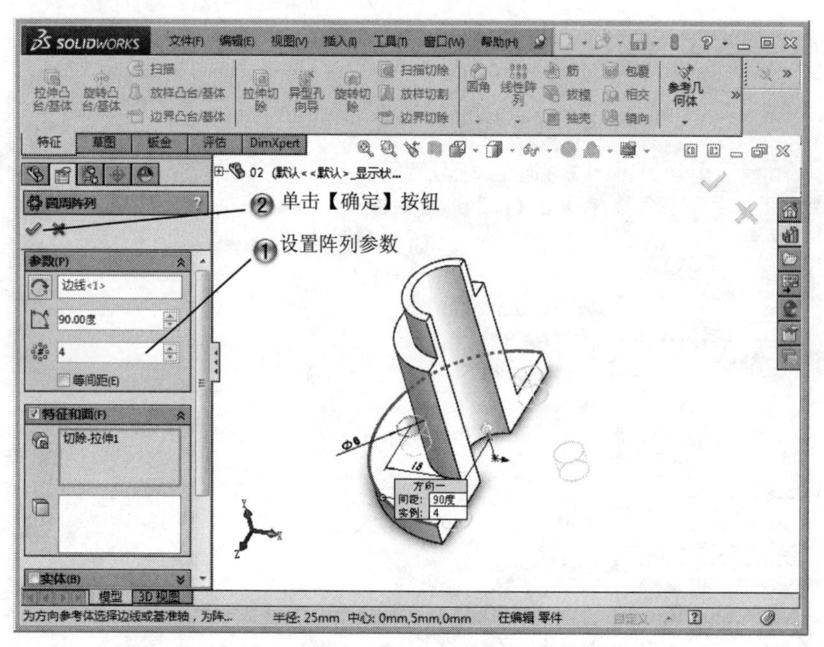

图 5-41 阵列特征

Step7 完成阵列操作，如图 5-42 所示。

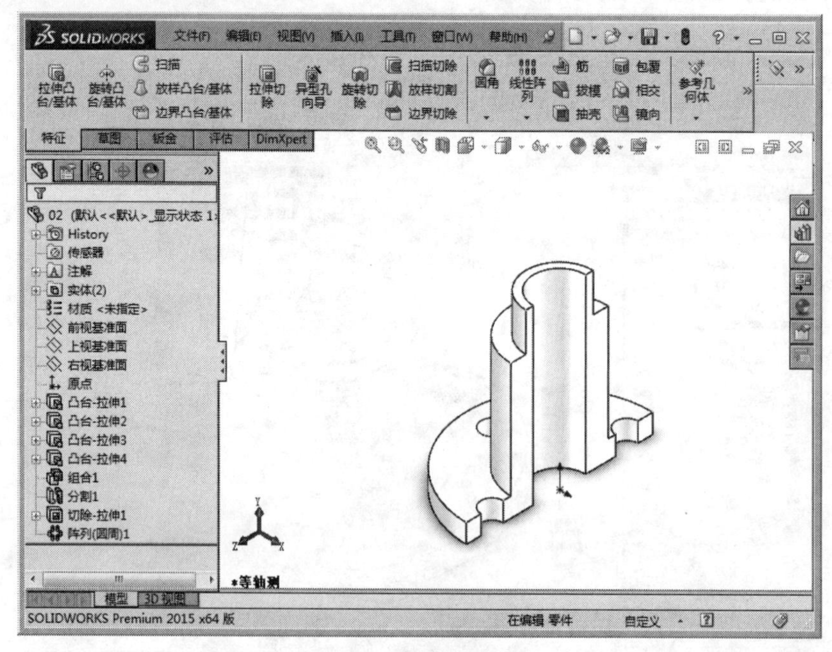

图 5-42 完成阵列操作

5.3 镜向

基本概念

镜向草图是以草图实体为目标进行镜向复制的操作。镜向特征是沿面或者基准面镜向以生成一个特征（或者多个特征）的复制操作。镜向零部件就是选择一个对称基准面及零部件进行镜向操作。

课堂讲解课时：2 课时

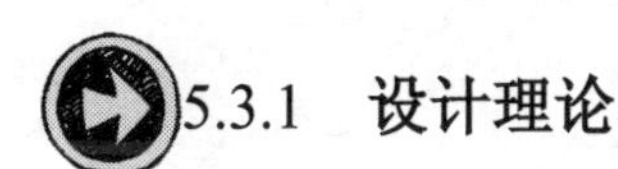

5.3.1 设计理论

镜向是创建对称特征的命令，下面介绍各种镜向的方法，主要包括镜向草图、镜向特征和镜向零部件。创建镜向草图的注意事项如下。

（1）镜向只包括新的实体或原有及镜向的实体。
（2）可镜向某些或所有草图实体。
（3）围绕任何类型直线（不仅仅是构造性直线）镜向。
（4）可沿零件、装配体或工程图中的边线镜向。

镜向实体特征操作的注意事项如下。

（1）在单一模型或多实体零件中选择一个实体生成镜向实体。
（2）通过选择几何体阵列并使用特征范围来选择包括特征的实体，并将特征应用到一个或多个实体零件中。

5.3.2 课堂讲解

1. 镜向草图

（1）镜向草图的属性设置

镜向草图的命令，如图 5-43 所示。

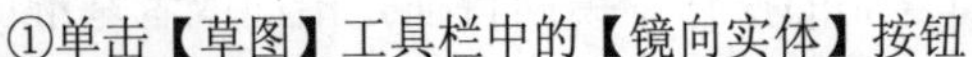

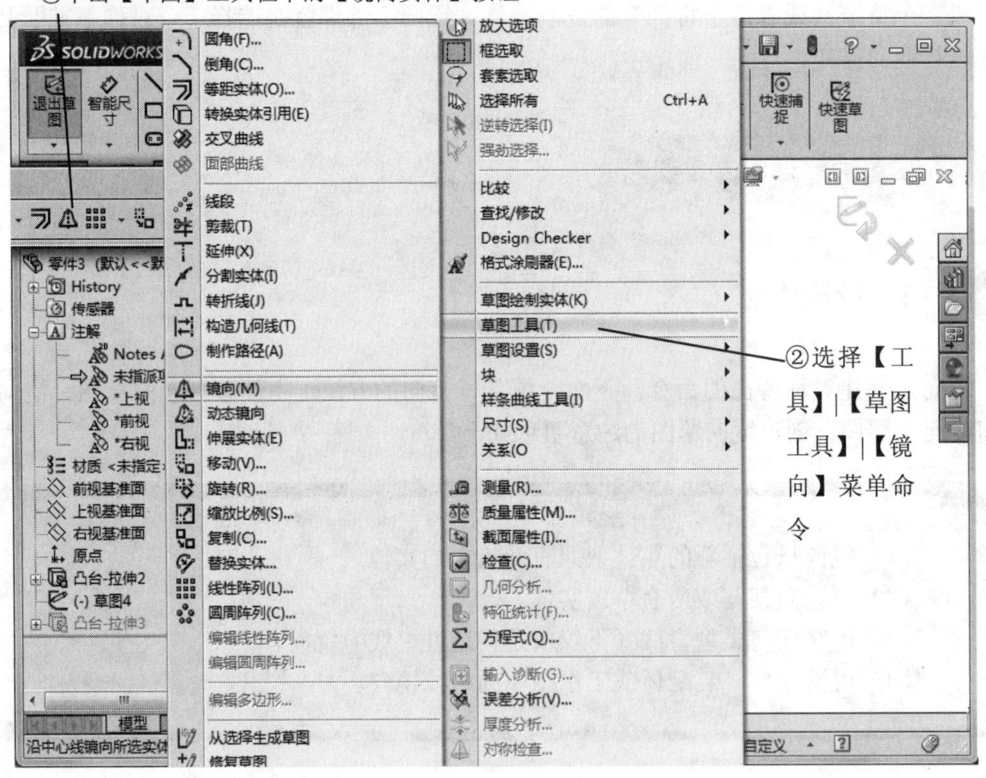

图 5-43 镜向草图的命令

系统打开【镜向】属性管理器，如图 5-44 所示。

（2）镜向草图的操作步骤

单击【草图】工具栏中的【镜向实体】按钮或者选择【工具】|【草图工具】|【镜向】菜单命令，系统打开【镜向】属性管理器。根据需要设置参数，单击【确定】按钮，镜向现有草图实体，如图 5-45 所示。

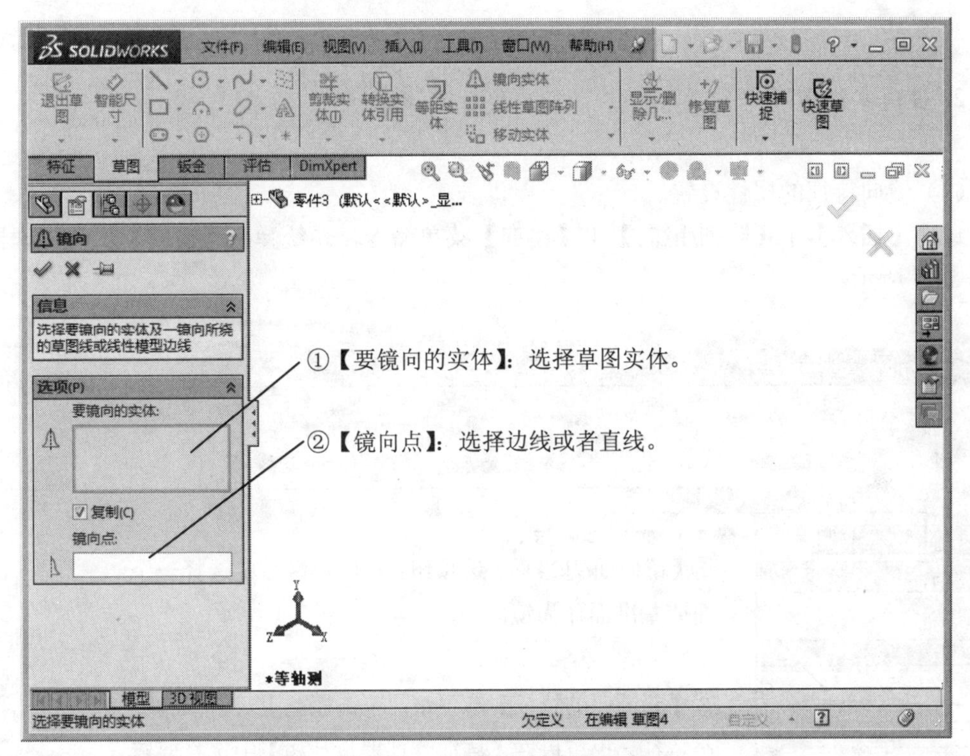

图 5-44 【镜向】属性管理器

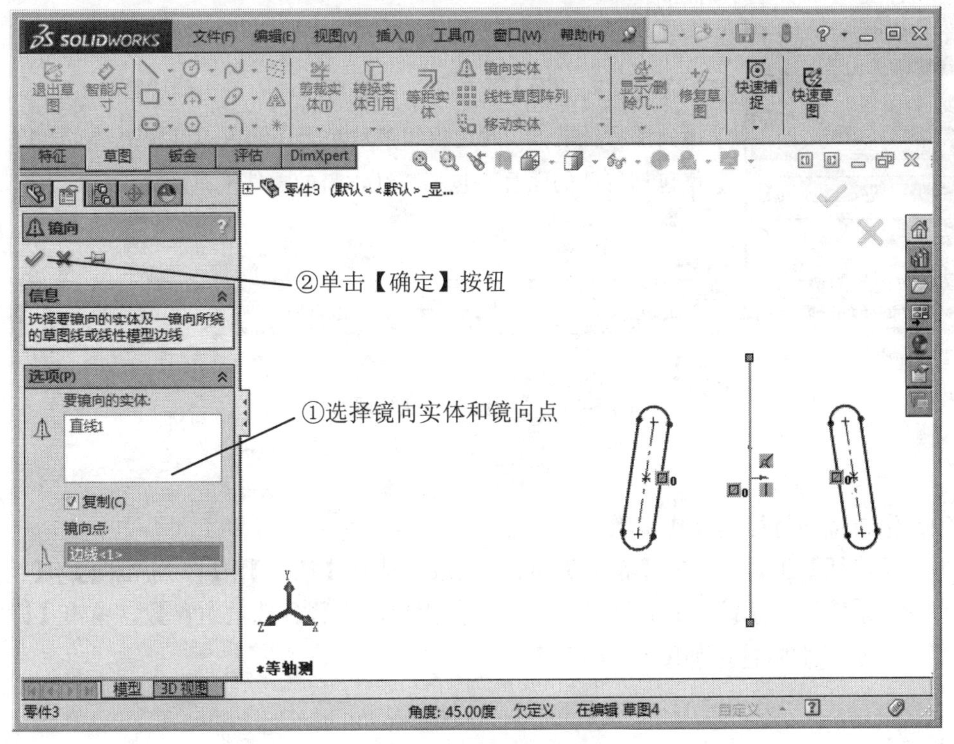

图 5-45 镜向现有草图实体

2. 镜向零件特征

（1）镜向特征的属性设置

选择【插入】|【阵列/镜向】|【镜向】菜单命令，系统弹出【镜向】属性管理器，如图 5-46 所示。

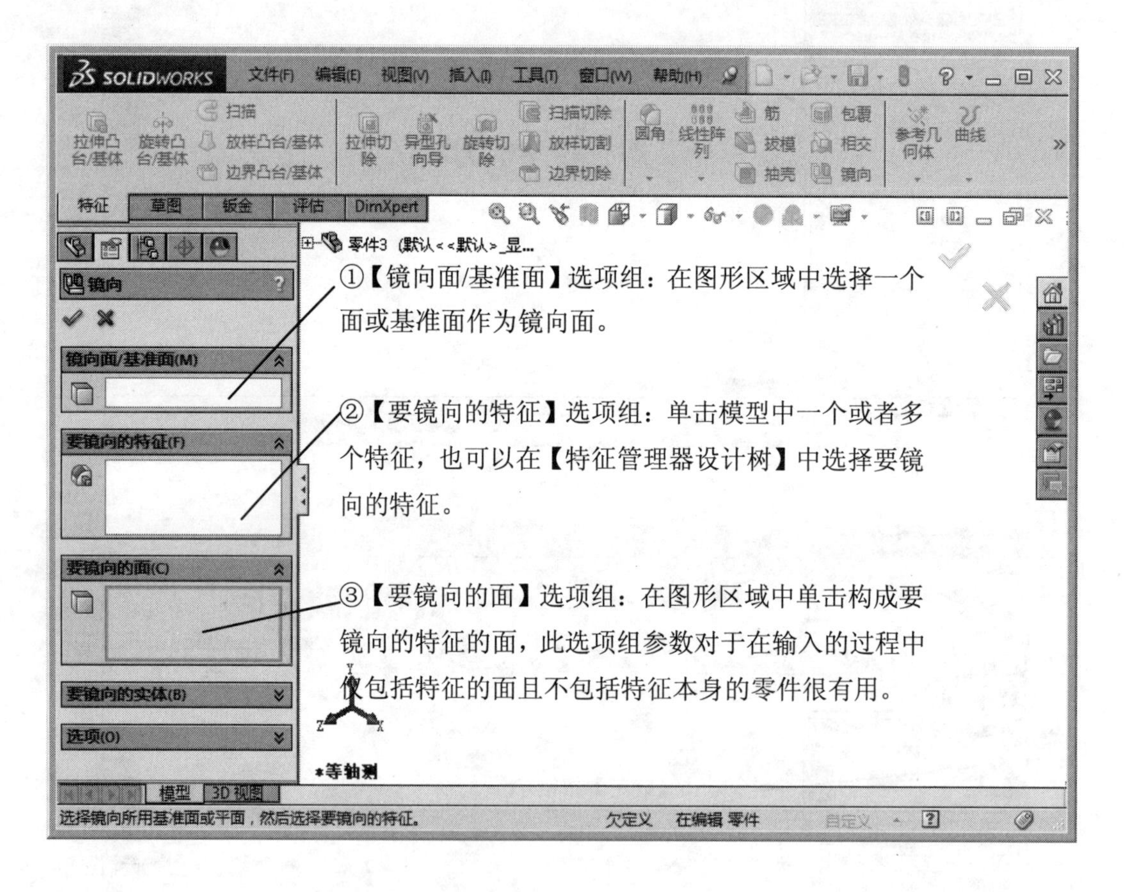

图 5-46　【镜向】属性管理器

（2）生成镜向特征的操作步骤

单击【特征】工具栏中的【镜向】按钮或者选择【插入】|【阵列/镜向】|【镜向】菜单命令，系统弹出【镜向】属性管理器。根据需要，设置各选项组参数，单击【确定】按钮，生成镜向特征，如图 5-47 所示。

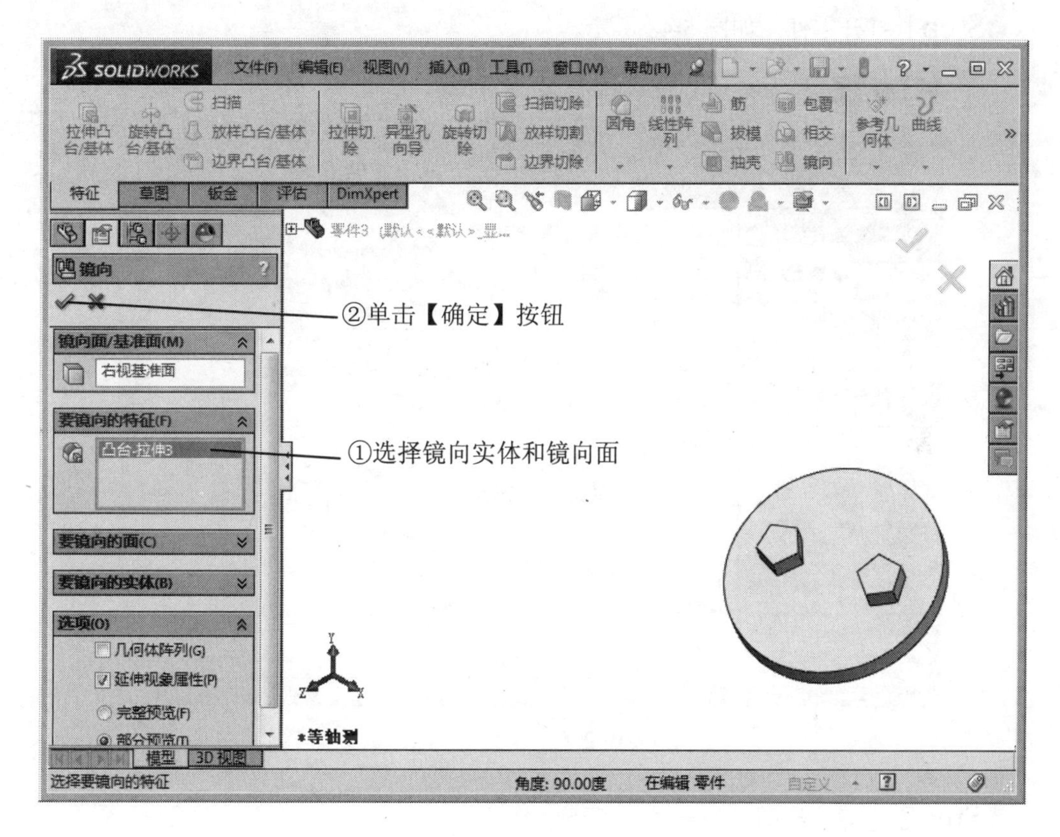

图 5-47　生成镜向特征

5.3.3　课堂练习——镜向操作

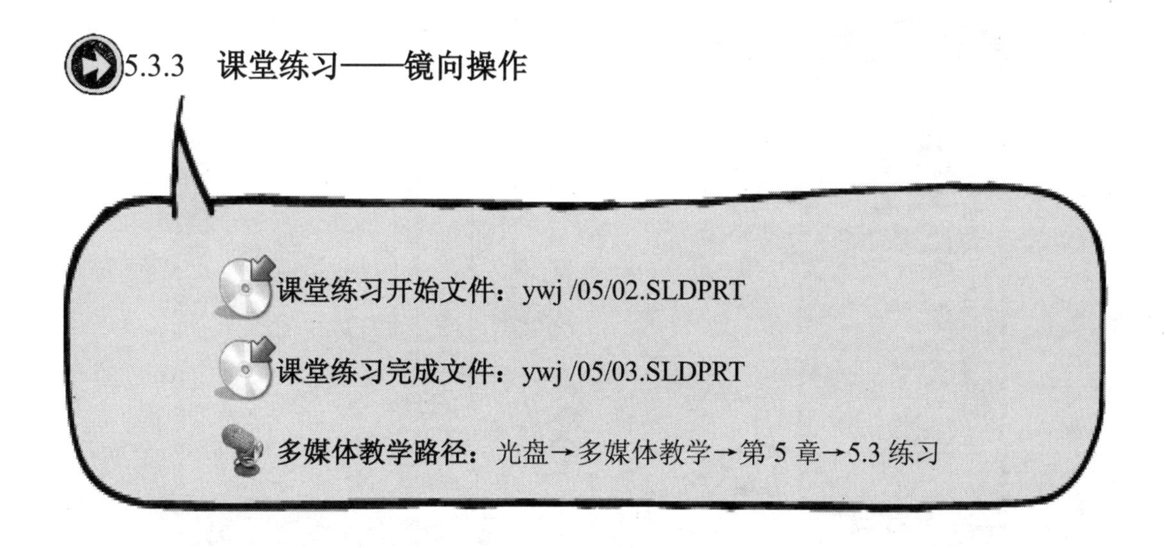

Step1 打开零件，如图 5-48 所示。

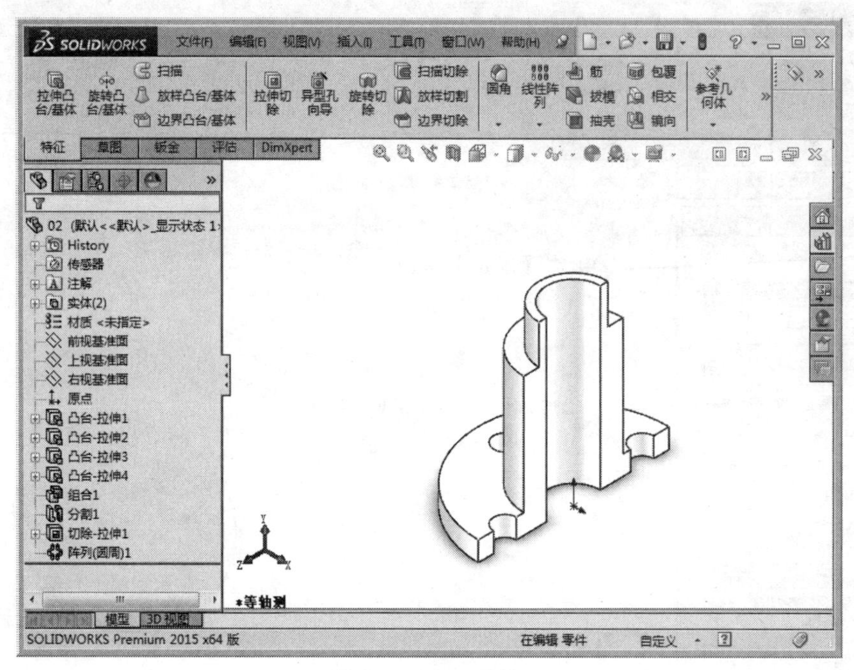

图 5-48　打开零件

Step2 选择草绘面，如图 5-49 所示。

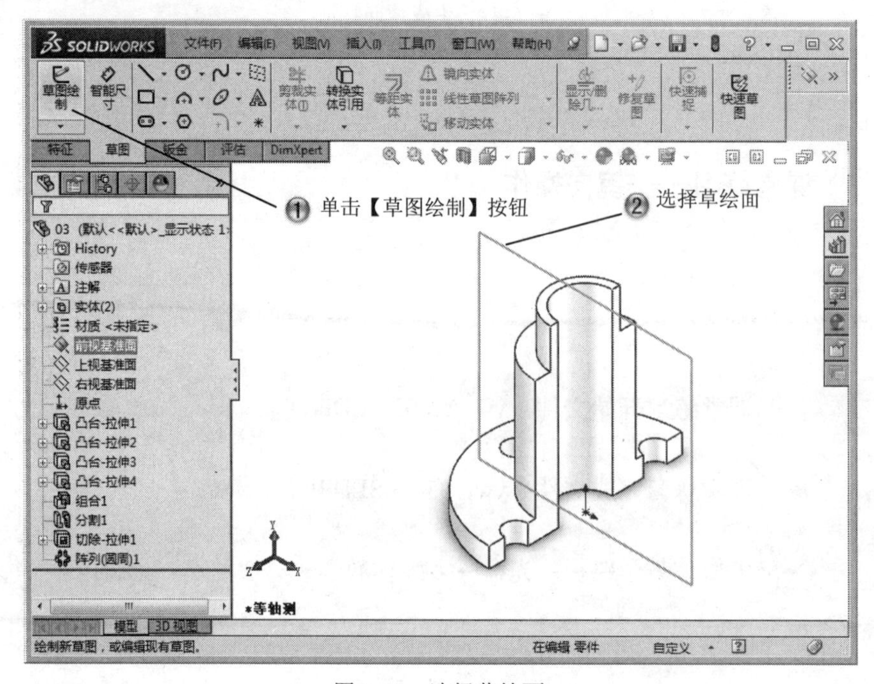

图 5-49　选择草绘面

Step3 选择圆形，如图 5-50 所示。

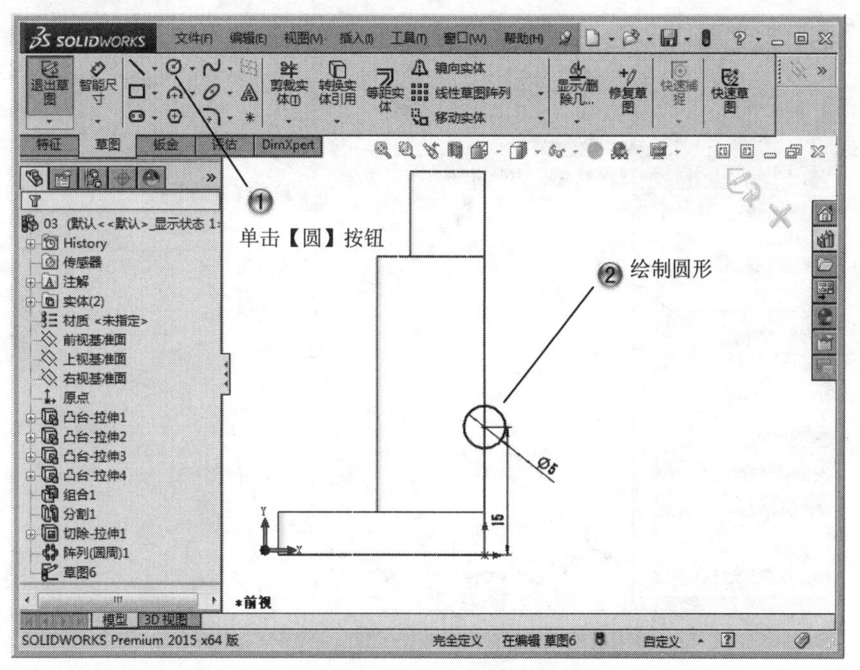

图 5-50　选择圆形

Step4 拉伸切除，如图 5-51 所示。

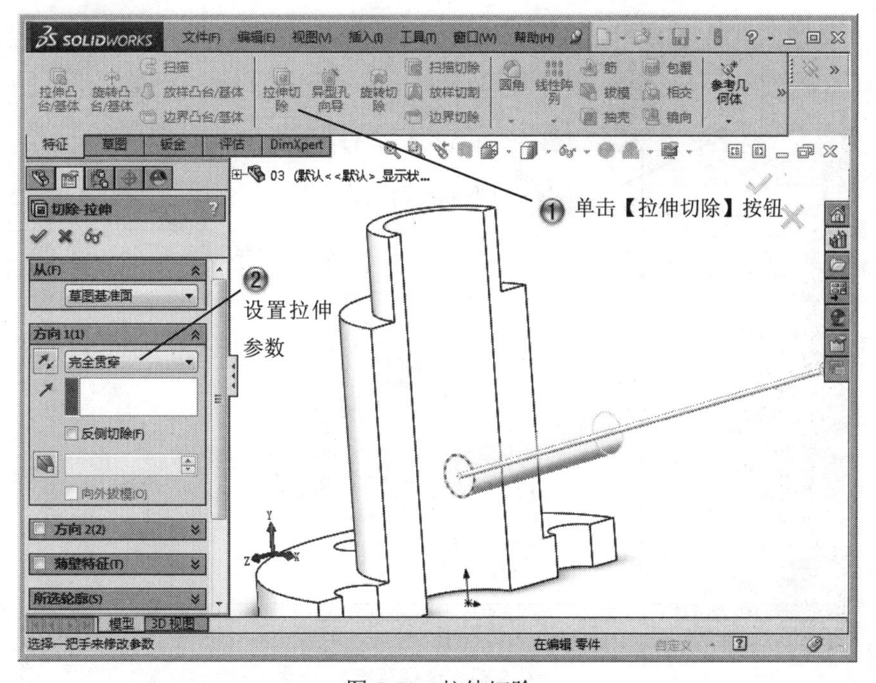

图 5-51　拉伸切除

Step5 镜向特征，如图 5-52 所示。

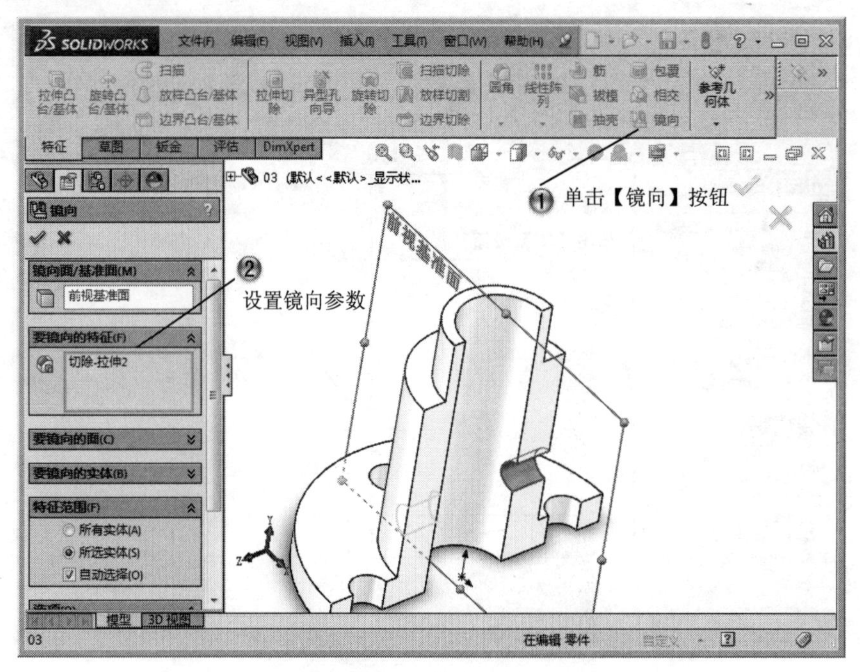

图 5-52　镜向特征

Step6 选择草绘面，如图 5-53 所示。

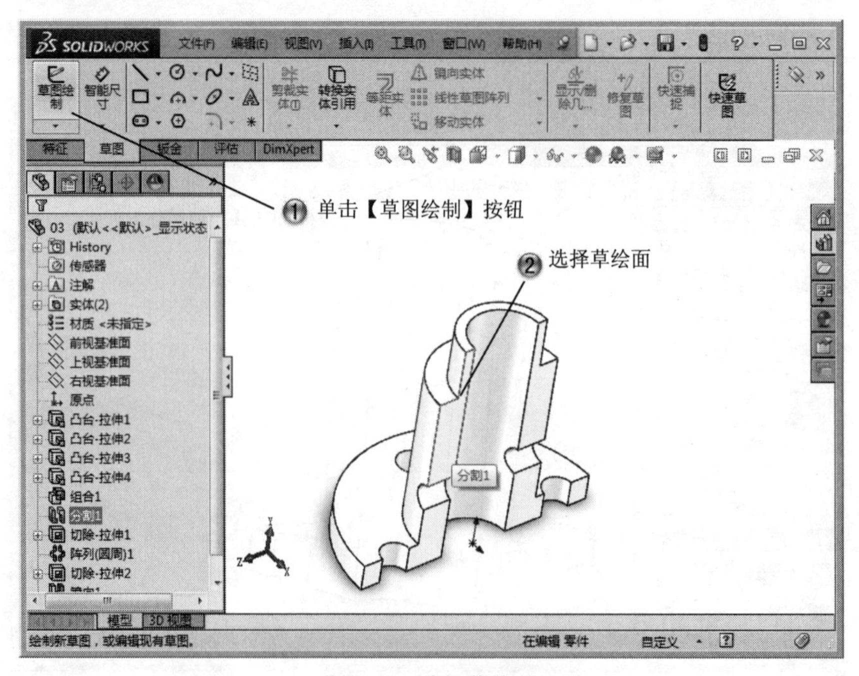

图 5-53　选择草绘面

Step7 绘制矩形，如图 5-54 所示。

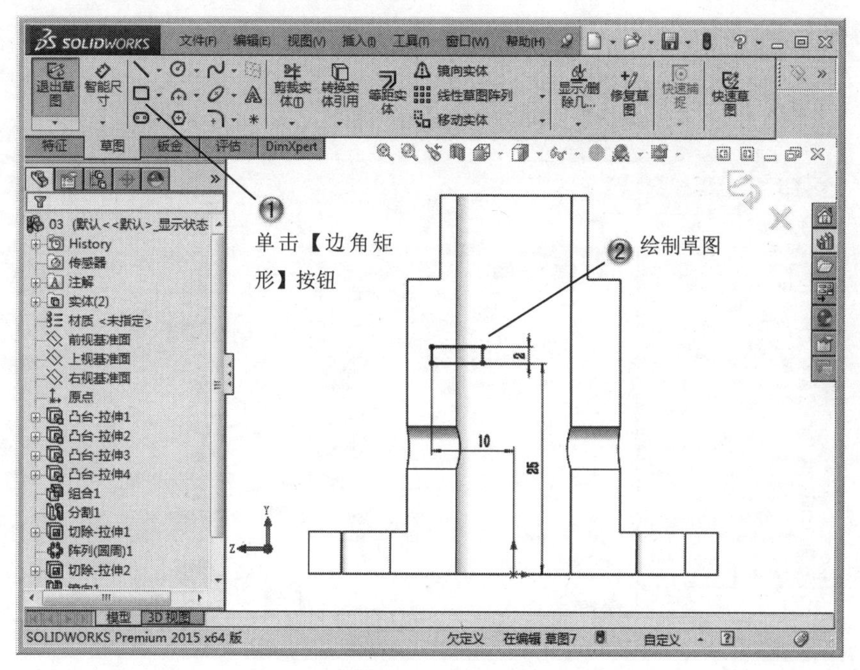

图 5-54　绘制矩形

Step8 拉伸切除，如图 5-55 所示。

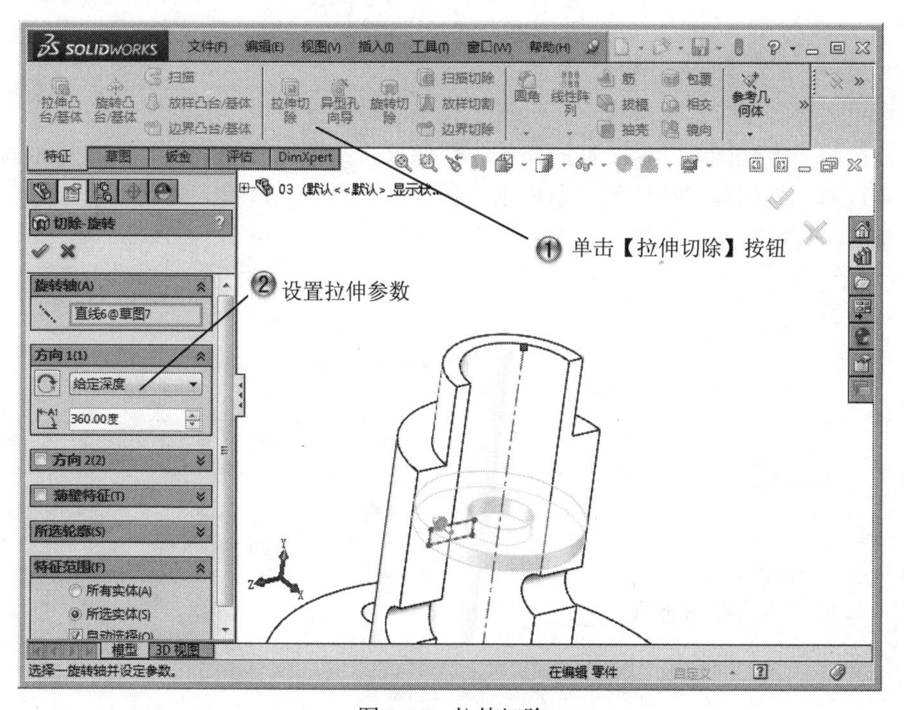

图 5-55　拉伸切除

Step9 完成镜向，如图 5-56 所示。

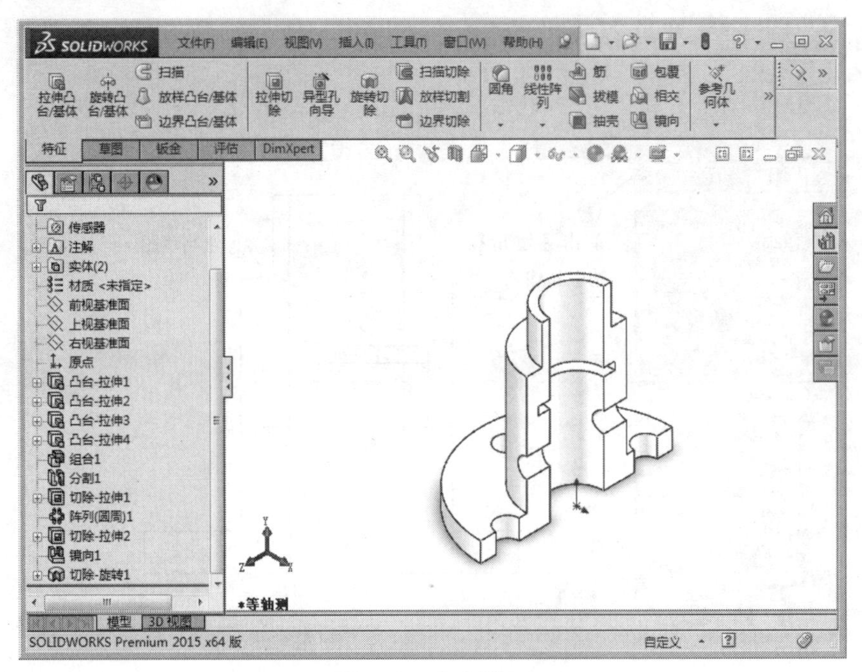

图 5-56 完成镜向

5.4 专家总结

本章主要讲解了对实体进行组合编辑及对相应对象进行阵列/镜像的方法。其中阵列和镜像都是按照一定规则复制源特征的操作。镜像操作是源特征围绕镜像轴或者面进行一对一的复制过程。阵列操作是按照一定规则进行一对多的复制过程。阵列和镜像的操作对象可以是草图、特征和零部件等。

5.5 课后习题

5.5.1 填空题

（1）组合编辑的方法有________种。

（2）分割实体的操作步骤________。

（3）阵列和复制的区别________。

5.5.2 问答题

（1）镜向的参考对象是什么类型？

（2）圆形阵列的参考对象是什么？

5.5.3 上机操作题

如图 5-57 所示，使用本章学过的各种命令来创建支座模型。

一般创建步骤和方法：

（1）创建底座部分。

（2）创建凸台和孔部分。

（3）创建筋特征。

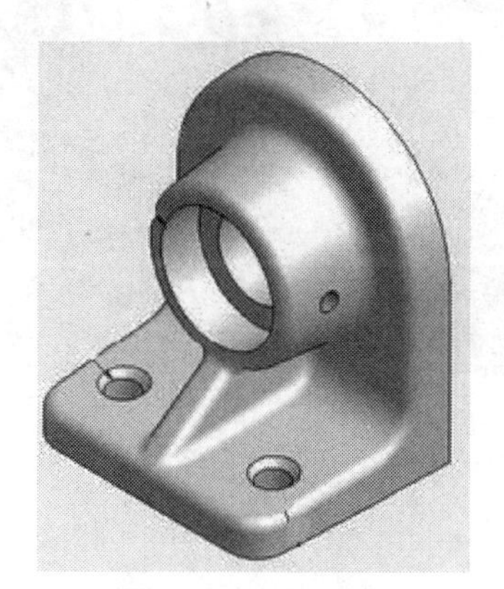

图 5-57 支座模型

第 6 章　曲面设计和编辑

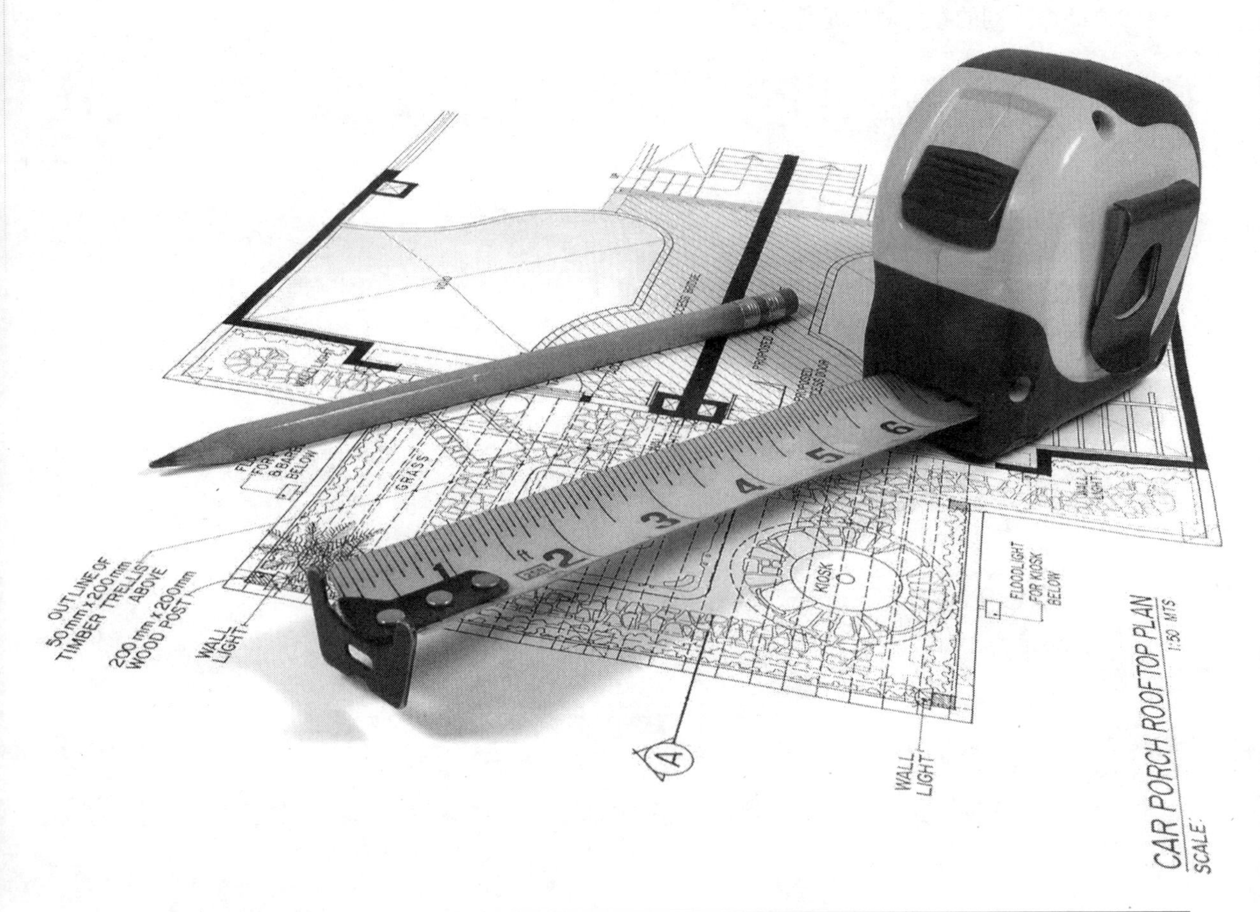

课训目标	内容	掌握程度	课时
	曲线设计	熟练掌握	2
	曲面设计	熟练掌握	2
	曲面编辑	熟练掌握	2

课程学习建议

SOLIDWORKS 提供了曲线和曲面的设计功能。曲线和曲面是复杂和不规则实体模型的主要组成部分，尤其在工业设计中，该组命令的应用更为广泛。曲线和曲面使不规则实体的绘制更加灵活、快捷。在 SOLIDWORKS 中，既可以生成曲面，也可以对生成的曲面进行编辑。编辑曲面的命令可以通过菜单命令进行选择，也可以通过工具栏进行调用。

本章主要介绍曲线和曲面的各种创建和编辑方法。曲线可用来生成实体模型特征，主要命令有投影曲线、组合曲线、螺旋线/涡状线、分割线、通过参考点的曲线和通过 XYZ 点的曲线等。曲面也是用来生成实体模型的几何体，主要命令有拉伸曲面、旋转曲面、扫描曲面、放样曲面、等距曲面和延展曲面等。曲面编辑的主要命令有：圆角曲面、填充曲面、中面、延伸曲面和剪裁曲面。

本课程主要基于曲线设计和编辑，其培训课程表如下。

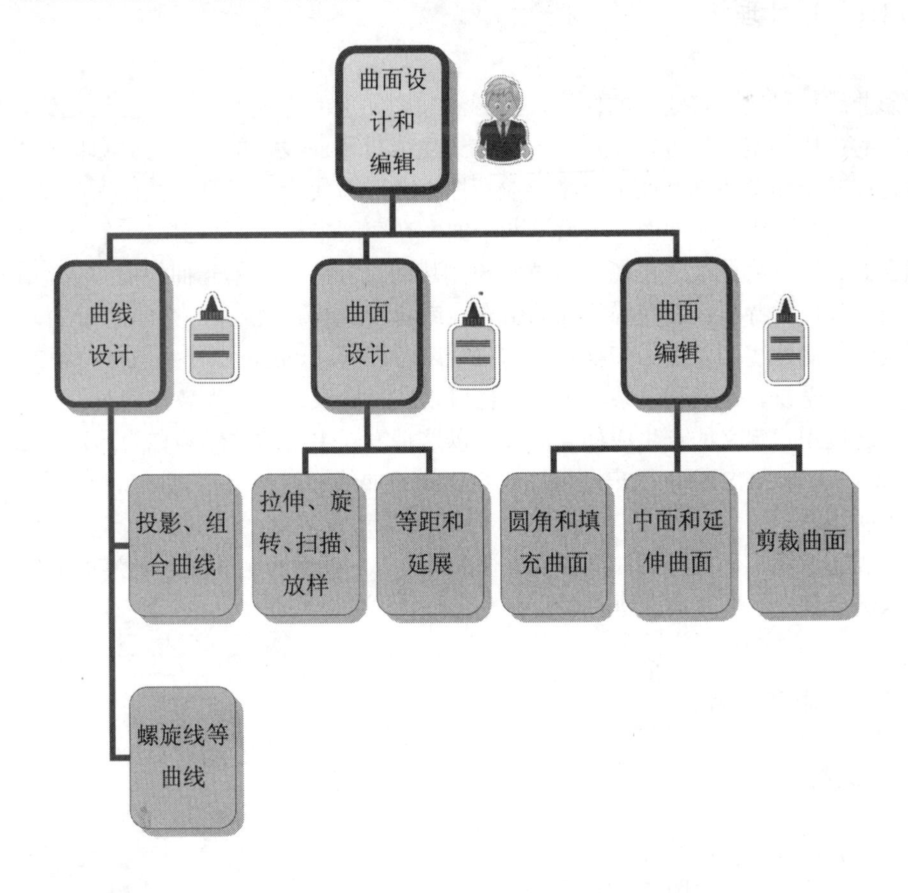

6.1 曲线设计

基本概念

曲线是组成不规则实体模型的最基本要素，SOLIDWORKS 提供了绘制曲线的工具栏和菜单命令。组合曲线是一条连续的曲线，它可以是开环的，也可以是闭环的，因此在选择组合曲线的对象时，它们必须是连续的，中间不能有间隔。

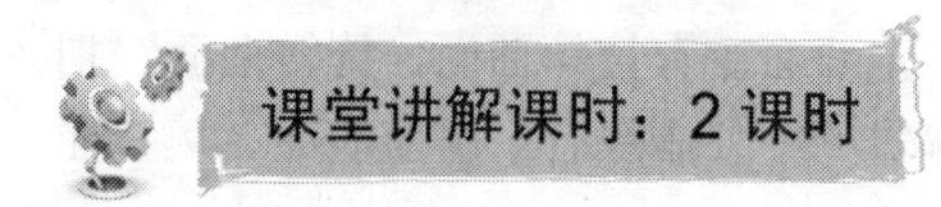

课堂讲解课时：2 课时

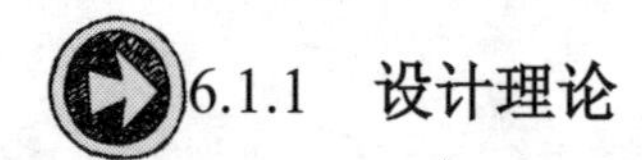

6.1.1 设计理论

投影曲线可以通过将绘制的曲线，投影到模型面上的方式生成一条三维曲线，即“草图到面”的投影类型，也可以使用另一种方式生成投影曲线，即“草图到草图”的投影类型。首先在两个相交的基准面上分别绘制草图，此时系统会将每个草图沿所在平面的垂直方向投影，以得到相应的曲面，最后这两个曲面在空间中相交，而生成一条三维曲线。

组合曲线通过将曲线、草图几何体和模型边线组合为一条单一曲线而生成。组合曲线可以作为生成放样特征或者扫描特征的引导线或者轮廓线。

螺旋线和涡状线可以作为扫描特征的路径或者引导线，也可以作为放样特征的引导线，通常用来生成螺纹、弹簧和发条等零件，也可以在工业设计中作为装饰使用。

可以通过用户定义的点生成样条曲线，以这种方式生成的曲线被称为通过 xyz 点的曲线。在 SOLIDWORKS 中，用户既可以自定义样条曲线通过的点，也可以利用点坐标文件生成样条曲线。

分割线通过将实体投影到曲面或者平面上而生成。它将所选的面分割为多个分离的面，从而可以选择其中一个分离面进行操作。

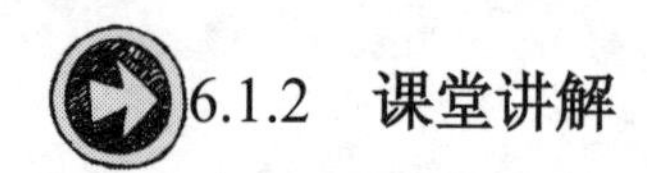

6.1.2 课堂讲解

1. 投影曲线

（1）投影曲线的属性设置

投影曲线的命令，如图 6-1 所示。

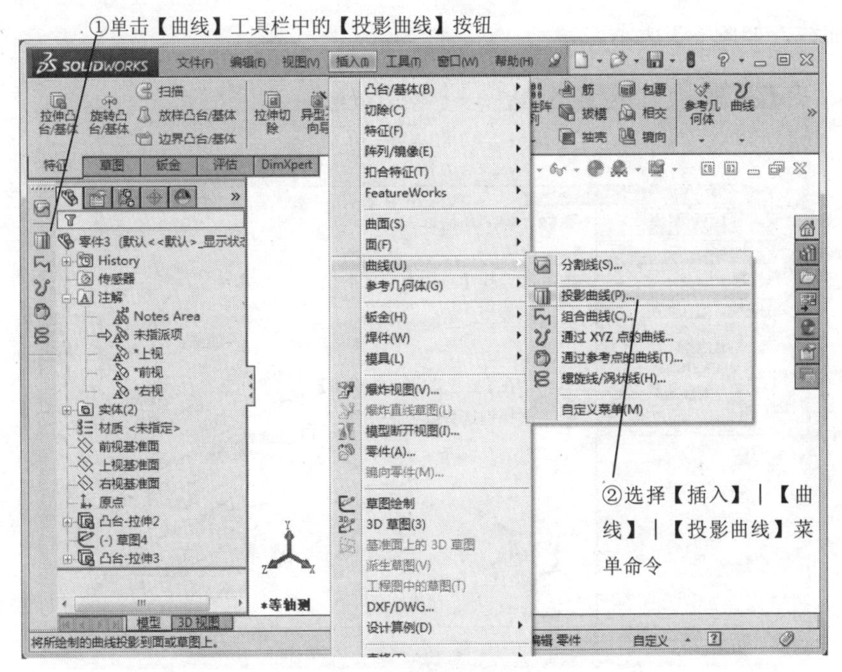

图 6-1 投影曲线的命令

系统打开【投影曲线】属性管理器，如图 6-2 所示。

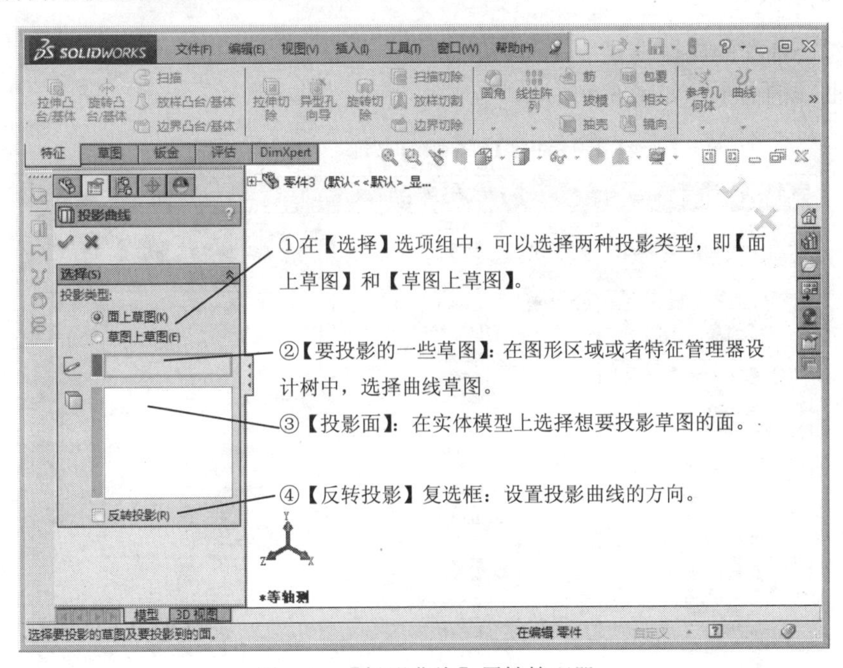

图 6-2 【投影曲线】属性管理器

（2）生成投影曲线的操作步骤

单击【曲线】工具栏中的【投影曲线】按钮或者选择【插入】|【曲线】|【投影曲线】菜单命令，系统弹出【投影曲线】属性管理器。设置参数，单击【确定】按钮，

生成投影曲线，如图 6-3 所示。

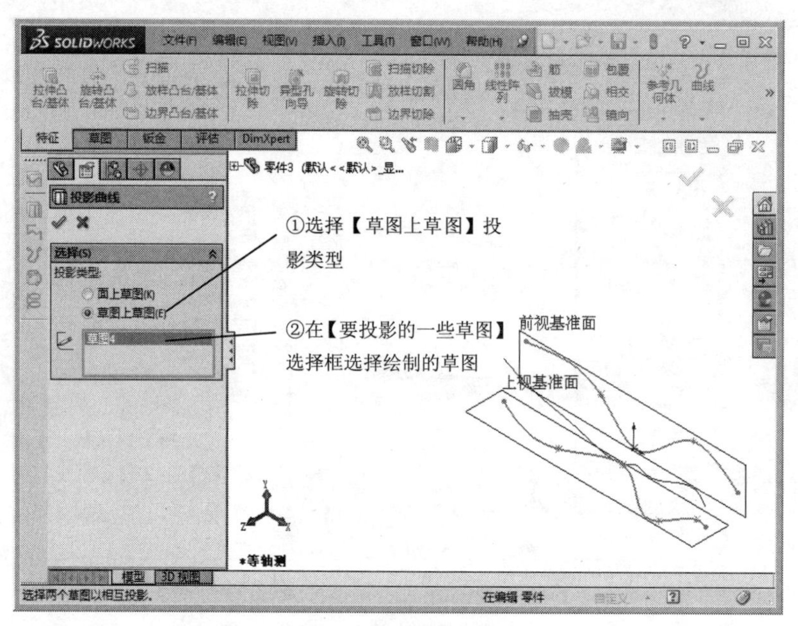

图 6-3　生成投影曲线

2. 组合曲线

（1）组合曲线的属性设置

组合曲线的命令，如图 6-4 所示。

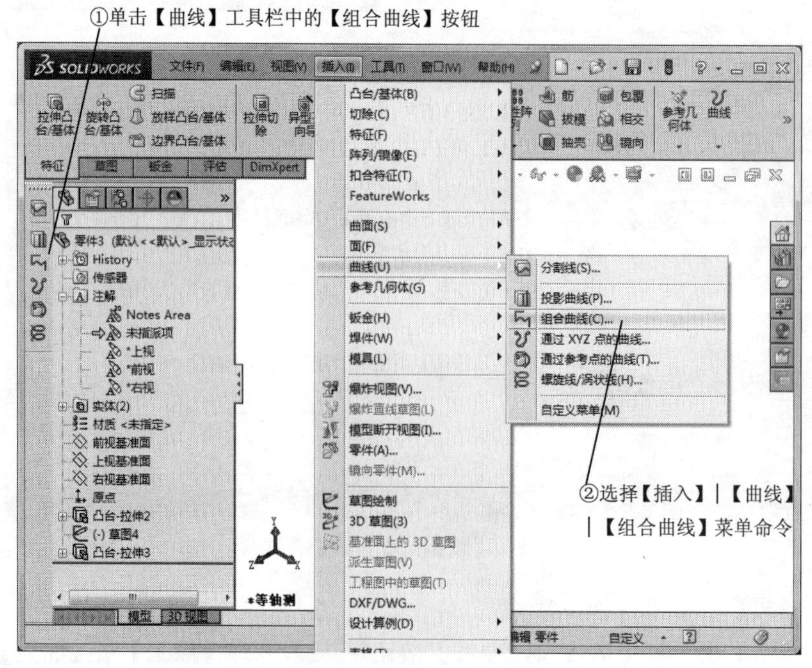

图 6-4　组合曲线的命令

系统打开【组合曲线】属性管理器，如图 6-5 所示。

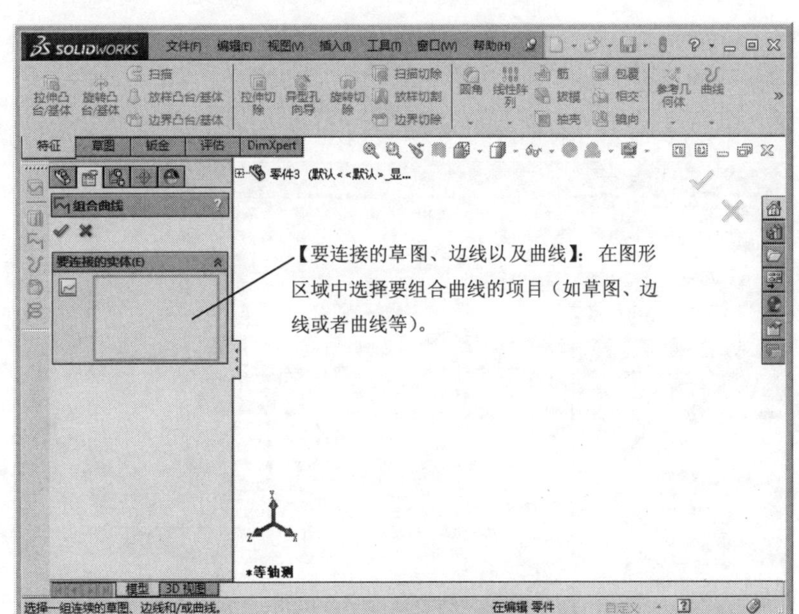

图 6-5　【组合曲线】属性管理器

（2）生成组合曲线的操作步骤

单击【曲线】工具栏中的【组合曲线】按钮或者选择【插入】|【曲线】|【组合曲线】菜单命令，系统打开【组合曲线】属性管理器。设置参数，单击【确定】按钮，生成组合曲线，如图 6-6 所示。

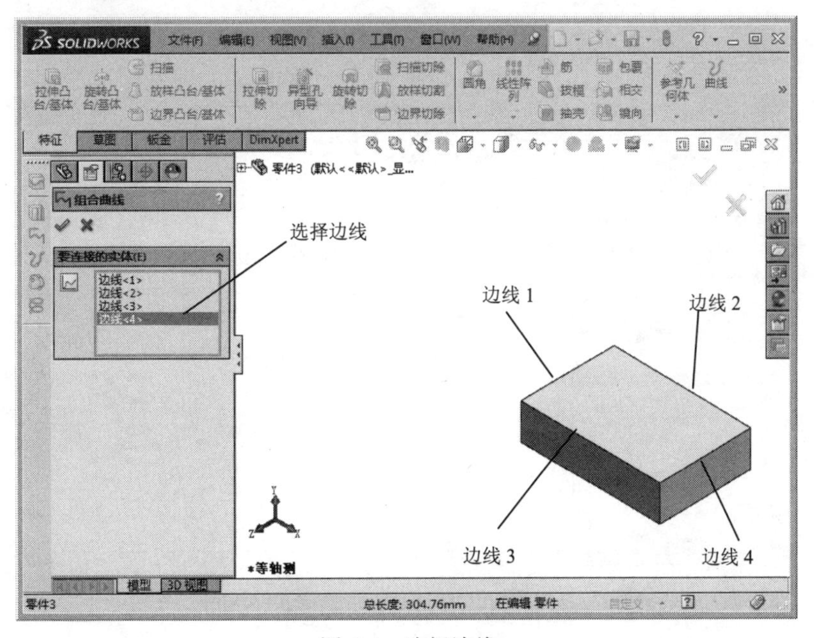

图 6-6　选择边线

3. 螺旋线和涡状线

（1）螺旋线和涡状线的属性设置

螺旋线/涡状线的命令，如图 6-7 所示。

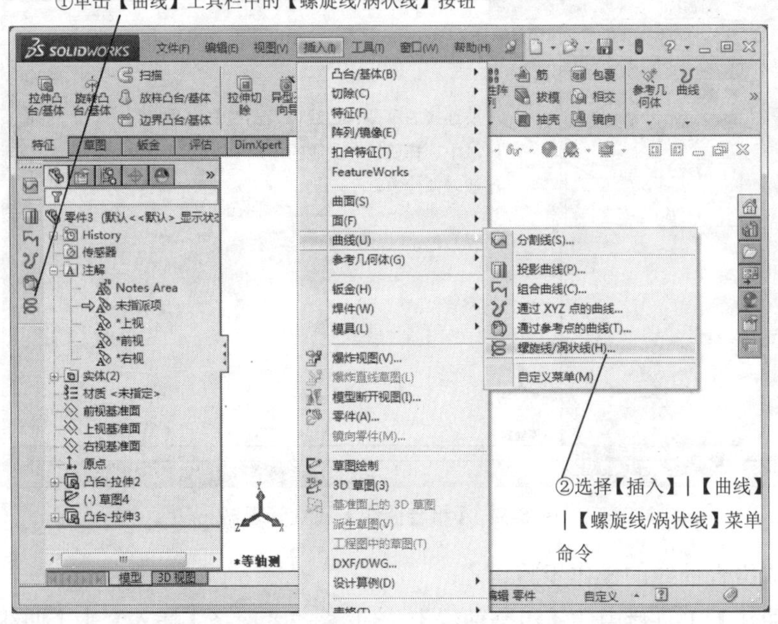

图 6-7　螺旋线/涡状线的命令

系统弹出【螺旋线/涡状线】属性管理器，选择【定义方式】选项，如图 6-8 所示。

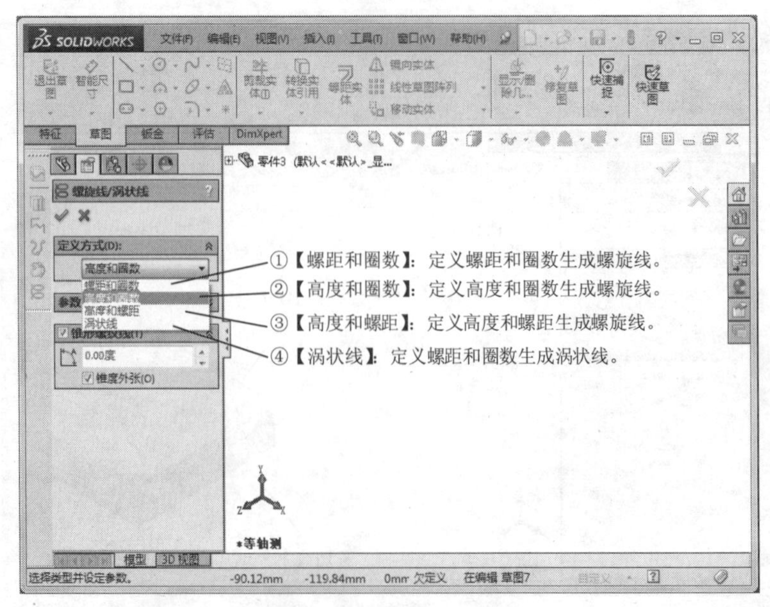

图 6-8　选择【定义方式】

【定义方式】和【参数】选项组，如图 6-9 所示。

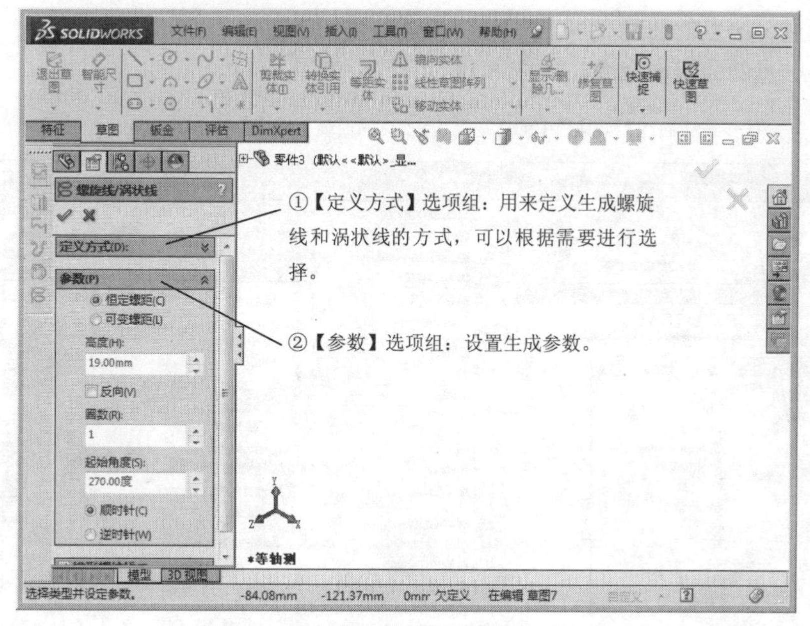

图 6-9　【定义方式】和【参数】选项组

（2）生成螺旋线的操作步骤

单击【曲线】工具栏中的【螺旋线/涡状线】按钮或者选择【插入】|【曲线】|【螺旋线/涡状线】菜单命令，系统弹出【螺旋线/涡状线】属性管理器。如图 6-10 所示，设置参数，单击【确定】按钮，生成螺旋线。

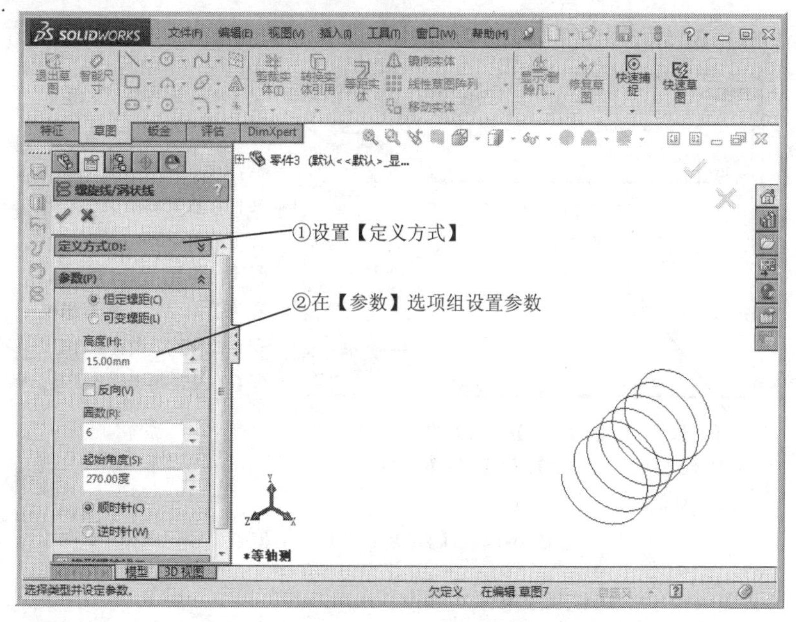

图 6-10　生成螺旋线

4. 通过点的曲线

(1) 通过 xyz 点的曲线

通过 xyz 点的曲线的命令，如图 6-11 所示。

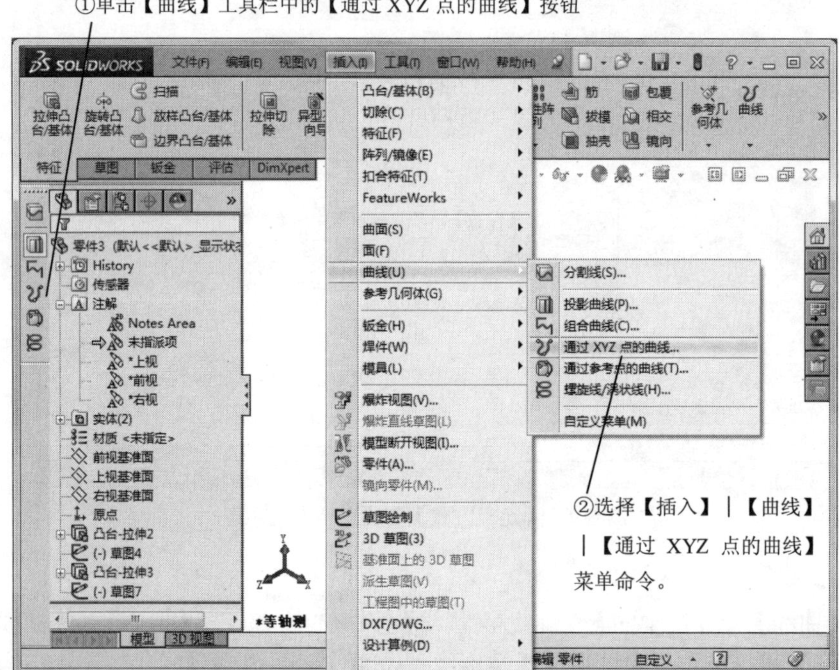

图 6-11　通过 xyz 点的曲线的命令

选择通过 xyz 点的曲线的命令后，弹出【曲线文件】对话框，如图 6-12 所示。

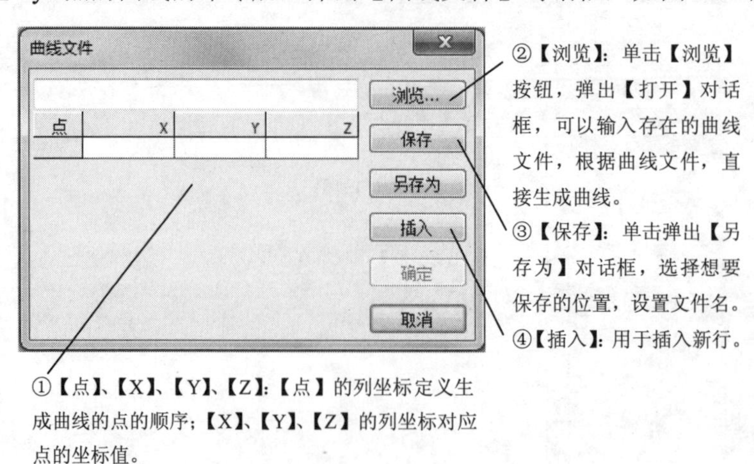

图 6-12　【曲线文件】对话框

(2) 生成通过 xyz 点的曲线的操作步骤

单击【曲线】工具栏中的【通过 XYZ 点的曲线】按钮或者选择【插入】|【曲线】

|【通过 XYZ 点的曲线】菜单命令，弹出【曲线文件】对话框。设置参数，如图 6-13 所示，单击【确定】按钮。

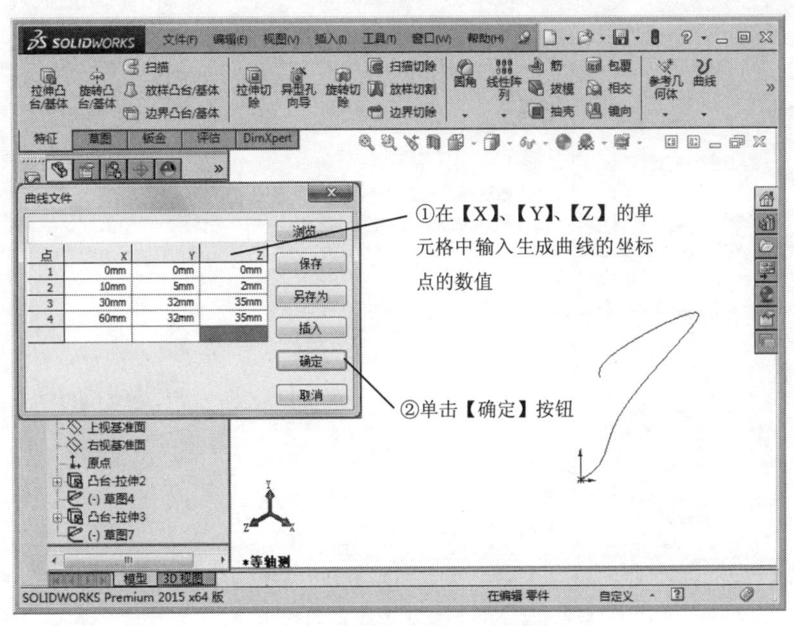

图 6-13　生成通过 xyz 点的曲线

（3）通过参考点的曲线

通过参考点的曲线是通过一个或者多个平面上的点而生成的曲线。通过参考点的曲线的命令，如图 6-14 所示。

图 6-14　通过参考点的曲线的命令

系统打开【通过参考点的曲线】属性管理器，如图 6-15 所示。

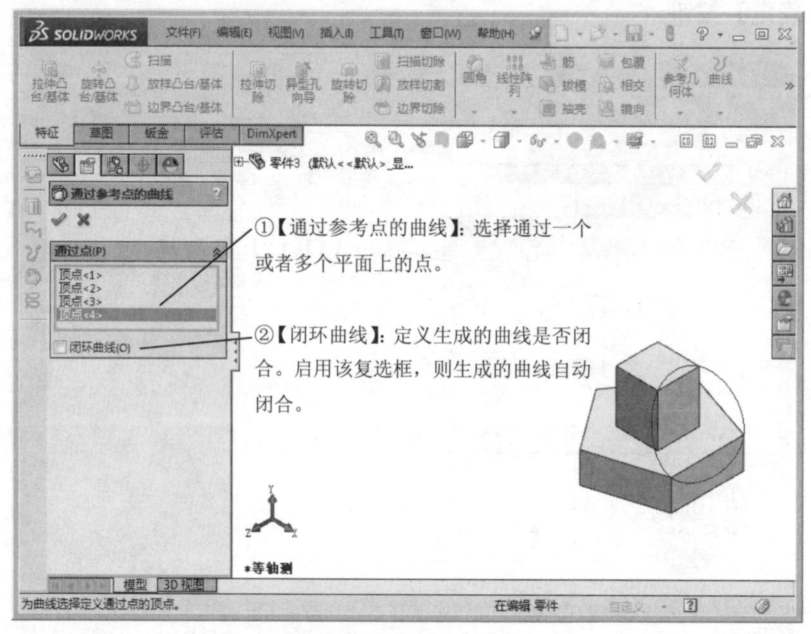

图 6-15　生成闭合曲线

5. 分割线

（1）分割线的属性设置

分割线的命令，如图 6-16 所示。

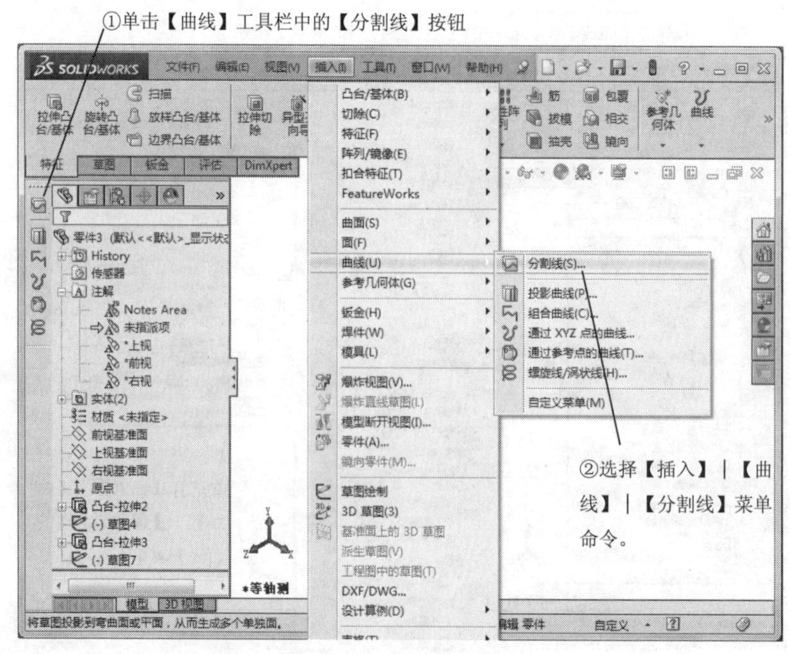

图 6-16　分割线的命令

（2）选中【轮廓】单选按钮后的属性设置

单击【曲线】工具栏中的【分割线】按钮或者选择【插入】|【曲线】|【分割线】菜单命令，系统打开【分割线】属性管理器。选中【轮廓】单选按钮，其属性设置如图 6-17 所示。

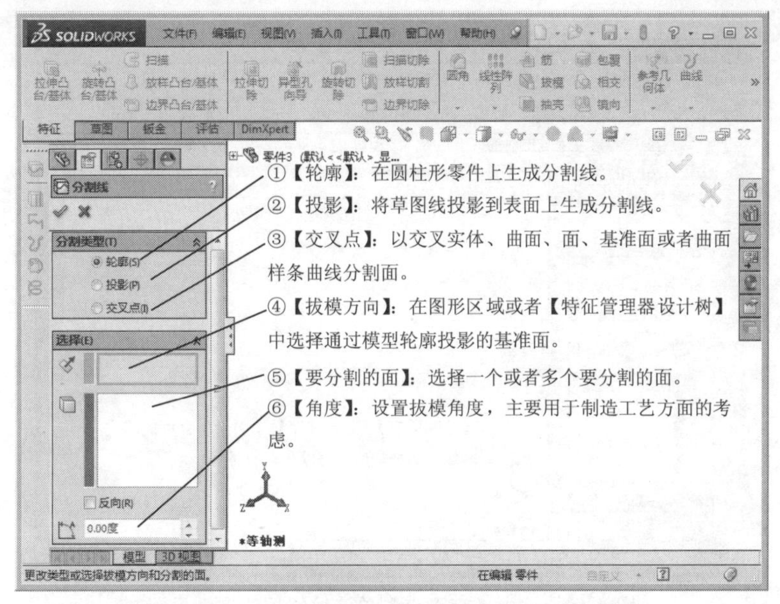

图 6-17　选中【轮廓】单选按钮后的属性设置

（3）选中【投影】单选按钮后的属性设置

单击【曲线】工具栏中的【分割线】按钮或者选择【插入】|【曲线】|【分割线】菜单命令，系统弹出【分割线】属性管理器。选中【投影】单选按钮，其属性设置如图 6-18 所示。

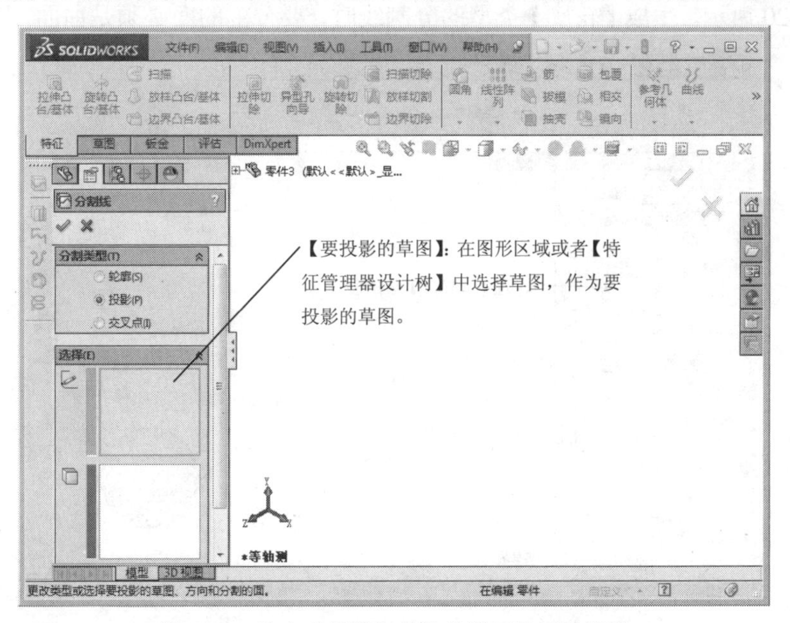

图 6-18　选中【投影】单选按钮后的属性设置

（4）选中【交叉点】单选按钮后的属性设置

单击【曲线】工具栏中的【分割线】按钮或者选择【插入】|【曲线】|【分割线】菜单命令，系统弹出【分割线】属性管理器。选中【交叉点】单选按钮，其属性设置如图 6-19 所示。

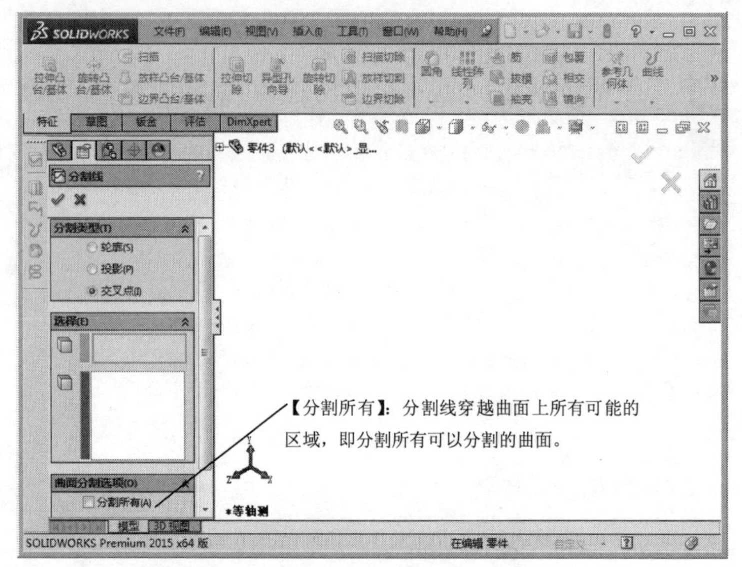

图 6-19　选中【交叉点】单选按钮后的属性设置

（5）生成分割线的操作步骤

单击【曲线】工具栏中的【分割线】按钮或者选择【插入】|【曲线】|【分割线】菜单命令，系统打开【分割线】属性管理器。设置参数，单击【确定】按钮，生成分割线，如图 6-20 所示。生成【轮廓】类型的分割线时，要分割的面必须是曲面，不能是平面。

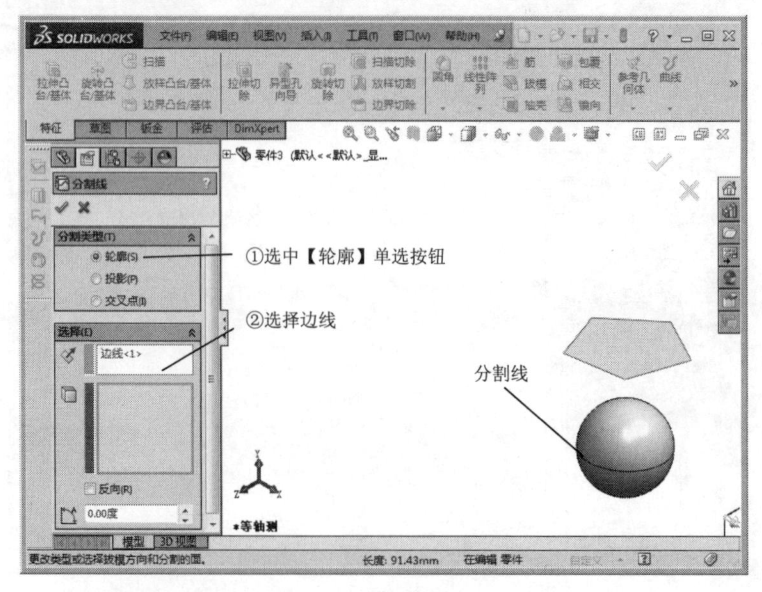

图 6-20　生成分割线

6.1.3 课堂练习——创建曲线操作

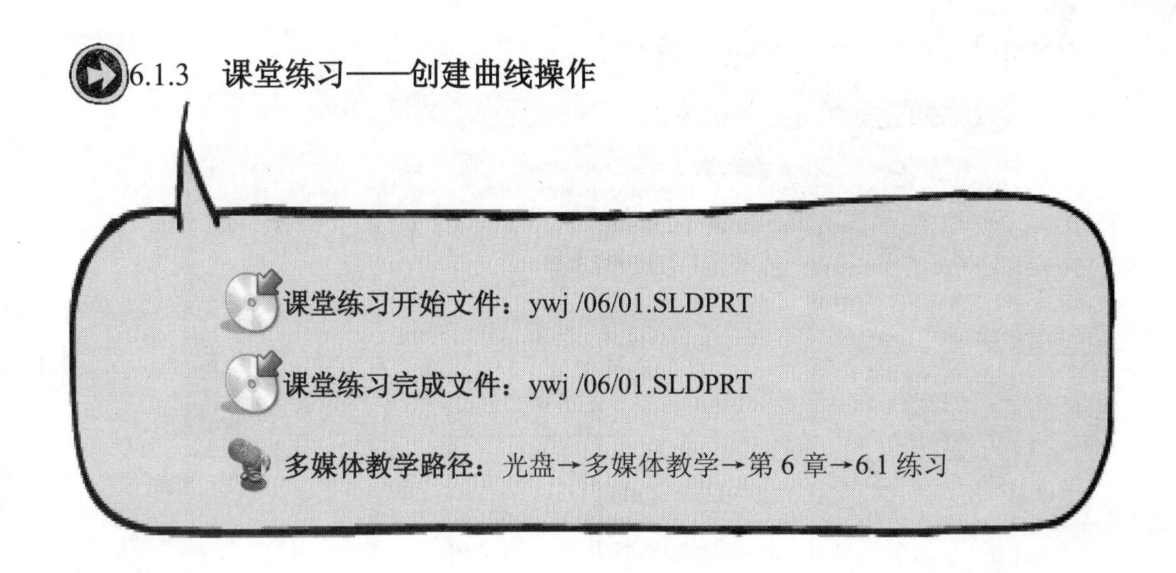

Step1 选择草绘面，如图 6-21 所示。

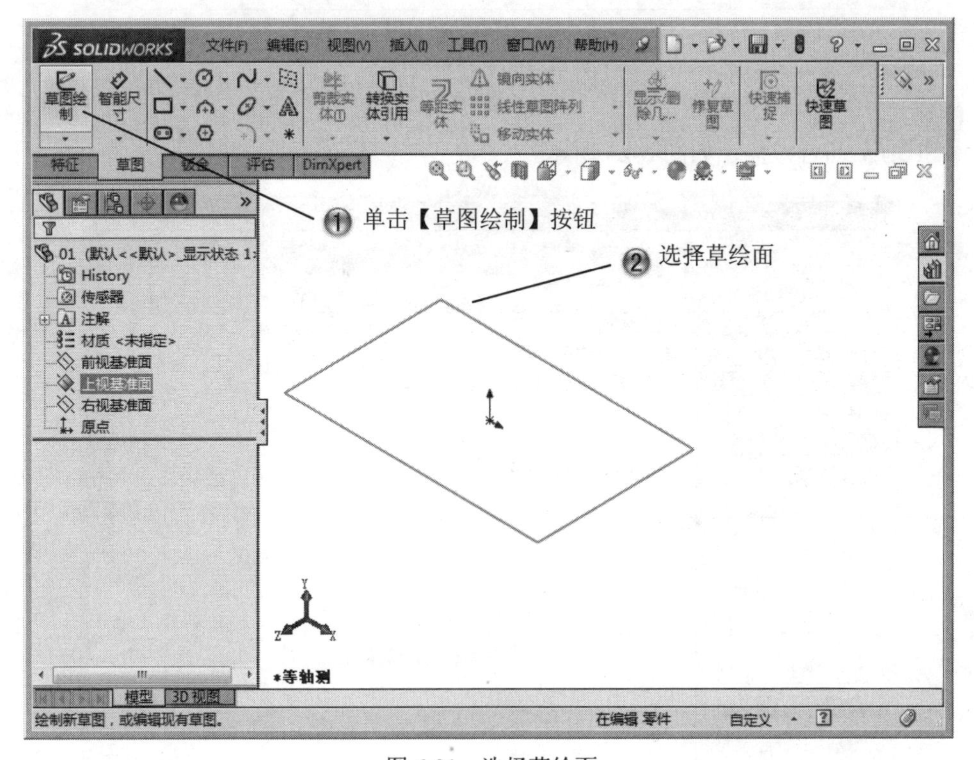

图 6-21　选择草绘面

Step2 选择草绘面，如图 6-22 所示。

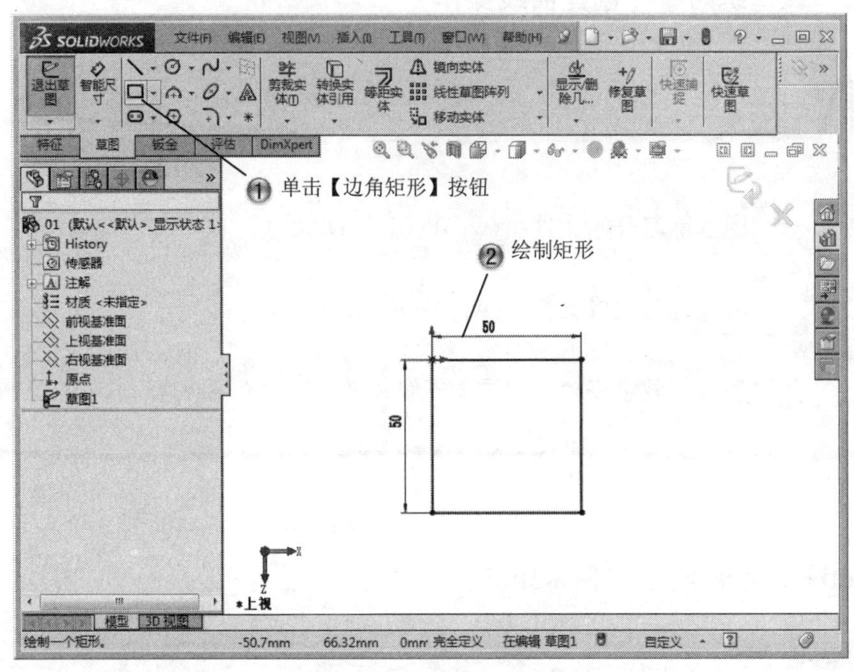

图 6-22　选择草绘面

Step3 凸台拉伸，如图 6-23 所示。

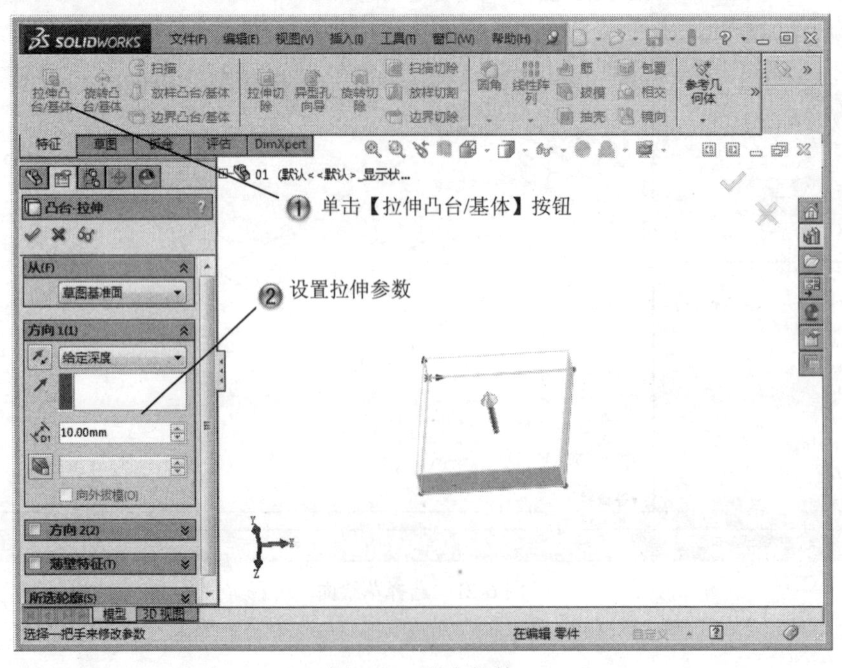

图 6-23　凸台拉伸

Step4 创建圆角，如图 6-24 所示。

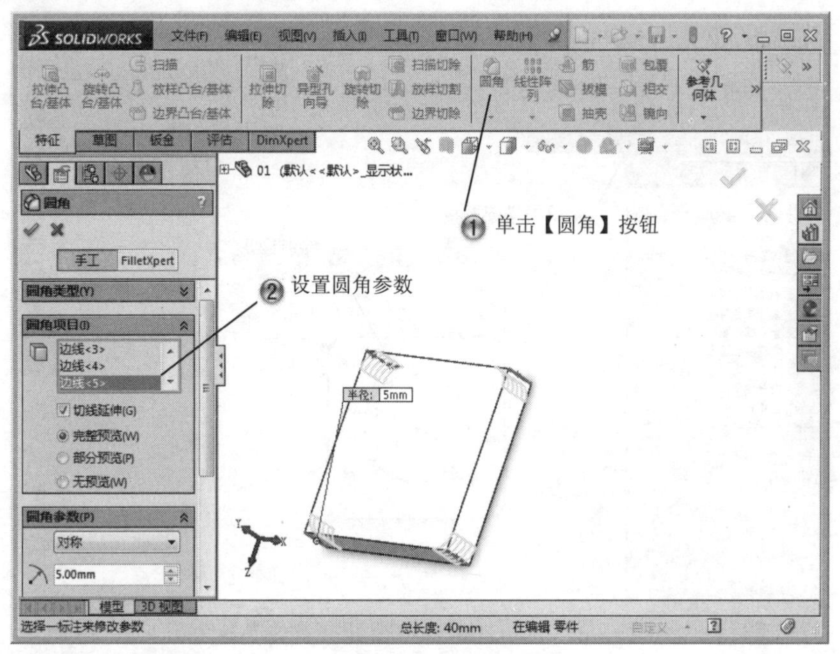

图 6-24　创建圆角

Step5 选择草绘面，如图 6-25 所示。

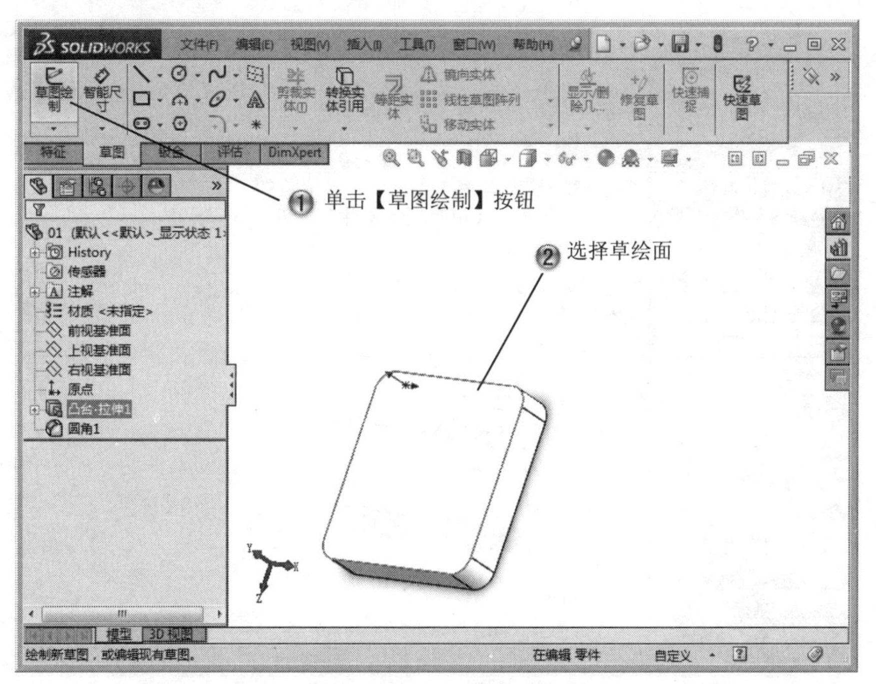

图 6-25　选择草绘面

Step6 绘制圆形，如图 6-26 所示。

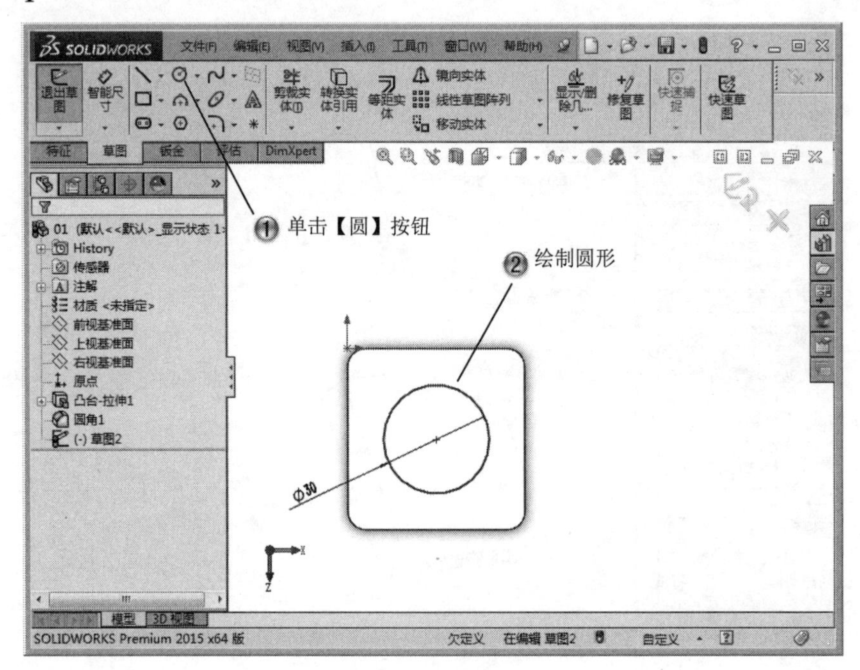

图 6-26　绘制圆形

Step7 拉伸凸台，如图 6-27 所示。

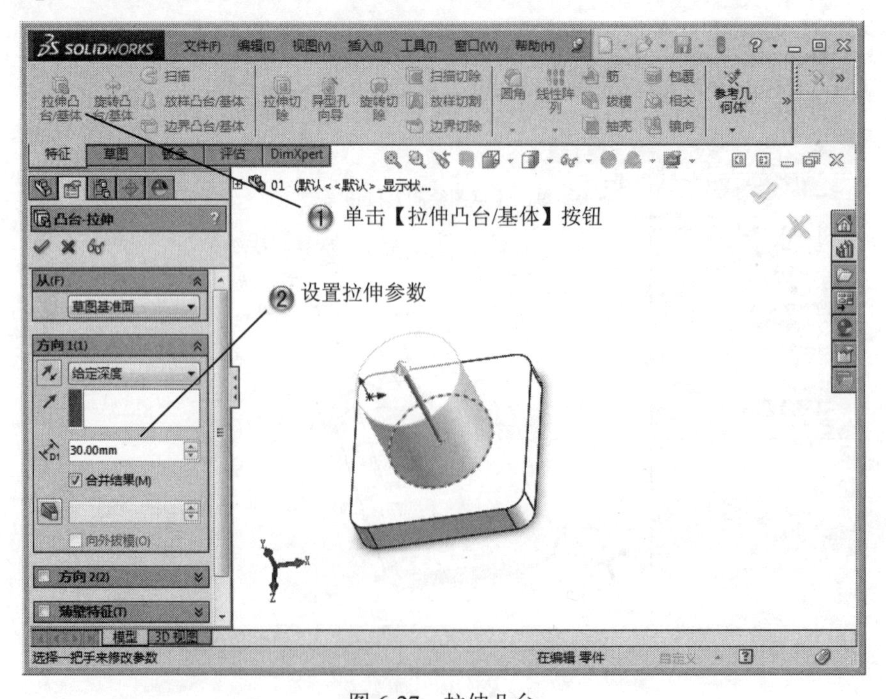

图 6-27　拉伸凸台

Step8 创建抽壳，如图 6-28 所示。

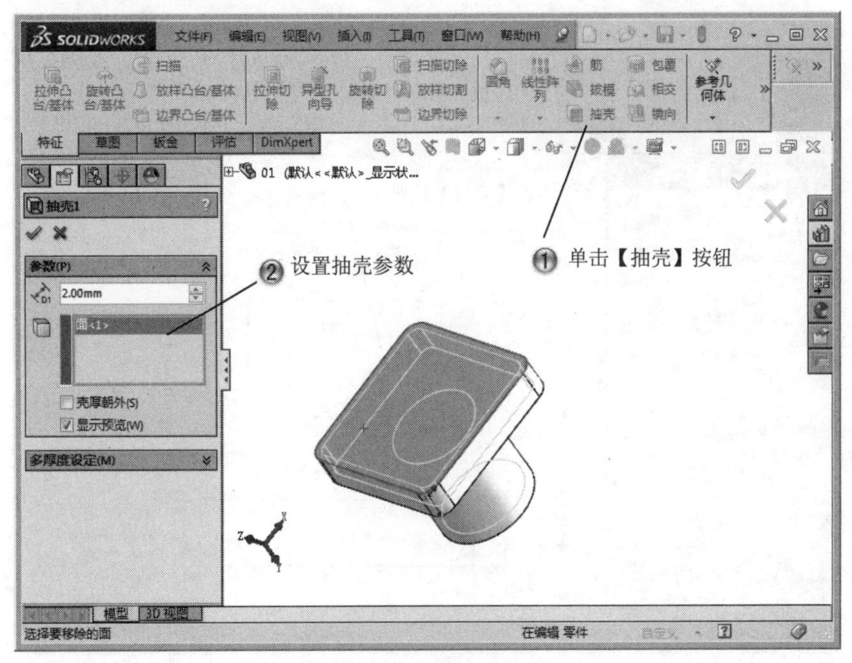

图 6-28　创建抽壳

Step9 选择草绘面，如图 6-29 所示。

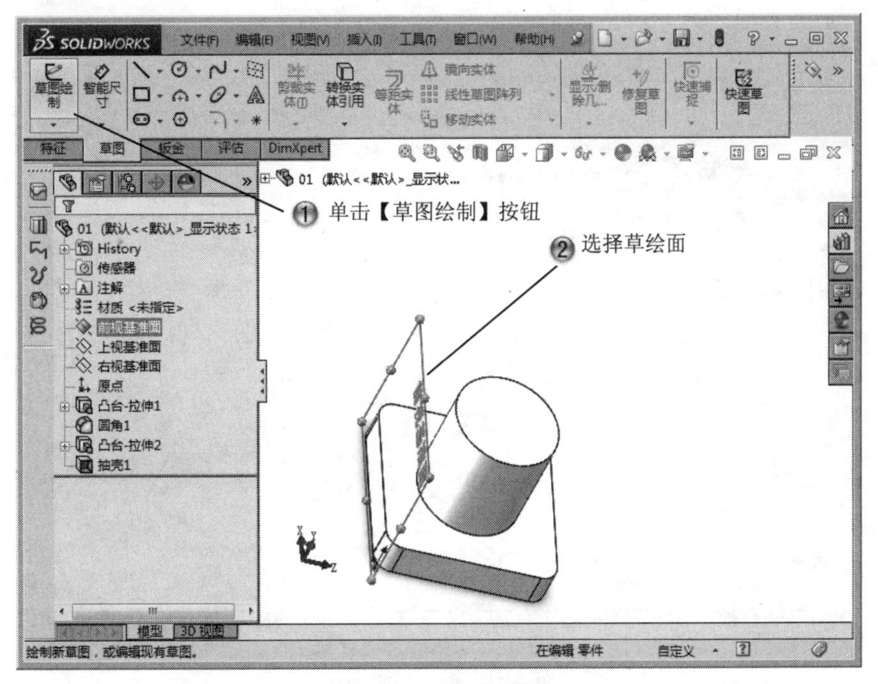

图 6-29　选择草绘面

Step10 绘制直线，如图 6-30 所示。

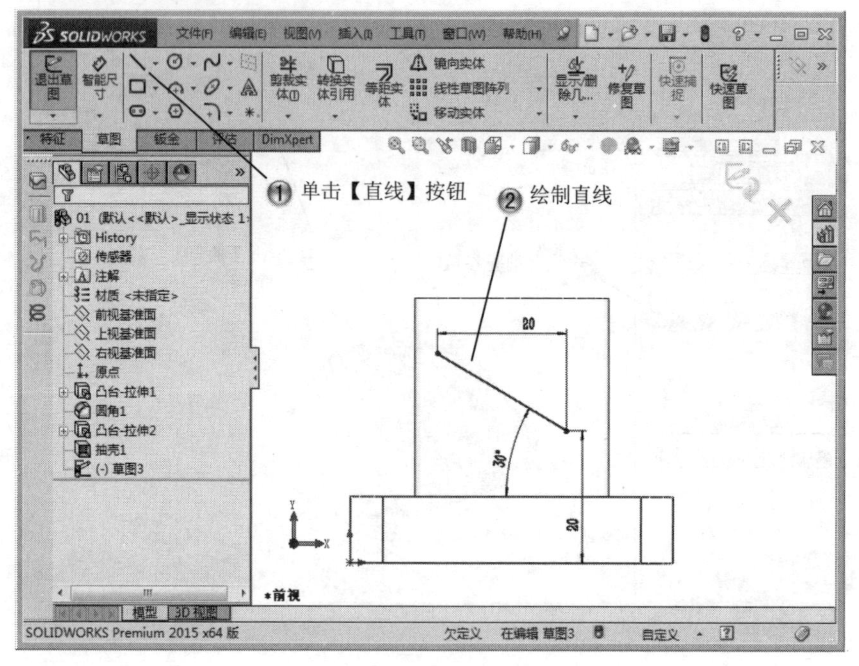

图 6-30　绘制直线

Step11 创建投影曲线，如图 6-31 所示。

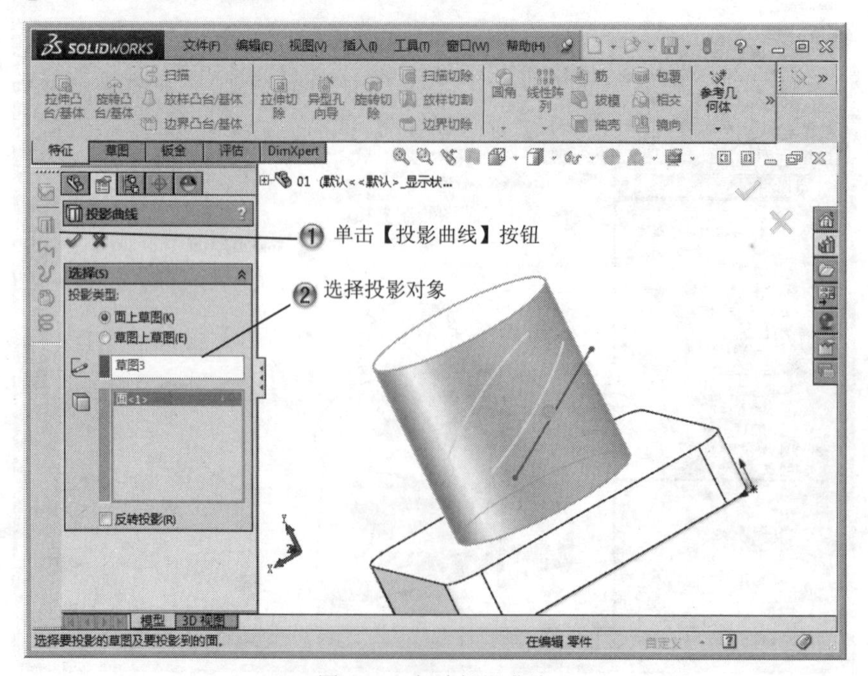

图 6-31　创建投影曲线

Step12 选择草绘面，如图 6-32 所示。

图 6-32　选择草绘面

Step13 绘制圆，如图 6-33 所示。

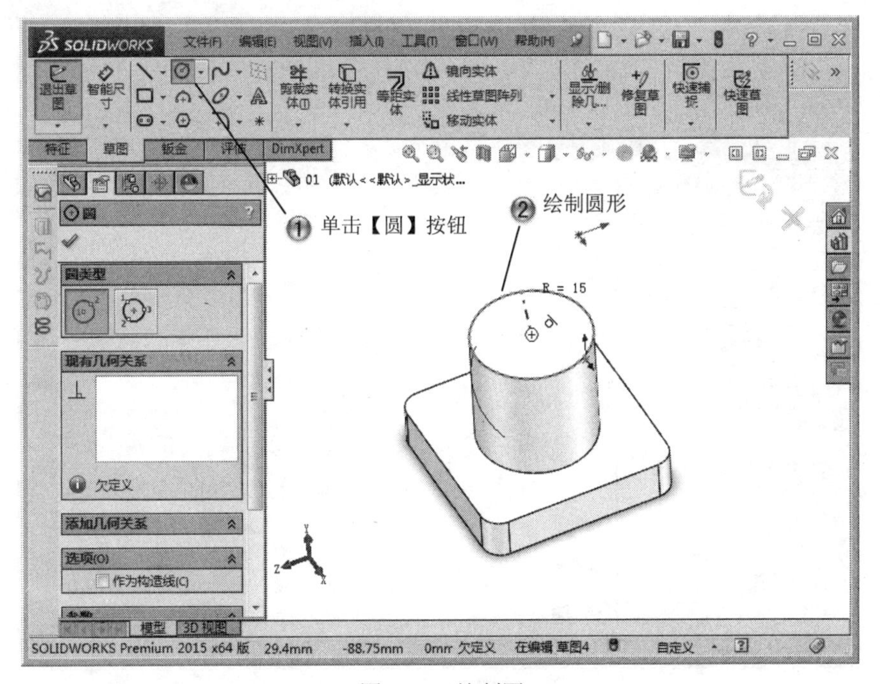

图 6-33　绘制圆

Step14 创建螺旋线，如图 6-34 所示。

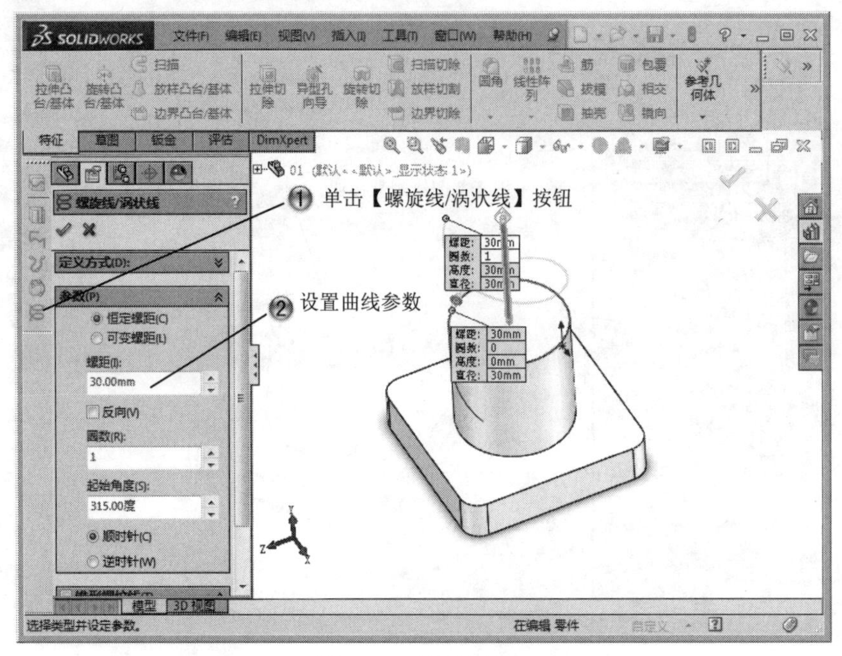

图 6-34 创建螺旋线

Step15 完成曲线设计，如图 6-35 所示。

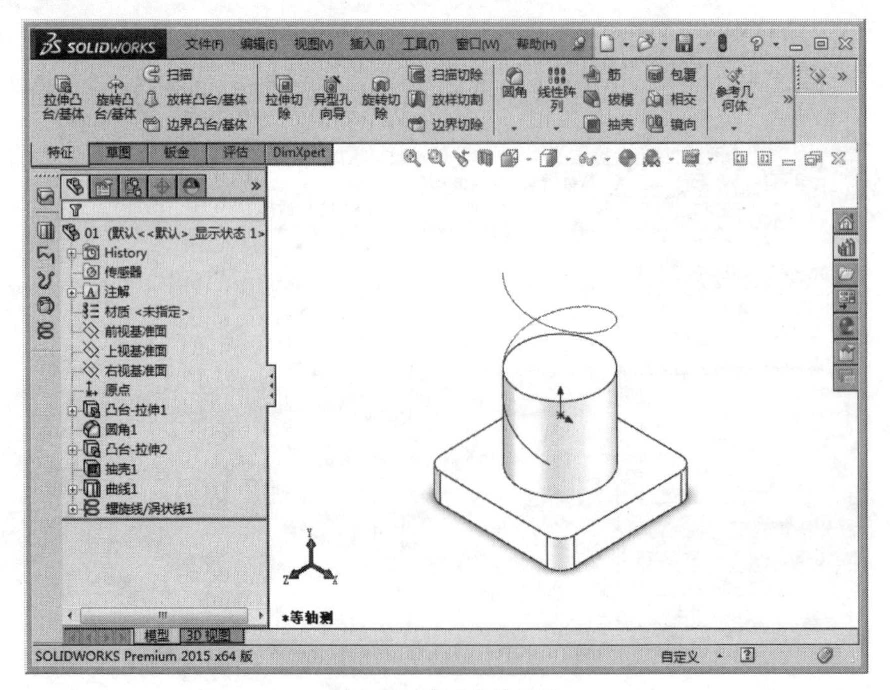

图 6-35 完成曲线设计

6.2 曲面设计

基本概念

曲面是一种可以用来生成实体特征的几何体（如圆角曲面等）。一个零件中可以有多个曲面实体。拉伸曲面是将一条曲线延伸为曲面。从交叉或者非交叉的草图中选择不同的草图，并用所选轮廓生成的旋转的曲面，即为旋转曲面。

利用轮廓和路径生成的曲面被称为扫描曲面。扫描曲面和扫描特征类似，也可以通过引导线生成。通过曲线之间的平滑过渡生成的曲面被称为放样曲面。放样曲面由放样的轮廓曲线组成，也可以根据需要使用引导线。将已经存在的曲面以指定距离，生成的另一个曲面被称为等距曲面。该曲面既可以是模型的轮廓面，也可以是绘制的曲面。通过沿所选平面方向延展实体或者曲面的边线而生成的曲面被称为延展曲面。

课堂讲解课时：2 课时

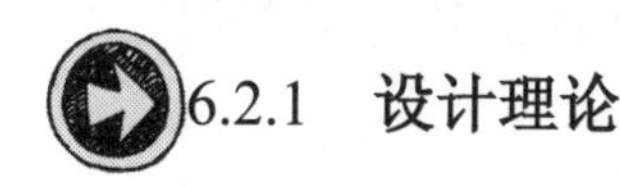

6.2.1 设计理论

在 SOLIDWORKS 中，生成曲面的方式如下。

（1）由草图或者基准面上的一组闭环边线插入平面。

（2）由草图拉伸、旋转、扫描或者放样生成曲面。

（3）由现有面或者曲面生成等距曲面。

（4）从其他程序键输入曲面文件，如 CATIA、ACIS、Creo、Unigraphics、SolidEdge、Autodesk Inverntor 等。

（5）由多个曲面组合成新的曲面。

在 SOLIDWORKS 中，使用曲面的方式如下。

（1）选择曲面边线和顶点作为扫描的引导线和路径。

（2）通过加厚曲面生成实体或者切除特征。

（3）使用【成形到一面】或者【到离指定面指定的距离】作为终止条件，拉伸实体或者切除实体。

（4）通过加厚已经缝合成实体的曲面生成实体特征。

（5）用曲面作为替换面。

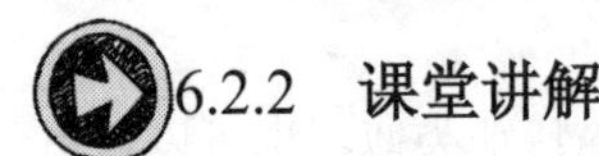

6.2.2 课堂讲解

1. 拉伸曲面

（1）拉伸曲面的属性设置

拉伸曲面的命令，如图 6-36 所示。

①单击【曲面】工具栏中的【拉伸曲面】按钮

②选择【插入】|【曲面】|【拉伸曲面】菜单命令

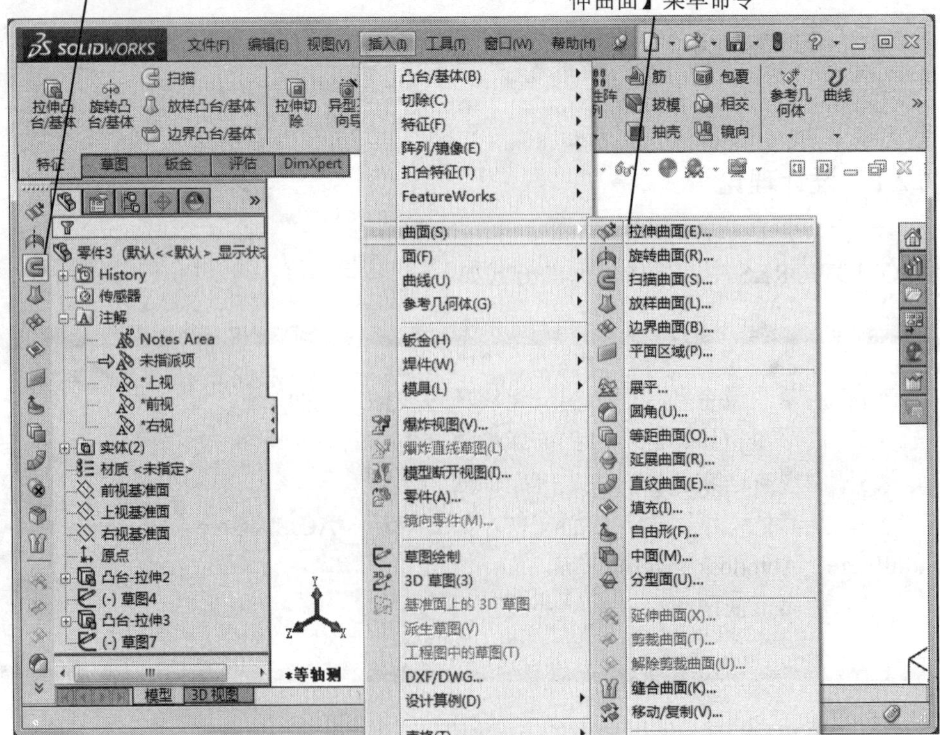

图 6-36　拉伸曲面的命令

系统弹出【曲面-拉伸】属性管理器，如图 6-37 所示。

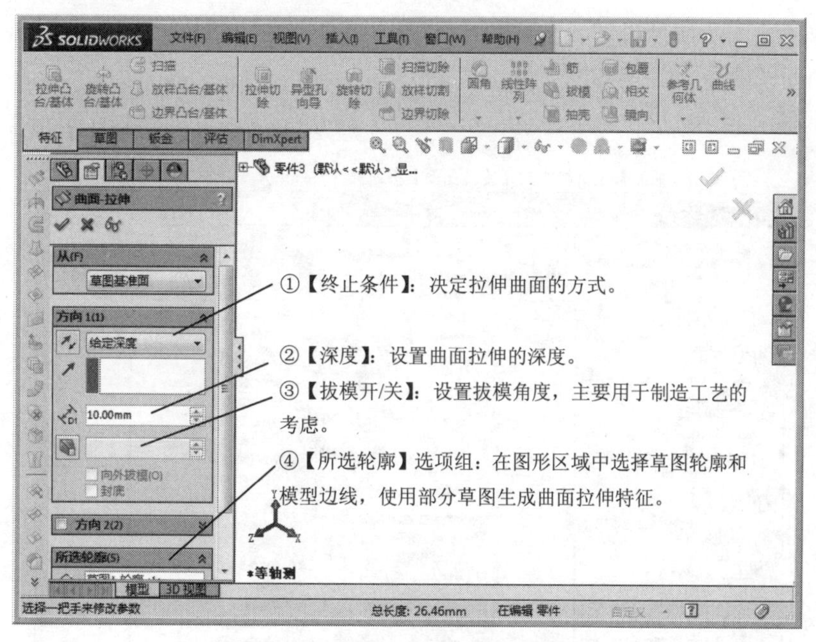

图 6-37 【曲面-拉伸】属性管理器

（2）生成【开始条件】为【草图基准面】拉伸曲面的操作步骤

单击【曲面】工具栏中的【拉伸曲面】按钮或者选择【插入】|【曲面】|【拉伸曲面】菜单命令，系统打开【曲面-拉伸】属性管理器。设置参数，单击【确定】按钮，生成拉伸曲面，如图 6-38 所示。

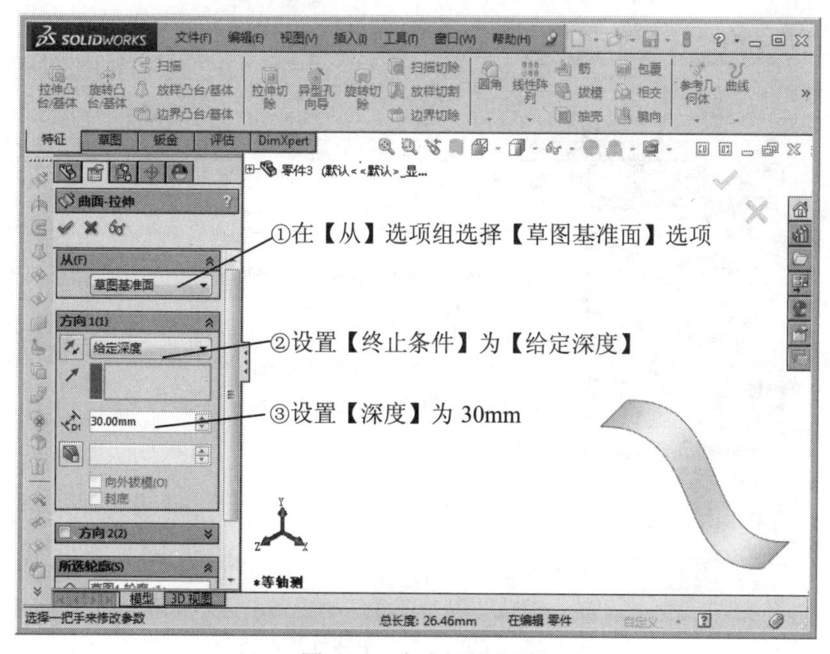

图 6-38 生成拉伸曲面

2. 旋转曲面

(1) 旋转曲面的属性设置

旋转曲面的命令，如图 6-39 所示。

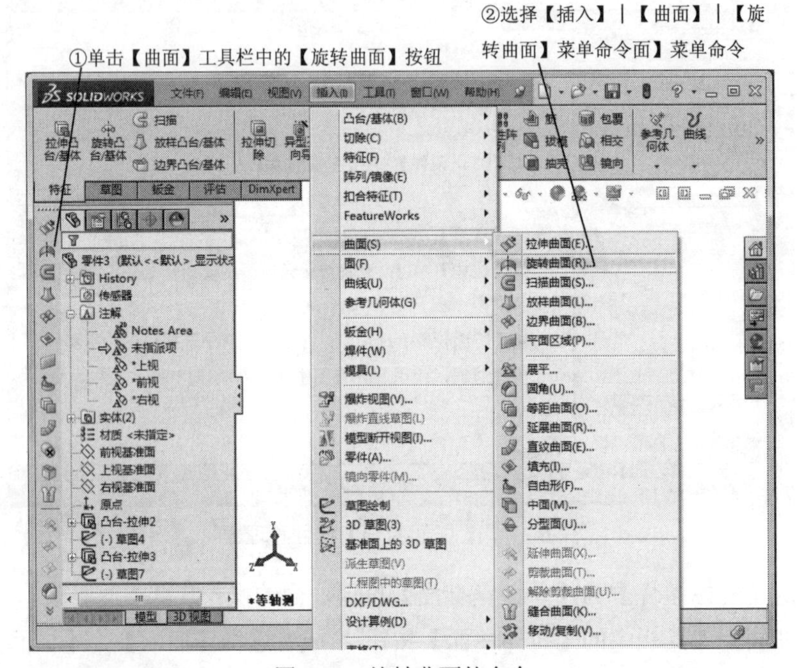

图 6-39 旋转曲面的命令

系统打开【曲面-旋转】属性管理器，如图 6-40 所示。

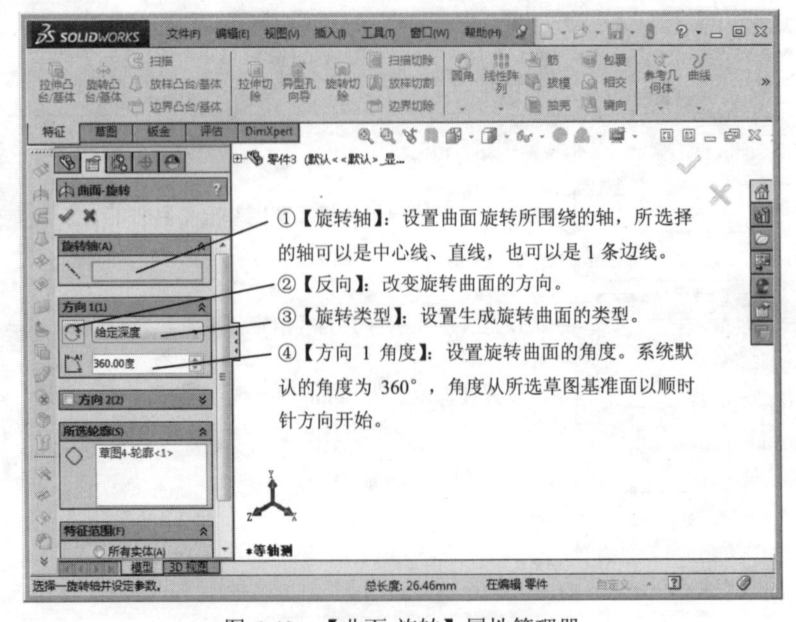

图 6-40 【曲面-旋转】属性管理器

（2）生成旋转曲面的操作步骤

单击【曲面】工具栏中的【旋转曲面】按钮或者选择【插入】|【曲面】|【旋转曲面】菜单命令，系统弹出【曲面-旋转】属性管理器。单击【确定】按钮，生成旋转曲面，如图 6-41 所示。

图 6-41　生成旋转曲面

3. 扫描曲面

（1）扫描曲面的属性设置

扫描曲面的命令，如图 6-42 所示。

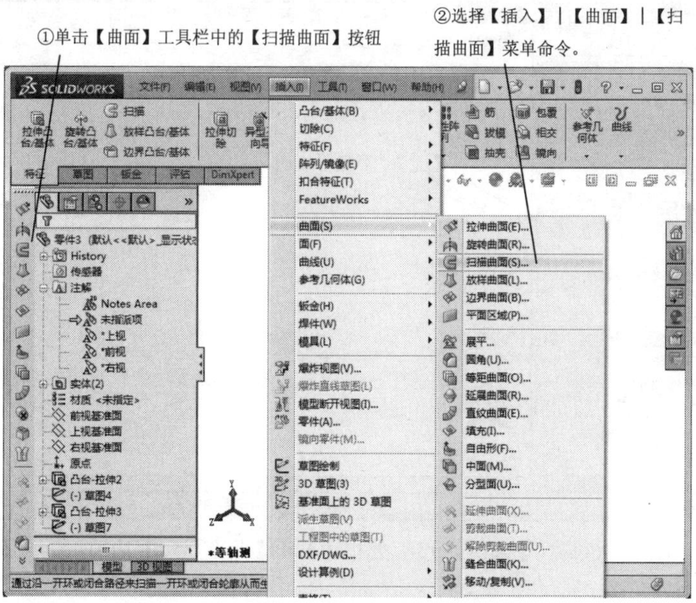

①单击【曲面】工具栏中的【扫描曲面】按钮

②选择【插入】|【曲面】|【扫描曲面】菜单命令。

图 6-42　扫描曲面的命令

系统弹出【曲面-扫描】属性管理器，如图 6-43 所示。

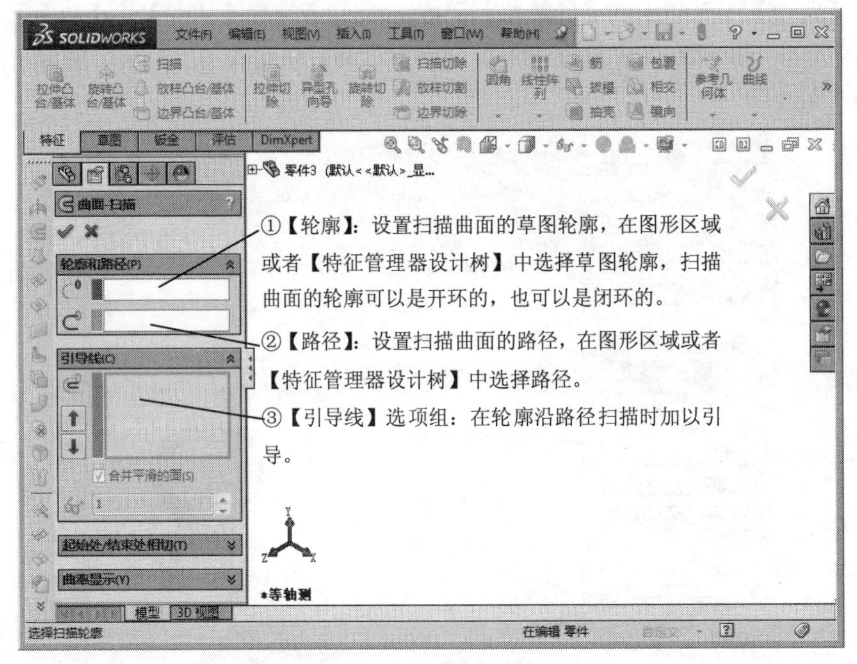

图 6-43 【曲面-扫描】属性管理器

【起始处/结束处相切】和【曲率显示】选项组，如图 6-44 所示。

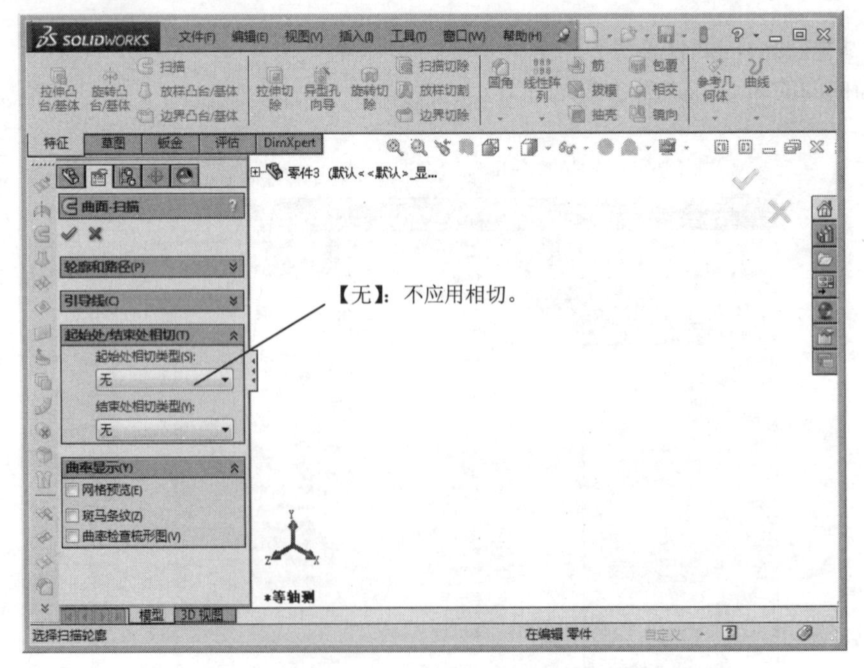

图 6-44 【起始处/结束处相切】和【曲率显示】选项组

（2）生成扫描曲面的操作步骤

单击【曲面】工具栏中的【扫描曲面】按钮或者选择【插入】|【曲面】|【扫描曲面】菜单命令，系统弹出【曲面-扫描】属性管理器。设置参数，单击【确定】按钮，生成扫描曲面，如图 6-45 所示。

> 在生成扫描曲面时，如果使用引导线，则引导线与轮廓之间必须建立重合或者穿透的几何关系，否则会提示错误。
>
> **名师点拨**

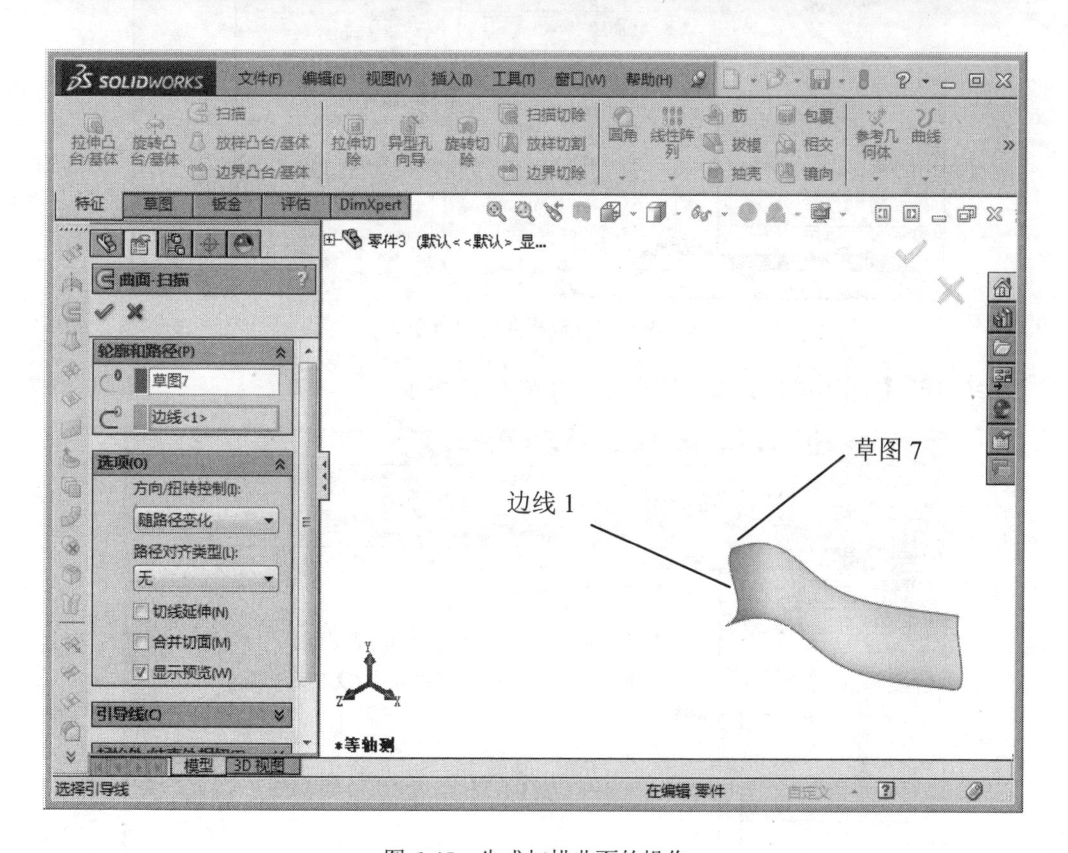

图 6-45　生成扫描曲面的操作

4. 放样曲面

（1）放样曲面的属性设置

放样曲面的命令，如图 6-46 所示。

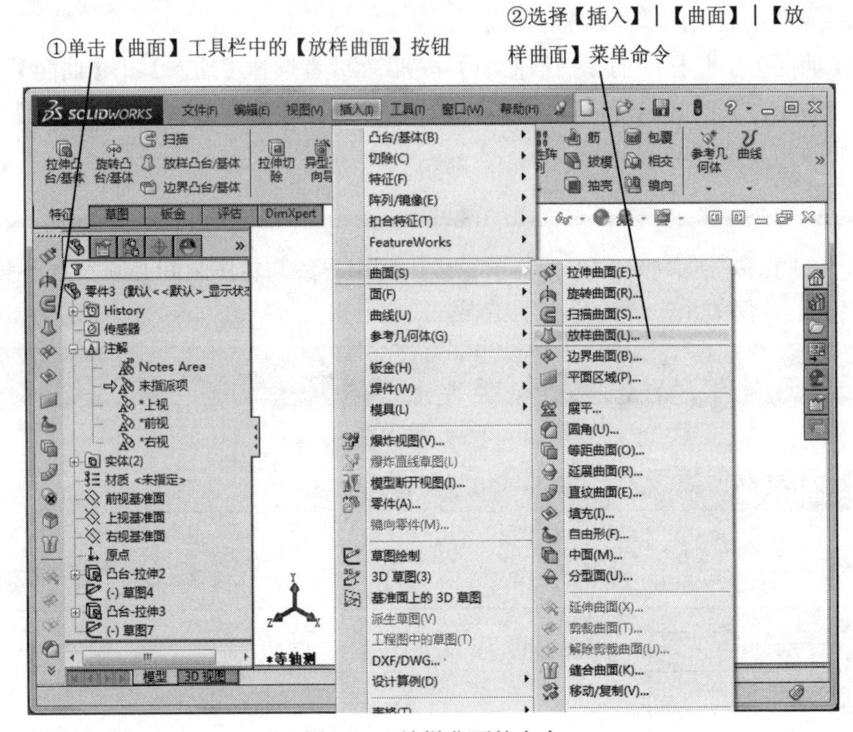

图 6-46　放样曲面的命令

系统打开【曲面-放样】属性管理器，如图 6-47 所示。

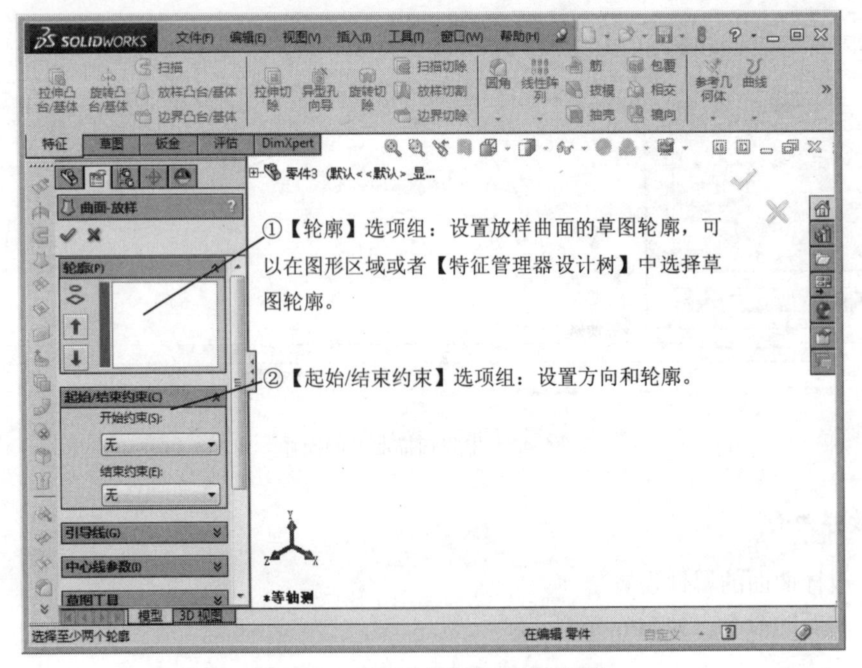

图 6-47　【曲面-放样】属性管理器

【引导线】和【中心线参数】选项组，如图 6-48 所示。

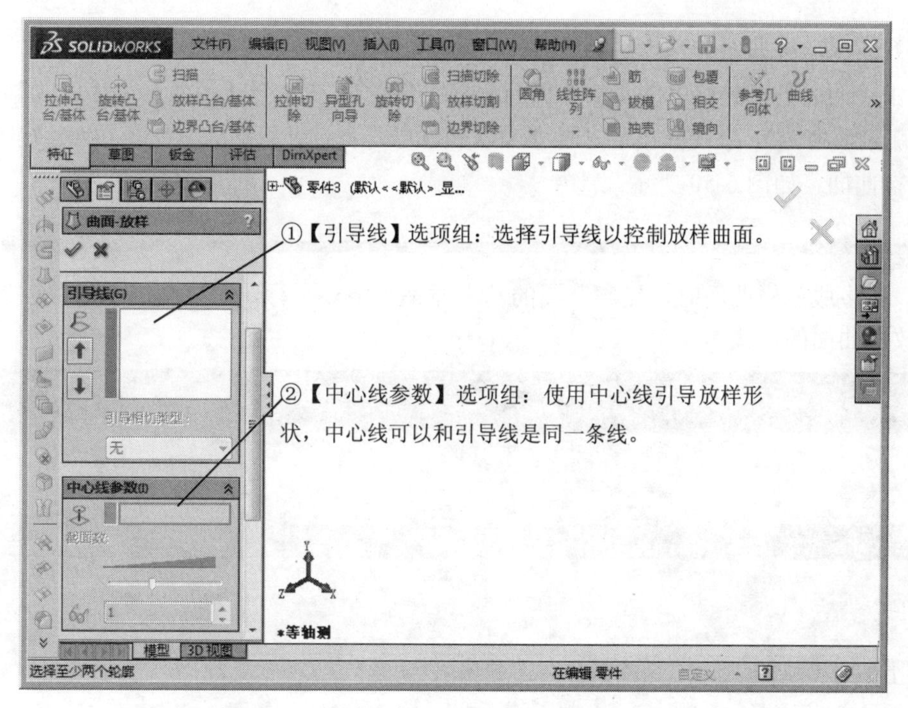

图 6-48 【引导线】和【中心线参数】选项组

【草图工具】和【选项】选项组，如图 6-49 所示。

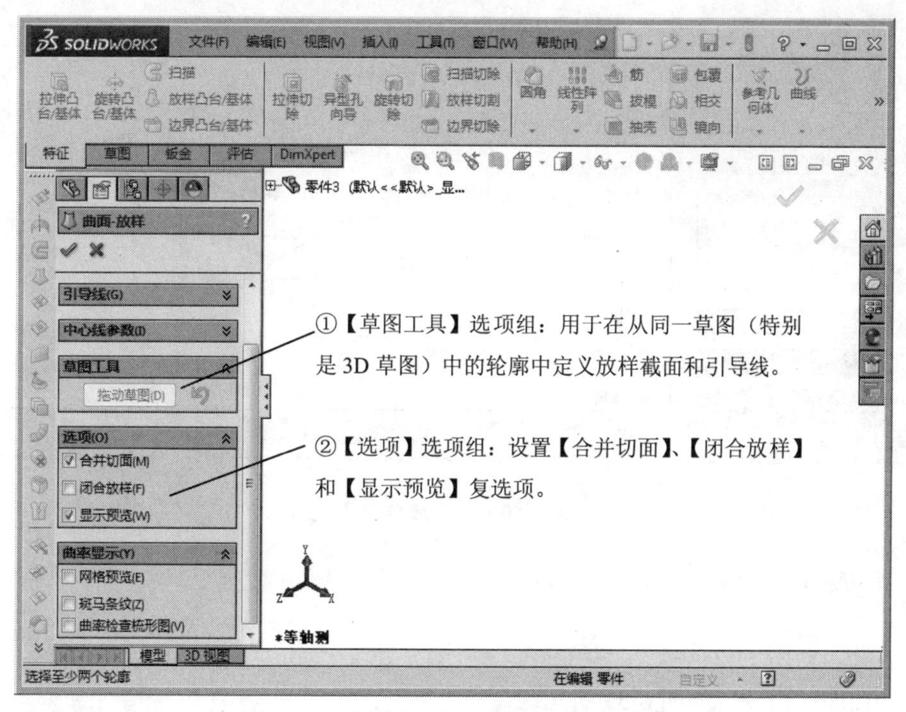

图 6-49 【草图工具】和【选项】选项组

（2）生成放样曲面的操作步骤

单击【曲面】工具栏中的【放样曲面】按钮（或者选择【插入】|【曲面】|【放样曲面】菜单命令），系统弹出【曲面-放样】属性管理器。设置参数，单击【确定】按钮，生成放样曲面，如图 6-50 所示。

> 在生成放样曲面时，轮廓草图的基准面不一定要平行，可以使用引导线控制放样曲面的形状。
>
> 名师点拨

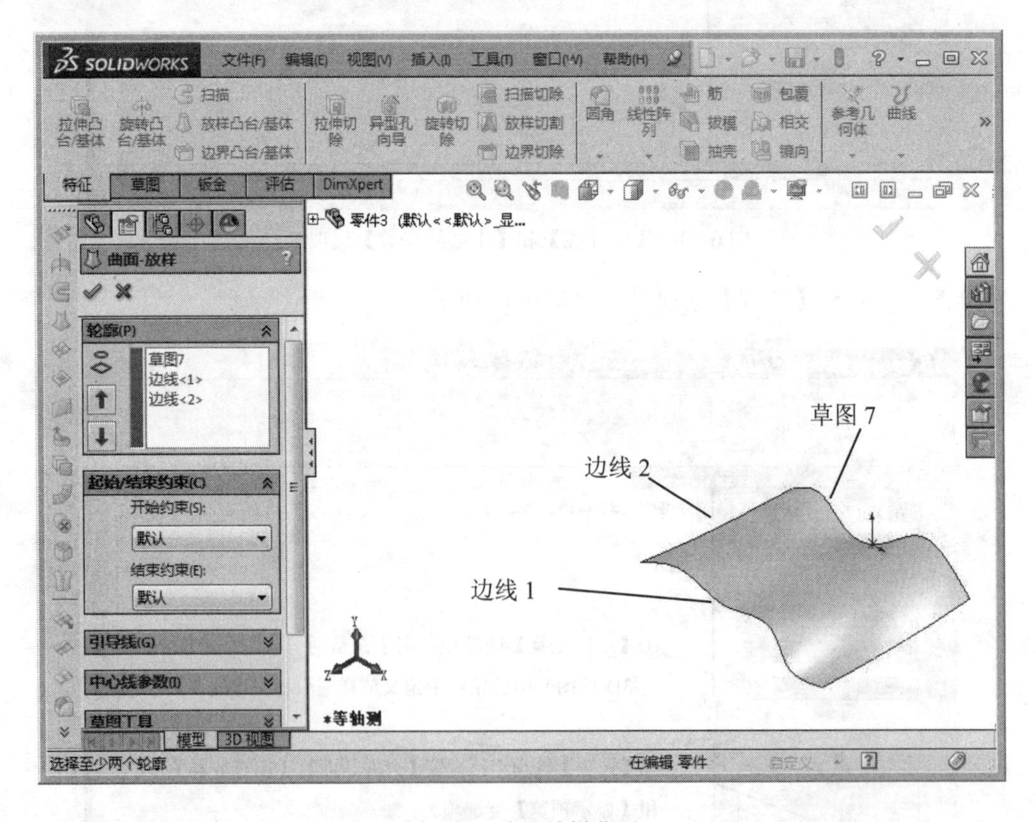

图 6-50　生成放样曲面

5. 等距和延展曲面

（1）等距曲面

等距曲面的命令，如图 6-51 所示。

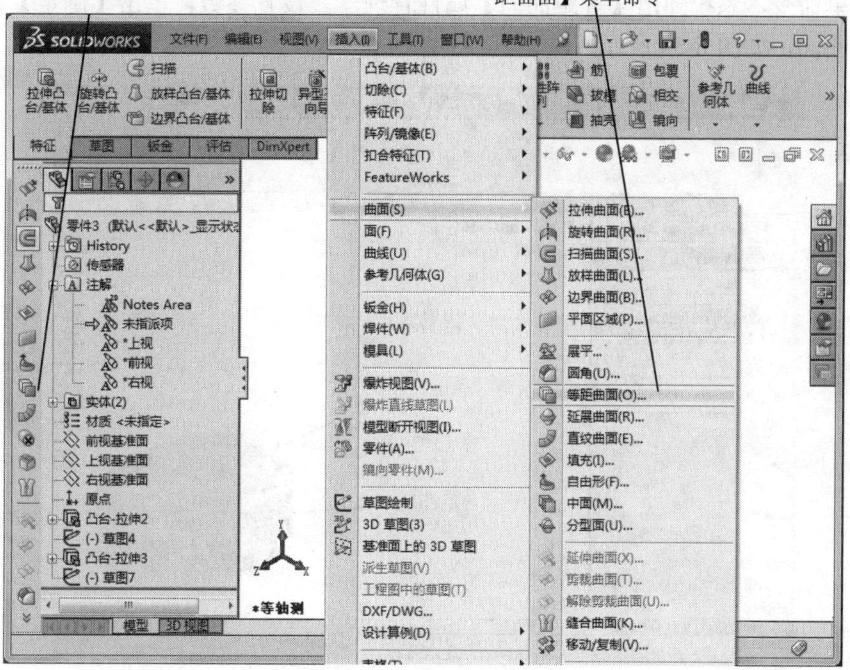

图 6-51　等距曲面的命令

系统打开【等距曲面】属性管理器，如图 6-52 所示。

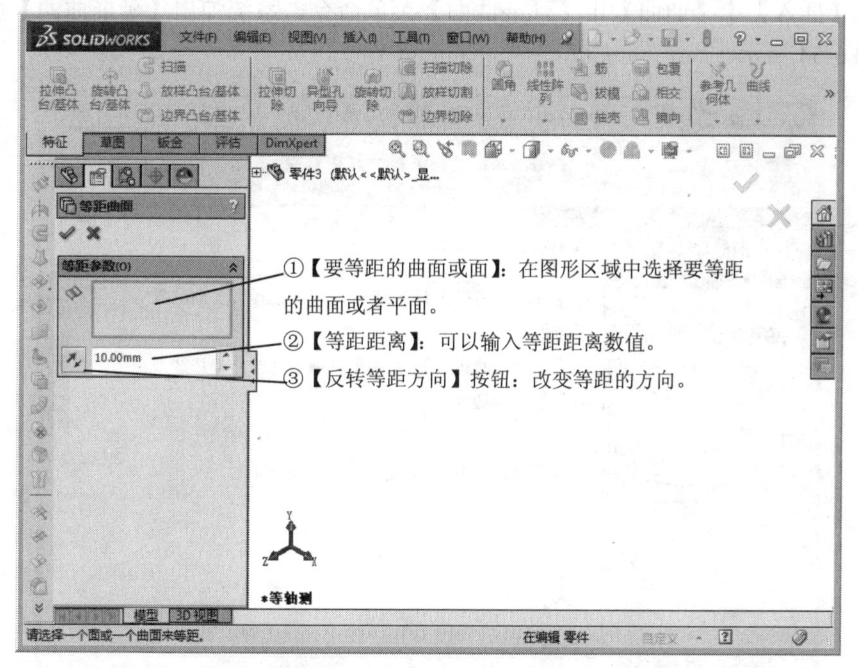

图 6-52　【等距曲面】的属性设置

单击【曲面】工具栏中的【等距曲面】按钮或者选择【插入】|【曲面】|【等距曲面】菜单命令，系统弹出【等距曲面】属性管理器。设置参数，单击【确定】按钮，生成等距曲面，如图 6-53 所示。

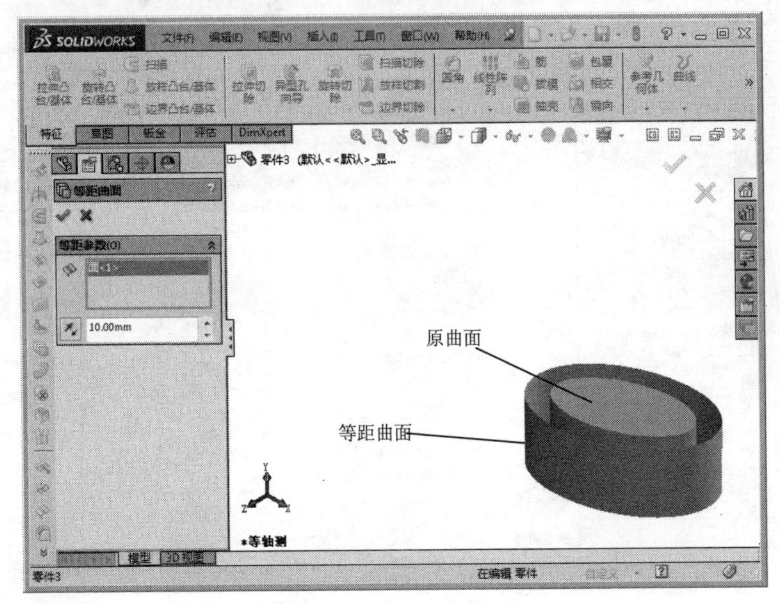

图 6-53　生成等距曲面

（2）延展曲面

选择【插入】|【曲面】|【延展曲面】菜单命令，系统弹出【延展曲面】属性管理器，如图 6-54 所示。

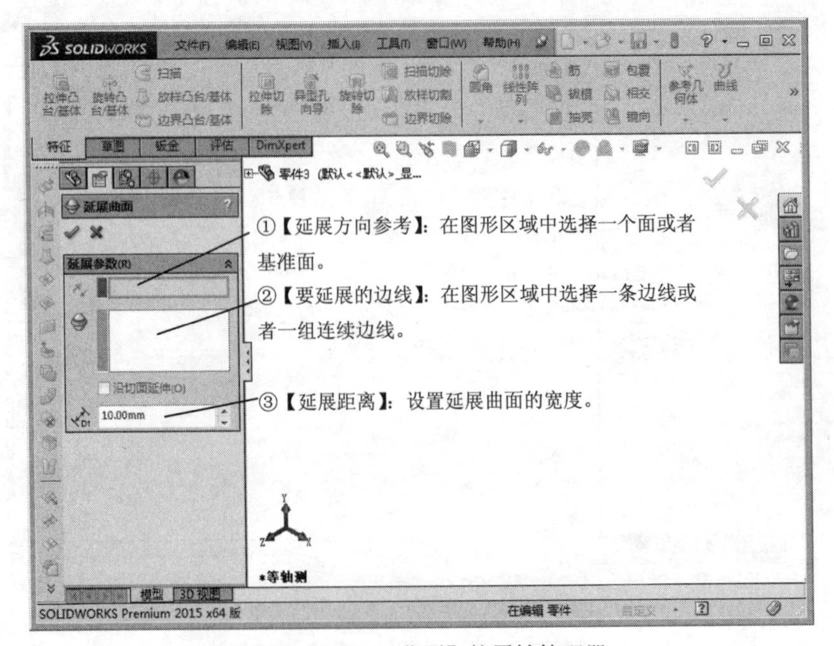

图 6-54　【延展曲面】的属性管理器

（3）生成延展曲面的操作步骤

选择【插入】｜【曲面】｜【延展曲面】菜单命令，系统打开【延展曲面】属性管理器。设置参数，单击【确定】按钮✔，生成延展曲面，如图 6-55 所示。

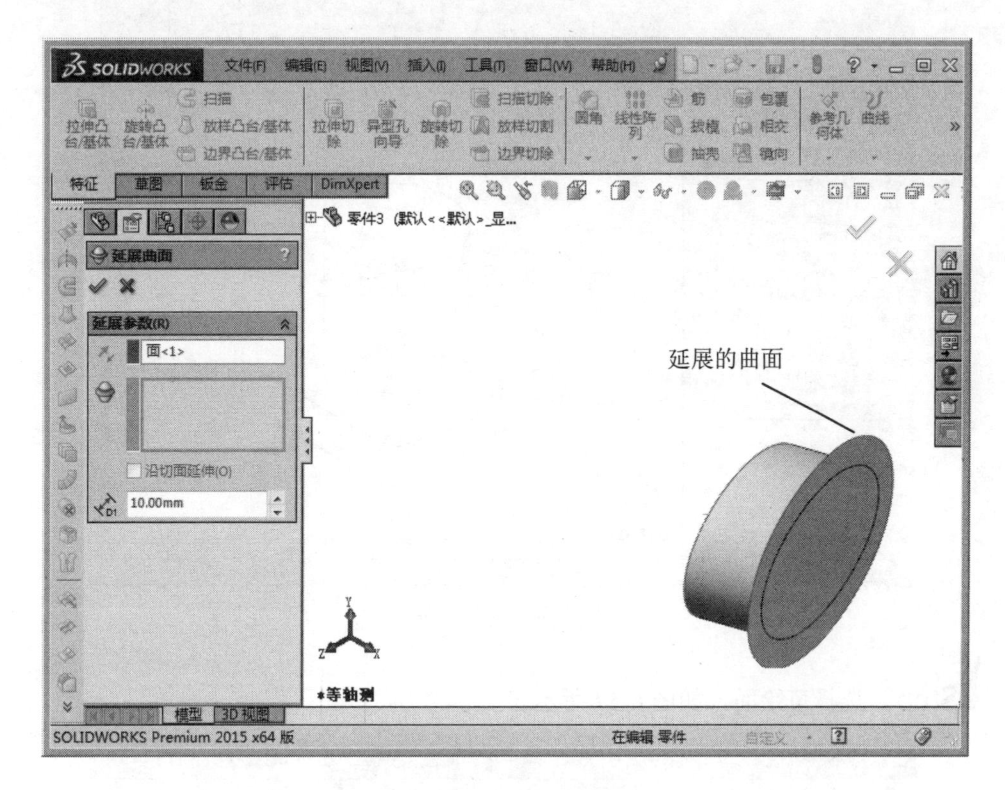

图 6-55　生成延展曲面

6.2.3　课堂练习——创建曲面操作

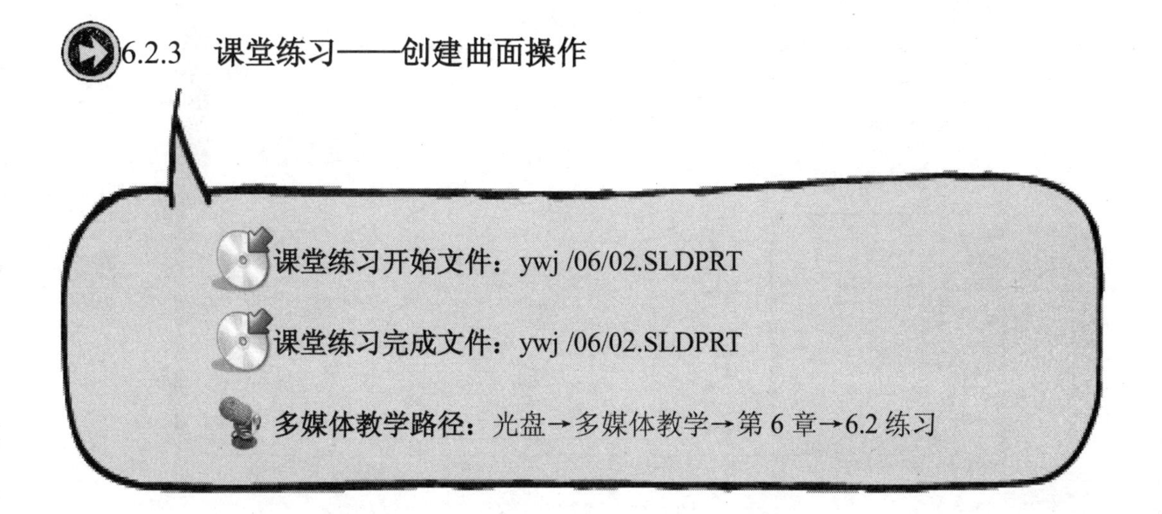

课堂练习开始文件：ywj /06/02.SLDPRT

课堂练习完成文件：ywj /06/02.SLDPRT

多媒体教学路径：光盘→多媒体教学→第 6 章→6.2 练习

Step1 打开零件，如图 6-56 所示。

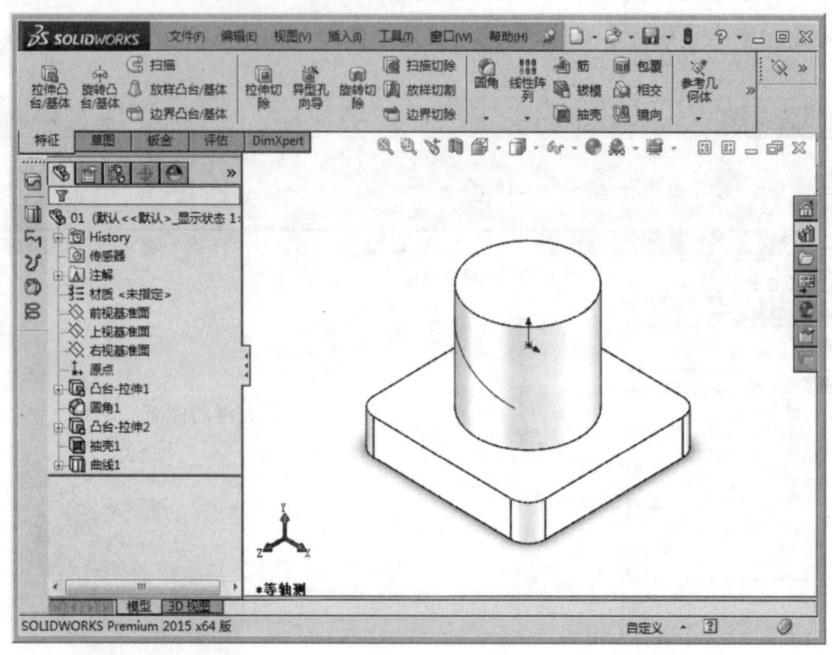

图 6-56 打开零件

Step2 选择草绘面，如图 6-57 所示。

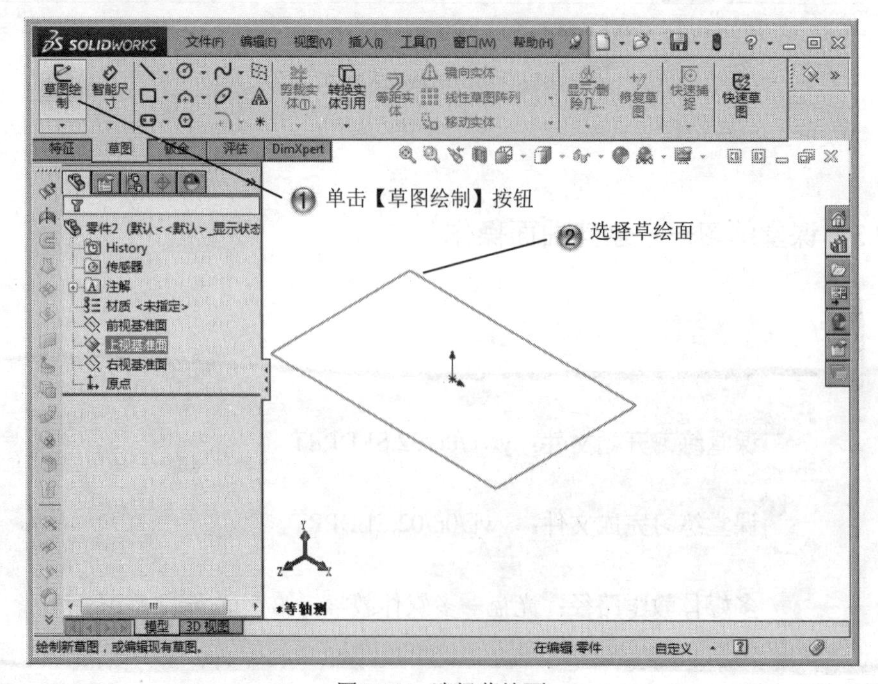

图 6-57 选择草绘面

Step3 绘制圆形，如图 6-58 所示。

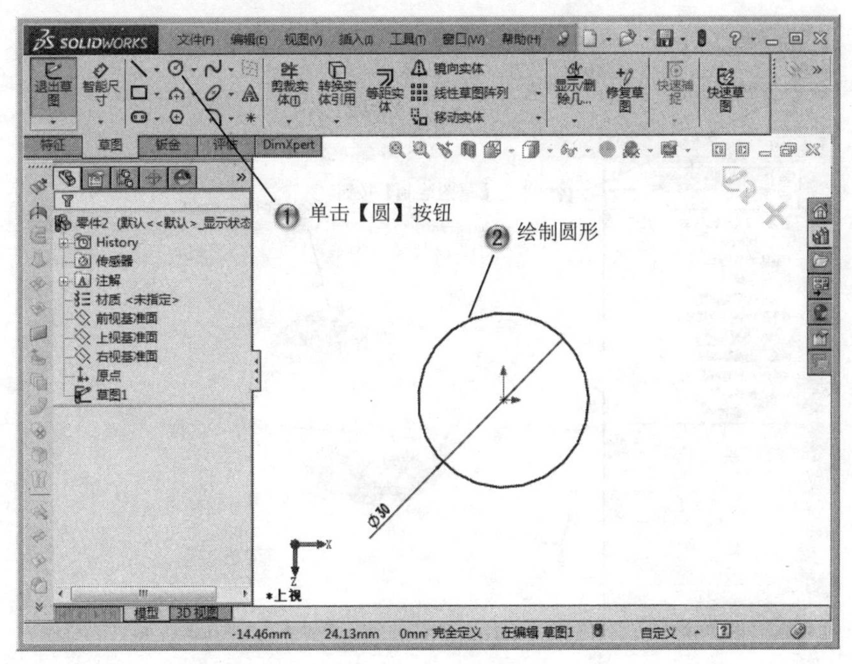

图 6-58　绘制圆形

Step4 拉伸曲面，如图 6-59 所示。

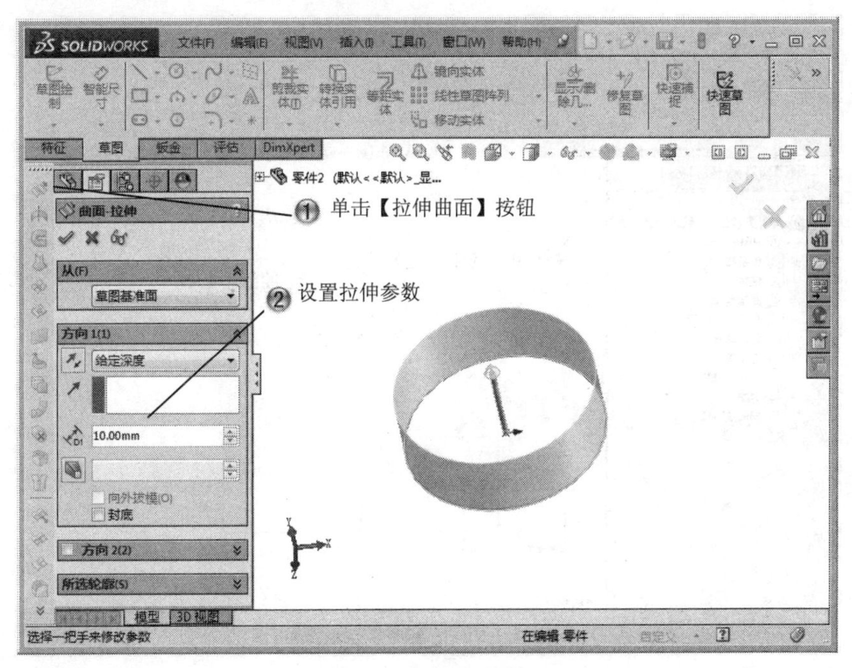

图 6-59　拉伸曲面

Step5 选择草绘面，如图 6-60 所示。

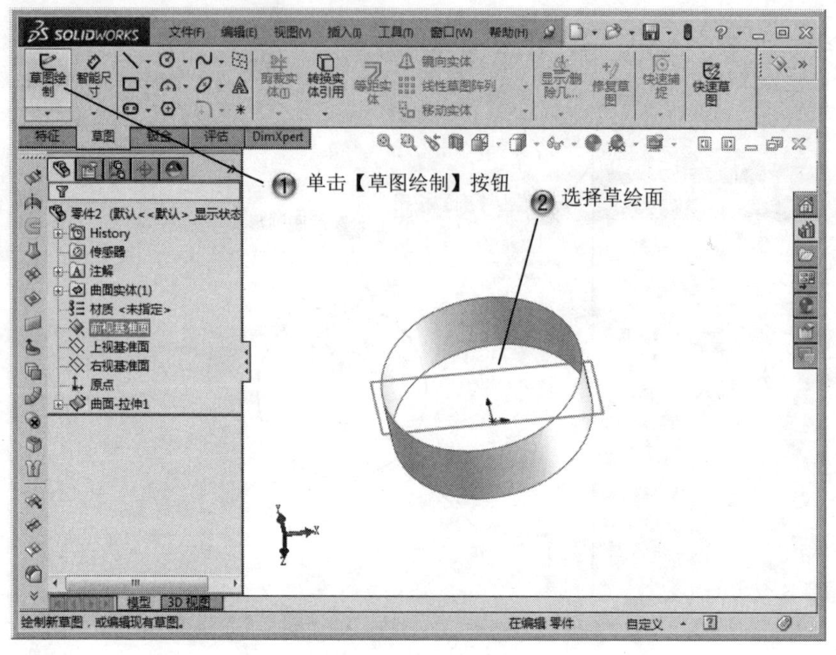

图 6-60　选择草绘面

Step6 绘制中心线，如图 6-61 所示。

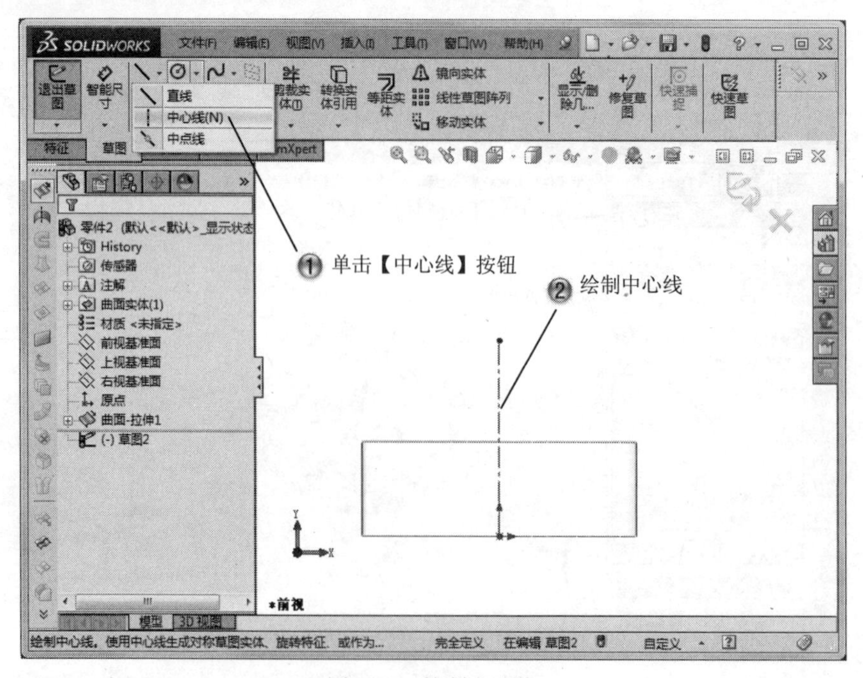

图 6-61　绘制中心线

Step7 绘制圆弧，如图 6-62 所示。

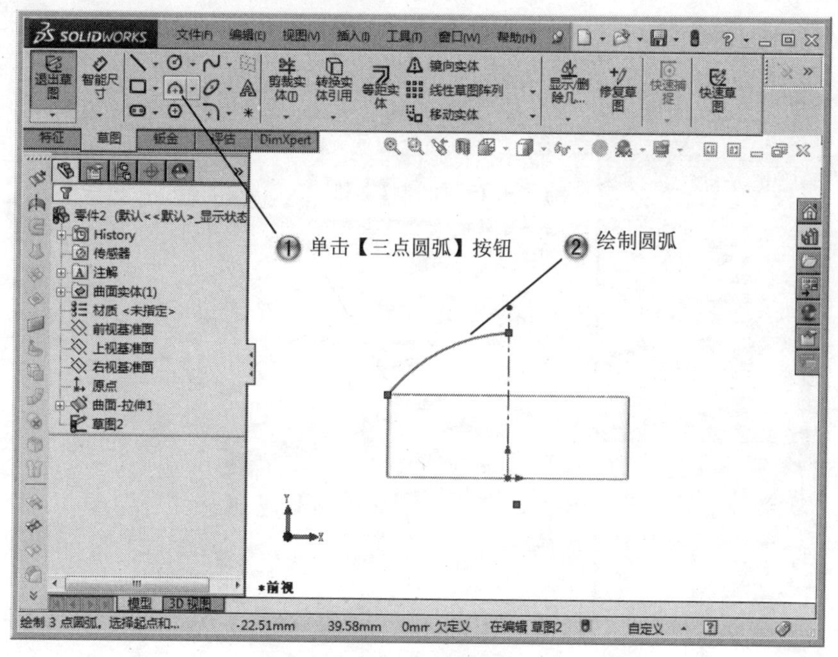

图 6-62 绘制圆弧

Step8 旋转曲面，如图 6-63 所示。

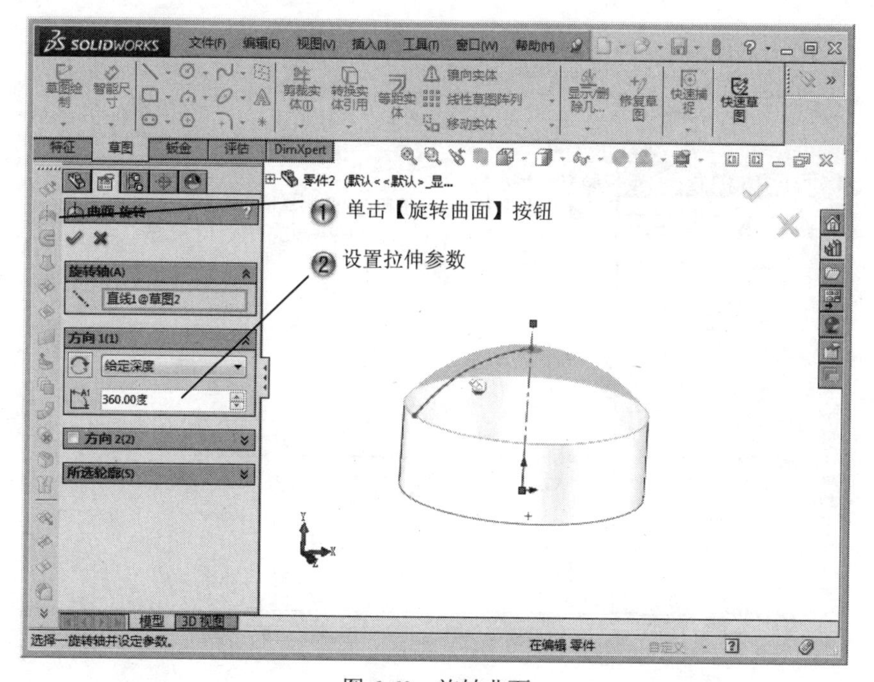

图 6-63 旋转曲面

Step9 选择草绘面，如图 6-64 所示。

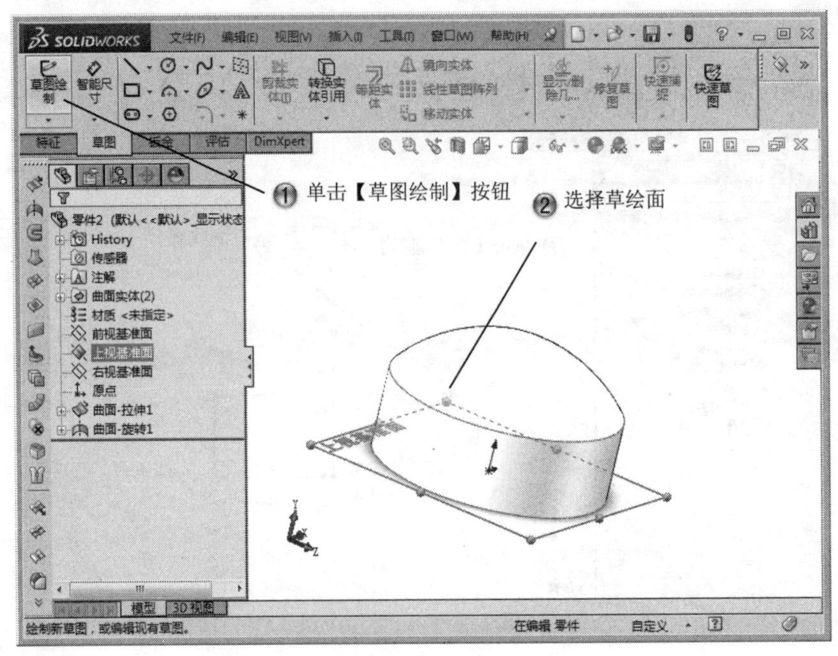

图 6-64　选择草绘面

Step10 绘制槽形，如图 6-65 所示。

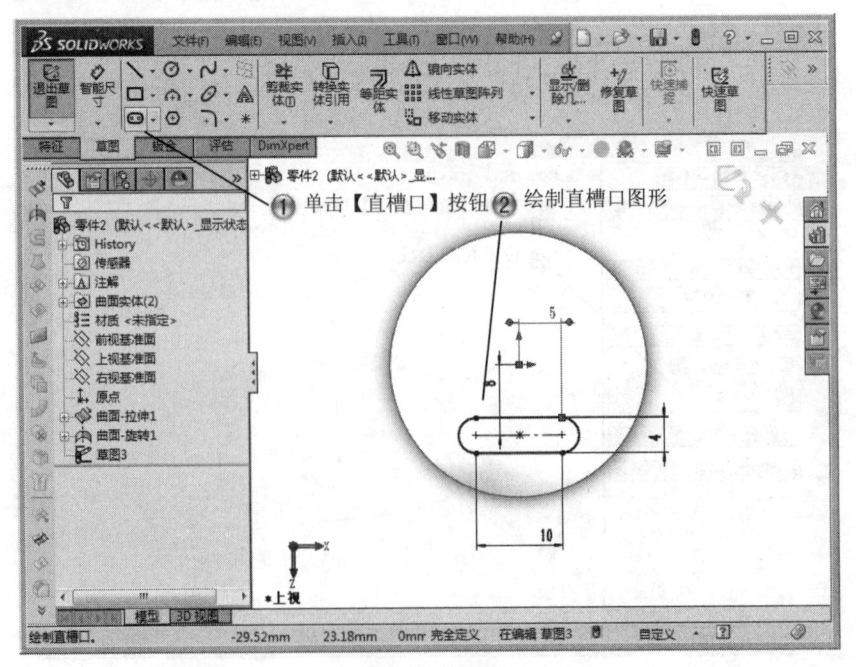

图 6-65　绘制槽形

Step11 拉伸曲面，如图 6-66 所示。

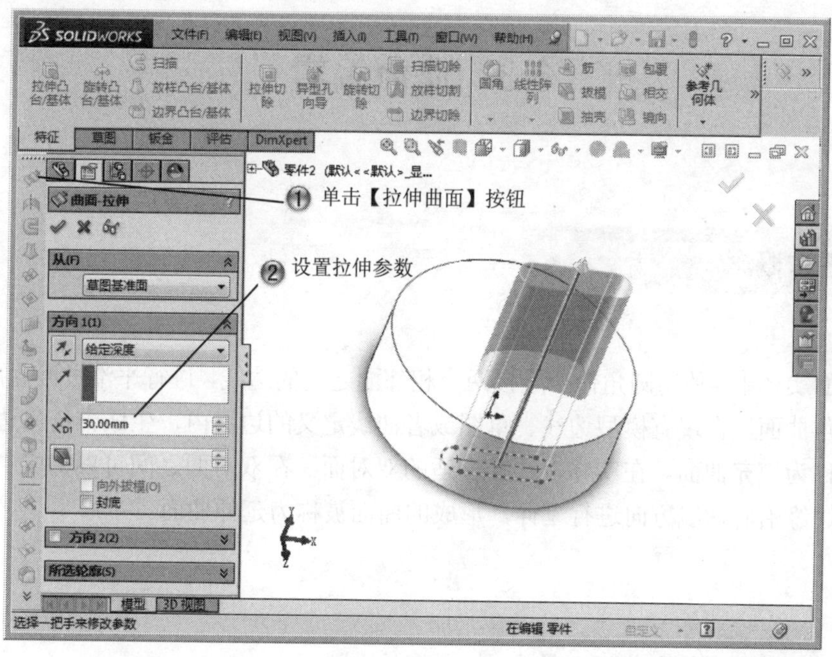

图 6-66　拉伸曲面

Step12 完成曲面创建，如图 6-67 所示。

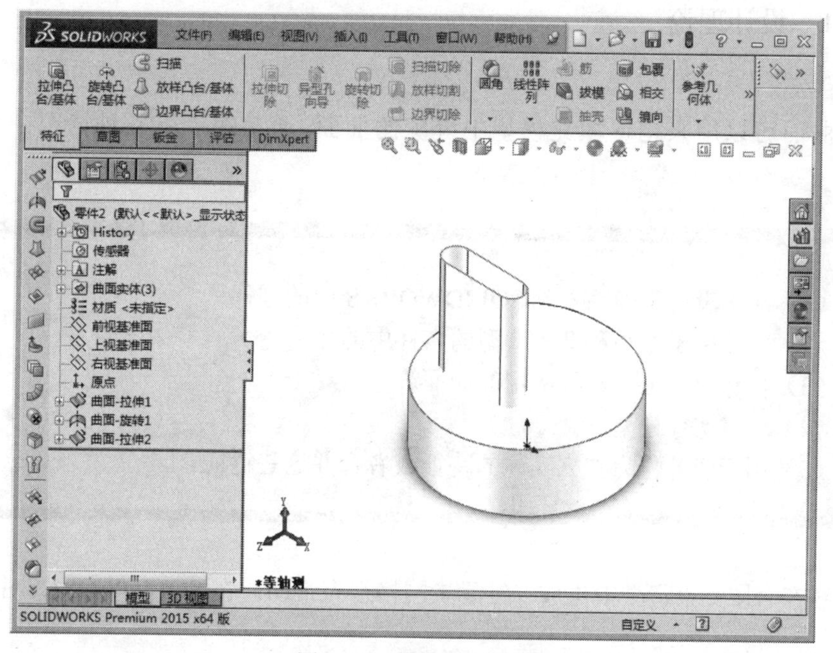

图 6-67　完成曲面创建

6.3 曲面编辑

在曲面实体中，使用圆角命令连接两个相邻面之间的边线，进行平滑过渡生成的圆角，被称为圆角曲面。在现有模型边线、草图或者曲线定义的边界内，生成带任何边数的曲面修补，被称为填充曲面。在实体上选择合适的双对面，在双对面之间可以生成中面。将现有曲面的边缘沿着切线方向进行延伸，形成的曲面被称为延伸曲面。

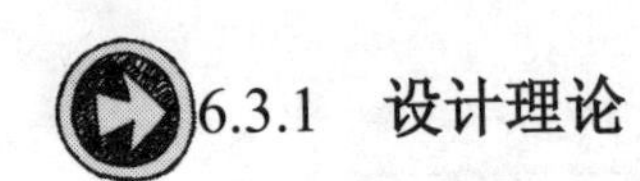

6.3.1 设计理论

填充曲面可以用来构造填充模型中缝隙的曲面。通常在以下几种情况中使用填充曲面。

（1）纠正没有正确输入到 SOLIDWORKS 中的零件。
（2）填充用于型心和型腔造型的零件中的孔。
（3）构建用于工业设计应用的曲面。
（4）生成实体模型。
（5）用于修补作为独立实体的特征或者合并这些特征。

中面对在有限元素造型中生成二维元素网格很有帮助。在 SOLIDWORKS 中可以生成以下中面。

（1）单个：在图形区域中选择单个等距面生成中面。

（2）多个：在图形区域中选择多个等距面生成中面。

（3）所有：单击【中面】属性设置中的【查找双对面】按钮，系统会自动选择模型上所有合适的等距面以生成所有等距面的中面。

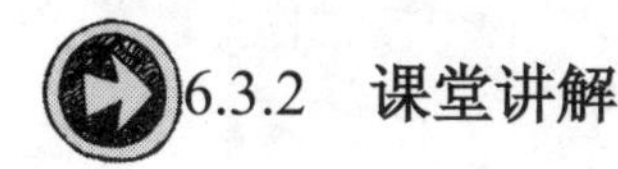

6.3.2 课堂讲解

1. 圆角和填充曲面

（1）圆角曲面

圆角曲面的命令，如图 6-68 所示。

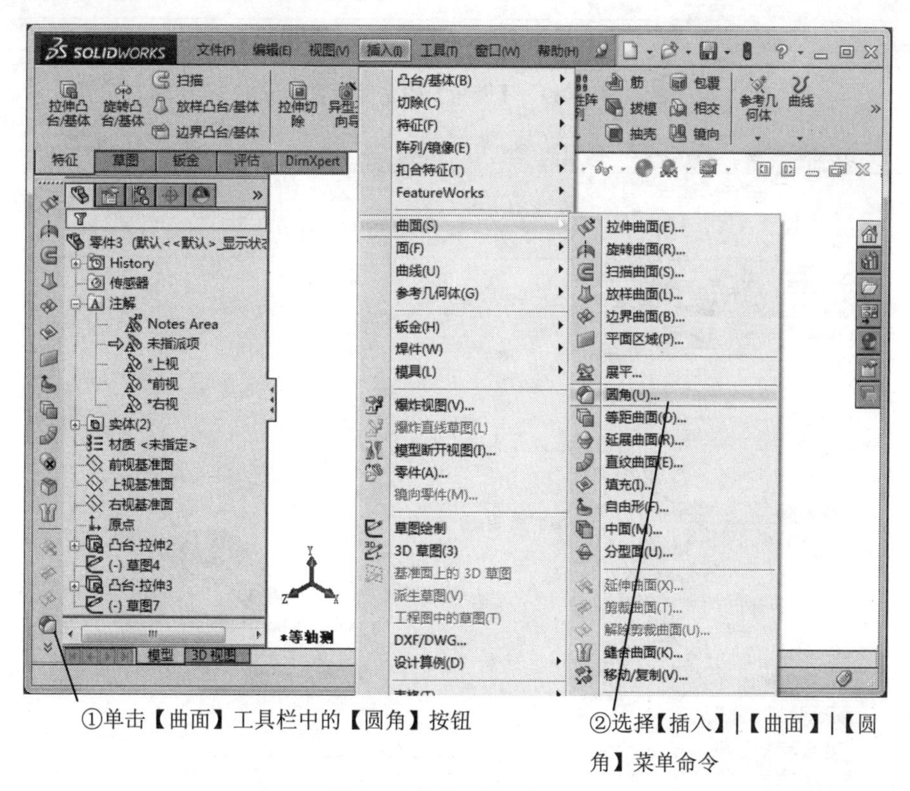

图 6-68　圆角曲面的命令

系统弹出【圆角】属性管理器，如图 6-69 所示。

单击【曲面】工具栏中的【圆角】按钮或者选择【插入】|【曲面】|【圆角】菜单命令，系统打开【圆角】属性管理器，其操作如图 6-70 所示。

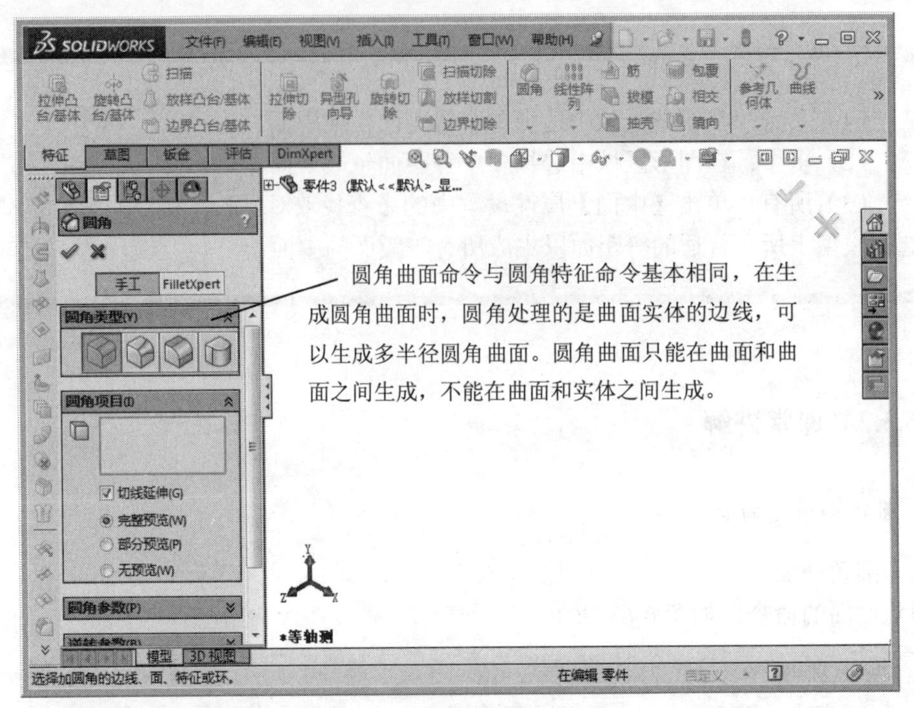

图 6-69 【圆角】的属性设置

图 6-70 生成面圆角曲面

（2）填充曲面

填充曲面的命令，如图 6-71 所示。

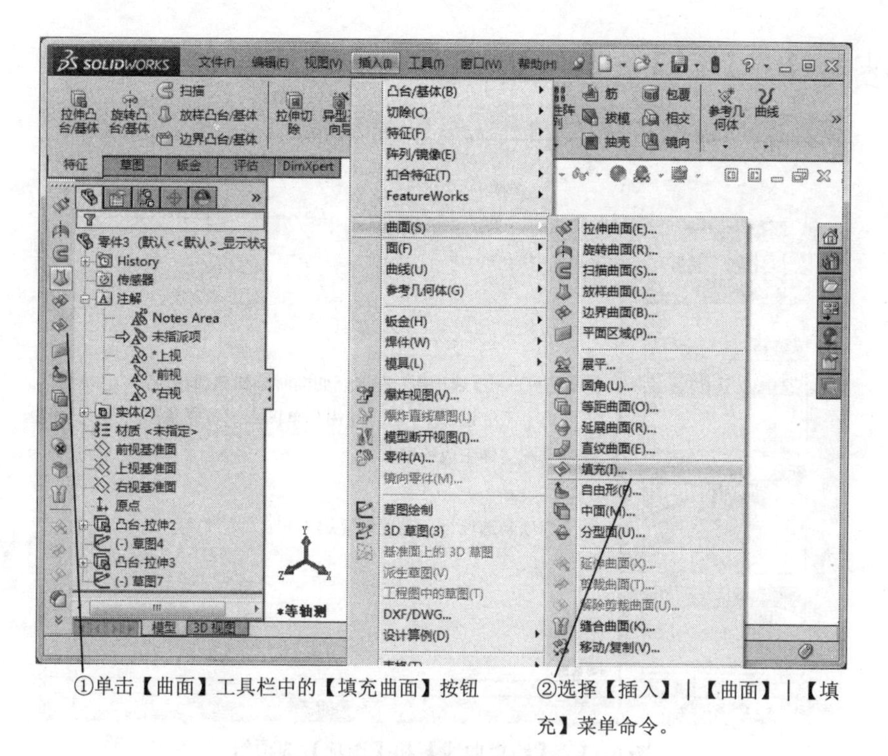

图 6-71　填充曲面的命令

系统弹出【填充曲面】属性管理器，如图 6-72 所示。

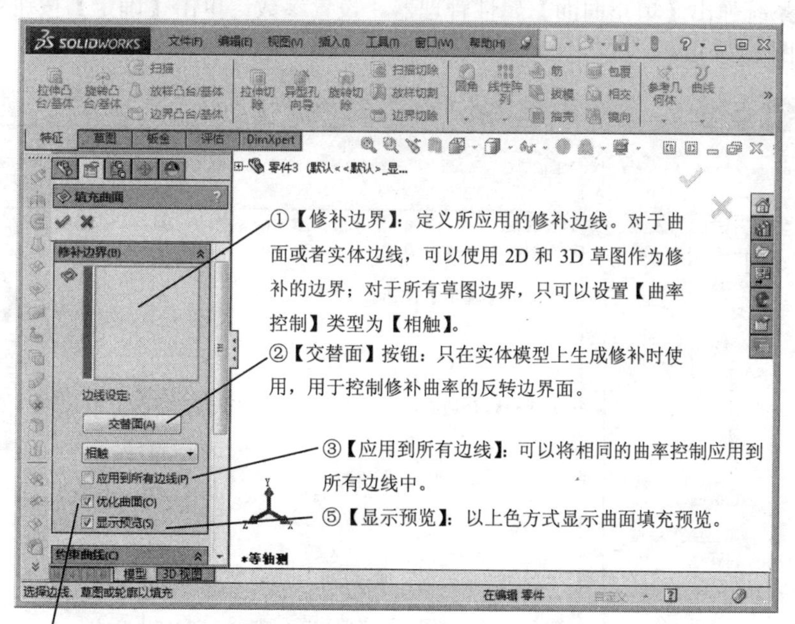

图 6-72　【填充曲面】属性管理器

【约束曲线】和【选项】选项组，如图 6-73 所示。

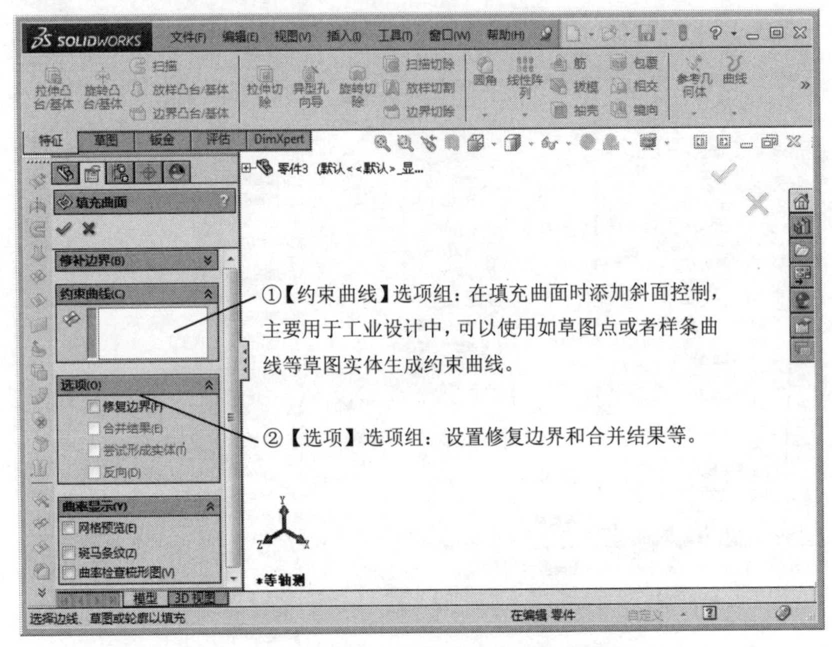

图 6-73　【约束曲线】和【选项】选项组

单击【曲面】工具栏中的【填充曲面】按钮或者选择【插入】|【曲面】|【填充】菜单命令，系统弹出【填充曲面】属性管理器。设置参数，单击【确定】按钮，生成填充曲面，如图 6-74 所示。

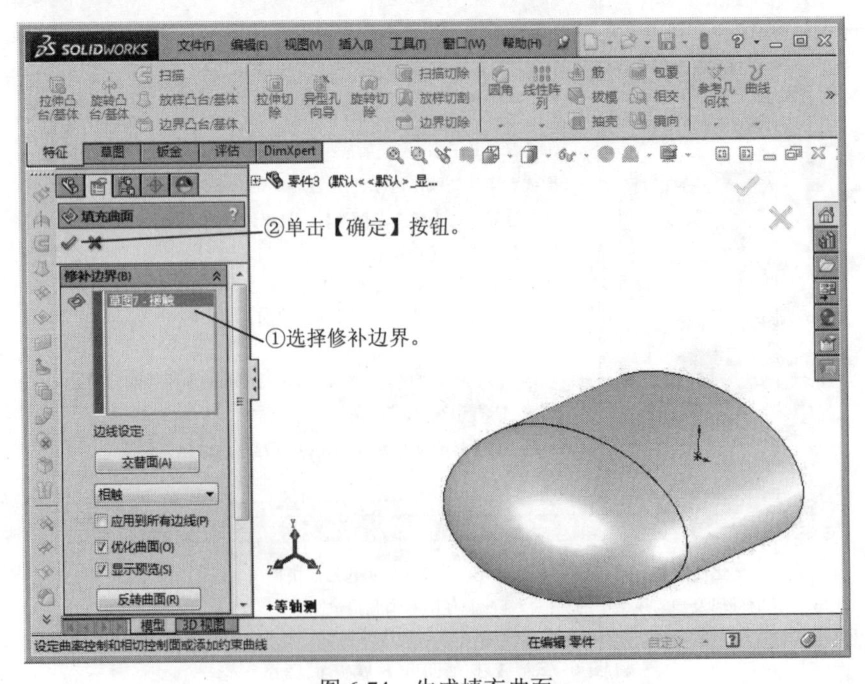

图 6-74　生成填充曲面

2. 中面和延伸曲面

（1）中面

选择【插入】|【曲面】|【中面】菜单命令，系统打开【中面 1】属性管理器，如图 6-75 所示。

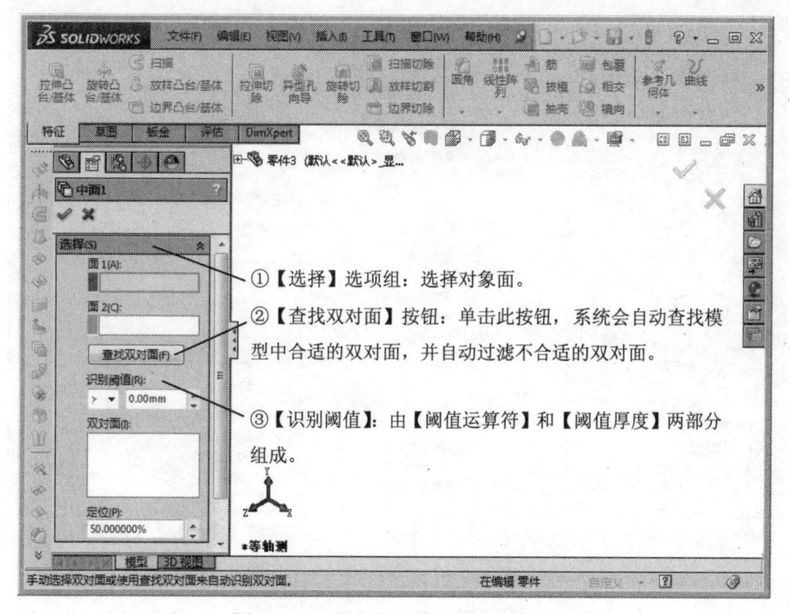

图 6-75　【中间面】的属性设置

选择【插入】|【曲面】|【中面】菜单命令，系统弹出【中面】属性管理器。设置参数，单击【确定】按钮✔，生成中面，如图 6-76 所示。

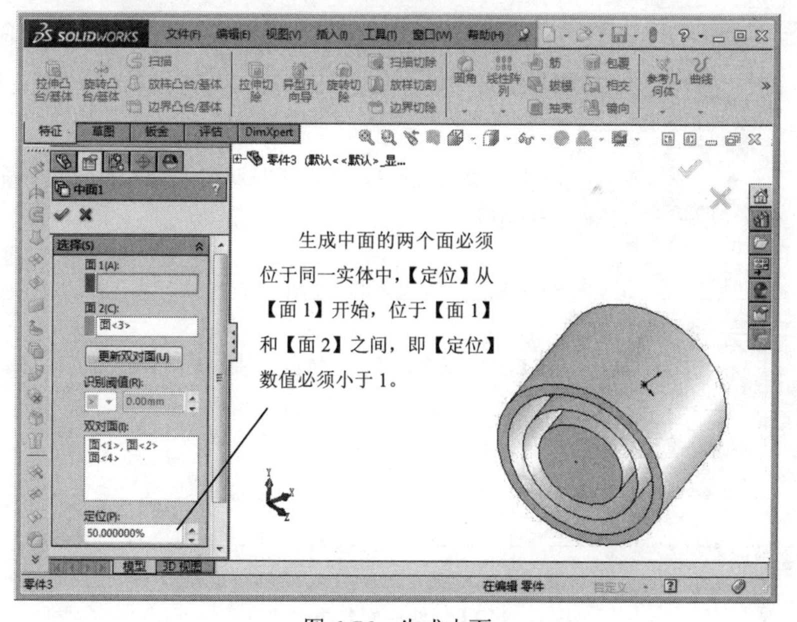

图 6-76　生成中面

（2）延伸曲面

延伸曲面的命令，如图 6-77 所示。

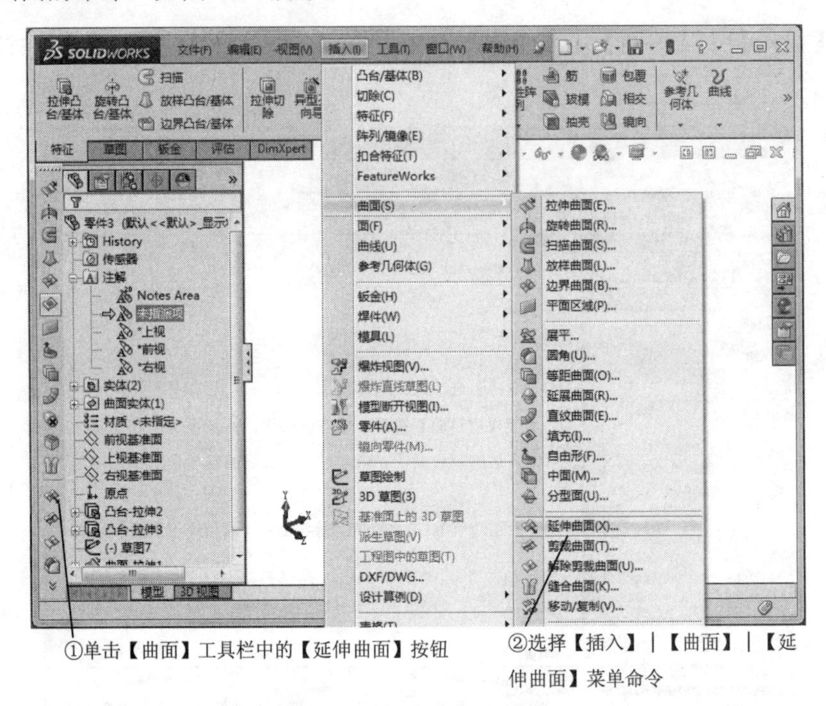

图 6-77　延伸曲面的命令

系统弹出【延伸曲面】属性管理器，如图 6-78 所示。

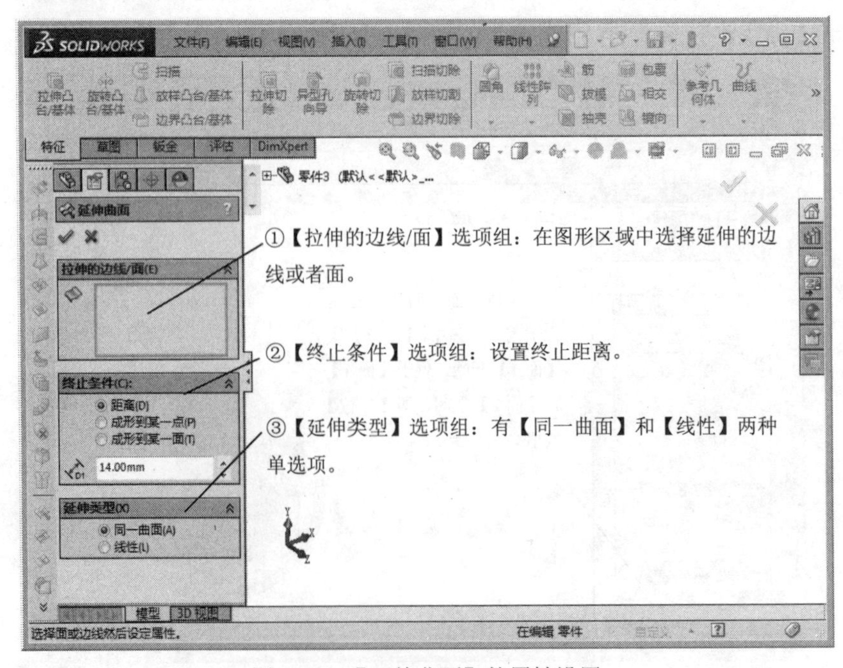

图 6-78　【延伸曲面】的属性设置

单击【曲面】工具栏中的【延伸曲面】按钮或者选择【插入】|【曲面】|【延伸曲面】菜单命令，系统弹出【延伸曲面】属性管理器。设置参数，单击【确定】按钮，生成延伸曲面，如图6-79所示。

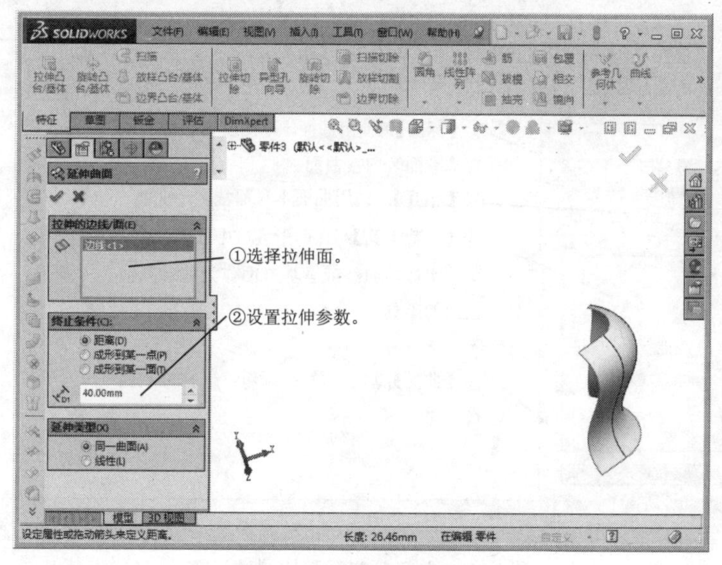

图6-79　生成延伸曲面

3. 剪裁曲面

（1）剪裁曲面的属性设置

剪裁曲面的命令，如图6-80所示。

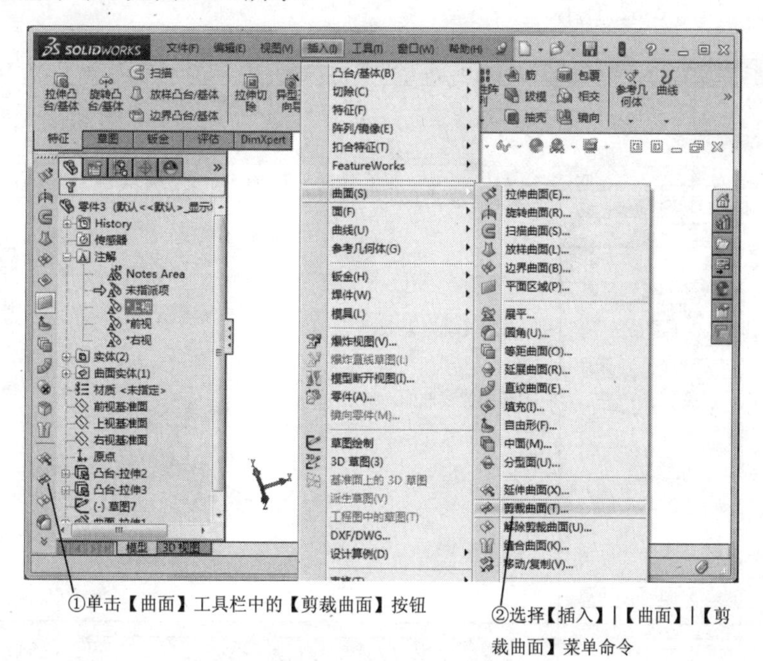

图6-80　剪裁曲面的命令

系统打开【剪裁曲面】属性管理器，如图 6-81 所示。

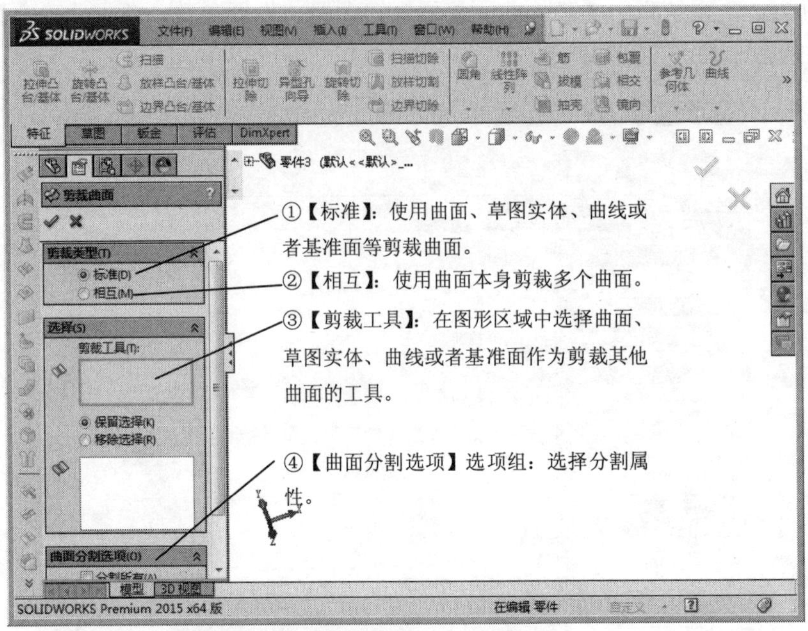

①【标准】：使用曲面、草图实体、曲线或者基准面等剪裁曲面。
②【相互】：使用曲面本身剪裁多个曲面。
③【剪裁工具】：在图形区域中选择曲面、草图实体、曲线或者基准面作为剪裁其他曲面的工具。
④【曲面分割选项】选项组：选择分割属性。
SOLIDWORKS Premium 2015 x64 版

图 6-81　【剪裁曲面】的属性设置

（2）生成【标准】类型剪裁曲面的操作步骤

单击【曲面】工具栏中的【剪裁曲面】按钮或者选择【插入】|【曲面】|【剪裁曲面】菜单命令，系统弹出【剪裁曲面】属性管理器。设置参数，单击【确定】按钮，生成剪裁曲面，如图 6-82 所示。

②单击【确定】按钮
①选择剪裁曲面
SOLIDWORKS Premium 2015 x64 版

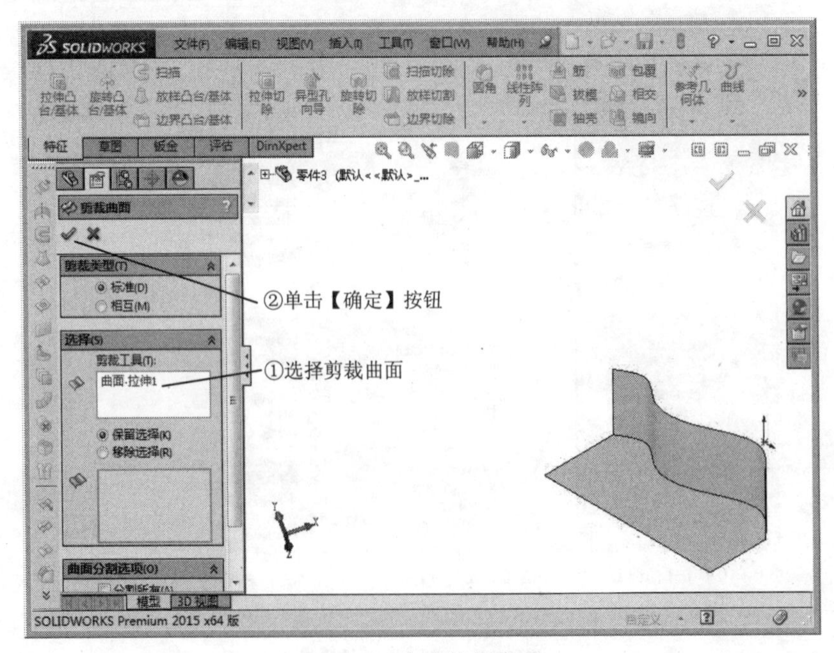

图 6-82　生成剪裁曲面

6.3.3 课堂练习——编辑曲面

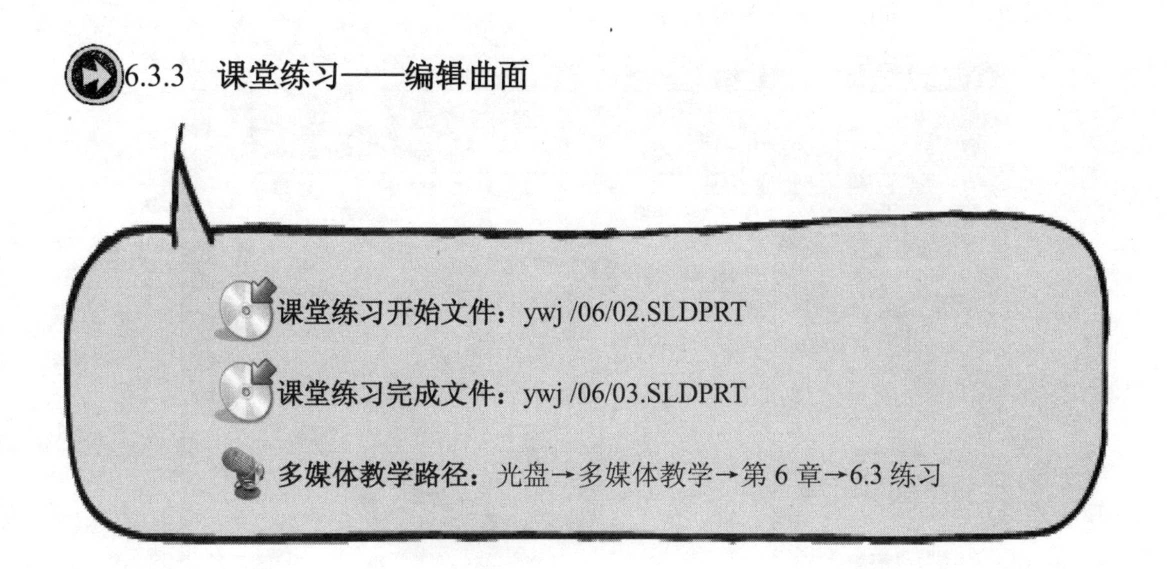

课堂练习开始文件：ywj /06/02.SLDPRT

课堂练习完成文件：ywj /06/03.SLDPRT

多媒体教学路径：光盘→多媒体教学→第 6 章→6.3 练习

Step 1 打开零件，如图 6-83 所示。

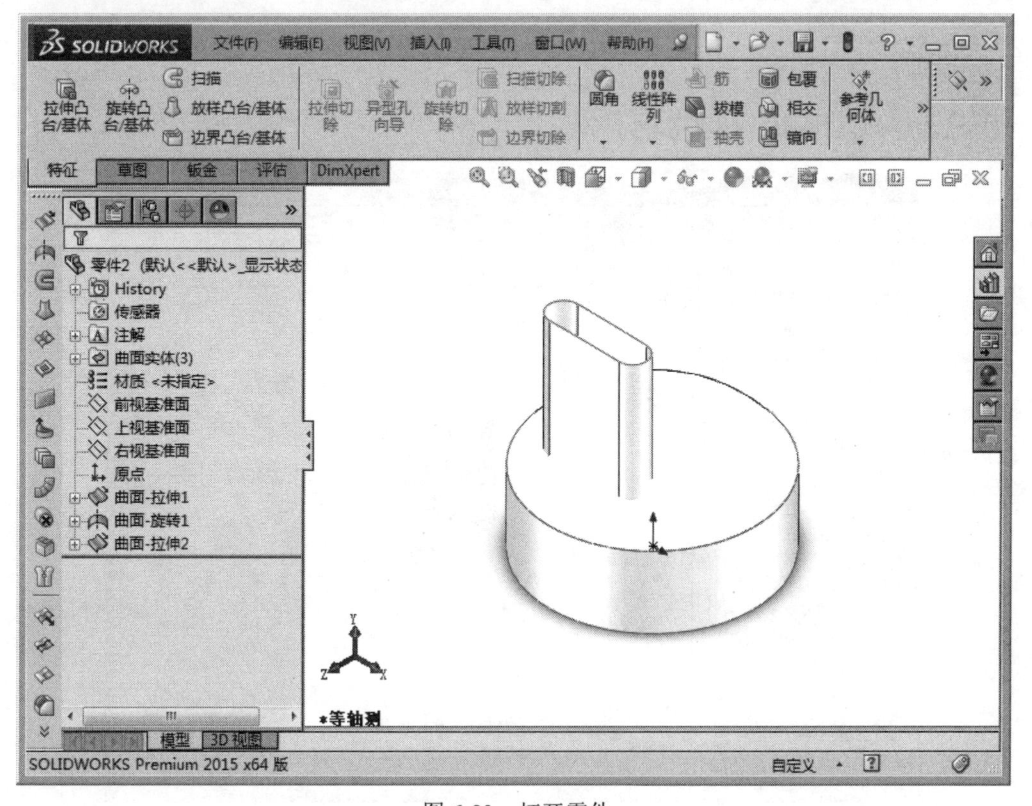

图 6-83　打开零件

Step2 缝合曲面，如图 6-84 所示。

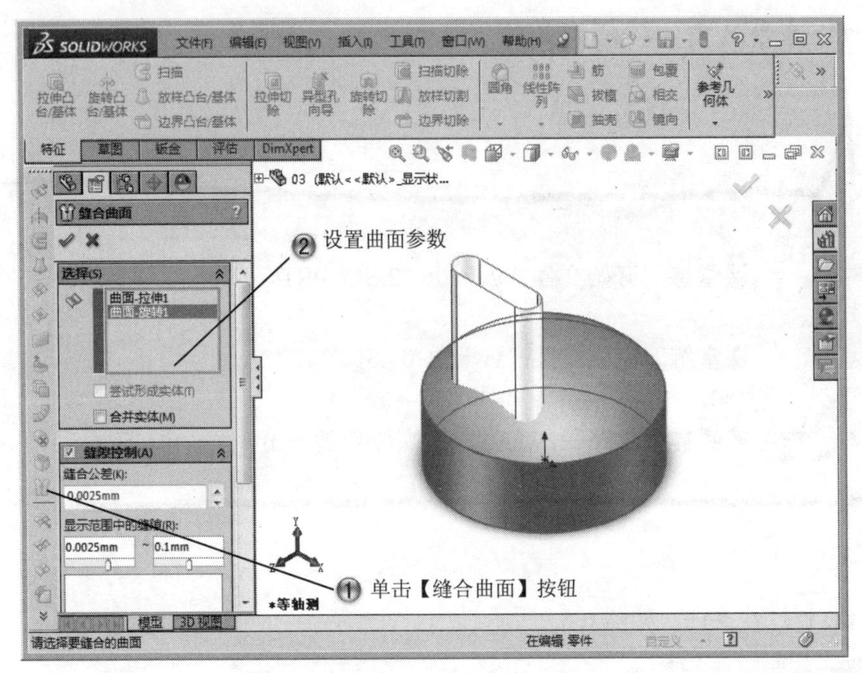

图 6-84　缝合曲面

Step3 剪裁曲面，如图 6-85 所示。

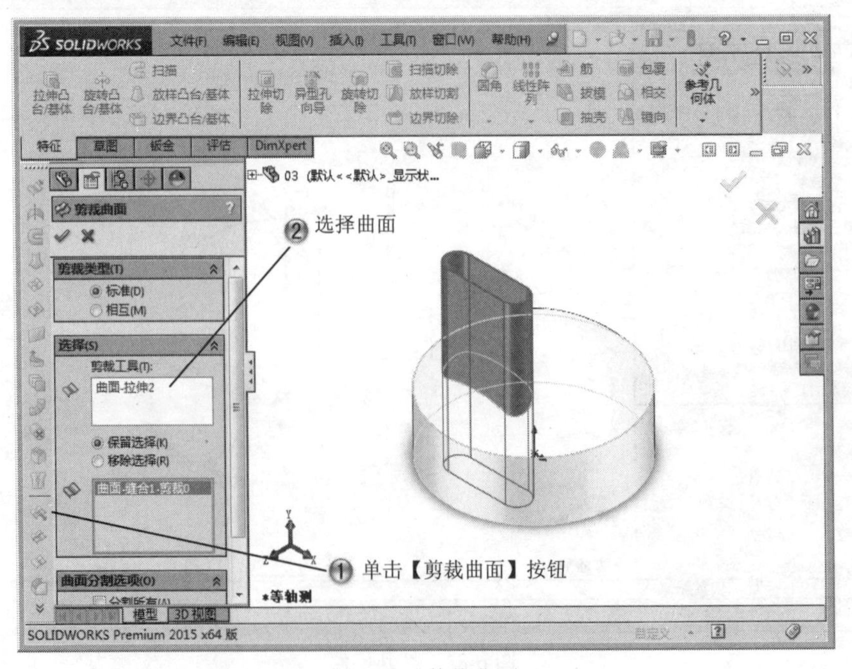

图 6-85　剪裁曲面

Step4 隐藏曲面，如图 6-86 所示。

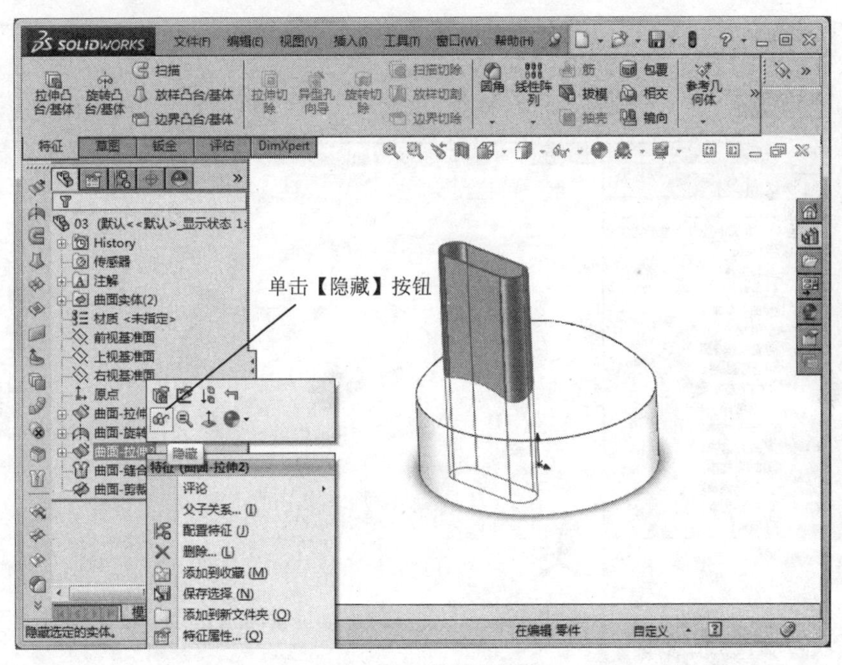

图 6-86　隐藏曲面

Step5 创建圆角，如图 6-87 所示。

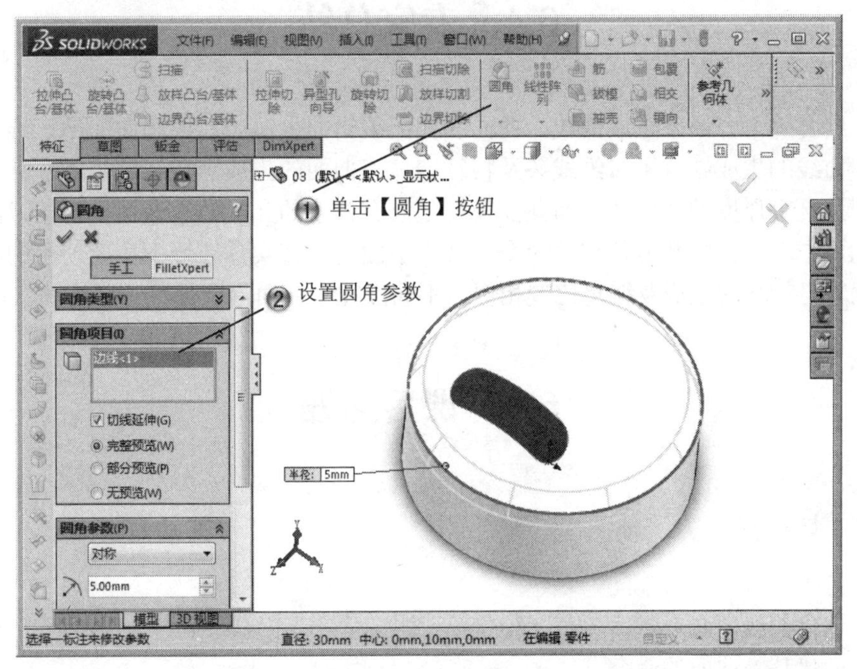

图 6-87　创建圆角

Step6 完成曲面编辑，如图 6-88 所示。

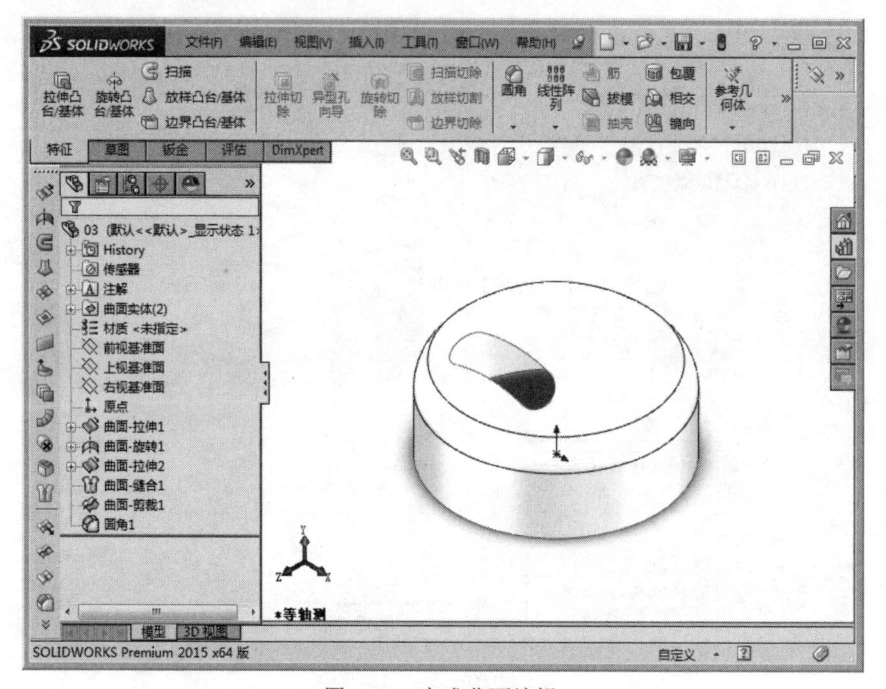

图 6-88　完成曲面编辑

6.4　专家总结

本章结合练习介绍了生成曲线、曲面和曲面编辑的方法。曲线和曲面是三维曲面造型的基础。曲线的生成结合了二维线条及特征实体。曲面的生成与特征的生成非常类似，但特征模型是具有厚度的几何体，而曲面模型是没有厚度的几何体。曲面编辑的方法包括圆角、填充、中面、延伸和剪裁这些命令，其中中面是只在实体环境下才能使用的。曲面的生成及编辑与特征的生成及编辑比较相似，不同点在于曲面模型是没有厚度的几何体。

6.5　课后习题

6.5.1　填空题

（1）创建曲线的命令有________种。

（2）创建基本曲面的命令有________、________、________、________。

（3）曲面编辑命令有________、________、________、________、________。

6.5.2 问答题

（1）曲线和曲面的创建方法有什么不同？
（2）曲面编辑的本质是什么？

6.5.3 上机操作题

如图 6-89 所示，使用本章学过的命令来创建一个茶杯曲面模型。
练习步骤和方法：
（1）绘制空间曲线。
（2）旋转曲面创建杯身。
（3）扫描曲面创建手柄。
（4）填充曲面。

图 6-89　茶杯曲面模型

第 7 章　装配体设计

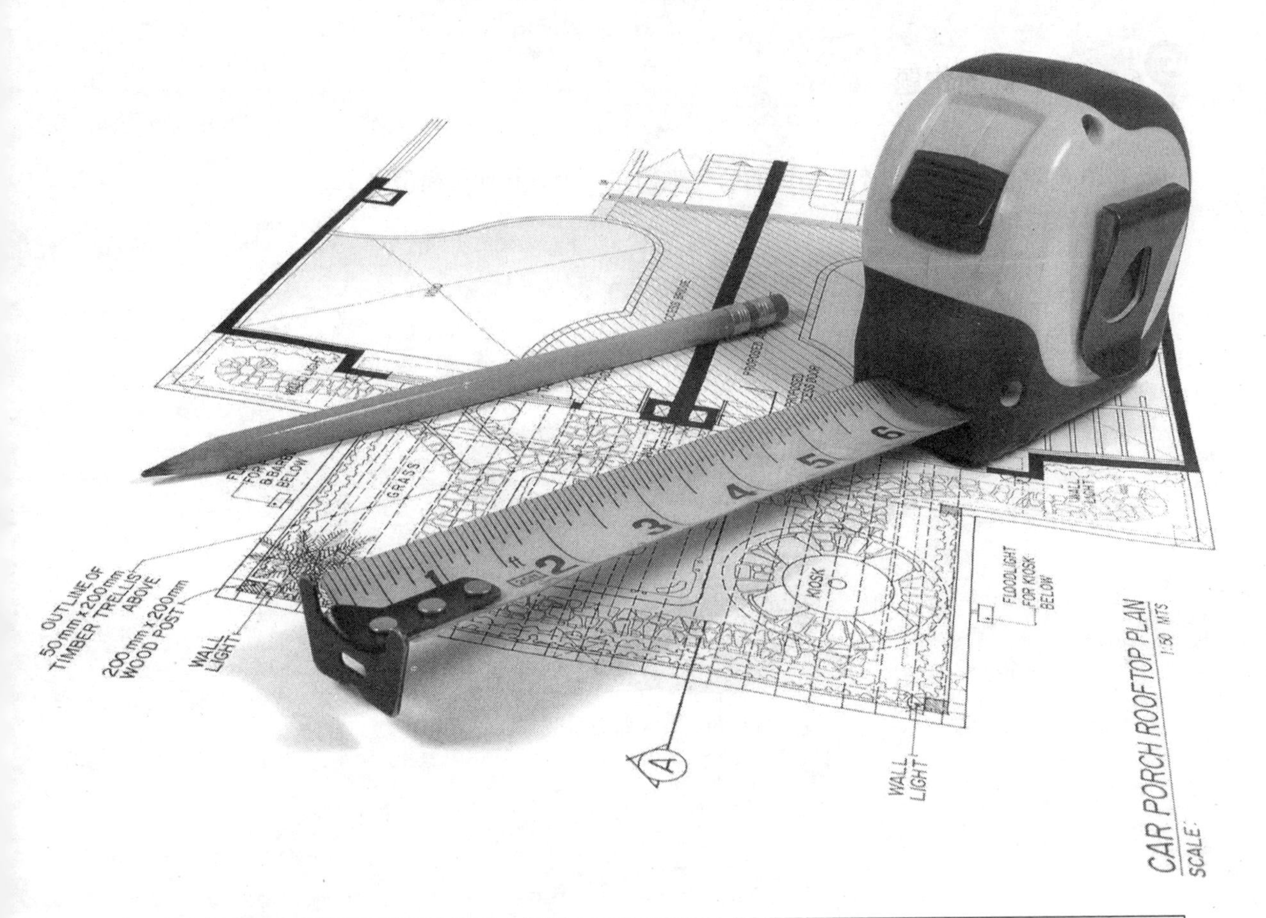

课训目标	内　容	掌握程度	课　时
	设计装配体的两种方式	熟练掌握	2
	装配体的干涉检查	熟练掌握	1
	装配体爆炸视图	熟练掌握	1
	装配体轴测剖视图	熟练掌握	1

课程学习建议

装配是 SOLIDWORKS 基本功能之一，装配体的首要功能是描述产品零件之间的配合关系，除此之外，装配环境还提供了干涉检查、爆炸视图、轴测剖视图、压缩状态和装配统计等功能。装配设计中常用的概念和术语有多组建装配、虚拟装配、装配部件、子装配、组件对象、组件等。

本章主要介绍装配体的基础和设计过程和装配体视图的创建。装配体的编辑包括干涉检查、爆炸视图、轴测视图等。

本课程主要基于装配体设计讲解，其培训课程表如下。

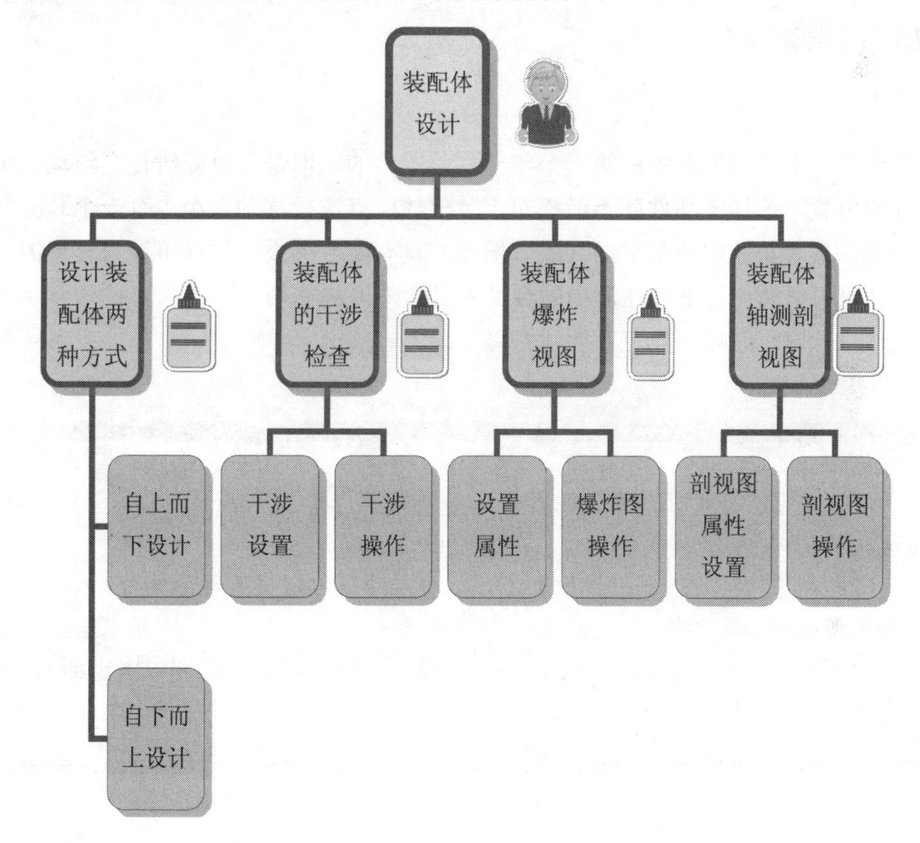

7.1 设计装配体的两种方式

装配体可以生成由许多零部件所组成的复杂装配体，这些零部件可以是零件或者其他

装配体，被称为子装配体。对于大多数操作而言，零件和装配体的行为方式是相同的。当在 SOLIDWORKS 中打开装配体时，将查找零部件文件以便在装配体中显示，同时零部件中的更改将自动反映在装配体中。

课堂讲解课时：2 课时

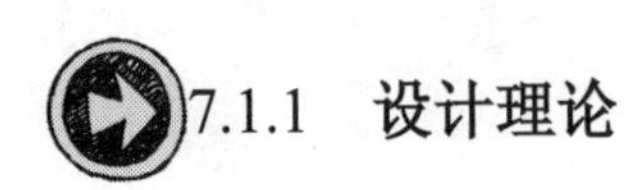

7.1.1 设计理论

在默认情况下，装配体中的第一个零部件是固定的，但是可以随时使之浮动。可以固定零部件的位置，这样零部件就不能相对于装配体原点进行移动。至少有一个装配体零部件是固定的，或者与装配体基准面（或者原点）具有配合关系，这样可以为其余的配合提供参考，而且可以防止零部件在添加配合关系时意外地被移动。

装配体设计时，有以下几点需要注意。

（1）在【特征管理器设计树】中，一个固定的零部件有一个（固定）符号出现在其名称之前。

（2）在【特征管理器设计树】中，一个浮动且欠定义的零部件有一个（-）符号出现在其名称之前。

（3）完全定义的零部件则没有任何前缀。不能在零部件阵列中固定或者浮动实例。

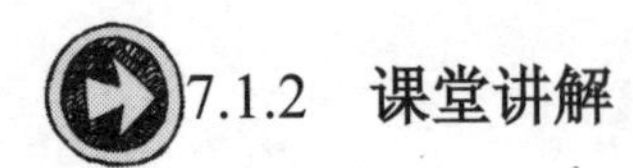

7.1.2 课堂讲解

1. 插入零部件的属性设置

插入零部件的命令，如图 7-1 所示。

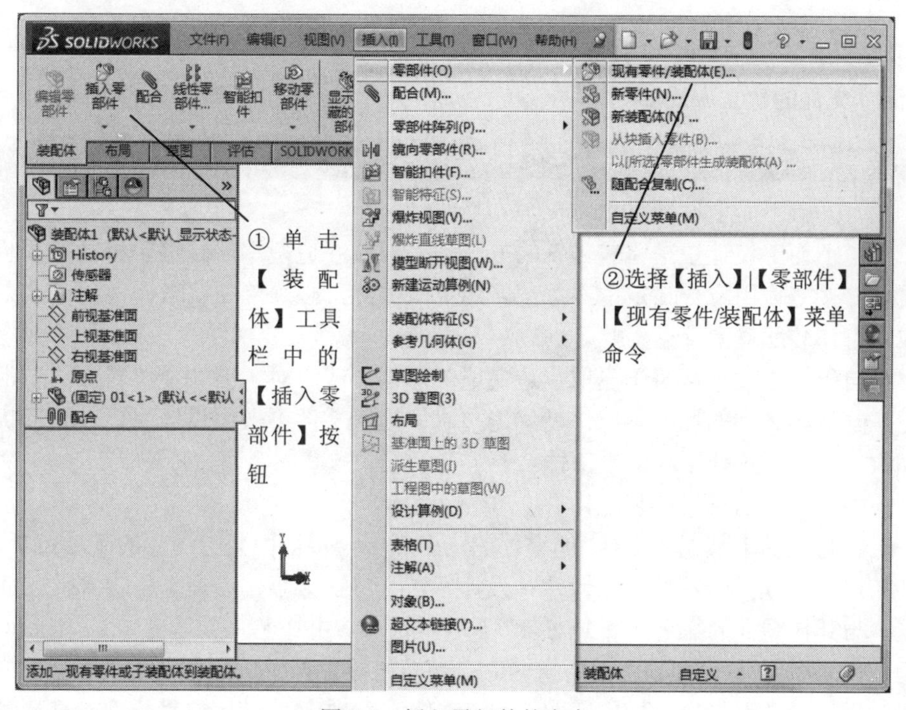

图 7-1　插入零部件的命令

弹出的【插入零部件】属性管理器，如图 7-2 所示。

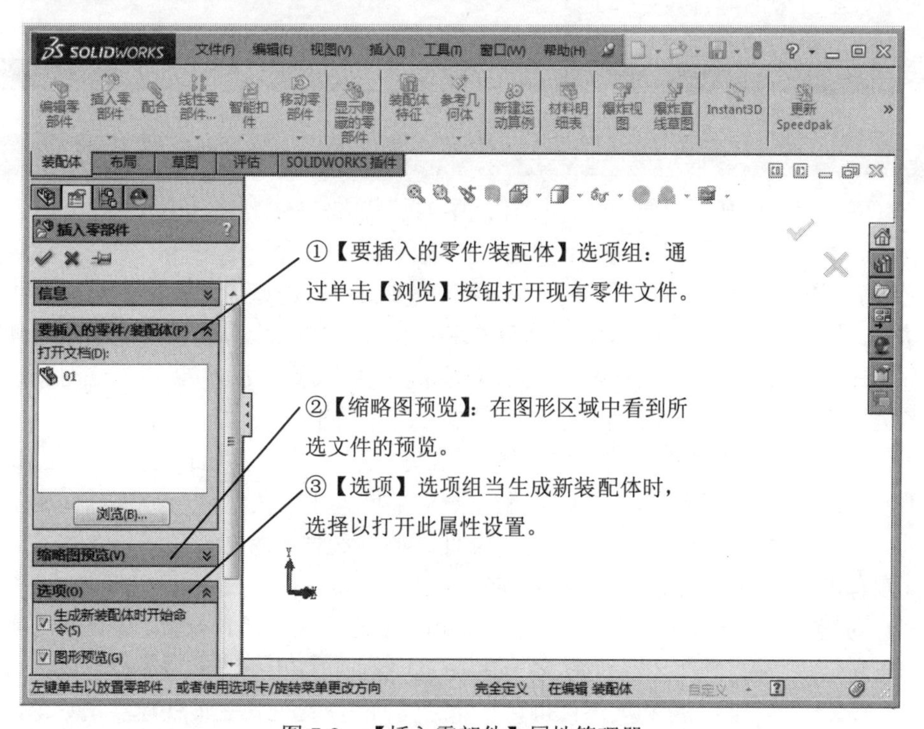

图 7-2　【插入零部件】属性管理器

2. 设计装配体的两种方式

装配体文件的建立方式如下。

（1）自下而上设计装配体

自下而上设计法是比较传统的方法。先设计并造型零件，然后将之插入装配体，接着使用配合来定位零件。若想更改零件，必须单独编辑零件，更改完成后可在装配体中看见。

自下而上设计法对于先前建造完成的零件，或者对于诸如金属器件、皮带轮、马达等之类的标准零部件是优先技术，这些零件不根据设计而更改其形状和大小，除非选择不同的零部件。

（2）自上而下设计装配体

在自上而下装配体设计中，零件的一个或多个特征由装配体中的某项定义，如布局草图或另一零件的几何体。设计意图（特征大小、装配体中零部件的放置，与其他零件的靠近，等）来自顶层（装配体）并下移（到零件中），因此称为“自上而下”。例如，当使用拉伸命令在塑料零件上生成定位销时，可选择成形到面选项并选择线路板的底面（不同零件）。该选择将使定位销长度刚好接触线路板，即使线路板在将来设计更改中移动。这样销钉的长度在装配体中定义，而不被零件中的静态尺寸所定义。

可使用一些或所有自上而下设计法中的某些方法：

①单个特征可通过参考装配体中的其他零件而自上而下设计，如在上述定位销情形中。在自下而上设计中，零件在单独窗口中建造，此窗口中只可看到零件。然而，SOLIDWORKS 也允许在装配体窗口中操作时编辑零件。这可使所有其他零部件的几何体供参考之用（例如，复制或标注尺寸）。该方法对于大多是静态但具有某些与其他装配体零部件交界之特征的零件较有帮助。

②完整零件可通过在关联装配体中，创建新零部件而以自上而下方法建造。用户所建造的零部件实际上附加（配合）到装配体中的另一现有零部件。用户所建造的零部件的几何体基于现有零部件。该方法对于像托架和器具之类的零件较有用，它们大多或完全依赖其他零件来定义其形状和大小。

③整个装配体亦可自上而下设计，先通过建造定义零部件位置、关键尺寸等的布局草图。接着使用以上方法之一建造 3D 零件，这样 3D 零件遵循草图的大小和位置。草图的速度和灵活性可让在建造任何 3D 几何体之前快速尝试数个设计版本。即使在建造 3D 几何体后，草图可让用户在一中心位置进行大量更改。

7.1.3 课堂练习——创建装配体

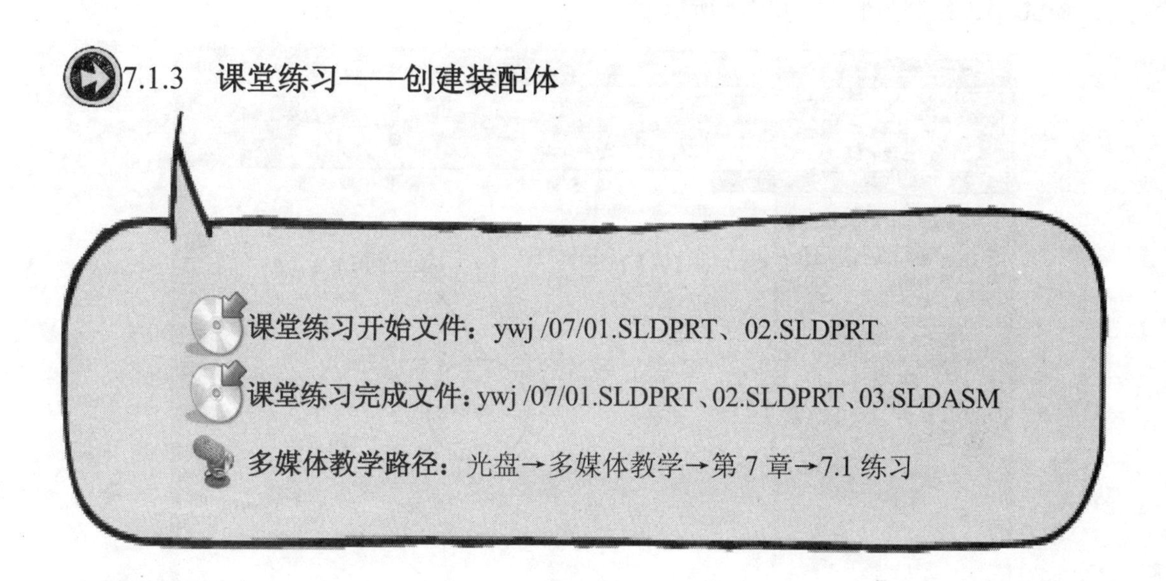

Step1 选择草绘面，如图 7-3 所示。

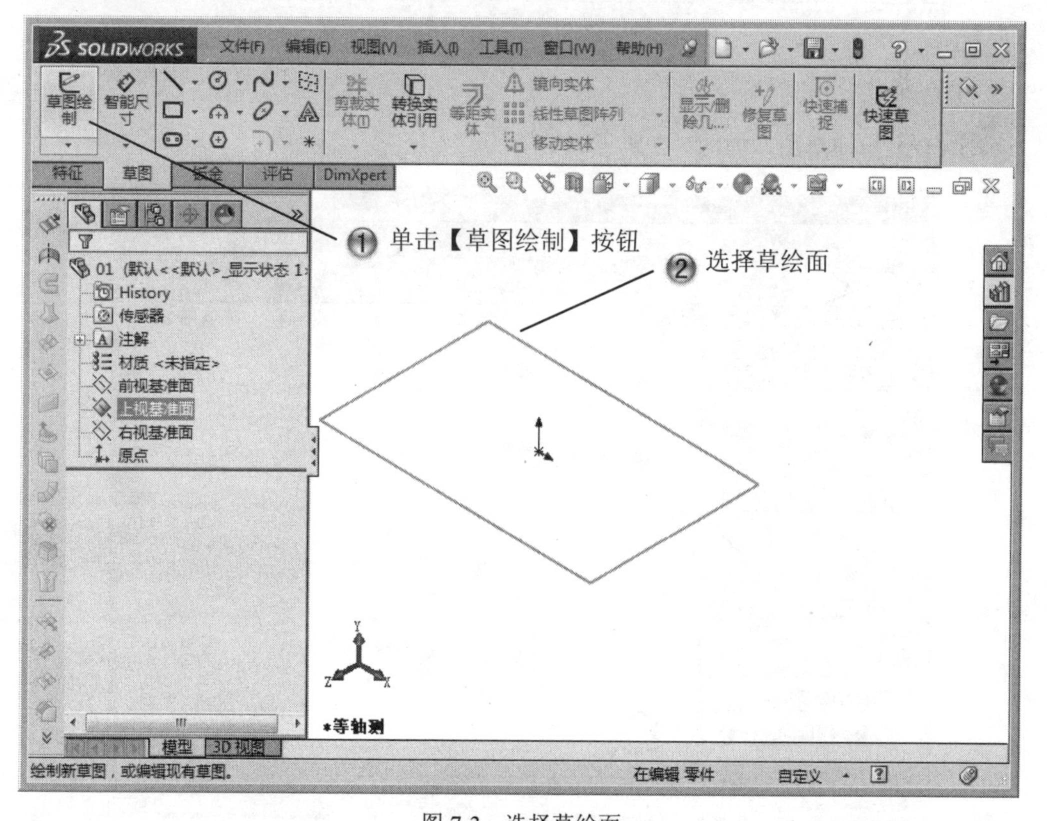

图 7-3 选择草绘面

Step2 绘制圆形，如图 7-4 所示。

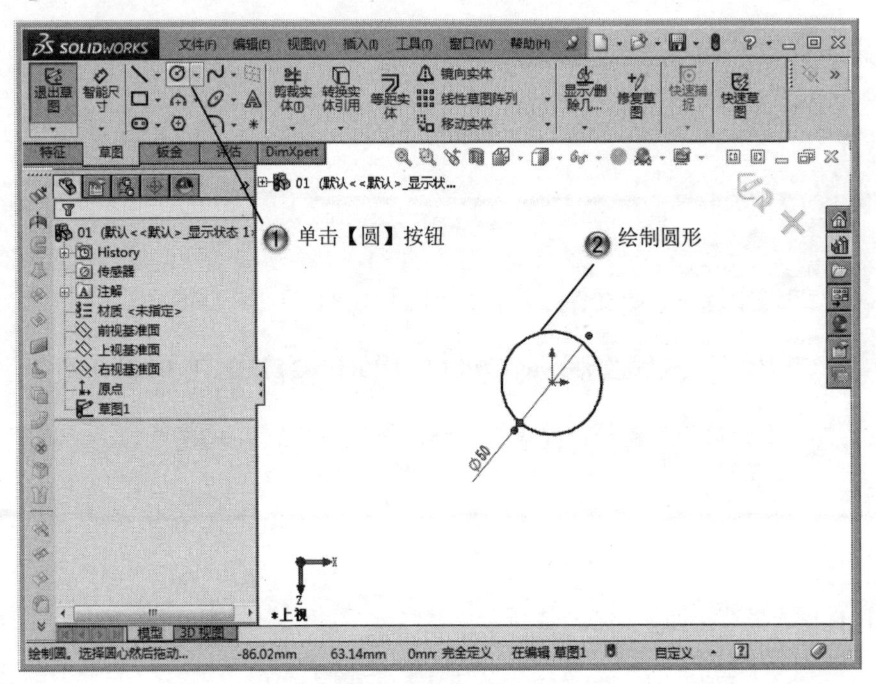

图 7-4　绘制圆形

Step3 拉伸草图，如图 7-5 所示。

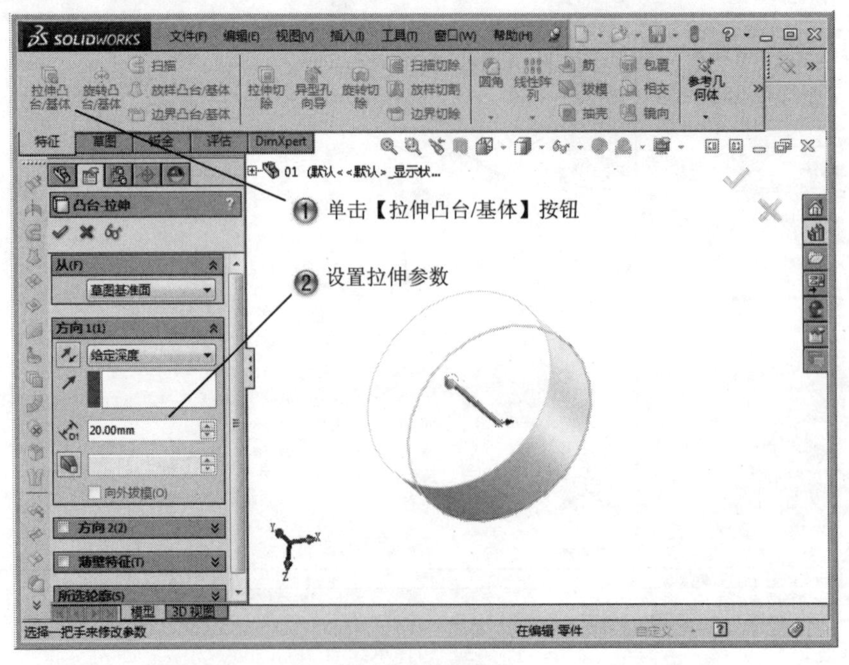

图 7-5　拉伸草图

Step4 选择草绘面，如图 7-6 所示。

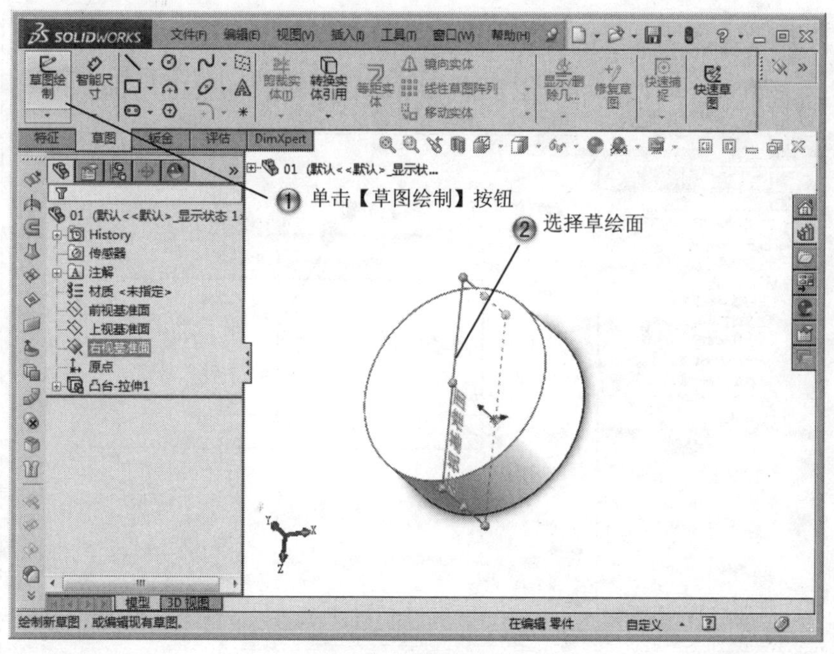

图 7-6 选择草绘面

Step5 绘制圆形，如图 7-7 所示。

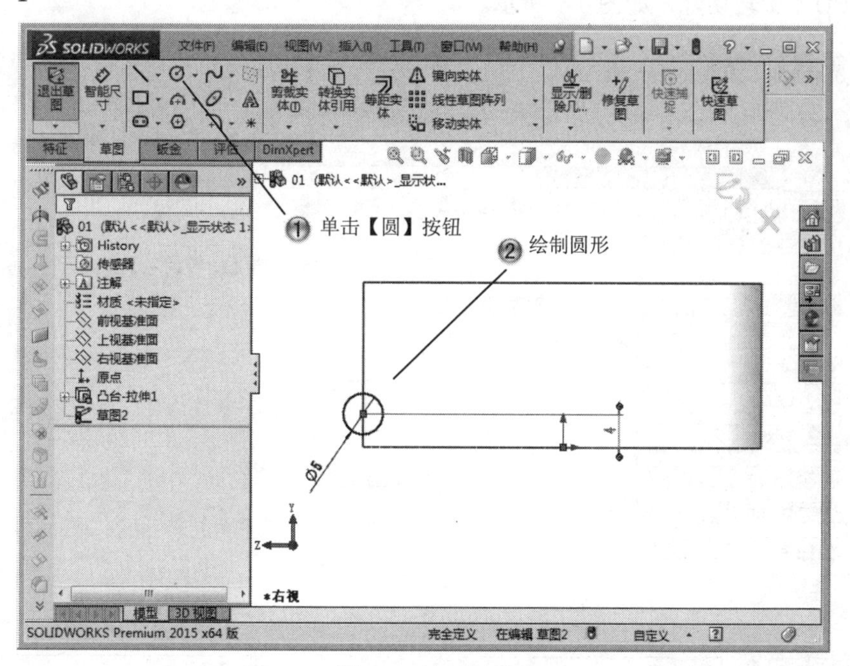

图 7-7 绘制圆形

Step6 绘制中心线，如图 7-8 所示。

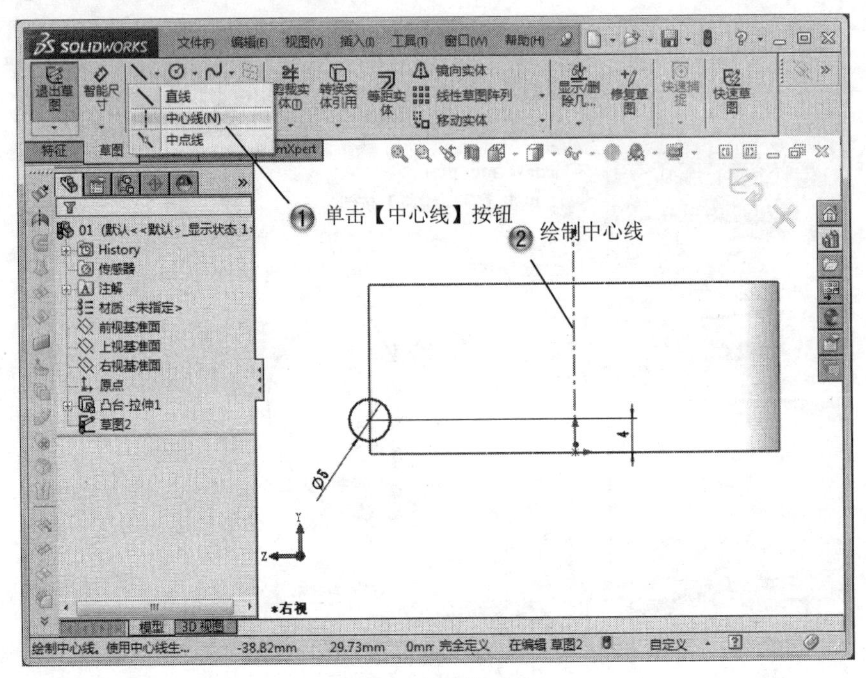

图 7-8 绘制中心线

Step7 旋转切除，如图 7-9 所示。

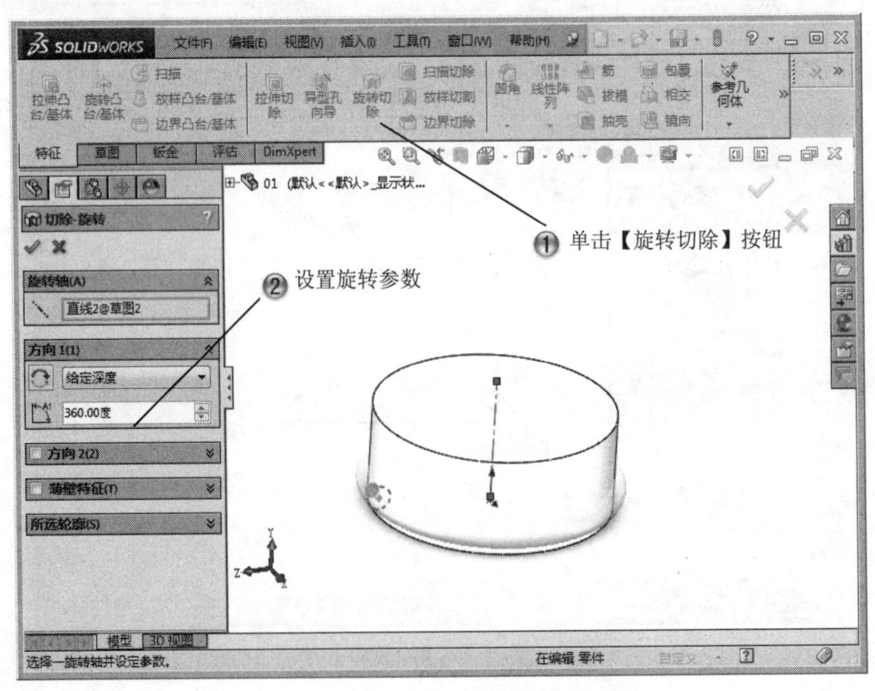

图 7-9 旋转切除

Step8 线性阵列，如图 7-10 所示。

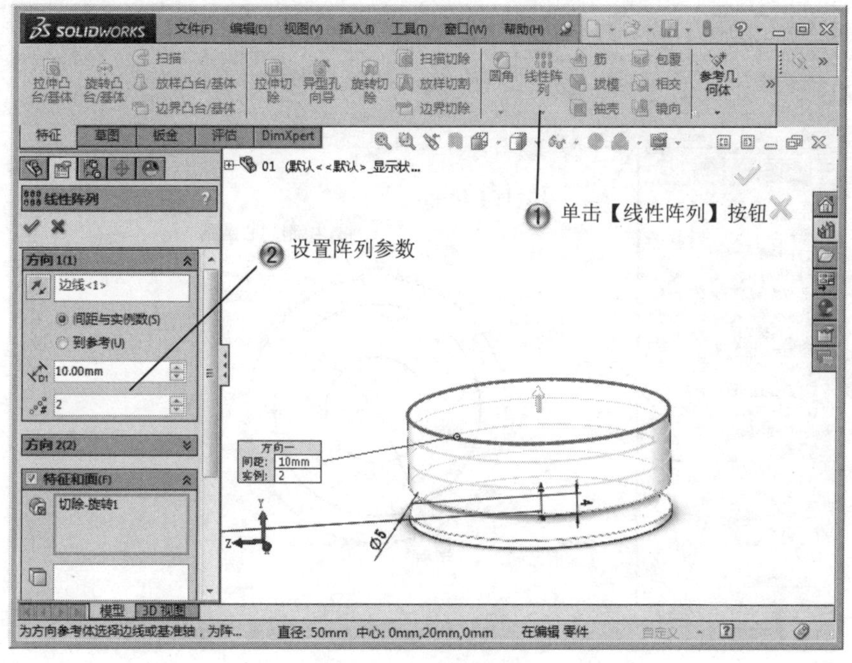

图 7-10 线性阵列

Step9 选择草绘面，如图 7-11 所示。

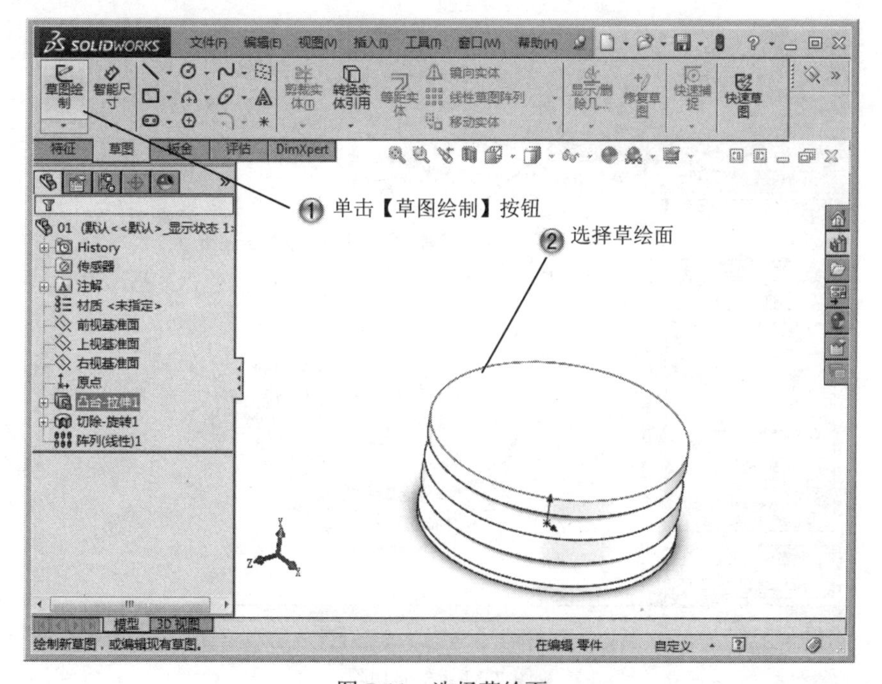

图 7-11 选择草绘面

Step10 绘制同心圆，如图 7-12 所示。

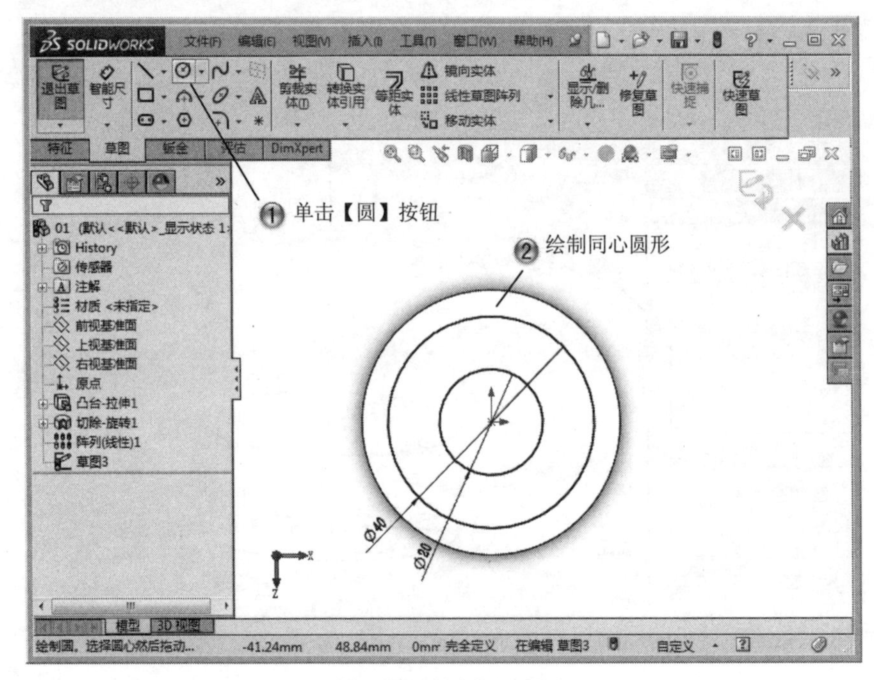

图 7-12　绘制同心圆

Step11 拉伸切除，如图 7-13 所示。

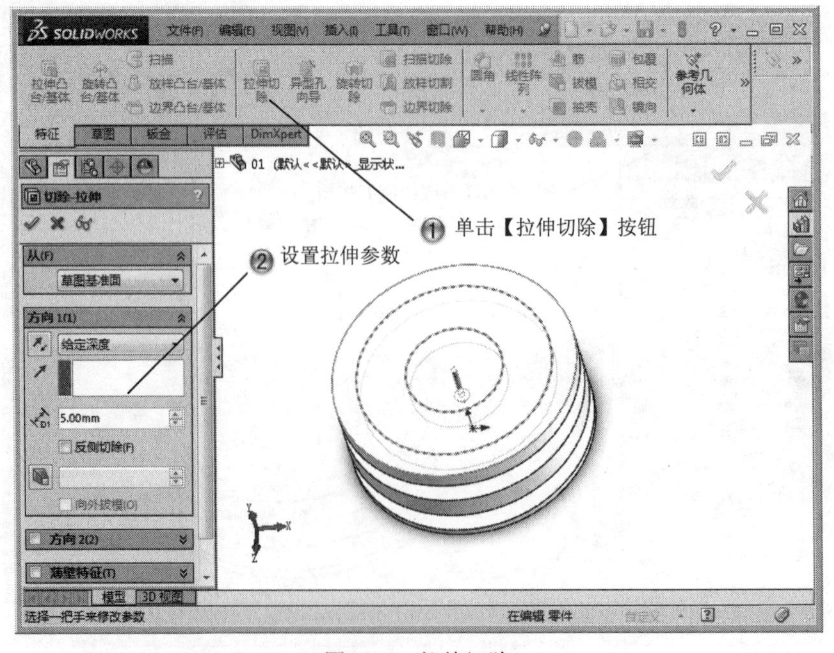

图 7-13　拉伸切除

Step12 创建圆角，如图 7-14 所示。

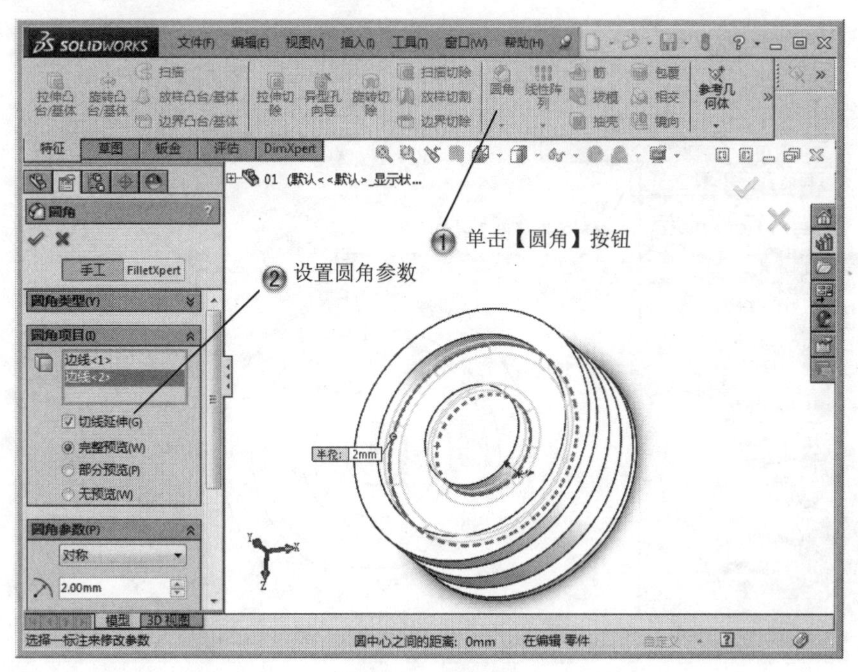

图 7-14　创建圆角

Step13 选择草绘面，如图 7-15 所示。

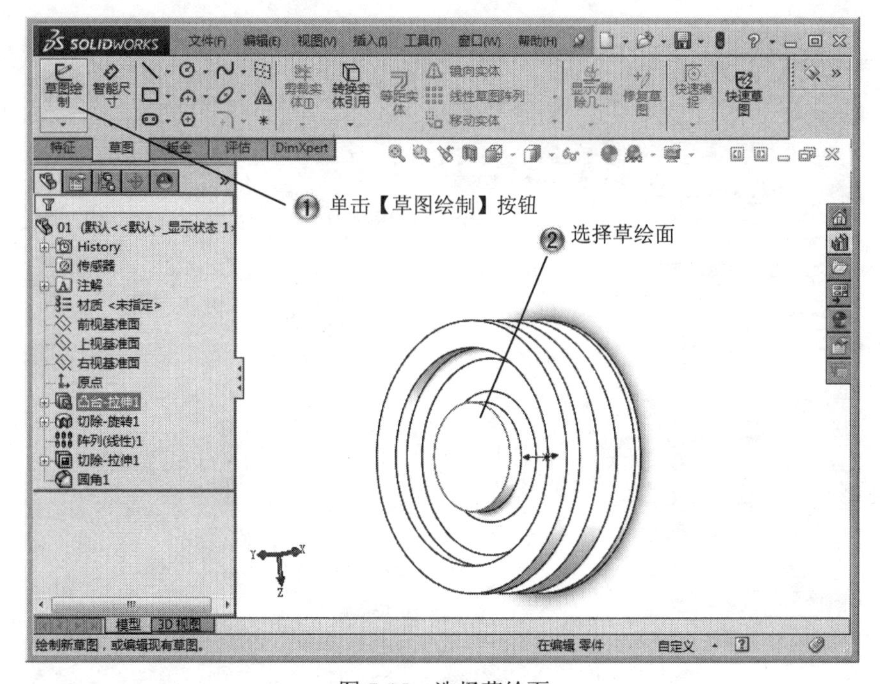

图 7-15　选择草绘面

Step14 绘制圆形，如图 7-16 所示。

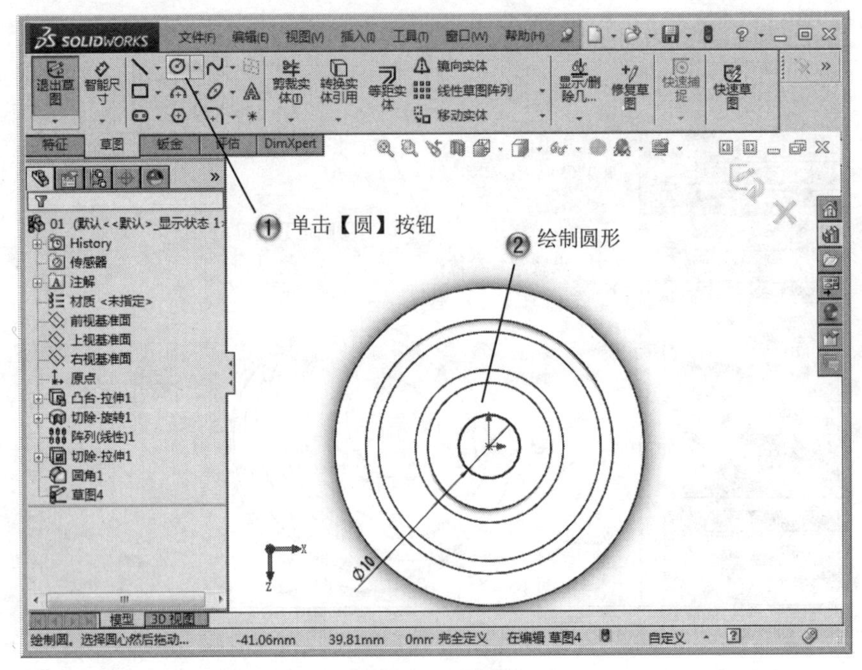

图 7-16　绘制圆形

Step15 拉伸切除，如图 7-17 所示。

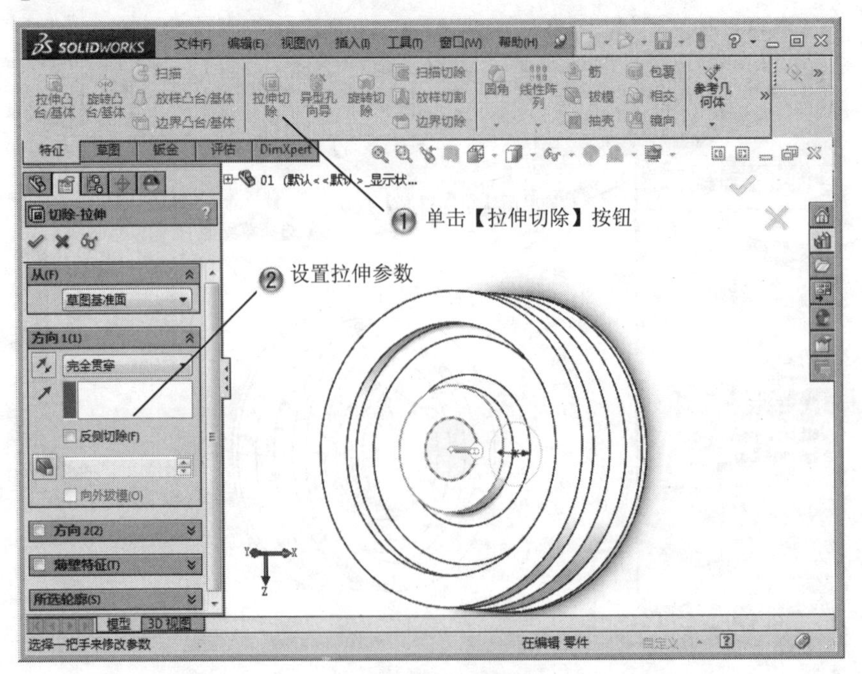

图 7-17　拉伸切除

Step 16 完成滚轮，如图 7-18 所示。

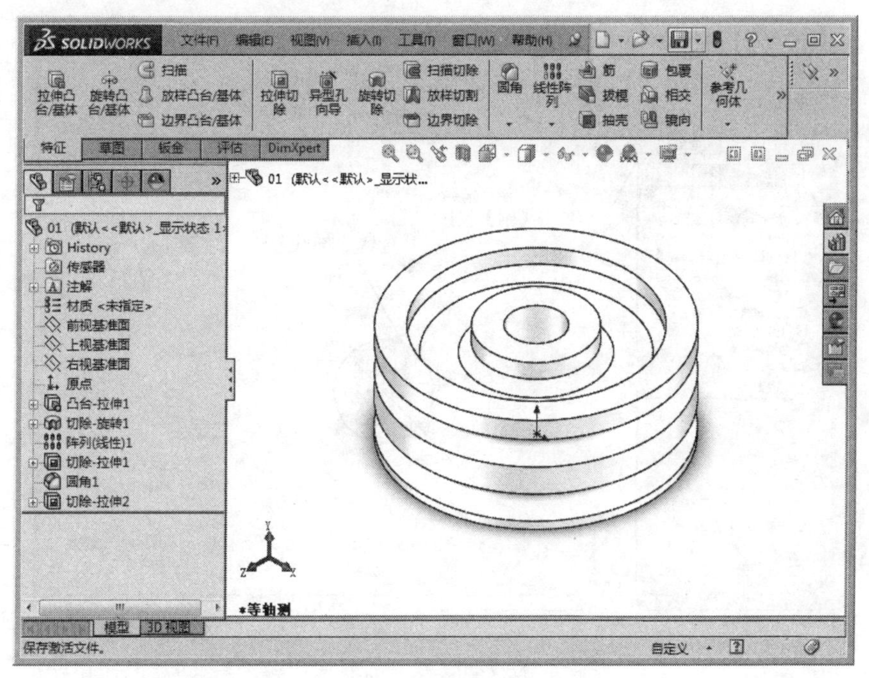

图 7-18　完成滚轮

Step 17 选择草绘面，如图 7-19 所示。

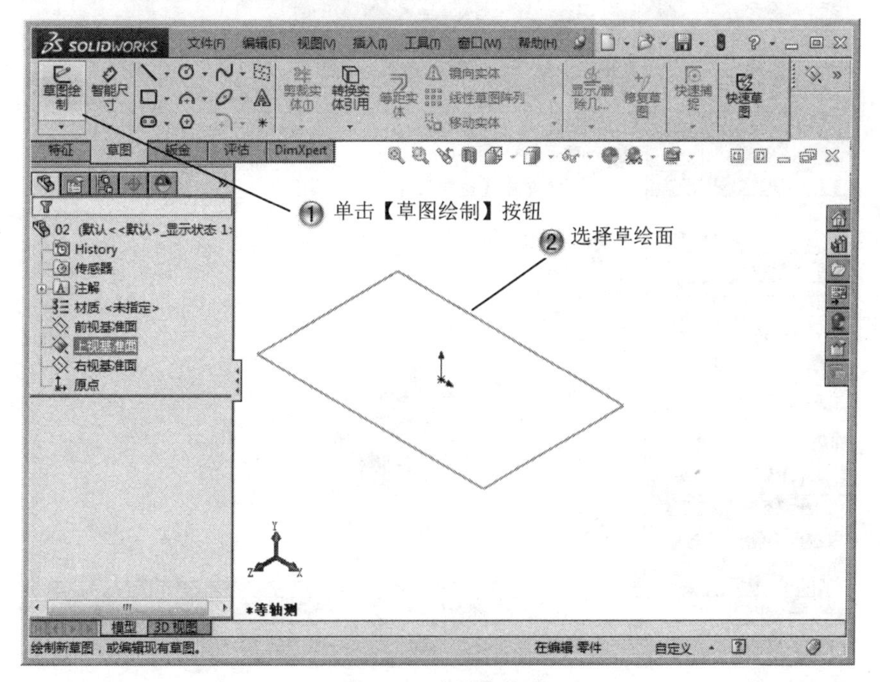

图 7-19　选择草绘面

Step18 绘制圆形，如图 7-20 所示。

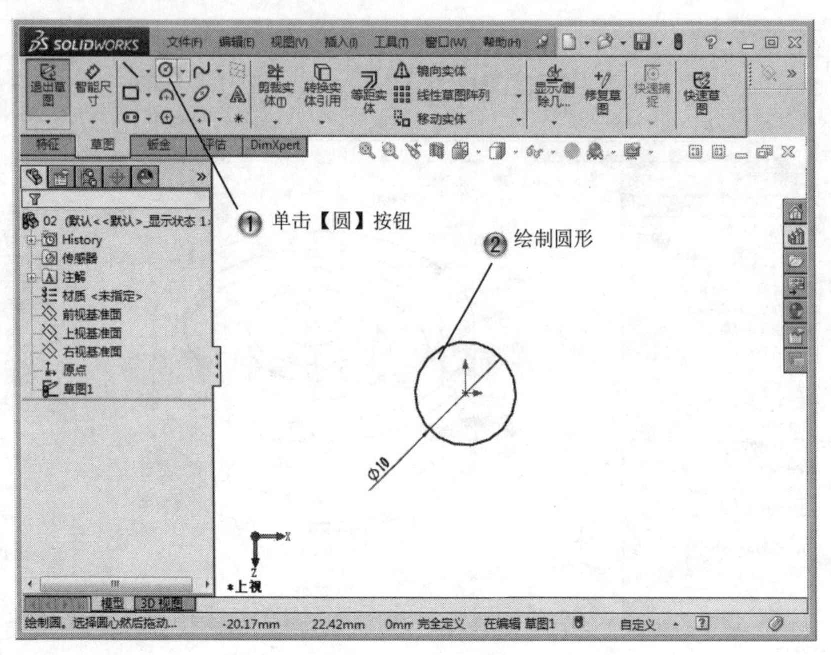

图 7-20　绘制圆形

Step19 拉伸凸台，如图 7-21 所示。

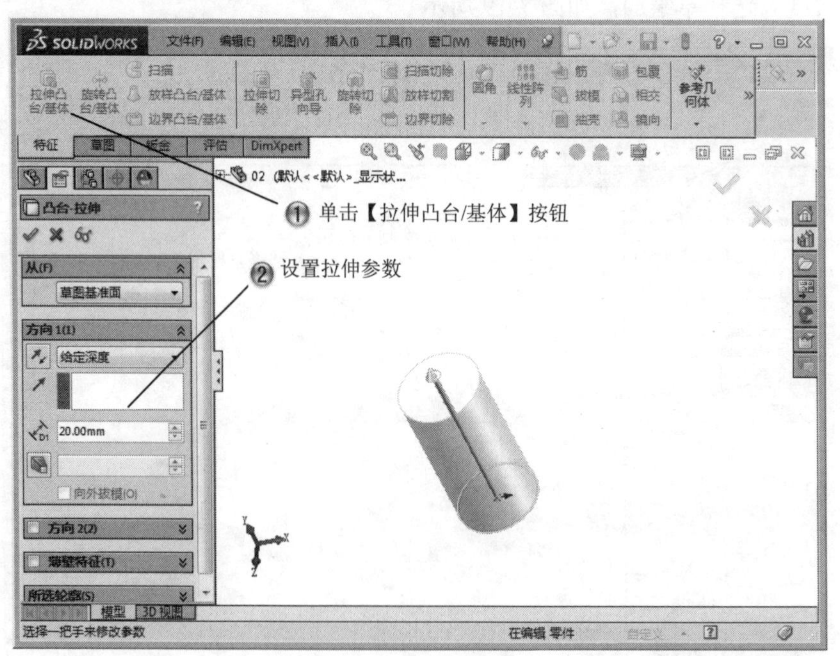

图 7-21　拉伸凸台

Step20 选择草绘面，如图 7-22 所示。

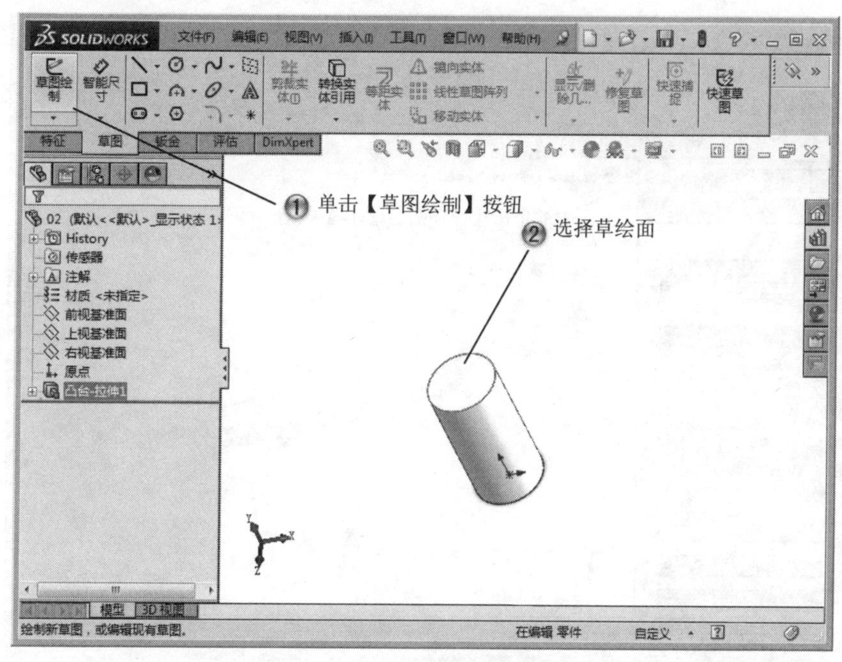

图 7-22 选择草绘面

Step21 绘制圆形，如图 7-23 所示。

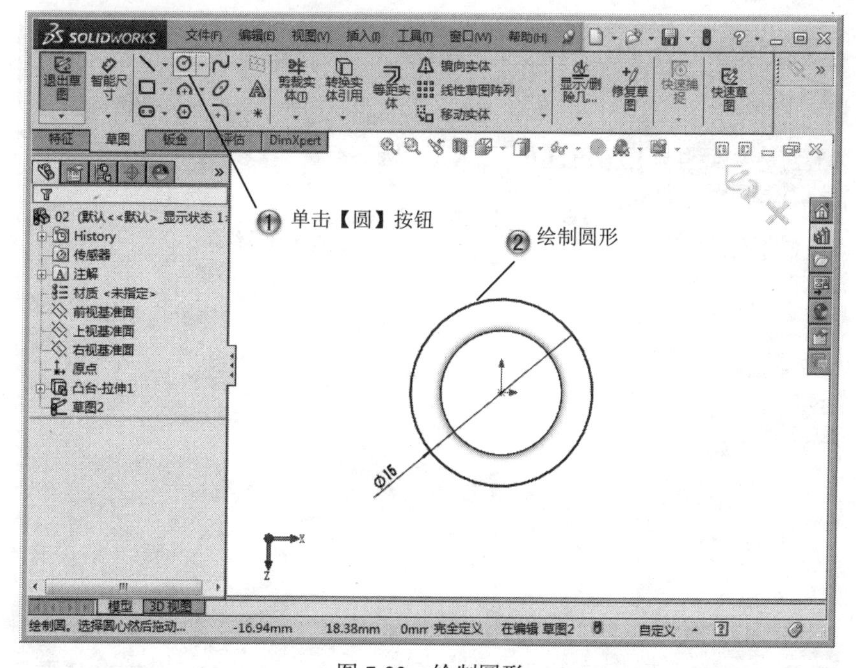

图 7-23 绘制圆形

Step22 拉伸凸台，如图 7-24 所示。

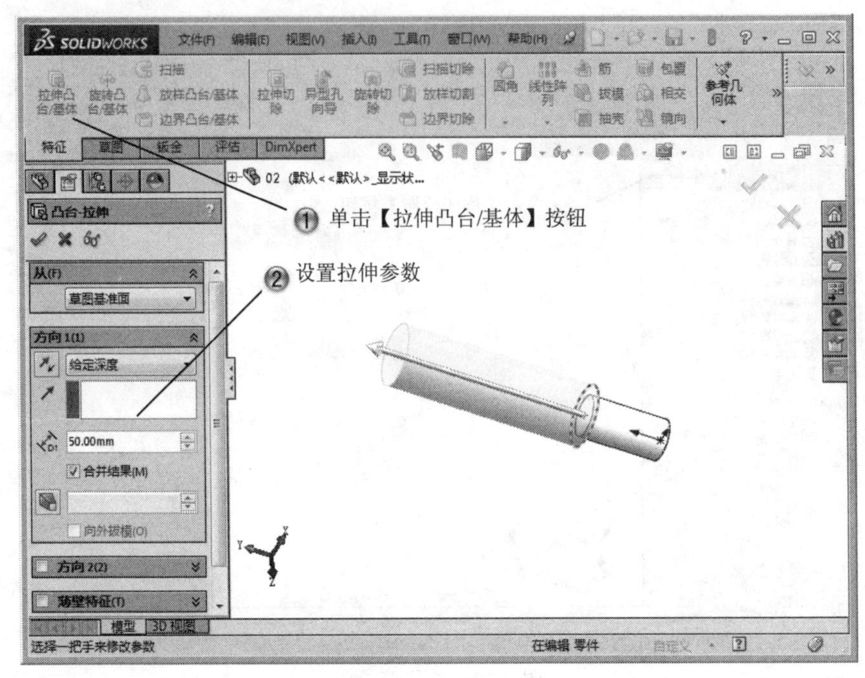

图 7-24　拉伸凸台

Step23 选择草绘面，如图 7-25 所示。

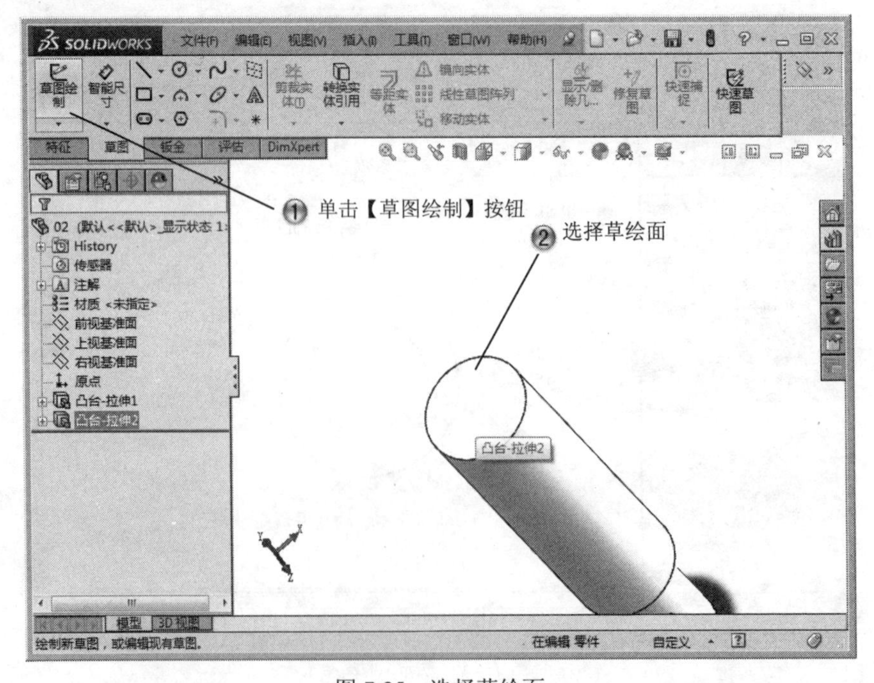

图 7-25　选择草绘面

Step24 绘制圆形，如图 7-26 所示。

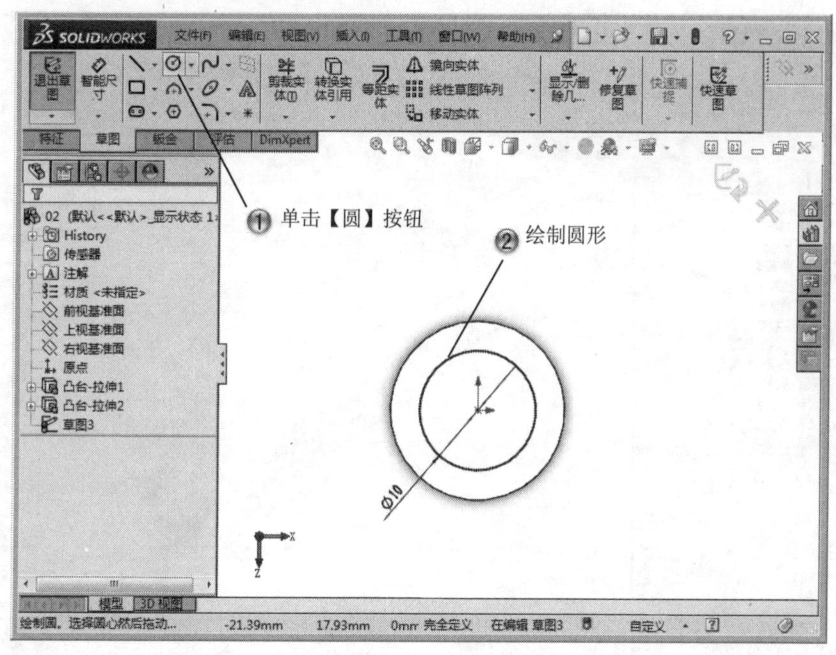

图 7-26　绘制圆形

Step25 拉伸凸台，如图 7-27 所示。

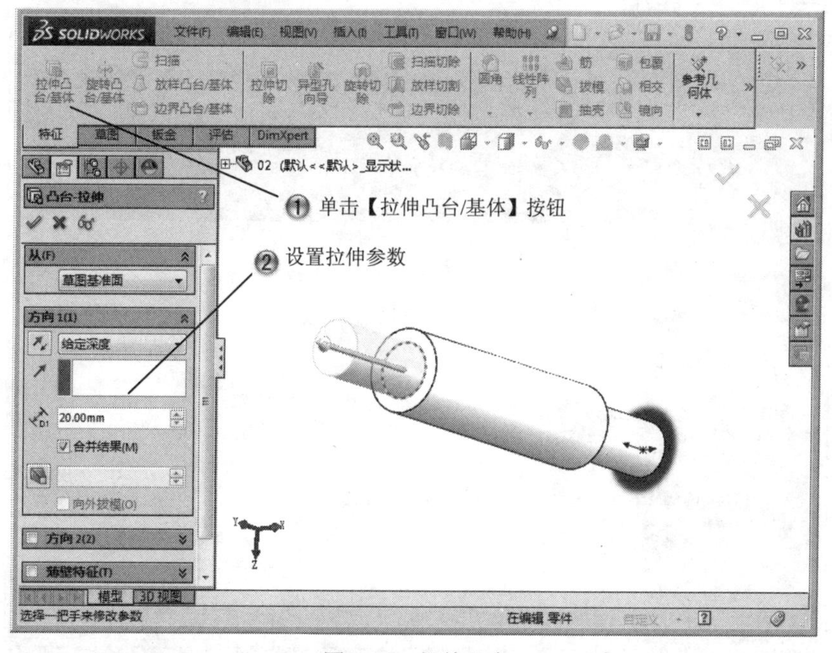

图 7-27　拉伸凸台

Step26 完成杆件，如图 7-28 所示。

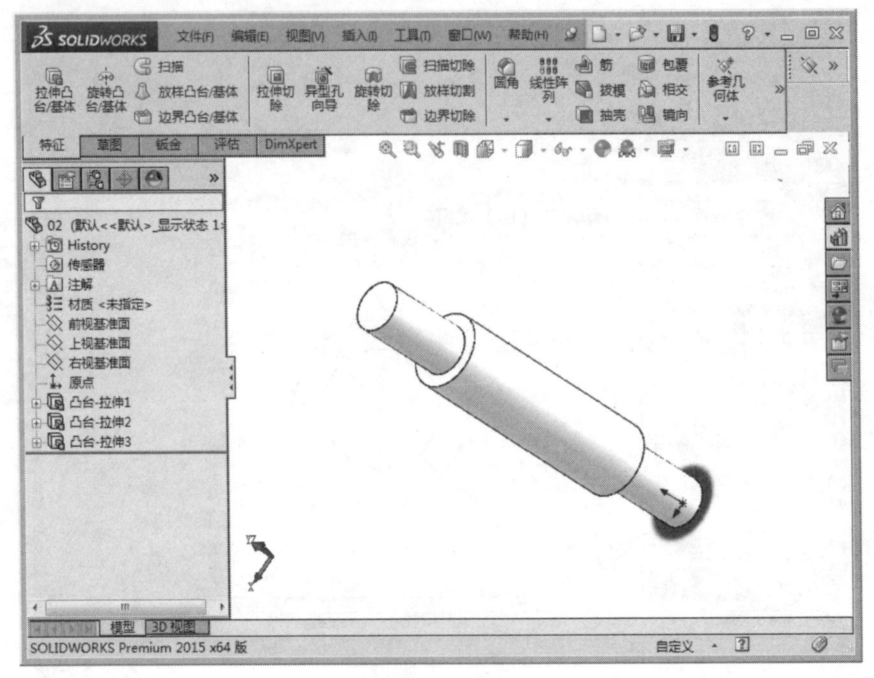

图 7-28　完成杆件

Step27 创建装配体，如图 7-29 所示。

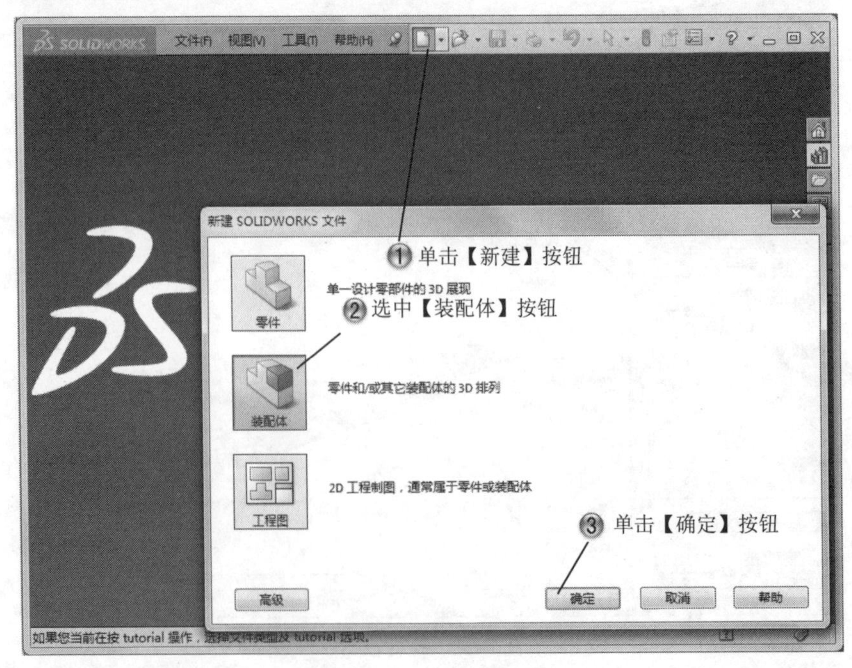

图 7-29　创建装配体

Step28 选择【插入零部件】命令，如图 7-30 所示。

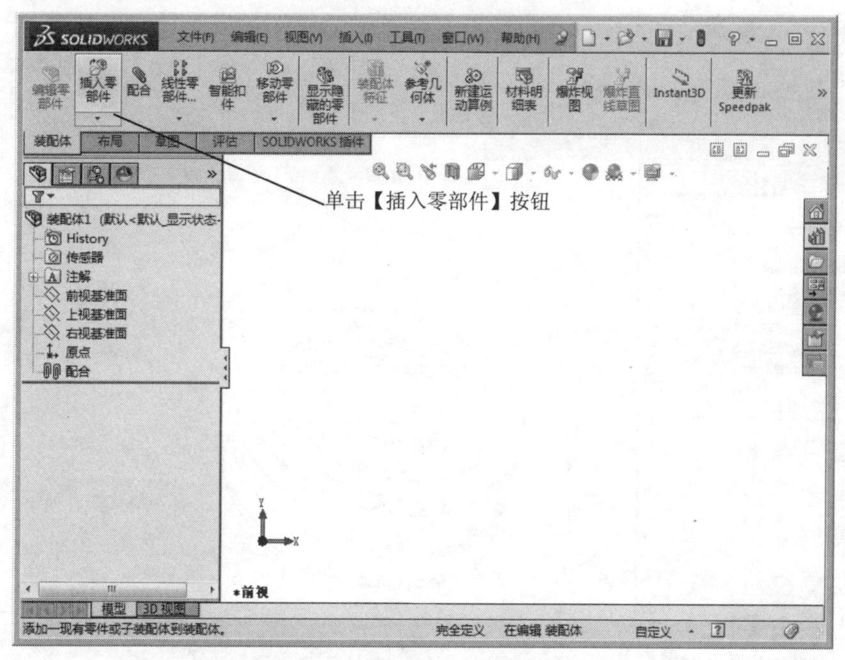

图 7-30　选择【插入零部件】命令

Step29 选择零部件，如图 7-31 所示。

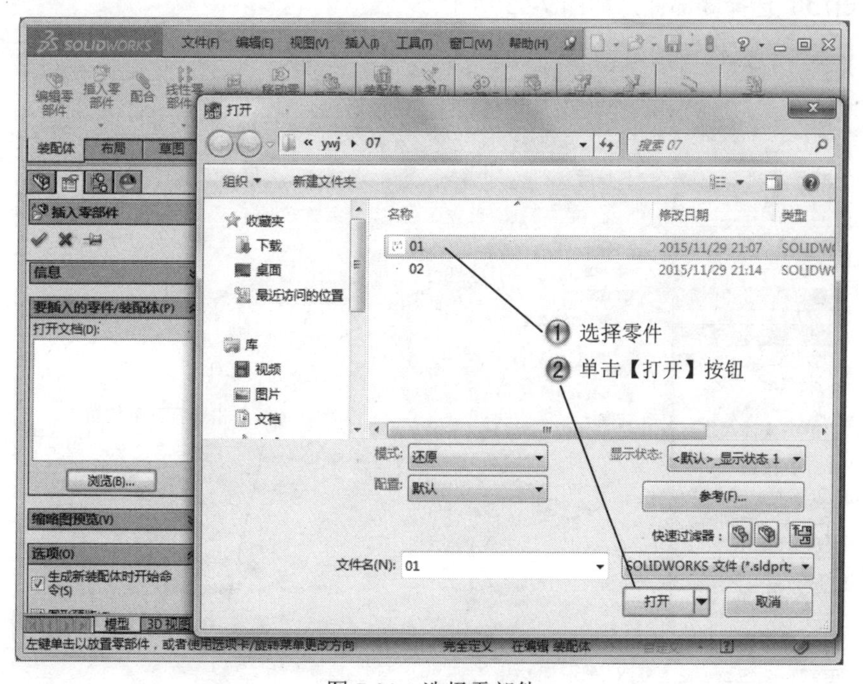

图 7-31　选择零部件

Step30 放置滚轮，如图 7-32 所示。

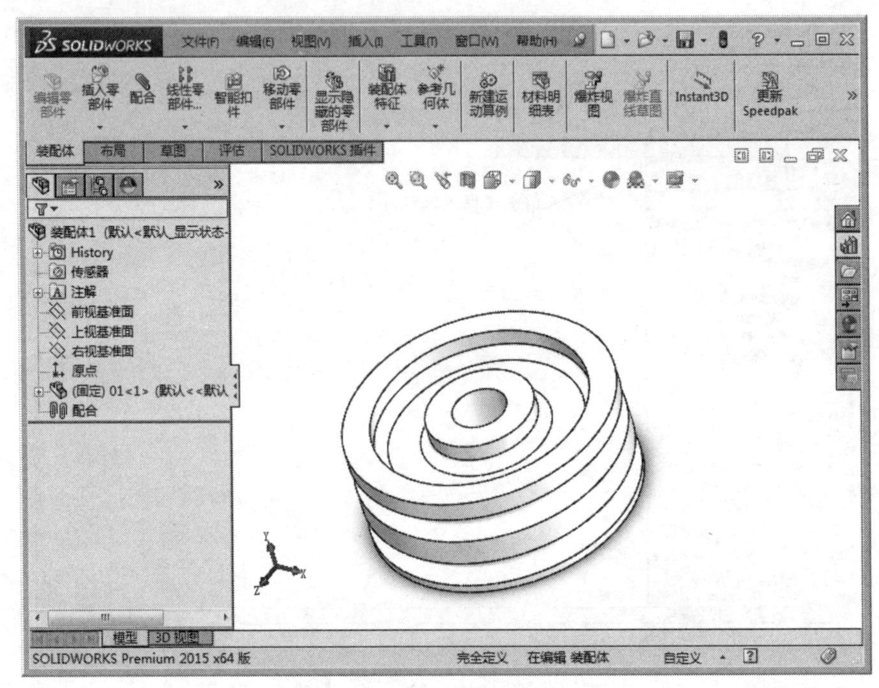

图 7-32　放置滚轮

Step31 选择零部件，如图 7-33 所示。

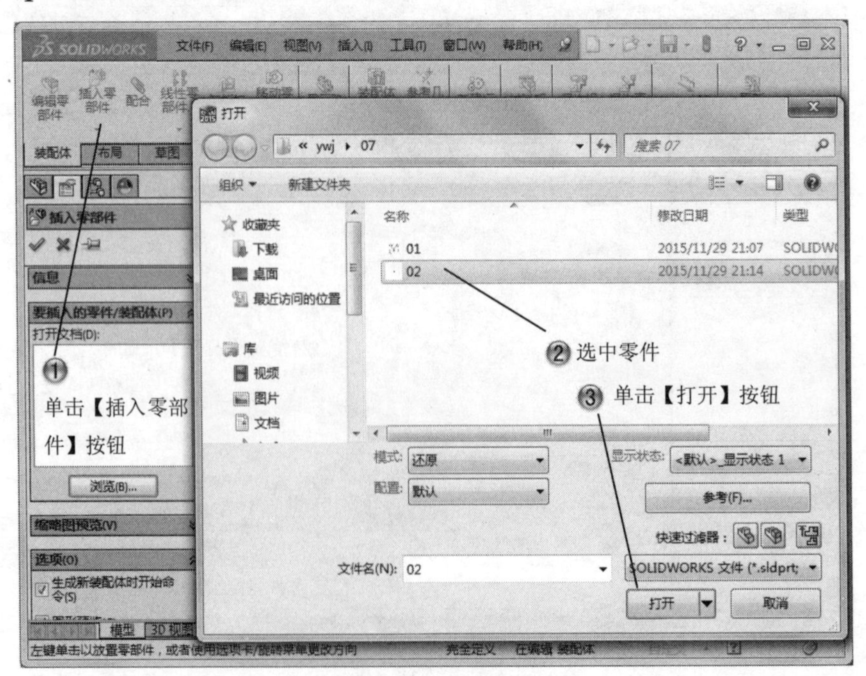

图 7-33　选择零部件

Step32 放置杆件，如图 7-34 所示。

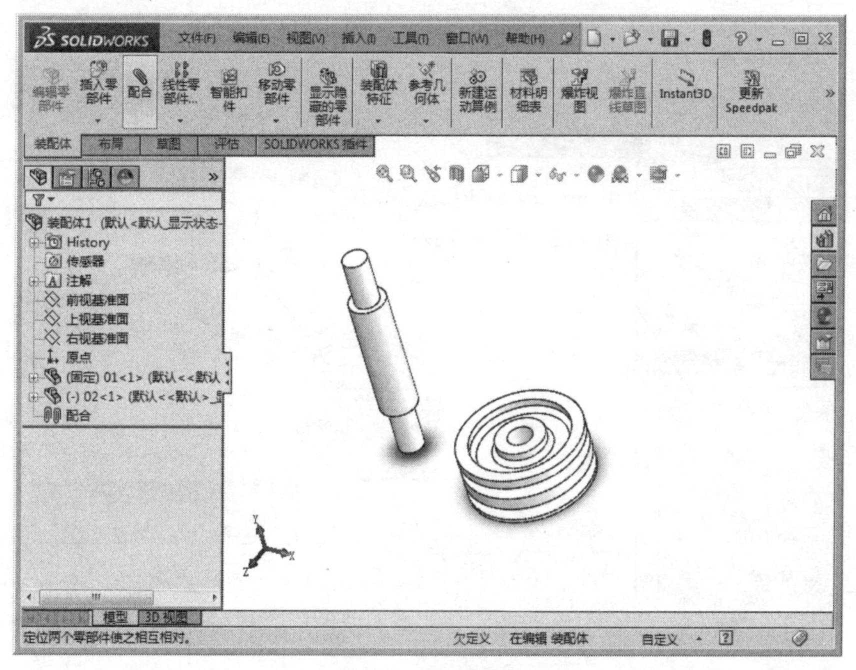

图 7-34　放置杆件

Step33 选择重合面，如图 7-35 所示。

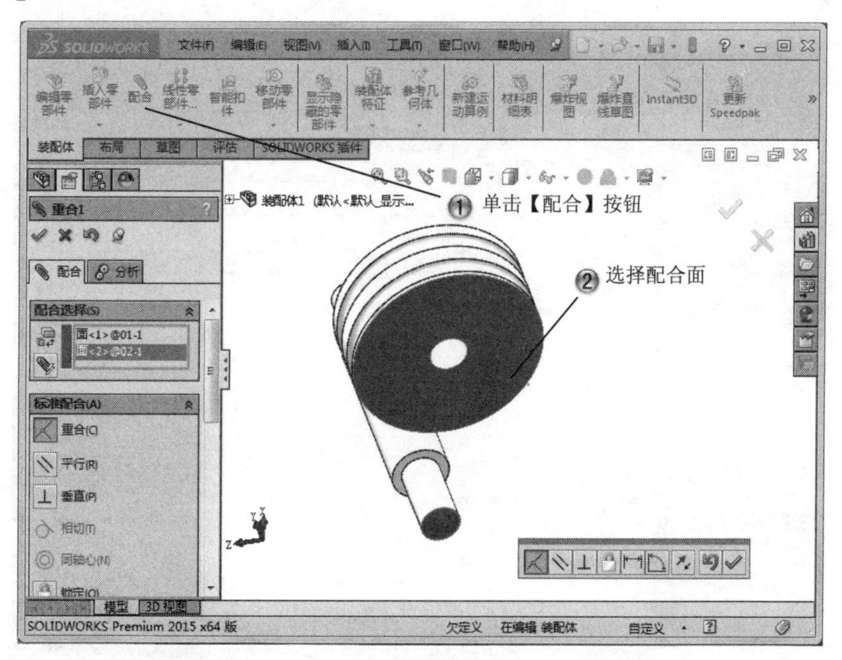

图 7-35　选择重合面

Step34 选择同轴面，如图 7-36 所示。

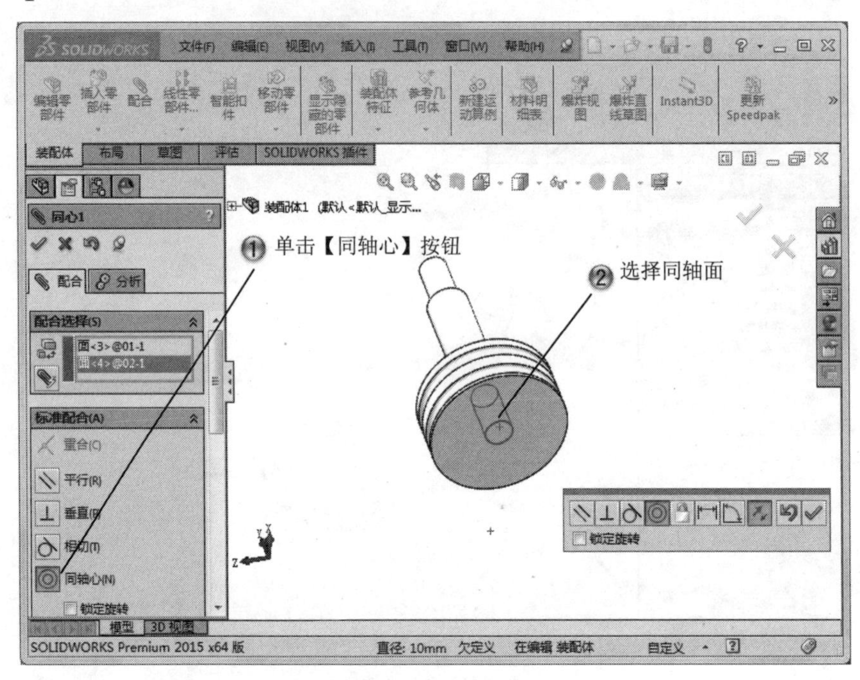

图 7-36 选择同轴面

Step35 插入零部件，如图 7-37 所示。

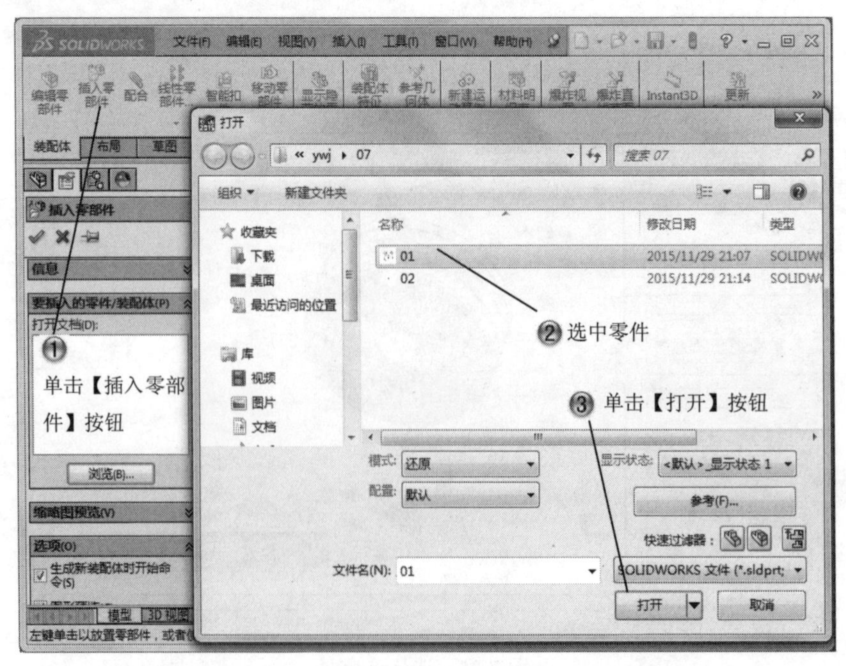

图 7-37 插入零部件

Step36 放置滚轮，如图 7-38 所示。

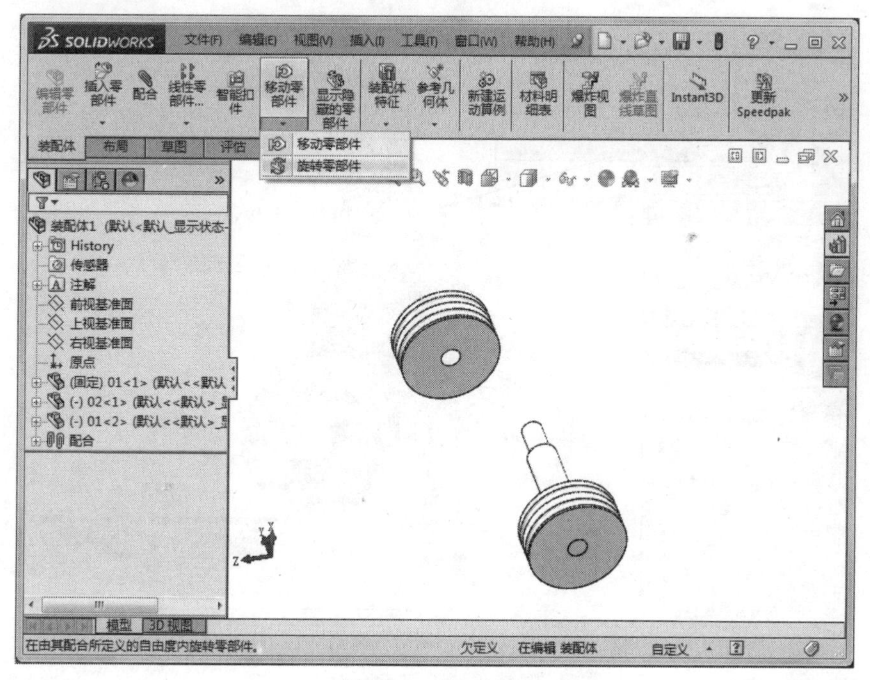

图 7-38　放置滚轮

Step37 旋转零部件，如图 7-39 所示。

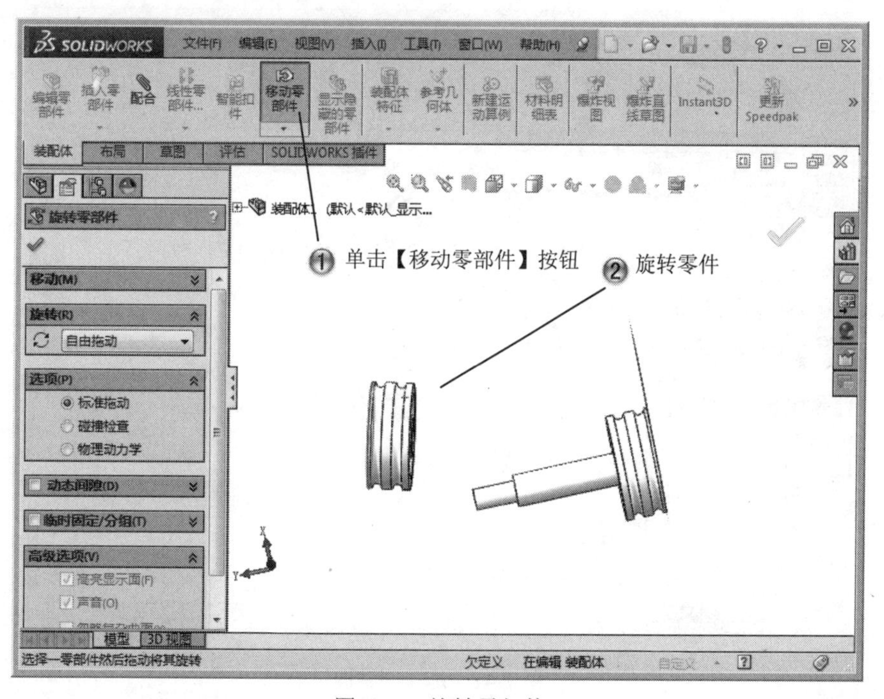

图 7-39　旋转零部件

Step38 选择重合面，如图 7-40 所示。

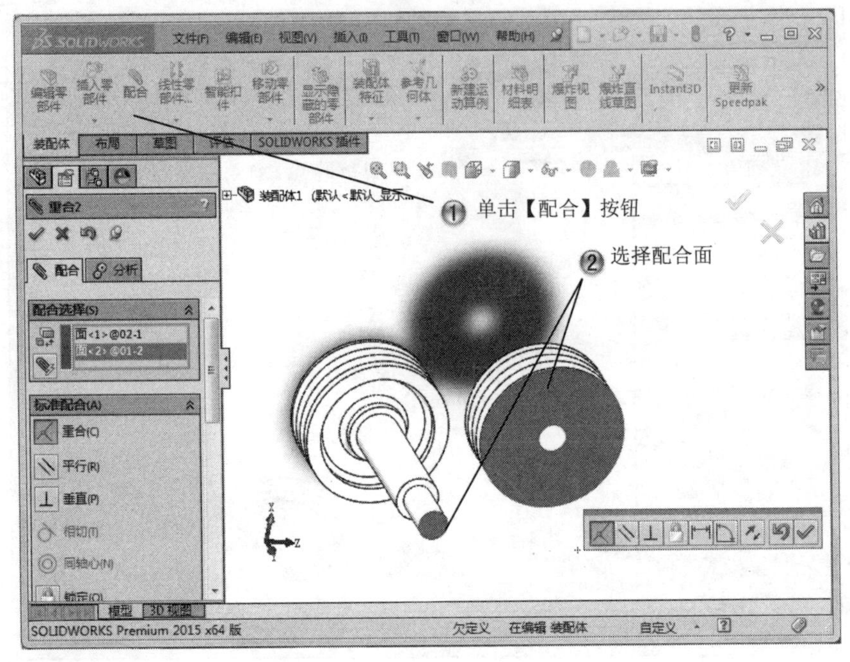

图 7-40　选择重合面

Step39 选择同轴面，如图 7-41 所示。

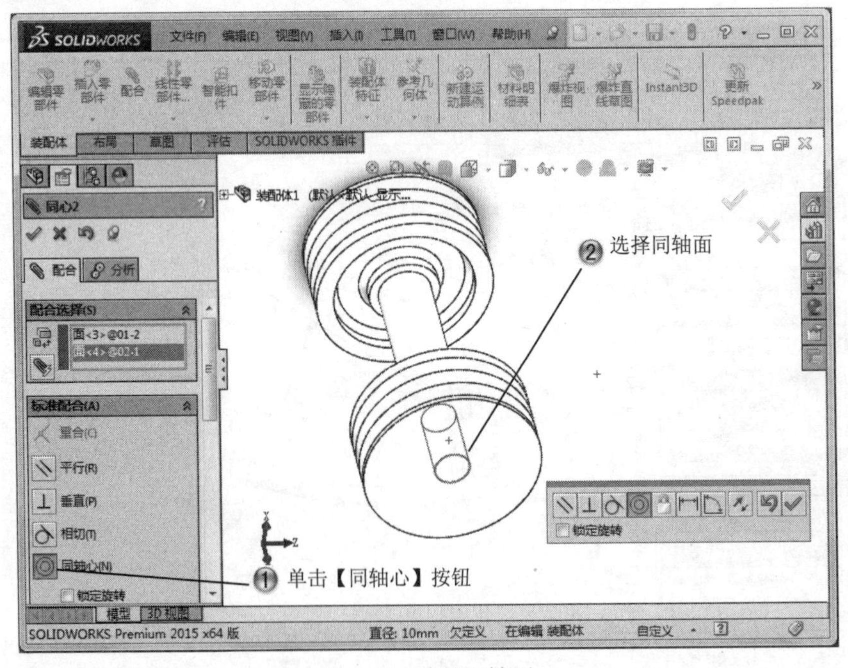

图 7-41　选择同轴面

Step40 完成装配体，如图 7-42 所示。

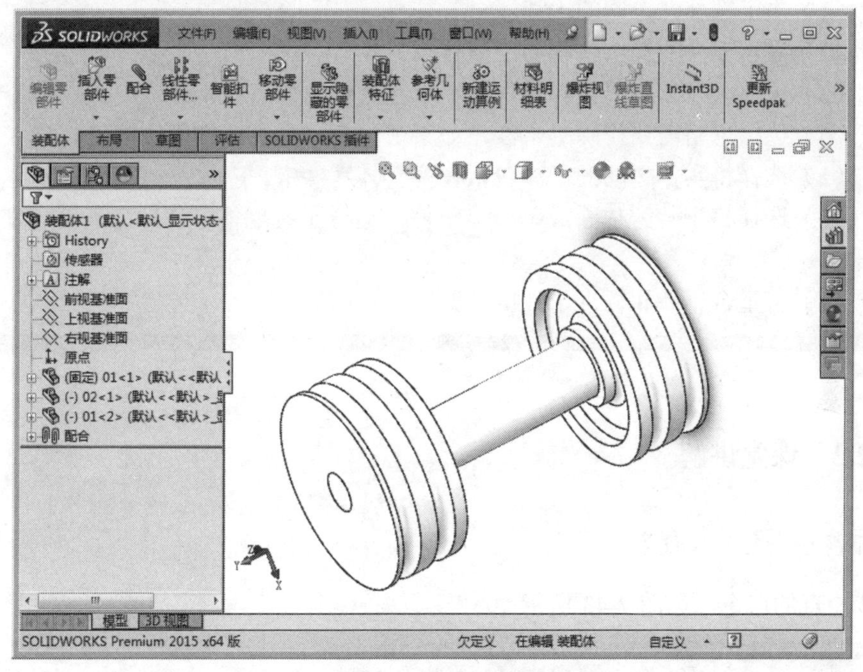

图 7-42　完成装配体

7.2　装配体的干涉检查

基本概念

在一个复杂装配体中，如果用视觉检查零部件之间是否存在干涉的情况是件困难的事情，因此要用到干涉检查功能。

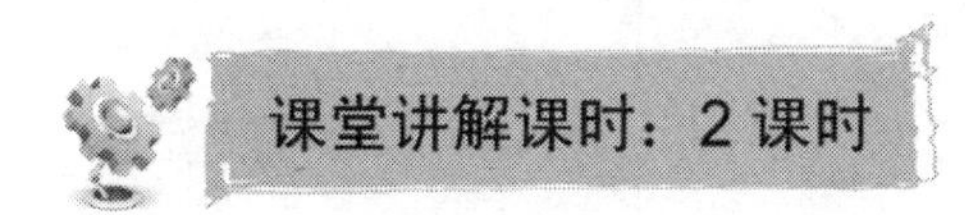

课堂讲解课时：2 课时

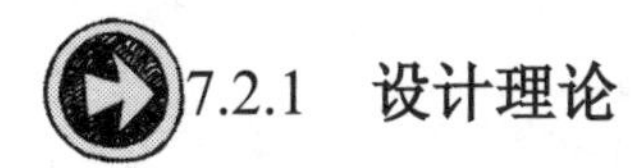

7.2.1　设计理论

在 SolidWorks 中，装配体进行的干涉检查，其功能如下。

（1）决定零部件之间的干涉。

（2）显示干涉的真实体积为上色体积。

（3）更改干涉和不干涉零部件的显示设置以更好查看干涉。

（4）选择忽略需要排除的干涉，如紧密配合、螺纹扣件的干涉等。

（5）选择将实体之间的干涉包括在多实体零件中。

（6）选择将子装配体看成单一零部件，这样子装配体零部件之间的干涉将不报出。

（7）将重合干涉和标准干涉区分开。

7.2.2 课堂讲解

1. 干涉检查的属性设置

干涉检查的命令，如图 7-43 所示。

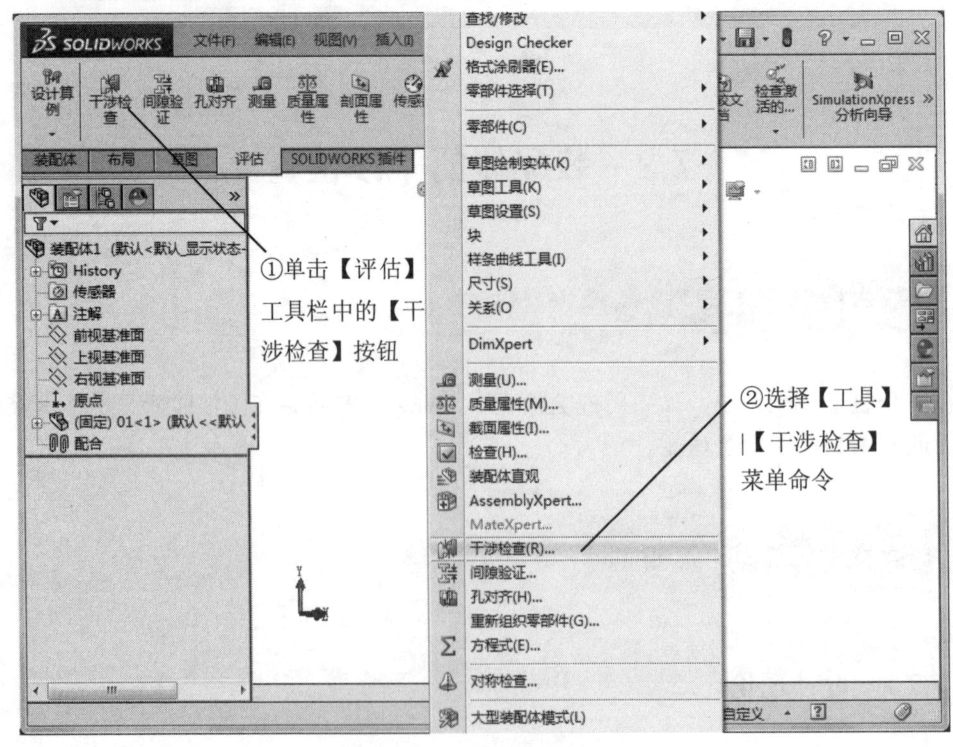

图 7-43　干涉检查的命令

检测到的干涉显示在【结果】列表框中，干涉的体积数值显示在每个列举项的右侧，如图 7-44 所示。

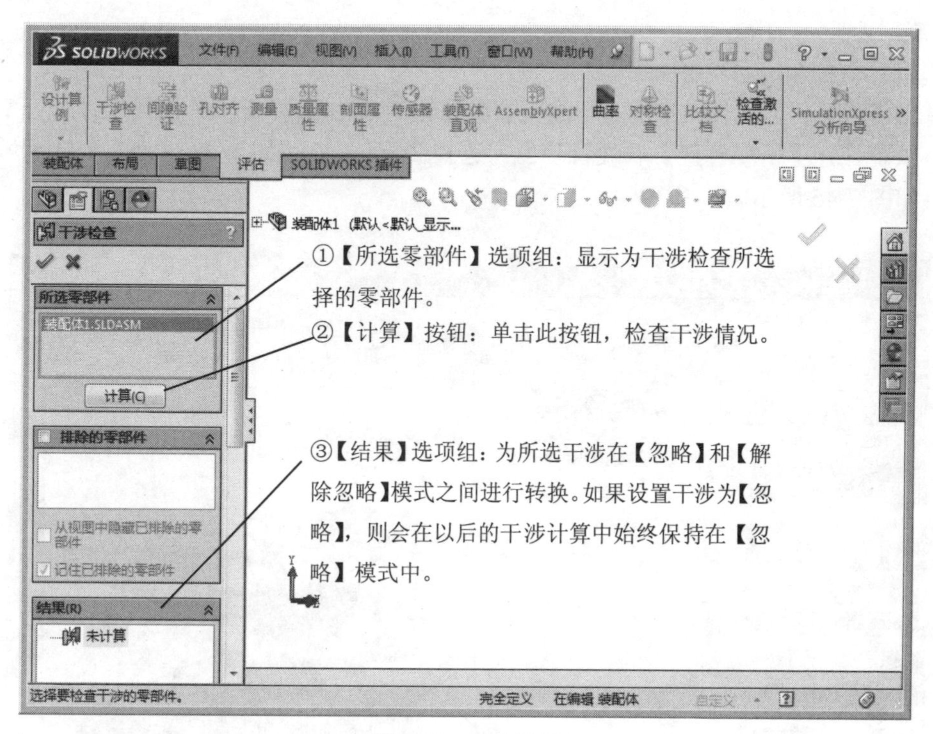

图 7-44　干涉结果

【选项】和【非干涉零部件】选项组，如图 7-45 所示。

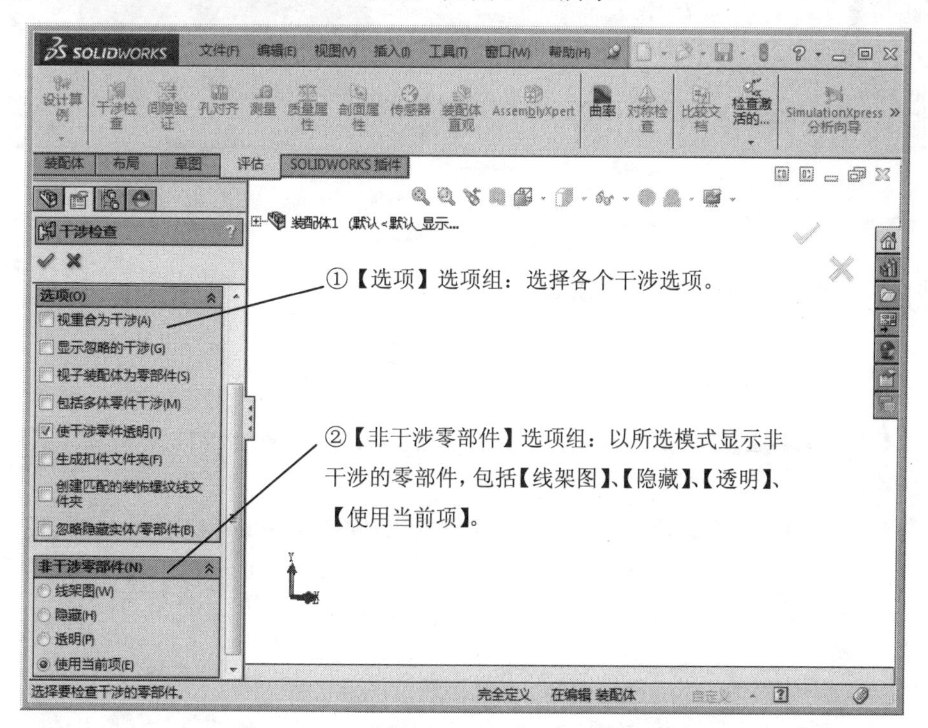

图 7-45　【选项】和【非干涉零部件】选项组

2. 干涉检查的操作步骤

单击【装配体】工具栏中的【干涉检查】按钮或者选择【工具】|【干涉检查】菜单命令，系统打开【干涉检查】属性管理器。选择装配体，在图形区域中会将干涉区域高亮显示，如图 7-46 所示。

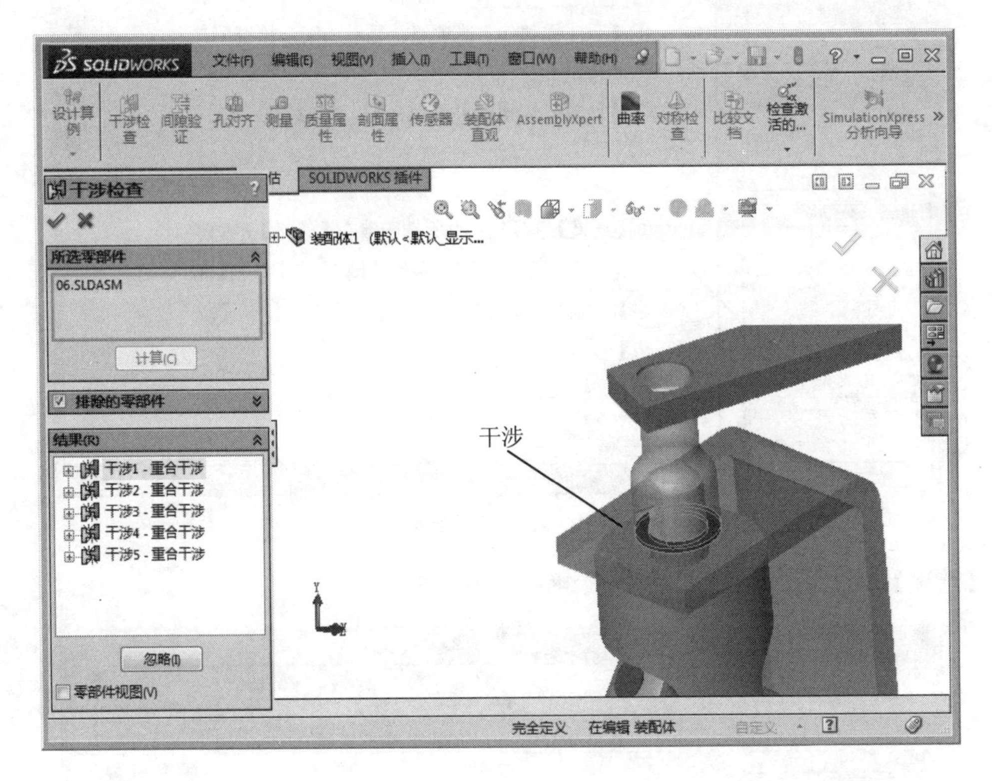

图 7-46　显示干涉体

7.2.3　课堂练习——干涉检查

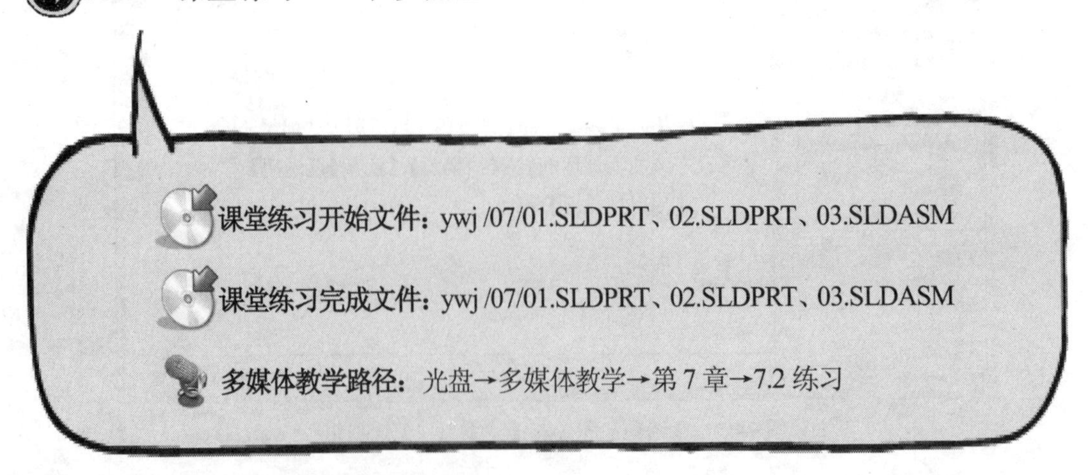

Step1 打开装配体，如图 7-47 所示。

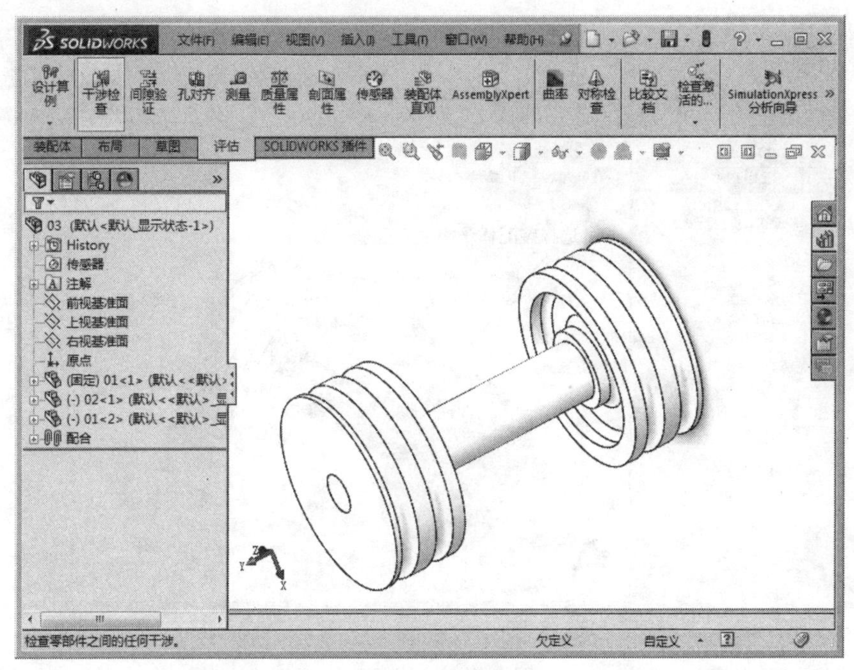

图 7-47 打开装配体

Step2 干涉检查，如图 7-48 所示。

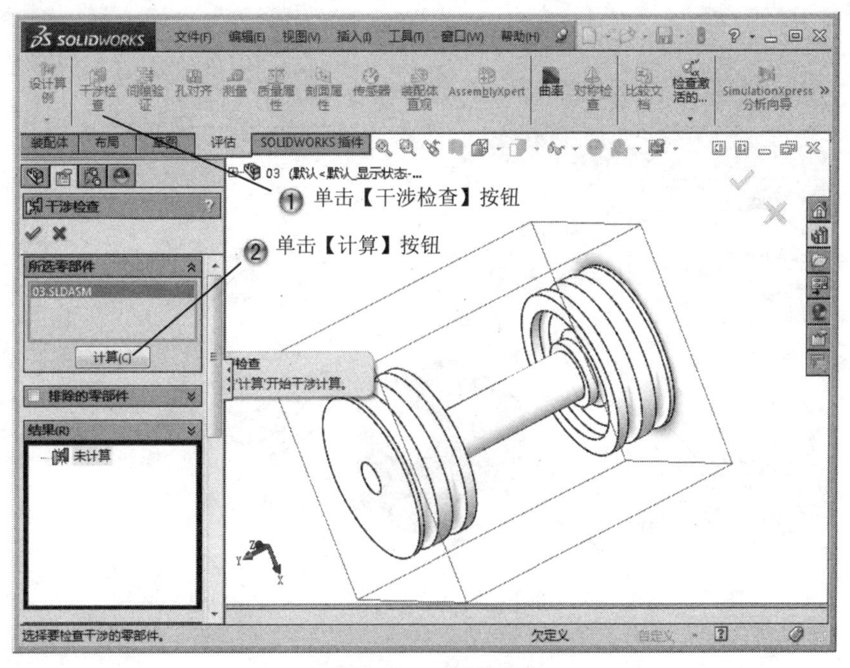

图 7-48 干涉检查

Step3 选择装配体，如图 7-49 所示。

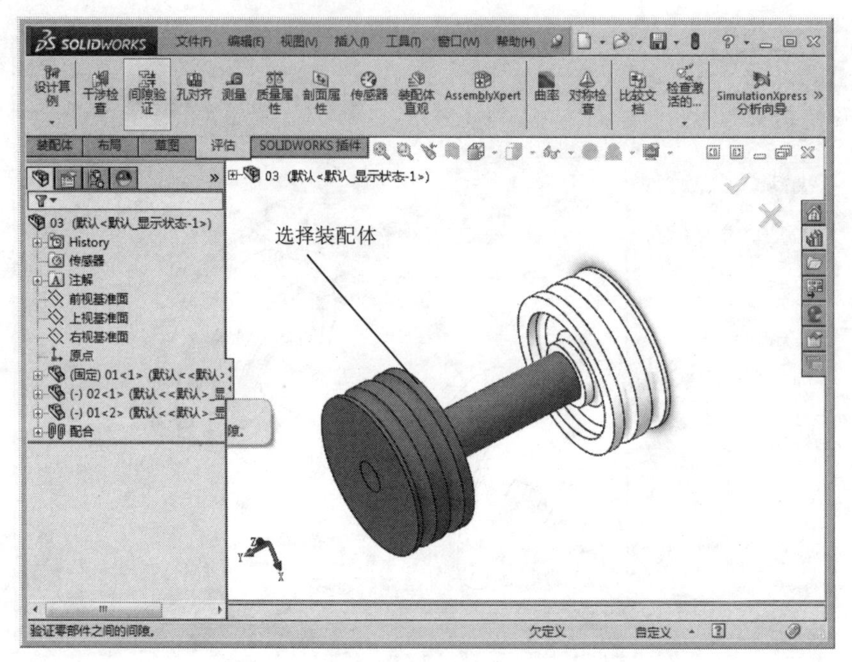

图 7-49　选择装配体

Step4 间隙验证，如图 7-50 所示。

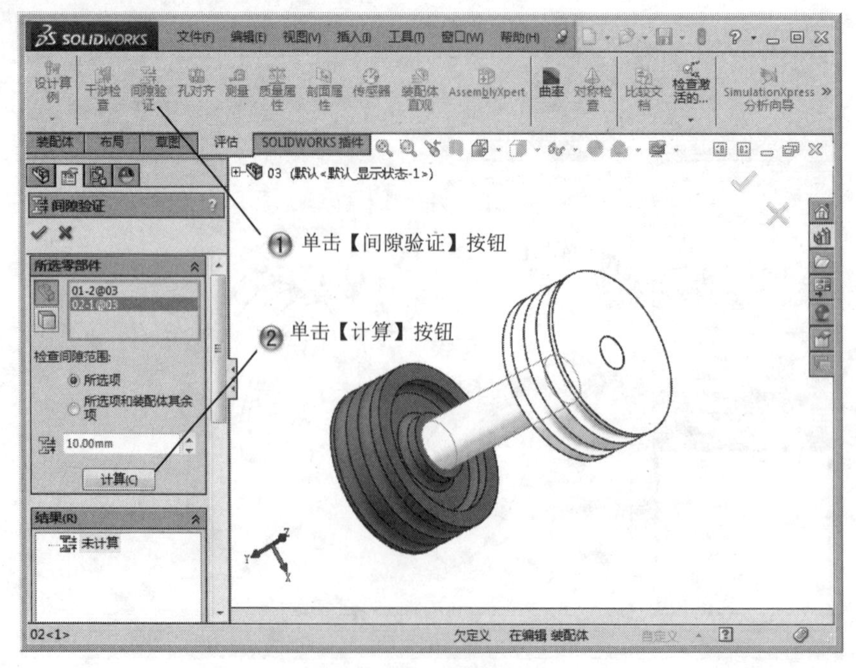

图 7-50　间隙验证

Step5 间隙验证结果，如图 7-51 所示。

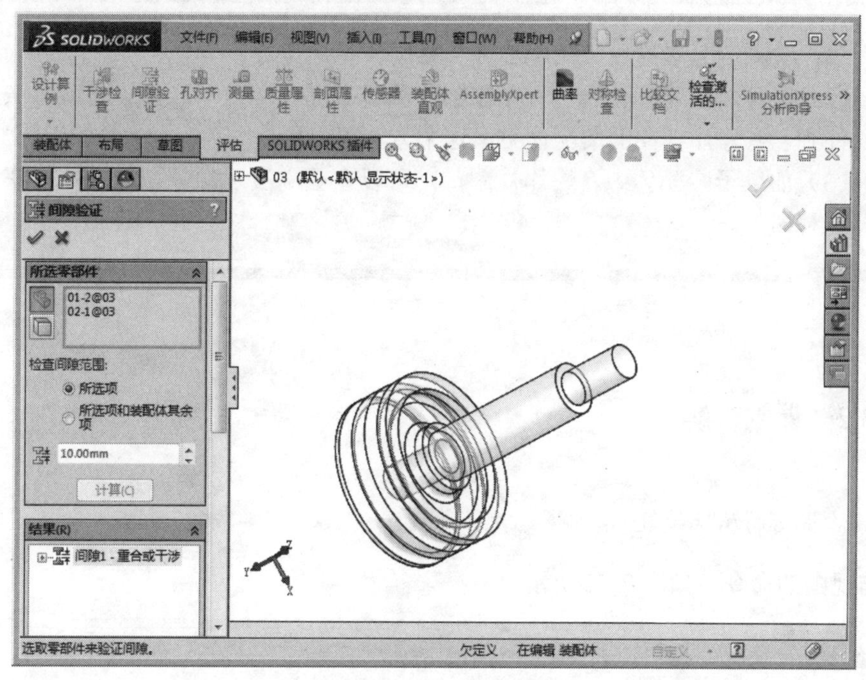

图 7-51　间隙验证结果

7.3　装配体爆炸视图

出于制造的目的，经常需要分离装配体中的零部件以形象地分析它们之间的相互关系。装配体的爆炸视图可以分离其中的零部件以便查看该装配体。可以通过在图形区域中选择和拖动零部件的方式生成爆炸视图。

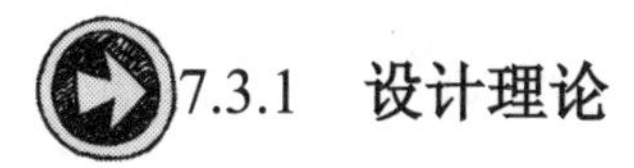

7.3.1　设计理论

在爆炸视图中可以进行如下操作。在装配体爆炸时，不能为其添加配合。

（1）自动均分爆炸成组的零部件（如硬件和螺栓等）。

（2）附加新的零部件到另一个零部件的现有爆炸步骤中。如果要添加一个零部件到已有爆炸视图的装配体中，这个方法很有用。

（3）如果子装配体中有爆炸视图，则可以在更高级别的装配体中重新使用此爆炸视图。

7.3.2 课堂讲解

1. 爆炸视图的属性设置

爆炸视图的命令，如图 7-52 所示。

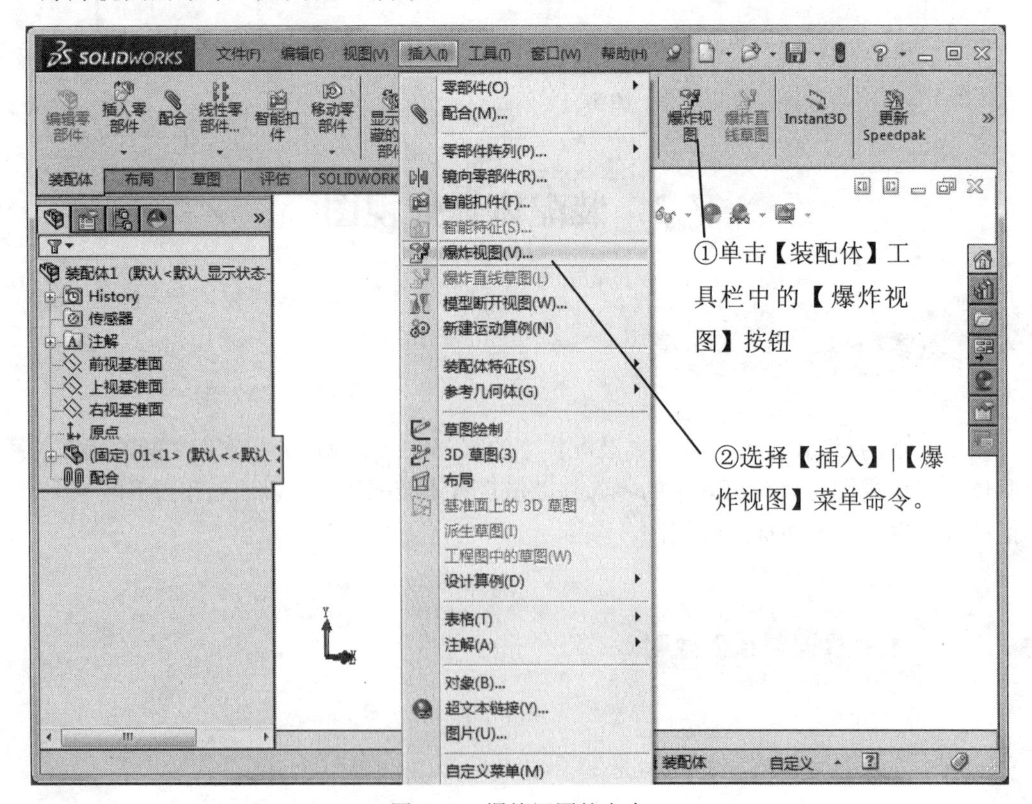

图 7-52 爆炸视图的命令

系统弹出【爆炸】属性管理器，【设定】选项组如图 7-53 所示。

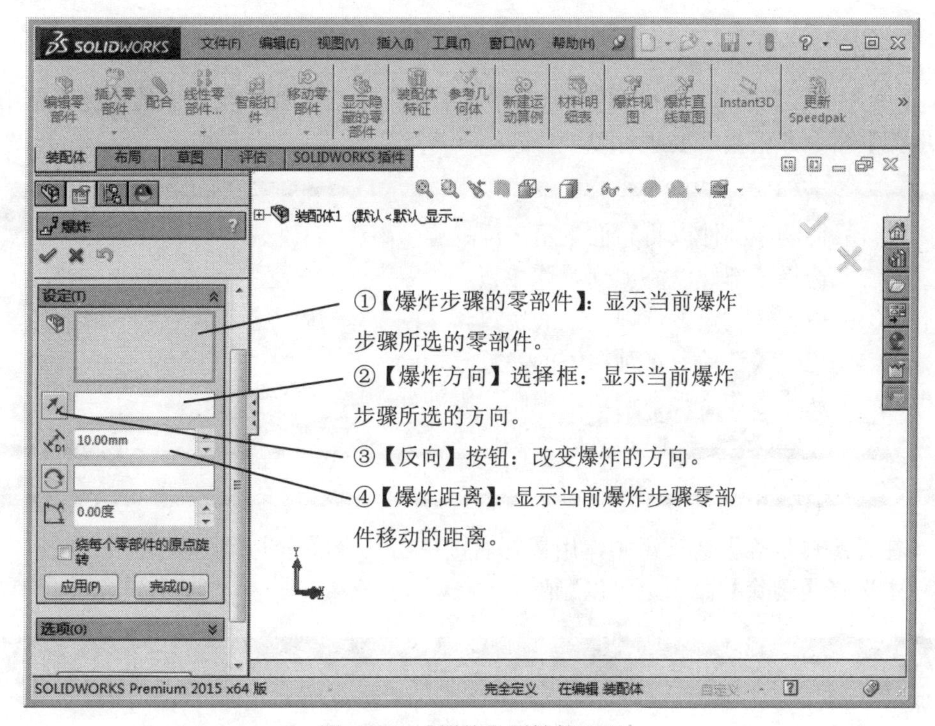

图 7-53 【爆炸】属性管理器

【爆炸】属性管理器的【选项】选项组，如图 7-54 所示。

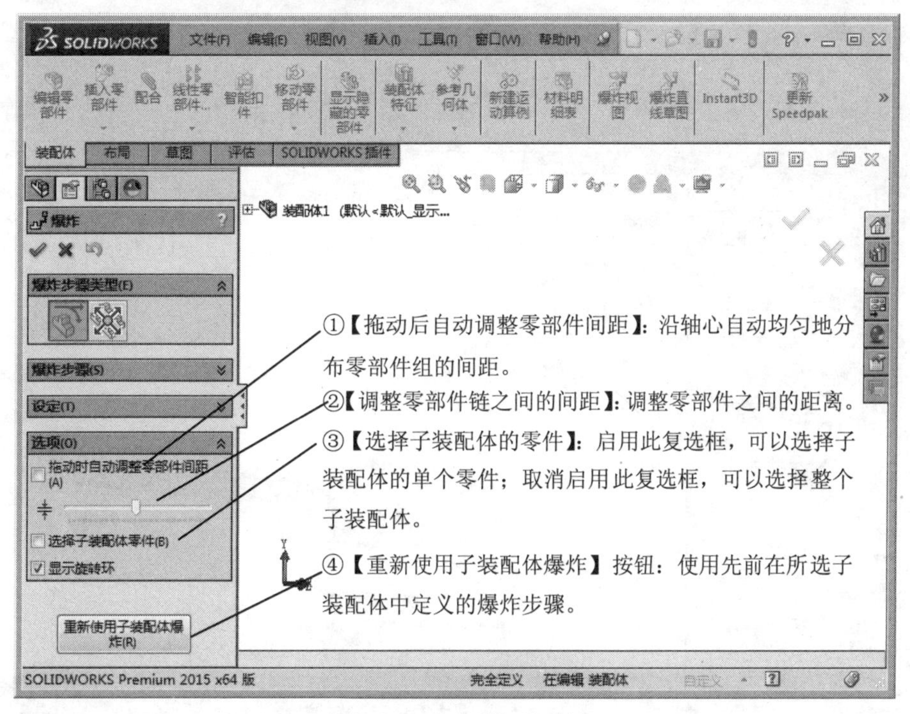

图 7-54 【选项】选项组

2. 编辑爆炸视图

在【爆炸步骤】选项组中，用鼠标右键单击某个爆炸步骤，在弹出的快捷菜单中选择【编辑步骤】命令，根据需要进行以下修改。

（1）拖动零部件以将它们重新定位。
（2）选择零部件以添加到爆炸步骤。
（3）更改【设定】选项组中的参数。
（4）更改【选项】选项组中的参数。
（5）从【爆炸步骤】选项组中删除零部件。

在【爆炸步骤】选项组中，用鼠标右键单击某个爆炸步骤，在弹出的快捷菜单中选择【删除】命令，可以删除。

名师点拨

3. 生成爆炸视图的操作步骤

生成爆炸视图的操作步骤，如图 7-55 所示。

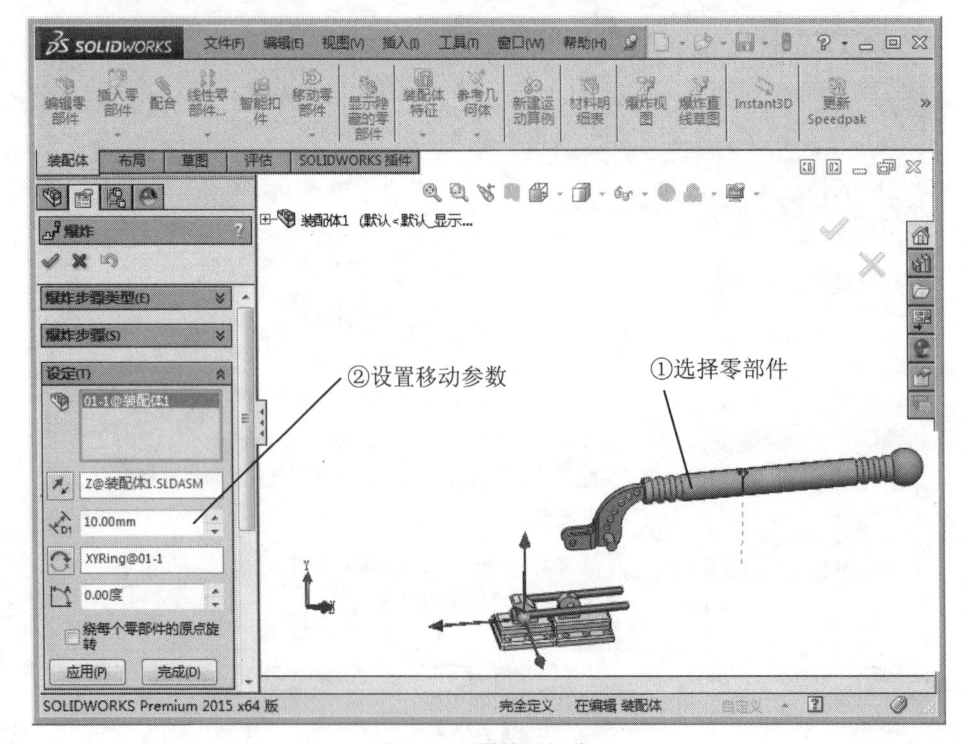

图 7-55　爆炸图操作

4. 删除爆炸图

爆炸视图保存在生成爆炸图的装配体配置中，每一个装配体配置都可以有一个爆炸视图。用鼠标右键单击【爆炸视图】图标，在弹出的快捷菜单中选择【删除】命令，如图 7-56 所示。

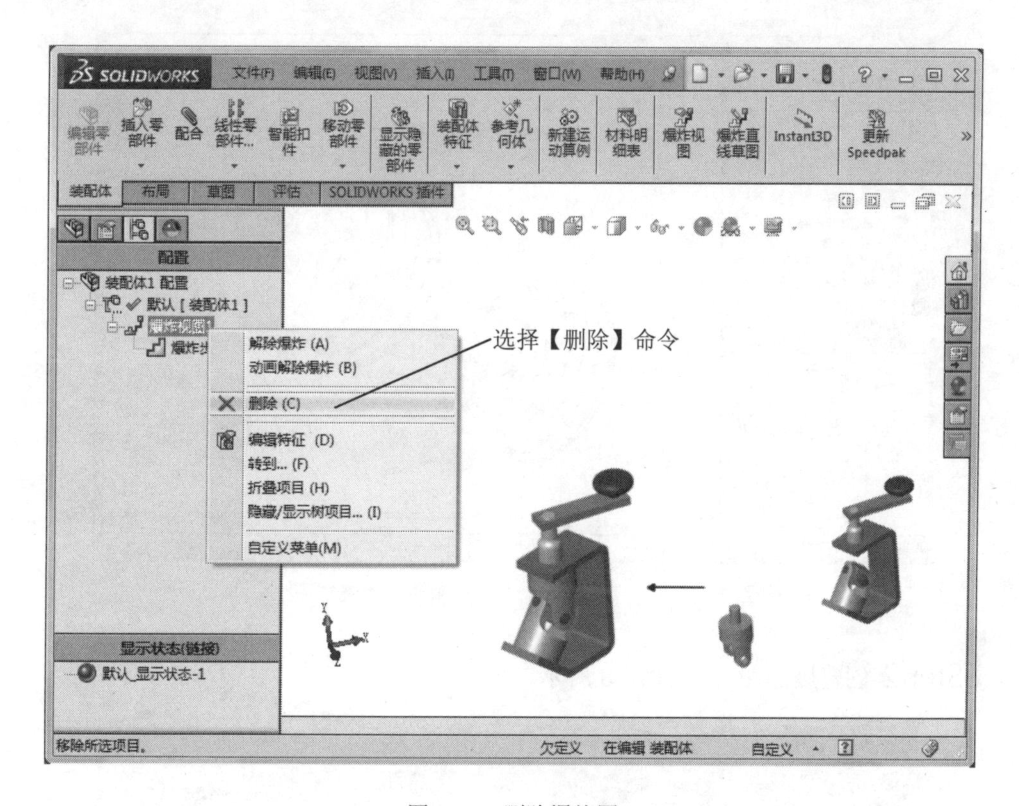

图 7-56　删除爆炸图

7.3.3　课堂练习——创建爆炸视图

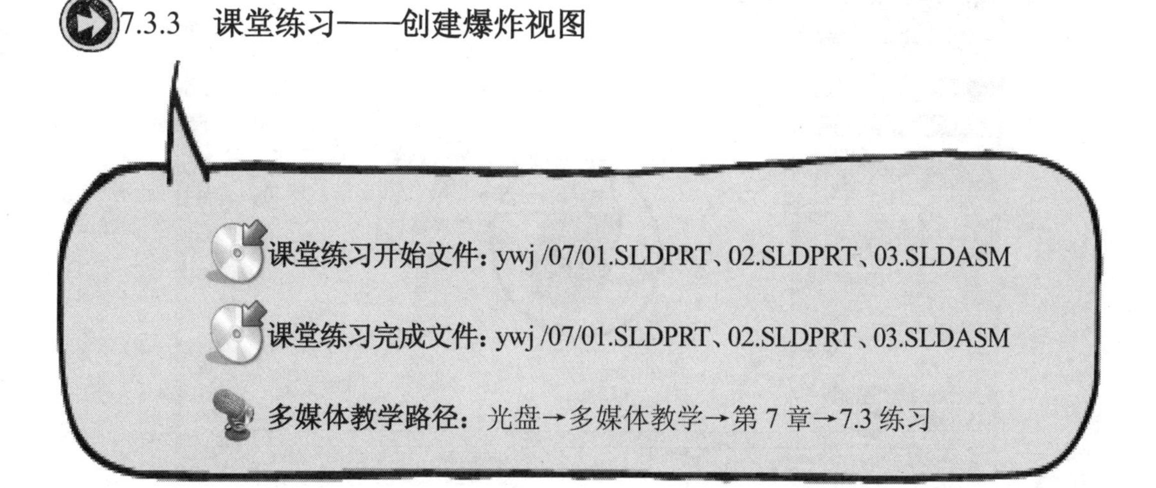

Step1 打开装配体，如图 7-57 所示。

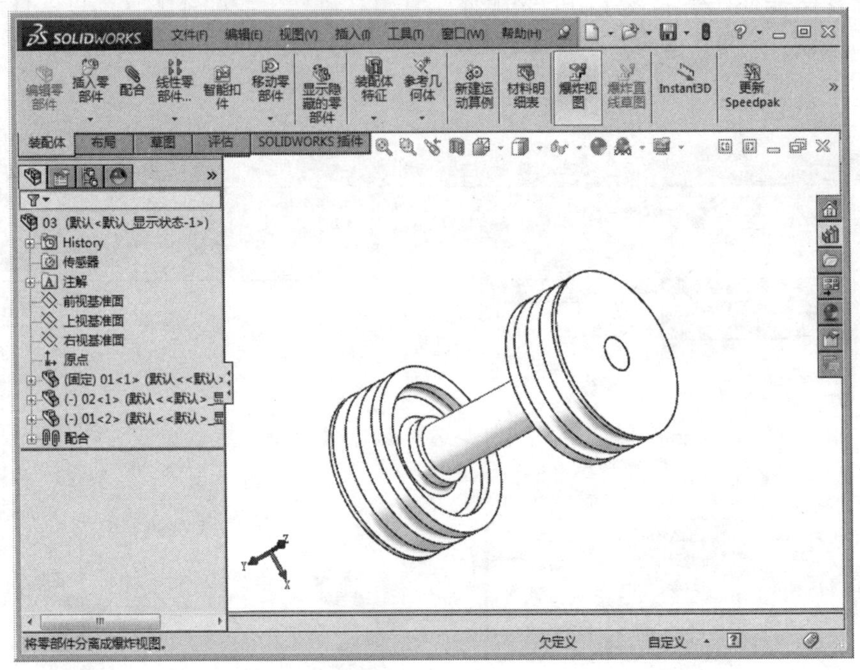

图 7-57　打开装配体

Step2 创建爆炸图，如图 7-58 所示。

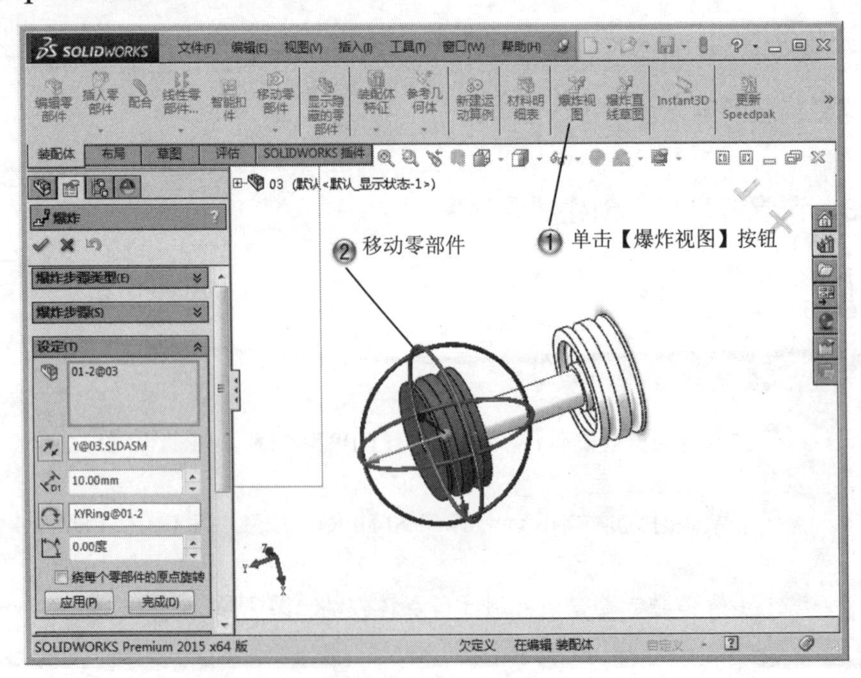

图 7-58　创建爆炸图

Step3 移动零部件，如图 7-59 所示。

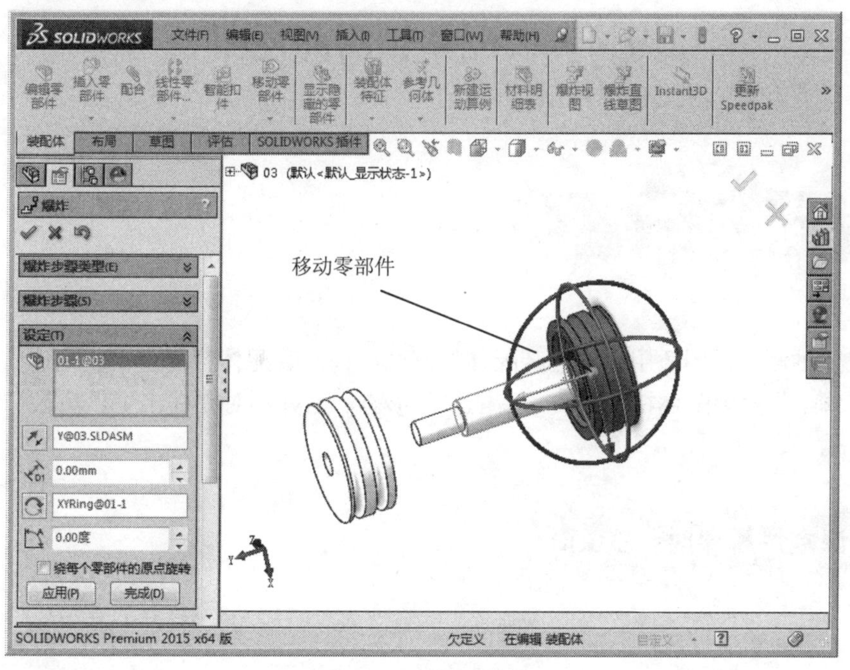

图 7-59 移动零部件

Step4 完成爆炸图，如图 7-60 所示。

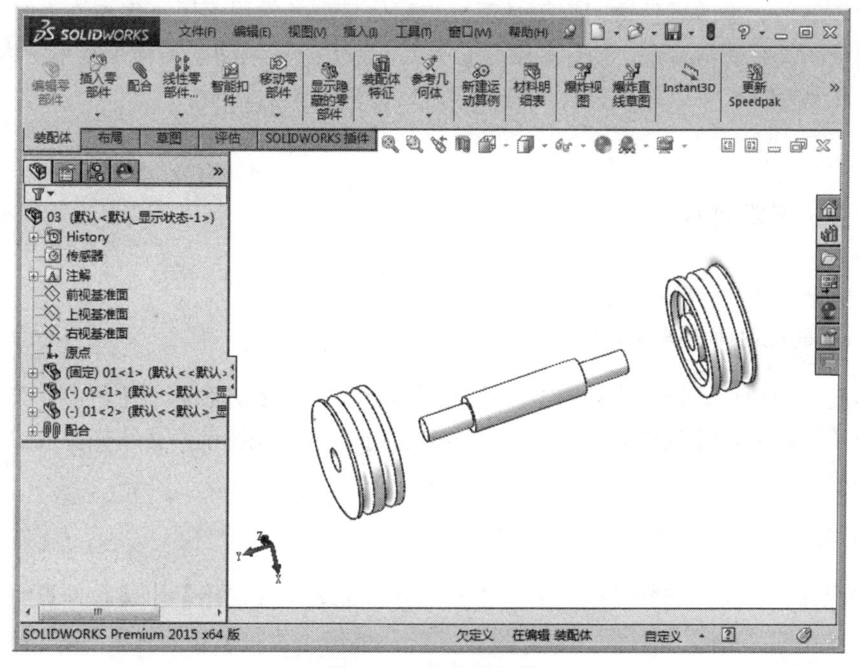

图 7-60 完成爆炸图

7.4 装配体轴测剖视图

装配体轴测剖视图适用于展示装配体的剖面结构。装配体特征是在装配体窗口中生成的特征实体，虽然装配体特征改变了装配体的形态，但并不对零件产生影响。

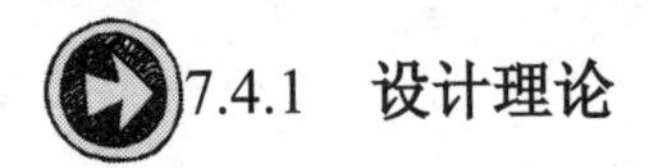

7.4.1 设计理论

隐藏零部件、更改零件透明度等是观察装配体模型的常用手段，但在许多产品中零部件之间的空间关系非常复杂，具有多重嵌套关系，需要进行剖切才能便于观察其内部结构，借助 SOLIDWORKS 中的装配体特征可以实现轴测剖视图的功能。

7.4.2 课堂讲解

1. 轴测剖视图的属性设置

在装配体窗口中，选择【插入】|【装配体特征】|【切除】|【拉伸】菜单命令，系统弹出【切除-拉伸】属性管理器，如图 7-61 所示。在剖视图前，必须先生成要添加多实体零件的模型。

2. 生成轴测剖视图的操作步骤

在装配体窗口中，选择【插入】|【装配体特征】|【切除】|【拉伸】菜单命令，系统打开【切除-拉伸】属性管理器。设置参数，单击【确定】按钮✔，装配体将生成轴测剖视图，如图 7-62 所示。

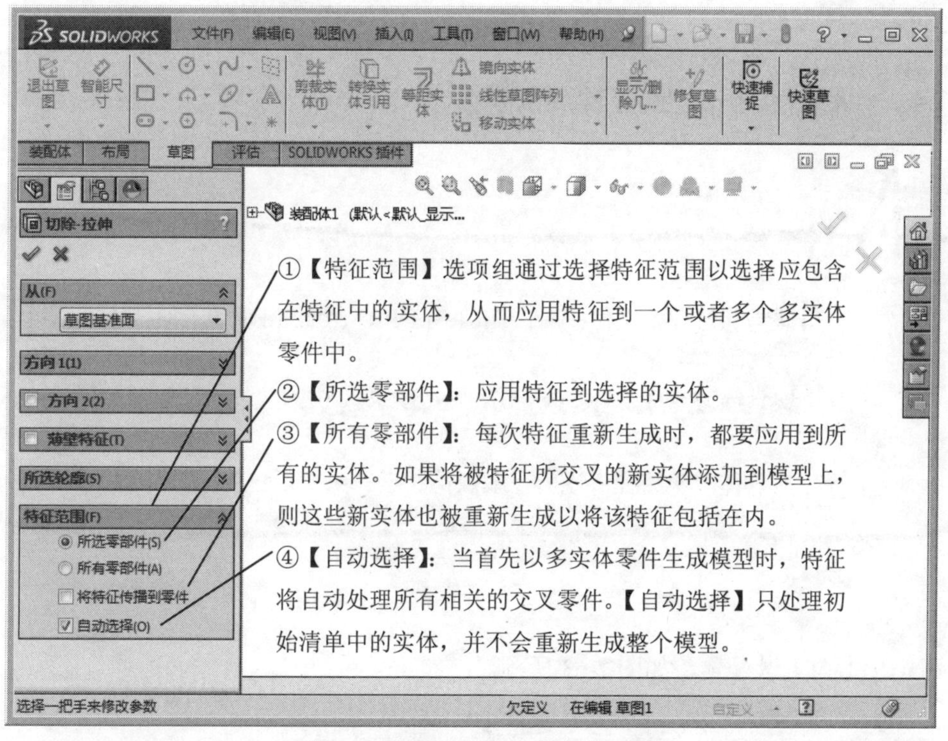

图 7-61 【切除-拉伸】属性管理器

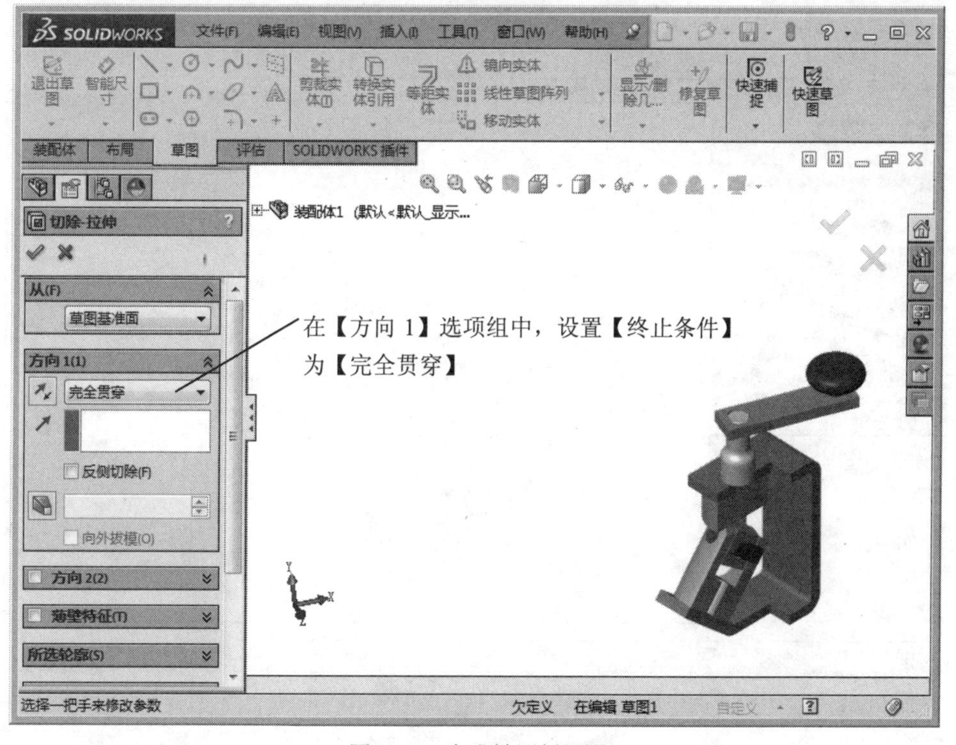

图 7-62 生成轴测剖视图

7.4.3 课堂练习——创建轴测剖视图

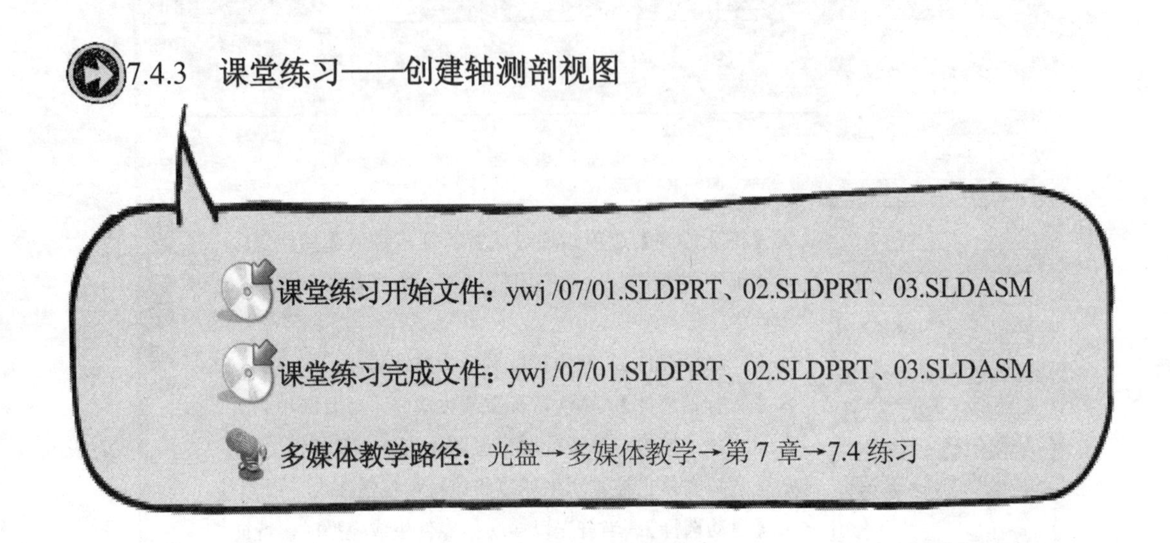

课堂练习开始文件：ywj /07/01.SLDPRT、02.SLDPRT、03.SLDASM

课堂练习完成文件：ywj /07/01.SLDPRT、02.SLDPRT、03.SLDASM

多媒体教学路径：光盘→多媒体教学→第 7 章→7.4 练习

Step1 打开装配体，如图 7-63 所示。

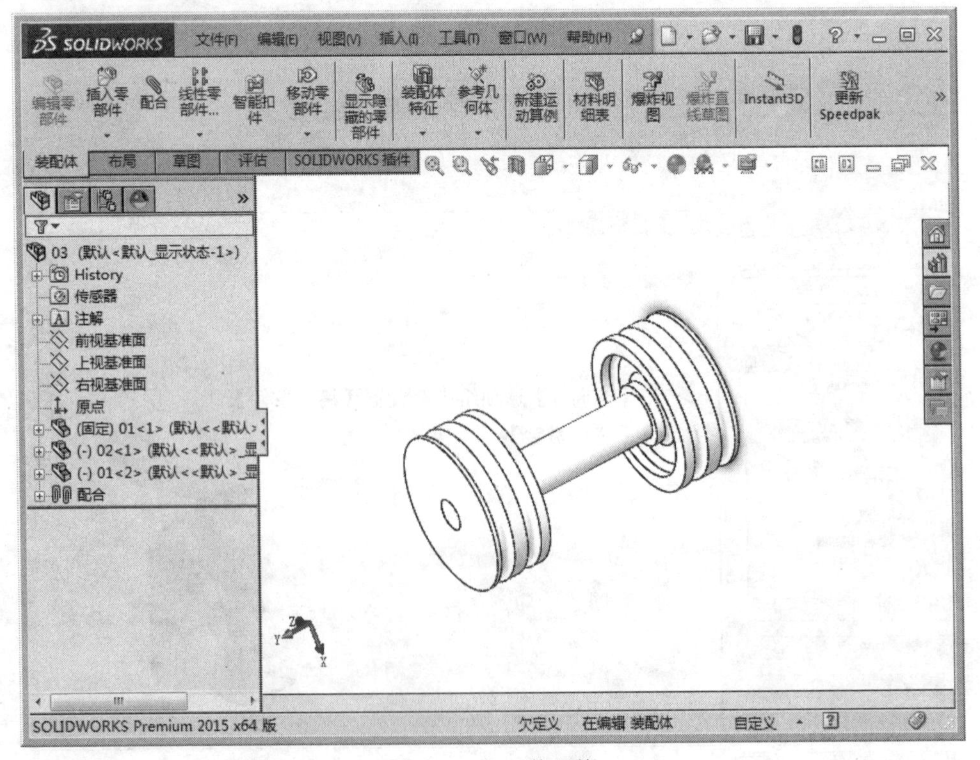

图 7-63　打开装配体

Step2 选择切除拉伸命令，如图 7-64 所示。

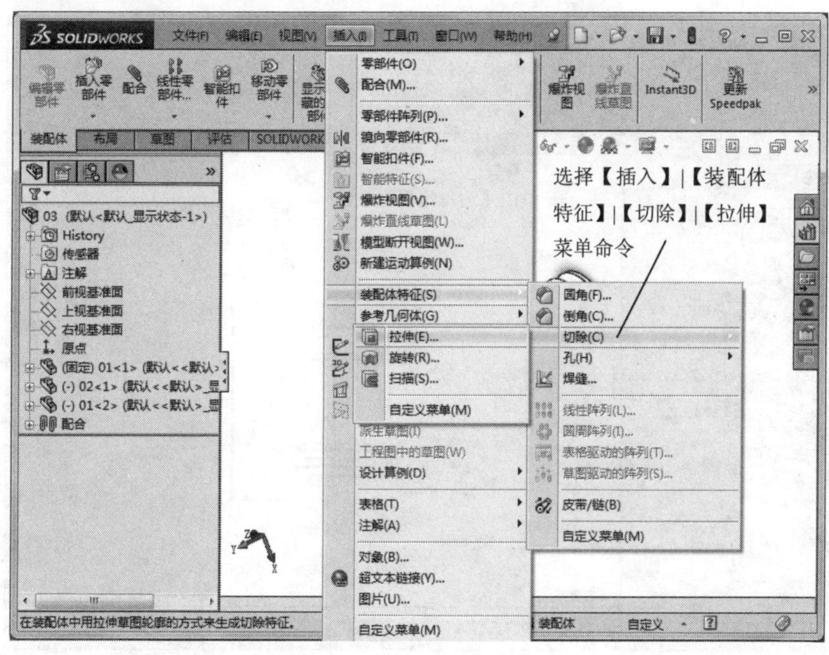

图 7-64 选择切除拉伸命令

Step3 选择草绘面，如图 7-65 所示。

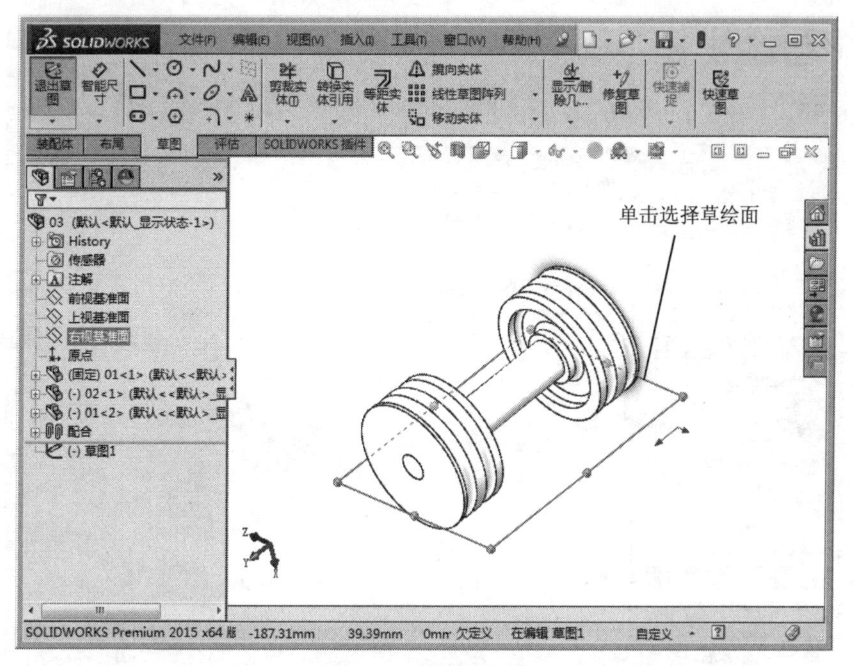

图 7-65 选择草绘面

Step4 绘制矩形，如图 7-66 所示。

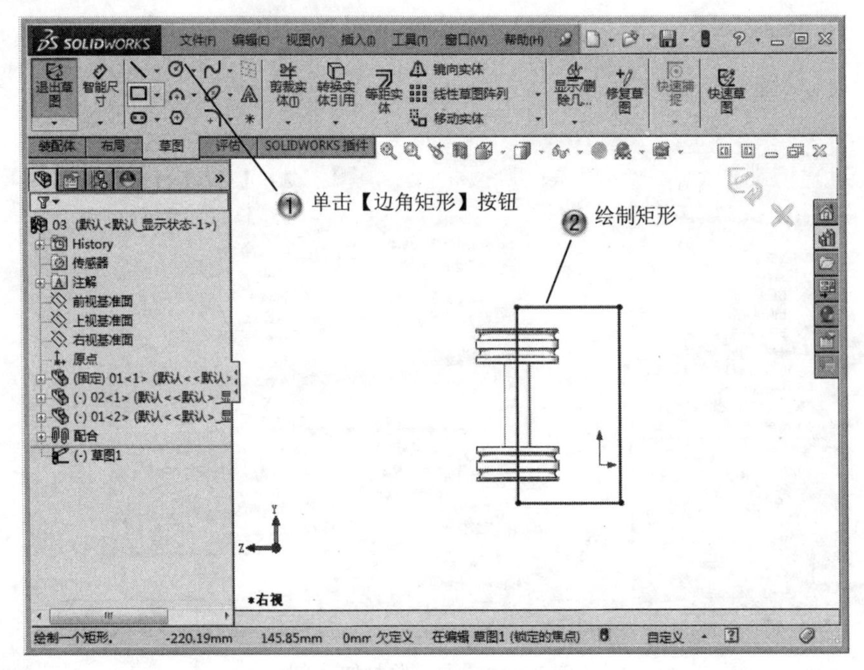

图 7-66　绘制矩形

Step5 拉伸切除，如图 7-67 所示。

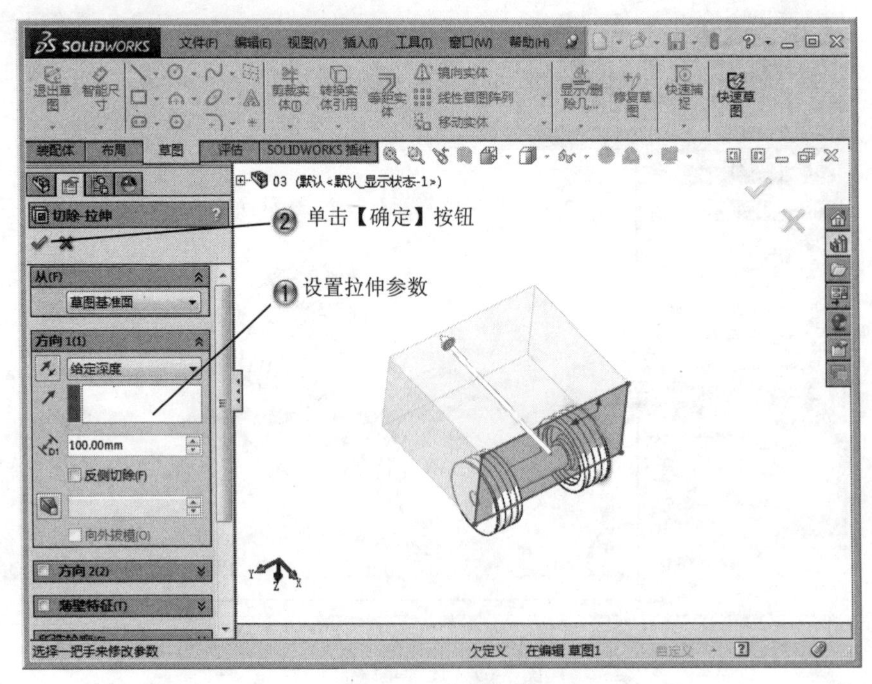

图 7-67　拉伸切除

Step6 完成轴测剖视图，如图 7-68 所示。

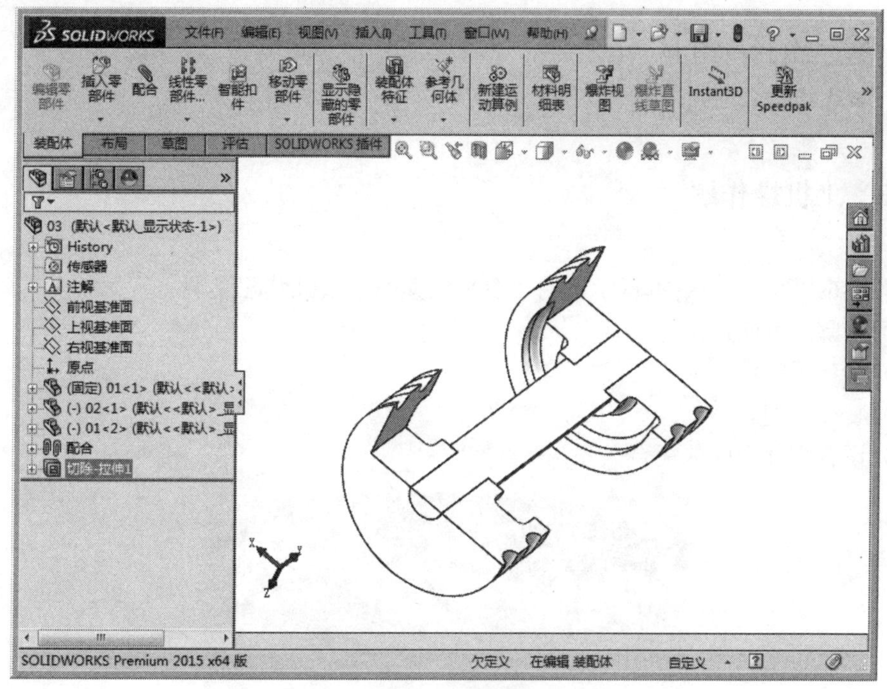

图 7-68　完成轴测剖视图

7.5　专家总结

在 SOLIDWORKS 中，可以生成由许多零部件组成的复杂装配体。装配体的零部件可以包括独立的零件和其他子装配体。灵活运用装配体中的干涉检查、爆炸视图、轴测剖视图等功能，可以有效地判断零部件在虚拟现实中的装配关系和干涉位置等，为装配体的虚拟设计提供了强大的分析性能。

7.6　课后习题

7.6.1　填空题

（1）创建装配体的方法有________、________。

（2）首先创建零部件的装配体创建方法，属于________。

（3）装配体爆炸图的作用________。

（4）装配体轴侧剖视图的作用________。

7.6.2 问答题

（1）装配体检查的作用是什么？
（2）装配体检查的命令是什么？

7.6.3 上机操作题

如图 7-69 所示，使用本章学过的命令来创建一个气缸装配模型。
练习步骤和方法：
（1）创建子零件。
（2）装配模型。
（3）设置零件之间的配合关系。

图 7-69 气缸装配模型

第 8 章　焊件设计

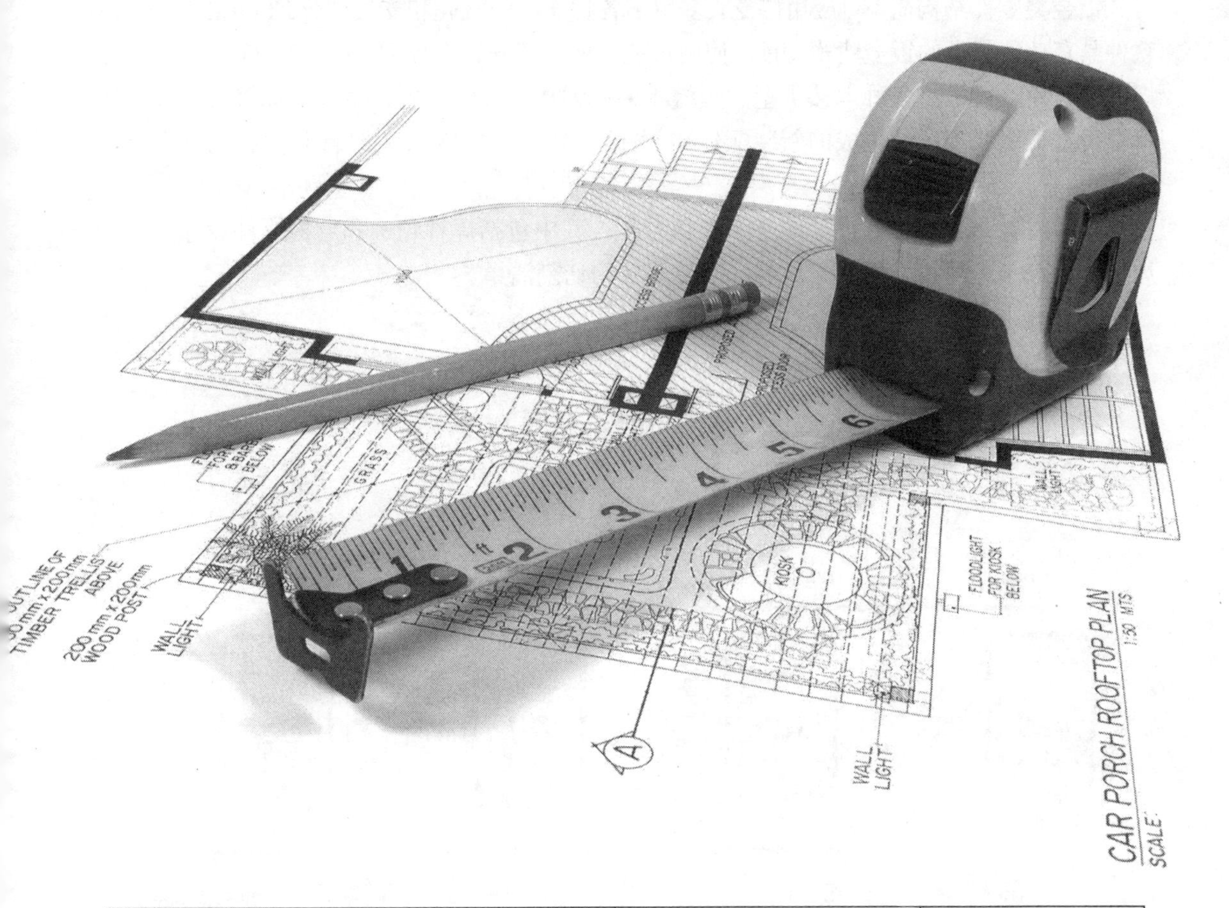

课训目标	内　容	掌握程度	课　时
	焊件轮廓	熟练掌握	2
	结构构件	熟练掌握	2
	添加焊缝	熟练掌握	2
	焊件工程图和切割清单	熟练掌握	2

课程学习建议

钣金类零件结构简单，应用广泛，多用于各种产品的机壳和支架部分。SOLIDWORKS 软件具有功能强大的钣金建模功能，使用户能方便地建立钣金模型。在 SOLIDWORKS 中，焊件设计模块可以将多种焊接类型的焊缝零件，添加到装配体中，生成的焊缝属于装配体特征，是关联装配体中生成的新装配体零部件，因此，学习它是对装配体设计的一个有效的补充。

本章将具体介绍焊件设计的基本操作方法，其中包括焊件轮廓和结构构件设计、添加焊缝，以及子焊件和工程图的内容，以及焊件的切割清单。

本课程主要基于焊件设计讲解，其培训课程表如下。

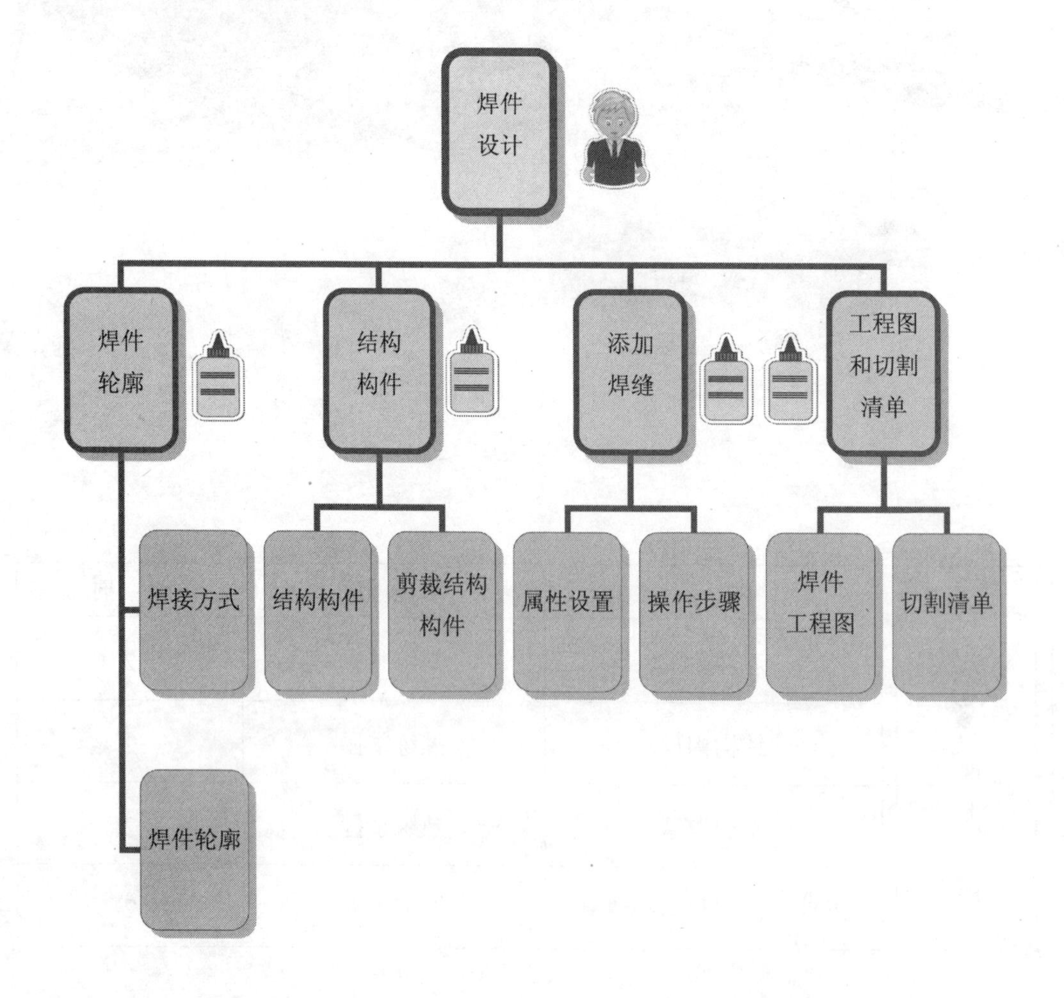

8.1 焊件轮廓

基本概念

焊接也称为熔接、镕接，是一种以加热、高温或者高压的方式，接合金属或其他热塑性材料（如塑料）的制造工艺及技术。

课堂讲解课时：2 课时

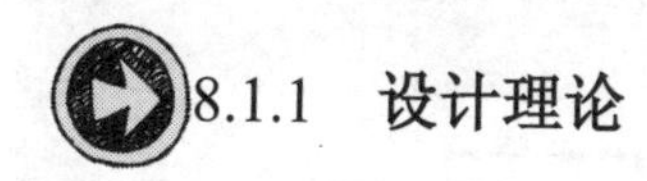

8.1.1 设计理论

焊接通过下列三种途径达成接合的目的。

（1）加热欲接合之工件使之局部熔化形成熔池，熔池冷却凝固后便接合，必要时可加入熔填物辅助；

（2）单独加热熔点较低的焊料，无需熔化工件本身，借焊料的毛细作用连接工件（如软钎焊、硬焊）；

（3）在相当于或低于工件熔点的温度下辅以高压、叠合挤塑或振动等使两工件间相互渗透接合（如锻焊、固态焊接）。

依具体的焊接工艺，焊接可细分为气焊、电阻焊、电弧焊、感应焊接及激光焊接等其他特殊焊接。

焊接的能量来源有很多种，包括气体焰、电弧、激光、电子束、摩擦和超声波等。除了在工厂中使用外，焊接还可以在多种环境下进行，如野外、水下和太空。无论在何处，焊接都可能给操作者带来危险，所以在进行焊接时必须采取适当的防护措施。焊接给人体可能造成的伤害包括烧伤、触电、视力损害、吸入有毒气体、紫外线照射过度等。

焊接过程中，工件和焊料熔化形成熔融区域，熔池冷却凝固后便形成材料之间的连接。这一过程中，通常还需要施加压力。焊接的能量来源有很多种，包括气体焰、电弧、激光、电子束、摩擦和超声波等。

8.1.2 课堂讲解

1. 焊接方式和接头

（1）焊接接头

焊接接头形式有对接接头、T 字接头、角接接头和搭接接头四种，从左至右如图 8-1 所示。焊接工件接头的对缝尺寸是由焊件的接头形式、焊件厚度和坡口形式决定的。电工自行操作的焊接通常是角钢和扁钢，一般不开坡口，对缝尺寸是 0~2mm。

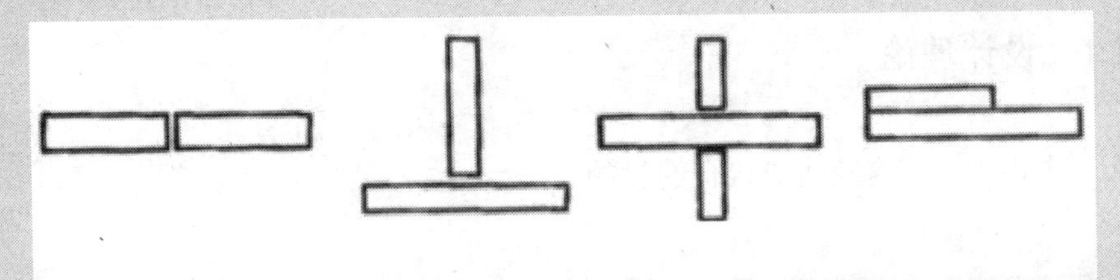

图 8-1 焊接接头形式

（2）焊接方式

焊接方式分为平焊、立焊、横焊和仰焊四种。应根据焊接工件的结构、形状、体积和所处位置的不同选择不同的焊接方式。

平焊时，焊缝处于水平位置，操作技术容易掌握，采用焊条直径可大些，生产效率高，但容易出现熔渣和铁水分不清的现象。焊接所用的运条方法均成直线形，焊件若需两面焊时，焊接正面焊缝，运条速度反应慢些，以获得较大的深度和宽度；焊反面焊缝时，则运条速度要快些，使焊缝宽度小些。

立焊和横焊时，由于熔化的金属自重下淌，产生未焊透和焊瘤等缺陷，所以要用较小直径的焊条和较短的电弧焊接。焊接电流要比平焊时小 12%。仰焊操作难度高，焊接时要采用较小直径的焊条，用最短的电弧焊接。

2. 焊件轮廓

新建一个零件，并打开【焊件】工具栏，在一个平面上绘制一个草图，如图 8-2 所示。

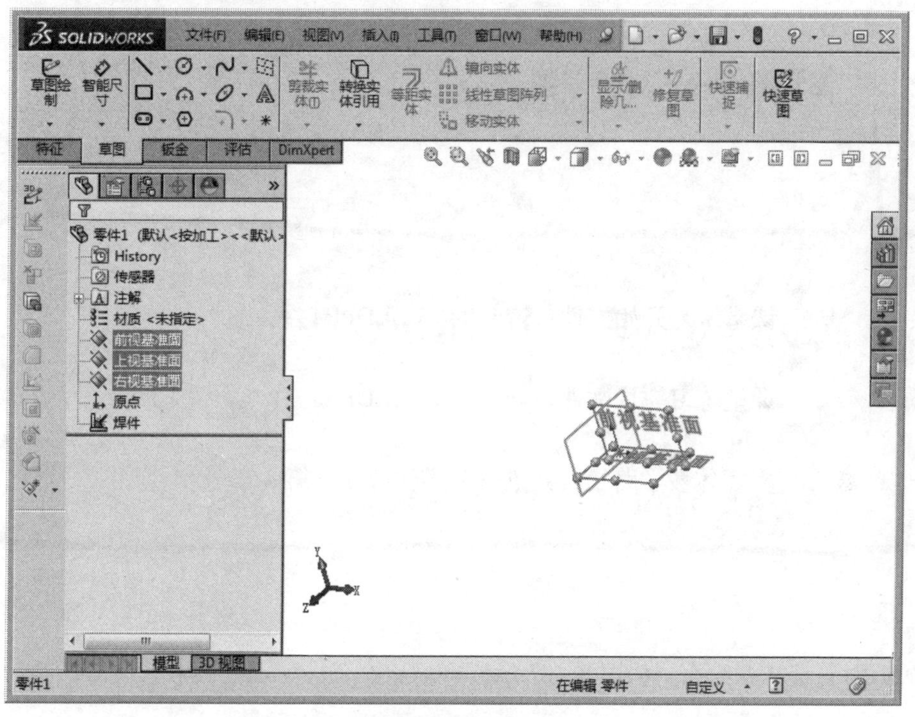

图 8-2　绘制草图

焊件轮廓创建后，即可进行焊件的创建，创建步骤如图 8-3 所示。

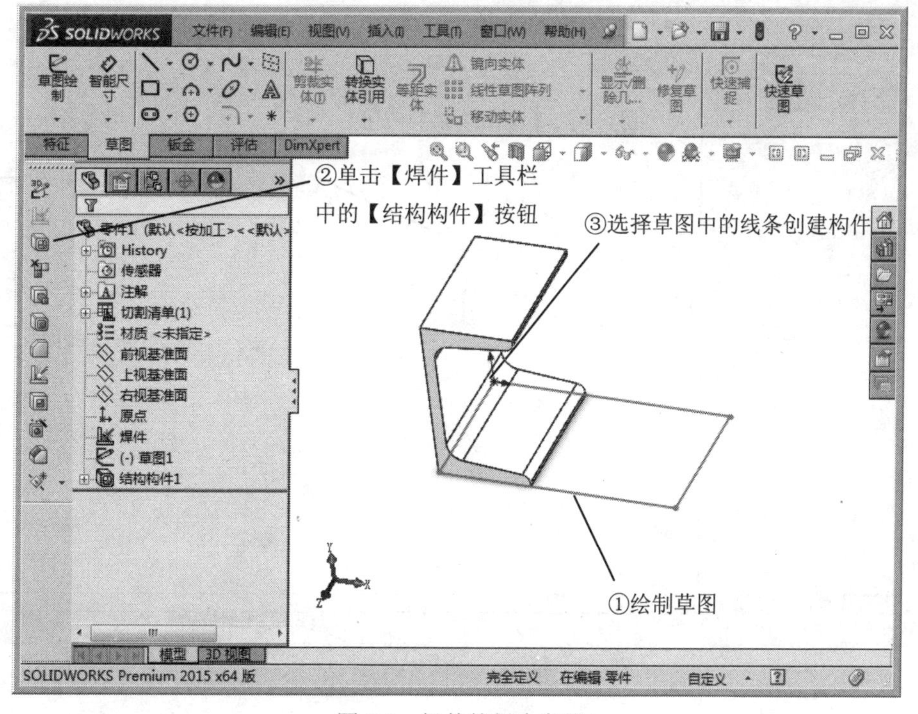

图 8-3　焊件的创建步骤

8.1.3 课堂练习——焊件草图

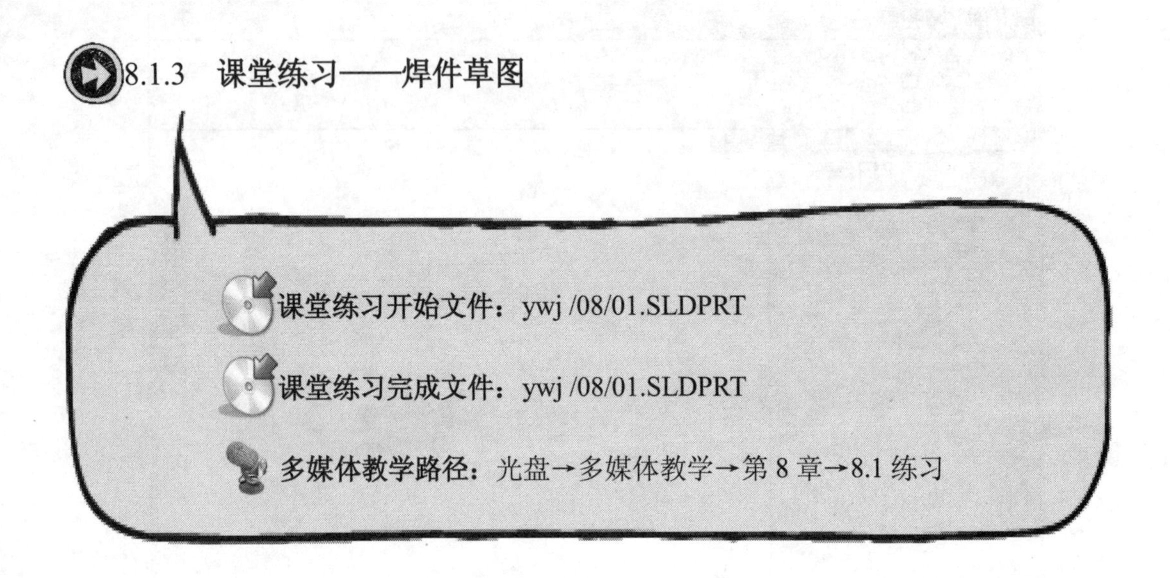

Step1 选择草绘面，如图 8-4 所示。

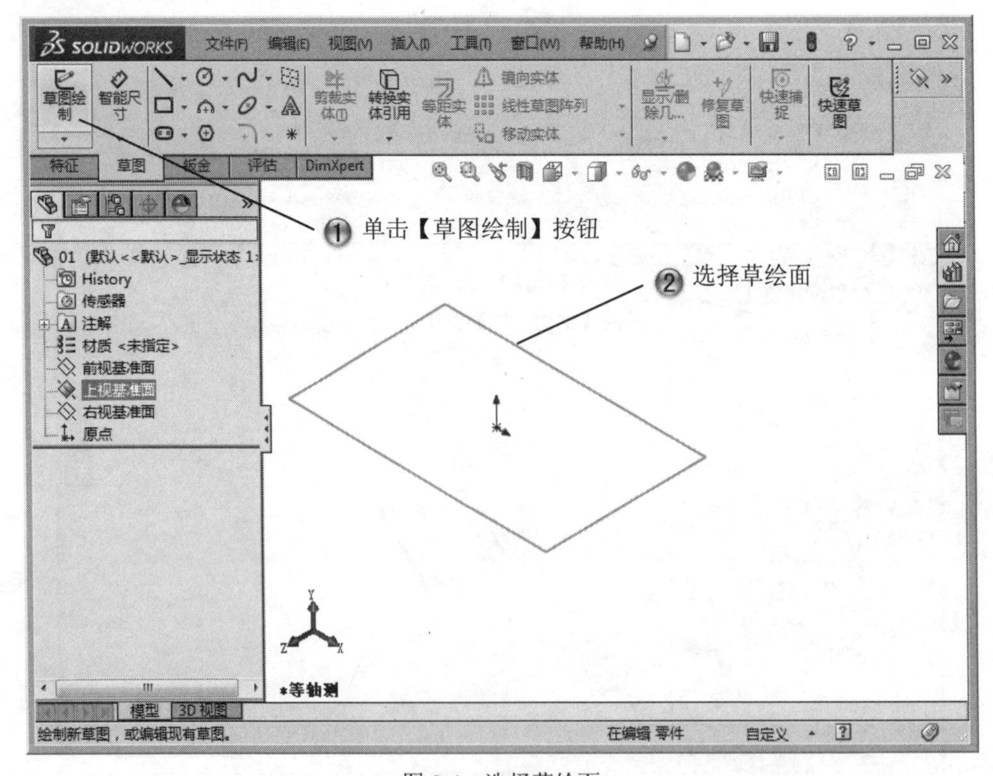

图 8-4 选择草绘面

Step2 绘制六边形，如图 8-5 所示。

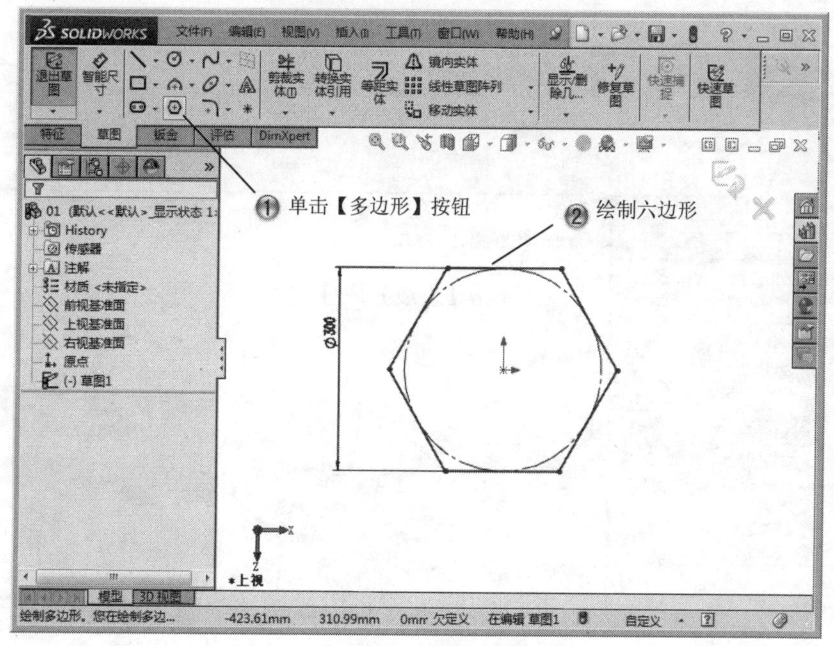

图 8-5 绘制六边形

Step3 绘制 3D 直线，如图 8-6 所示。

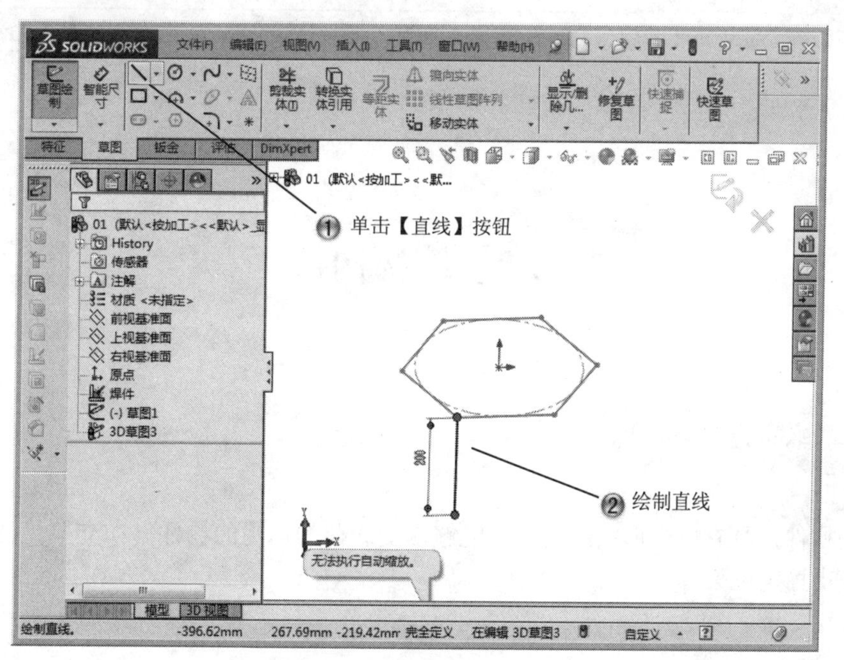

图 8-6 绘制 3D 直线

Step4 绘制其余直线，如图 8-7 所示。

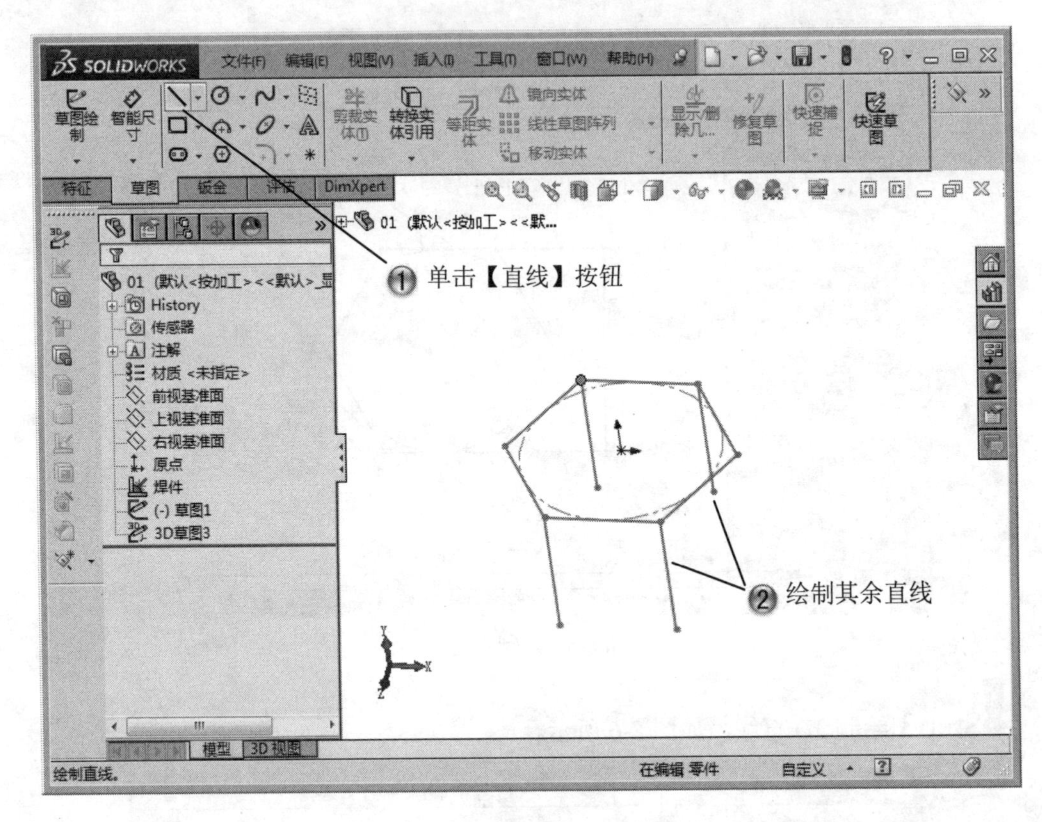

图 8-7 绘制其余直线

8.2 结构构件

结构构件是具有一定形状结构，并能够承受载荷的作用的构件，如支架、框架、内部的骨架及支撑定位架等。

课堂讲解课时：2 课时

8.2.1 设计理论

在建筑或土木工程行业所称的结构件是用某种材料制成的，具有一定形状，并能够承受载荷的实体。

在零件中生成第一个结构构件时，【焊件】图标将被添加到【特征管理器设计树】中。在【配置管理器】中生成两个默认配置，即一个父配置（默认“按加工”）和一个派生配置（默认“按焊接”）。

结构构件包含以下属性。

（1）结构构件都使用轮廓，例如角铁等。

（2）轮廓由【标准】、【类型】及【大小】等属性识别。

（3）结构构件可以包含多个片段，但所有片段只能使用一个轮廓。

（4）分别具有不同轮廓的多个结构构件可以属于同一个焊接零件。

（5）在一个结构构件中的任何特定点处，只有两个实体才可以交叉。

（6）结构构件在【特征管理器设计树】中以【结构构件 1】、【结构构件 2】等名称显示。结构构件生成的实体会出现在【实体】文件夹下。

（7）可以生成自己的轮廓，并将其添加到现有焊件轮廓库中。

（8）结构构件允许相对于生成结构构件所使用的草图线段指定轮廓的穿透点。

（9）可以在【特征管理器设计树】的【实体】文件夹下选择结构构件，并生成用于工程图中的切割清单。

8.2.2 课堂讲解

1. 结构构件

结构构件的命令，如图 8-8 所示。

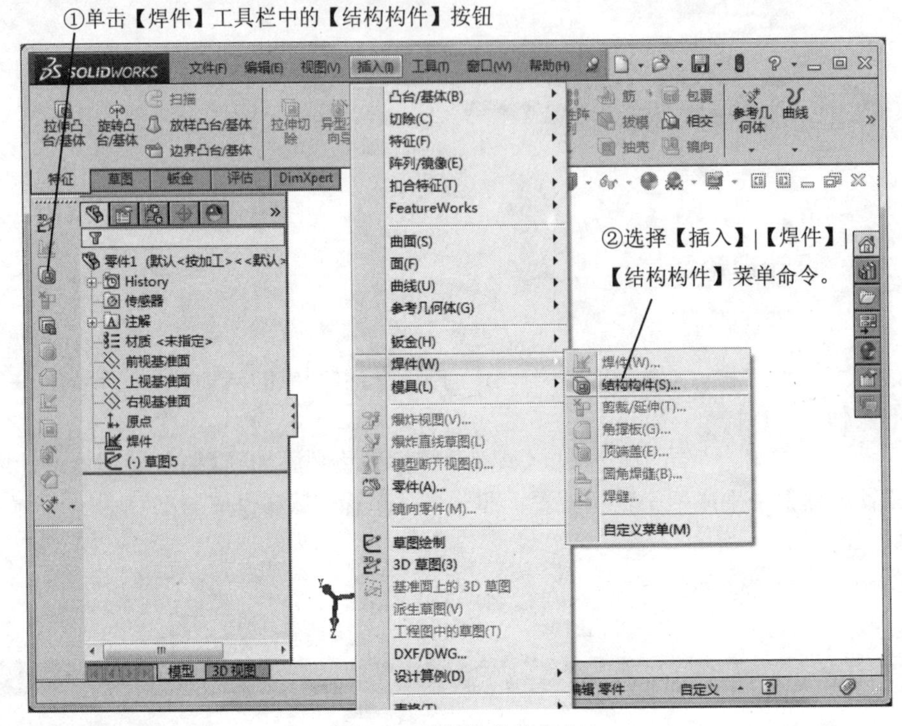

图 8-8　结构构件的命令

系统打开【结构构件】属性管理器，如图 8-9 所示。如果希望添加多个结构构件，单击【路径线段】选择框，选择路径线条即可。

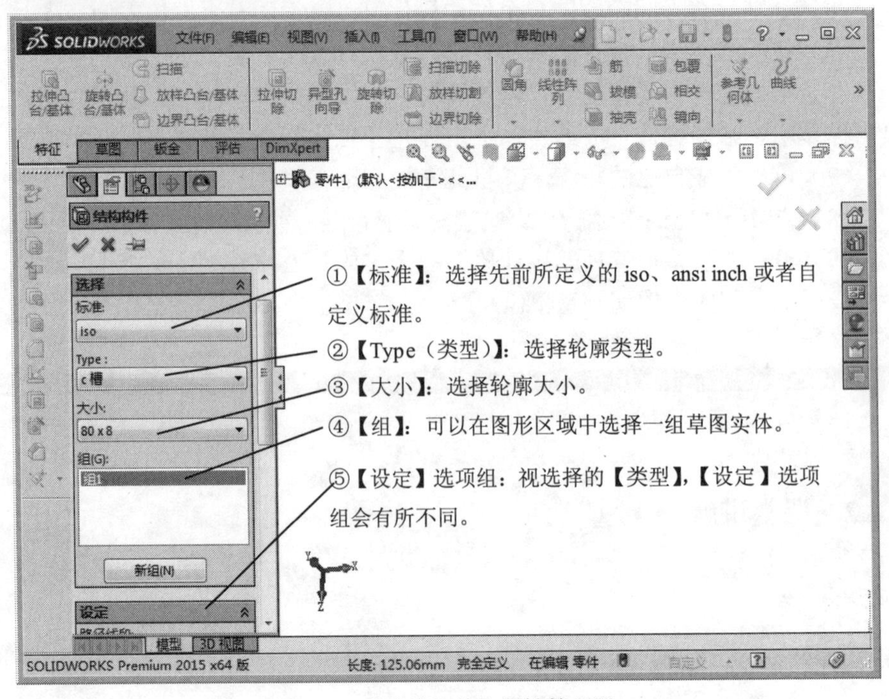

图 8-9　【结构构件】属性管理器

2. 剪裁结构构件

（1）剪裁/延伸的属性设置

剪裁/延伸构件的命令，如图 8-10 所示。

结构构件和其他实体剪裁结构构件，在焊件零件中正确对接后，可利用【剪裁/延伸】命令剪裁或延伸两个在角落处汇合的结构构件、一个或多个相对于另一实体的结构构件等。

名师点拨

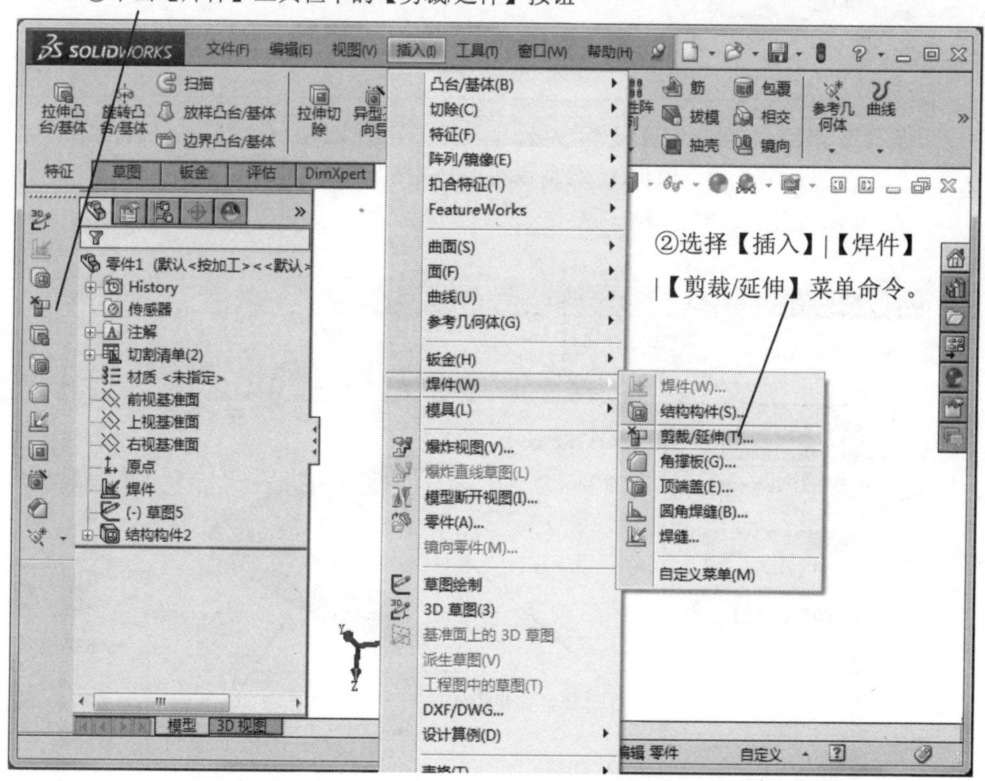

图 8-10　剪裁/延伸构件的命令

系统打开【剪裁/延伸】属性管理器，如图 8-11 所示。

（2）剪裁/延伸结构构件的操作步骤

单击【焊件】工具栏中的【剪裁/延伸】按钮或者选择【插入】|【焊件】|【剪裁/延伸】菜单命令，系统弹出【剪裁/延伸】属性管理器。选择剪裁曲面，单击【确定】按钮，如图 8-12 所示。

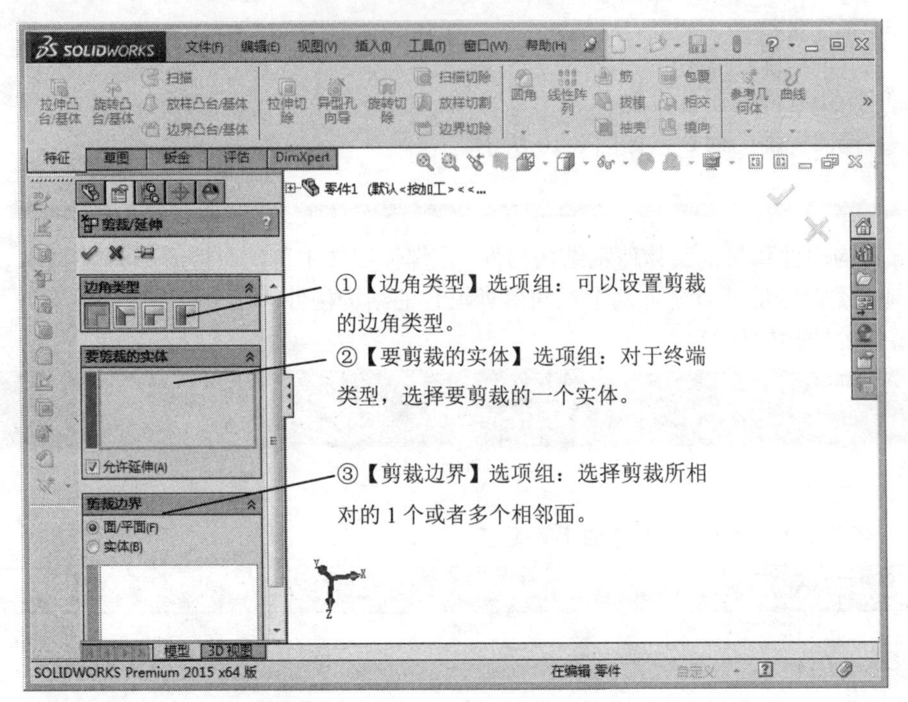

图 8-11 【剪裁/延伸】属性管理器

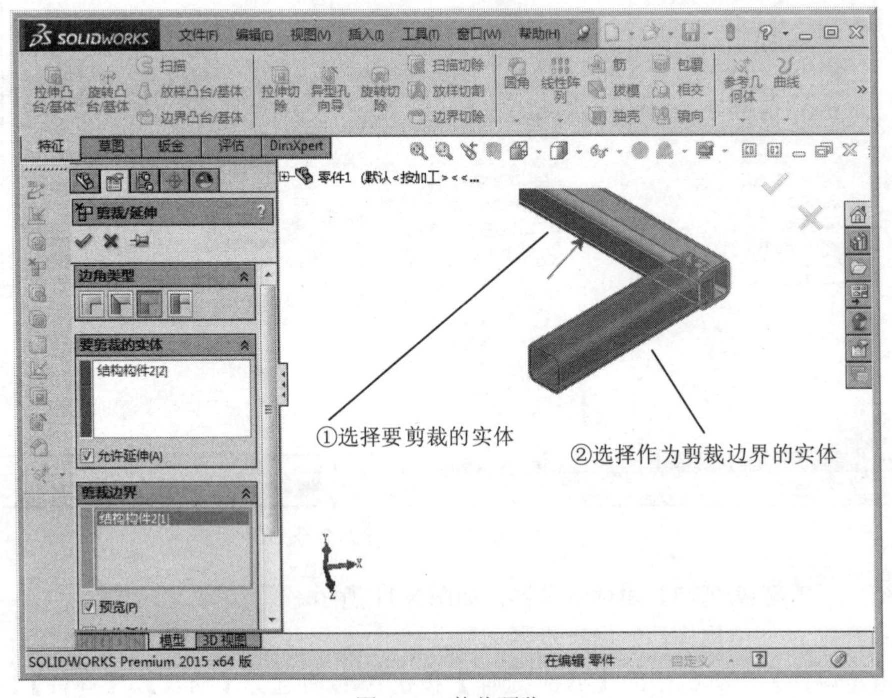

图 8-12 剪裁预览

8.2.3 课堂练习——创建构件

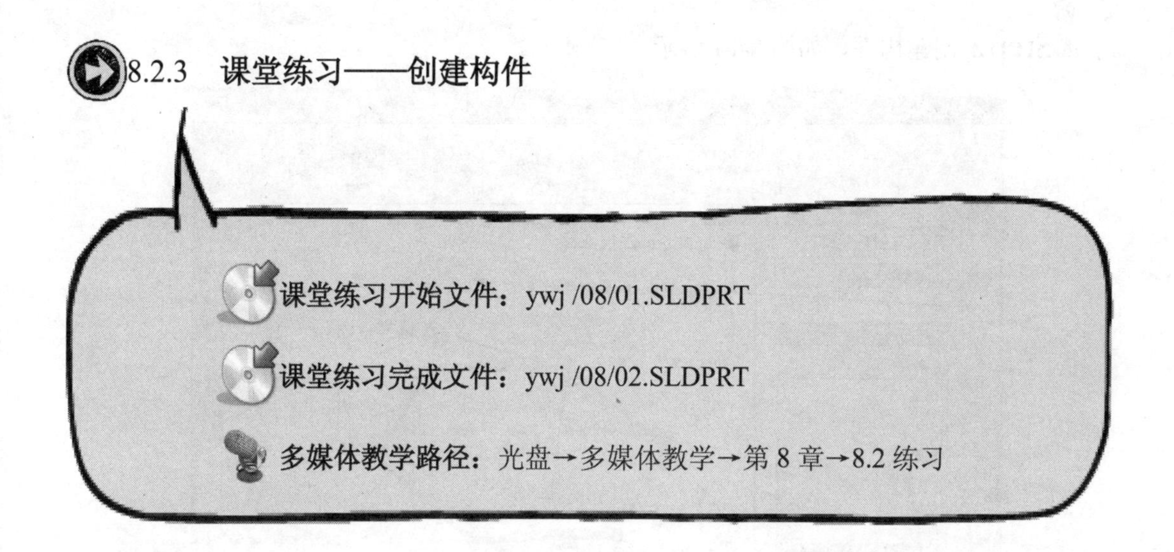

Step 1 打开草图模型，如图 8-13 所示。

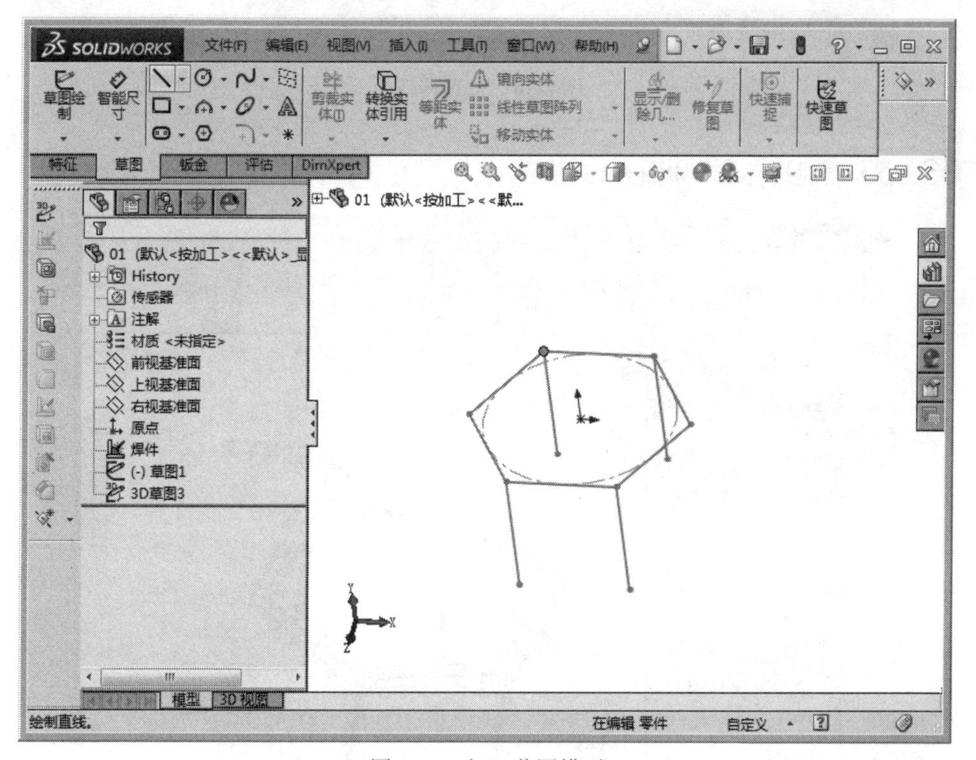

图 8-13　打开草图模型

Step2 创建构件，如图 8-14 所示。

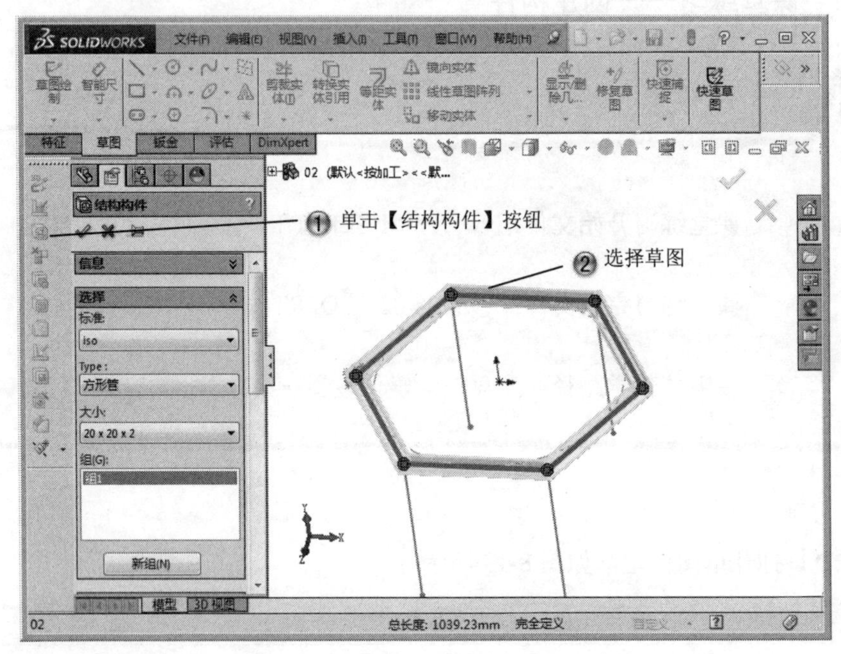

图 8-14　创建构件

Step3 创建构件 2，如图 8-15 所示。

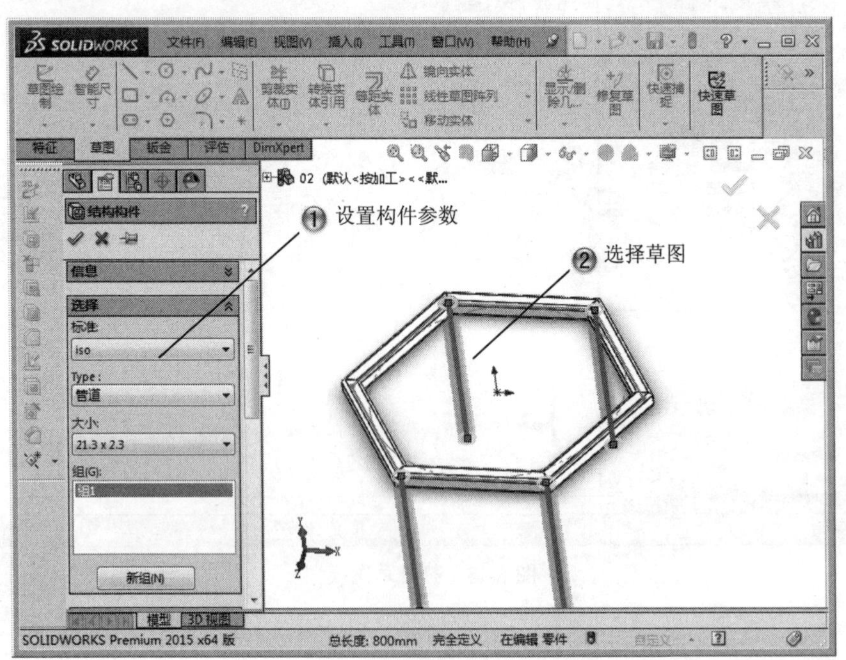

图 8-15　创建构件 2

Step4 完成结构构件，如图 8-16 所示。

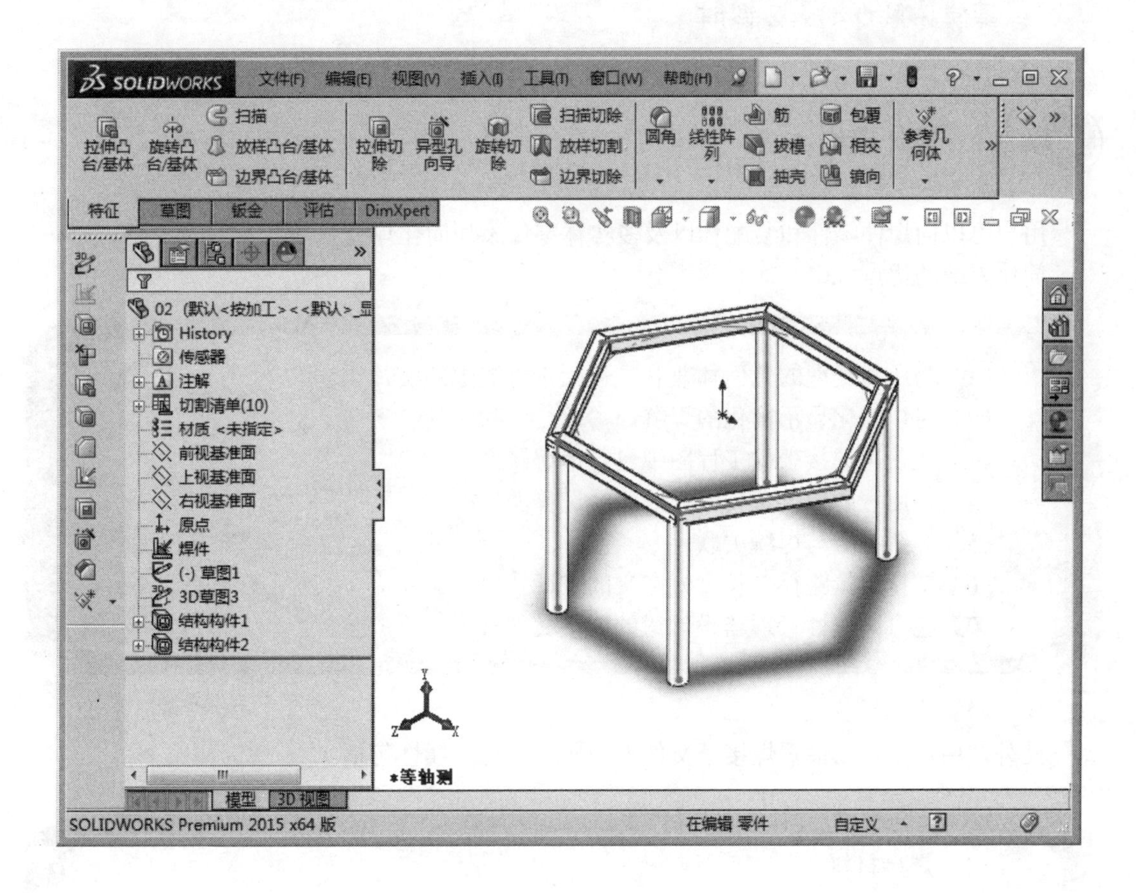

图 8-16　完成结构构件

8.3　添加焊缝

本节介绍焊缝及圆角焊缝的添加方法。焊缝是轻化单元，不会影响性能，在模型中显示为图形。

课堂讲解课时：2 课时

8.3.1 设计理论

用户可以向焊件零件和装配体以及多实体零件添加简化焊缝。
简化焊缝的优点。

（1）与所有类型的几何体兼容，包括带有缝隙的实体。
（2）可以轻化显示简化的焊缝。
（3）在使用焊接表的工程图中包含焊缝属性。
（4）使用智能焊接工具为焊缝路径选择面。
（5）焊缝符号与焊缝关联。
（6）支持焊接路径（长度）定义的控标。
（7）包含在属性管理器设计树的焊接文件夹中。

此外，用户还可以设置焊接子文件夹的属性，这些属性包括。

（1）焊接材料。
（2）焊接工艺。
（3）单位长度焊接质量。
（4）单位质量焊接成本。
（5）单位长度焊接时间。
（6）焊道数。

8.3.2 课堂讲解

1. 焊缝的属性设置

焊缝的命令，如图 8-17 所示。

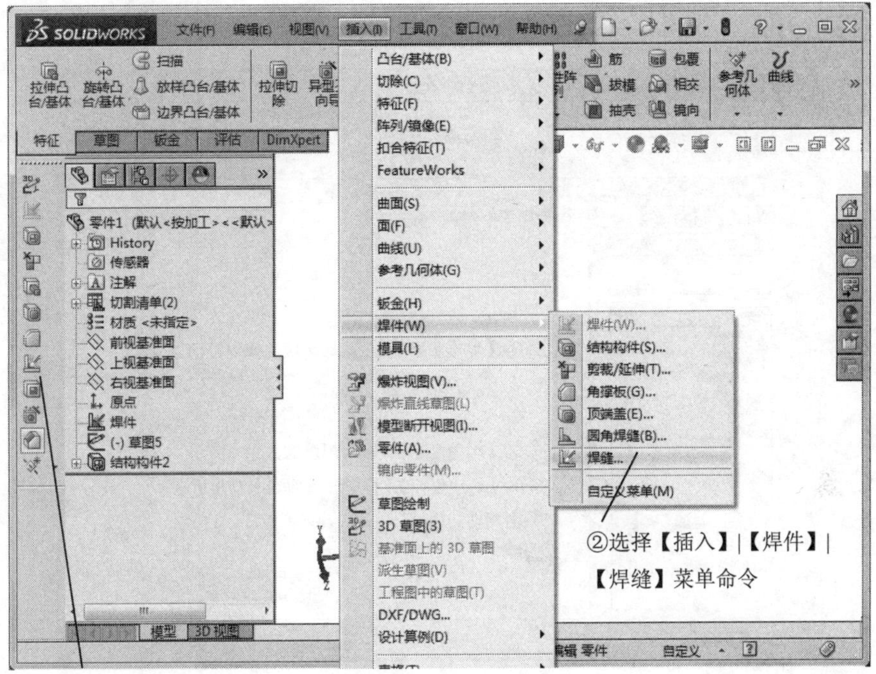

图 8-17　焊缝的命令

打开【焊缝】属性管理器，如图 8-18 所示。

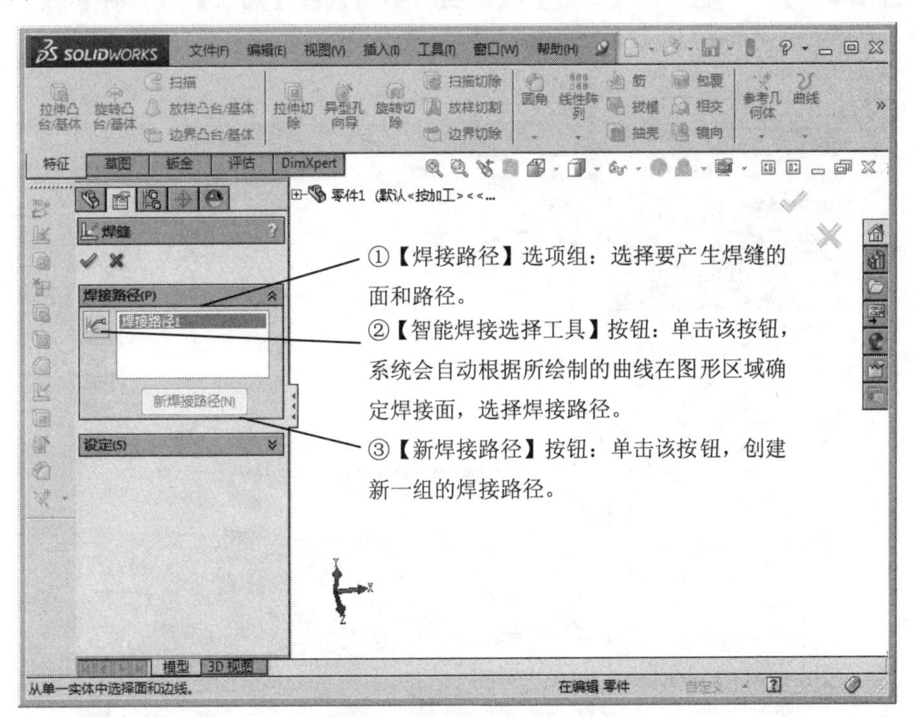

图 8-18　【焊缝】属性管理器

【设定】选项组，如图 8-19 所示。

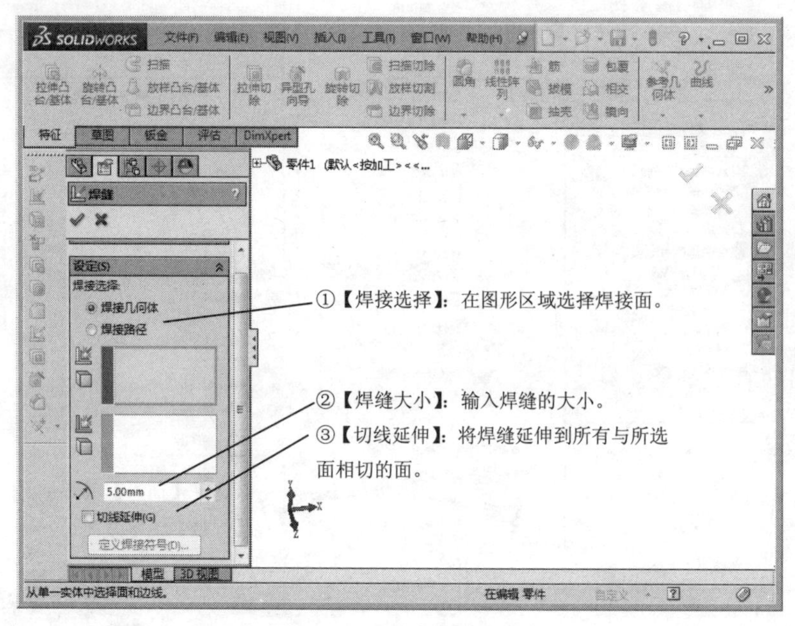

图 8-19　【设定】选项组

2. 生成焊缝的操作步骤

单击【焊件】工具栏中的【焊缝】按钮，或者选择【插入】|【焊件】|【焊缝】菜单命令，系统打开【焊缝】属性管理器。设置参数，单击【确定】按钮，完成创建焊缝，如图 8-20 所示。

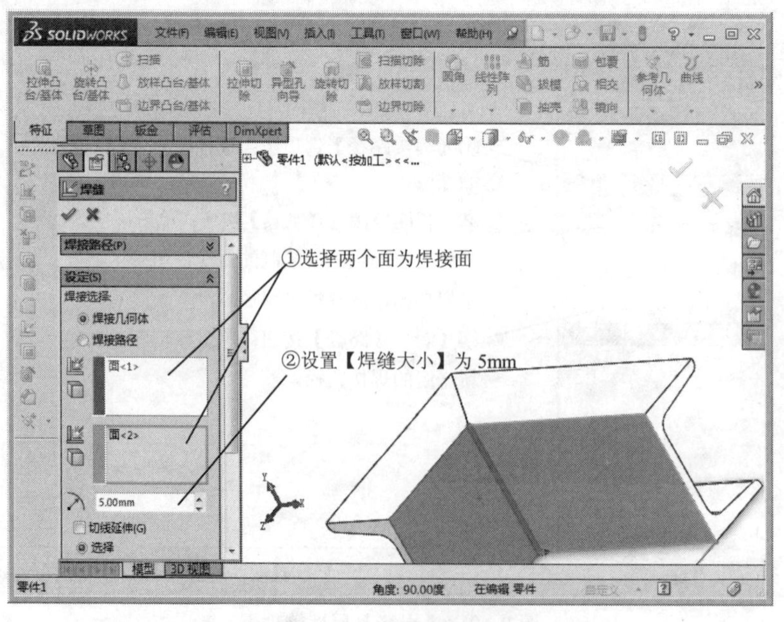

图 8-20　创建的焊缝

3．圆角焊缝

（1）圆角焊缝的属性设置

选择【插入】|【焊件】|【圆角焊缝】菜单命令，系统打开【圆角焊缝】属性管理器，如图8-21所示。

面组的选择框中必须选择平面，但是在选中【切线延伸】复选框时，可以为面组选择非平面或者相切轮廓。

名师点拨

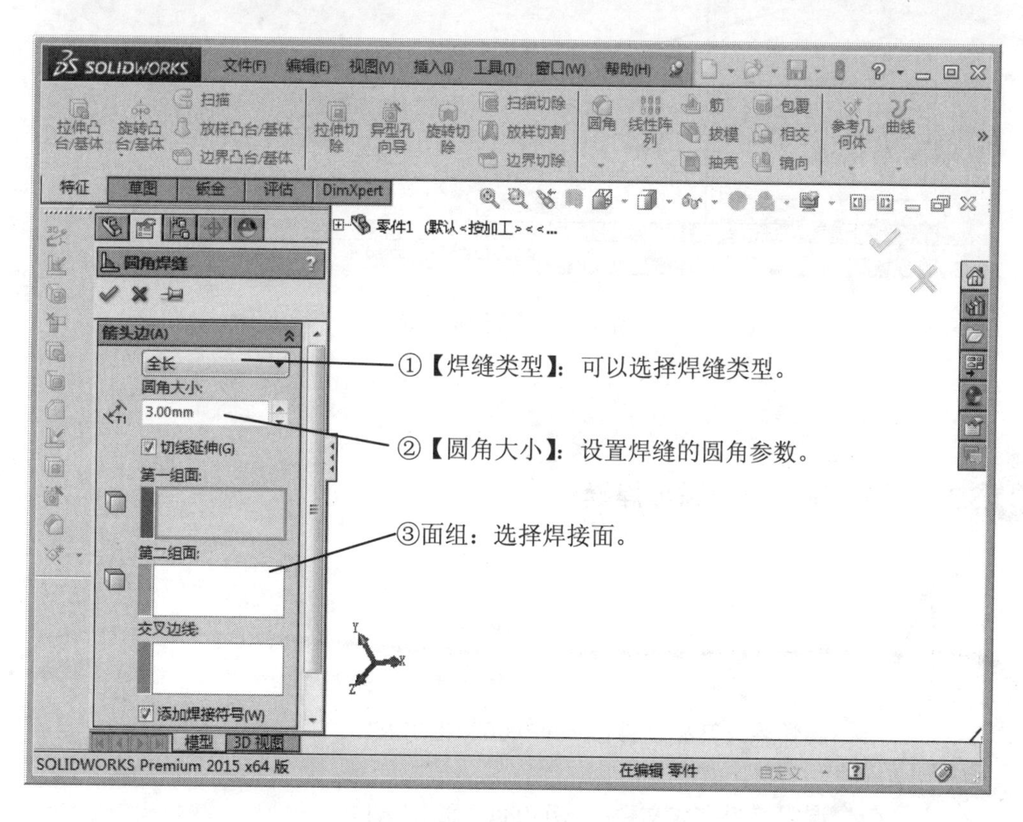

图8-21　【圆角焊缝】属性管理器

（2）生成圆角焊缝的操作步骤

选择【插入】|【焊件】|【圆角焊缝】菜单命令，系统弹出【圆角焊缝】属性管理器。选择焊接面，设置焊接参数，单击【确定】按钮✔，如图8-22所示。

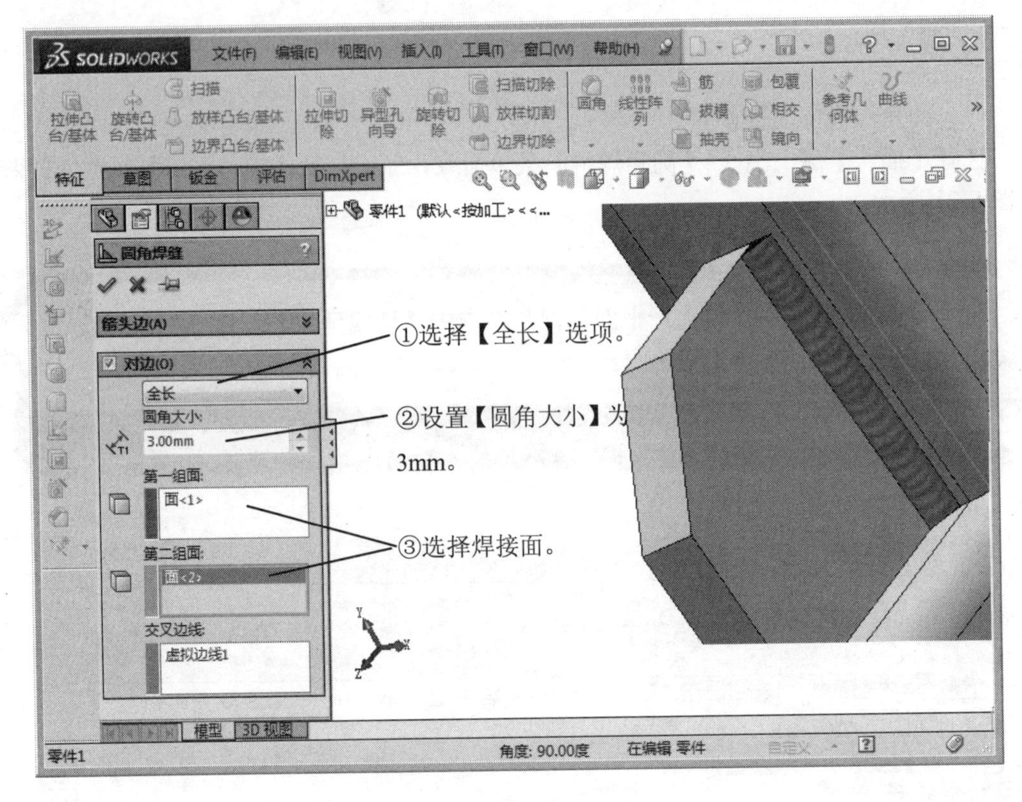

图 8-22　生成圆角焊缝

8.3.3　课堂练习——添加焊缝

课堂练习开始文件：ywj /08/02.SLDPRT

课堂练习完成文件：ywj /08/03.SLDPRT

多媒体教学路径：光盘→多媒体教学→第 8 章→8.3 练习

Step1 打开焊件，如图 8-23 所示。

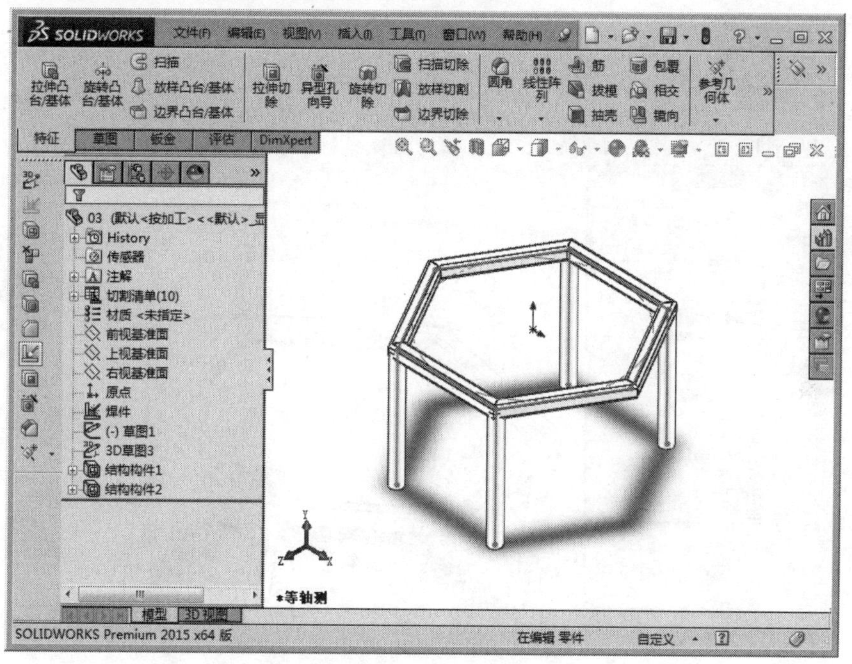

图 8-23　打开焊件

Step2 创建焊缝，如图 8-24 所示。

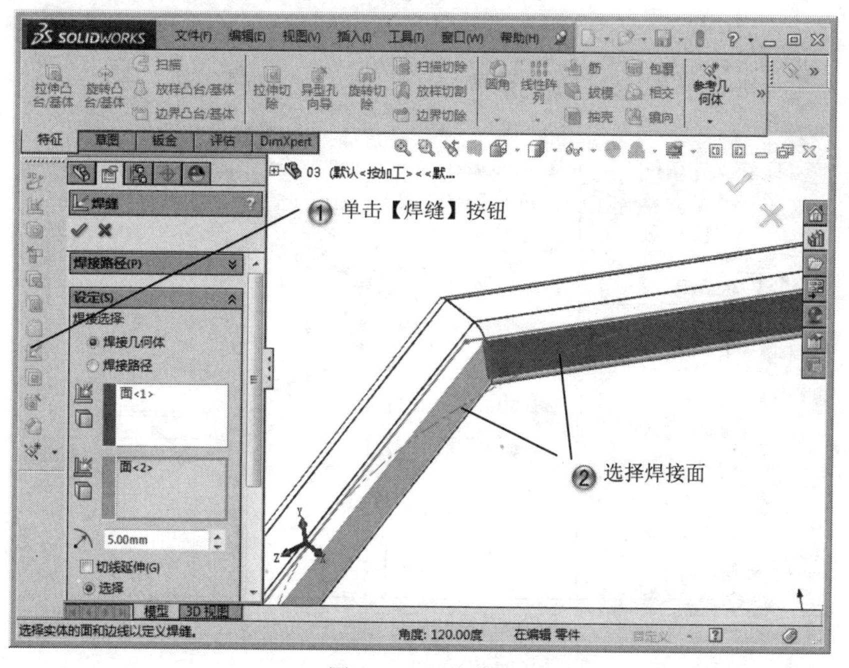

图 8-24　创建焊缝

Step3 创建其余焊缝，如图 8-25 所示。

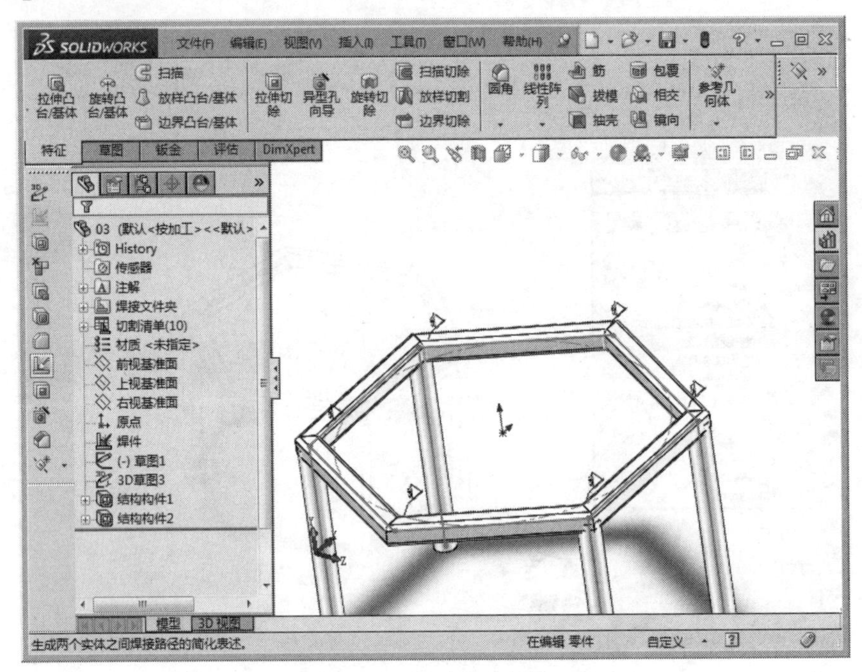

图 8-25　创建其余焊缝

Step4 剪裁构件，如图 8-26 所示。

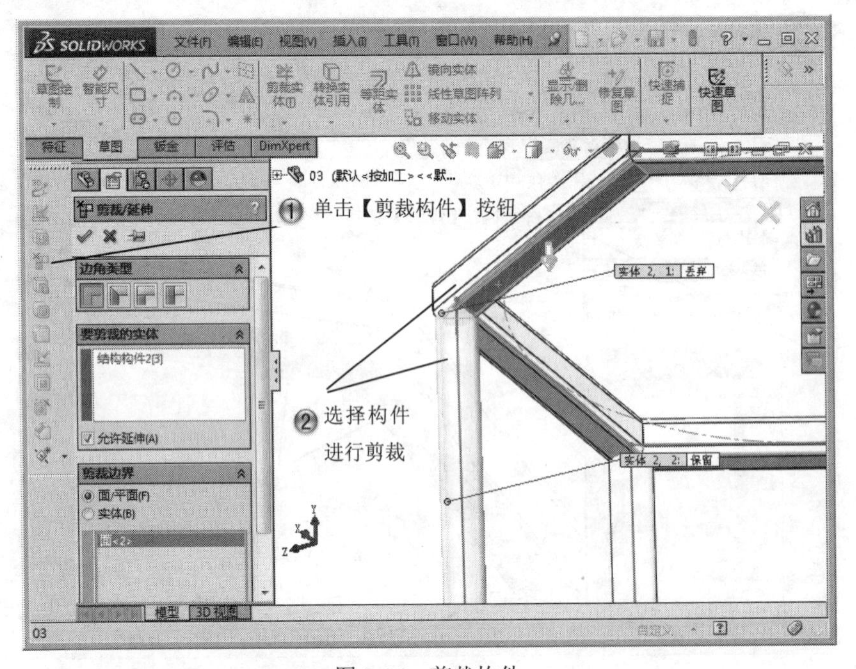

图 8-26　剪裁构件

Step5 添加焊缝，如图 8-27 所示。

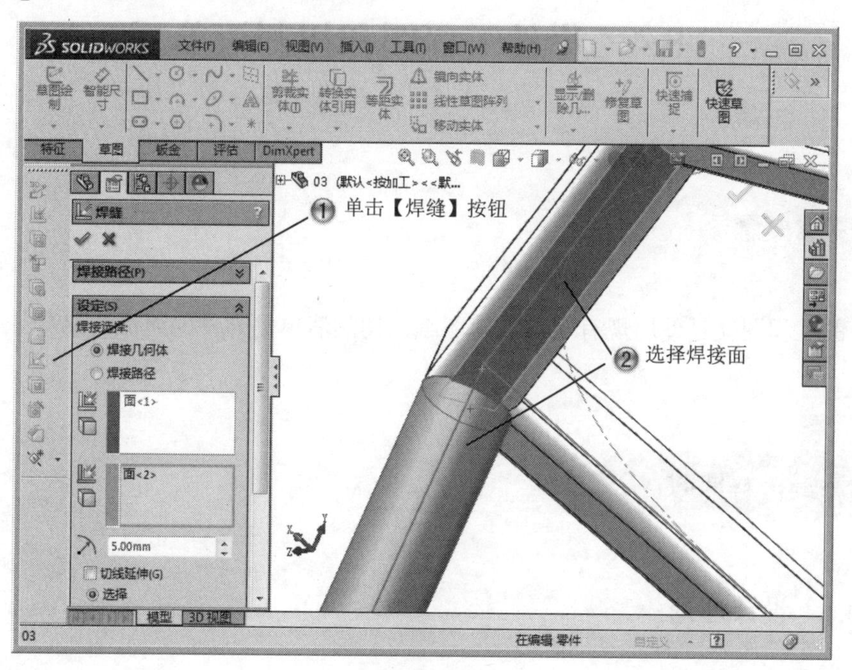

图 8-27　添加焊缝

Step6 完成焊缝添加，如图 8-28 所示。

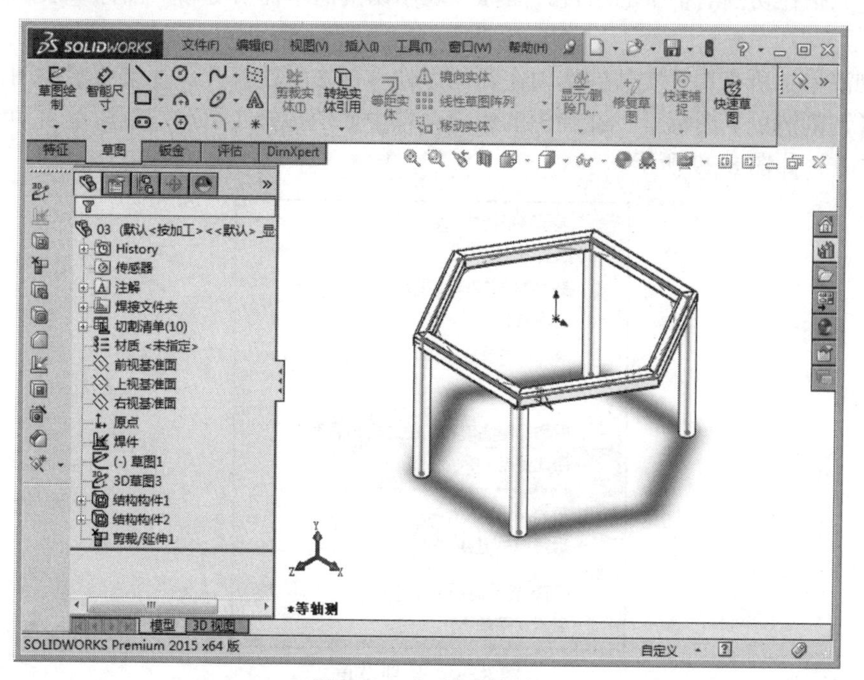

图 8-28　完成焊缝添加

8.4 焊件工程图和切割清单

基本概念

焊件的工程图就是使用现有零件创建图纸，切割清单是焊件的组成清单。

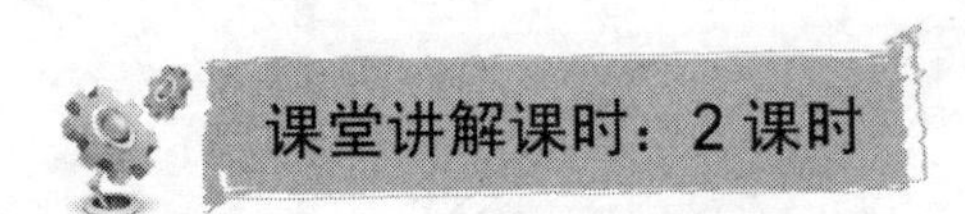

课堂讲解课时：2 课时

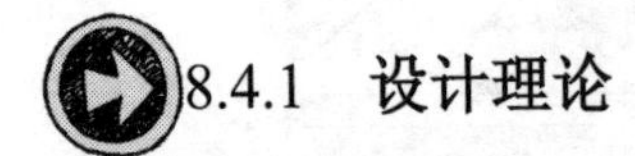

8.4.1 设计理论

焊件工程图属于图纸设计部分，我们将在第 9 章进行详细介绍。

当第一个焊件特征被插入到零件中时，【注解】文件夹会重新命名为【切割清单】以表示要包括在切割清单中的项目。图标表示切割清单需要更新，图标表示切割清单已更新。

切割清单中所有焊件实体的选项在新的焊件零件中默认打开。如果希望关闭，鼠标右键单击【切割清单】图标，在弹出的快捷菜单中取消选择【自动切割清单自动创建切割清单】命令，如图 8-29 所示。

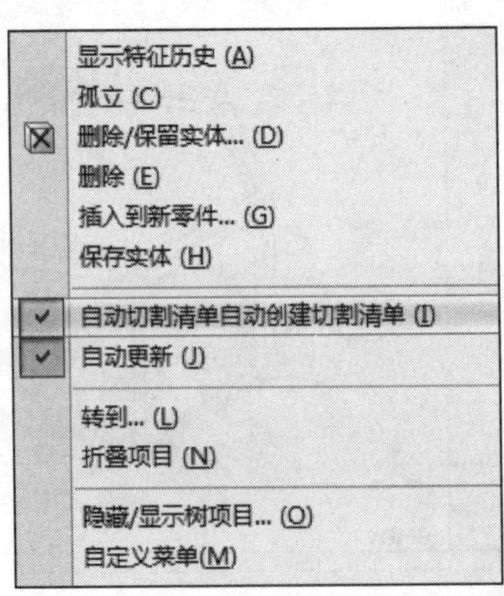

图 8-29 快捷菜单

8.4.2 课堂讲解

1. 焊件工程图

焊件工程图包括整个焊件零件的视图、焊件零件单个实体的视图（即相对视图）、焊件切割清单、零件序号、自动零件序号、剖面视图的备选剖面线等。

所有配置在生成零件序号时均参考同一切割清单。即使零件序号是在另一视图中生成的，也会与切割清单保持关联。附加到整个焊件工程图视图中的实体的零件序号，以及附加到只显示实体的工程图视图中同一实体的零件序号，具有相同的项目号。

如果将自动零件序号插入到焊件的工程图中，而该工程图不包含切割清单，则会提示是否生成切割清单。如果删除切割清单，所有与该切割清单相关的零件序号的项目号都会变为 1。焊件的工程图界面，如图 8-30 所示。

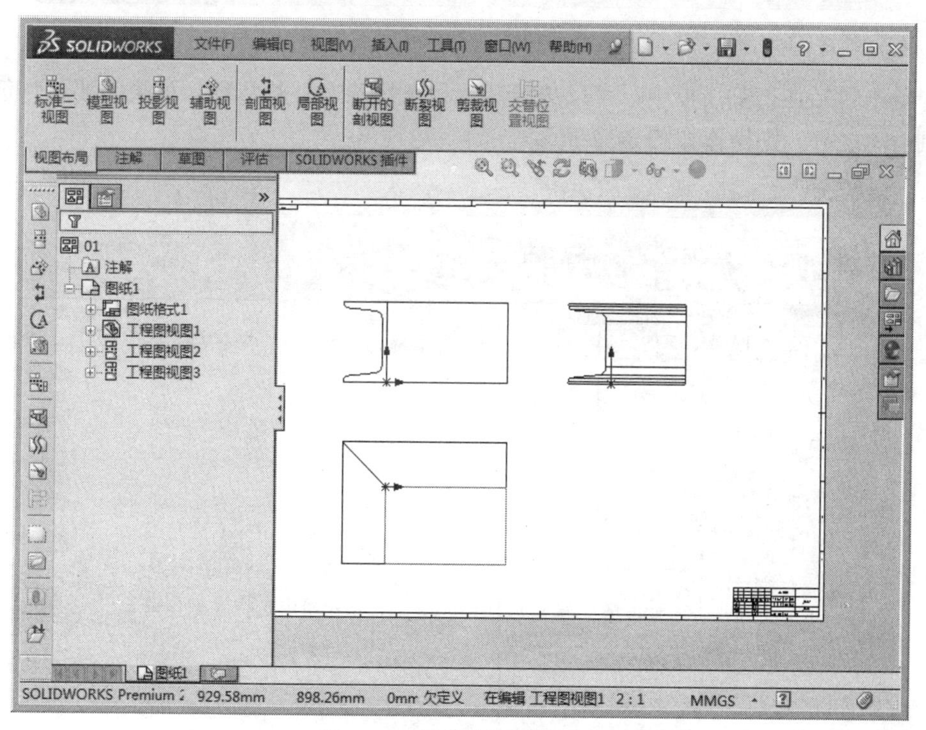

图 8-30　焊件的工程图界面

2. 焊件切割清单

（1）生成切割清单的操作步骤

操作【特征管理器设计树】中，如图 8-31 所示，【切割清单】图标变为。

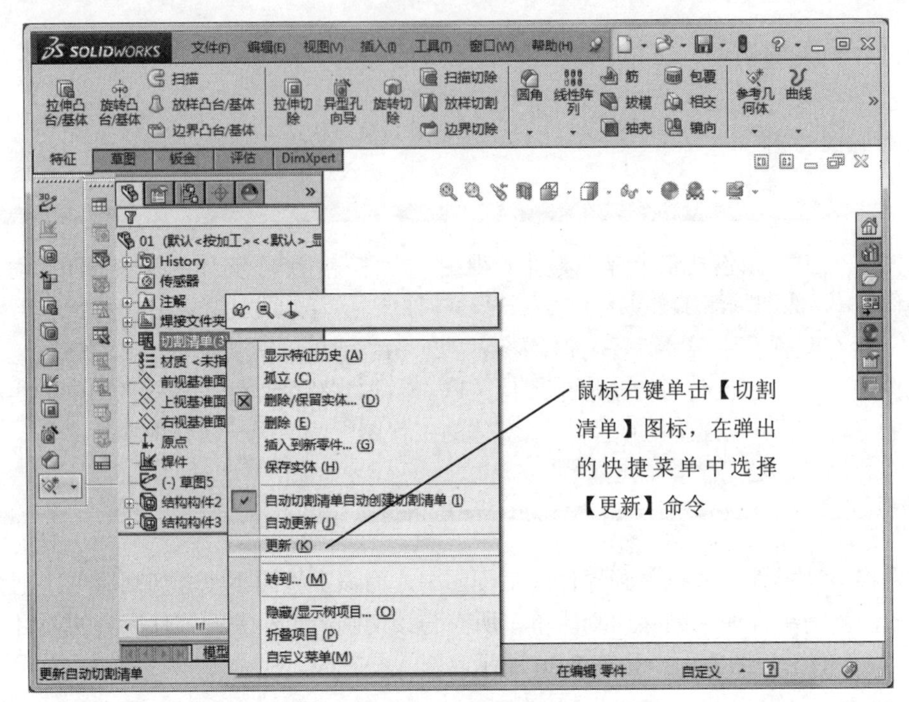

图 8-31　快捷菜单

焊缝不包括在切割清单中，可以选择其他也可排除在外的特征。如果需要将特征排除在切割清单之外，则操作如图 8-32 所示。

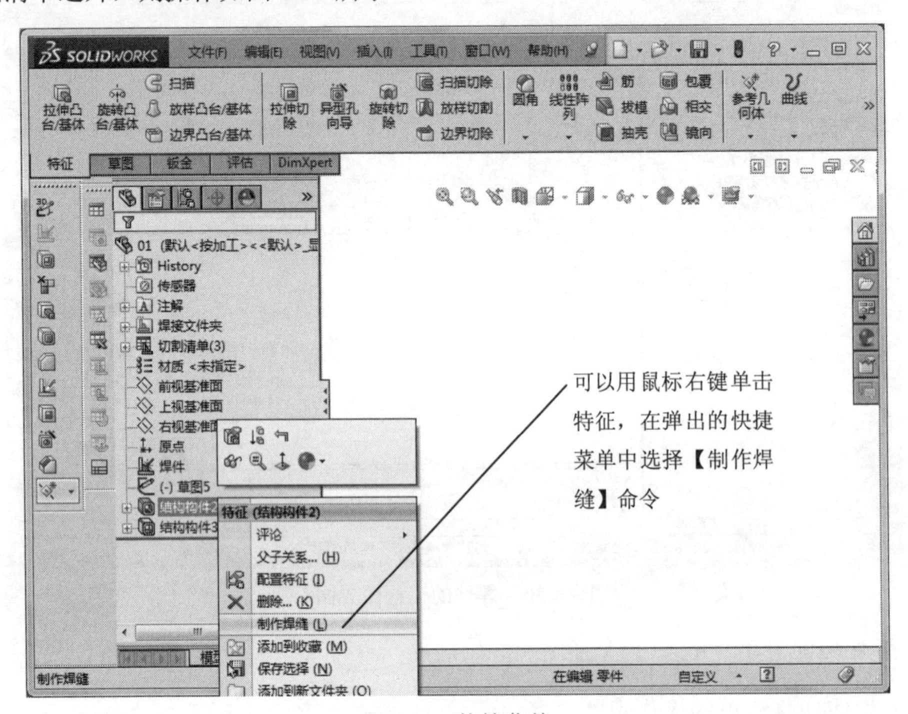

图 8-32　快捷菜单

在工程图中，单击【表格】工具栏中的【焊件切割清单】按钮，系统弹出【焊件切割清单】属性管理器，如图 8-33 所示。在零件文件中确认剪裁结构构件，这样正确的长度会出现在工程图中的切割清单中。

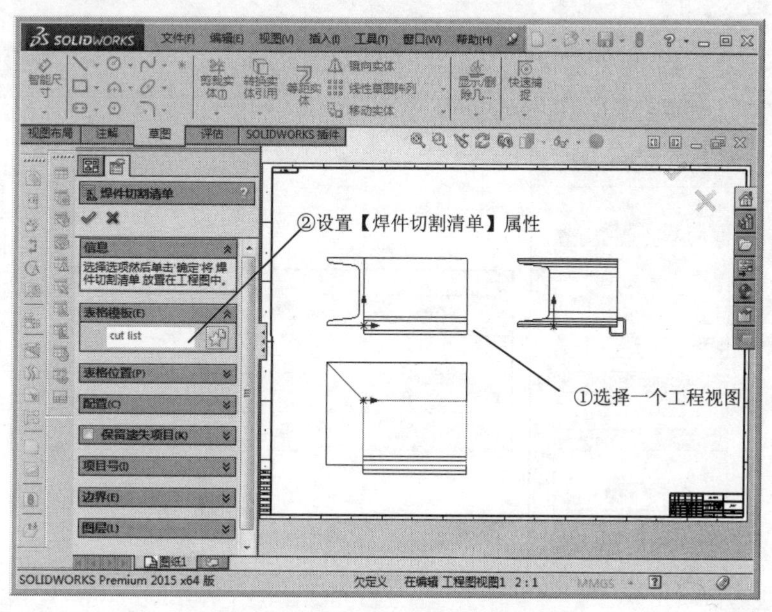

图 8-33 【焊件切割清单】属性管理器

（2）自定义属性

焊件切割清单包括项目号、数量以及切割清单自定义属性。在焊件零件中，属性包含在使用库特征零件轮廓从结构构件，所生成的切割清单项目中，包括【说明】、【长度】、【角度 1】、【角度 2】等，可以将这些属性添加到切割清单项目中。自定义操作，如图 8-34 所示。

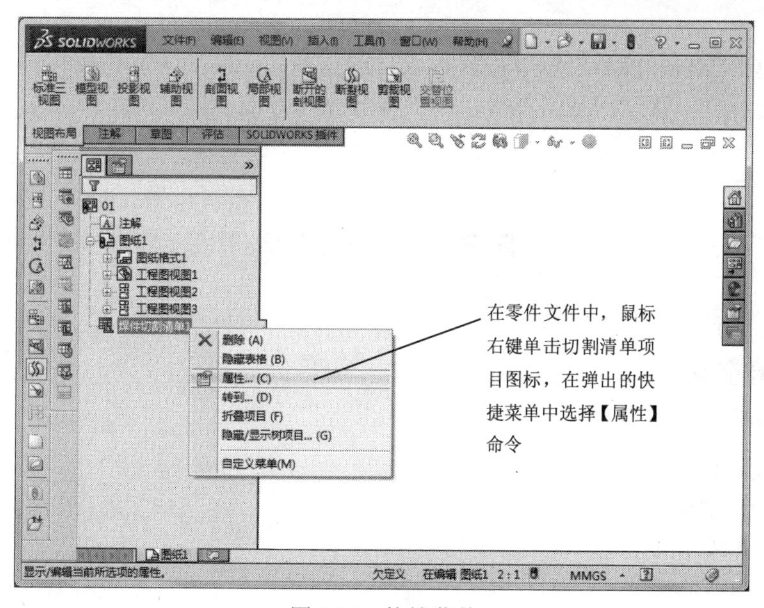

图 8-34 快捷菜单

在弹出的【焊件切割清单】属性管理器中，设置【表格位置】、【配置】和【项目号】等参数，如图 8-35 所示。

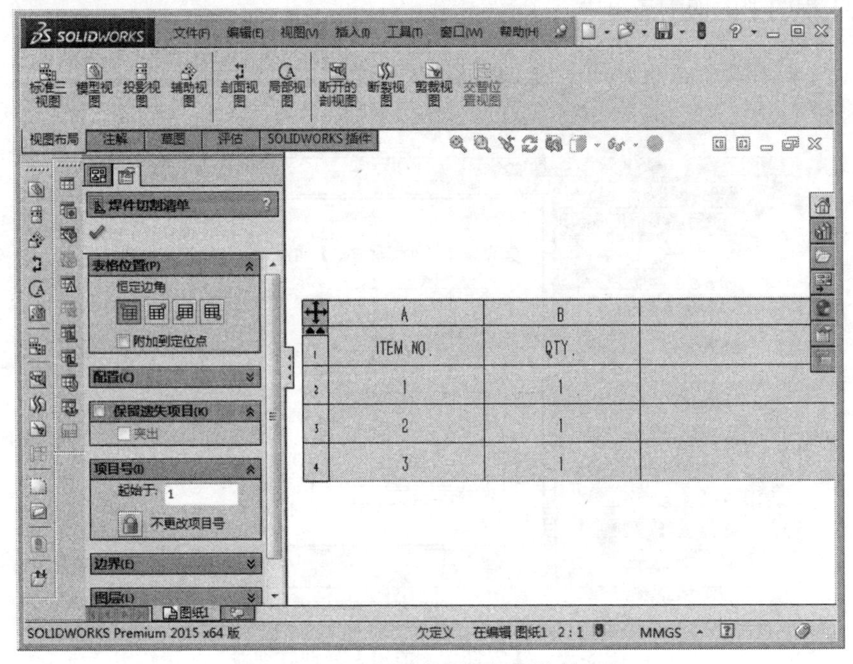

图 8-35　【切割清单属性】属性管理器

8.5　专家总结

通过本章的练习，读者可以掌握焊件设计的基本知识，如生成结构构件、剪裁结构构件、生成圆角焊缝、管理切割清单等，添加焊缝操作方便了以后的生产加工。

8.6　课后习题

8.6.1　填空题

（1）结构构件有________种。

（2）添加焊缝的作用________。

（3）焊件的创建顺序是________、________、________。

8.6.2 问答题

（1）切割清单的作用是什么？

（2）3D 草图可用作为焊件轮廓吗？为什么？

8.6.3 上机操作题

使用本章学习的知识创建三角支撑焊件。

一般创建步骤和方法：

（1）绘制焊件草图轮廓。

（2）创建构件。

（3）添加焊缝。

（4）创建切割清单。

第 9 章　工程图设计

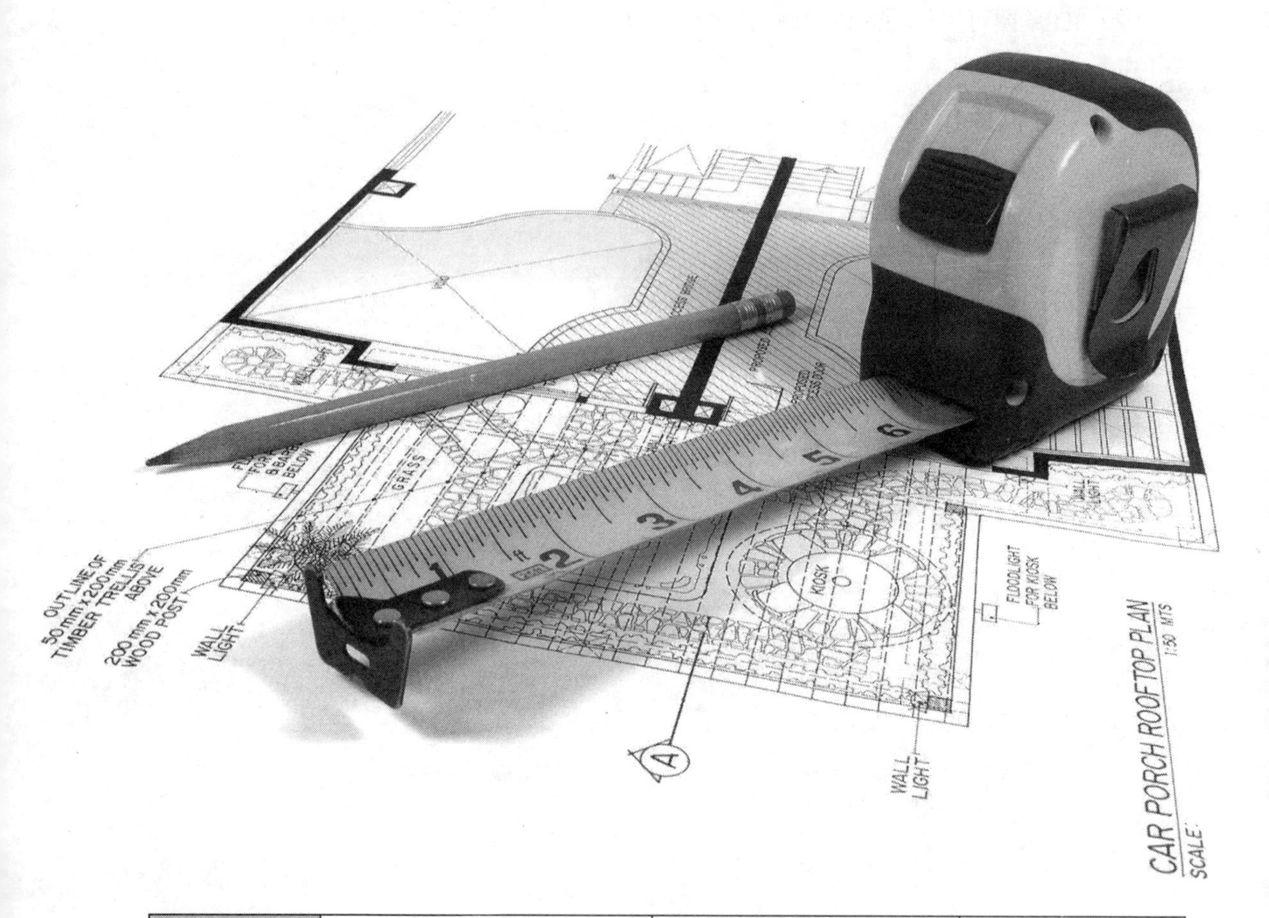

课训目标	内　容	掌握程度	课　时
	工程图基本设置	熟练掌握	2
	工程视图设计	熟练掌握	2
	尺寸标注	熟练掌握	2
	添加注释	熟练掌握	2

课程学习建议

工程图是用来表达三维模型的二维图样，通常包含一组视图、完整的尺寸、技术要求、标题栏等内容。在工程图设计中，可以利用 SOLIDWORKS 设计的实体零件和装配体直接生成所需视图，也可以基于现有的视图生成新的视图。

工程图是产品设计的重要技术文件，一方面体现了设计成果，另一方面也是指导生产的参考依据。在产品的生产制造过程中，工程图还是设计人员进行交流和提高工作效率的重要工具，是工程界的技术语言。SOLIDWORKS 提供了强大的工程图设计功能，用户可以很方便地借助于零部件或者装配体三维模型生成所需的各个视图，包括剖视图、局部放大视图等。SOLIDWORKS 在工程图与零部件或者装配体三维模型之间提供全相关的功能，即对零部件或者装配体三维模型进行修改时，所有相关的工程视图将自动更新，以反映零部件或者装配体的形状和尺寸变化；反之，当在一个工程图中修改零部件或者装配体尺寸时，系统也自动将相关的其他工程视图及三维零部件，或者装配体中相应结构的尺寸进行更新。

本章主要介绍工程图的设置方法，以及工程视图的创建和尺寸、注释的添加。

本课程主要基于工程图设计讲解，其培训课程表如下。

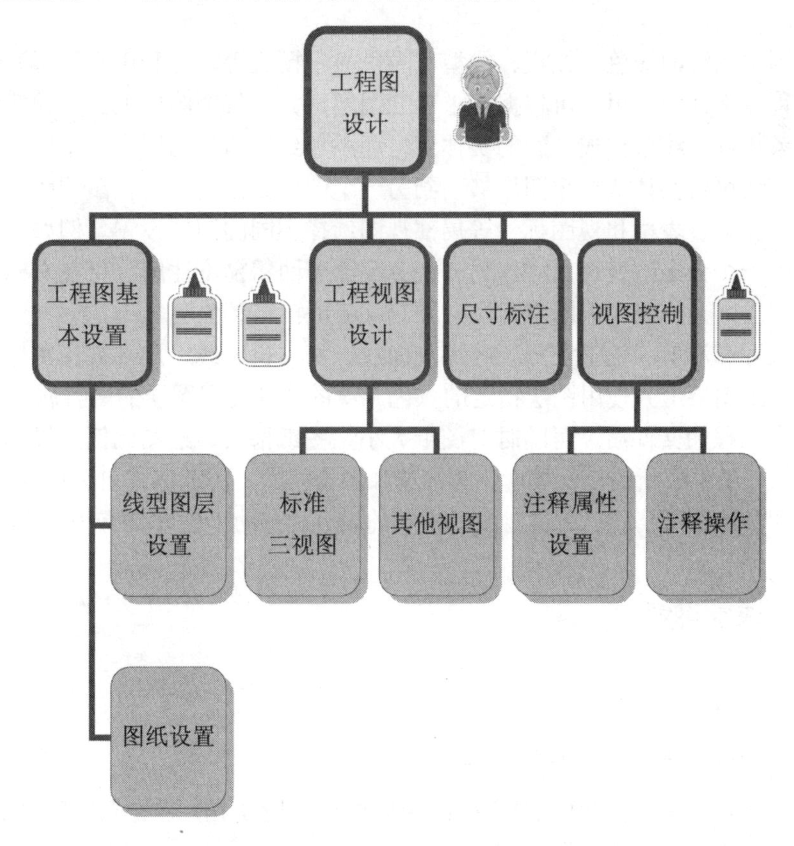

9.1 工程图基本设置

基本概念

工程图简称图样，根据投影法来表达物体的投影面，根据投影的方式的不同可分为正投影和斜投影。工程图最常见的有一维投影、二维投影和轴测投影（立体投影又叫三维投影）。按照中国规定图纸需要画图框，根据图框的不同可以分为 Y 型图纸和 X 型图纸。

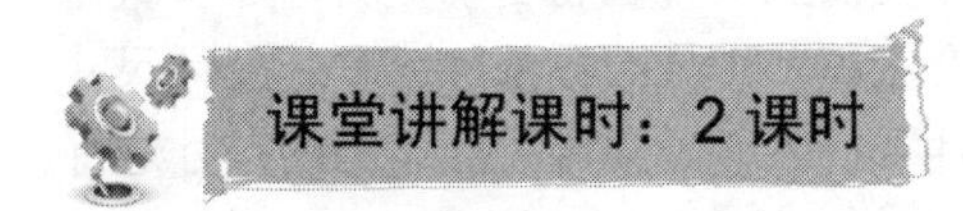

课堂讲解课时：2 课时

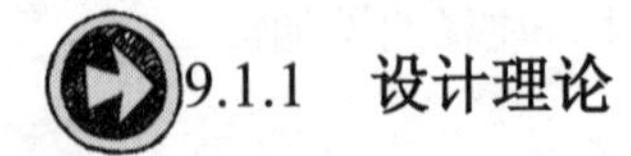

9.1.1 设计理论

对于视图中图线的线色、线粗、线型、颜色显示模式等，可利用【线型】工具栏进行设置。在工程图文件中，用户可根据需求建立图层，并为每个图层上生成的新实体指定线条颜色、线条粗细和线条样式。新的实体会自动添加到激活的图层中。图层可以被隐藏或显示。另外，还可将实体从一个图层移动到另一个图层。创建好工程图的图层后，可分别为每个尺寸、注解、表格和视图标号等局部视图选择不同的图层设置。例如，可创建两个图层，将其中一个分配给直径尺寸，另一个分配给表面粗糙度注解。可在文档层设置各个局部视图的图层，无需在工程图中切换图层即可应用自定义图层。

可以将尺寸和注解（包括注释、区域剖面线、块、折断线、局部视图图标、剖面线及表格等）移动到图层上并使用图层指定的颜色。草图实体使用图层的所有属性。

生成一个工程图文件后，可随时对图纸大小、图纸格式、绘图比例、投影类型等图纸细节进行修改。当生成新的工程图时，必须选择图纸格式。图纸格式可采用标准图纸格式，也可自定义和修改图纸格式。通过对图纸格式的设置，有助于生成具有统一格式的工程图。

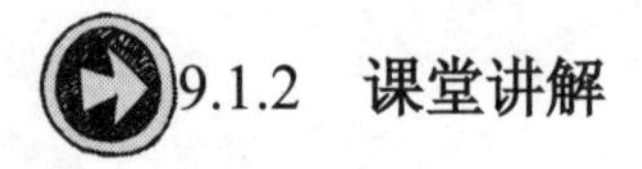

9.1.2 课堂讲解

1. 工程图线型设置

（1）使用图纸格式的操作步骤

单击【标准】工具栏中的【新建】按钮，弹出如图 9-1 所示的【新建 SOLIDWORKS 文件】对话框，创建工程图文件。

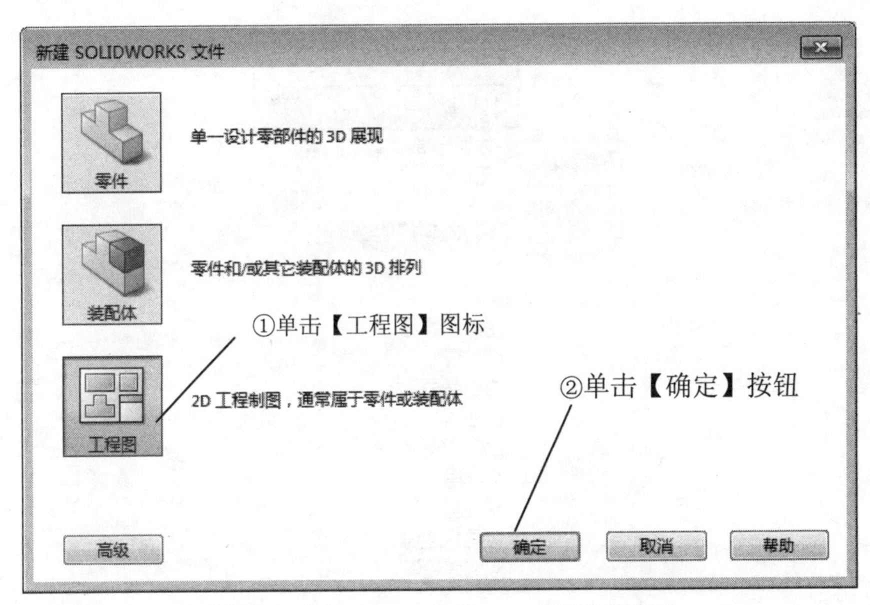

图 9-1 【新建 SOLIDWORKS 文件】对话框

（2）【线型】工具栏如图 9-2 所示。在工程图中如果需要对线型进行设置，一般在绘制草图实体之前，先利用【线型】工具栏中的【线色】、【线粗】和【线条样式】按钮对要绘制的图线设置所需的格式，这样可使被添加到工程图中的草图实体均使用指定的线型格式，直到重新设置另一种格式为止。

如果需要改变直线、边线或草图视图的格式，可先选择需要更改的直线、边线或草图实体，然后利用【线型】工具栏中的相应按钮进行修改，新格式将被应用到所选视图中。

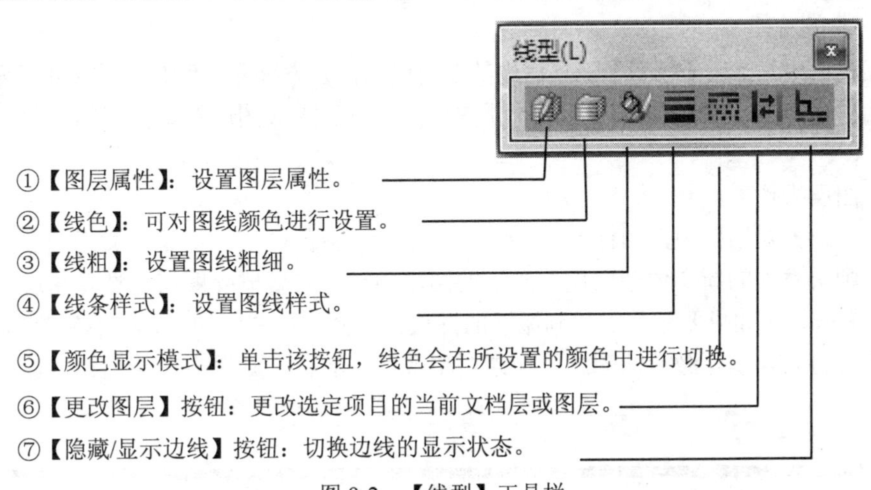

图 9-2 【线型】工具栏

2. 工程图图层设置

（1）更改图层

可将零件或装配体工程图中的零部件移动到图层。单击【线型】工具栏中的【更改图层】按钮，弹出的工具栏用于为零部件选择命名图层的清单，如图 9-3 所示。

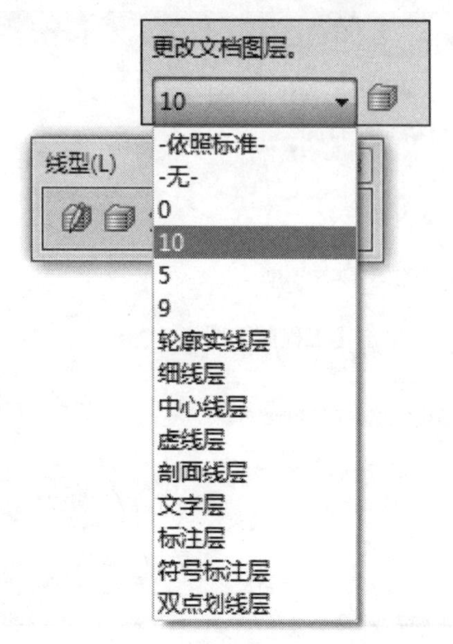

图 9-3 【图层】工具栏

如果将“*.dxf”或者“*.dwg”文件输入到 SOLIDWORKS 工程图中，会自动生成图层。在最初生成“*.dxf”或“*.dwg”文件的系统中指定的图层信息（如名称、属性和实体位置等）将保留。

如果将带有图层的工程图作为“*.dxf”或“*.dwg”文件输出，则图层信息包含在文件中。当在目标系统中打开文件时，实体都位于相同图层上，并且具有相同的属性，除非使用映射将实体重新导向新的图层。

（2）建立图层

在工程图中，单击【线型】工具栏中的【图层属性】按钮，弹出如图 9-4 所示的【图层】对话框。单击【新建】按钮，输入新图层的名称。更改图层默认图线的颜色、样式和粗细等。

（3）图层操作

在【图层】对话框中，图标➪所指示的图层为激活的图层。如果要激活图层，单击图层左侧，则所添加的新实体会出现在激活的图层中。如果要删除图层，选择图层，然后单击【删除】按钮。如果要移动实体到激活的图层，选择工程图中的实体，然后单击【移动】按钮，即可将其移动至激活的图层。如果要更改图层名称，则单击图层名称，输入新名称即可。

图标表示图层打开或关闭的状态。当灯泡为黄色时，图层可见。单击某一图层的图标，则可显示或隐藏该图层。

名师点拨

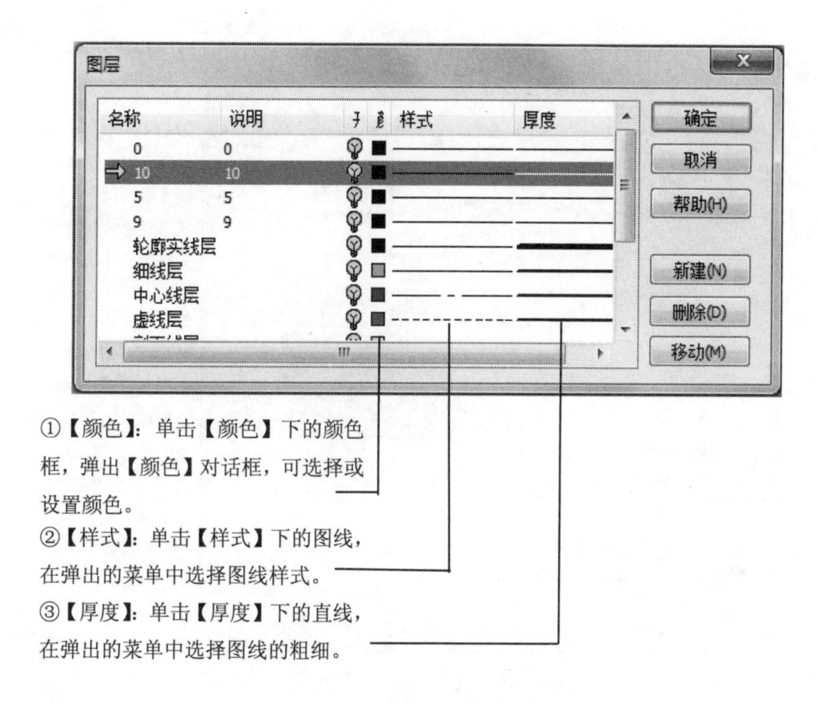

图 9-4 【图层】对话框

3. 编辑图纸格式

在【特征管理器设计树】中，右键单击图标，或在工程图纸的空白区域单击鼠标右键，在弹出的快捷菜单中选择【属性】命令，如图 9-5 所示，弹出【图纸属性】对话框，如图 9-6 所示。

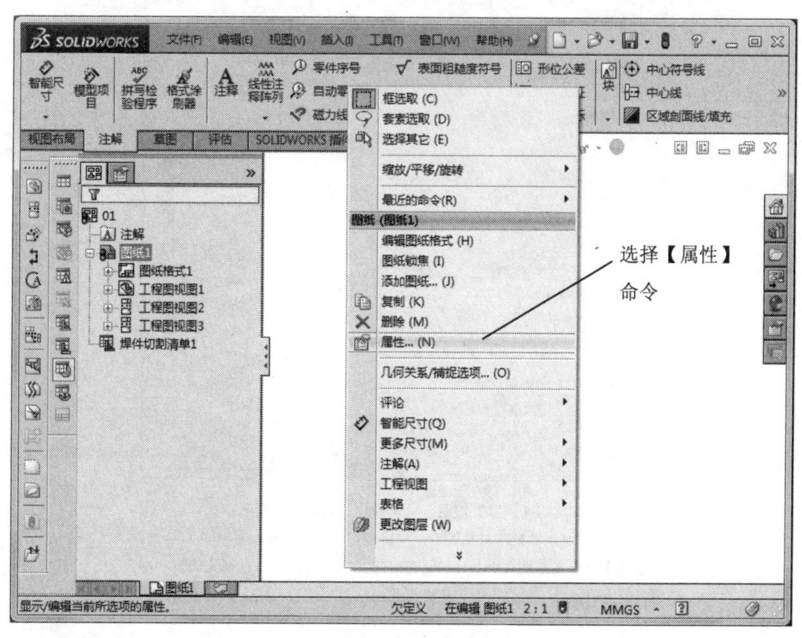

图 9-5 快捷菜单

【图纸属性】对话框中各选项如图 9-6 所示。

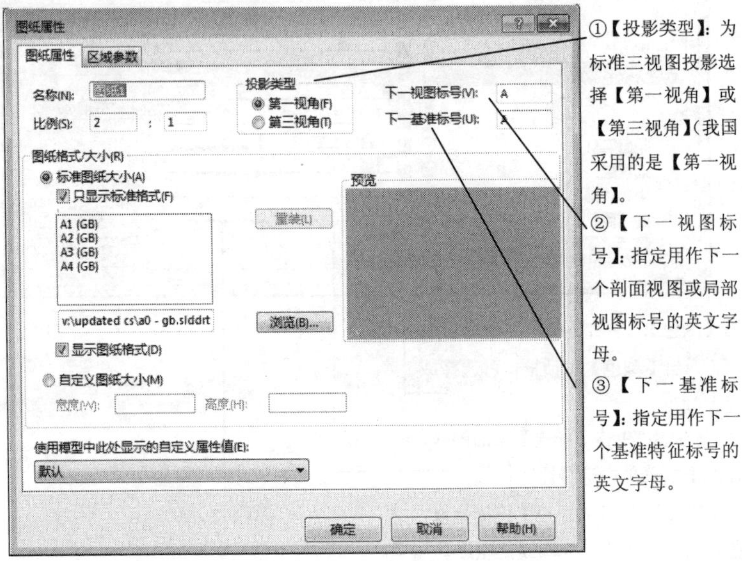

①【投影类型】：为标准三视图投影选择【第一视角】或【第三视角】（我国采用的是【第一视角】。
②【下一视图标号】：指定用作下一个剖面视图或局部视图标号的英文字母。
③【下一基准标号】：指定用作下一个基准特征标号的英文字母。

图 9-6　【图纸属性】对话框

4. 图纸格式设置

图纸格式主要用于保存图纸中相对不变的部分，如图框、标题栏和明细栏等。

SOLIDWORKS 提供了各种标准图纸大小的图纸格式。可在【图纸属性】对话框的【标准图纸大小】列表框中进行选择，如图 9-7 所示。

①单击【浏览】按钮，可加载用户自定义的图纸格式。
②【显示图纸格式】复选框：显示边框、标题栏等。
③选择【自定义图纸大小】选项，可定义无图纸格式，即选择无边框、标题栏的空白图纸。此选项要求指定纸张大小，用户也可定义自己的格式。

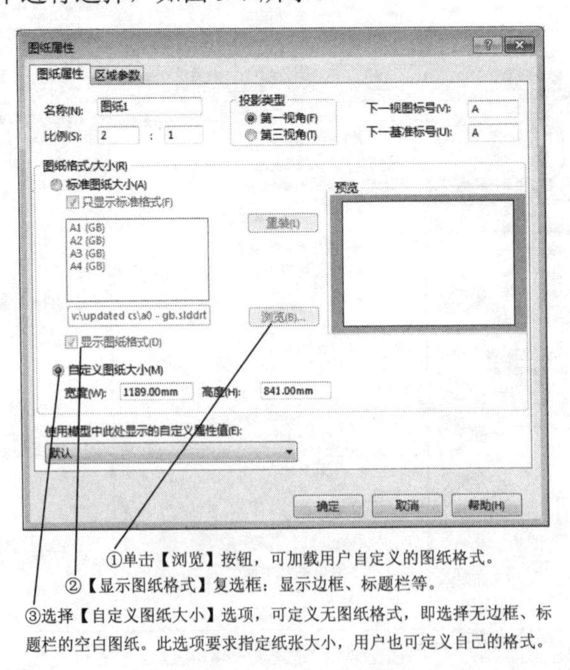

图 9-7　设置图纸格式

9.1.3　课堂练习——工程图设置

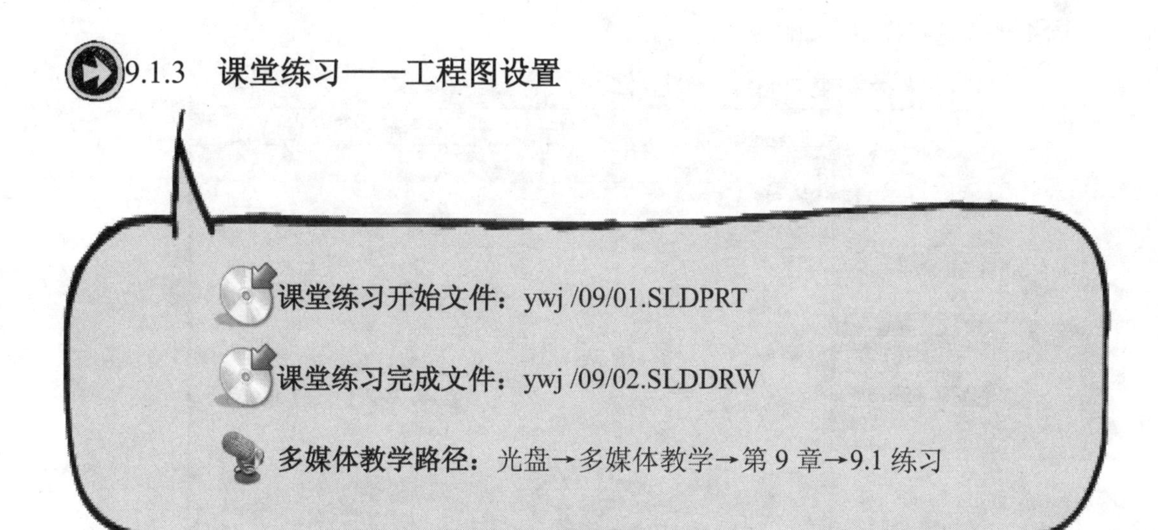

Step 1 新建图纸文件，如图 9-8 所示。

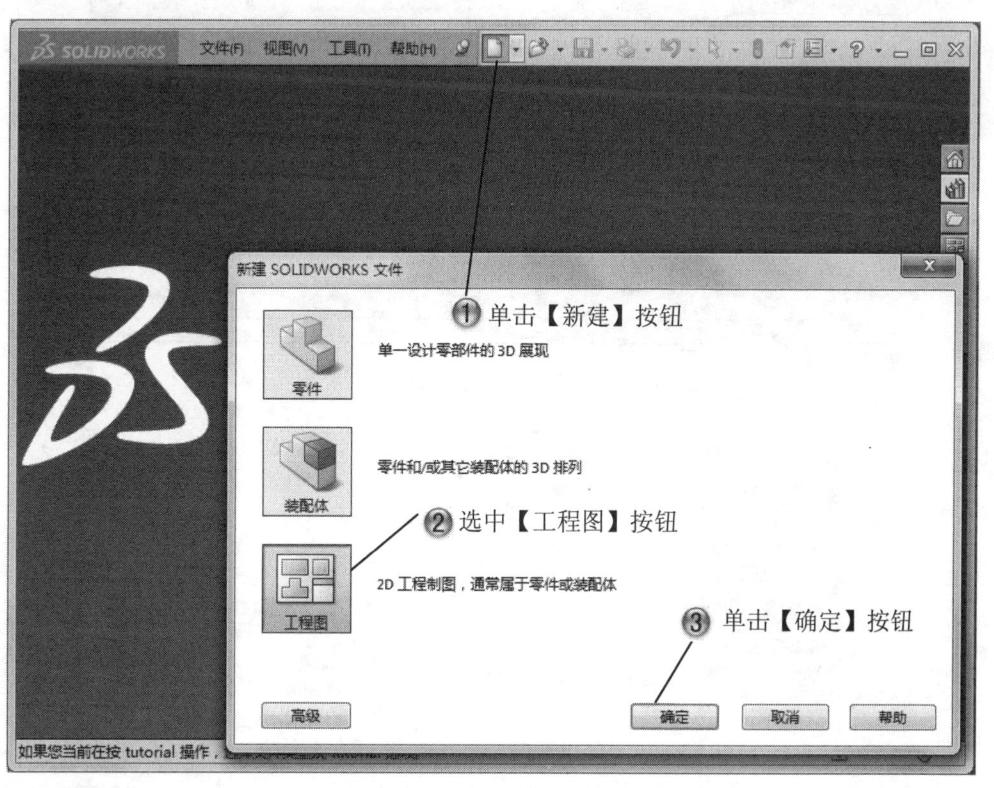

图 9-8　新建图纸文件

Step2 选择模型，如图 9-9 所示。

图 9-9 选择模型

Step3 放置视图，如图 9-10 所示。

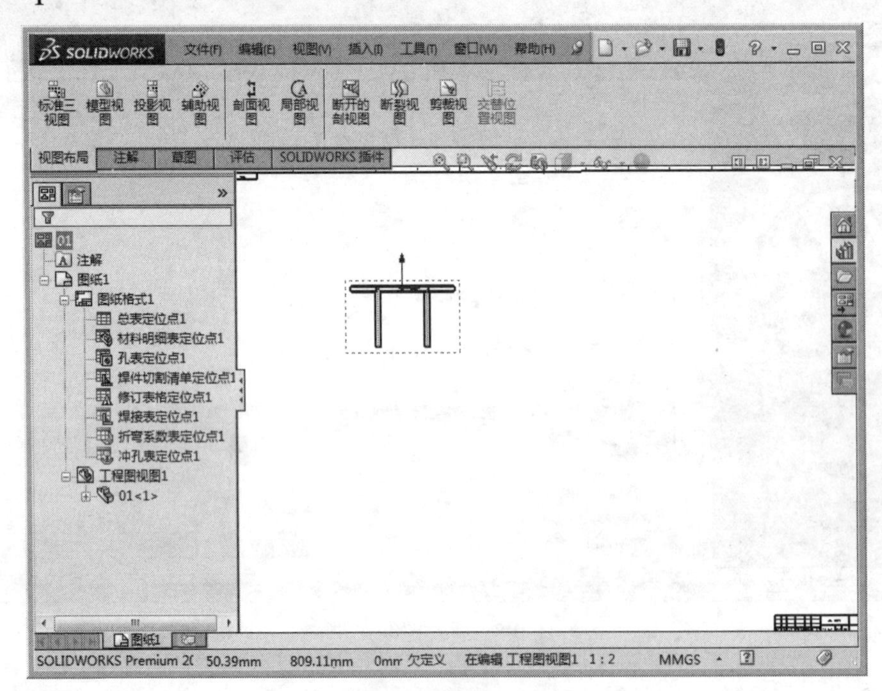

图 9-10 放置视图

Step4 设置图层，如图 9-11 所示。

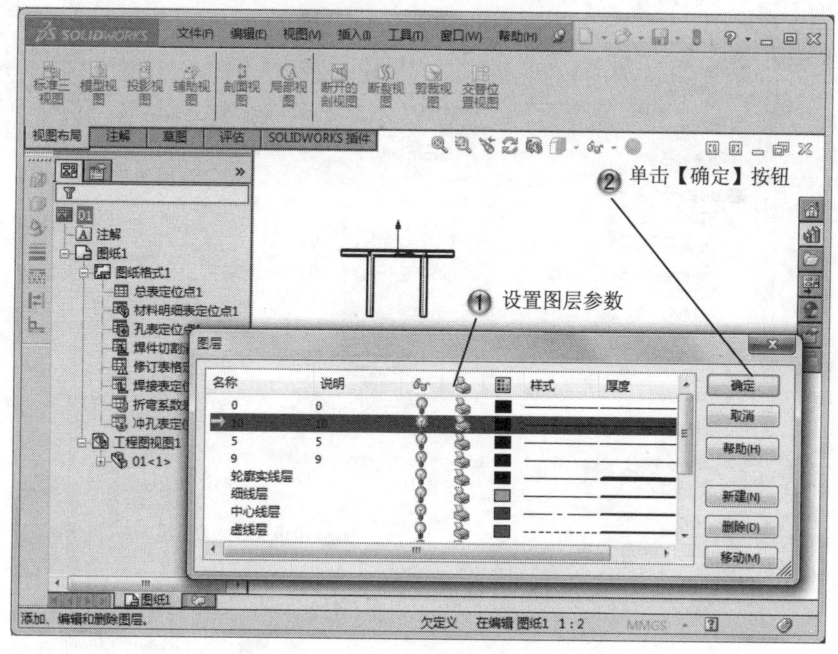

图 9-11　设置图层

Step5 选择【属性】命令，如图 9-12 所示。

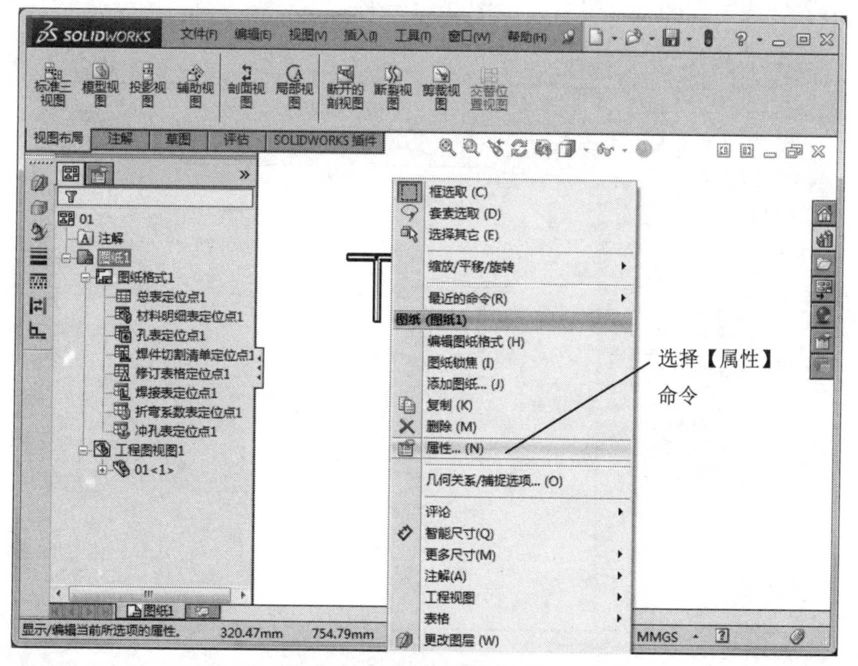

图 9-12　选择【属性】命令

Step6 设置图纸属性，如图 9-13 所示。

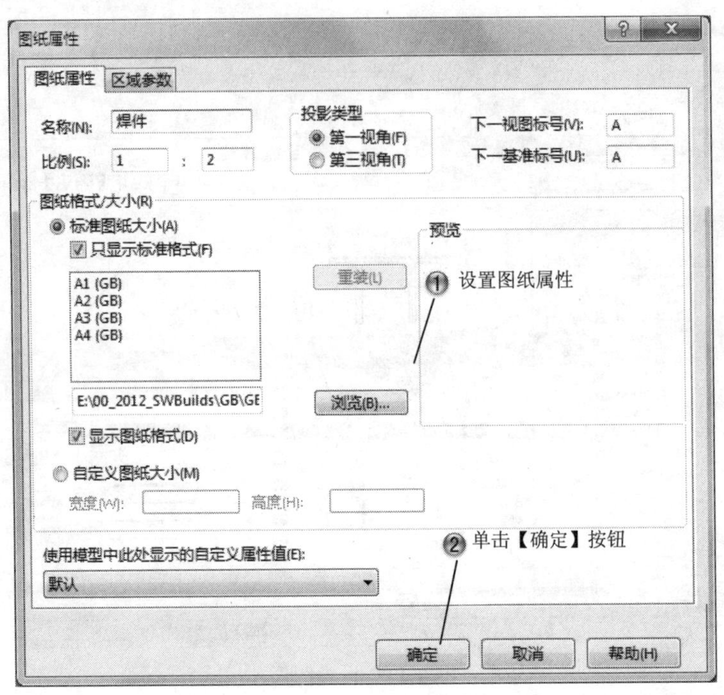

图 9-13　设置图纸属性

Step7 完成工程图基础设置，如图 9-14 所示。

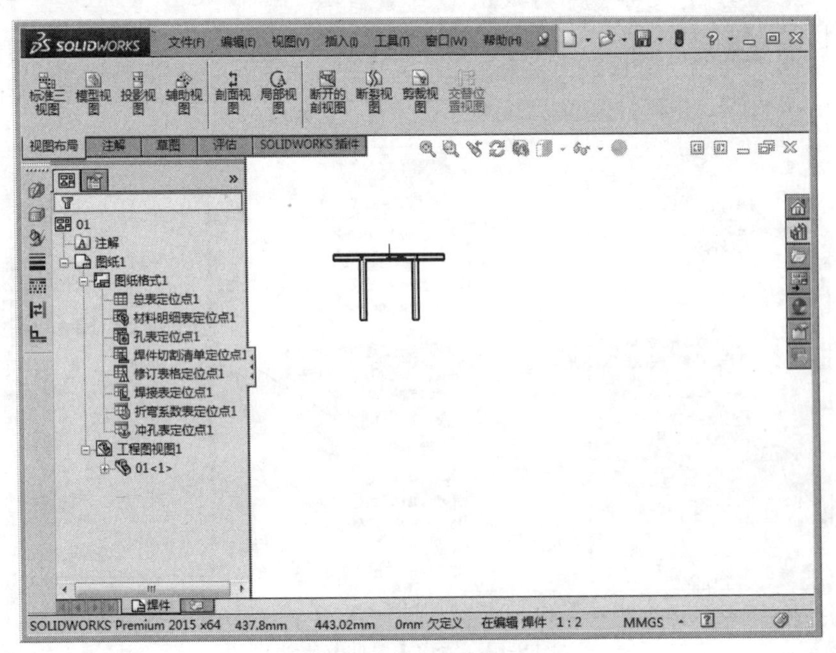

图 9-14　完成工程图基础设置

9.2 工程视图设计

基本概念

工程视图是指在图纸中生成的所有视图。在 SOLIDWORKS 中，用户可以根据需要生成各种零件模型的表达视图，如投影视图、剖面视图、局部放大视图、轴测视图等。标准三视图可以生成三个默认的正交视图，其中主视图方向为零件或者装配体的前视，投影类型则按照图纸格式设置的第一视角或者第三视角投影法。

课堂讲解课时：2 课时

9.2.1 设计理论

在生成工程视图之前，应首先生成零部件或者装配体的三维模型，然后根据此三维模型考虑和规划视图，如工程图由几个视图组成、是否需要剖视等，最后再生成工程视图。新建工程图文件，完成图纸格式的设置后，就可以生成工程视图了。

在标准三视图中，主视图、俯视图及左视图有固定的对齐关系。主视图与俯视图长度方向对齐，主视图与左视图高度方向对齐，俯视图与左视图宽度相等。俯视图可以竖直移动，左视图可以水平移动。投影视图是根据已有视图利用正交投影生成的视图。投影视图的投影方法是根据在【图纸属性】对话框中所设置的第一视角或者第三视角投影类型而确定的。局部视图是一种派生视图，可以用来显示父视图的某一局部形状，通常采用放大比例显示。局部视图的父视图可以是正交视图、空间（等轴测）视图、剖面视图、裁剪视图、爆炸装配体视图或者另一局部视图，但不能在透视图中生成模型的局部视图。剖面视图通过一条剖切线切割父视图而生成，属于派生视图，可以显示模型内部的形状和尺寸。剖面视图可以是剖切面或者是用阶梯剖切线定义的等距剖面视图，并可以生成半剖视图。

旋转剖视图可以用来表达具有回转轴的零件模型的内部形状，生成旋转剖视图的剖切线，必须由两条连续的线段构成，并且这两条线段必须具有一定的夹角。对于一些较长的零件（如轴、杆、型材等），如果沿着长度方向的形状统一（或者按一定规律）变化时，可以用折断显示的断裂视图来表达，这样就可以将零件以较大比例显示在较小的工程图纸上。断裂视图可以应用于多个视图，并可根据要求撤销断裂视图。如果需要零件视图正确、清晰地表达零件的形状结构，使用模型视图和投影视图生成的工程视图可能会不符合实际情况。此时可以利用相对视图自行定义主视图，解决零件视图定向与工程视图投影方向的矛盾。

9.2.2 课堂讲解

选择【插入】|【工程图视图】菜单命令，弹出【工程图视图】菜单，按钮功能如图 9-15 所示，根据需要，可以选择相应的命令生成工程视图。

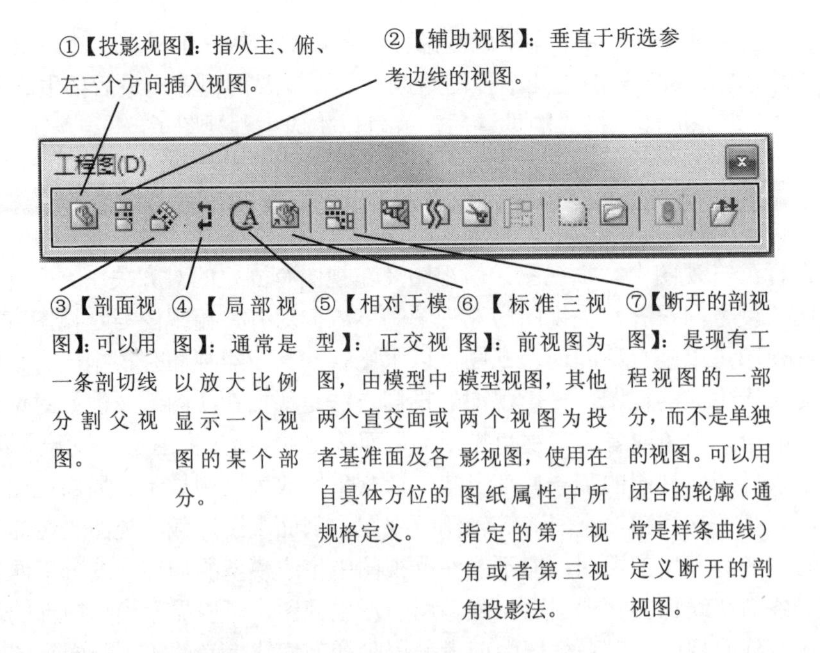

图 9-15 【工程图视图】菜单

1. 标准三视图

下面介绍一下标准三视图的属性设置方法。

标准三视图的命令，如图 9-16 所示。

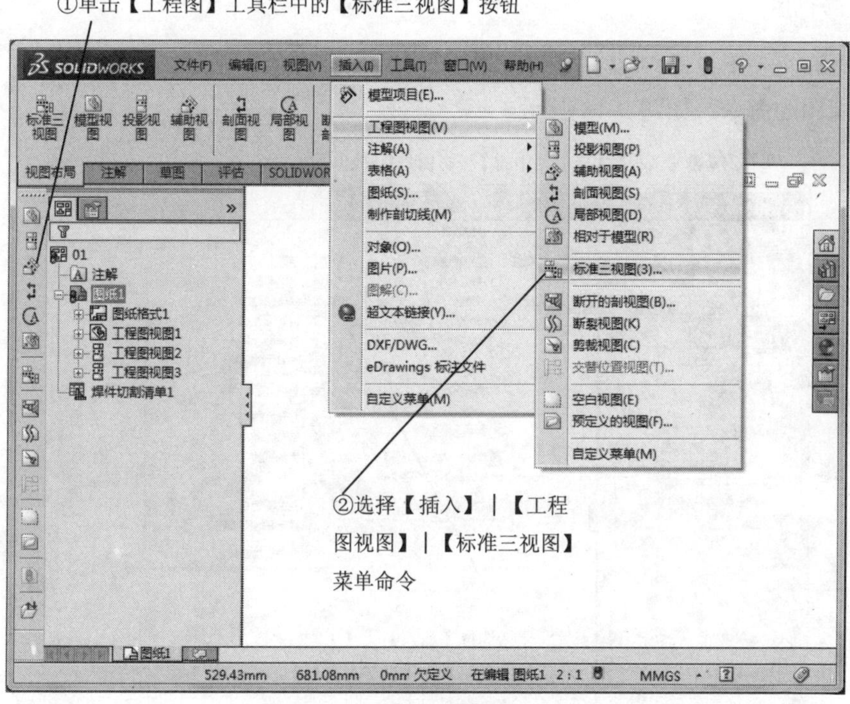

图 9-16　标准三视图的命令

系统弹出【标准三视图】属性管理器，如图 9-17 所示，鼠标指针变为形状。单击【浏览】按钮，在弹出的【打开】对话框中选择零件，即可自动生成三视图。

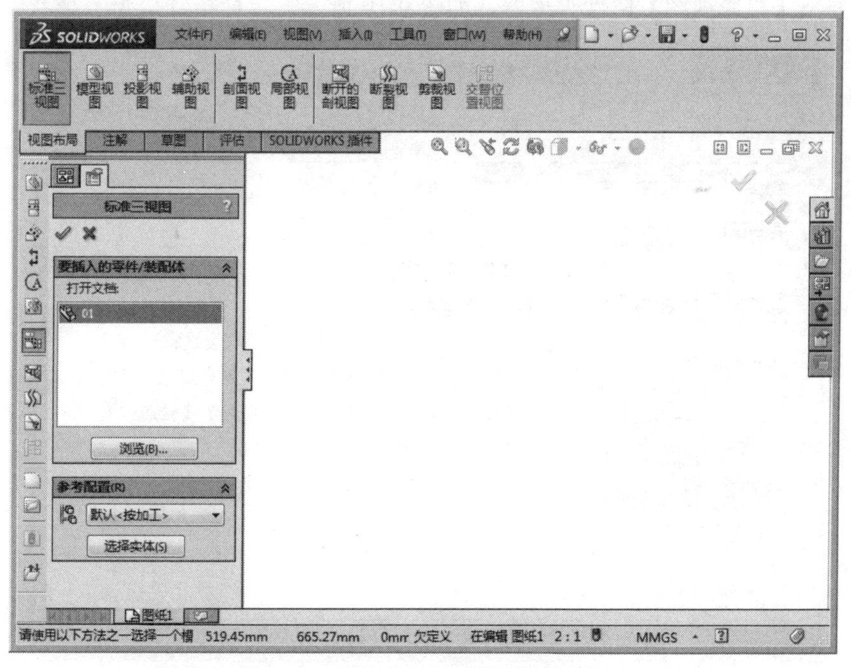

图 9-17　【标准三视图】属性管理器

2. 投影视图

下面来介绍一下投影视图的属性设置。

投影视图的命令，如图 9-18 所示。

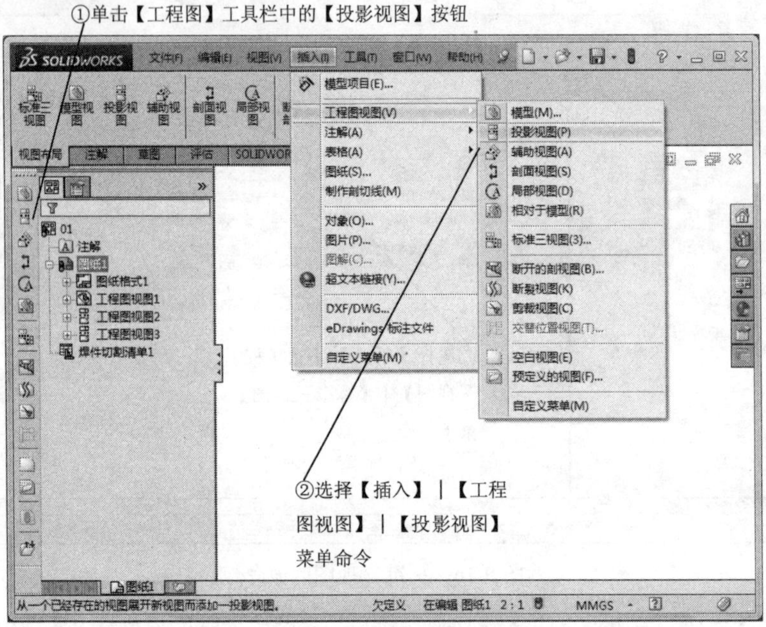

①单击【工程图】工具栏中的【投影视图】按钮

②选择【插入】|【工程图视图】|【投影视图】菜单命令

图 9-18　投影视图的命令

系统弹出【投影视图】属性管理器，如图 9-19 所示，鼠标指针变为形状。

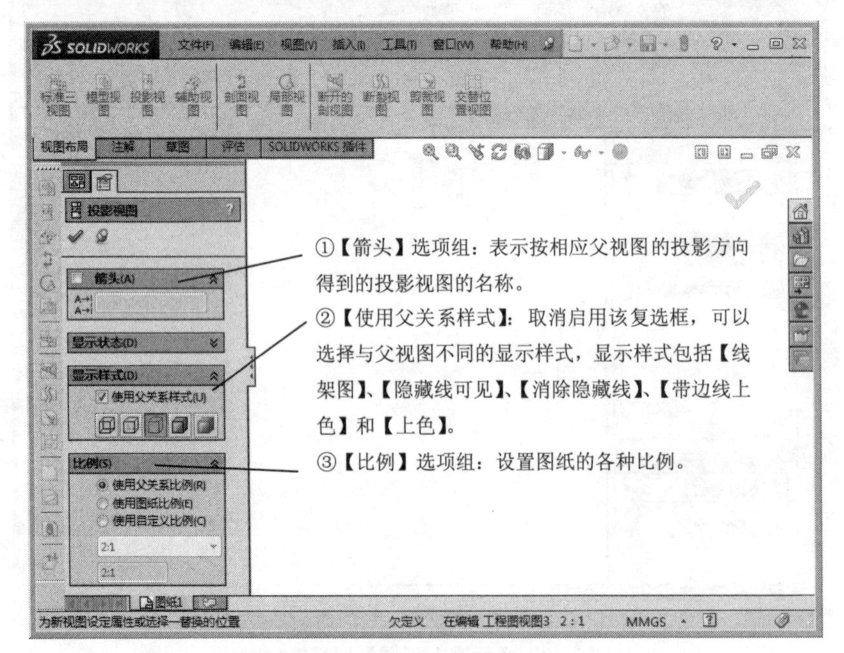

图 9-19　【投影视图】属性管理器

3. 剪裁视图

剪裁视图的命令，如图 9-20 所示。

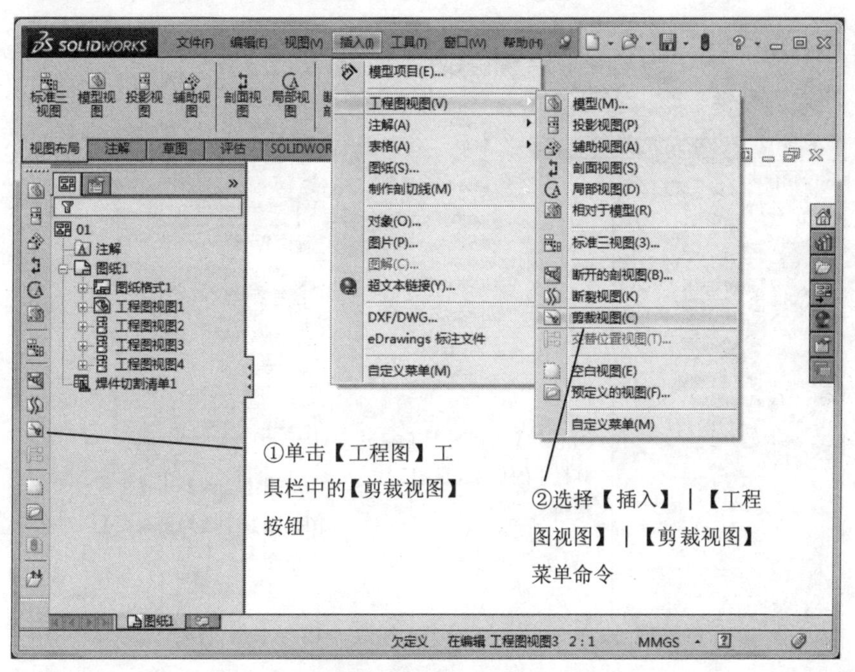

图 9-20　剪裁视图的命令

此时，剪裁轮廓以外的视图消失，生成剪裁视图，如图 9-21 所示。

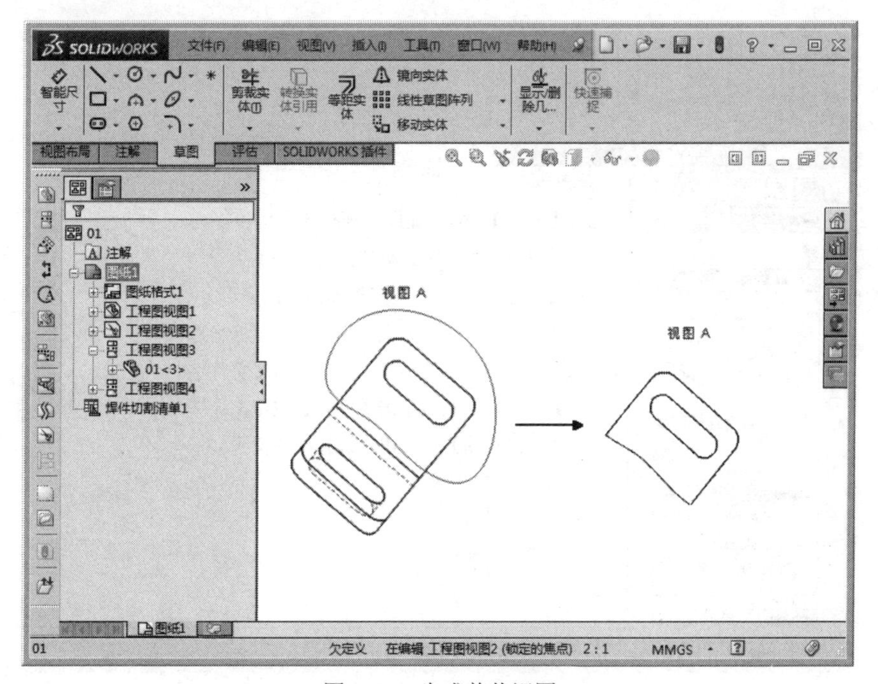

图 9-21　生成剪裁视图

4. 局部视图

局部视图的命令，如图 9-22 所示。

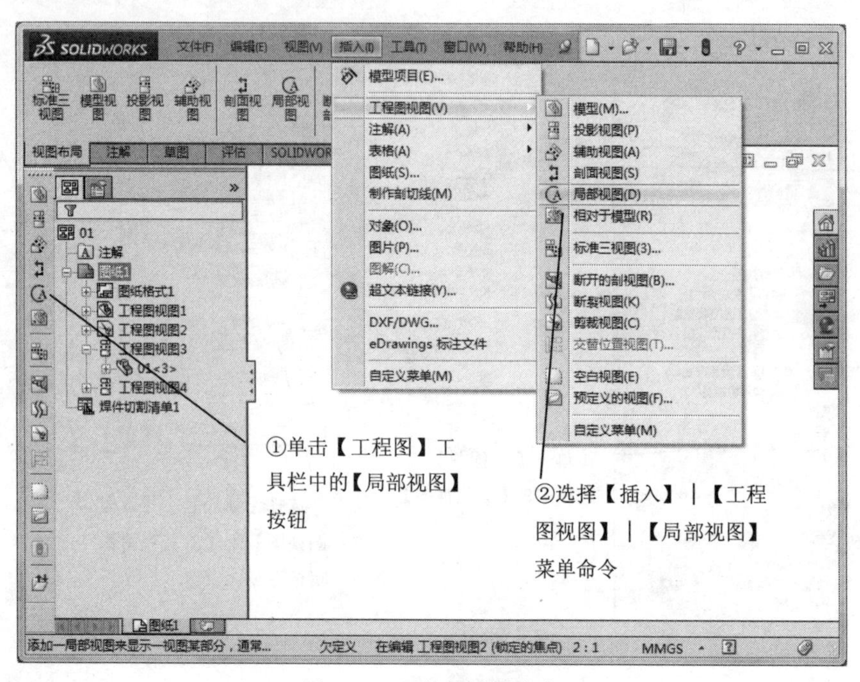

图 9-22　局部视图的命令

系统弹出【局部视图】属性管理器，如图 9-23 所示。

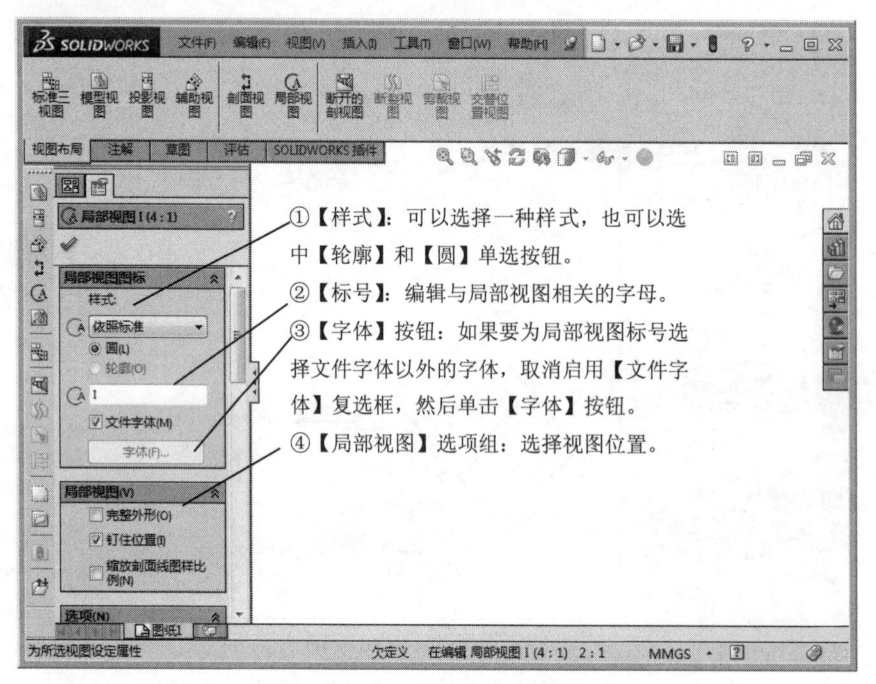

图 9-23　【局部视图】属性管理器

5. 剖面视图

剖面视图的命令，如图 9-24 所示。

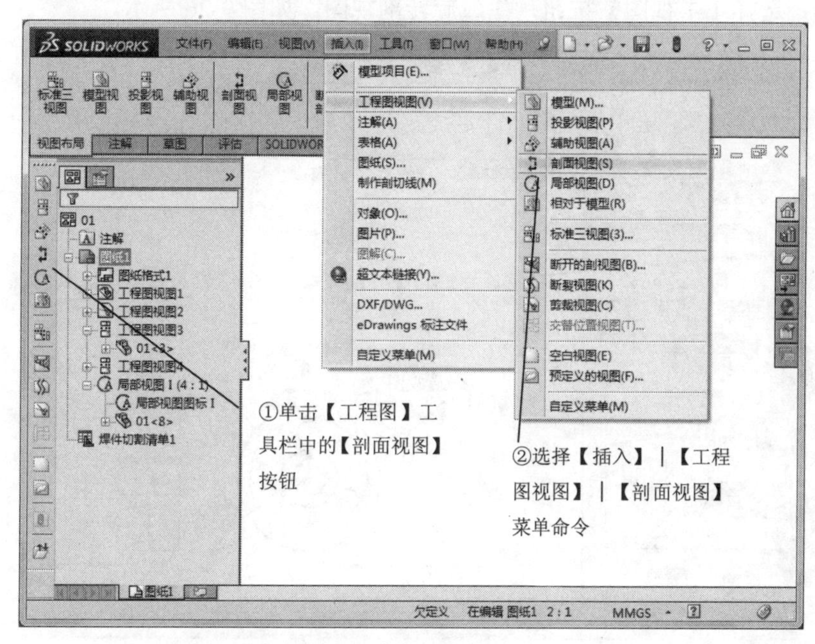

图 9-24　剖面视图的命令

系统弹出【剖面视图 A-A】属性管理器（根据生成的先后顺序，剖面视图的名称按照英文字母顺序命名），如图 9-25 所示。

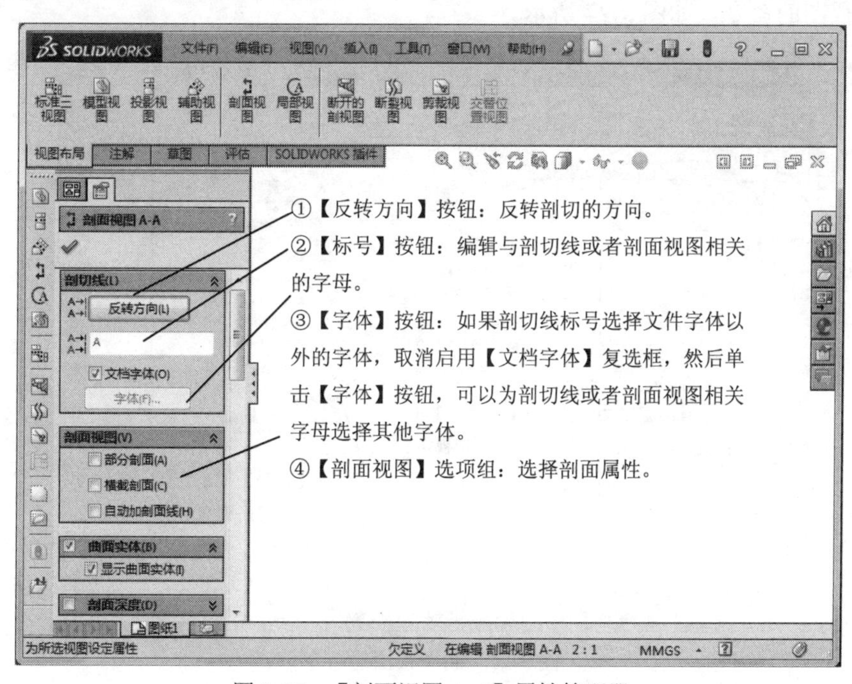

图 9-25　【剖面视图 A-A】属性管理器

下面介绍一下旋转剖视图的属性设置方法：

选择【插入】|【工程图视图】|【剖面视图】菜单命令，系统弹出【剖面视图 A-A】属性管理器，选择【半视图】按钮，生成旋转剖视图，如图 9-26 所示。

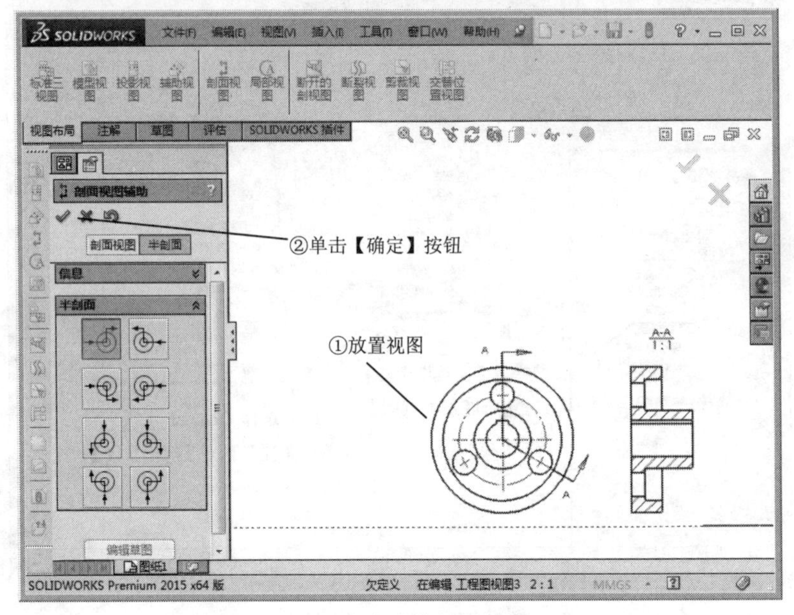

图 9-26　生成旋转剖视图

6. 断裂视图

断裂视图的命令，如图 9-27 所示。

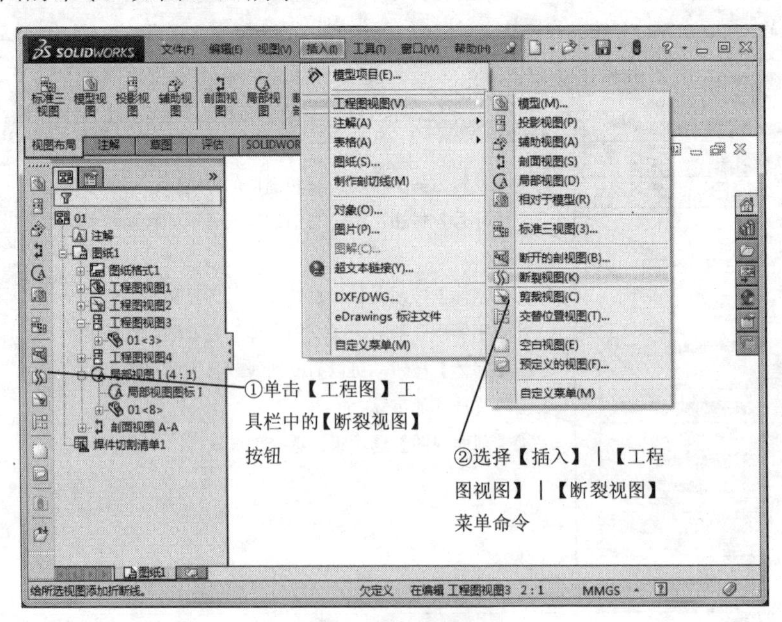

图 9-27　断裂视图的命令

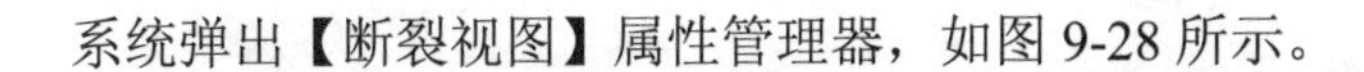

系统弹出【断裂视图】属性管理器，如图 9-28 所示。

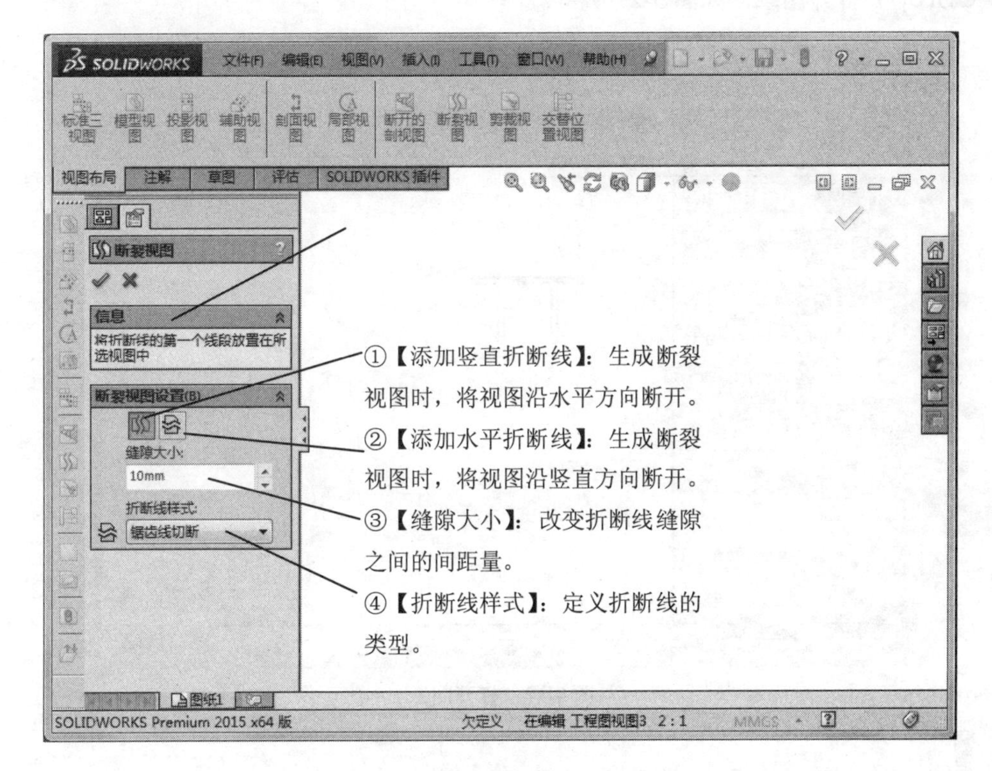

图 9-28 【断裂视图】属性管理器

9.2.3 课堂练习——创建视图

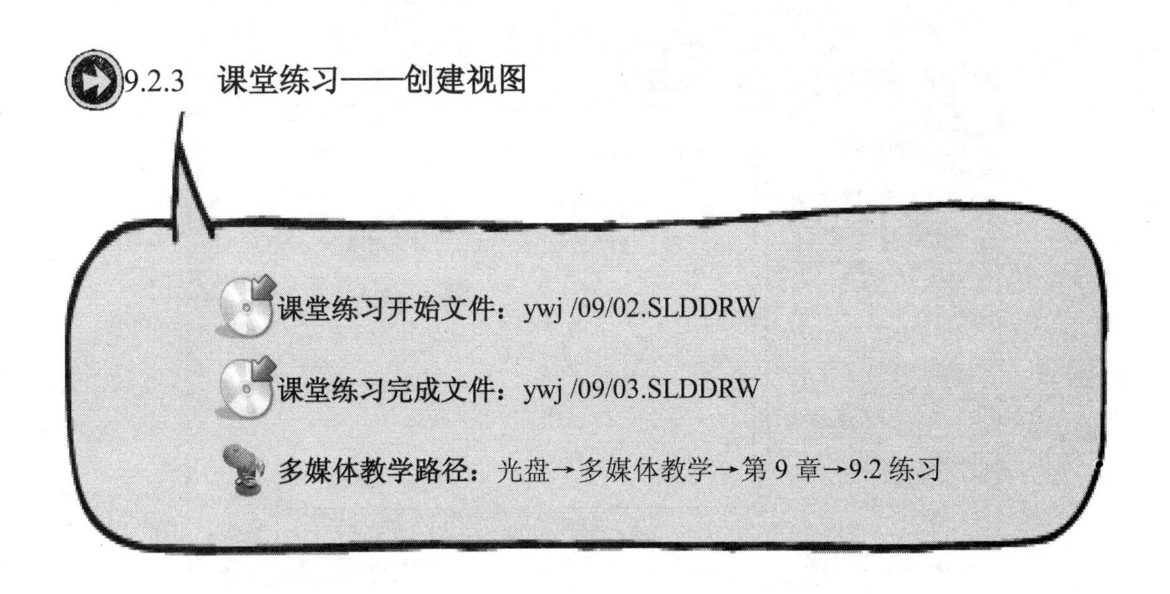

课堂练习开始文件：ywj /09/02.SLDDRW

课堂练习完成文件：ywj /09/03.SLDDRW

多媒体教学路径：光盘→多媒体教学→第 9 章→9.2 练习

Step1 打开图纸，如图 9-29 所示。

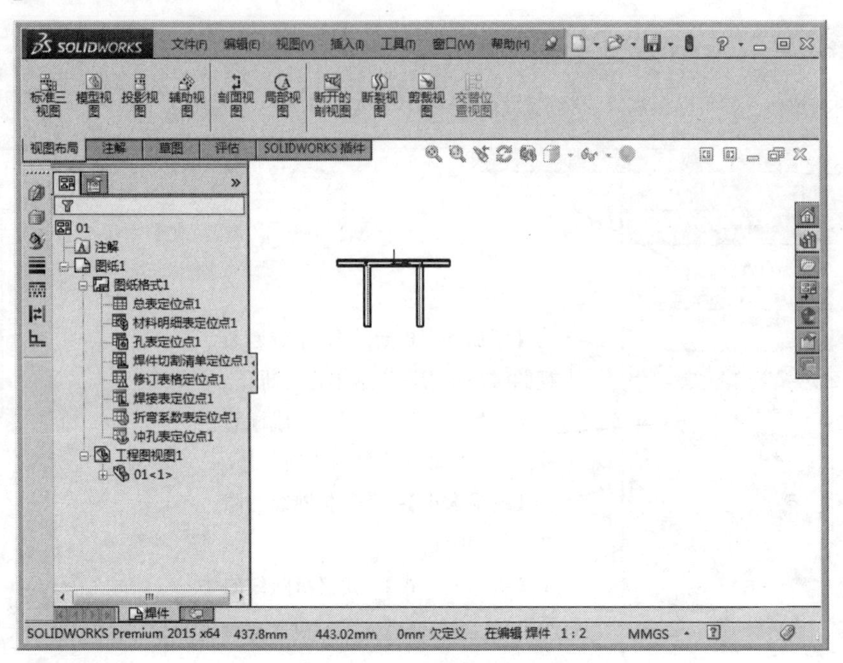

图 9-29　打开图纸

Step2 创建投影视图，如图 9-30 所示。

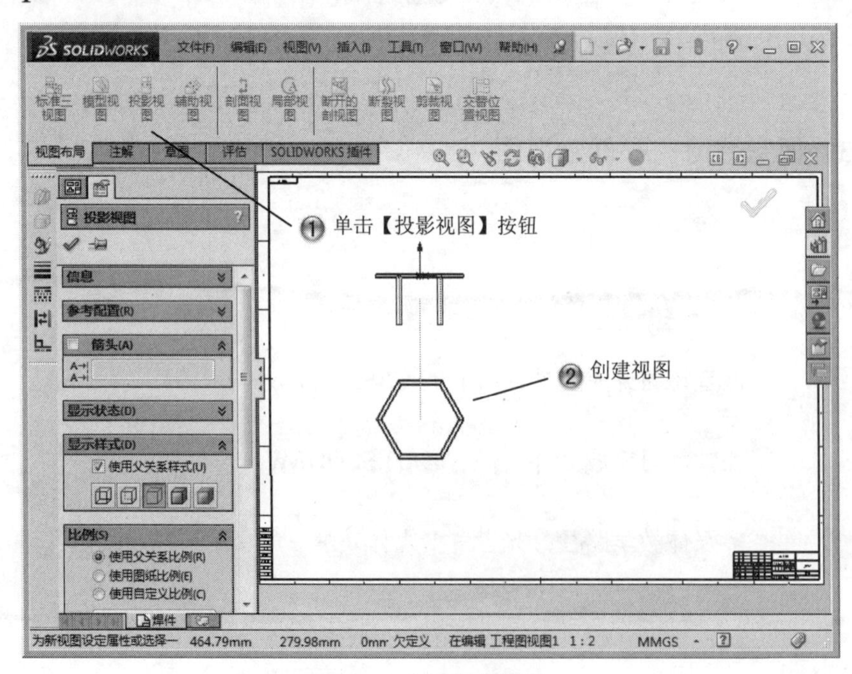

图 9-30　创建投影视图

Step3 创建投影视图，如图 9-31 所示。

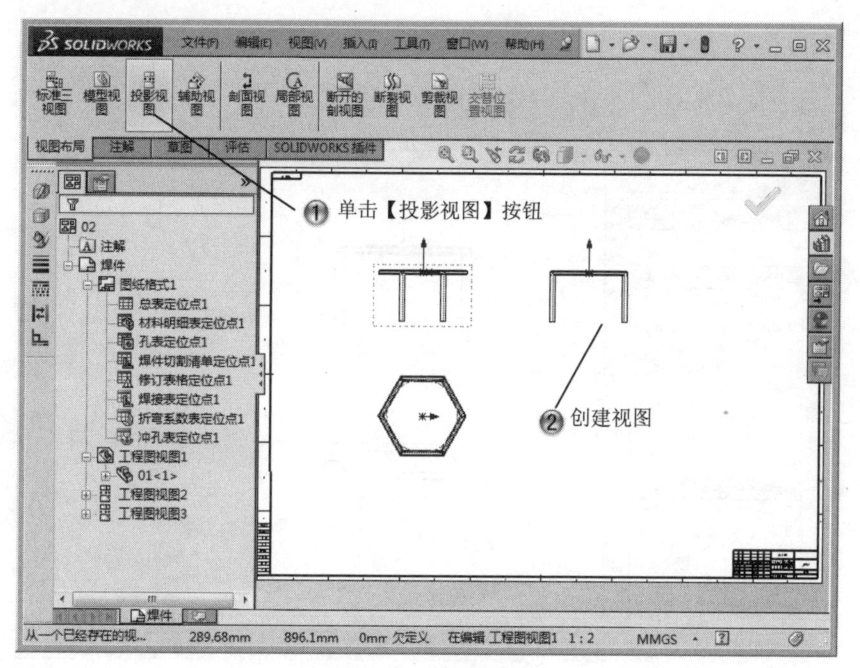

图 9-31　创建投影视图

Step4 创建局部视图，如图 9-32 所示。

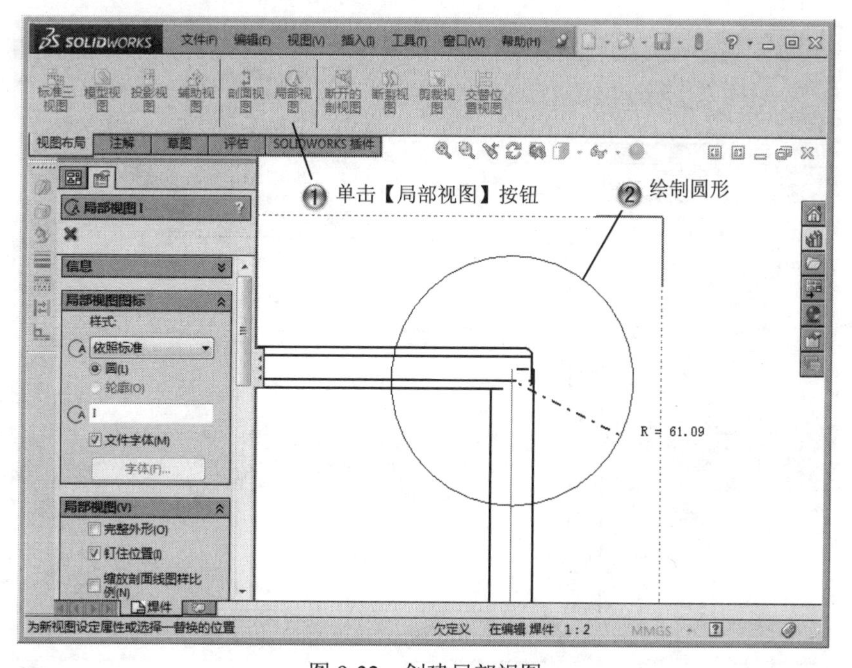

图 9-32　创建局部视图

Step5 放置局部视图，如图 9-33 所示。

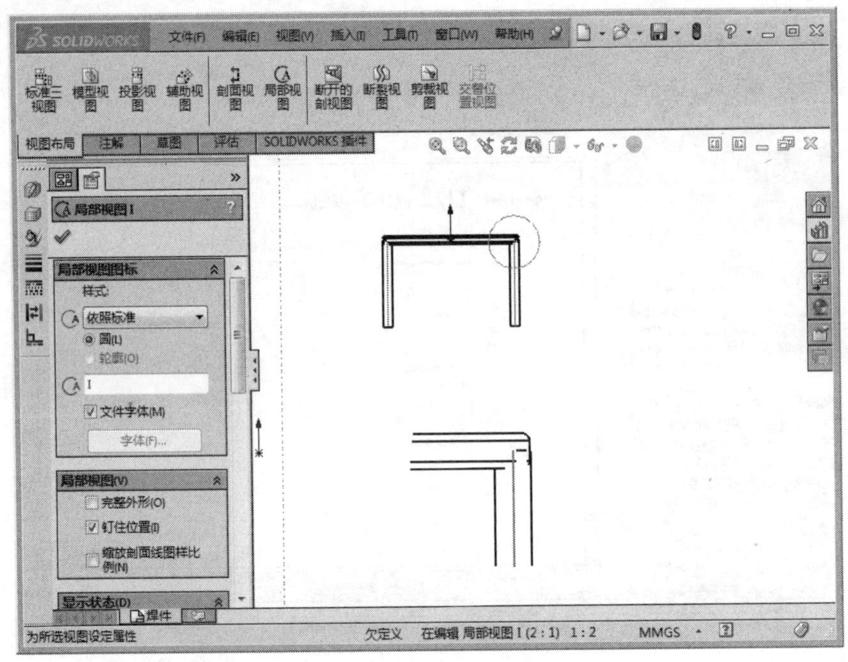

图 9-33　放置局部视图

Step6 完成视图创建，如图 9-34 所示。

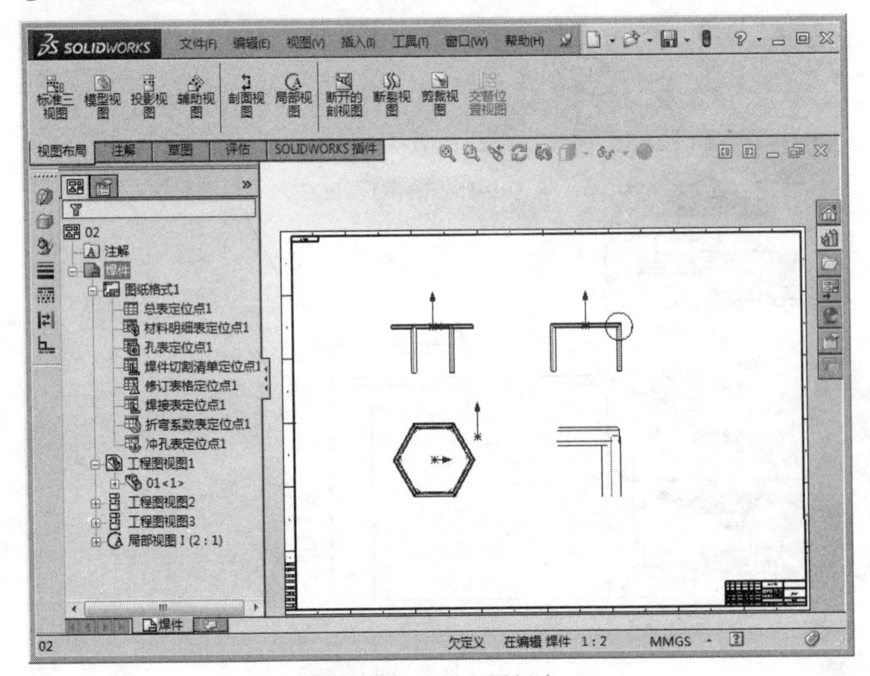

图 9-34　完成视图创建

9.3 尺寸标注

基本概念

工程图除了画出建筑物及其各部分的形状外，还必须准确地、详尽地和清晰地标注尺寸，以确定其大小，作为施工时的依据。工程图上的尺寸由尺寸界线、尺寸线、尺寸起止符号和尺寸数字组成。尺寸界线应用细实线绘画，一般应与被注长度垂直，其一端应离开图样的轮廓线不小于 2mm,另一端宜超出尺寸线 2～3mm。必要时可利用轮廓线作为尺寸界线。

课堂讲解课时：2 课时

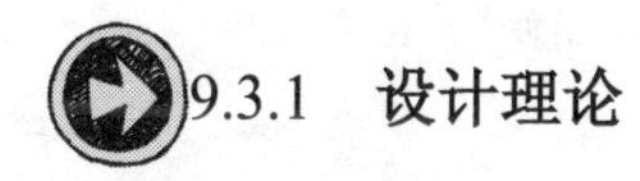

9.3.1 设计理论

工程图中的尺寸标注是与模型相关联的，而且模型中的变更会反映到工程图中。尺寸标注有以下几个组成部分。

（1）模型尺寸。通常在生成每个零件特征时即生成尺寸，然后将这些尺寸插入各个工程视图中。在模型中改变尺寸会更新工程图，在工程图中改变插入的尺寸也会改变模型。

（2）为工程图标注。当生成尺寸时，可指定在插入模型尺寸到工程图中时，是否应包括尺寸在内。用右键单击尺寸并选择为工程图标注。也可指定为工程图所标注的尺寸自动插入到新的工程视图中。

（3）参考尺寸。也可以在工程图文档中添加尺寸，但是这些尺寸是参考尺寸，并且是从动尺寸；不能编辑参考尺寸的数值而更改模型。然而，当模型的标注尺寸改变时，参考尺寸值也会改变。

（4）颜色。在默认情况下，模型尺寸为黑色。还包括零件或装配体文件中以蓝色显示的尺寸（例如拉伸深度）。参考尺寸以灰色显示，并默认带有括号。可在工具、选项、系统选项、颜色中为各种类型尺寸指定颜色，并在工具、选项、文件属性、尺寸标注中指定添加默认括号。

（5）箭头。尺寸被选中时尺寸箭头上出现圆形控标。当单击箭头控标时（如果尺寸有两个控标，可以单击任一个控标），箭头向外或向内反转。用右键单击控标时，箭头样式清单出现。可以使用此方法单独更改任何尺寸箭头的样式。

（6）选择。可通过单击尺寸的任何地方，包括尺寸和延伸线和箭头来选择尺寸。

（7）隐藏和显示尺寸。可使用【视图】菜单来隐藏和显示尺寸。也可以用右键单击尺寸，然后选择隐藏来隐藏尺寸。也可在注解视图中隐藏和显示尺寸。

（8）隐藏和显示直线。若要隐藏一尺寸线或延伸线，用右键单击直线，然后选择隐藏尺寸线或隐藏延伸线。若想显示隐藏线，用右键单击尺寸或一可见直线，然后选择显示尺寸线或显示延伸线。

9.3.2 课堂讲解

下面对尺寸标注进行简要的介绍，并讲解添加尺寸标注的操作步骤。

尺寸标注的命令，如图 9-35 所示。

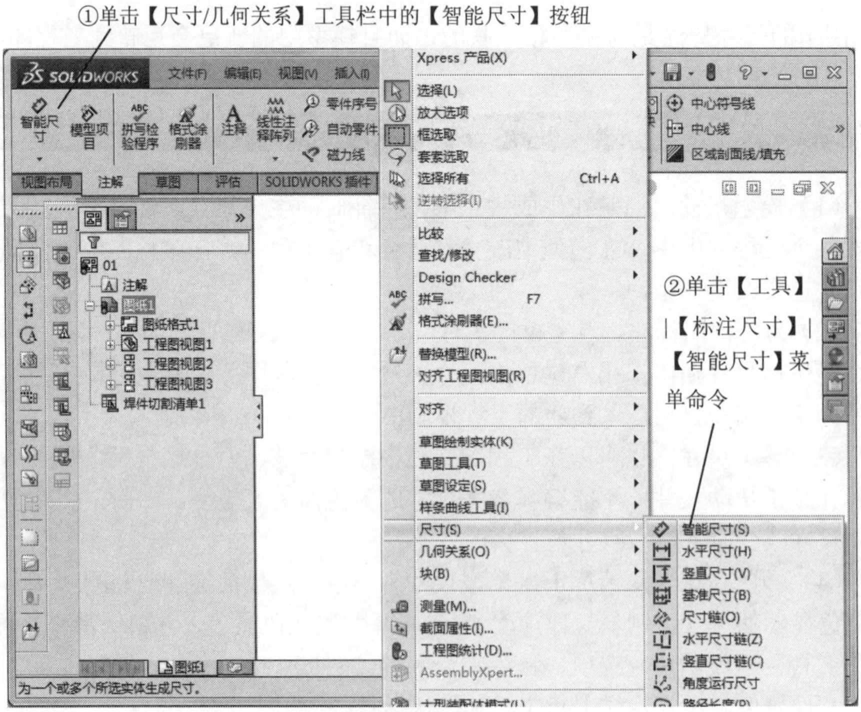
①单击【尺寸/几何关系】工具栏中的【智能尺寸】按钮
②单击【工具】|【标注尺寸】|【智能尺寸】菜单命令
智能尺寸
尺寸(S)
智能尺寸(S)
水平尺寸(H)
竖直尺寸(V)
基准尺寸(B)
尺寸链(O)
水平尺寸链(Z)
竖直尺寸链(C)
角度运行尺寸
为一个或多个所选实体生成尺寸。

图 9-35　尺寸标注的命令

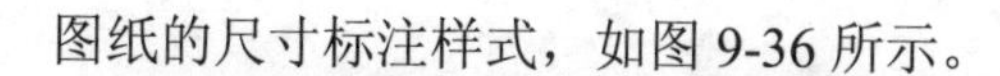

图纸的尺寸标注样式，如图 9-36 所示。

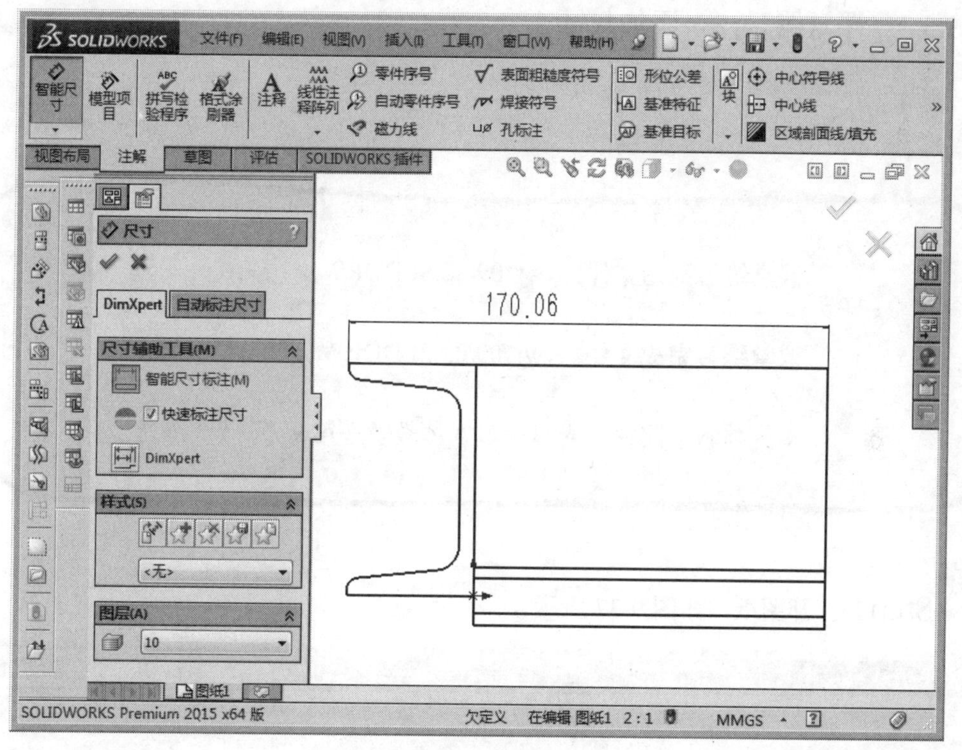

图 9-36　尺寸标注

尺寸标注的项目及其目标有多种，其对应关系如表 9-1 所示。

表 9-1　尺寸标注的项目和目标

标注项目	标注目标
直线或边线的长度	直线
两直线之间的角度	两条直线、或一直线和模型上的一边线
两直线之间的距离	两条平行直线，或一条直线与一条平行的模型边线
点到直线的垂直距离	点以及直线或模型边线
两点之间的距离	两个点
圆弧半径	圆弧
圆弧真实长度	圆弧及两个端点
圆的直径	圆周
一个或两个实体为圆弧或圆时的距离	圆心或圆弧/圆的圆周，及其他实体（直线，边线，点等）
线性边线的中点	用右键单击要标注中点尺寸的边线，然后单击选择中点。接着选择第二个要标注尺寸的实体

9.3.3 课堂练习——添加尺寸

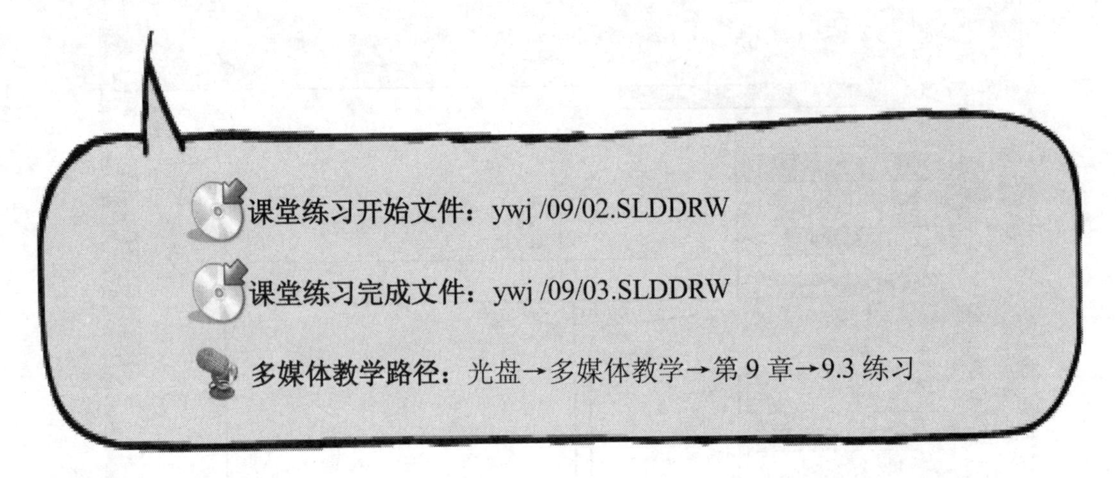

Step1 打开图纸，如图 9-37 所示。

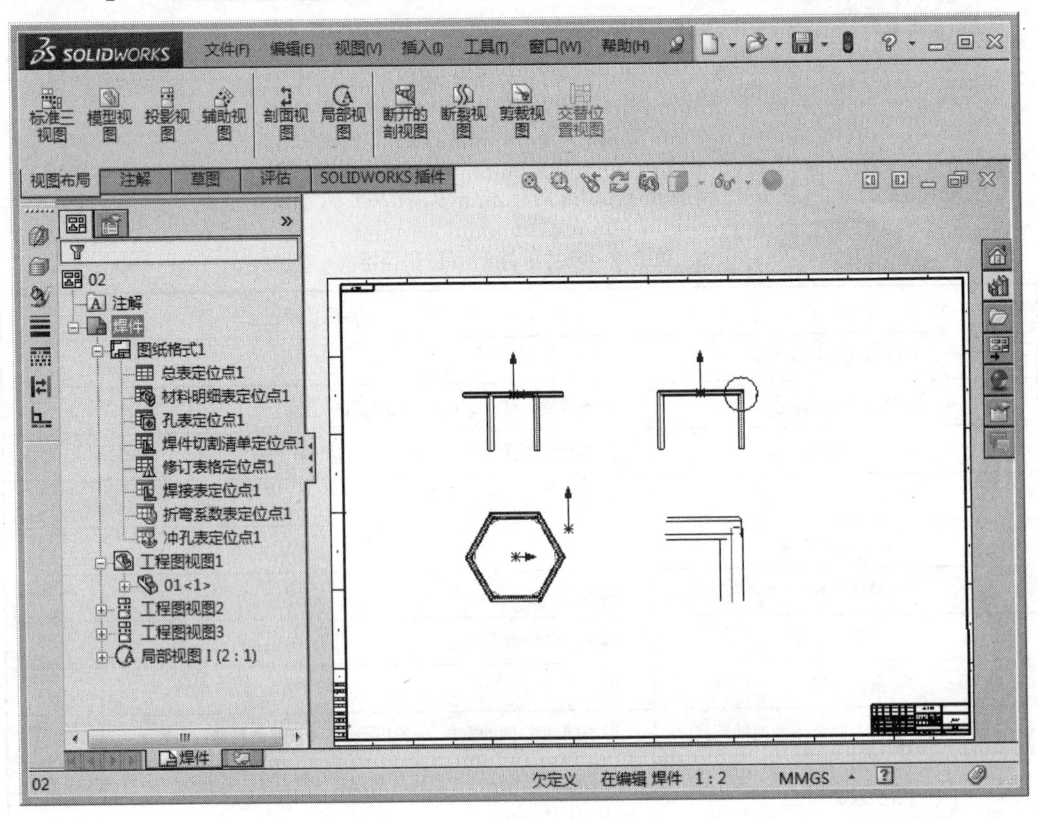

图 9-37　打开图纸

Step2 添加主视图尺寸，如图 9-38 所示。

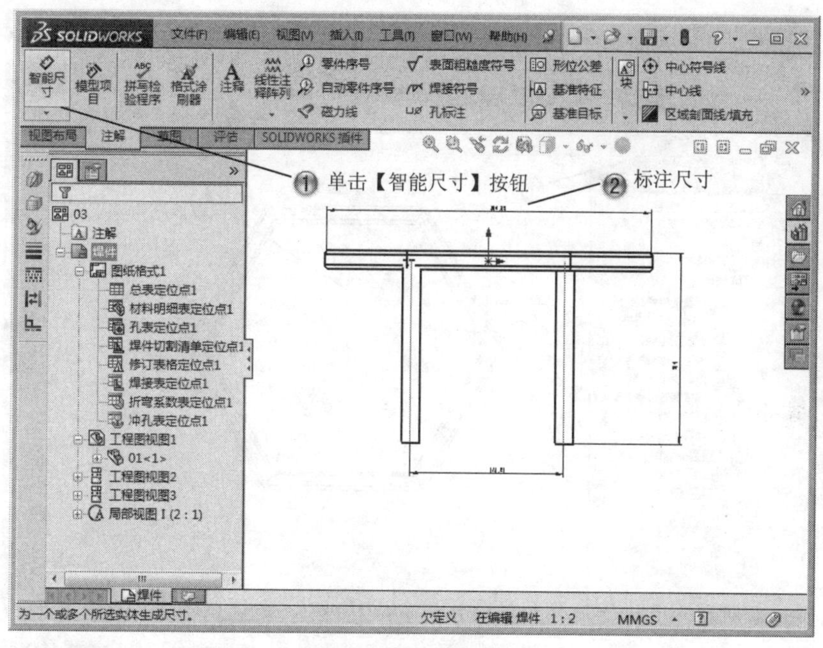

图 9-38　添加主视图尺寸

Step3 添加侧视图尺寸，如图 9-39 所示。

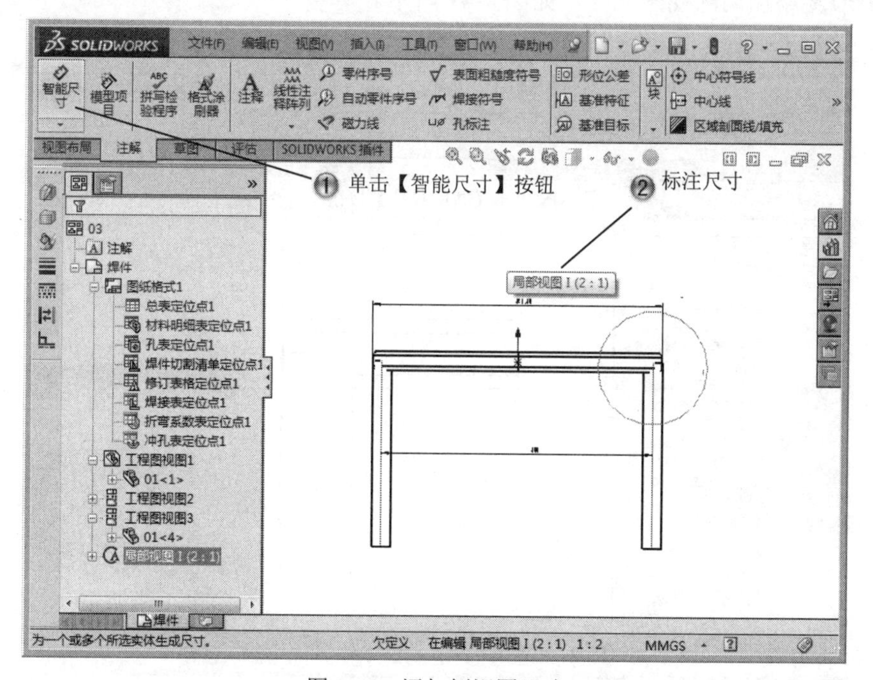

图 9-39　添加侧视图尺寸

Step4 添加俯视图尺寸，如图 9-40 所示。

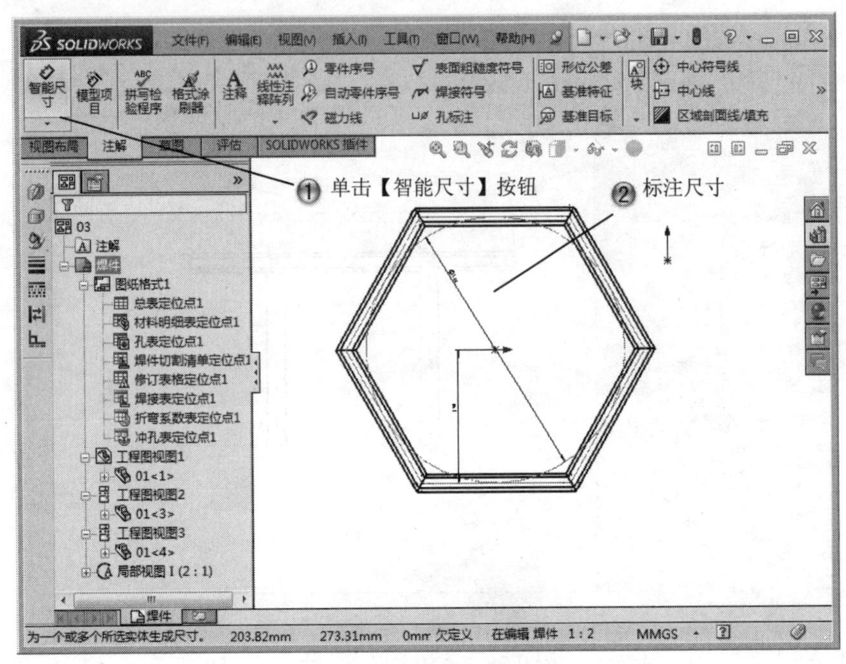

图 9-40　添加俯视图尺寸

Step5 添加局部视图尺寸，如图 9-41 所示。

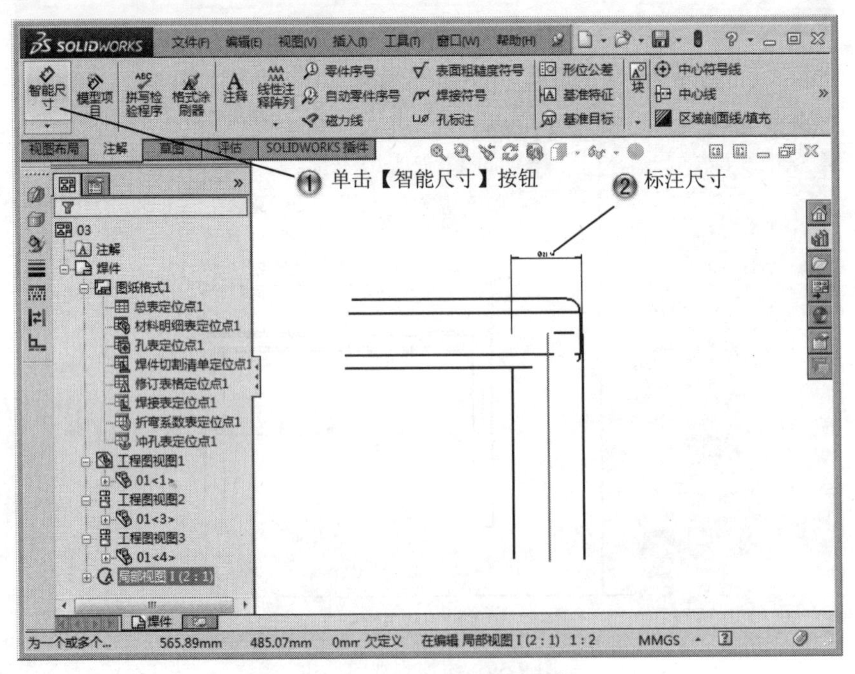

图 9-41　添加局部视图尺寸

Step6 完成尺寸标注，如图 9-42 所示。

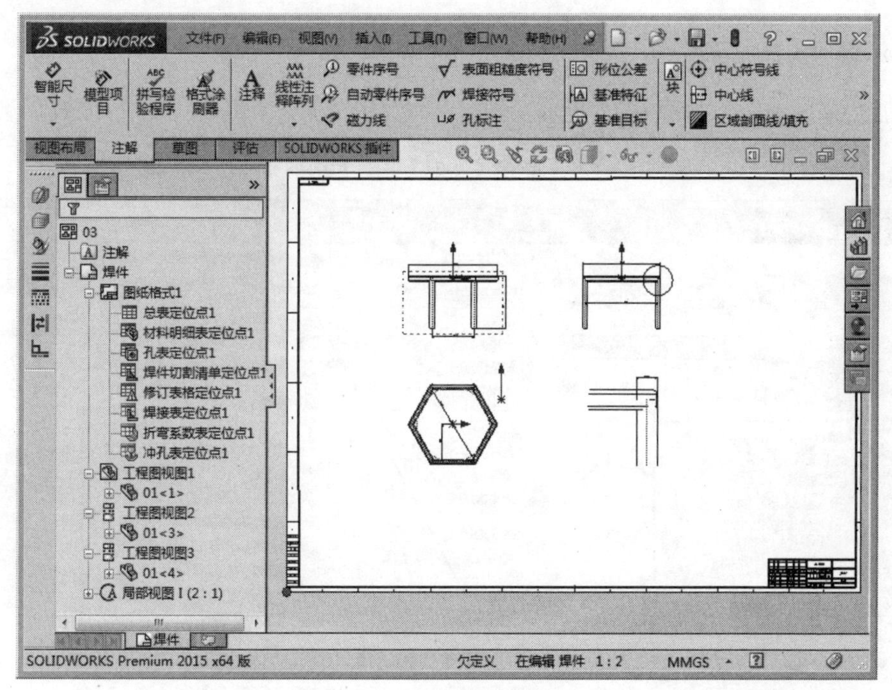

图 9-42　完成尺寸标注

9.4　添加注释

图纸中的注释是对尺寸或者加工特性进行说明的文字。

9.4.1　设计理论

注释文字可以独立浮动，也可以指向某个对象（如面、边线或者顶点等）。注释中可以包含文字、符号、参数文字或者超文本链接。如果注释中包含引线，则引线可以是直线、折弯线或者多转折引线。

9.4.2　课堂讲解

1. 注释的属性设置

添加注释的命令，如图 9-43 所示。

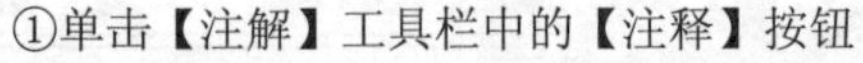

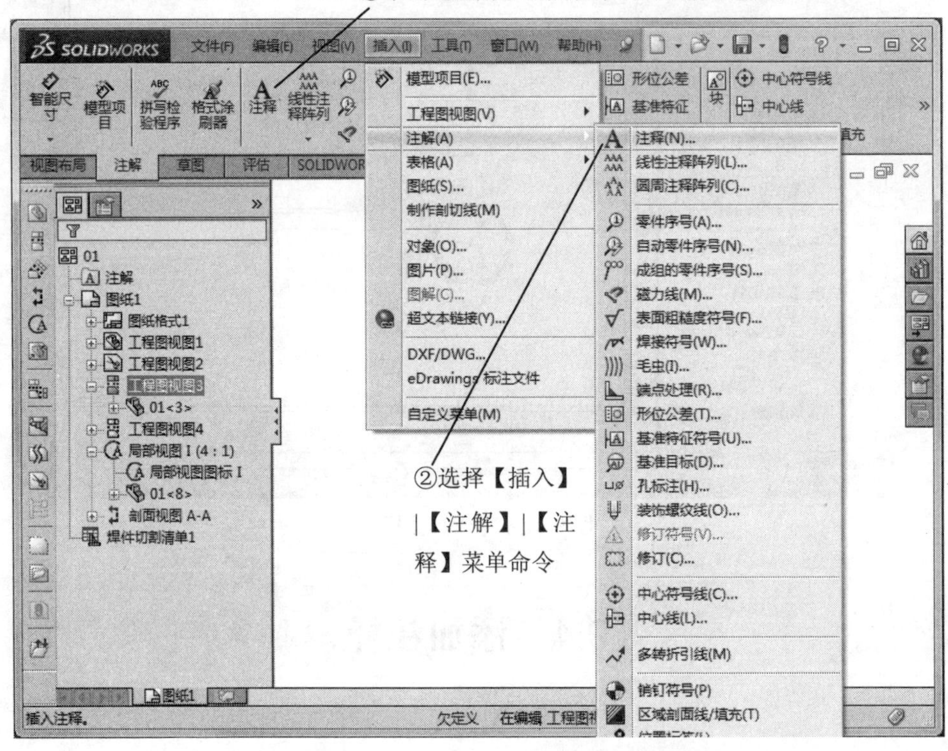

图 9-43　添加注释的命令

系统弹出【注释】属性管理器，如图 9-44 所示。注释有两种类型。

如果在【注释】中输入文本并将其另存为常用注释，则该文本会随注释属性保存。当生成新注释时，选择该常用注释并将注释放置在图形区域中，注释便会与该文本一起出现。如果选择文件中的文本，然后选择 1 种常用类型，则会应用该常用类型的属性，而不更改所选文本；如果生成不含文本的注释并将其另存为常用注释，则只保存注释属性。

名师点拨

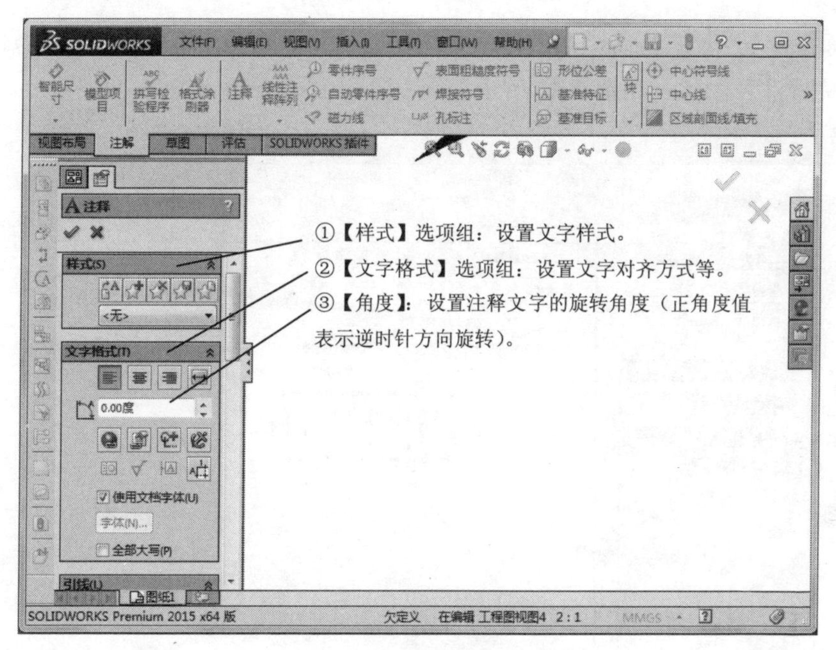

图 9-44 【注释】属性管理器

【注释】属性管理器的其他选项，如图 9-45 所示。

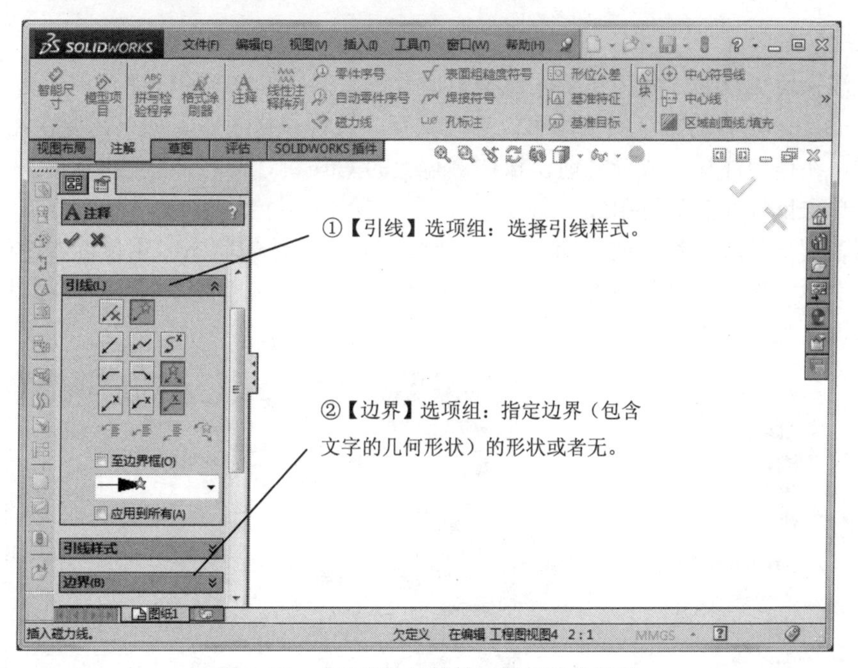

图 9-45 【注释】属性管理器的其他选项

2. 注释操作步骤

添加注释的操作步骤如下：

单击【注解】工具栏中的【注释】按钮 A 或者选择【插入】|【注解】|【注释】菜单

命令，鼠标指针变为形状，系统弹出【注释】属性管理器。添加新注释，单击【确定】按钮，完成注释添加，如图 9-46 所示。

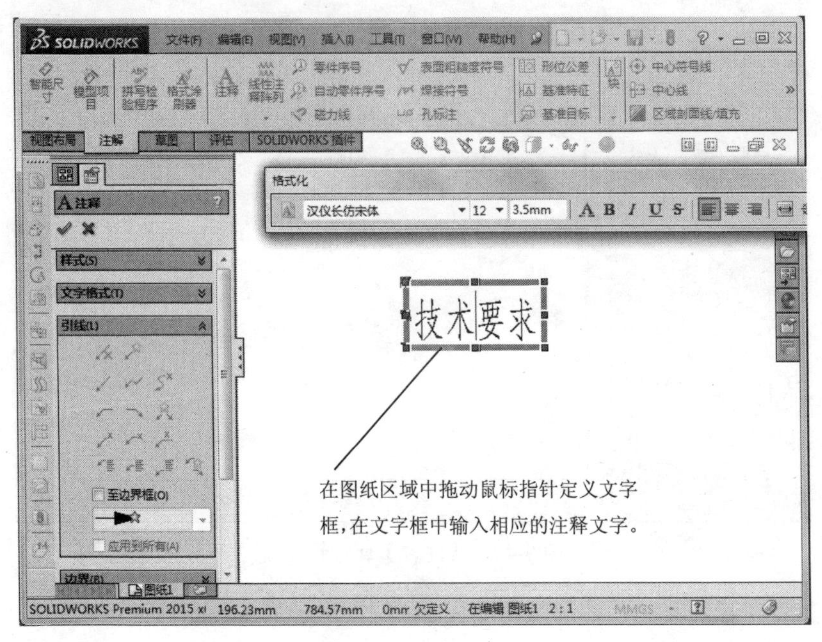

图 9-46　添加注释

添加注释还可以在工程图图纸区域中单击鼠标右键，在弹出的快捷菜单中选择【注解】|【注释】命令。注释的每个实例均可以修改文字、属性和格式等。如果需要在注释中添加多条引线，在拖曳注释并放置之前，按住键盘上的 Ctrl 键，注释停止移动，第二条引线即会出现，单击鼠标左键放置引线。

如果需要更改项目符号或者编号的列表缩进，在处于编辑状态时用鼠标右键单击注释，在弹出的菜单中选择【段落属性】命令，如图 9-47 所示，然后在弹出【段落属性】对话框中进行修改，如图 9-48 所示。

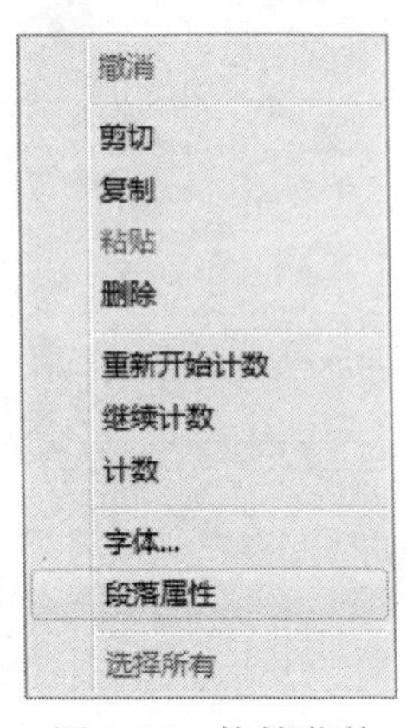

图 9-47　快捷菜单

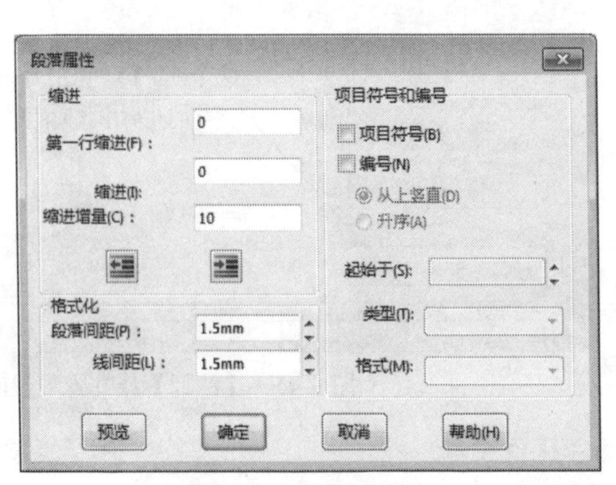

图 9-48　段落属性

9.4.3 课堂练习——添加注释

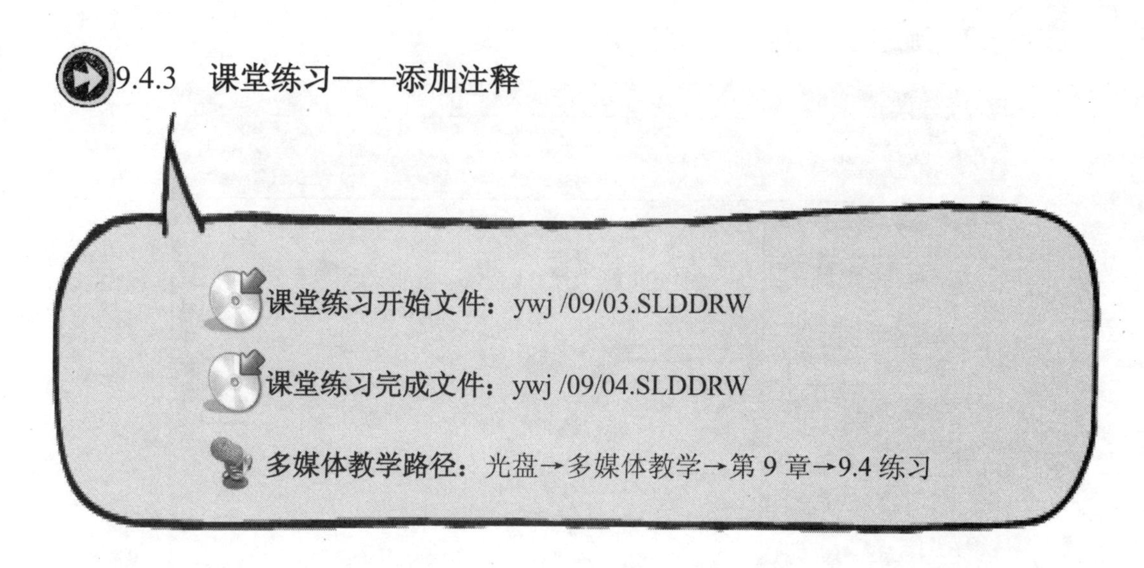

Step1 打开图纸，如图 9-49 所示。

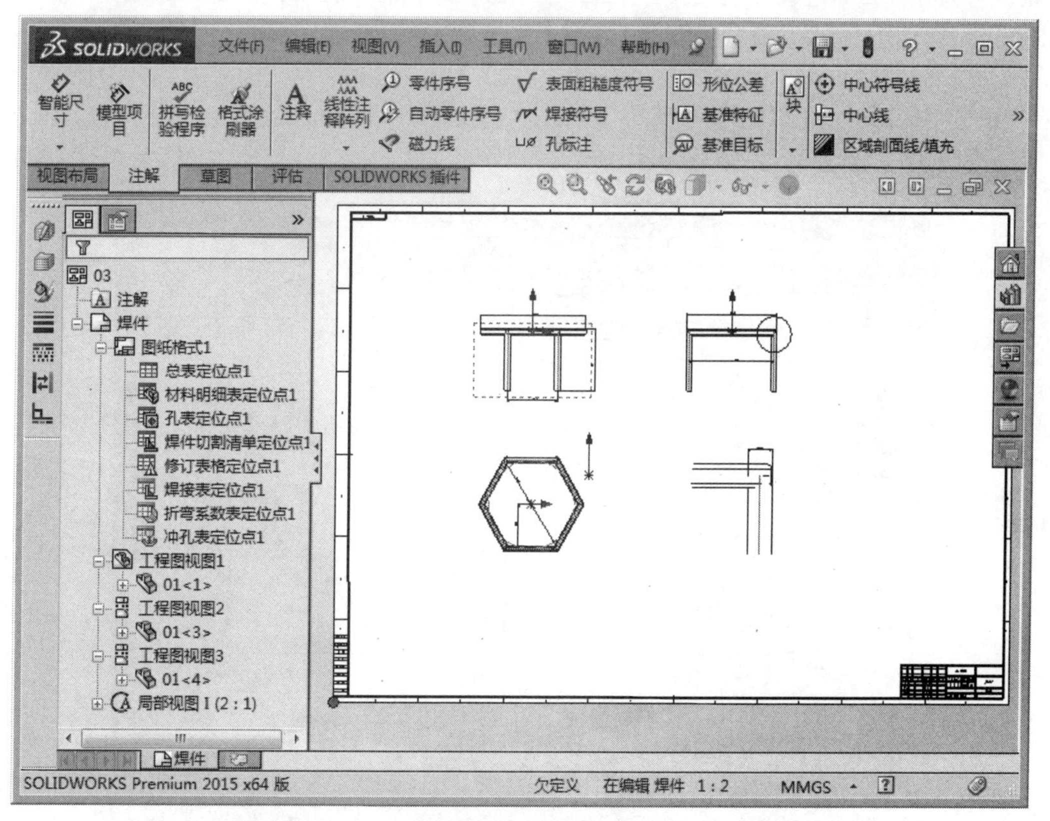

图 9-49 打开图纸

Step2 添加序号 1，如图 9-50 所示。

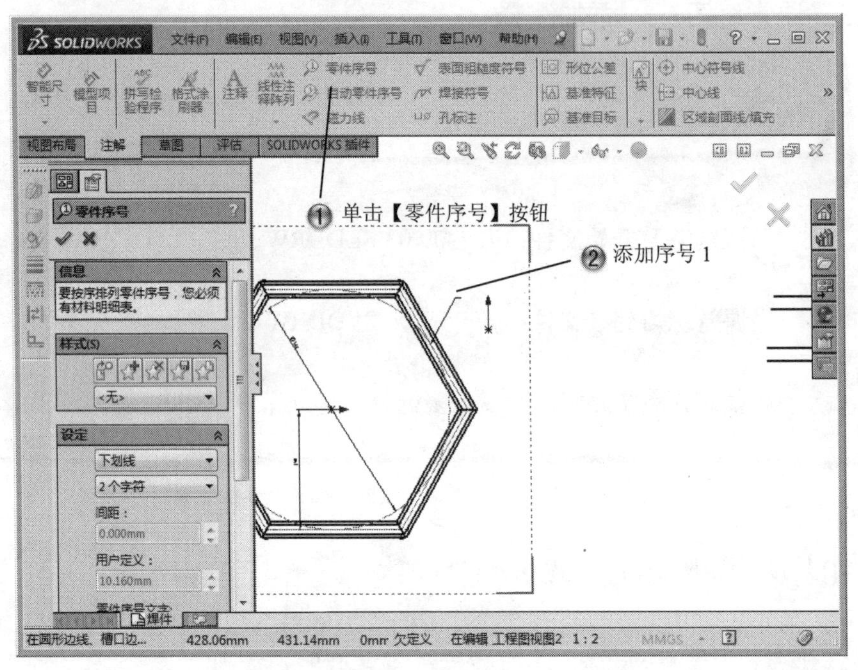

图 9-50　添加序号 1

Step3 添加序号 2，如图 9-51 所示。

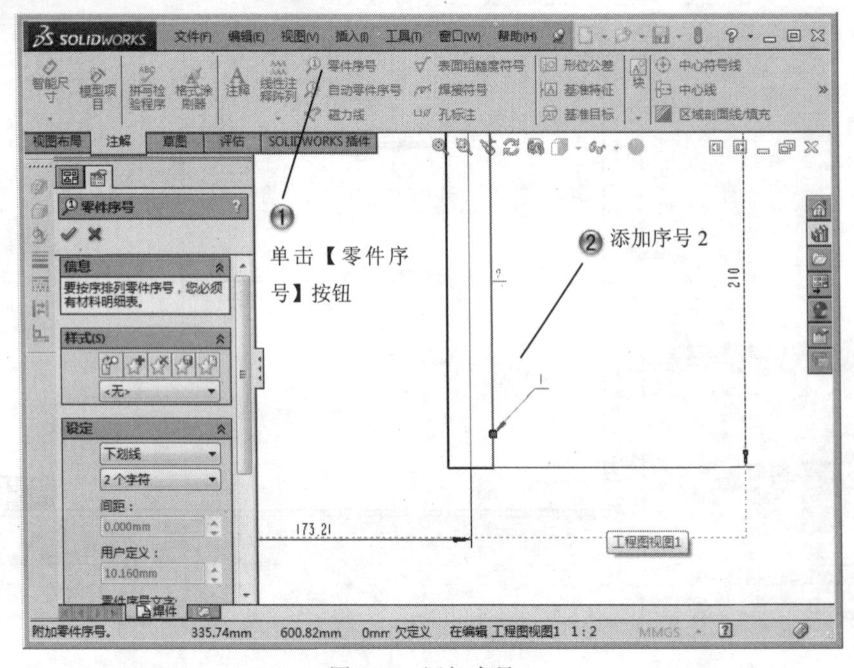

图 9-51　添加序号 2

Step4 添加注释，如图 9-52 所示。

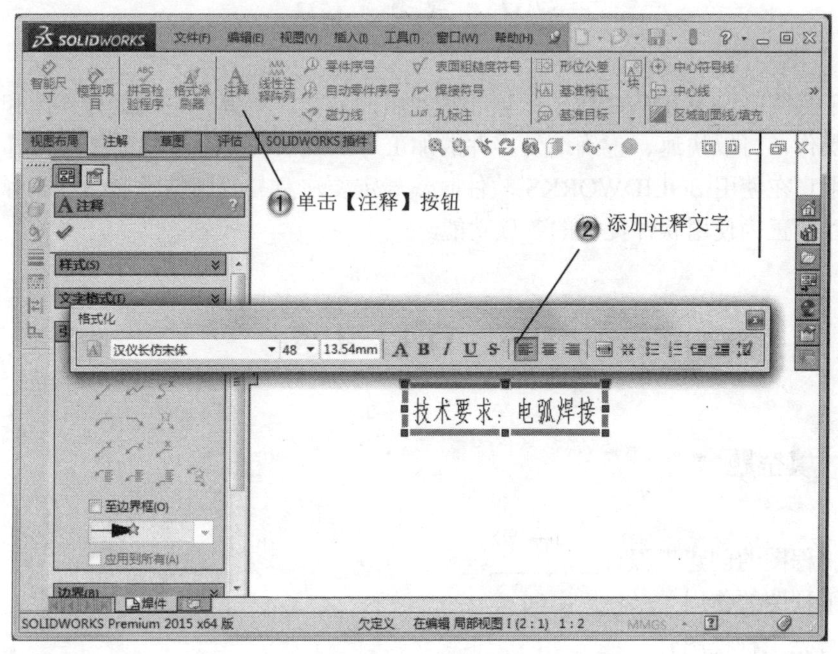

图 9-52　添加注释

Step5 完成注释的添加，如图 9-53 所示。

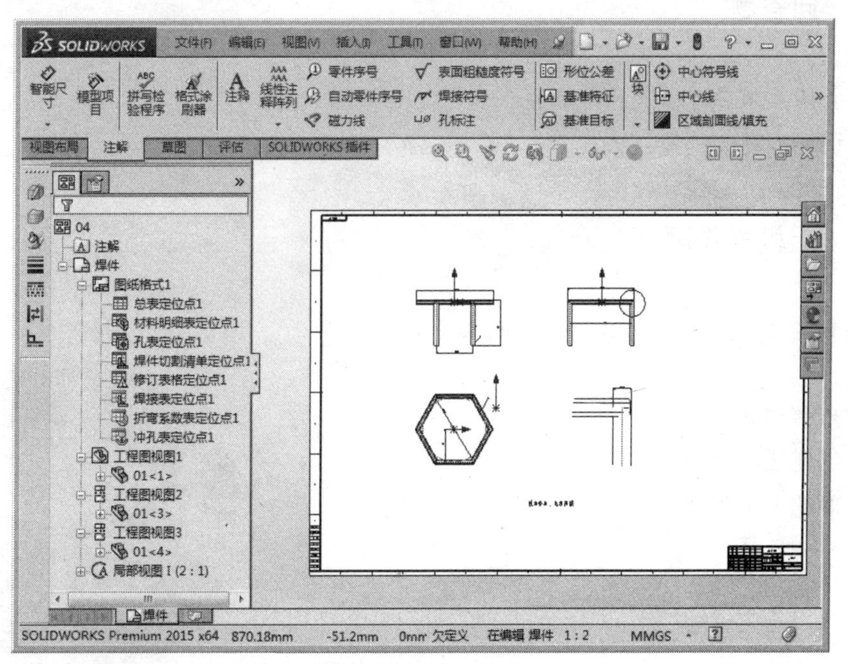

图 9-53　完成注释的添加

9.5 专家总结

生成工程图是 SOLIDWORKS 一项非常实用的功能，掌握好生成工程视图和工程图文件的基本操作，可以快速、正确地为零件的加工等工程活动提供合格的工程图样。需要注意的是，用户在使用 SOLIDWORKS 软件时，一定要注意与我国技术制图国家标准的联系和区别，以便正确使用软件提供的各项功能。

9.6 课后习题

9.6.1 填空题

（1）工程图的创建步骤有________。

（2）工程图的作用________。

（3）常见工程视图有________、________、________。

（4）尺寸标注的作用________。

9.6.2 问答题

（1）介绍一下尺寸标注的种类？

（2）讲述注释的创建方法？

9.6.3 上机操作题

如图 9-54 所示，使用本章学过的命令来创建法兰的工程图纸。

练习步骤和方法：

（1）创建法兰模型。

（2）添加模型视图。

（3）添加尺寸。

图 9-54　法兰模型

第 10 章　钣金设计

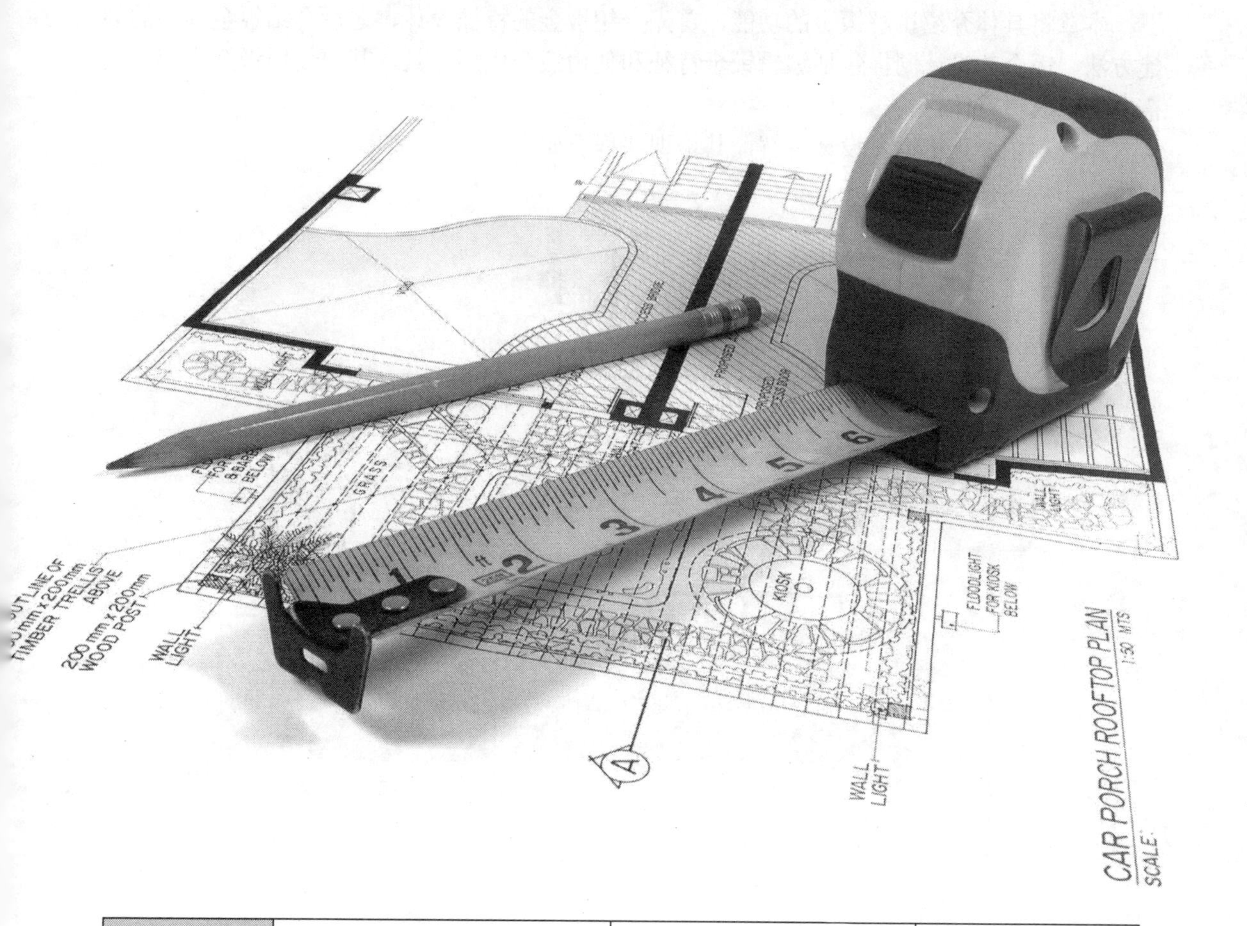

课训目标	内　容	掌握程度	课　时
	钣金特征设计	熟练掌握	2
	钣金零件设计	熟练掌握	2
	编辑钣金特征	熟练掌握	2
	钣金成形工具	了解	1

课程学习建议

钣金类零件结构简单，应用广泛，多用于各种产品的机壳和支架部分。SOLIDWORKS 软件具有功能强大的钣金建模功能，使用户能方便地建立钣金模型。

本章将具体介绍讲解钣金的功能，首先介绍钣金的特征设计，之后介绍钣金零件的创建方法，钣金的设计同样包括编辑钣金特征和使用钣金成形工具，其中使用钣金成形工具需要创建成形零件。

本课程主要基于钣金设计讲解，其培训课程表如下。

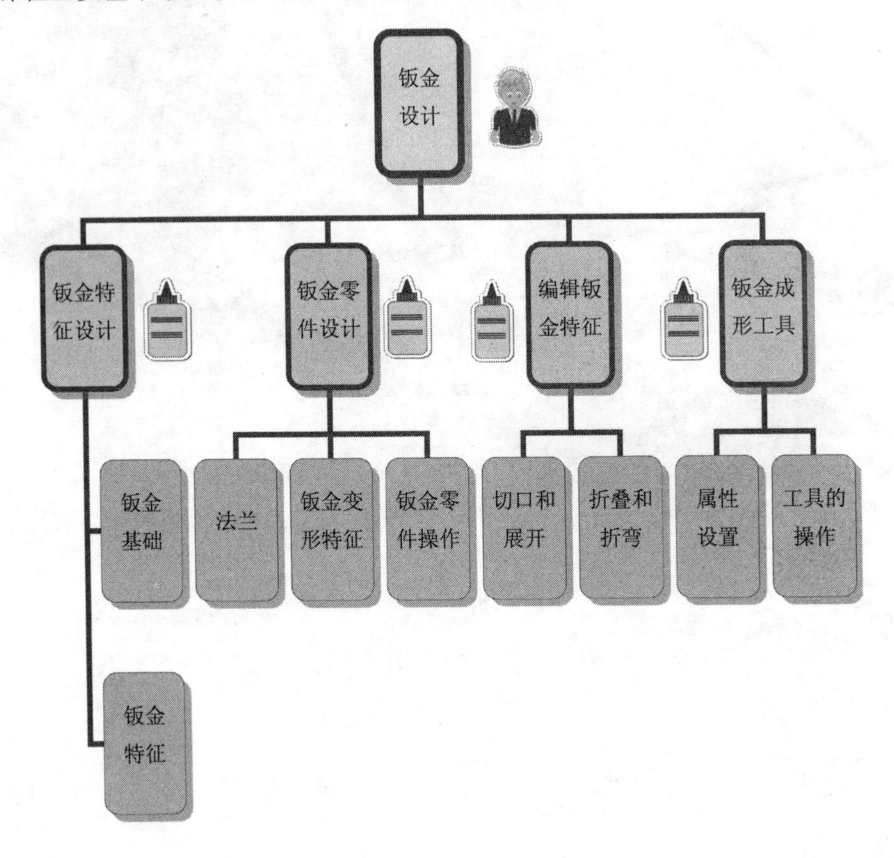

10.1 钣金特征设计

钣金可以将其定义为：针对金属薄板（通常在 6mm 以下）的一种综合冷加工工艺，包

括剪、冲/切/复合、折、焊接、铆接、拼接、成型（如汽车车身）等。其显著的特征就是同一零件厚度一致。

课堂讲解课时：2 课时

10.1.1 设计理论

钣金有时也称扳金，一般是将一些金属薄板通过手工或模具冲压使其产生塑性变形，形成所希望的形状和尺寸，并可进一步通过焊接或少量的机械加工形成更复杂的零件，比如家庭中常用的烟囱，铁皮炉，还有汽车外壳都是钣金件。

金属板料加工就叫钣金加工。如利用板料制作烟囱、铁桶、油箱油壶、通风管道、弯头大小头、天圆地方、漏斗形等，主要工序是剪切、折弯扣边、弯曲成型、焊接、铆接等，需要一定的几何知识。通常钣金工艺最常用的步骤有剪、冲/切、折，焊接，表面处理等，如图 10-1 所示为钣金件。

图 10-1 钣金件

10.1.2 课堂讲解

1. 钣金基础

在钣金零件设计中经常涉及一些术语，包括折弯系数、折弯系数表、K 因子和折弯扣除等。

（1）折弯系数

折弯系数是沿材料中性轴所测得的圆弧长度。在生成折弯时，可输入数值以指定明确的折弯系数给任何一个钣金折弯。

以下方程式用来决定使用折弯系数数值时的总平展长度。

$$L_t = A + B + BA$$

式中：L_t 表示总平展长度；A 和 B 的含义如图 10-2 所示；BA 表示折弯系数值。

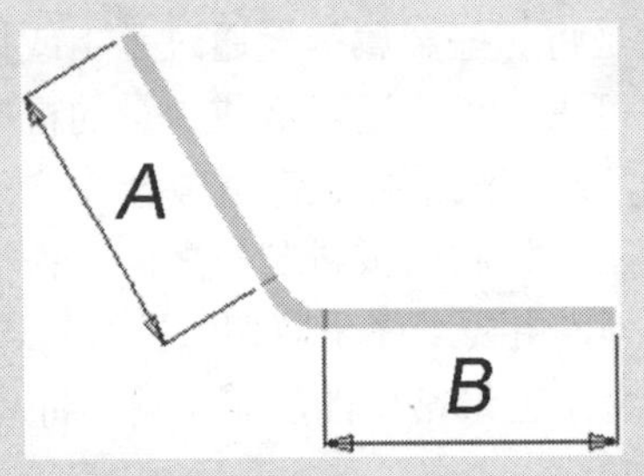

图 10-2　折弯系数中 A 和 B 的含义

（2）折弯系数表

折弯系数表指定钣金零件的折弯系数或折弯扣除数值。折弯系数表还包括折弯半径、折弯角度以及零件厚度的数值。有两种折弯系数表可供使用，一是带有“*.BTL”扩展名的文本文件，二是嵌入的 Excel 电子表格。

（3）K 因子

K 因子代表中立板相对于钣金零件厚度的位置的比率。带 K 因子的折弯系数使用以下计算公式。

$$BA = \Pi（R + KT）A / 180$$

式中：BA 表示折弯系数值；R 表示内侧折弯半径；K 表示 K 因子；T 表示材料厚度；A 表示折弯角度（经过折弯材料的角度）。

（4）折弯扣除

折弯扣除，通常是指回退量，也是一个通过简单算法来描述钣金折弯的过程。在生成折弯时，可以通过输入数值来给任何钣金折弯指定一个明确的折弯扣除。

2. 钣金特征设计

生成钣金特征有两种方法，一种是利用钣金工具直接生成，另一种是将零件进行转换。

（1）利用钣金工具

下面的 3 个特征分别代表钣金的 3 个基本操作，这些特征位于钣金的特征管理器设计树中。

钣金：包含了钣金零件的定义，此特征保存了整个零件的默认折弯参数信息，如折弯半径、折弯系数、自动切释放槽（预切槽）比例等。

基体-法兰：钣金零件的第一个实体特征，包括深度和厚度等信息。

平板型式：默认情况下，平板型式特征是被压缩的，因为零件是处于折弯状态下。若想平展零件，用右键单击平板型式，然后选择【解除压缩】命令。当平板型式特征被压缩时，在特征管理器设计树中，新特征均自动插入到平板型式特征上方，当平板型式特征解除压缩后，在特征管理器设计树中，新特征插入到平板型式特征下方，并且不在折叠零件中显示。

（2）将零件转换为钣金特征

首先生成一个零件，然后使用【钣金】工具栏中的【插入折弯】按钮生成钣金。在特征管理器设计树中有三个特征，这三个特征分别代表钣金的三个基本操作，如图 10-3 所示。

①【钣金】：包含了钣金零件的定义，此特征保存了整个零件的默认折弯参数信息（厚度、折弯半径、折弯系数、自动切释放槽比例和固定实体等）。

②【展开折弯】代表展开的零件，此特征包含将尖角或圆角转换成折弯的有关信息。每个由模型生成的折弯作为单独的特征列出在展开折弯下，由圆角边角、圆柱面和圆锥面形成的折弯作为圆角折弯列出；由尖角边角形成的折弯作为尖角折弯列出。展开折弯中列出的尖角草图，包含由系统生成的所有尖角和圆角折弯的折弯线。

③【加工折弯】代表将展开的零件转换成成形零件的过程，由在展开零件中指定的折弯线所生成的折弯列出在此特征中。加工折弯下列出的平面草图是这些折弯线的占位符，特征管理器设计树中加工折弯图标后列出的特征，不会在零件展开视图中出现。

图 10-3　【钣金】工具栏

10.1.3 课堂练习——创建钣金基体

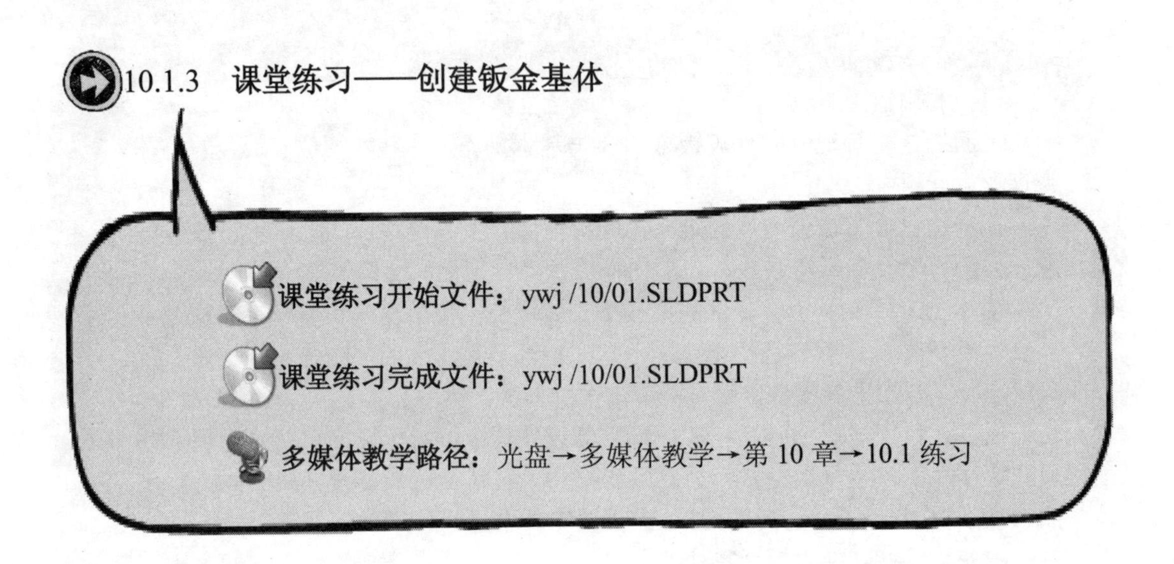

Step 1 选择草绘面，如图 10-4 所示。

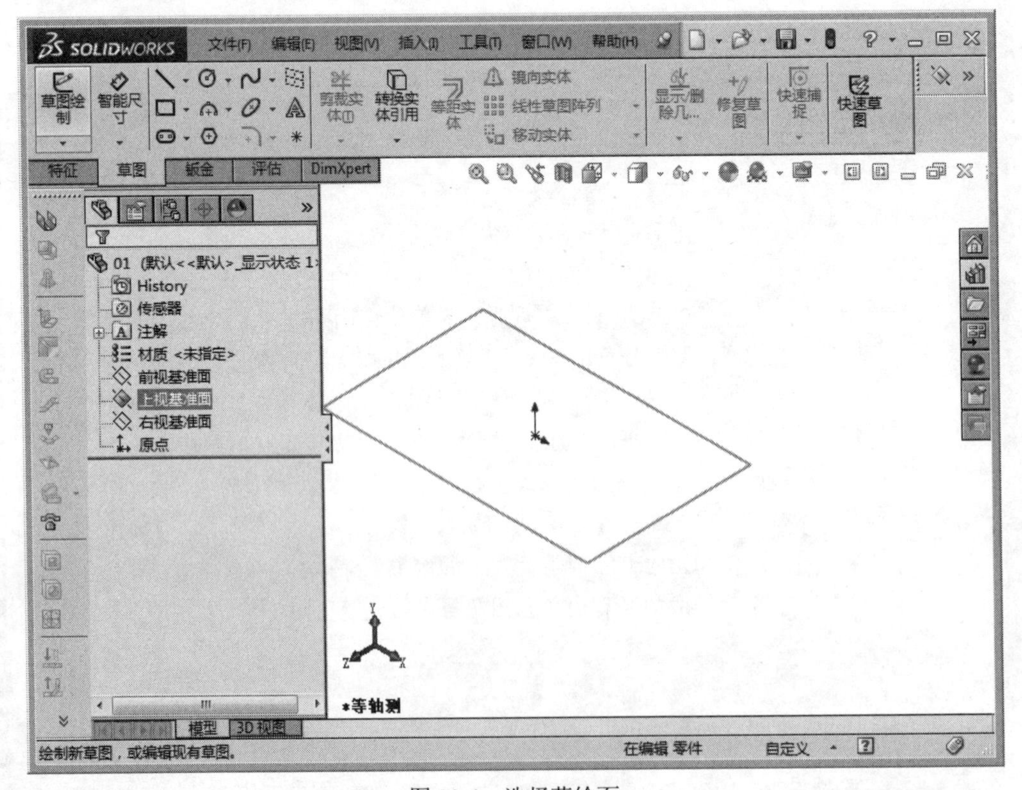

图 10-4　选择草绘面

Step2 绘制矩形，如图 10-5 所示。

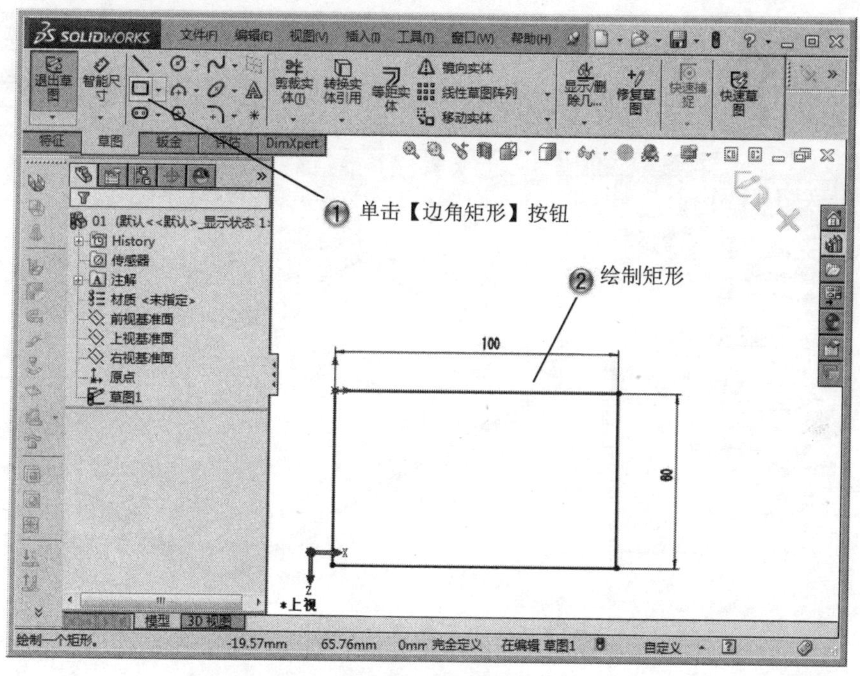

图 10-5　绘制矩形

Step3 创建基体法兰，如图 10-6 所示。

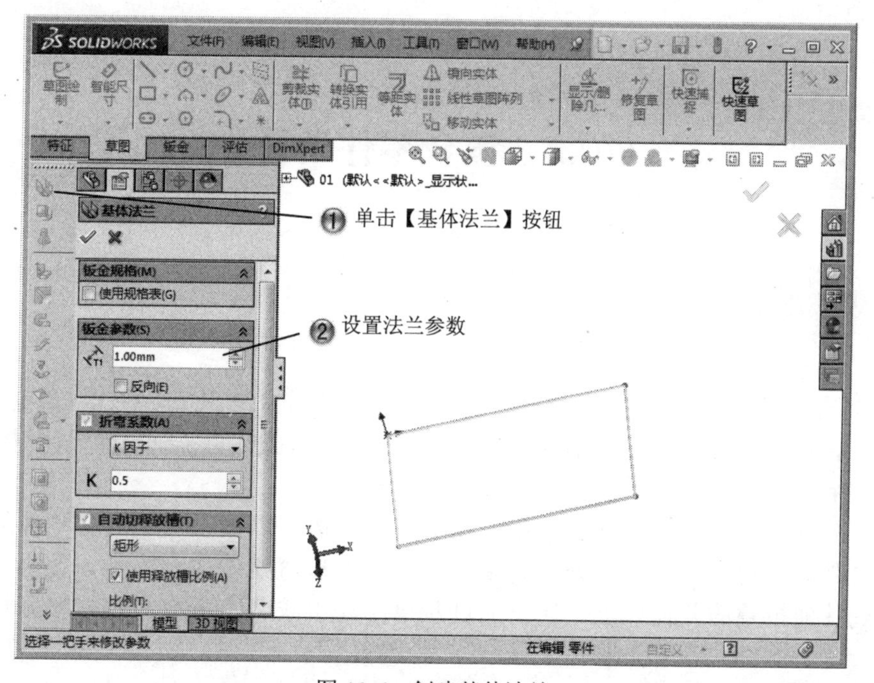

图 10-6　创建基体法兰

Step4 完成钣金基体，如图 10-7 所示。

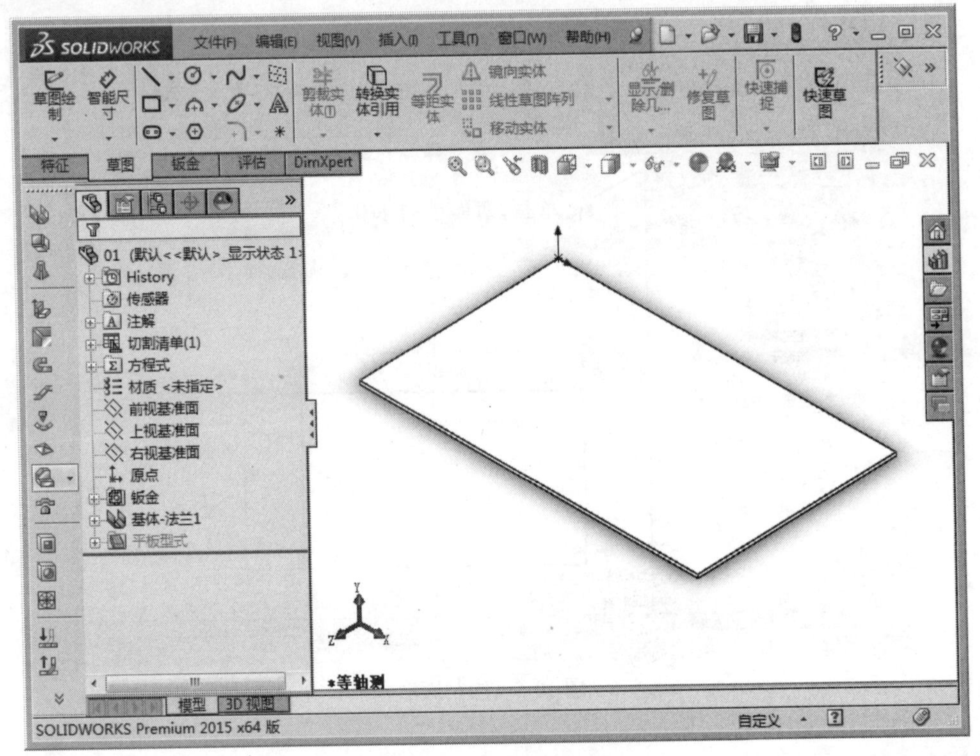

图 10-7　完成钣金基体

10.2　钣金零件设计

基体法兰是钣金零件的第一个特征。当基体法兰被添加到 SOLIDWORKS 零件后，系统会将该零件标记为钣金零件，在适当位置生成折弯，并且在特征管理器设计树中显示特定的钣金特征。

在一条或者多条边线上可以添加边线法兰。褶边可以被添加到钣金零件的所选边线上。绘制的折弯在钣金零件处于折叠状态时，将折弯线添加到零件，使折弯线的尺寸标注到其他折叠的几何体上。转折通过从草图线生成两个折弯而将材料添加到钣金零件上。

课堂讲解课时：2 课时

10.2.1 设计理论

钣金具有重量轻、强度高、导电（能够用于电磁屏蔽）、成本低、大规模量产性能好等特点，在电子电器、通信、汽车工业、医疗器械等领域得到了广泛应用，例如在电脑机箱、手机、MP3 中，钣金是必不可少的组成部分。

随着钣金的应用越来越广泛，钣金件的设计变成了产品开发过程中很重要的一环，机械工程师必须熟练掌握钣金件的设计技巧，使得设计的钣金既满足产品的功能和外观等要求，又能使得冲压模具制造简单、成本低。

创建基体法兰注意事项如下。

（1）基体法兰特征是从草图生成的，草图可以是单一开环、单一闭环，也可以是多重封闭轮廓。

（2）在一个 SOLIDWORKS 零件中，只能有一个基体法兰特征。

（3）基体法兰特征的厚度和折弯半径将成为其他钣金特征的默认值。

基体法兰的功能如下：

（1）通过为想闭合的所有边角选择面以同时闭合多个边角。

（2）封闭非垂直边角。

（3）将闭合边角应用到带有 90°以外折弯的法兰。

（4）调整缝隙距离，即由边界角特征所添加的两个材料截面之间的距离。

（5）调整重叠/欠重叠比率（即重叠的部分与欠重叠的部分之间的比率），数值 1 表示重叠和欠重叠相等。

（6）闭合或者打开折弯区域。

10.2.2 课堂讲解

1. 基体法兰

基体法兰的命令，如图 10-8 所示。

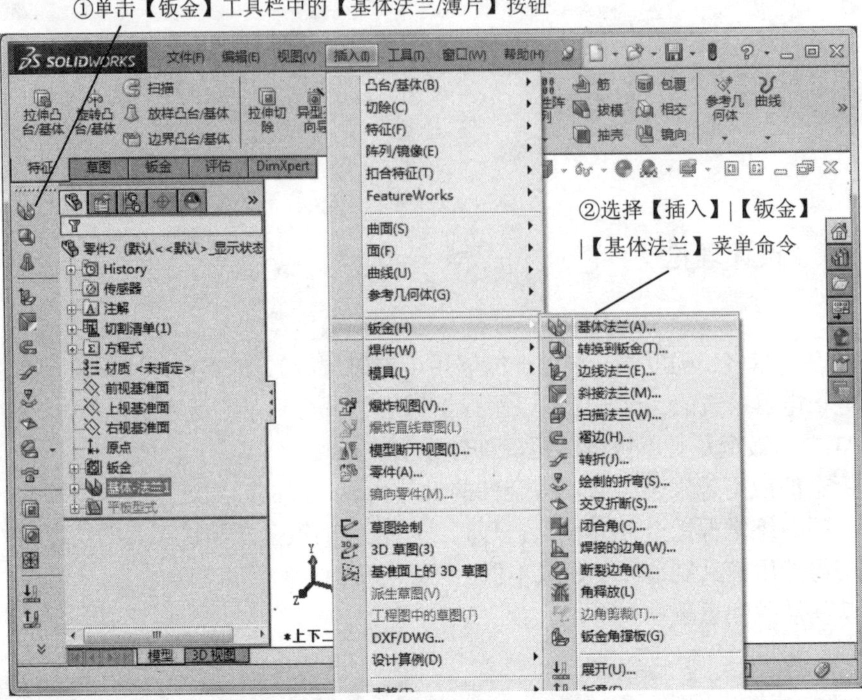

图 10-8　【基体法兰】属性管理器

系统弹出【基体法兰】属性管理器，如图 10-9 所示。

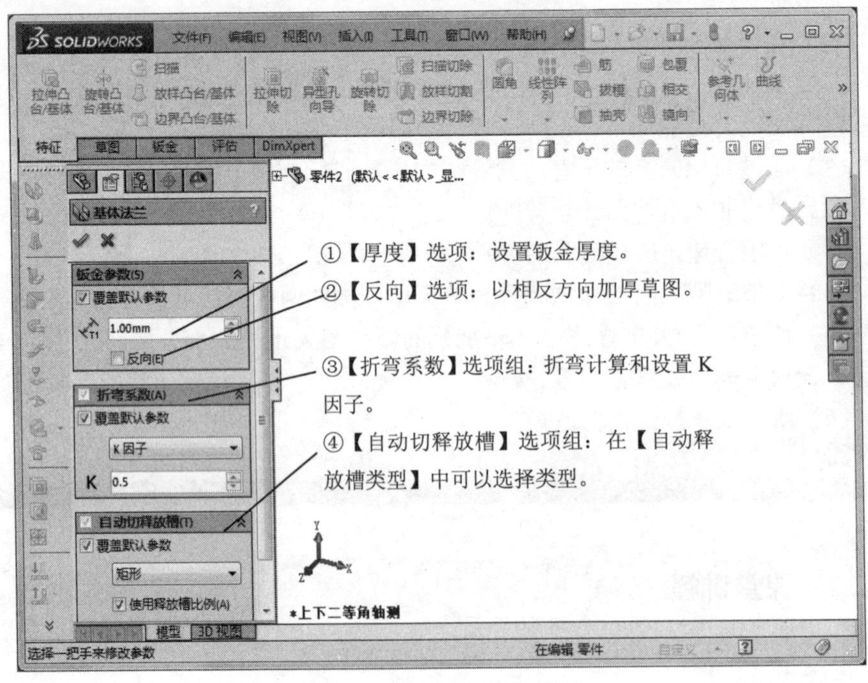

图 10-9　选择【矩形】选项

2. 边线法兰

边线法兰的命令，如图 10-10 所示。

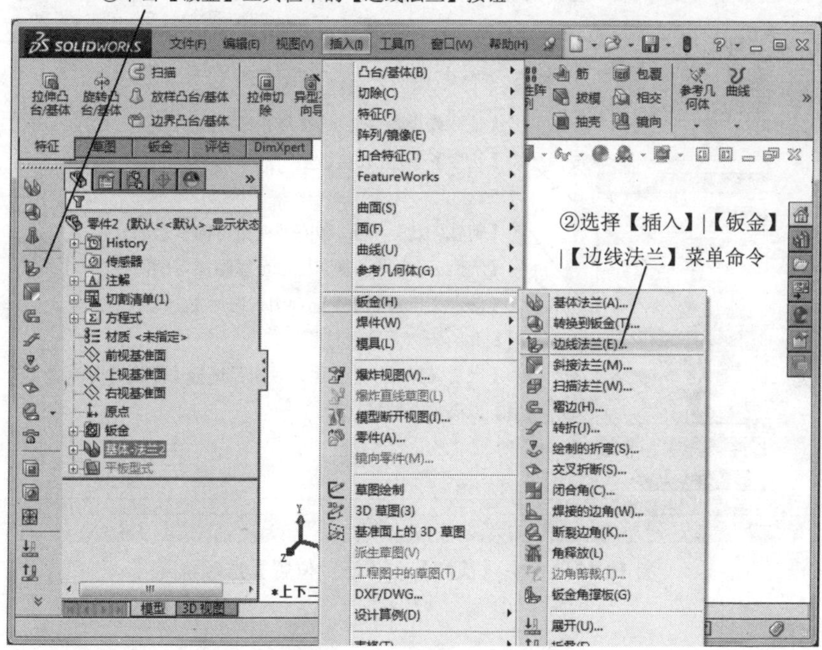

图 10-10　边线法兰的命令

系统弹出【边线-法兰】属性管理器，如图 10-11 所示。

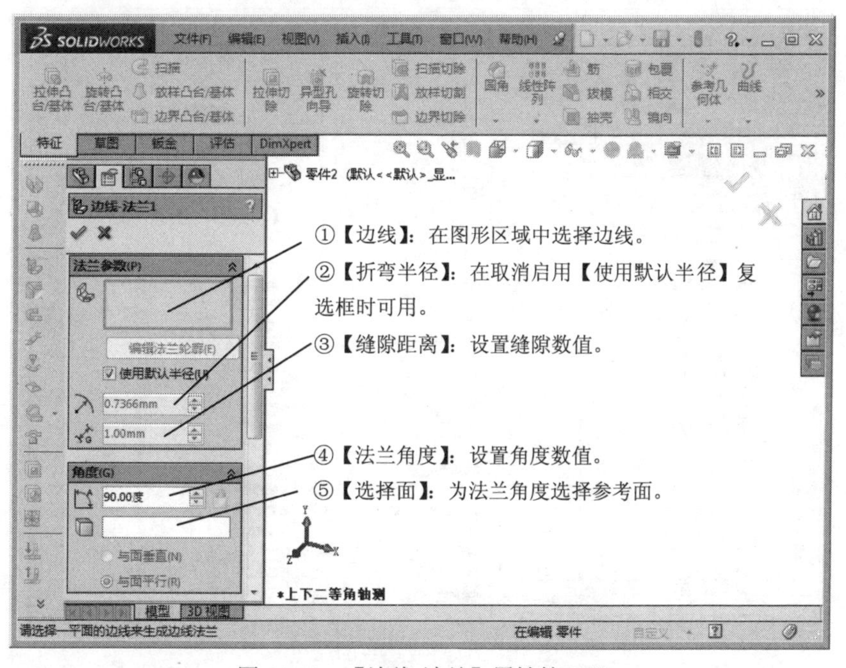

图 10-11　【边线-法兰】属性管理器

【法兰长度】和【法兰位置】选项组，如图 10-12 所示。

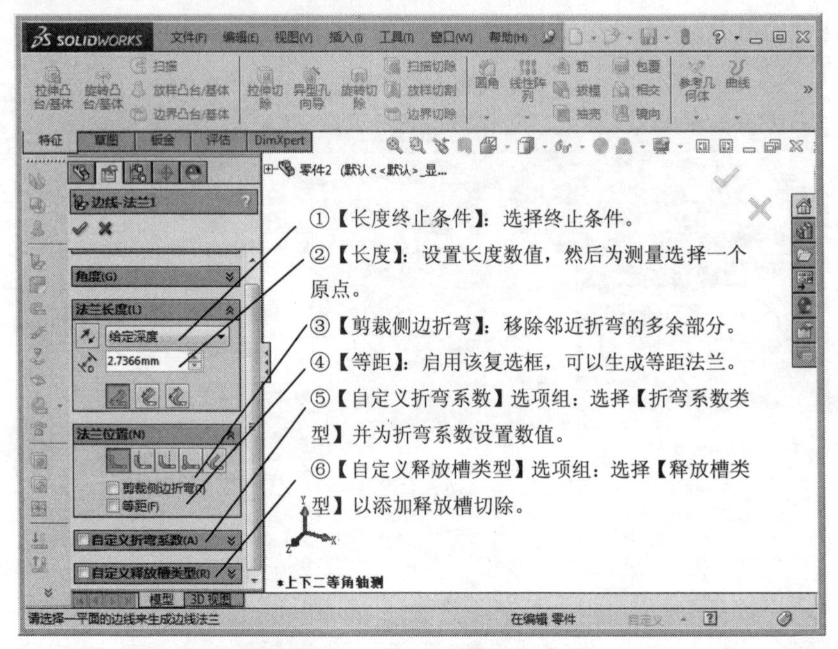

图 10-12 【法兰长度】和【法兰位置】选项组

3. 斜接法兰

斜接法兰的命令，如图 10-13 所示。

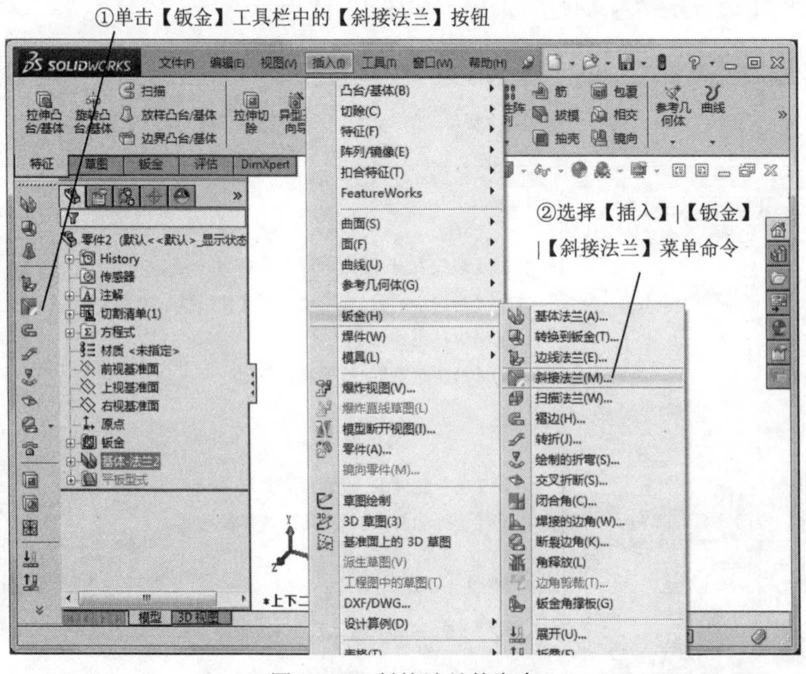

图 10-13 斜接法兰的命令

系统弹出【斜接法兰】属性管理器，如图 10-14 所示。

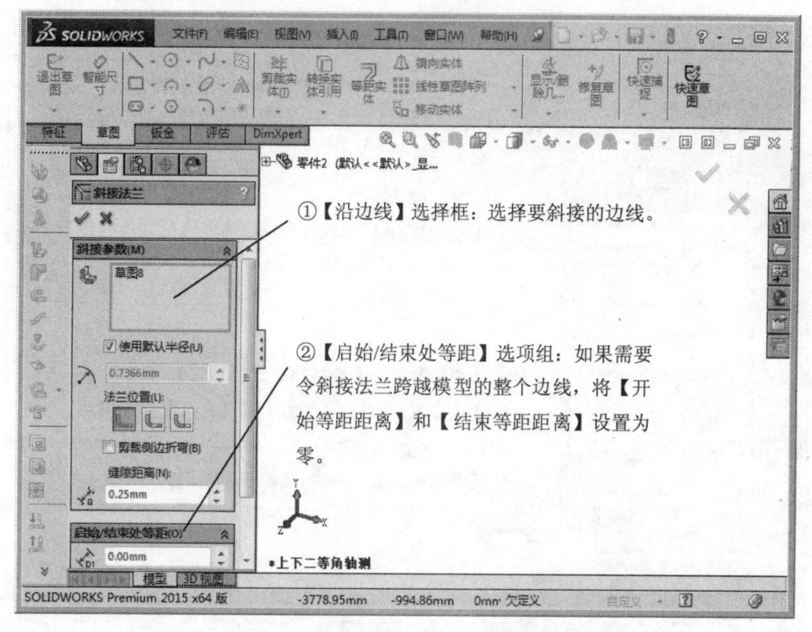

图 10-14　【斜接法兰】属性管理器

4. *褶边*

褶边的命令，如图 10-15 所示。

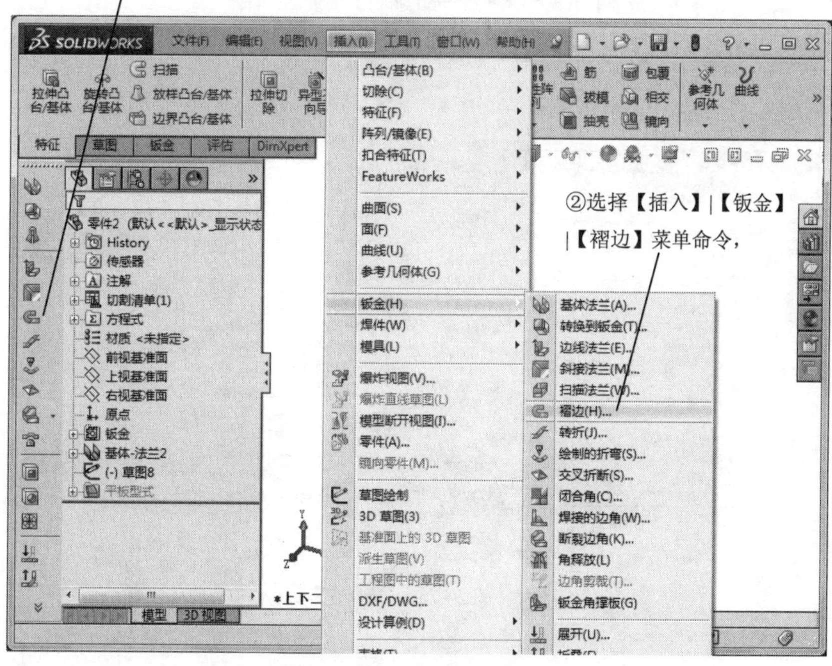

图 10-15　褶边命令

系统弹出【褶边】属性管理器，如图 10-16 所示。

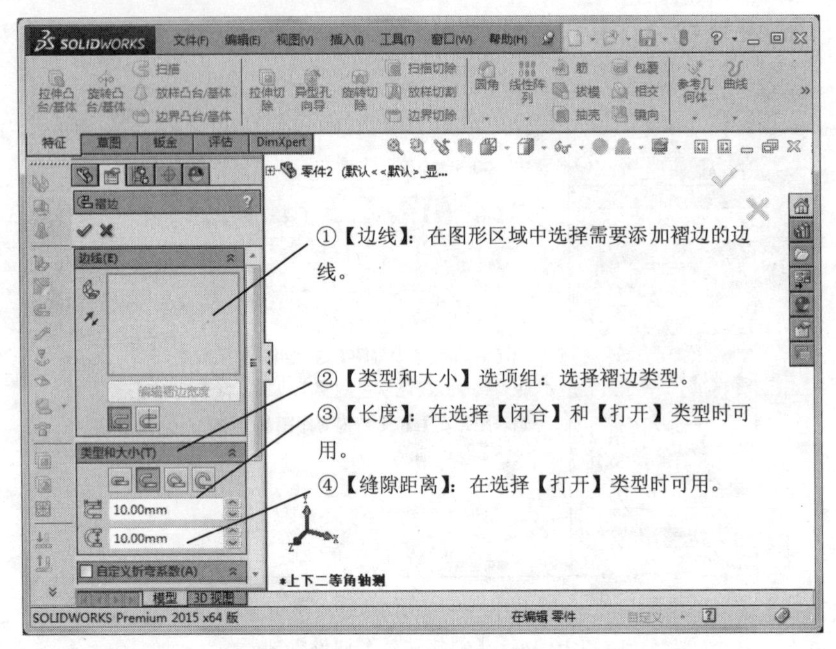

图 10-16 【褶边】属性管理器

5. 绘制的折弯

绘制折弯的命令，如图 10-17 所示。

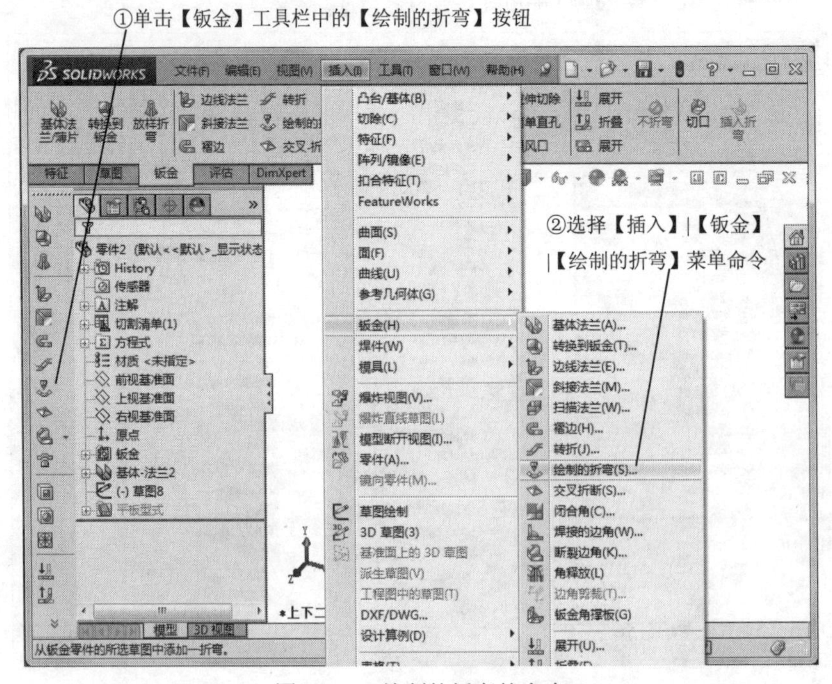

图 10-17 绘制的折弯的命令

系统弹出【绘制的折弯】属性管理器，如图 10-18 所示。

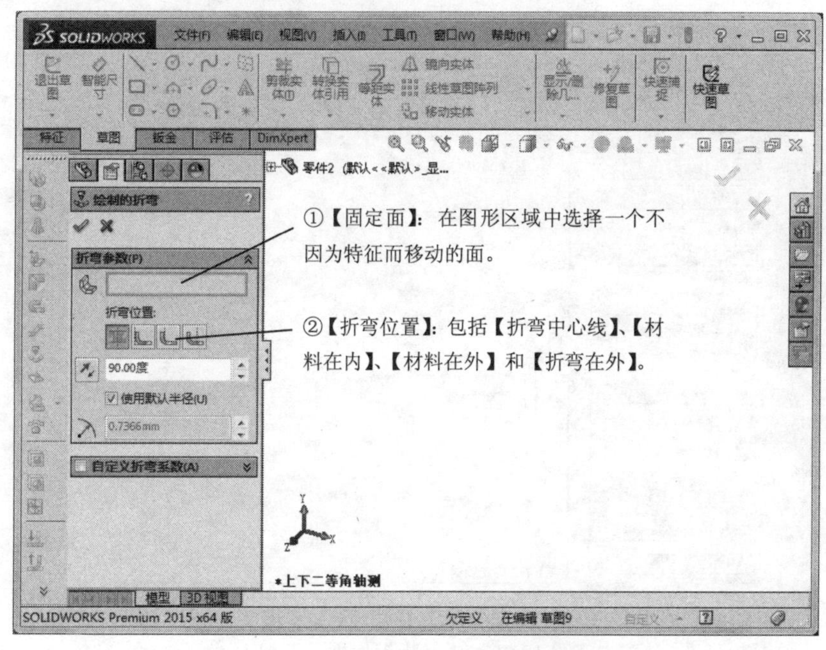

图 10-18　【绘制的折弯】属性管理器

6. 转折

转折的命令，如图 10-19 所示。

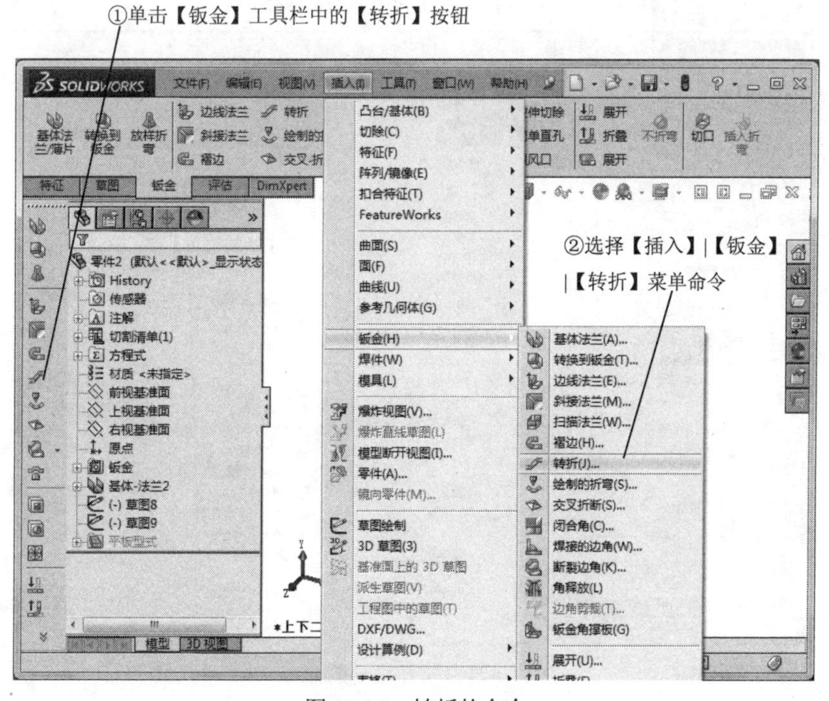

图 10-19　转折的命令

系统弹出【转折】属性管理器，如图 10-20 所示。

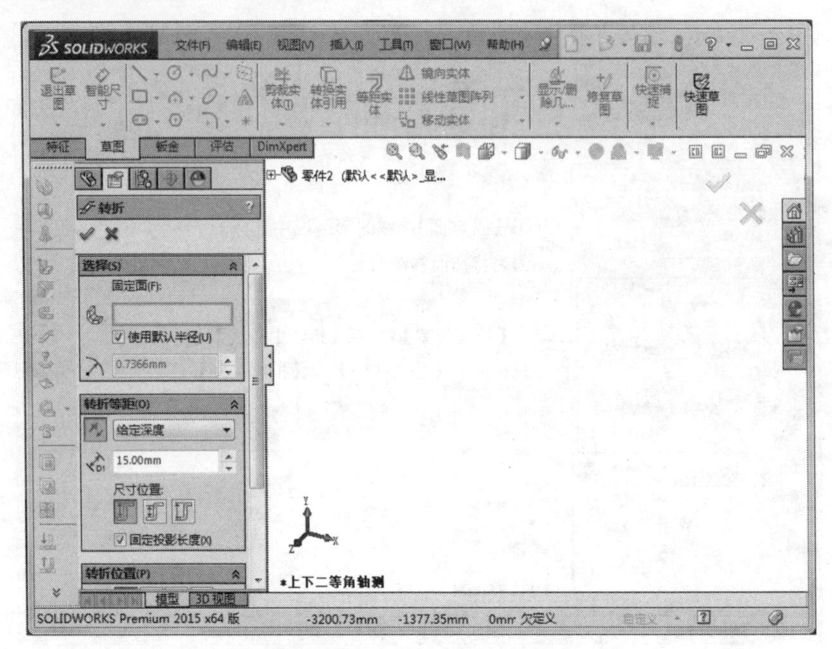

图 10-20 【转折】属性管理器

7. 断开边角

断开边角的命令，如图 10-21 所示。

图 10-21 断开边角的命令

系统弹出【断开边角】属性管理器，如图 10-22 所示。

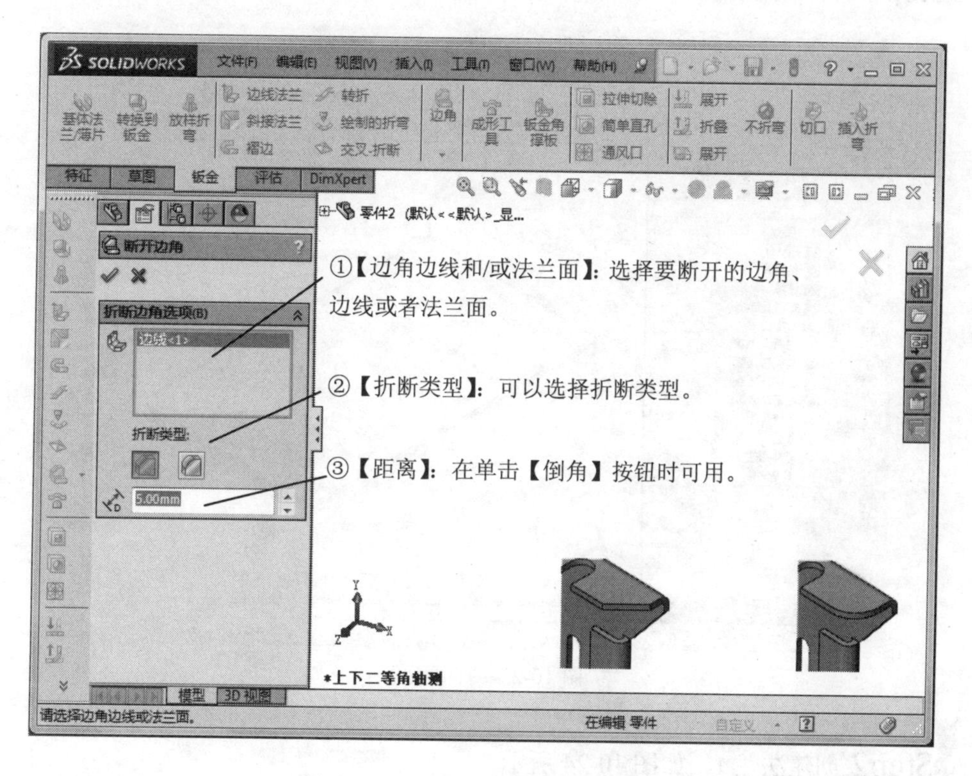

图 10-22 【断开边角】属性管理器

10.2.3 课堂练习——创建法兰

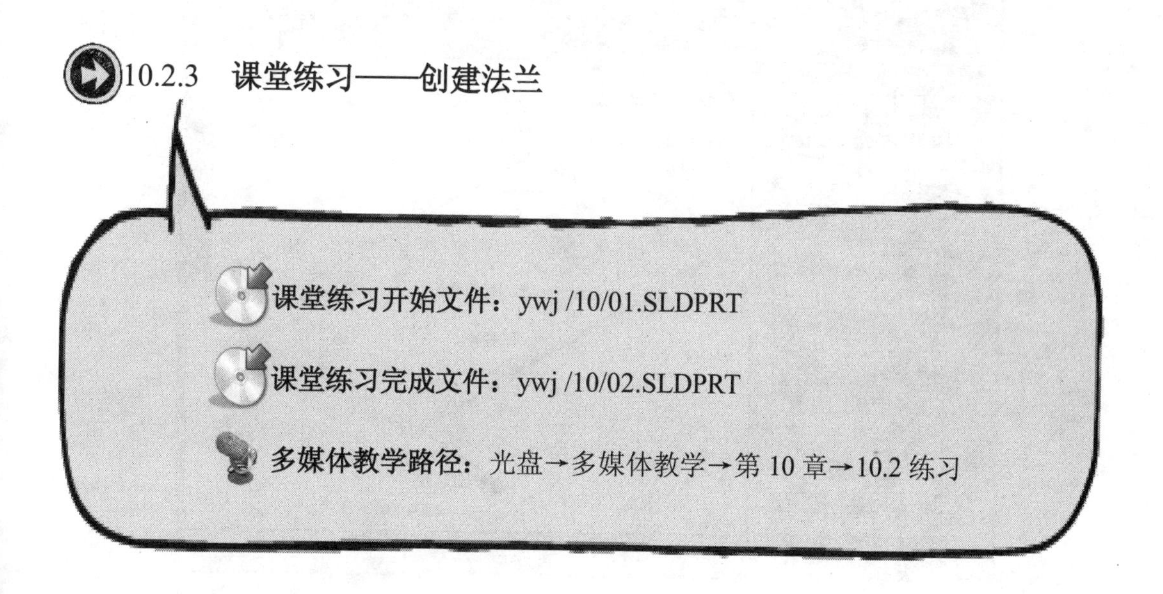

课堂练习开始文件： ywj /10/01.SLDPRT

课堂练习完成文件： ywj /10/02.SLDPRT

多媒体教学路径： 光盘→多媒体教学→第 10 章→10.2 练习

Step1 打开钣金，如图 10-23 所示。

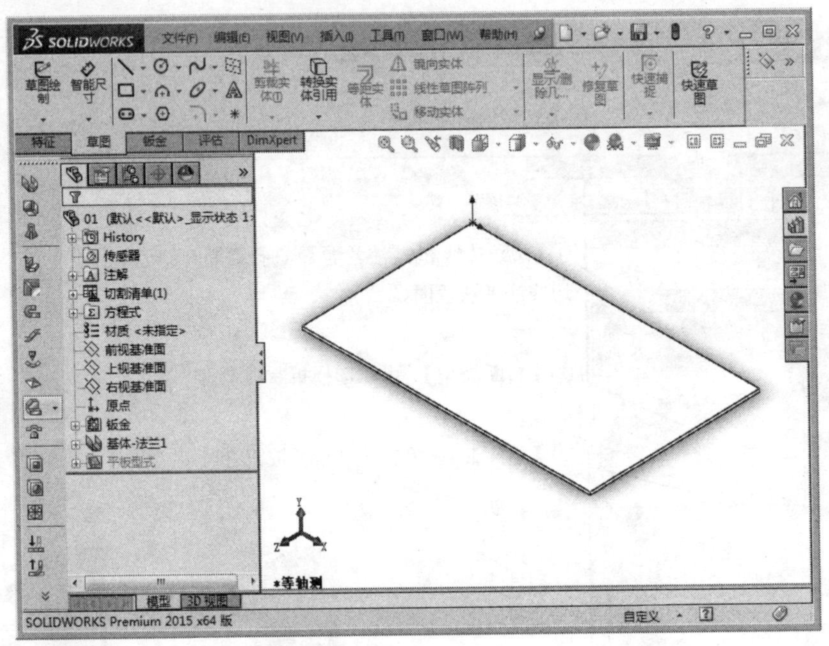

图 10-23　打开钣金

Step2 创建法兰 1，如图 10-24 所示。

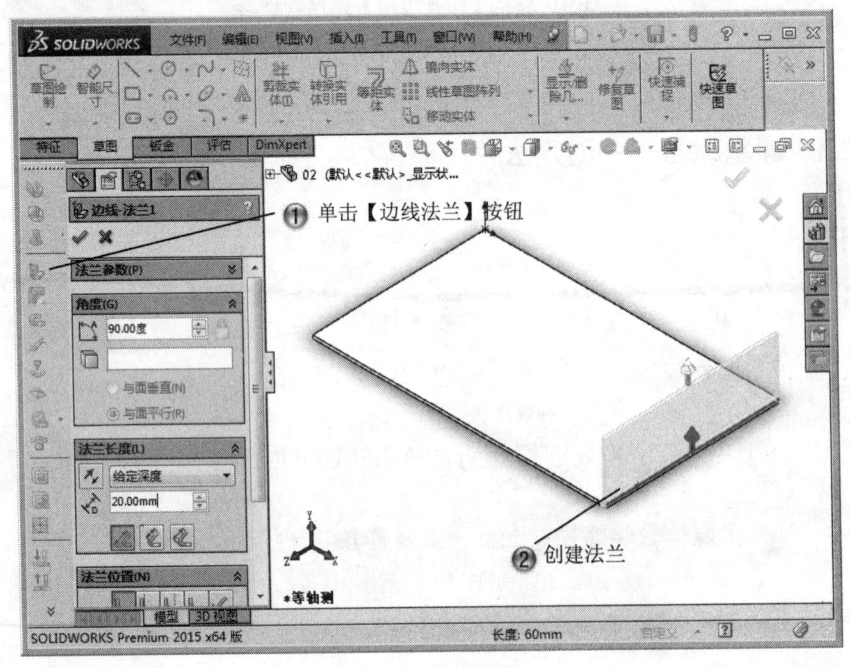

图 10-24　创建法兰 1

Step3 创建法兰 2，如图 10-25 所示。

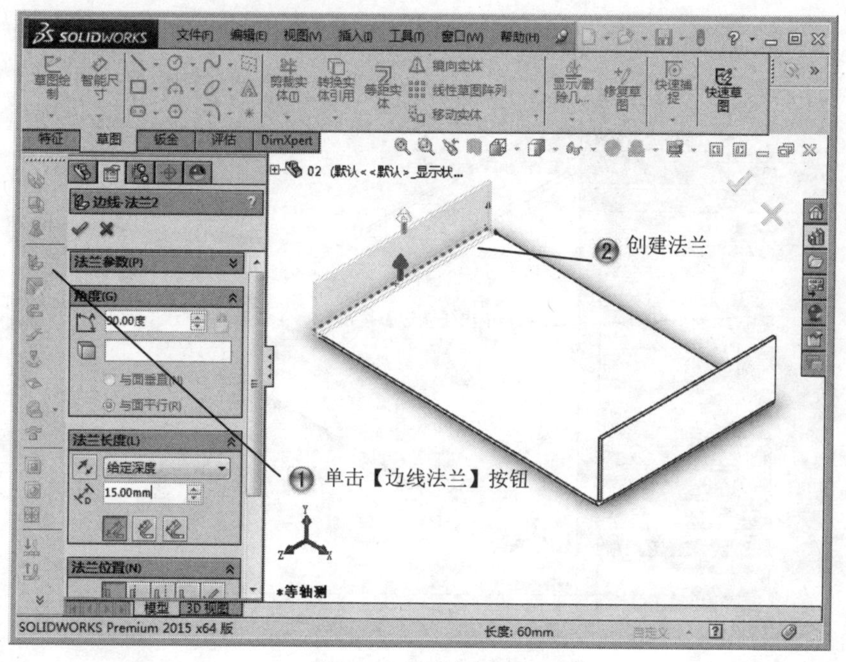

图 10-25　创建法兰 2

Step4 创建法兰 3，如图 100-26 所示。

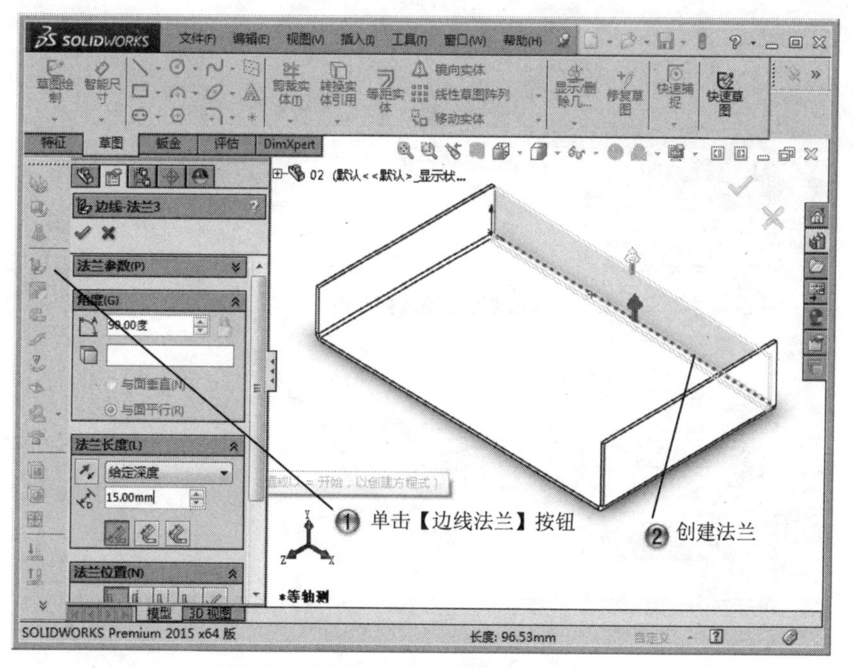

图 10-26　创建法兰 3

Step5 创建褶边 1，如图 10-27 所示。

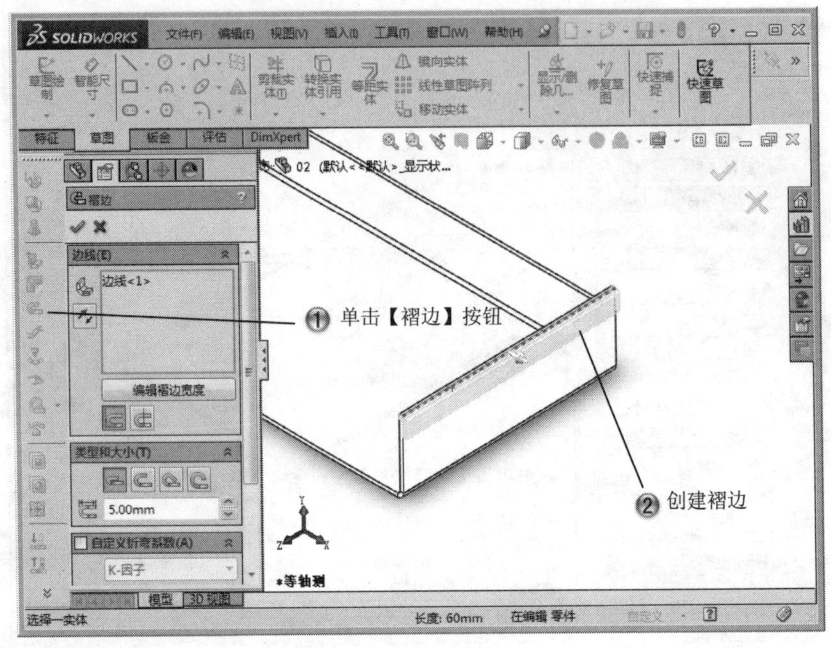

图 10-27 创建褶边 1

Step6 创建褶边 2，如图 10-28 所示。

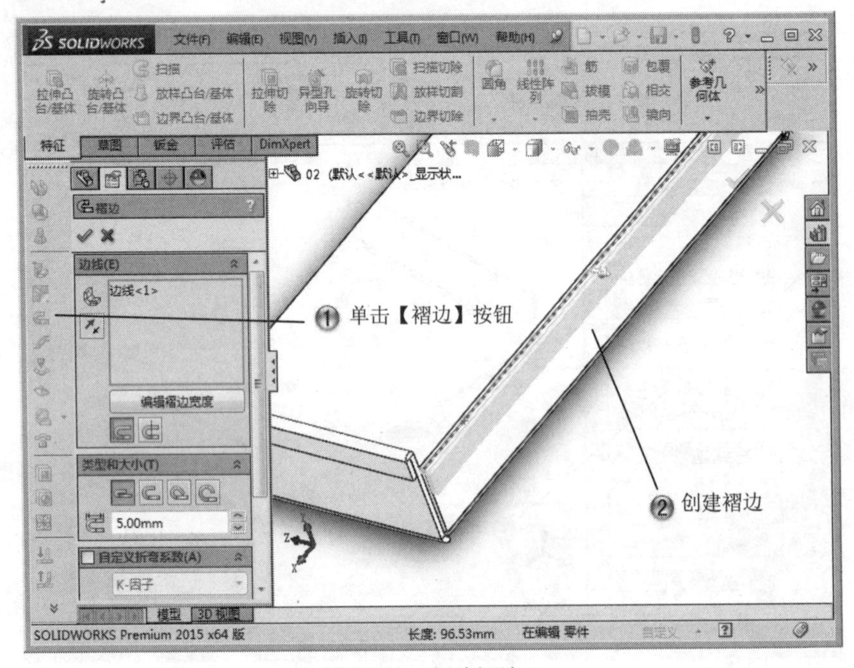

图 10-28 创建褶边 2

Step7 创建褶边 3，如图 10-29 所示。

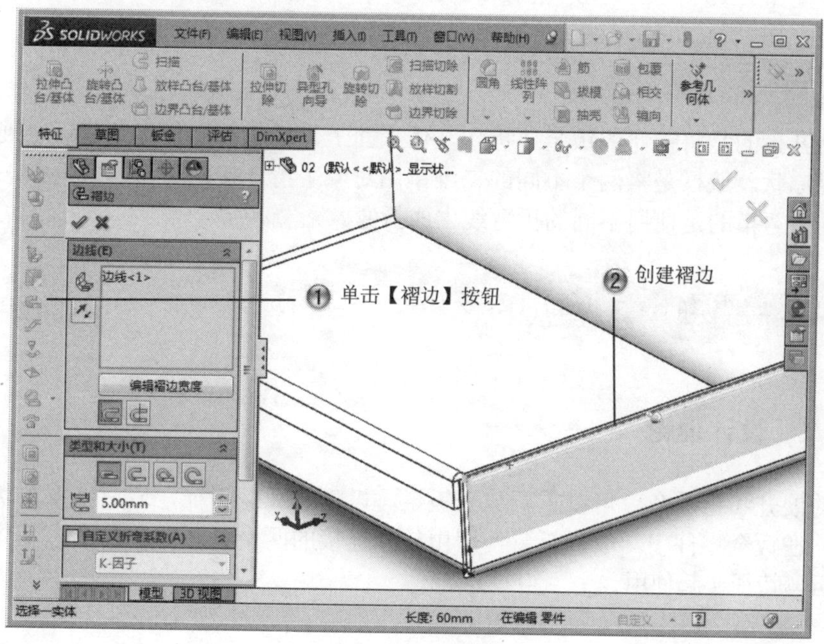

图 10-29 创建褶边 3

Step8 完成钣金零件，如图 10-30 所示。

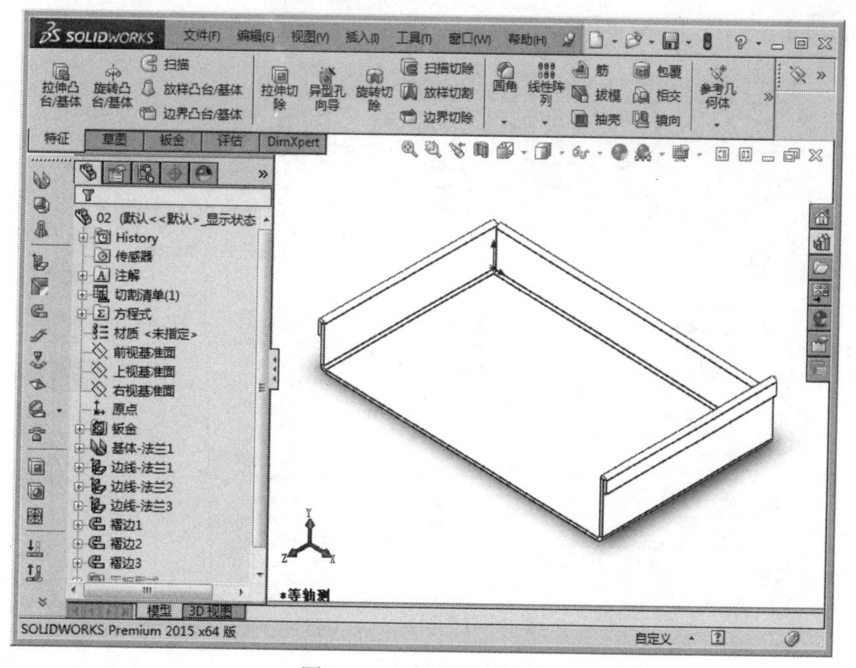

图 10-30 完成钣金零件

10.3　编辑钣金特征

基本概念

钣金展开指的是将折弯的钣金边折到基体平面上，折叠的操作指的是钣金展开并编辑后重新恢复原状。放样是将两个不同的二维草图对象平滑连接，从而形成复杂三维对象。钣金的放样折弯指的是使用不同的折弯线生成折弯。

课堂讲解课时：2 课时

10.3.1　设计理论

钣金的展开和折叠命令可以重新放平钣金，以创建孔等特征，最后恢复原状，得到需要的造型。在钣金零件中，放样折弯使用由放样连接的两个开环轮廓草图，基体法兰特征不与放样折弯特征一起使用。

10.3.2　课堂讲解

1. 展开

展开的命令，如图 10-31 所示。

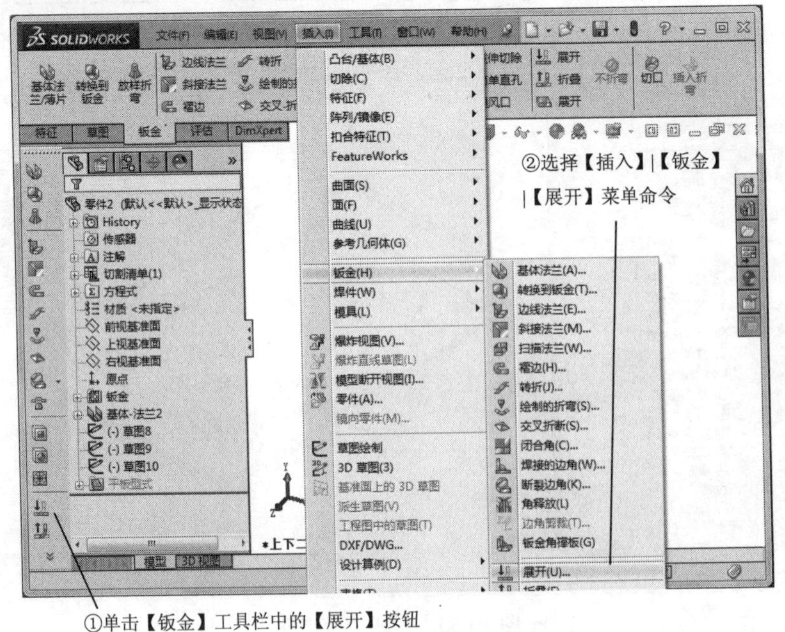

图 10-31　展开的命令

系统弹出【展开】属性管理器，如图 10-32 所示。

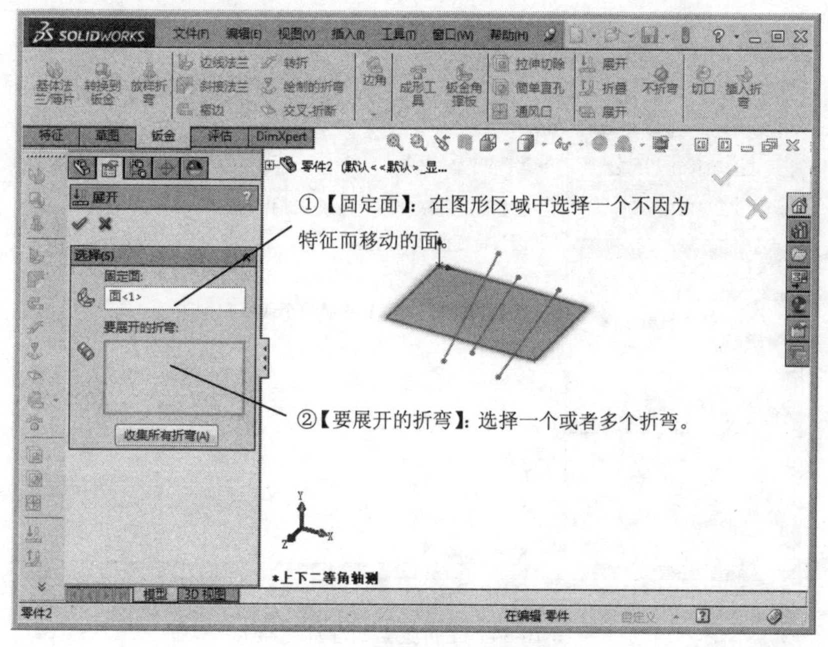

图 10-32 【展开】属性管理器

2. 折叠

折叠的命令，如图 10-33 所示。

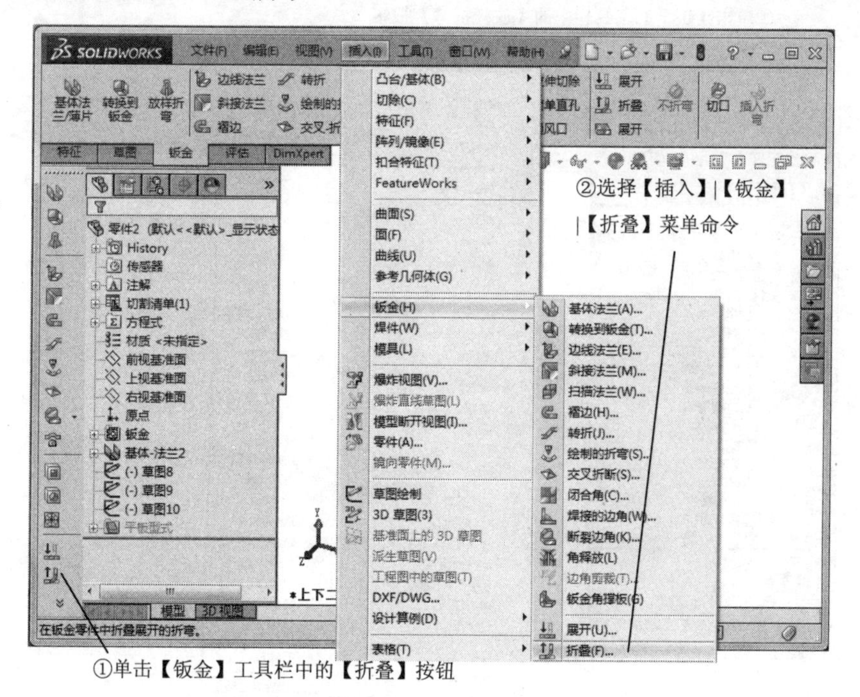

图 10-33 折叠命令

系统弹出【折叠】属性管理器，如图 10-34 所示。

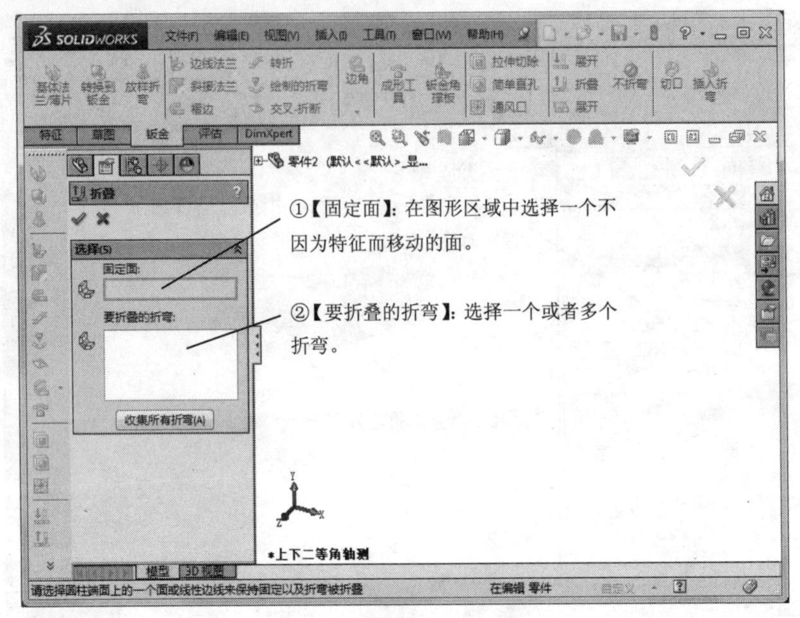

图 10-34 【折叠】属性管理器

3. 放样折弯

放样折弯的命令，如图 10-35 所示。

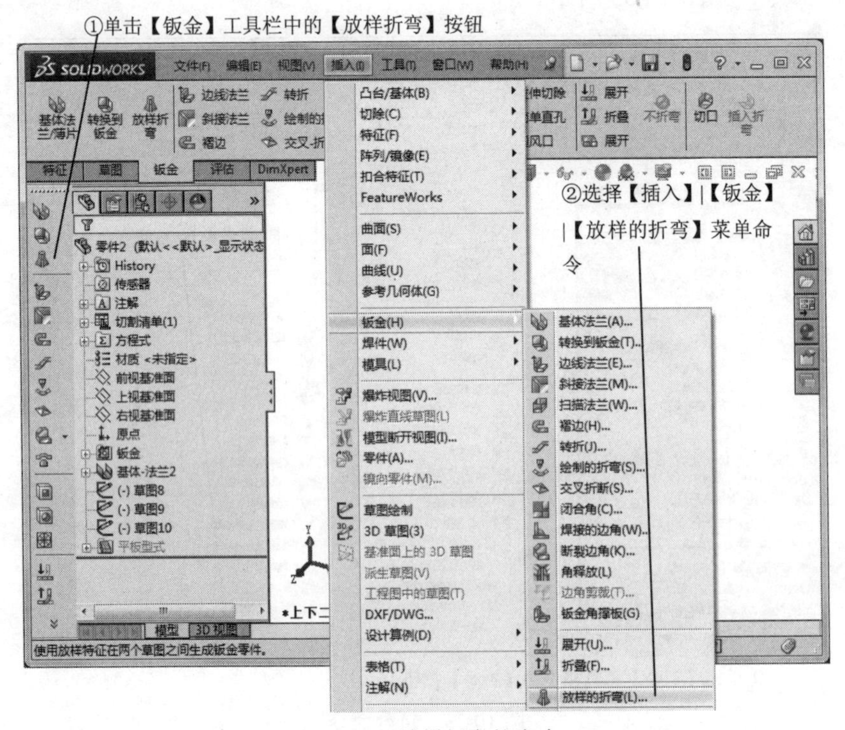

图 10-35 放样折弯的命令

系统弹出【放样折弯】属性管理器，如图 10-36 所示。

放样折弯的注意事项如下。

（1）使用 K 因子或者折弯系数计算折弯。

（2）不能被镜向。

（3）要求两个草图，包括无尖锐边线的开环轮廓，且轮廓开口同向对齐以使平板型式更为精确。

名师点拨

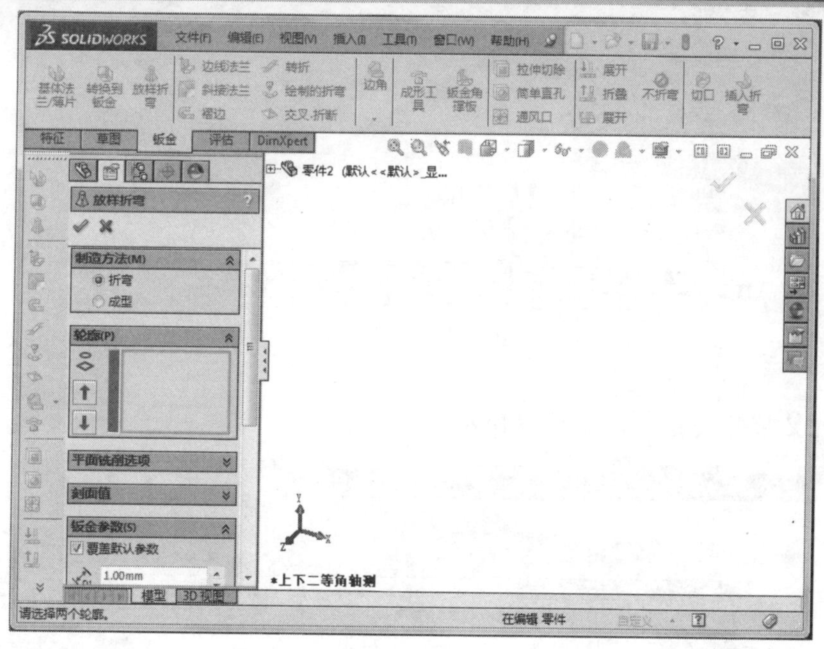

图 10-36　【放样折弯】属性管理器

10.3.3　课堂练习——展开和折叠钣金

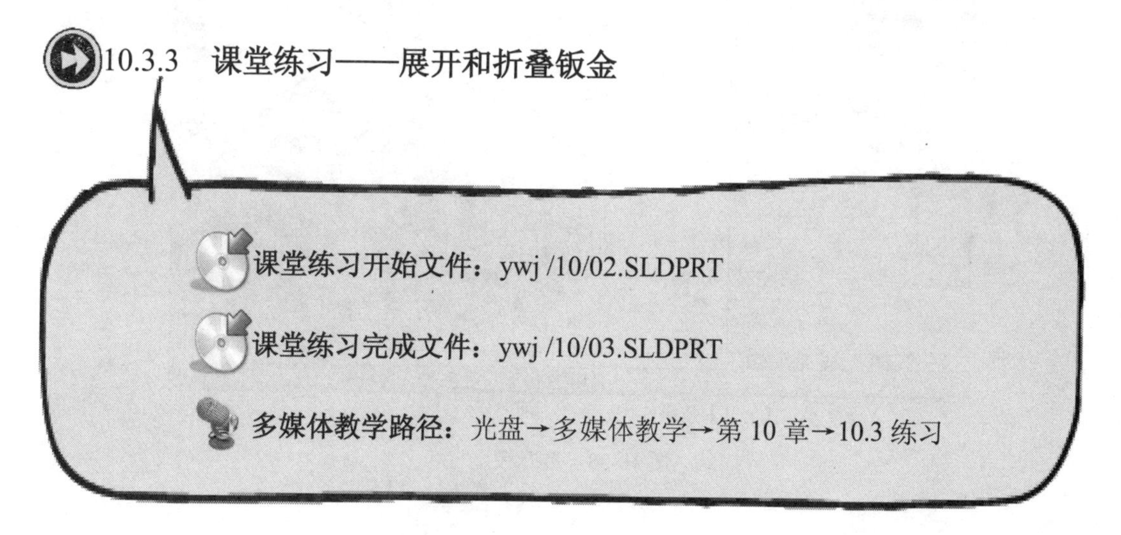

课堂练习开始文件：ywj /10/02.SLDPRT

课堂练习完成文件：ywj /10/03.SLDPRT

多媒体教学路径：光盘→多媒体教学→第 10 章→10.3 练习

Step1 打开钣金，如图 10-37 所示。

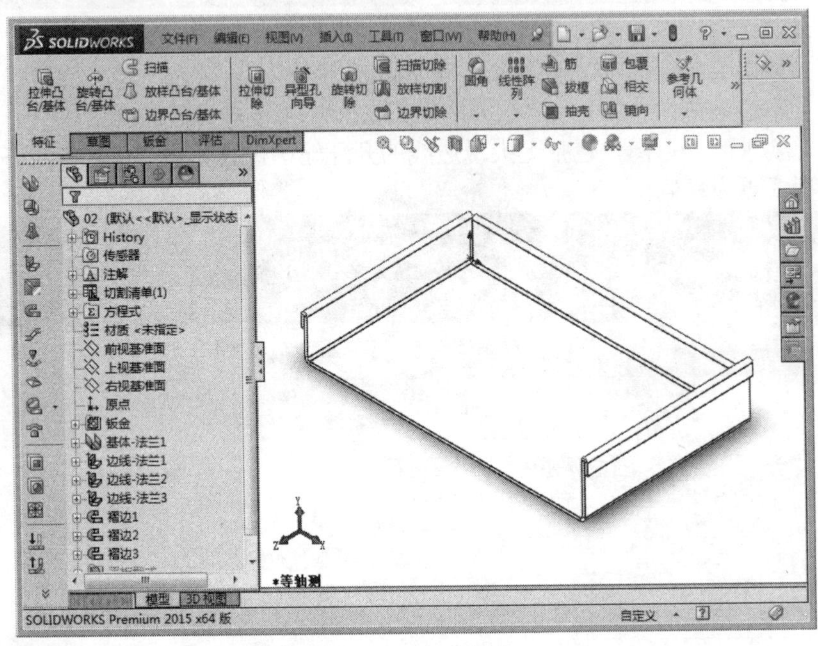

图 10-37 打开钣金

Step2 展开钣金，如图 10-38 所示。

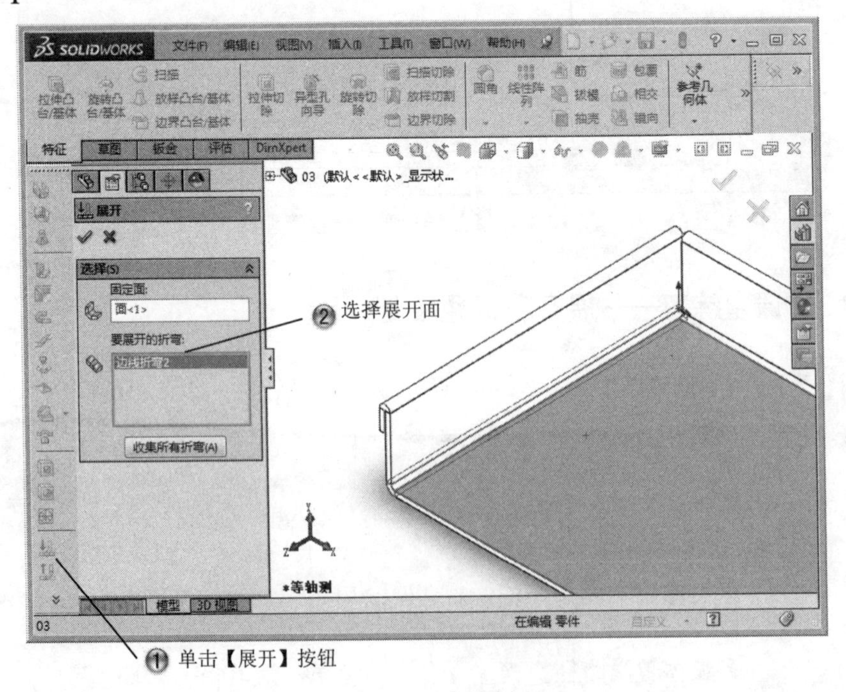

图 10-38 展开钣金

Step3 选择草绘面，如图 10-39 所示。

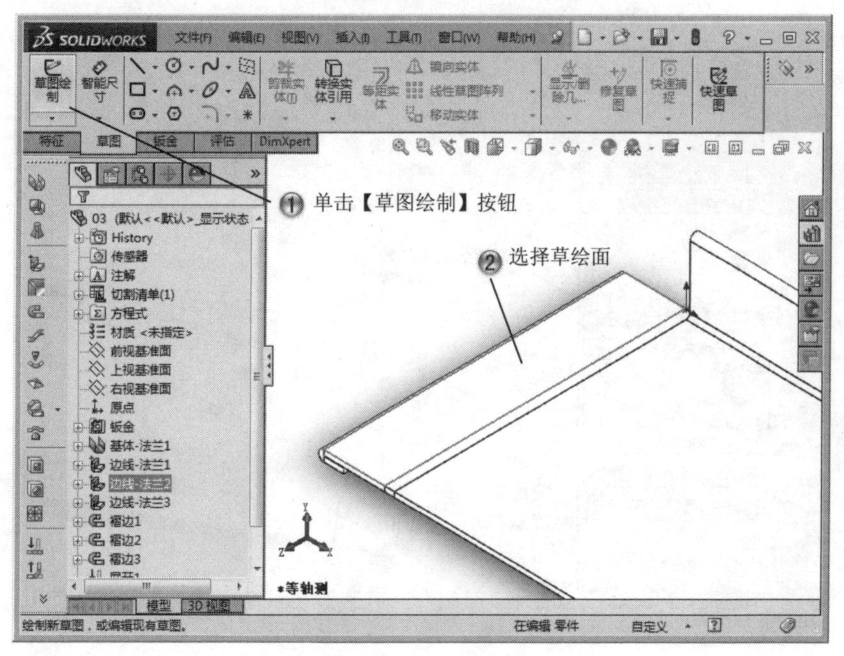

图 10-39 选择草绘面

Step4 绘制圆形，如图 10-40 所示。

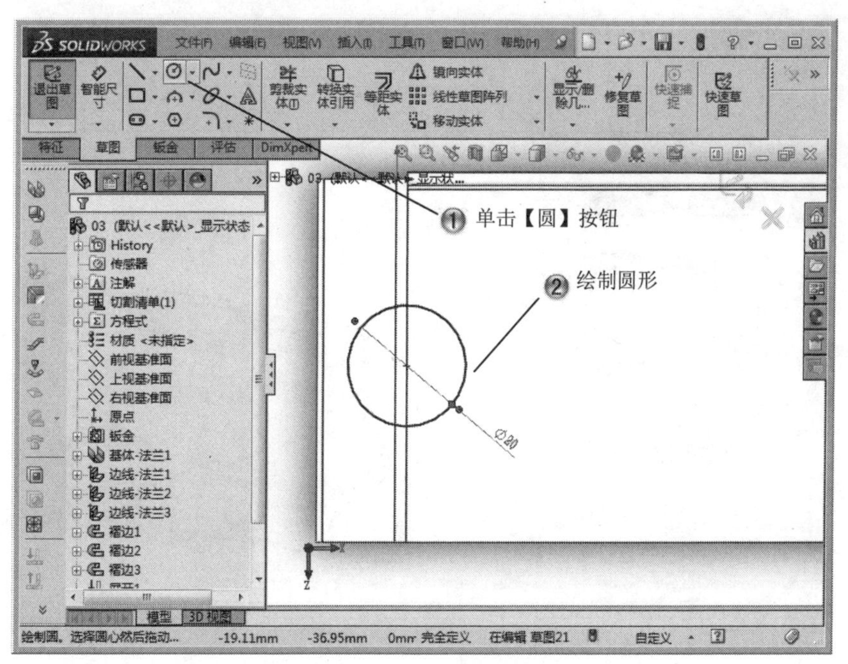

图 10-40 绘制圆形

Step5 拉伸切除，如图 10-41 所示。

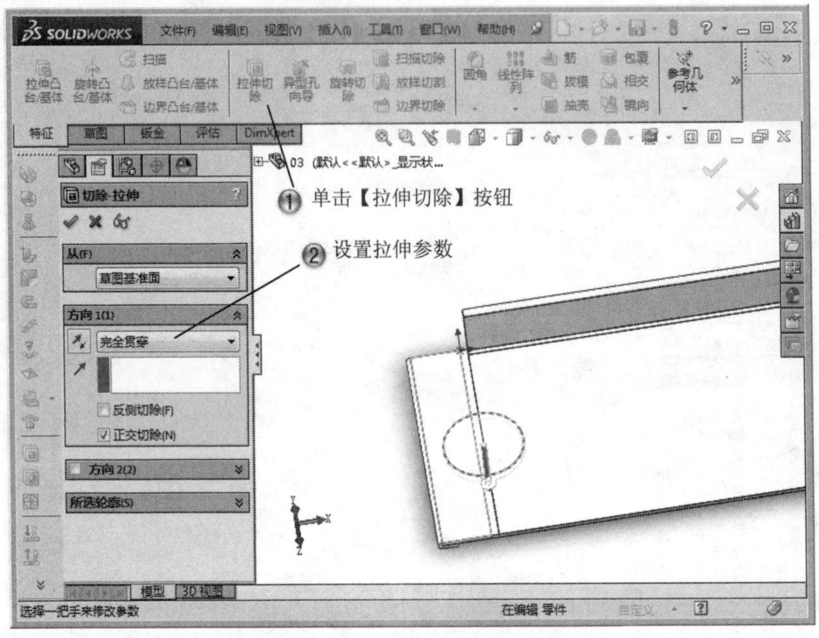

图 10-41　拉伸切除

Step6 折叠钣金，如图 10-42 所示。

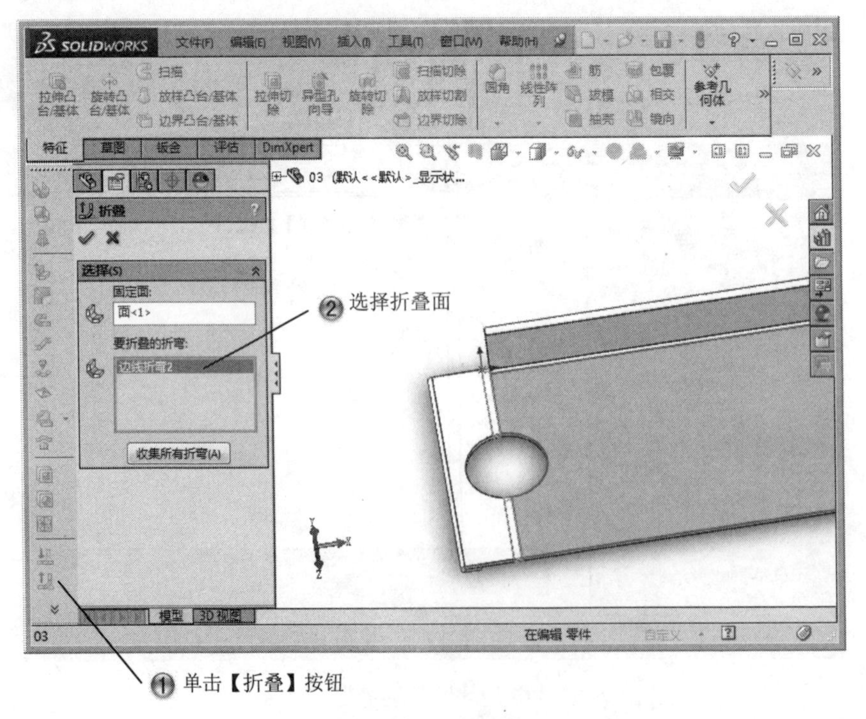

图 10-42　折叠钣金

Step7 完成钣金编辑，如图 10-43 所示。

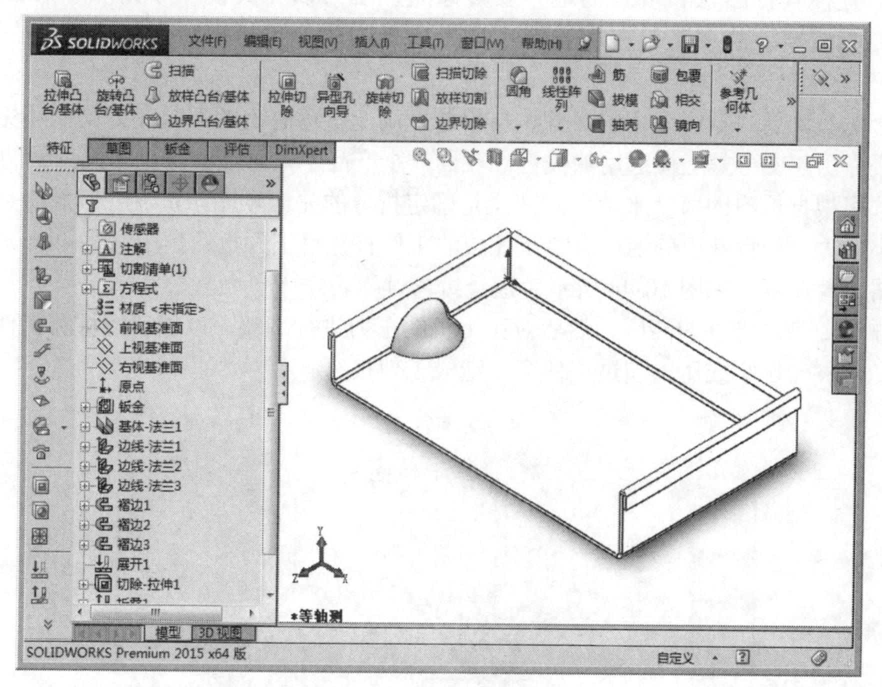

图 10-43　完成钣金编辑

10.4　钣金成形工具

成形工具可以用作折弯、伸展或者成形钣金的冲模，生成一些成形特征，例如百叶窗、矛状器具、法兰和筋等。

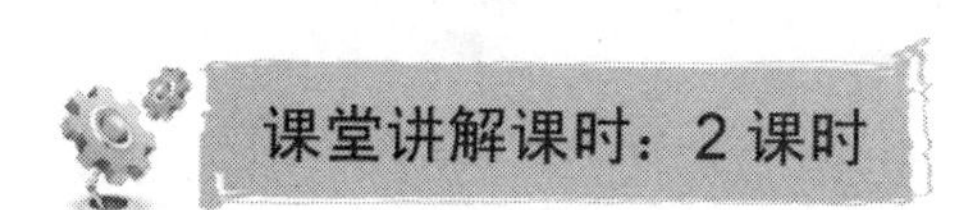

10.4.1　设计理论

在落料完成后，进入下道工序，不同的工件根据加工的要求进入相应的工序。这些工序有折弯、压铆、翻边、攻丝、点焊等，有时在折弯一两道后要将螺母或螺柱压好，其中有模具打凸包和段差的地方要考虑先加工，以免其他工序先加工后会发生干涉，不能完成需要的加工。在上盖或下壳上有卡勾时，如折弯后不能碰焊要在折弯之前加工好。

折弯时首先要根据图纸上的尺寸、材料厚度确定折弯时用的刀具和刀槽，避免产品与刀具相碰撞引起变形是上模选用的关键（在同一个产品中，可能会用到不同型号的上模），下模的选用根据板料的厚度来确定。其次是确定折弯的先后顺序，折弯一般规律是先内后外，先小后大，先特殊后普通。有要压死边的工件首先将工件折弯到 30°～40°，然后用整平模将工件压死。如图 10-44 所示为钣金折弯过程。

压铆时要考虑螺柱的高度，然后对压力机的压力进行调整，以保证螺柱和工件表面平齐，避免螺柱没压牢或压出超过工件面，造成工件报废。

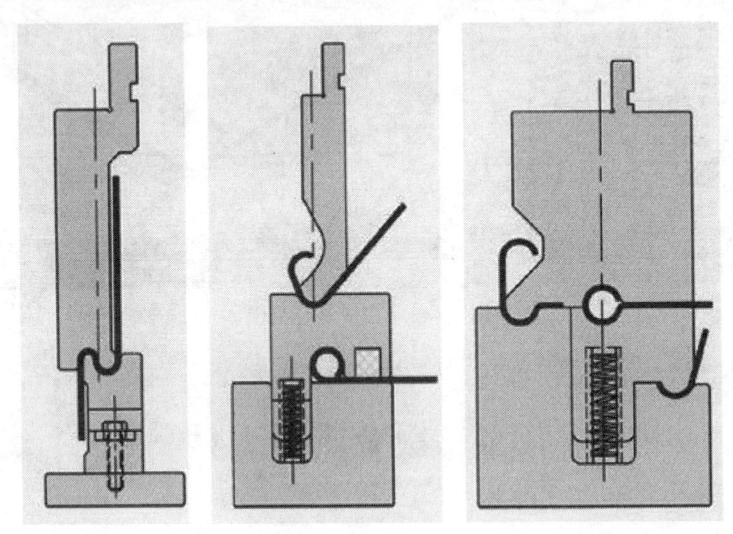

图 10-44　钣金折弯过程

10.4.2　课堂讲解

成形工具存储在安装目录：\data\design library\forming tools 中。可以从设计库中插入成形工具，并将之应用到钣金零件。生成成形工具的许多步骤与生成 SOLIDWORKS 零件的步骤相同。

1. 成形工具的属性设置

可以创建新的成形工具，并将它们添加到钣金零件中。生成成形工具时，可以添加定位草图以确定成形工具在钣金零件上的位置，并应用颜色以区分停止面和要移除的面。

成形工具的命令，如图 10-45 所示。

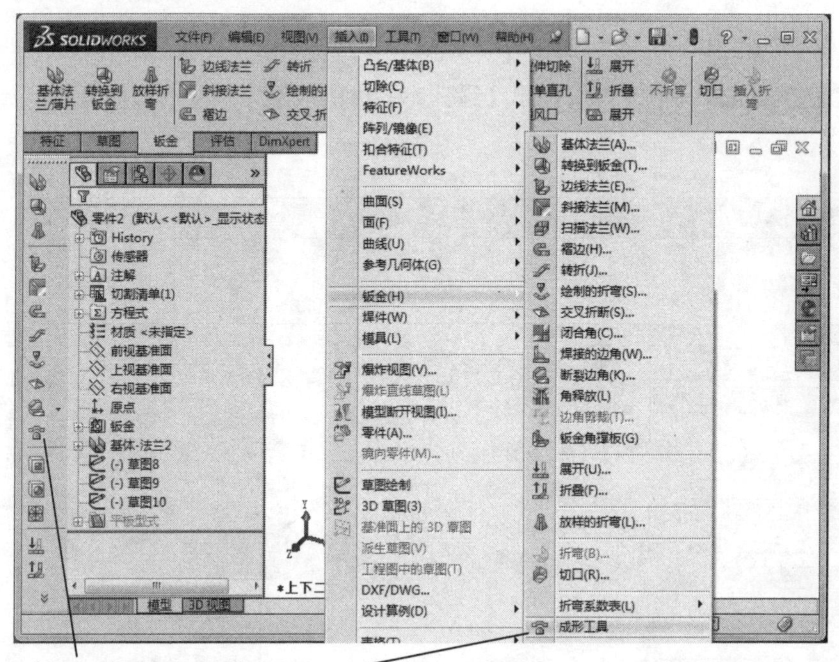

①单击【钣金】工具栏中的【成形工具】按钮

②选择【插入】|【钣金】|【成形工具】菜单命令

图 10-45　成形工具的命令

系统弹出【成形工具】属性管理器，如图 10-46 所示。

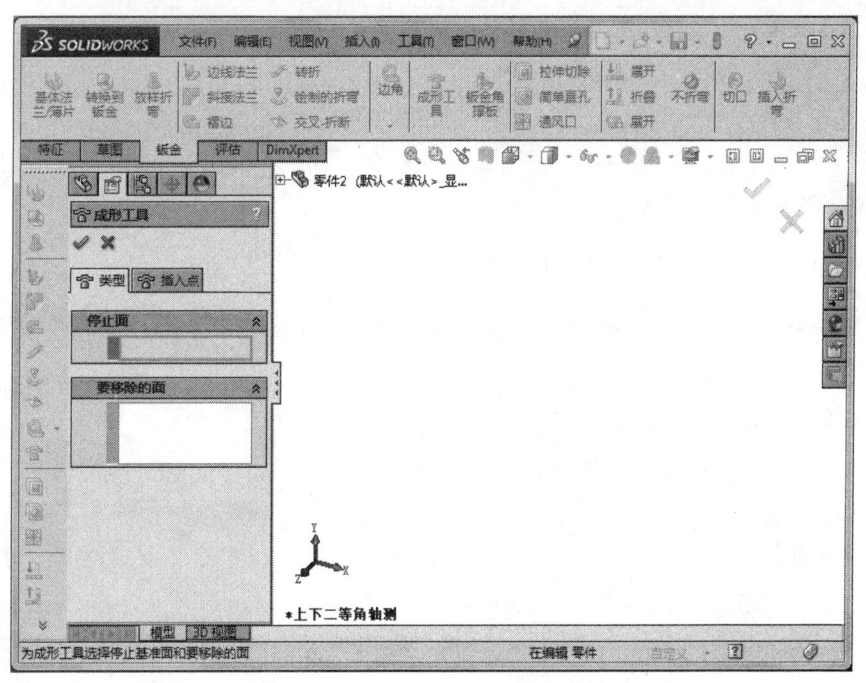

图 10-46　【成形工具】属性管理器

2. 使用成形工具到钣金零件的操作步骤

在 SOLIDWORKS 中，可以使用【设计库】中的成形工具生成钣金零件，如图 10-47 所示。

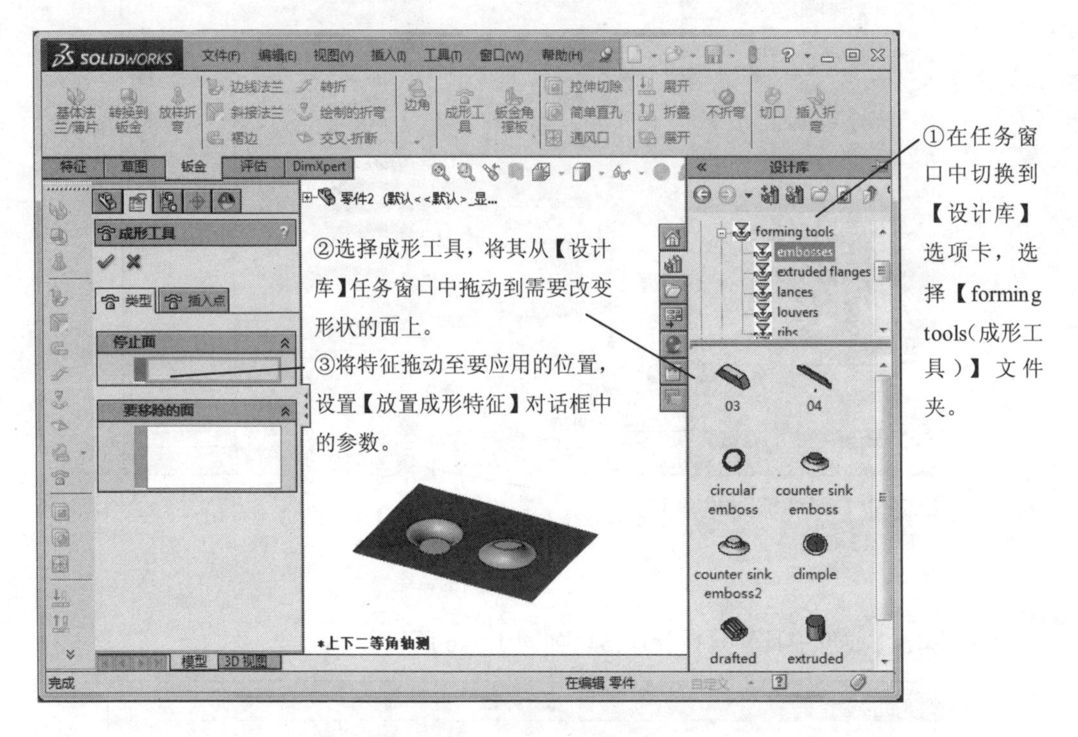

图 10-47　成形工具的操作步骤

3. 定位成形工具的操作方法

可以使用草图工具在钣金零件上定位成形工具。

（1）在钣金零件的一个面上绘制任何实体（如构造性直线等），从而使用尺寸和几何关系帮助定位成形工具。

（2）在【设计库】任务窗口中，选择【forming tools（成形工具）】文件夹。

（3）选择成形工具，将其拖动到需要定位的面上释放鼠标，成形工具被放置在该面上，设置【放置成形特征】对话框中的参数。

（4）使用【智能尺寸】等草图命令定位成形工具。

10.4.3 课堂练习——钣金成形

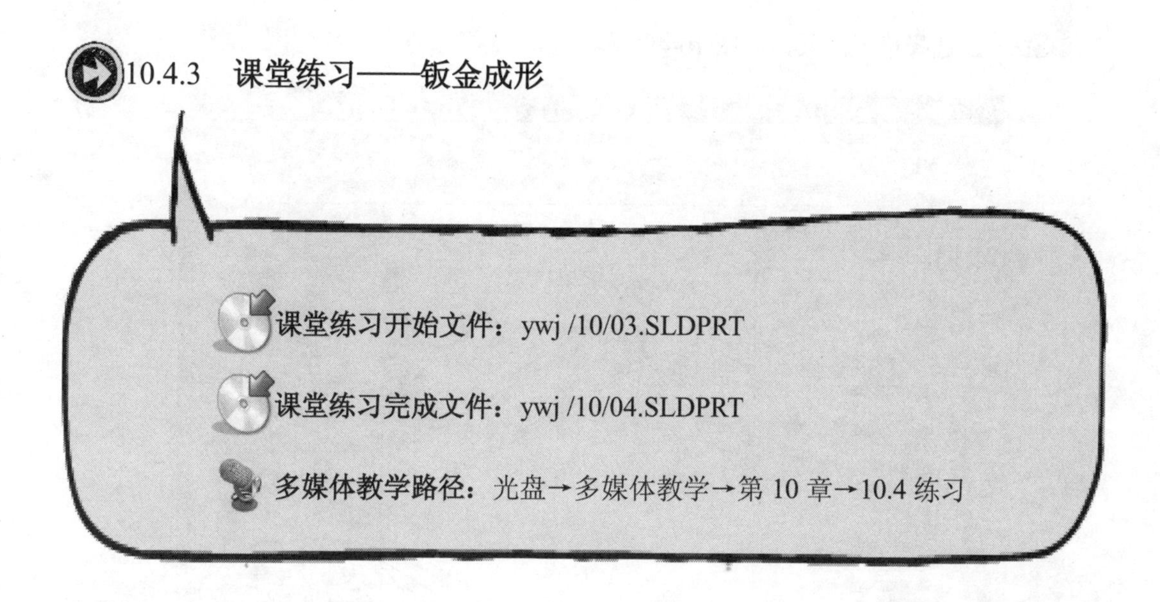

课堂练习开始文件：ywj /10/03.SLDPRT

课堂练习完成文件：ywj /10/04.SLDPRT

多媒体教学路径：光盘→多媒体教学→第 10 章→10.4 练习

Step1 打开钣金件零件，如图 10-48 所示。

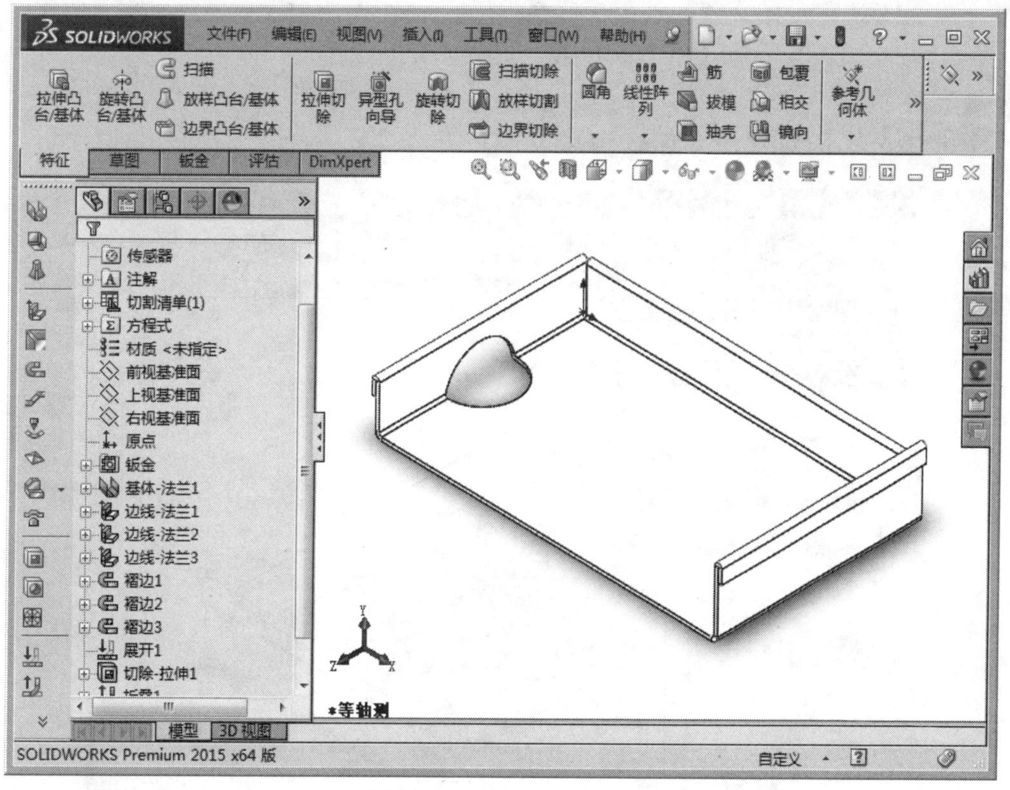

图 10-48　打开钣金件零件

Step2 选择成形工具，如图 10-49 所示。

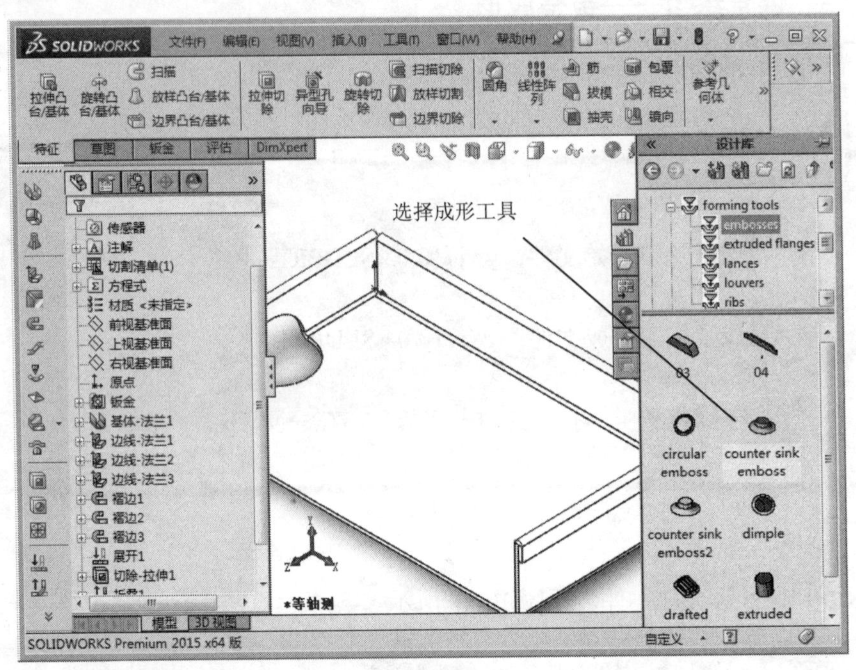

图 10-49　选择成形工具

Step3 放置成形工具，如图 10-50 所示。

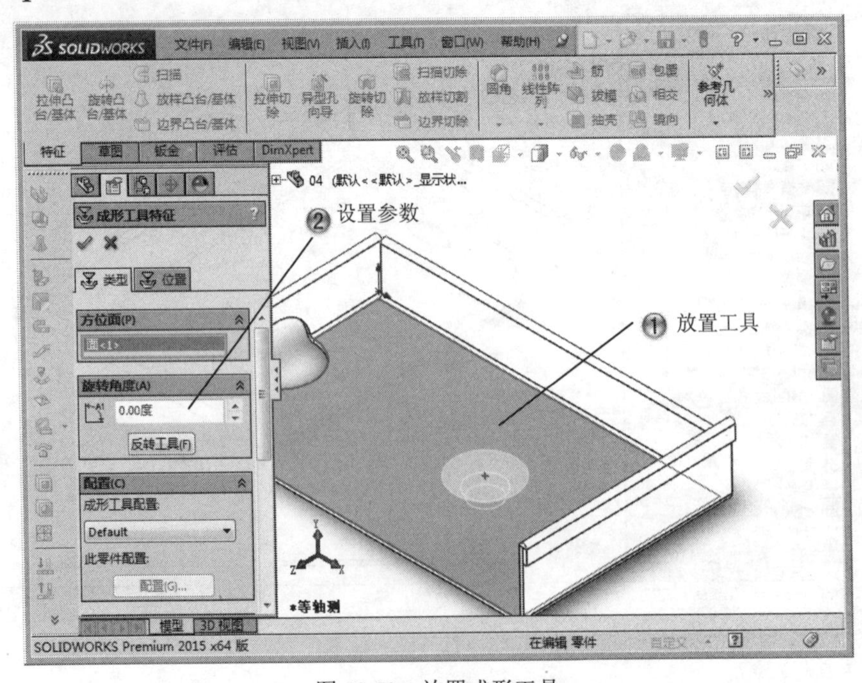

图 10-50　放置成形工具

Step4 定位成形工具，如图 10-51 所示。

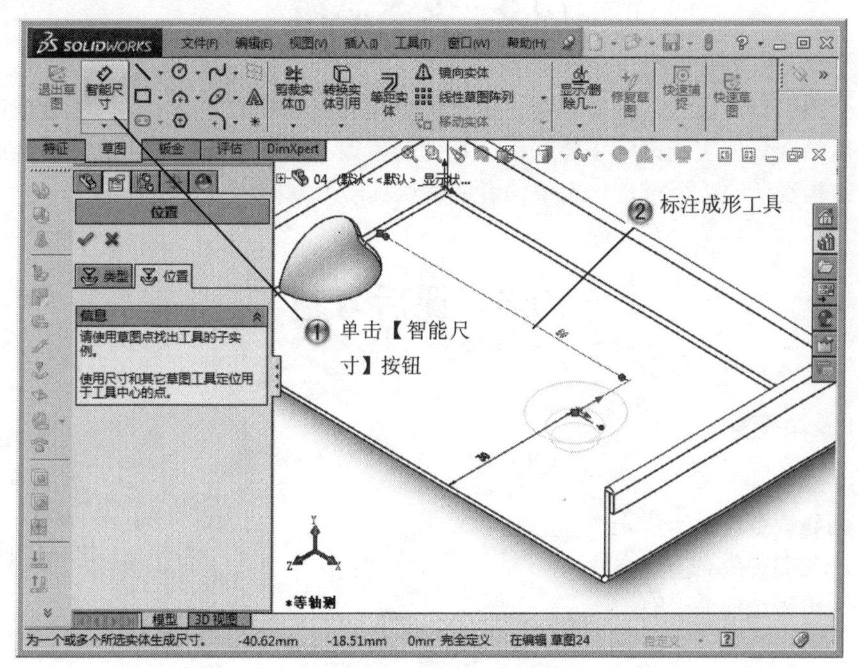

图 10-51　定位成形工具

Step5 完成成形操作，如图 10-52 所示。

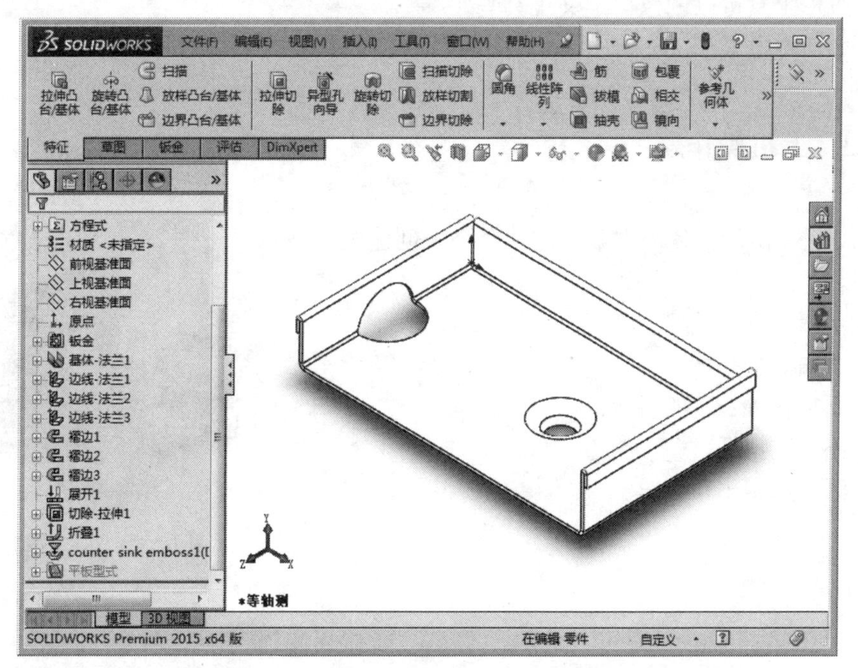

图 10-52　完成成形操作

10.5 专家总结

本章介绍了有关钣金的基本术语、建立钣金和编辑钣金的方法、使用钣金成形工具的方法，最后结合具体实例讲解了建立钣金零件的步骤。熟练使用钣金工具和钣金成形工具可以设计结构复杂的钣金零件，希望读者能够认真学习掌握。

10.6 课后习题

10.6.1 填空题

（1）创建钣金的第一步是________。

（2）法兰的种类有________。

（3）编辑钣金的命令有________、________、________。

10.6.2 问答题

（1）成形工具可以创建自定义工具吗？

（2）如何定位成形工具？

10.6.3 上机操作题

如图 10-53 所示，使用本章学过的命令来创建机箱钣金造型。

练习步骤和方法：

（1）添加钣金基体。

（2）添加各种长度的折弯。

（3）添加孔特征。

（4）添加风扇出口。

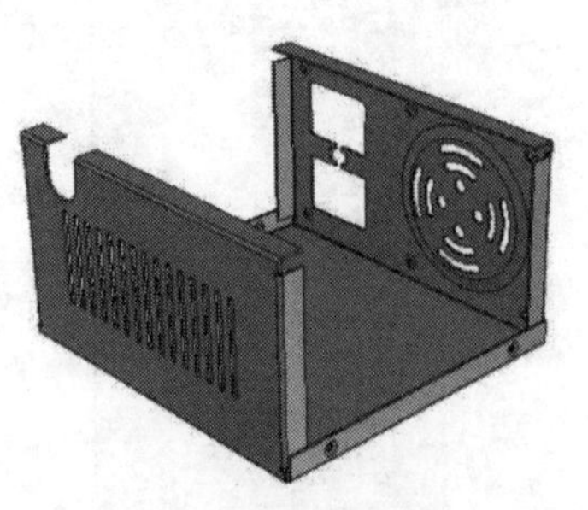

图 10-53 机箱模型

第 11 章　模具设计

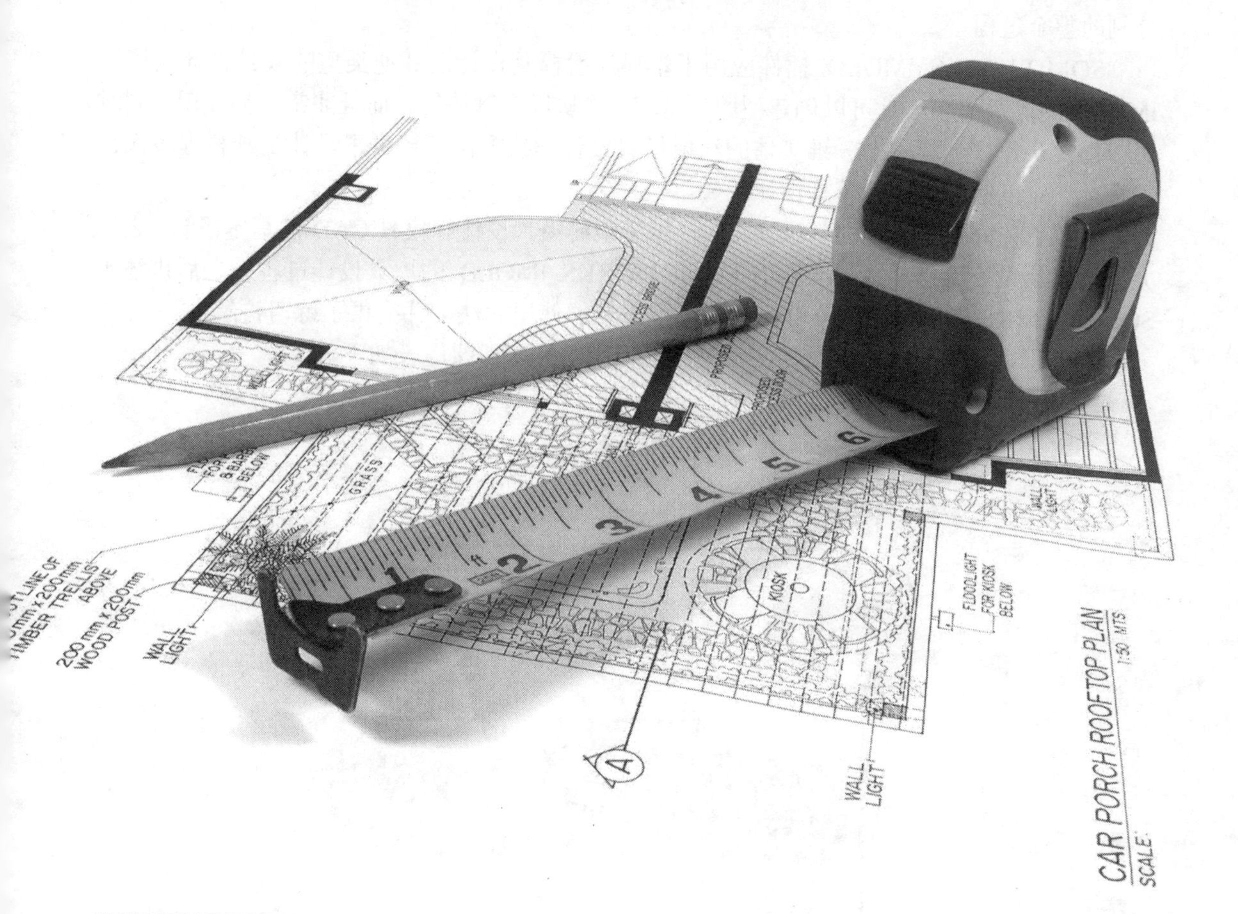

课训目标	内　容	掌握程度	课　时
	模具设计基础	熟练掌握	2
	分析诊断工具	熟练掌握	2
	分型设计	熟练掌握	2

课程学习建议

SOLIDWORKS 本身内嵌一系列控制模具生成过程的集成工具来生成模具。可以使用这些模具工具来分析并纠正塑件模型的不足之处。模具工具涵盖从初始分析直到生成切削分割的整个过程。

SOLIDWORKS IMOLD 插件应用于塑料注射模具设计及其他类型的模具设计过程。IMOLD 的高级建模工具可以创建型腔、型芯、滑块以及镶块等，而且非常容易使用。同时可以提供快速、全相关、三维实体的注射模具设计解决方案，提供了设计工具和程序来自动进行高难度的、复杂的模具设计任务。

本章首先介绍了模具的基础知识，给出了塑料模具设计和模具 CAD 的基本概念，之后介绍了模具设计流程，主要应用于 SOLIDWORKS IMOLD 的模具设计过程。之后讲述了 SOLIDWORKS 提供的模具分析诊断和分型工具的使用方法，并提供了练习讲解。

本课程主要基于软件界面和文件操作的使用，其培训课程表如下。

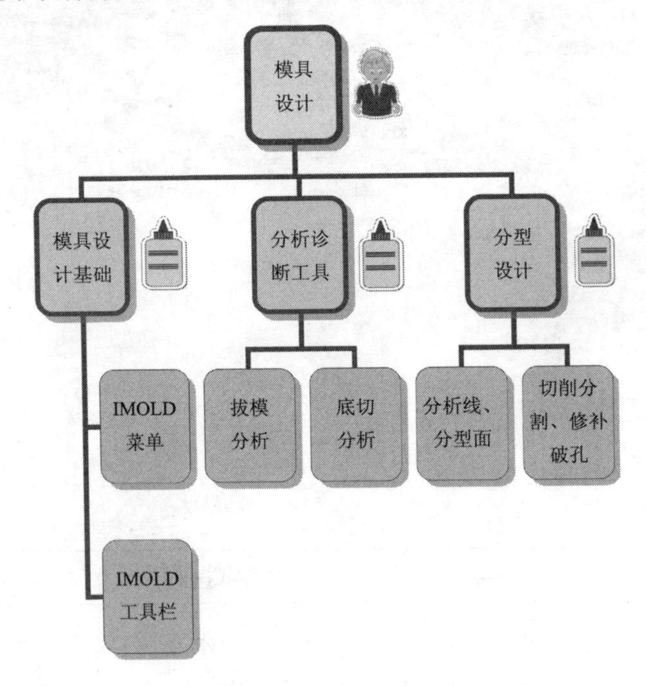

11.1 模具设计基础

基本概念

模具是用来成型物品的工具，这种工具由各种零件构成，不同的模具由不同的零件构成。它主要通过所成型材料物理状态的改变来实现物品外形的加工。

课堂讲解课时：2 课时

11.1.1 设计理论

1．注射模 CAD 系统的主要功能

（1）注射制品构造。将注射制品的几何信息以及非几何信息输入计算机，在计算机内部建立制品的信息模型，为后续设计提供信息。

（2）模具概念设计。根据注射制品的信息模型采用基于知识和基于实例的推理方法，得到模具的基本结构形式和初步的注射工艺条件，为随后的详细设计、CAE 分析、制造性评价奠定基础。

（3）CAE 分析。运用有限元的方法，模拟塑料在模具型腔中流动、保压和冷却过程，并进行翘曲分析，以得到合适的注射工艺参数和合理的浇注系统与冷却系统结构。

（4）模具评价。包括可制造性评价和可装配性评价两部分。注射件可制造性评价在概念设计过程中完成，根据概念设计得到的方案进行模具费用估计来实现。模具费用估计可分为模具成本的估计和制造难易估计两种模式。成本估计是直接得到模具的具体费用，而制造难易估计是运用人工神经网络的方法得到注射件的可制造度，以此判断模具的制造性。可装配性评价是在模具详细设计完成后，对模具进行开启、闭合、勾料、抽芯、工件推出动态模拟，在模拟过程中自动检查零件之间是否干涉，以此来评价模具的可装配性。

（5）模具详细结构设计。根据制品的信息模型、概念设计和 CAE 分析结果进行模具详细设计。包括成型零部件设计和非成型零部件设计，成型零件包括型芯、型腔、成型杆和浇注系统，非成型零部件包括脱模机构、导向机构、侧抽芯机构以及其他典型结构的设计。同时提供三维模型向二维工程图转换的功能。

（6）CAM。主要是利用支撑系统下挂的 CAM 软件完成成型零件的虚拟加工过程，并自动编制数控加工的 NC 代码。

2．应用注射模 CAD 系统进行模具设计的通用流程

注射模 CAD 系统具有类似的设计流程，如图 11-1 所示的流程。

（1）制品的造型。可直接采用通用的三维造型软件。

（2）根据注射制品采用专家系统进行模具的概念设计，专家系统包括模具结构设计、模具制造工艺规划、模具价格估计等模块，在专家系统的推理过程中，采用基于知识与基于实例相结合的推理方法，推理的结果是注射工艺和模具的初步方案。方案设计包括型腔数目与布置、浇口类型、模架类型、脱模方式和抽芯方式等。其过程如图 11-2 所示的模具结构详细设计的流程图。

（3）在模具初步方案确定后，用 CAE 软件进行流动、保压、冷却和翘曲分析，以确定合适的浇注系统、冷却系统等。如果分析结果不能满足生产要求，那么可根据用户的要求修改注射制品的结构或修改模具的设计方案。

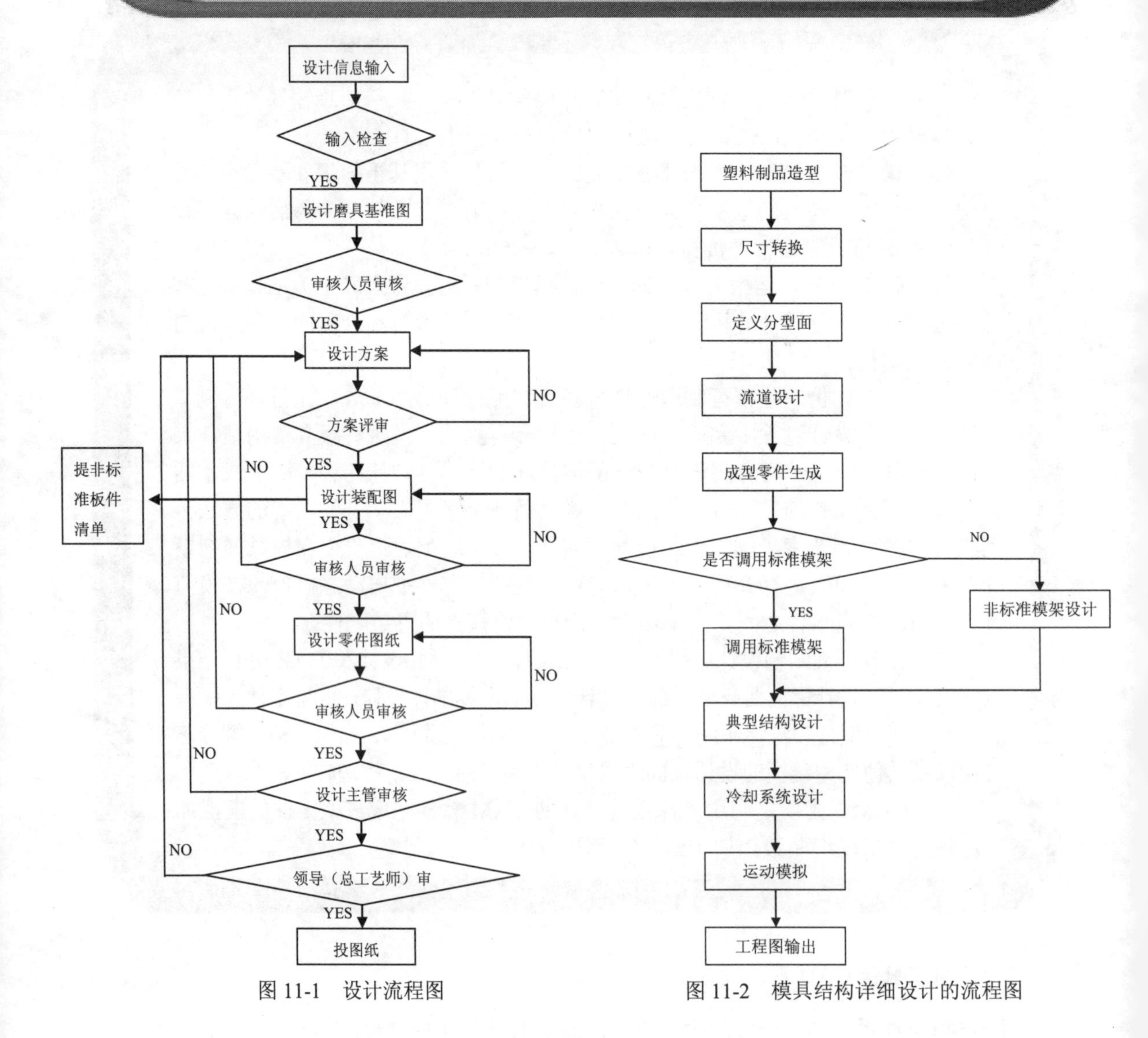

图 11-1　设计流程图　　　图 11-2　模具结构详细设计的流程图

IMOLD 插件提供了强大的模具设计功能，设计者只需通过简单的操作就能完成一个标准模具设计。插件所提供的所有功能都是通过直接单击【IMOLD】工具栏中的图标工具，或者选取主菜单上的 IMOLD 下拉菜单工具来启动，两种启动方式是相同的，可根据自己的习惯来选择。

名师点拨

11.1.2 课堂讲解

1. IMOLD 主菜单

选择【工具】|【插件】菜单命令，弹出如图 11-3 所示的【插件】对话框，启用【IMOLDV12】复选框，并单击【确定】按钮。

加载 IMOLD 插件后，在工具栏的右键快捷菜单中增加了多个 IMOLD 菜单命令，选择相应的菜单项目，则可弹出其可移动的工具栏，如图 11-4 所示。

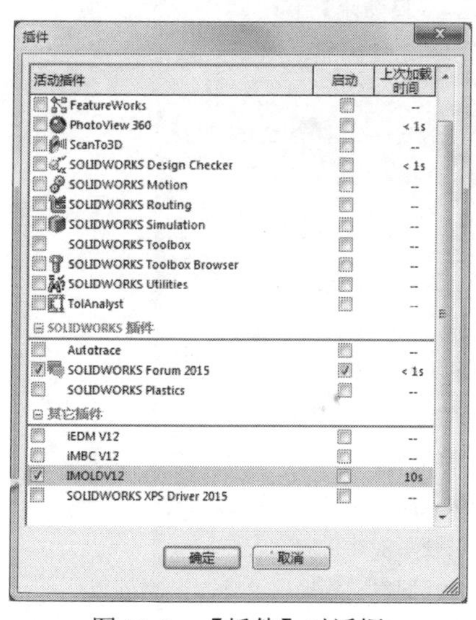

图 11-3 【插件】对话框

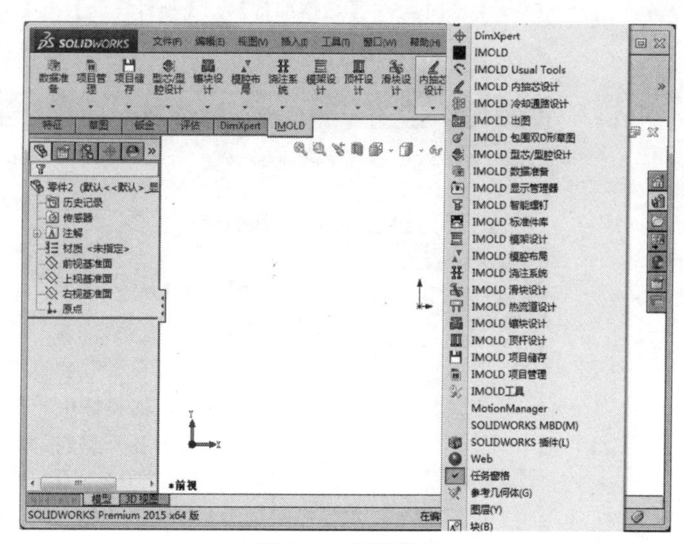

图 11-4 快捷菜单

2. 【IMOLD】工具栏

IMOLD 中所有功能都能够在【IMOLD】工具栏下拉菜单中找到，通过直接单击【IMOLD】工具栏中的图标工具，可以更加快捷方便地进入相应的功能。如图 11-5 到图 11-9 所示，工具栏上的每一个图标工具对应一个专门的模具应用功能，相当于菜单中的一个菜单项。对于开始使用 IMOLD 设计者来说，可以将鼠标指针停留在图标工具上，系统将自动弹出该图标工具的文字说明提示。

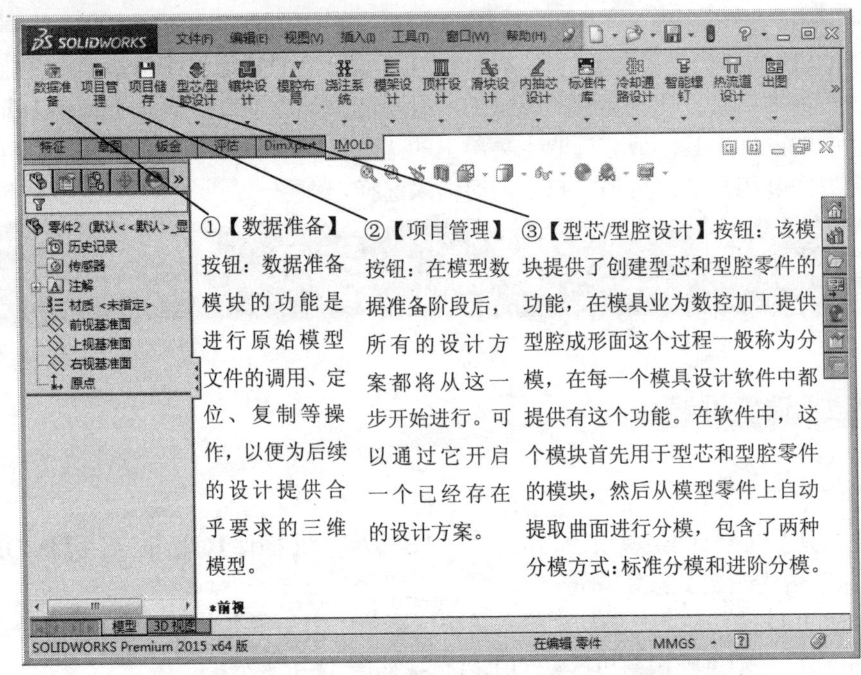

图 11-5 【数据准备】、【项目管理】、【型芯/型腔设计】工具

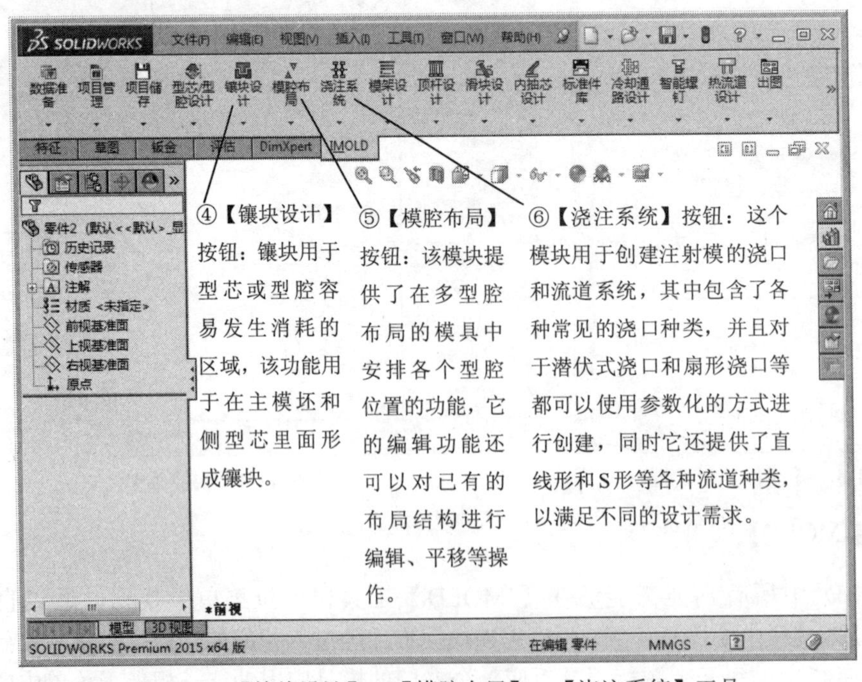

图 11-6 【镶块设计】、【模腔布局】、【浇注系统】工具

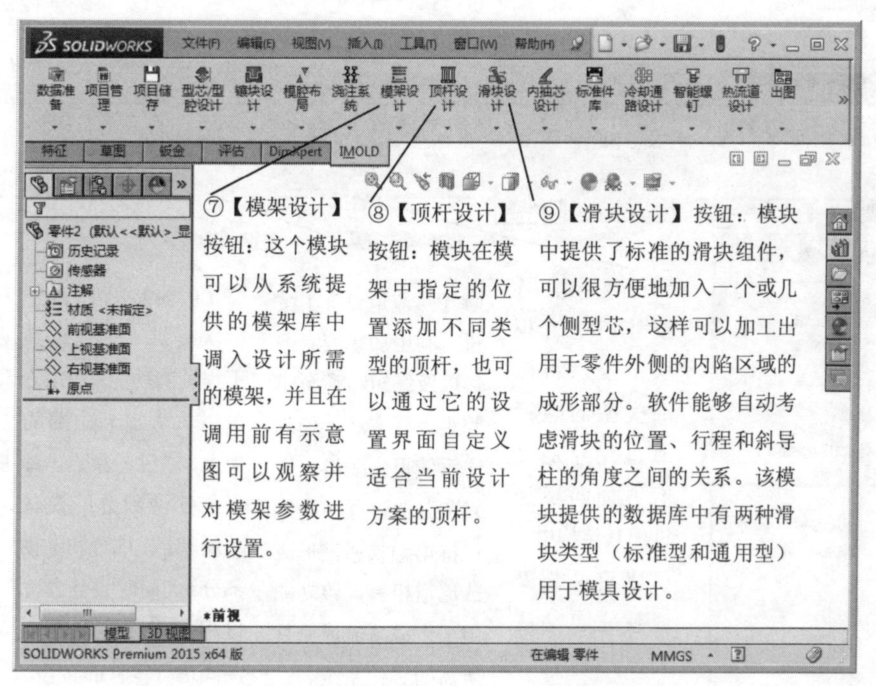

图 11-7 【模架设计】、【顶杆设计】、【滑块设计】工具

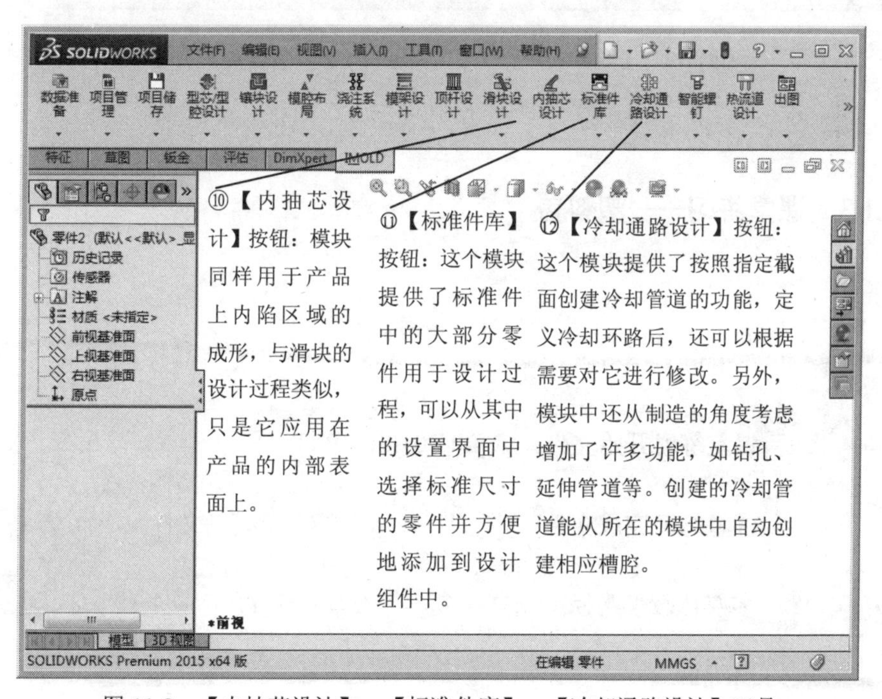

图 11-8 【内抽芯设计】、【标准件库】、【冷却通路设计】工具

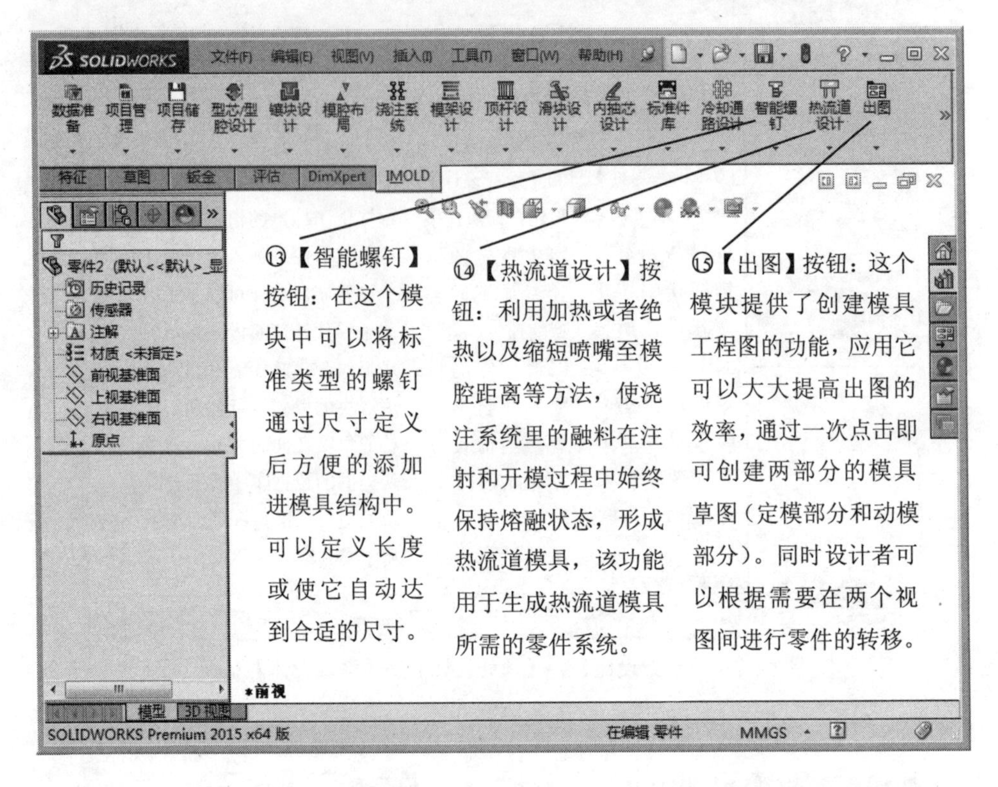

图 11-9 【智能螺钉】、【热流道设计】、【出图】工具

11.1.3 课堂练习——塑料盖

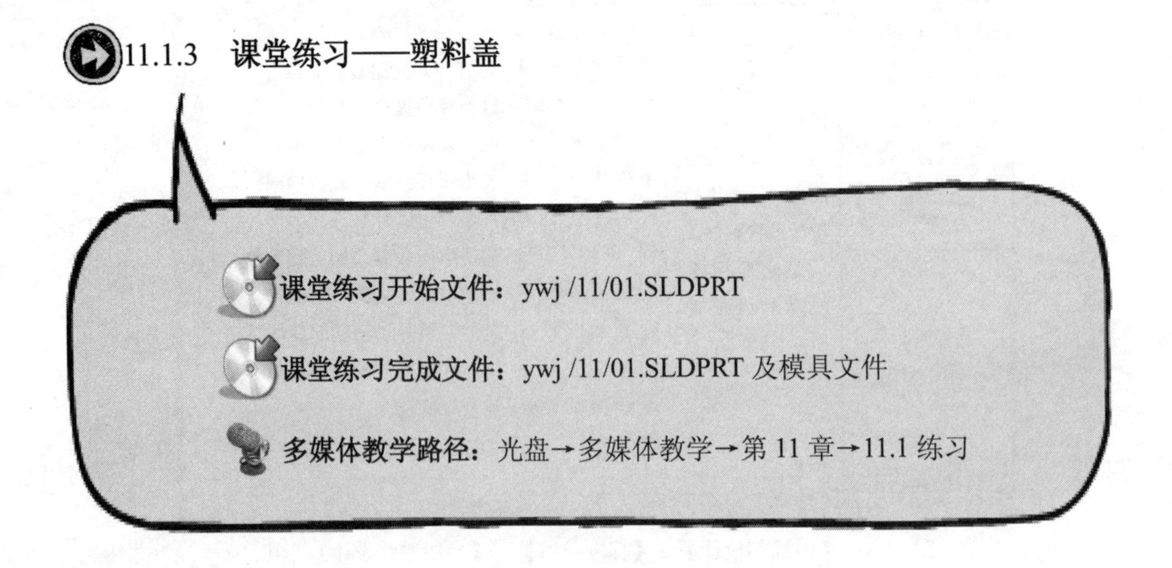

Step1 选择前视基准面为草绘面，如图 11-10 所示。

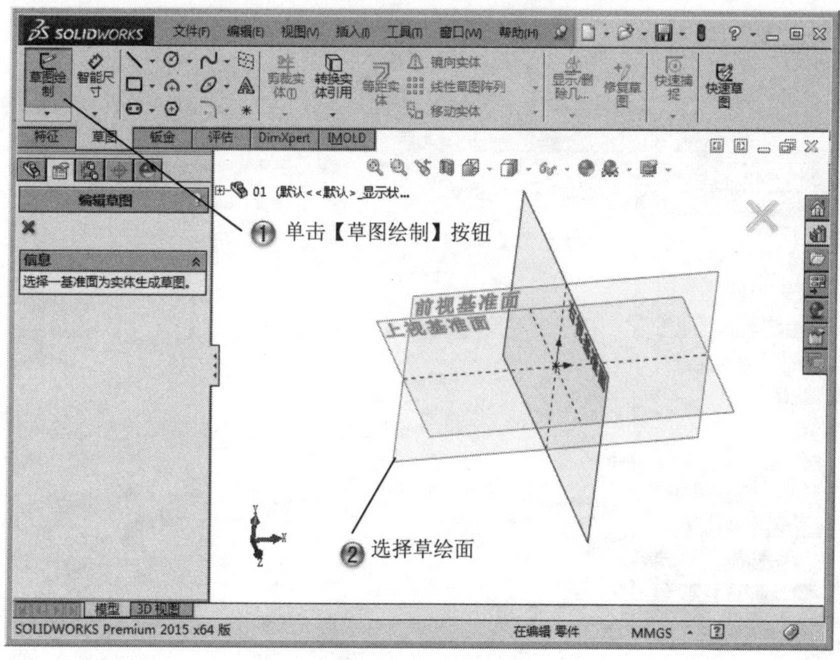

图 11-10　选择草绘面

Step2 绘制圆形，如图 11-11 所示。

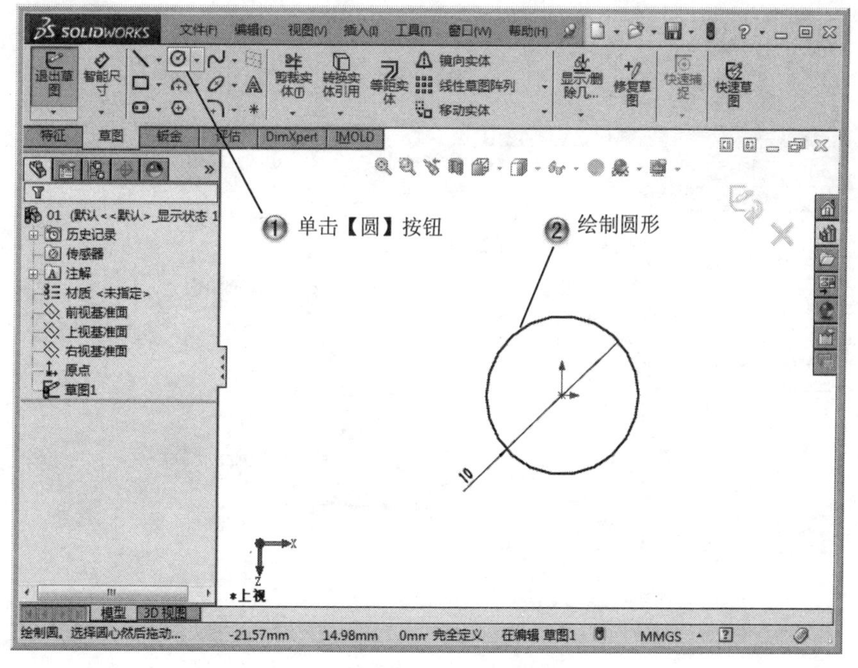

图 11-11　绘制圆形

Step3 拉伸圆形，如图 11-12 所示。

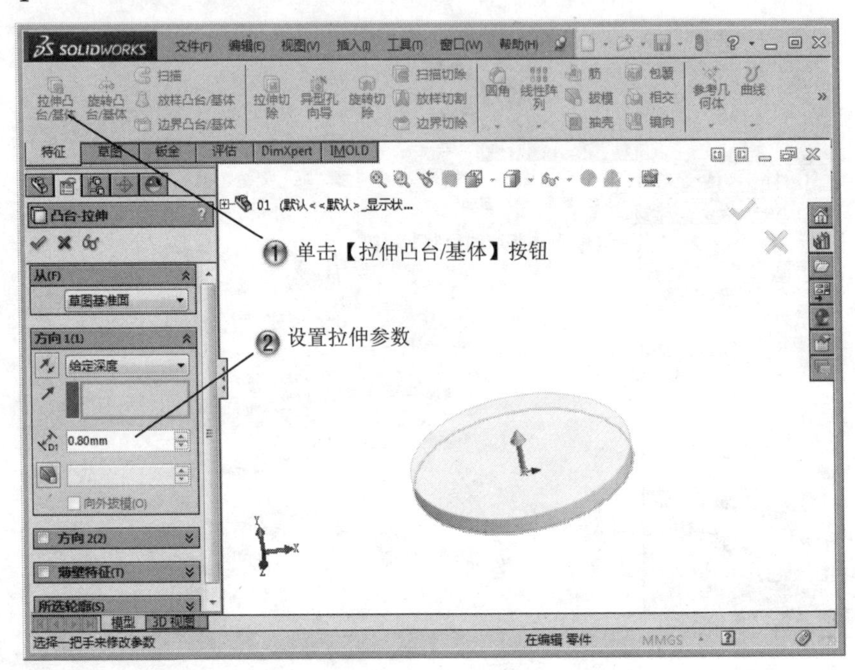

图 11-12　拉伸圆形

Step4 选择草绘面，如图 11-13 所示。

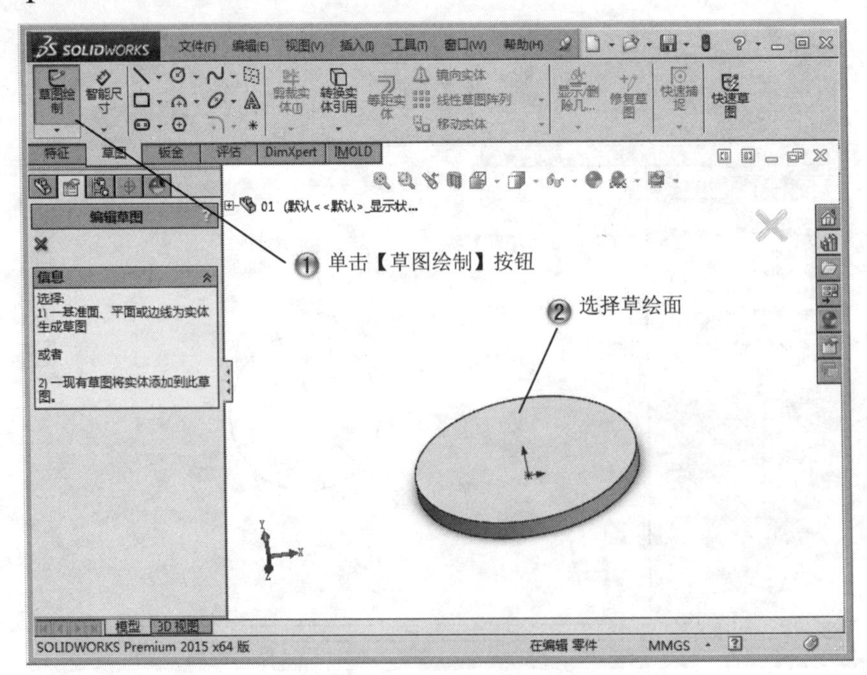

图 11-13　选择草绘面

Step5 绘制圆形，如图 11-14 所示。

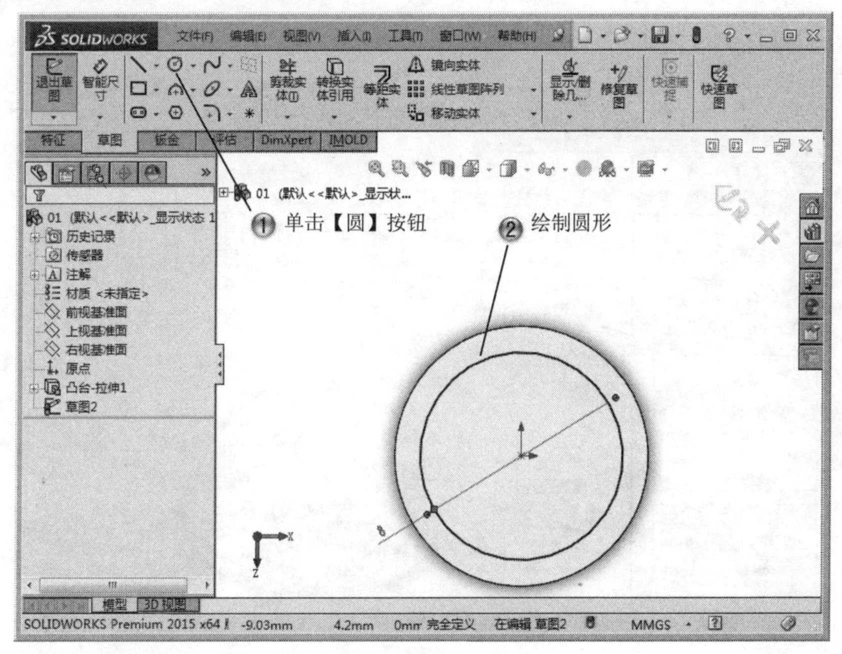

图 11-14　绘制圆形

Step6 拉伸凸台，如图 11-15 所示。

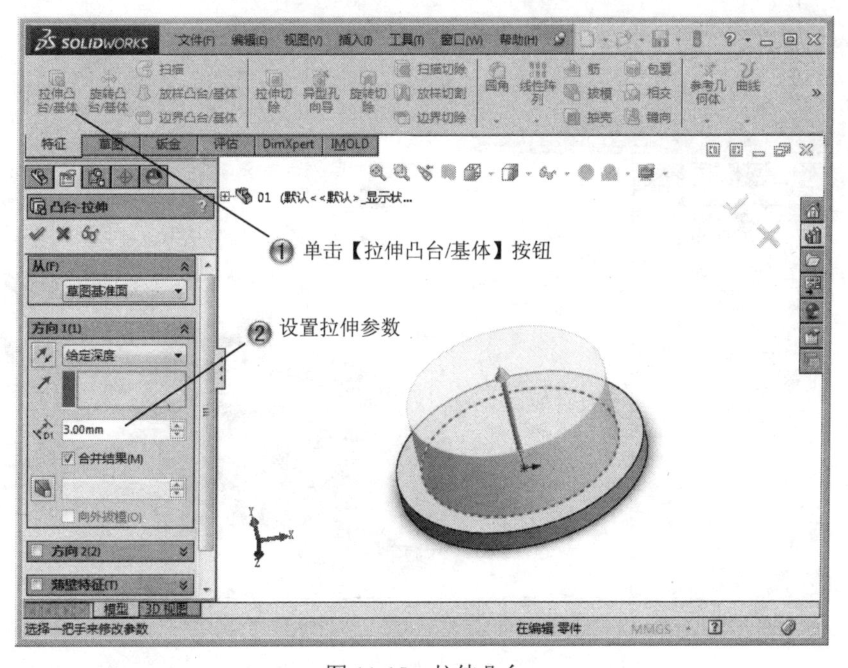

图 11-15　拉伸凸台

Step7 创建圆角，如图 11-16 所示。

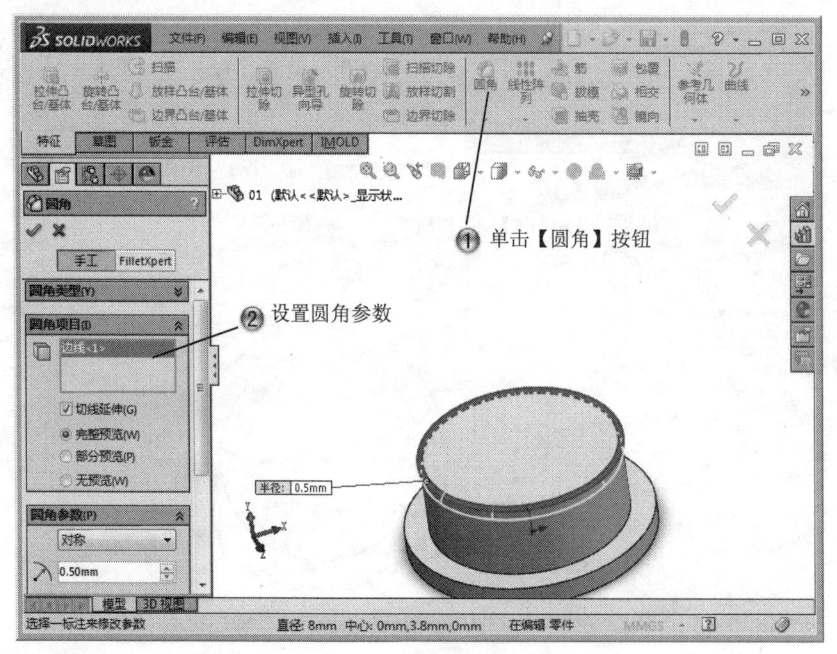

图 11-16　创建圆角

Step8 选择草绘面，如图 11-17 所示。

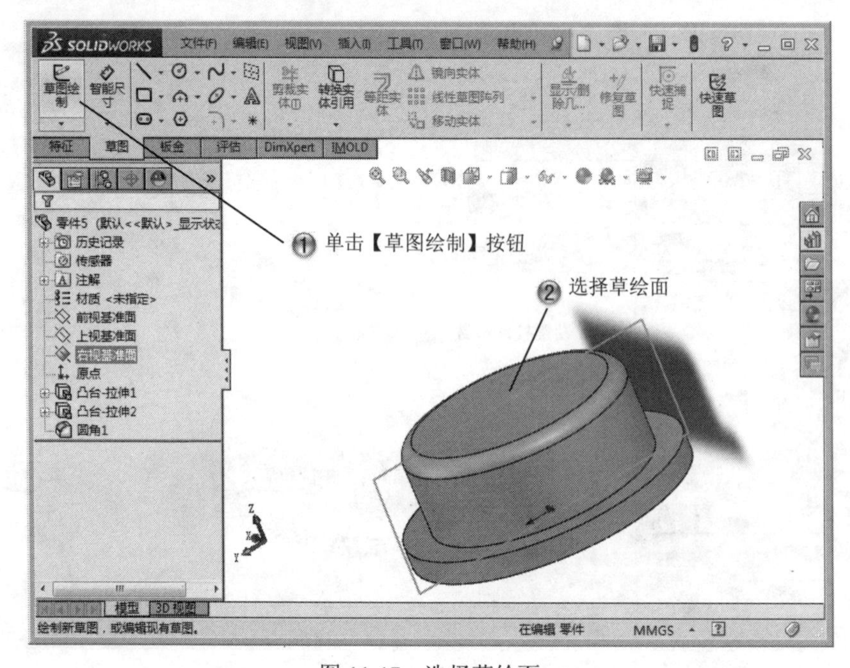

图 11-17　选择草绘面

Step9 绘制矩形，如图 11-18 所示。

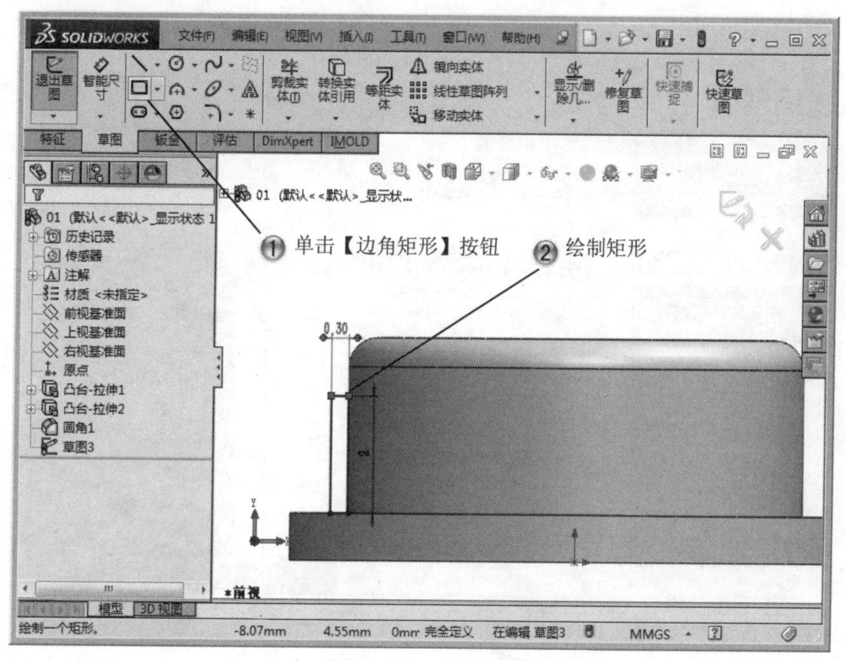

图 11-18　绘制矩形

Step10 绘制圆弧，如图 11-19 所示。

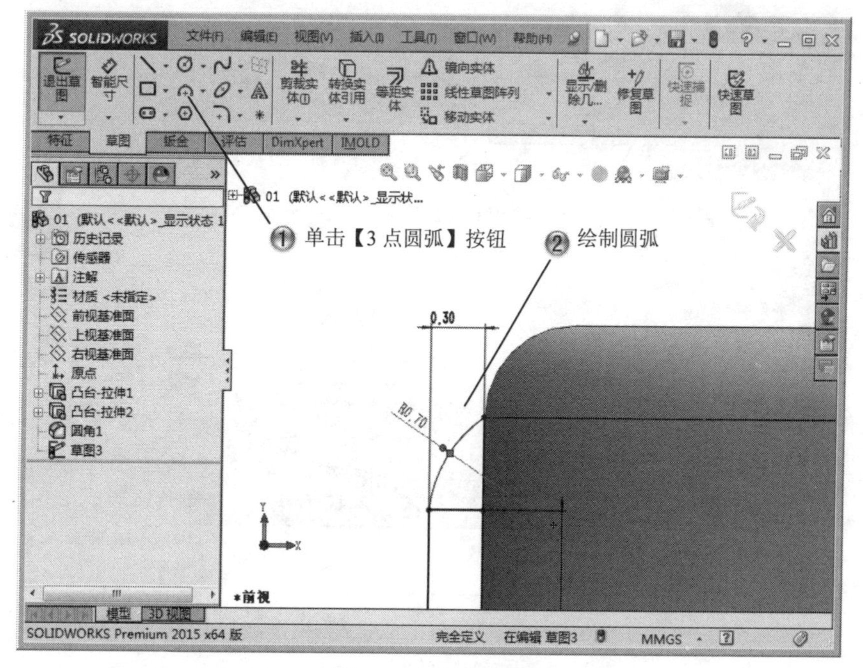

图 11-19　绘制圆弧

Step11 修剪草图，如图 11-20 所示。

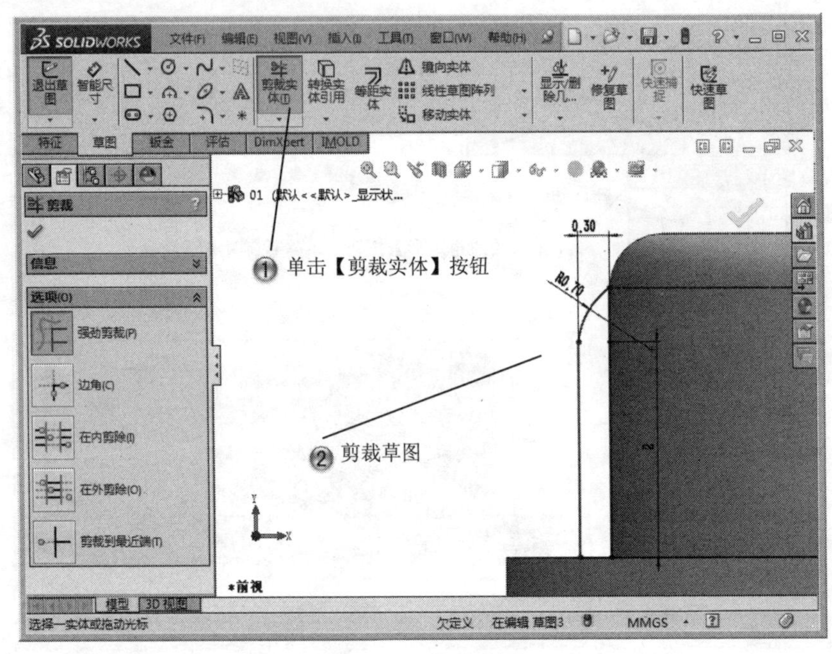

图 11-20　修剪草图

Step12 绘制中心线，如图 11-21 所示。

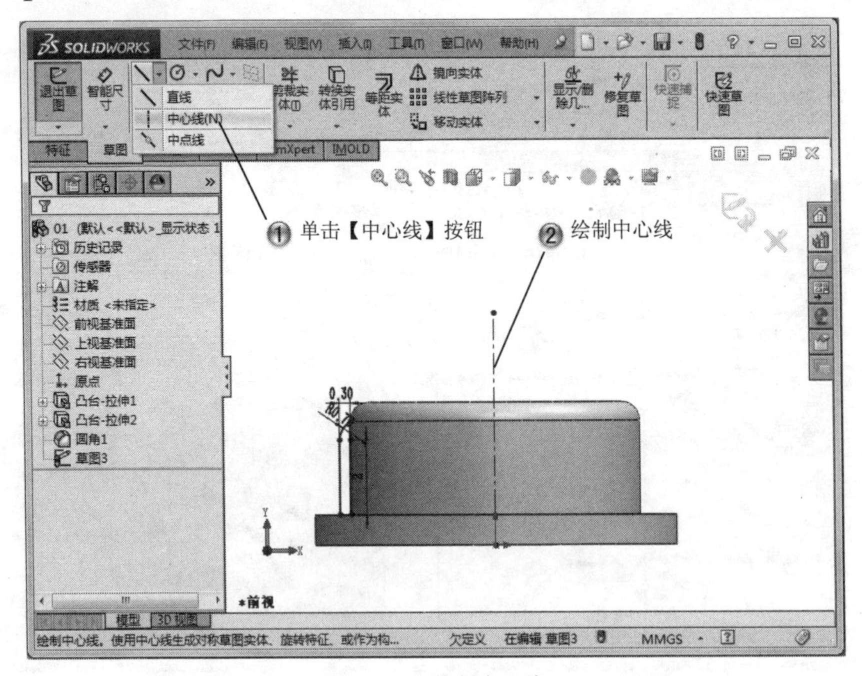

图 11-21　绘制中心线

Step13 创建旋转特征，如图 11-22 所示。

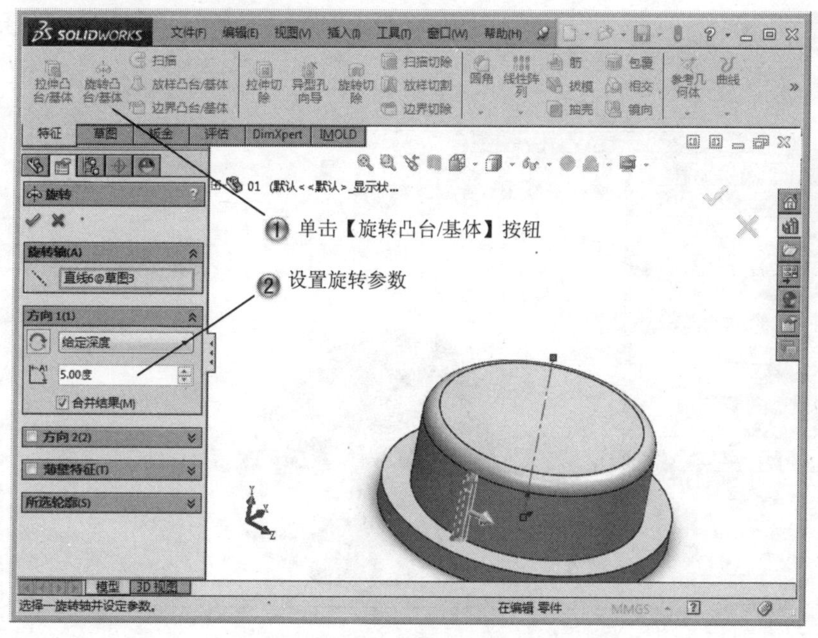

图 11-22　创建旋转特征

Step14 阵列特征，如图 11-23 所示。

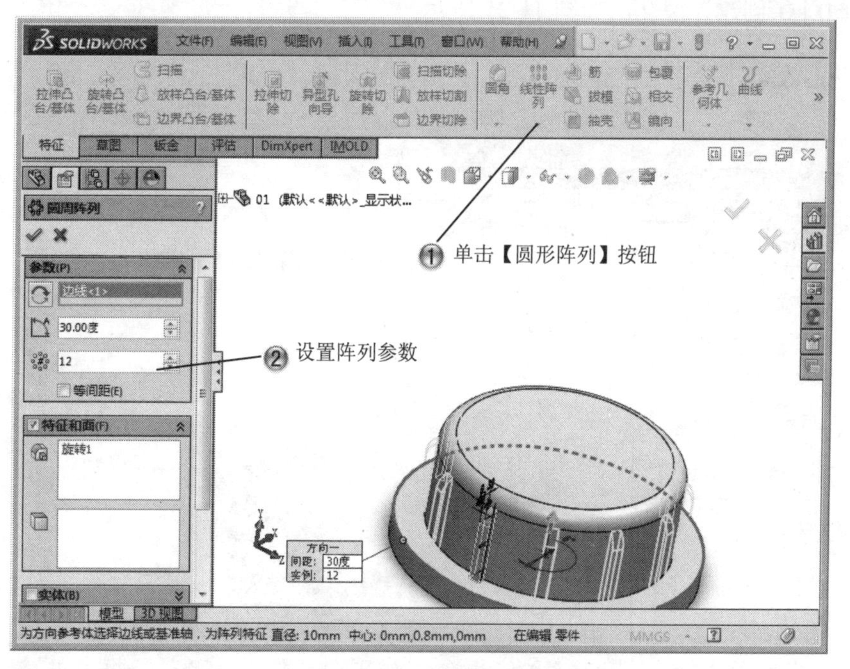

图 11-23　阵列特征

Step15 创建抽壳，如图 11-24 所示。

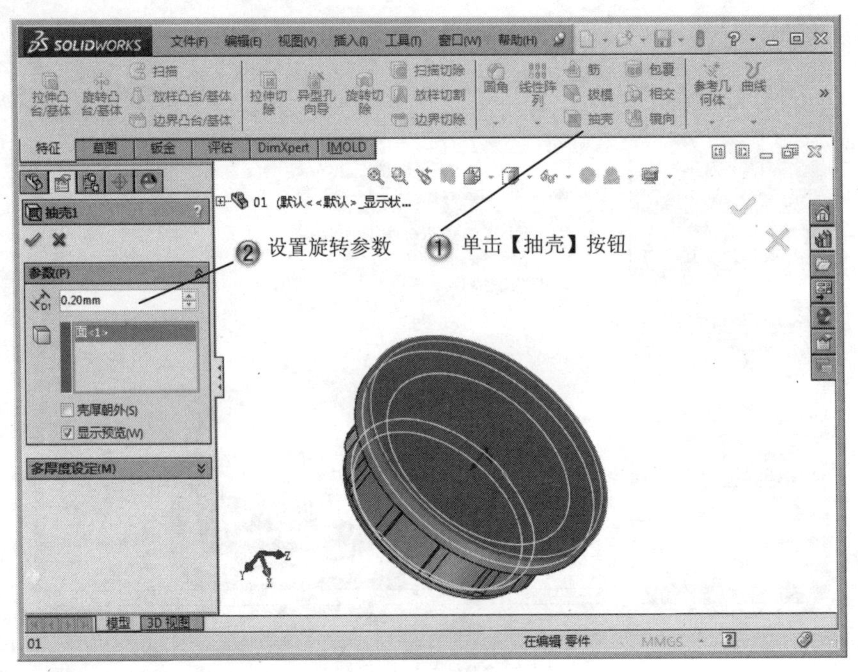

图 11-24　创建抽壳

Step16 创建异型孔，如图 11-25 所示。

图 11-25　创建异型孔

Step17 设置孔的参数，如图 11-26 所示。

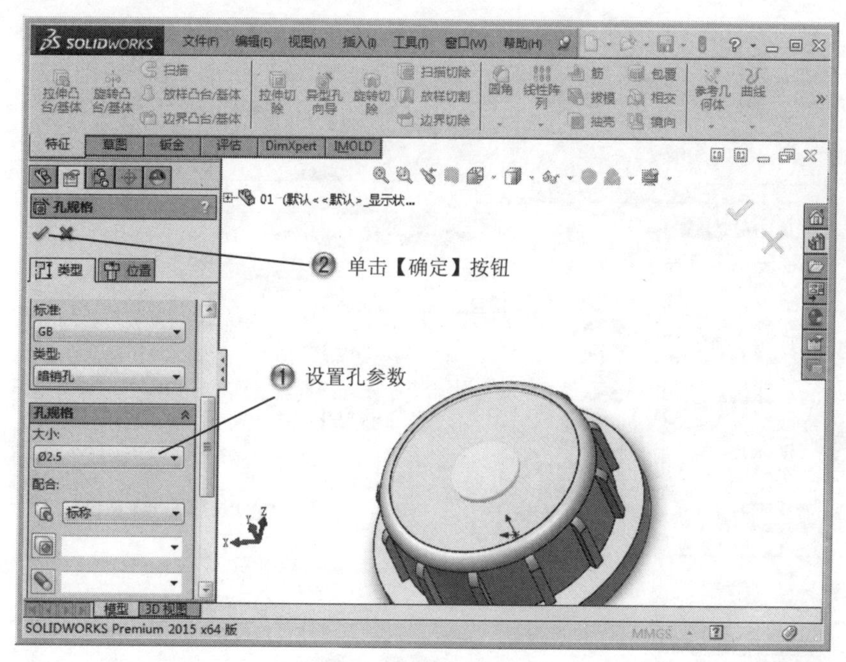

图 11-26 设置孔的参数

Step18 完成塑料盖模型，如图 11-27 所示。

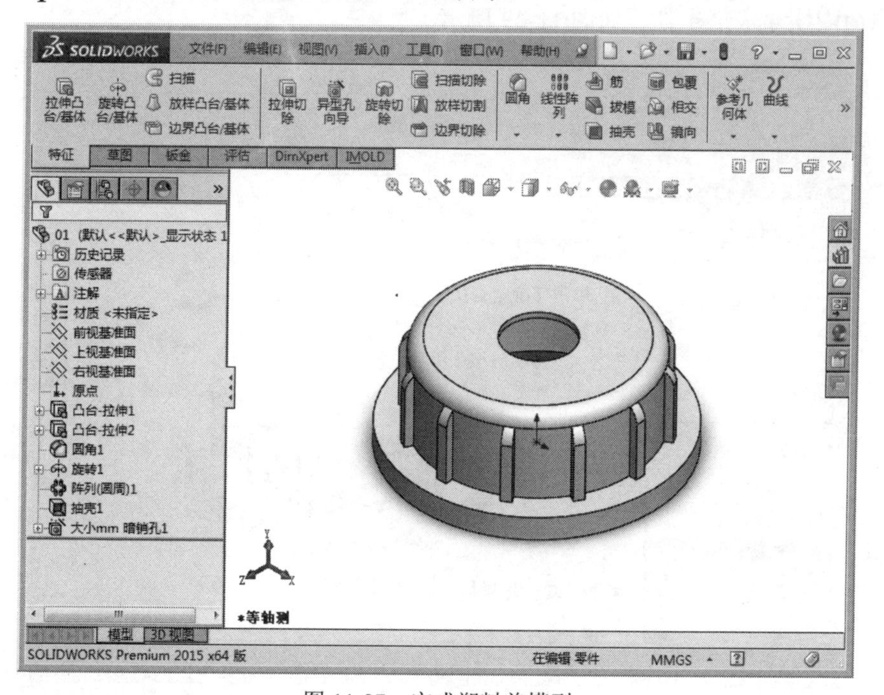

图 11-27 完成塑料盖模型

Step19 选择数据准备文件，如图 11-28 所示。

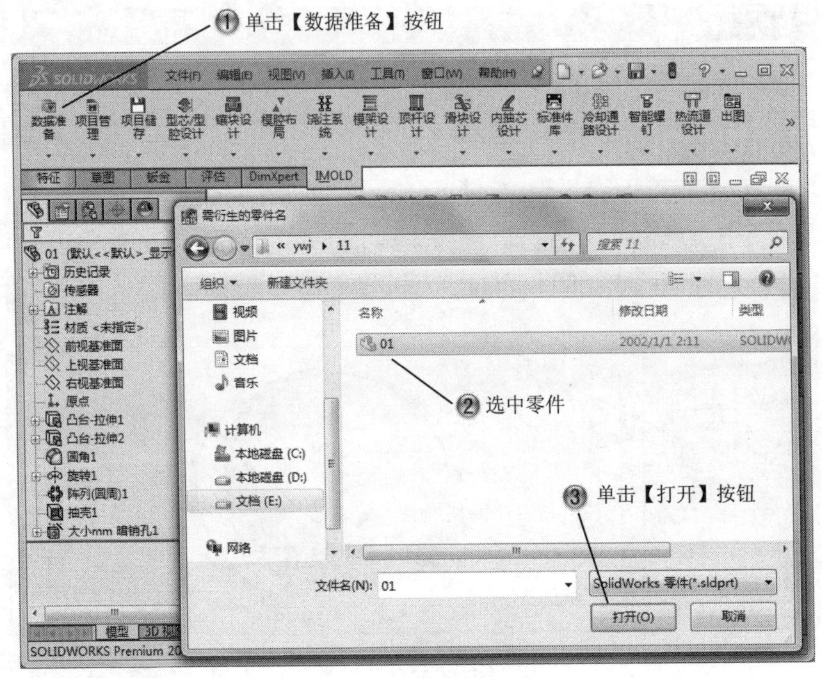

图 11-28　选择数据准备文件

Step20 生成衍生件，如图 11-29 所示。

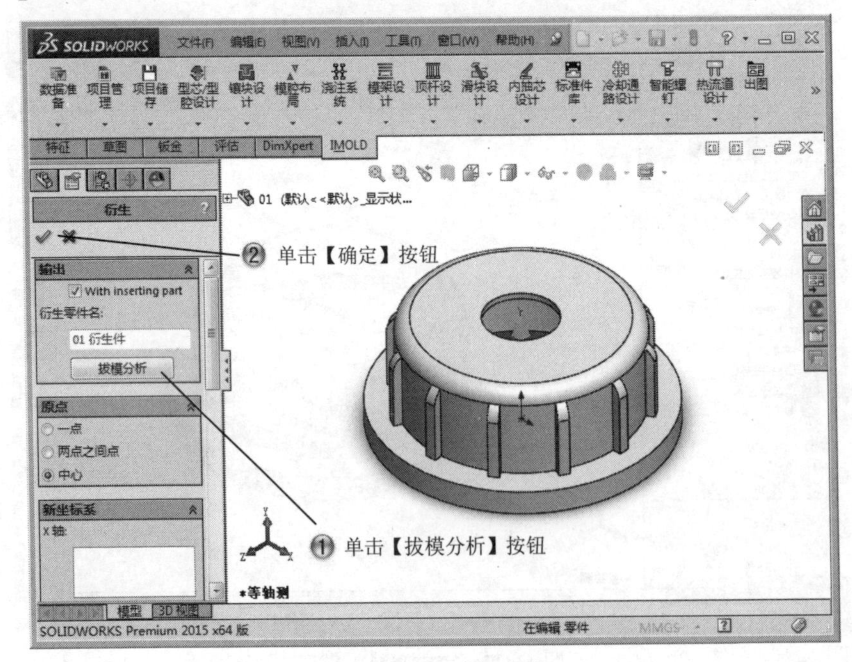

图 11-29　生成衍生件

Step21 新建项目，如图 11-30 所示。

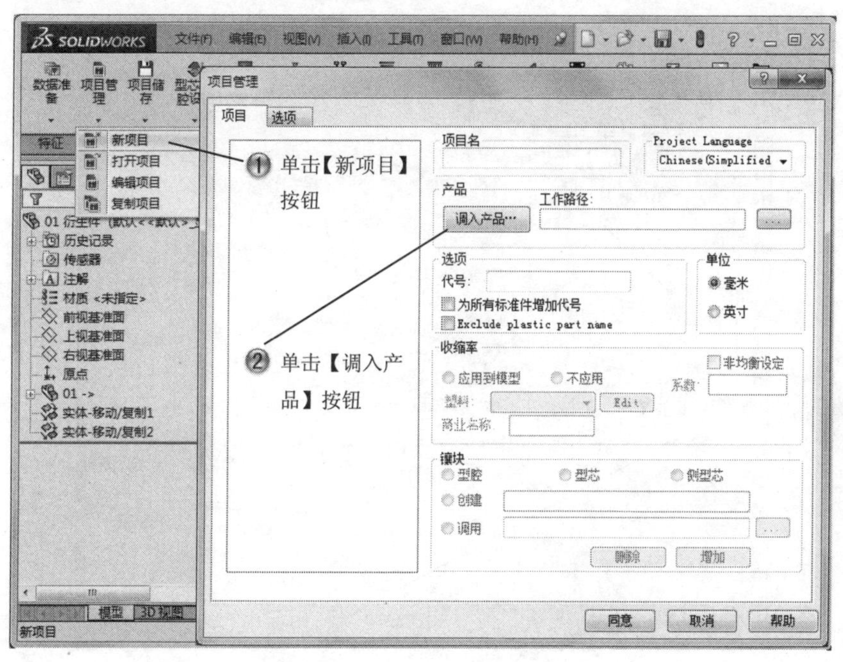

图 11-30　新建项目

Step22 选择产品，如图 11-31 所示。

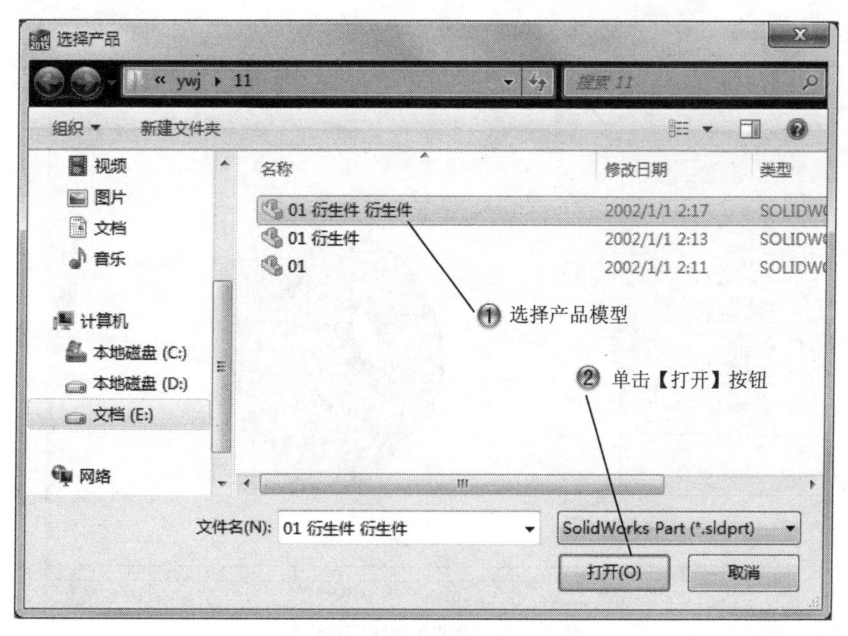

图 11-31　选择产品

Step23 设置项目名，如图 11-32 所示。

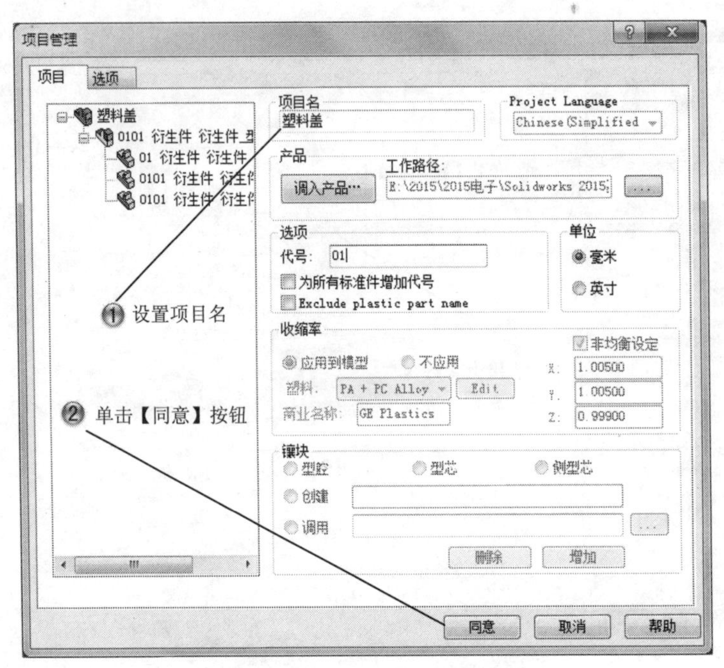

图 11-32　设置项目名

Step24 完成塑料模具项目，如图 11-33 所示。

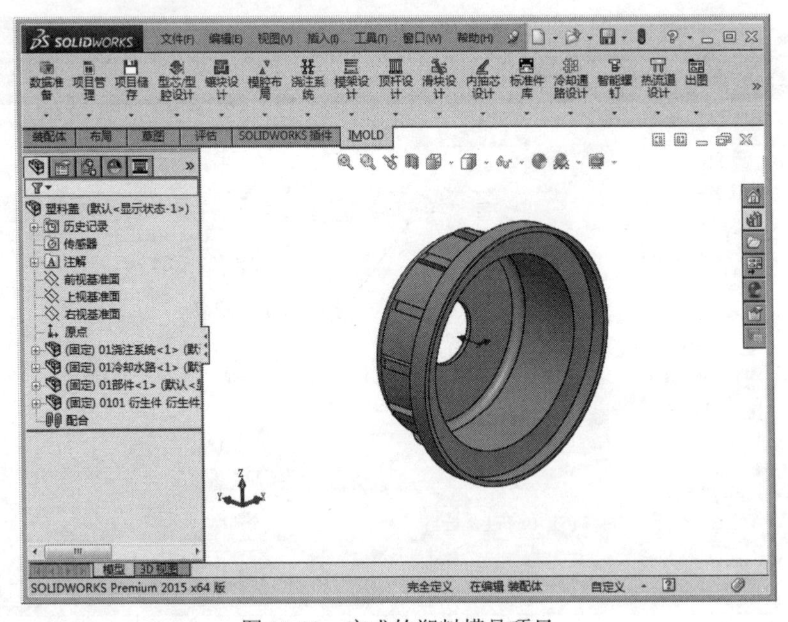

图 11-33　完成的塑料模具项目

11.2　分析诊断工具

基本概念

分析诊断工具可以计算得出产品模型不适合模具设计的区域，然后提交给修正工具对产品模型进行修改。分析诊断工具包括拔模分析工具、底切检查工具等，这些工具由 SOLIDWORKS 提供，用于分析产品模型是否可以进行模型设计。

课堂讲解课时：2 课时

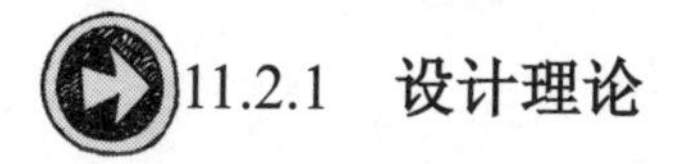

11.2.1　设计理论

有了零件的实体，便可以进行模具设计。首要考虑的问题就是模型可以顺利地拔模，否则模型内的零件无法从模具中取出。塑料零件设计者和铸模工具制造者可以使用【拔模分析】工具来检查拔模正确应用到零件面上的情况。如果塑件无法顺利拔模，则模具设计者需要考虑修改零件模型，从而使得零件能顺利脱模。

底切分析工具用来查找模型中不能从模具中顶出的被围困区域。此区域需要侧型芯。当主型芯和型腔分离时，侧型芯以与主要型芯和型腔的运动垂直的方向滑动，从而使零件可以顶出。一般底切检查只可用于实体，不能用于曲面实体。

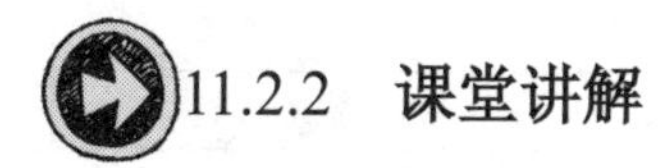

11.2.2　课堂讲解

1. 拔模分析

单击【模具工具】工具栏中的【拔模分析】按钮，打开【拔模分析】属性管理器。

（1）【分析参数】选项组

【分析参数】选项组中的参数设置，如图 11-34 所示。

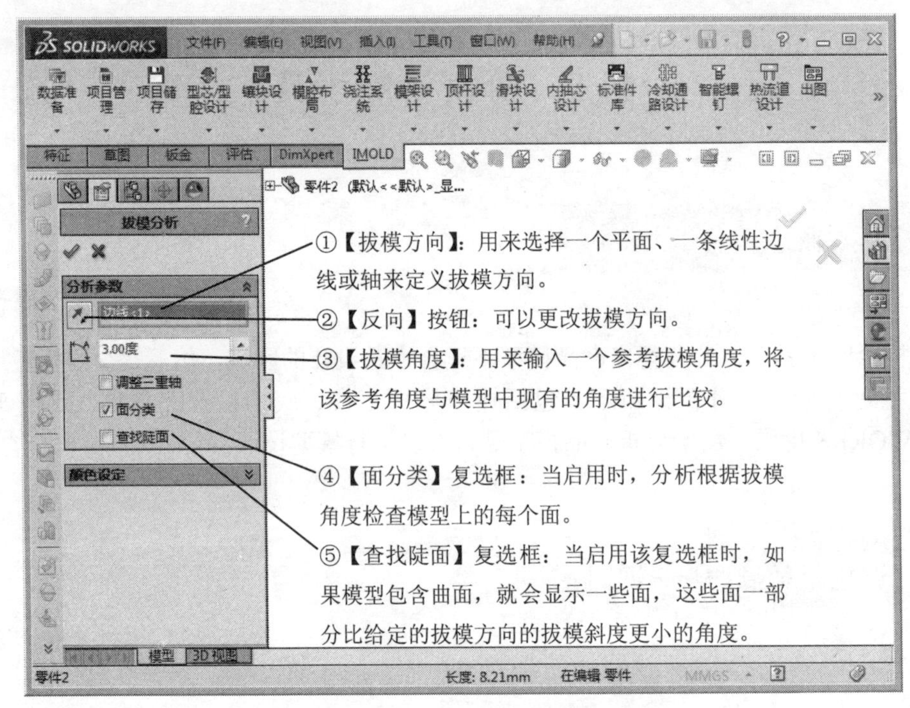

图 11-34 【拔模分析】属性管理器【分析参数】选项组

【分析参数】选项组中的【面分类】复选框选择的面类型有多种，表 11-1 给出了不同面分类的定义。

表 11-1 面分类的定义

面 分 类	描 述
正拔模	根据指定的参考拔模角度，显示带正拔模的任何面。正拔模是指面的角度相对于拔模方向大于参考角度
需要拔模	显示需要校正的任何面。这些为成一角度的面。此角度大于负参考角度但小于正参考角度
负拔模	根据指定的参考拔模角度，显示带负拔模的任何面。负拔模是指面的角度相对于拔模方向小于负参考角度
跨立面	显示同时包含正拔模和负拔模的任何面。通常，这些是需要生成分割线的面
正陡面	面中既包含正拔模又包含需要拔模的区域，只有曲面才能显示这种情况
负陡面	面中既包含负拔模又包含需要拔模的区域，只有曲面才能显示这种情况

（2）【颜色设定】选项组

拔模分析后，就会在【颜色设定】选项组里面显示得到的面分类结果，如图 11-35 所示。

【颜色设定】选项组中面的数量包括在面分类的范围中，显示为属于此范围颜色块上的数字。

名师点拨

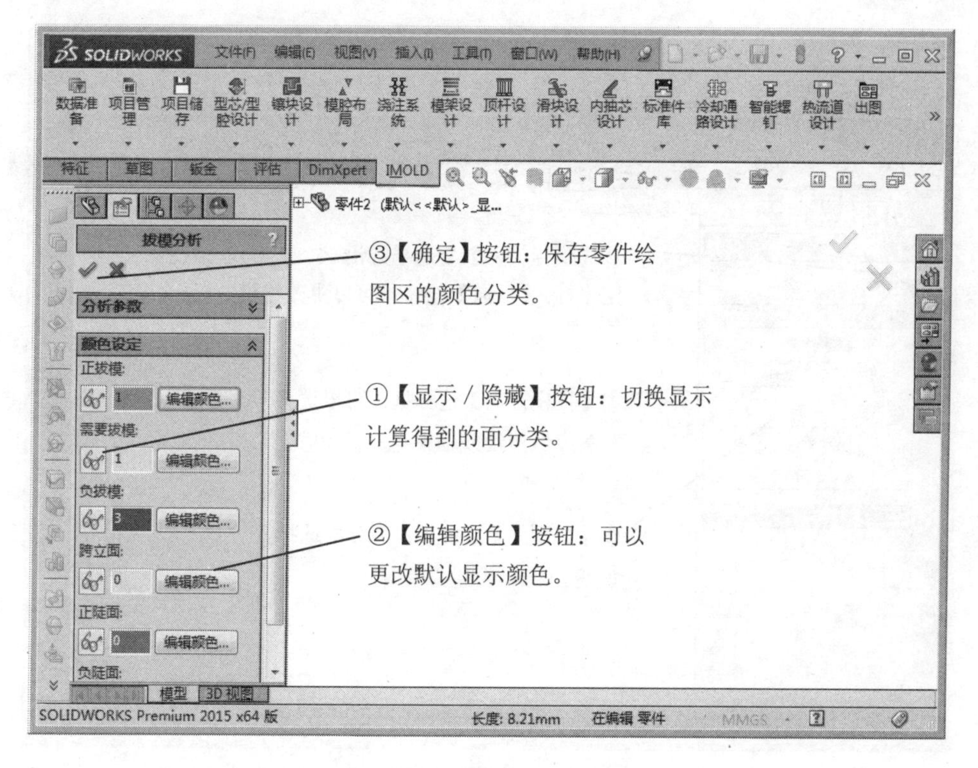

图 11-35 【颜色设定】选项组

2. 底切分析

单击【模具工具】工具栏中的【底切分析】按钮，打开【底切分析】属性管理器。

（1）【分析参数】选项组

【分析参数】选项组中的参数设置，如图 11-36 所示。

评估分型线以上的面以决定它们是否可从分型线以上看见，评估分型线以下的面来决定它们是否可从分型线以下看见。如果指定了分型线，就不必指定【拔模方向】，这里拔模方向就自动给出了。这里【拔模方向】和【分型线】都可以识别需要侧型芯的零件壁中的凹陷部分。

名师点拨

（2）【底切面】选项组

底切分析后，就会在【底切面】有不同分类的面在图形区域中以不同来颜色显示，如图 11-37 所示。单击【确定】按钮，可以保存零件绘图区的颜色分类。

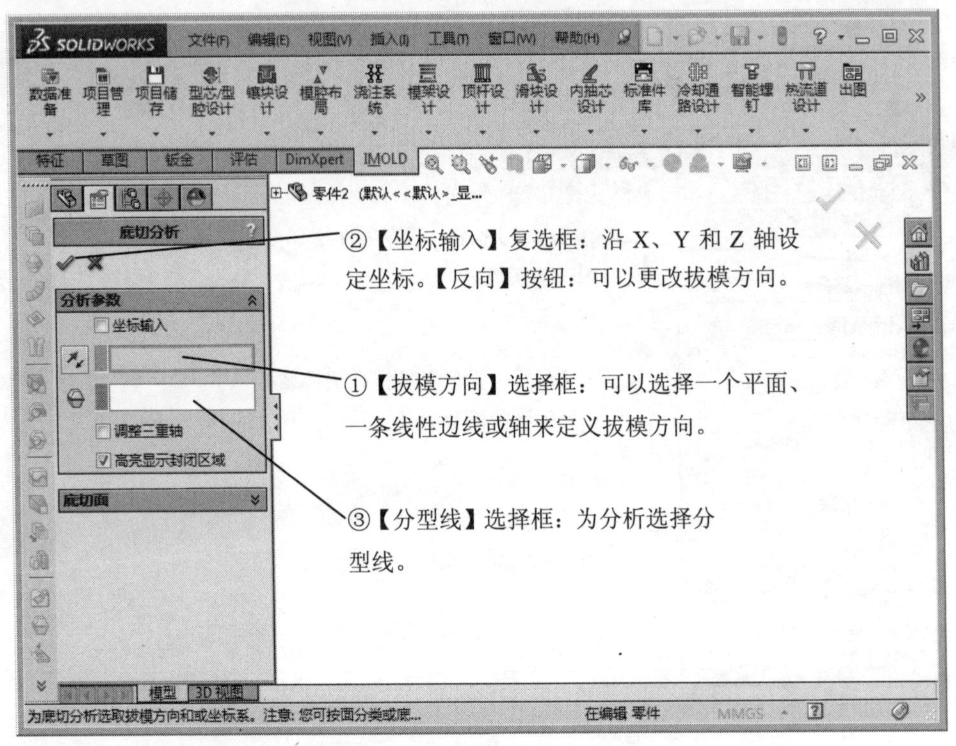

图 11-36 【底切分析】属性管理器中的【分析参数】选项组

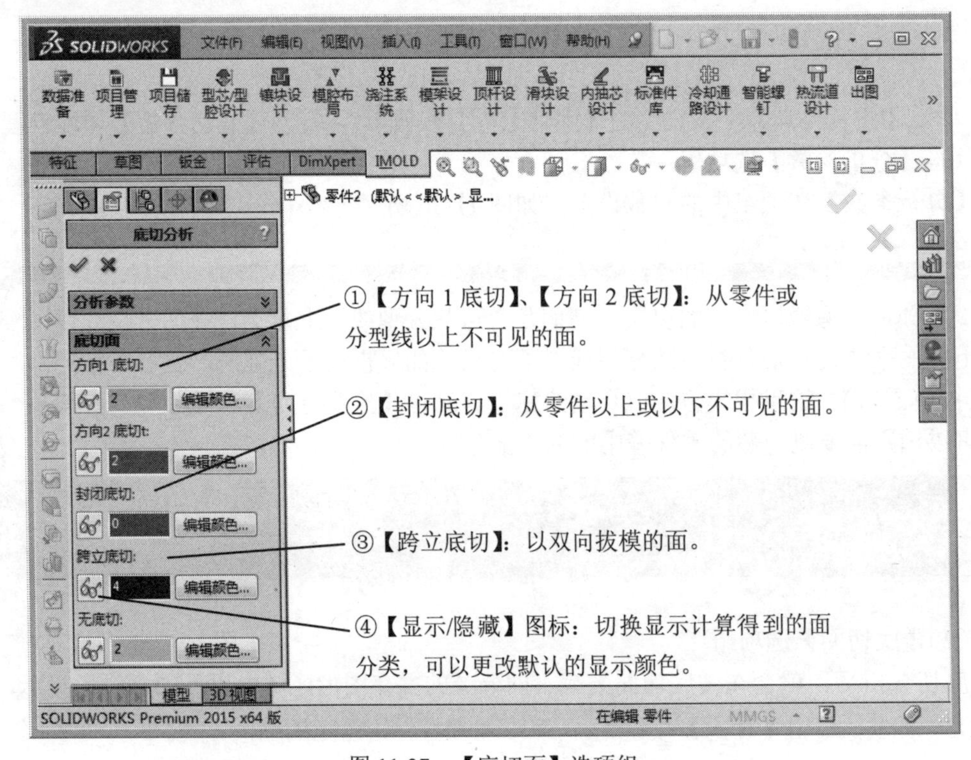

图 11-37 【底切面】选项组

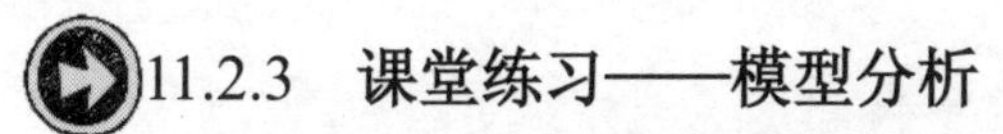

11.2.3 课堂练习——模型分析

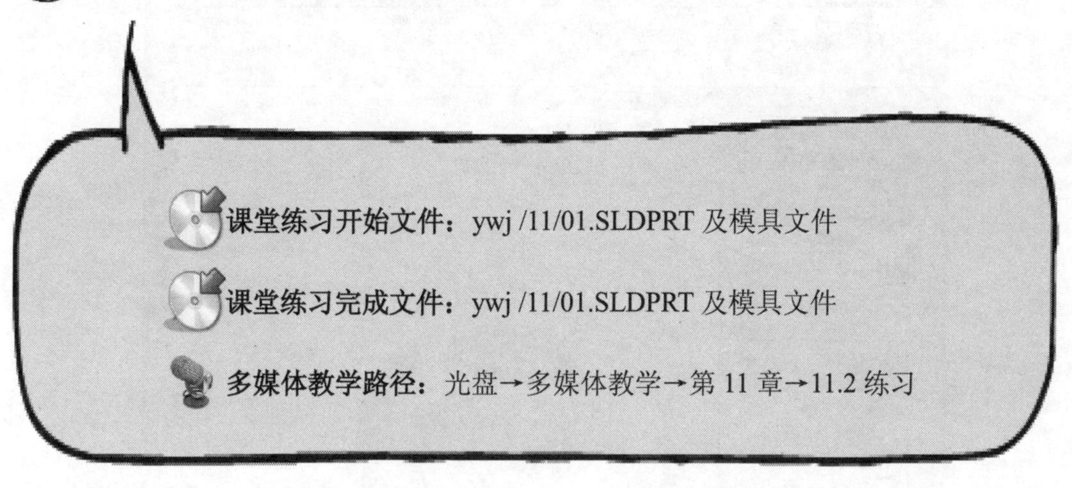

Step 1 打开衍生件，如图 11-38 所示。

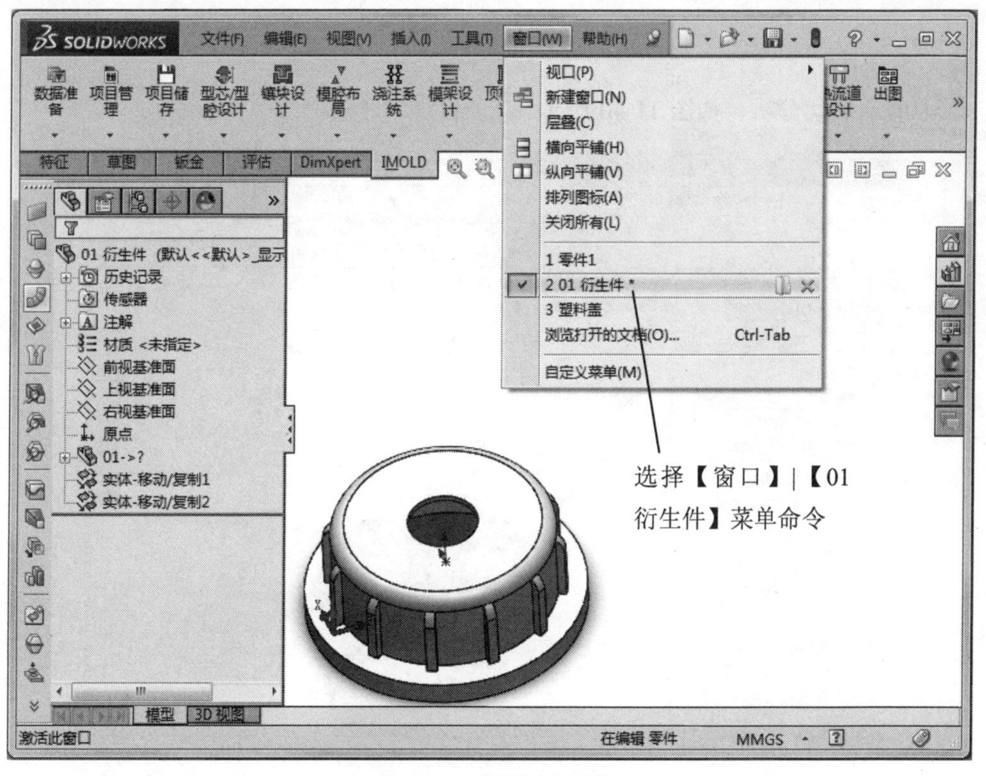

图 11-38　打开衍生件

Step2 拔模分析，如图 11-39 所示。

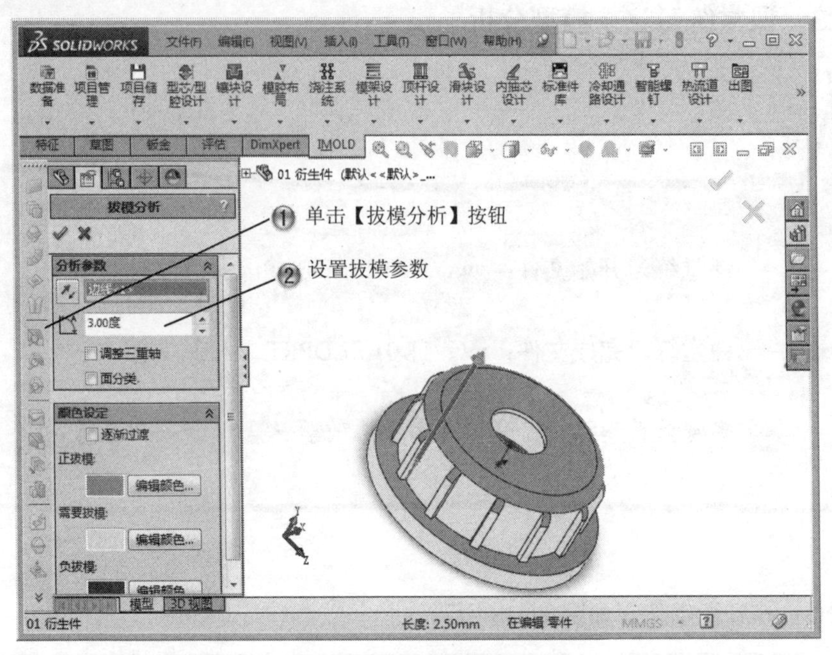

图 11-39　拔模分析

Step3 底切分析，如图 11-40 所示。

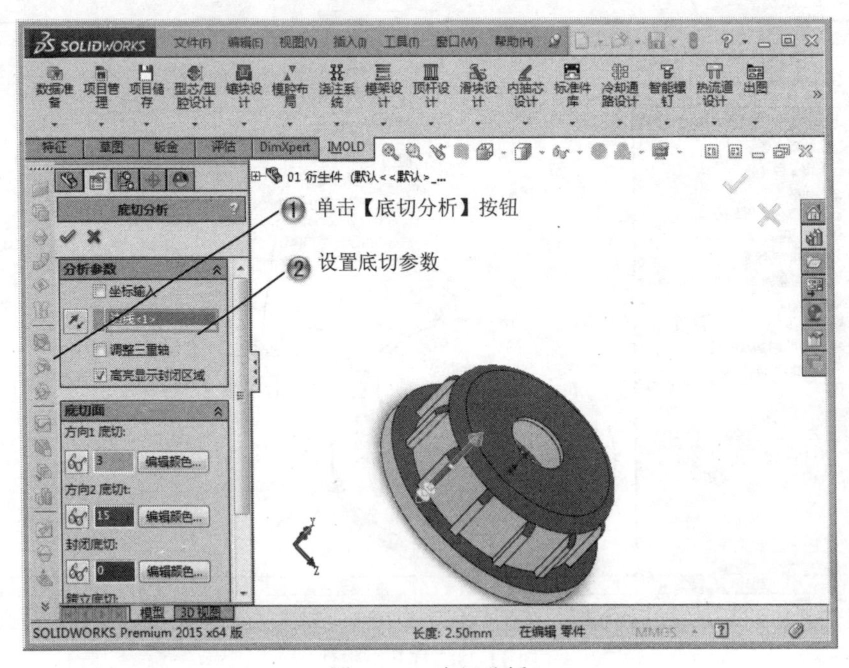

图 11-40　底切分析

Step4 分型线分析，如图 11-41 所示。

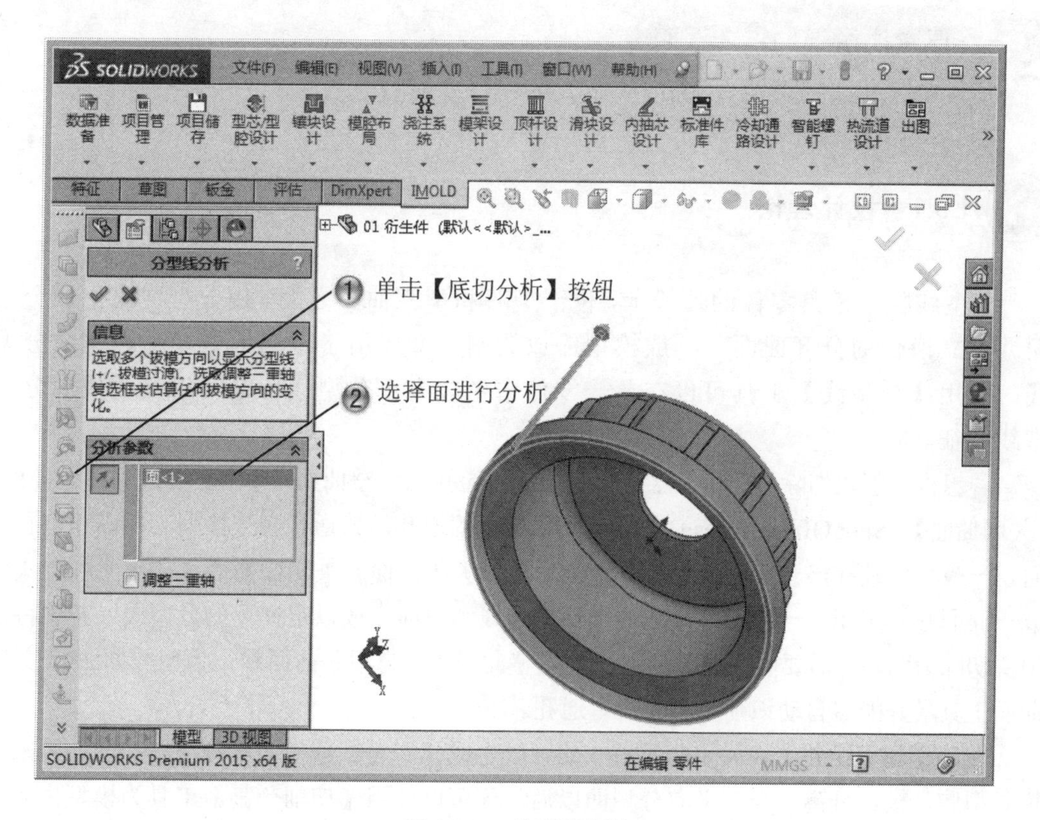

图 11-41　分型线分析

11.3　分型设计

一般来说，模具都有两大部分组成：动模和定模（或者公模和母模），分型面是指两者在闭合状态时能接触的部分，也是将工件或模具零件分割成模具体积块的分割面，具有更广泛的意义。分型面的设计直接影响着产品质量、模具结构和操作的难易程度，是模具设计成败的关键因素之一。

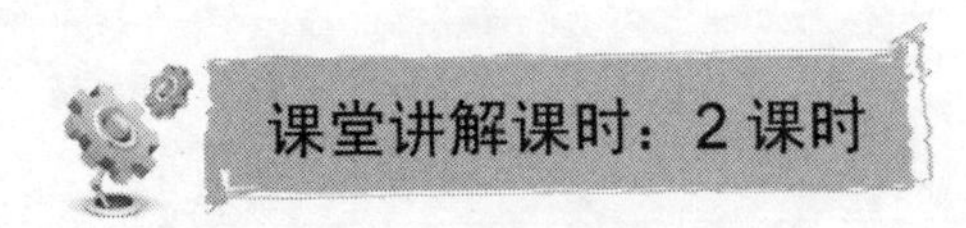

11.3.1 设计理论

分型线位于模具零件的边线上，位于型芯和型腔曲面之间。用分型线来生成分型面并建立模仁的分开曲面。一般模型缩放比例，并应用了适当的拔模后再生成分型线。运用【分型线】工具可以在单一零件中生成多个分型线特征，以及生成部分分型线特征。

若想将切削块切除为两块，需要两个无任何通孔的完整曲面，即型芯曲面和型腔曲面。【关闭曲面】（Shut Off Surfaces）功能可关闭这样的通孔，该通孔会连接型芯曲面和型腔曲面，一般称作破孔。一般要在生成分型线后生成关闭曲面。关闭曲面通过如下两种方式生成一曲面修补来闭合一通孔：形成连续环的边线和先前生成以定义环的分型线。若想将切削块切除为两块，需要两个无任何通孔的完整曲面（一为型芯曲面和一为型腔曲面）。关闭曲面工具最好能够自动识别并填充所有通孔。

在创建分型线并生成关闭曲面后，就可以生成分型面。分型面从分型线拉伸，用来把模具型腔从模仁分离。当定义完分型面以后，便可以使用【切削分割】工具为模型生成型芯和型腔块。

11.3.2 课堂讲解

1. 分型线

单击【模具工具】工具栏中【分型线】按钮，打开如图 11-42 所示【分型线】属性管理器。

（1）【模具参数】选项组

【模具参数】选项组的参数设置，如图 11-42 所示。

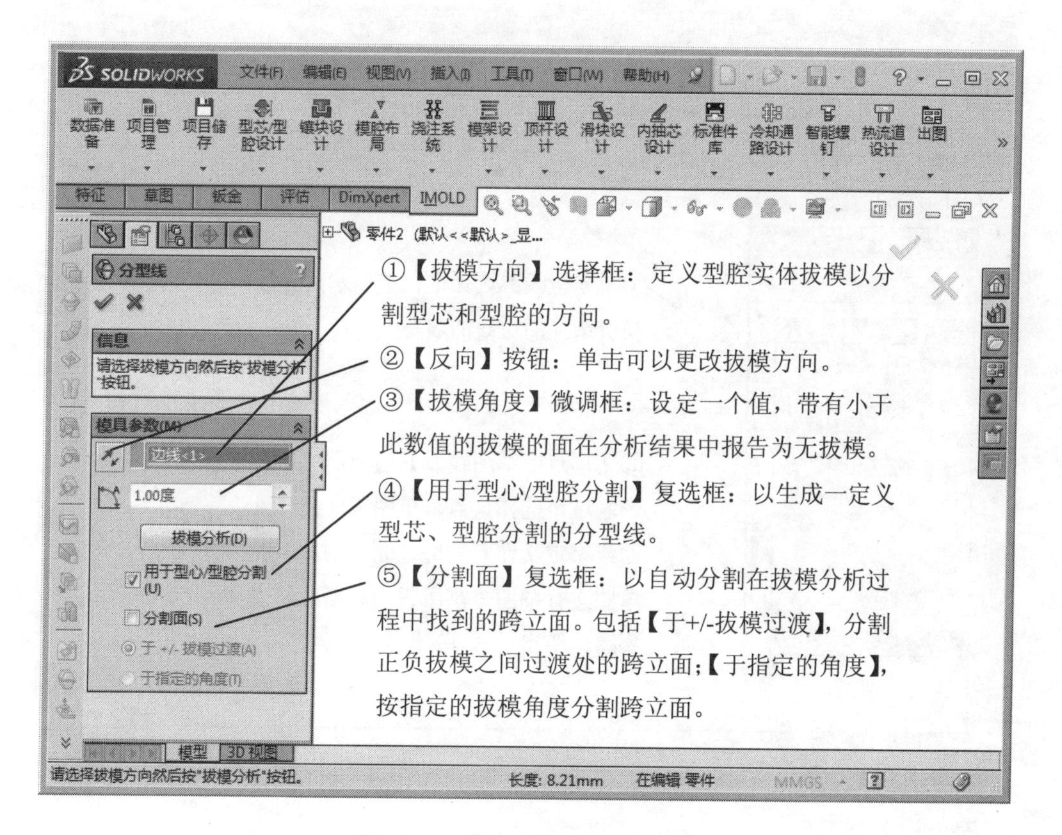

图 11-42 【分型线】属性管理器

（2）【分型线】选项组、【要分割的实体】选项组

【分型线】选项组、【要分割的实体】选项组的参数设置，如图 11-43 所示。

如果模型包括一个在正拔模面和负拔模面之间（即不包括跨立面）穿越的边线链，则分型线线段自动被选择，并列举在【分型线】选择框中。【分型线】选择框的操作方法如下：

（1）选择一个名称以标注在图形区域中识别的边线。

（2）在图形区域中选择一边线从【分型线】中添加或移除。

（3）用鼠标右键单击并选择【消除选择】命令以清除【分型线】中的所有选择的边线。

名师点拨

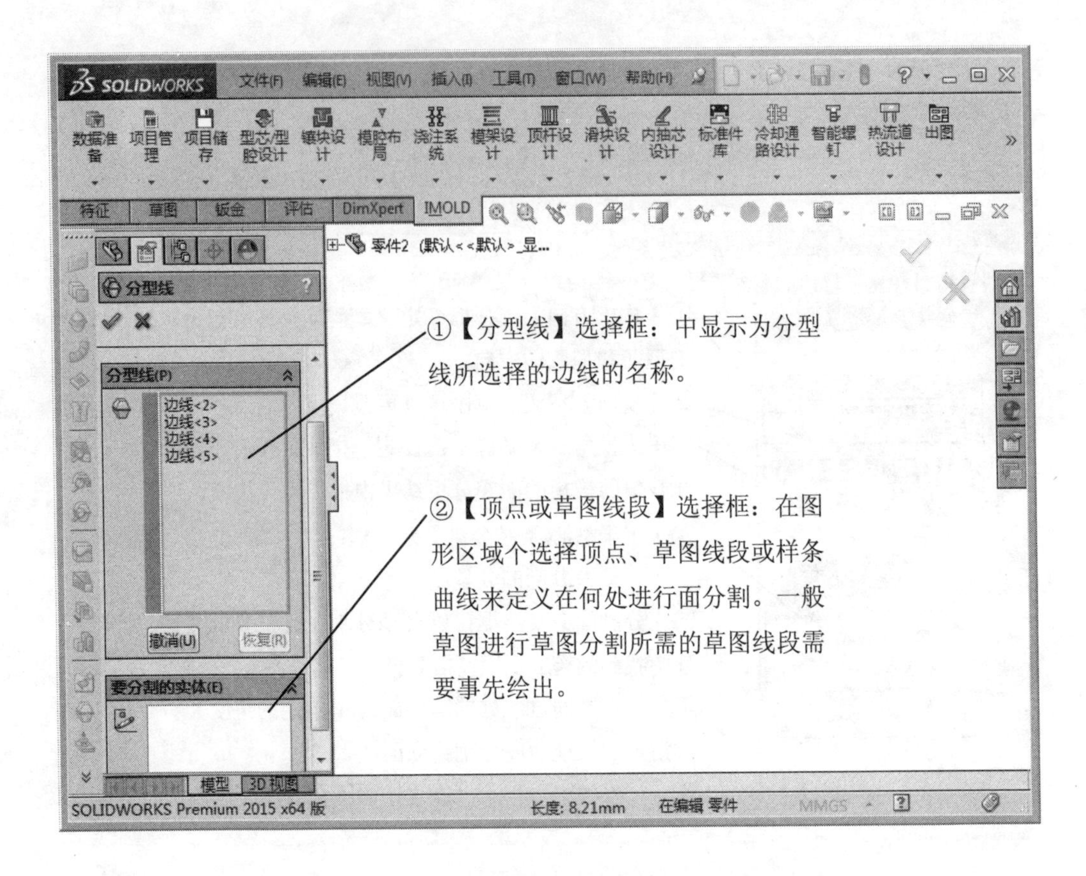

图 11-43 【分型线】和【要分割的实体】选项组

2. 修补破孔

单击【模具工具】工具栏中的【关闭曲面】按钮，打开如图 11-44 所示【关闭曲面】属性管理器。

当生成关闭曲面时，软件以适当曲面增加型腔曲面实体和型心曲面实体。

名师点拨

(1)【边线】选项组

【边线】选项组列举出了为关闭曲面所选择的边线或分型线的名称，如图 11-44 所示。

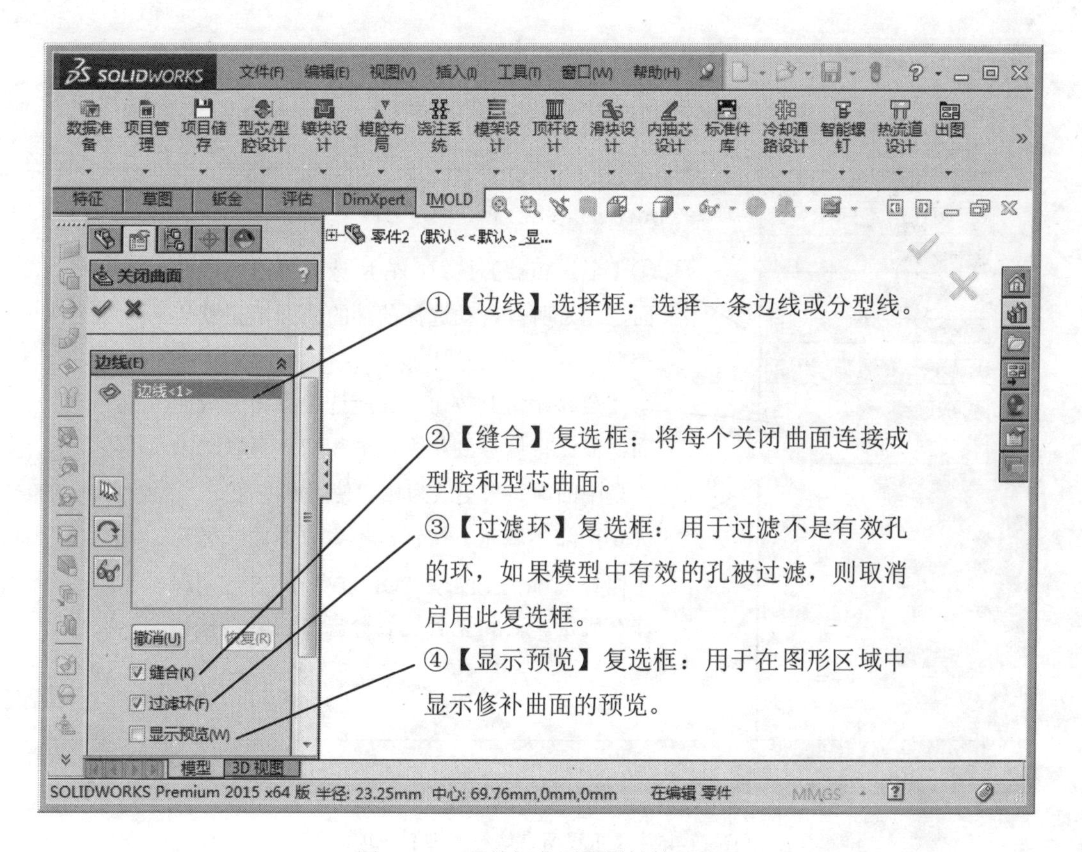

图 11-44　【关闭曲面】属性管理器

（2）【重设所有修补类型】选项组

【重设所有修补类型】选项组可以选择不同的填充类型（接触、相切或无填充）来控制修补的曲率。在绘图区单击一个标注可以把环的填充类型从【全部相触】更改到【全部相切】或【全部不填充】来填充破孔。如图 11-45 所示。

3. 分型面

单击【模具工具】工具栏中的【分型面】按钮，打开【分型面】属性管理器，如图 11-46 所示。

（1）【模具参数】和【分型线】选项组

【模具参数】和【分型线】选项组的属性设置，如图 11-46 所示。

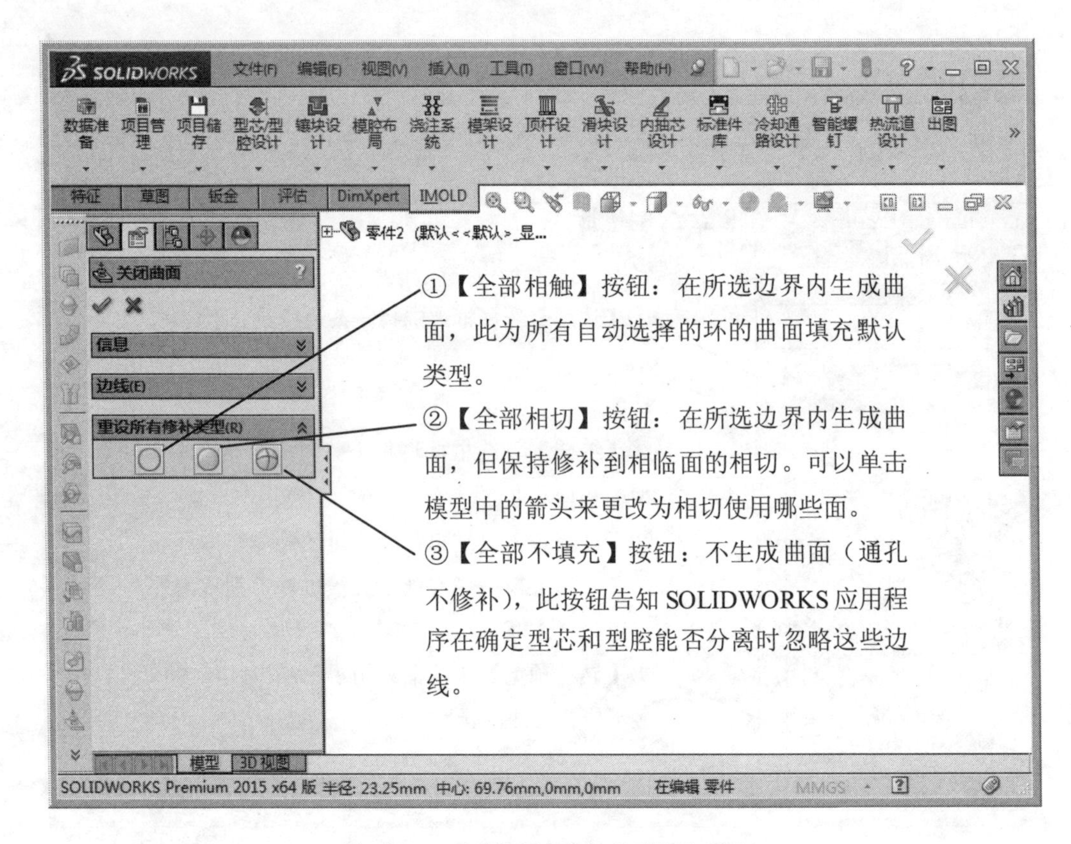

图 11-45 【重设所有修补类型】选项组

分型线的设置过程如下：

①选择一个名称以标注在图形区域中识别的边线。

②在图形区域中选择一边线从【分型线】中添加或移除。

③右键单击并选择【消除选择】选项以清除【分型线】中的所有选择的边线。

④可以手工选择边线。在图形区域中选择一条边线，然后使用一系列的【选择工具】来完成。

名师点拨

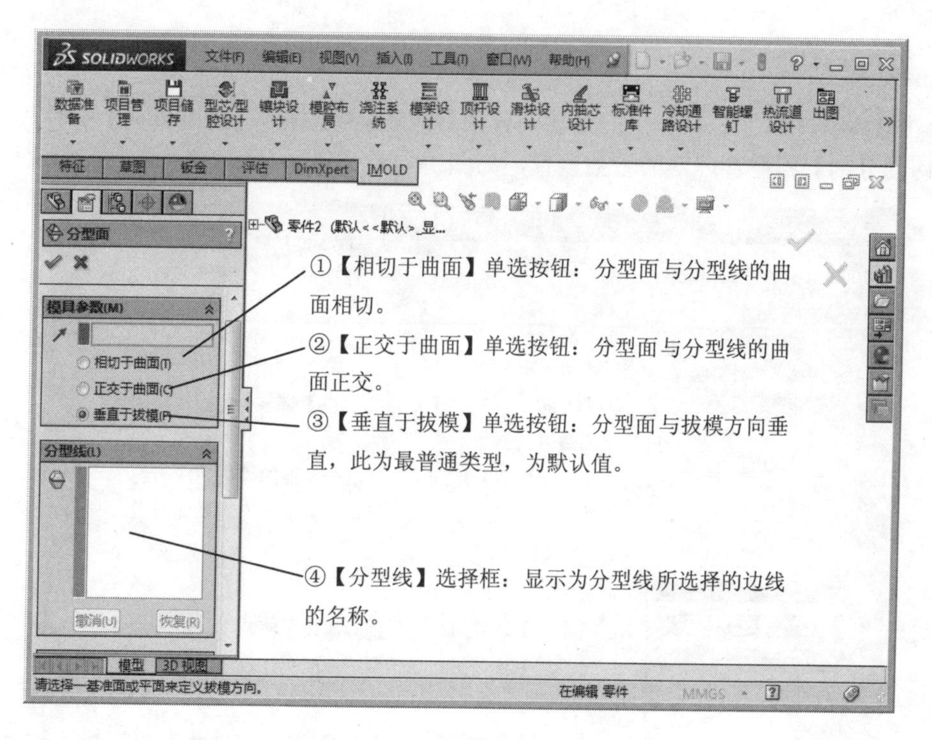

图 11-46 【分型面】属性管理器

(2)【分型面】和【选项】选项组

【分型面】和【选项】选项组的参数设置，如图 11-47 所示。

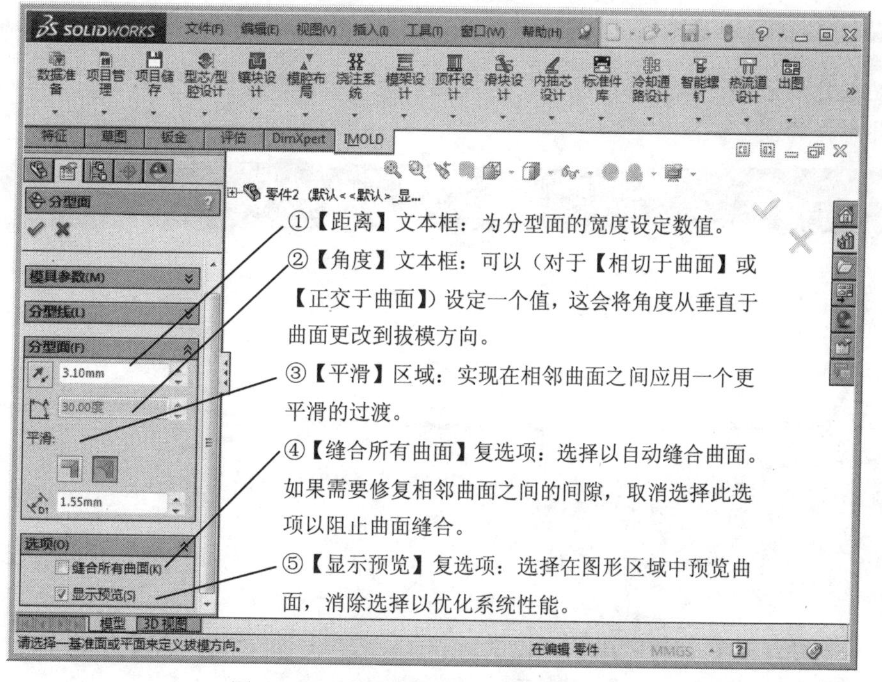

图 11-47 【分型面】和【选项】选项组

4. 切削分割

单击【模具工具】工具栏中的【切削分割】按钮，打开【切削分割】属性管理器。【切削分割】属性管理器的参数设置，如图 11-48 所示。

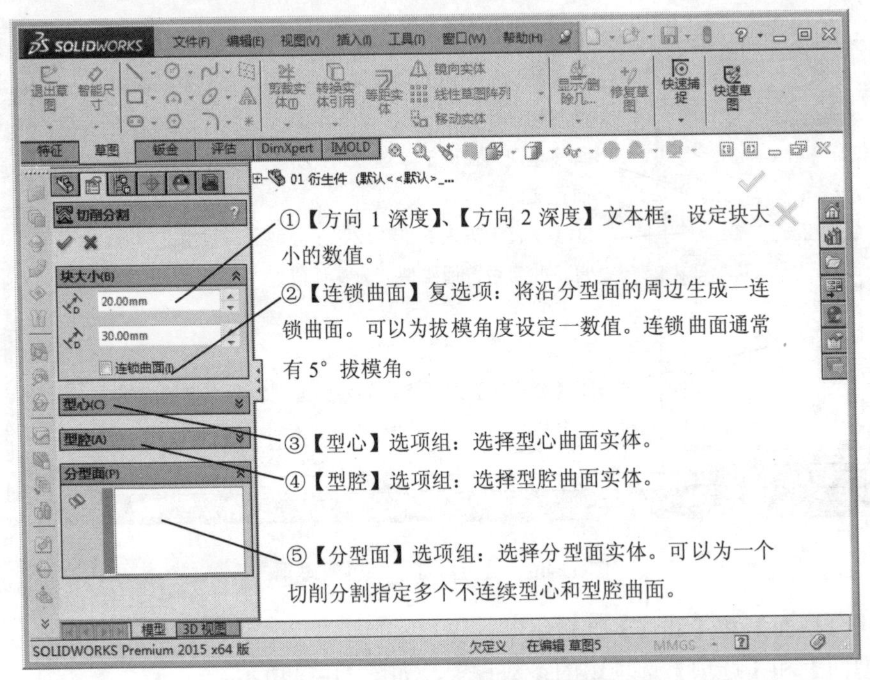

图 11-48 【切削分割】属性管理器

切削分割之前，首先要绘制一个延伸到模型边线以外，但位于分型面边界内的矩形作为模仁。

名师点拨

11.3.3 课堂练习——模具分型

课堂练习开始文件： ywj /11/01.SLDPRT 及模具文件

课堂练习完成文件： ywj /11/01.SLDPRT 及模具文件

多媒体教学路径： 光盘→多媒体教学→第 11 章→11.3 练习

Step1 打开项目，如图 11-49 所示。

图 11-49 打开项目

Step2 打开的项目模型，如图 11-50 所示。

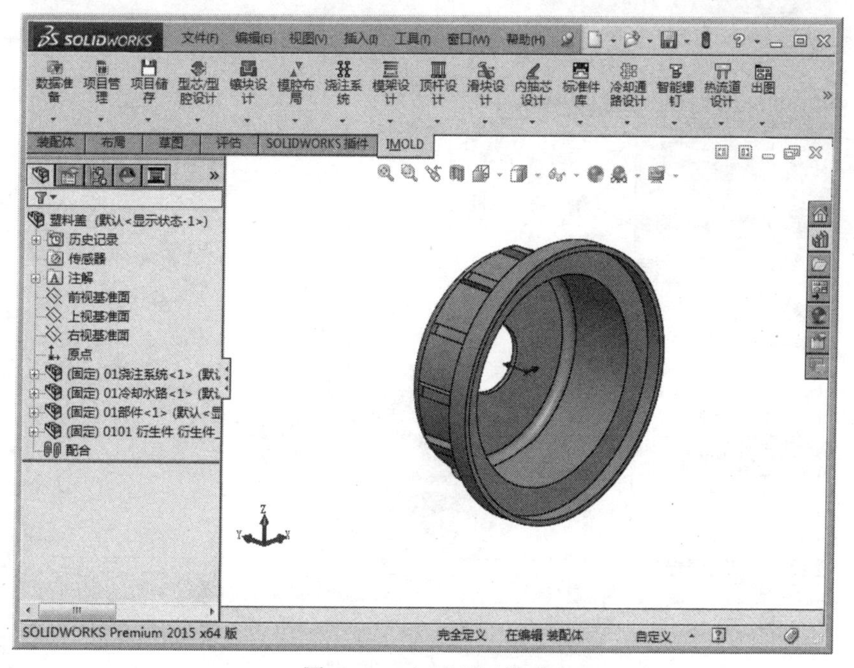

图 11-50 打开项目模型

Step3 选择补孔命令，如图 11-51 所示。

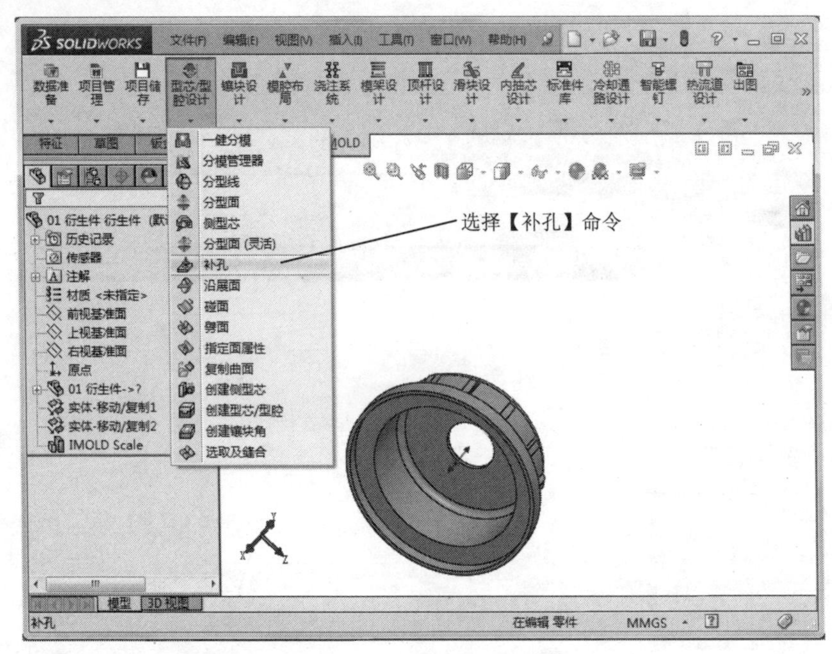

图 11-51 选择补孔命令

Step4 模型补孔，如图 11-52 所示。

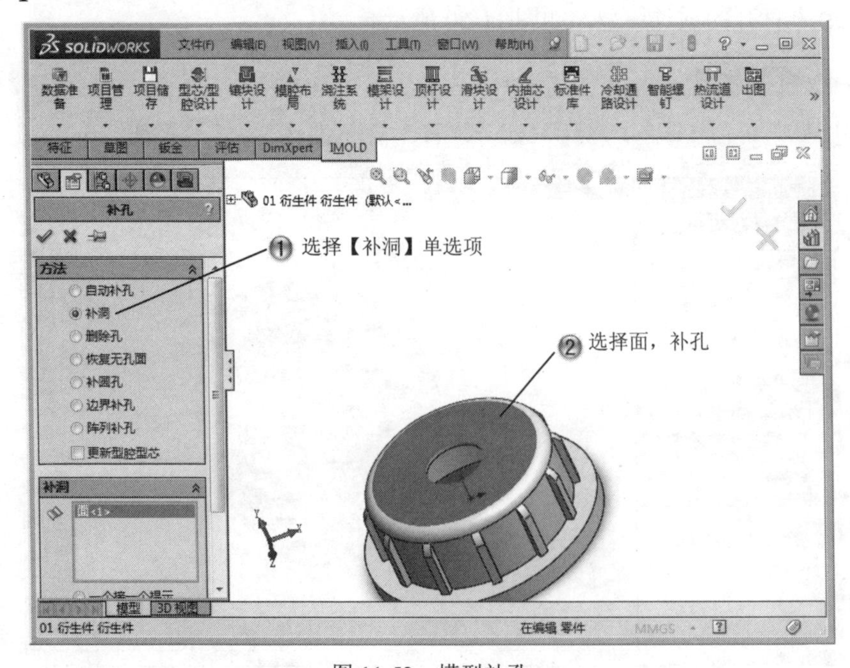

图 11-52 模型补孔

Step5 选择分型线命令，如图 11-53 所示。

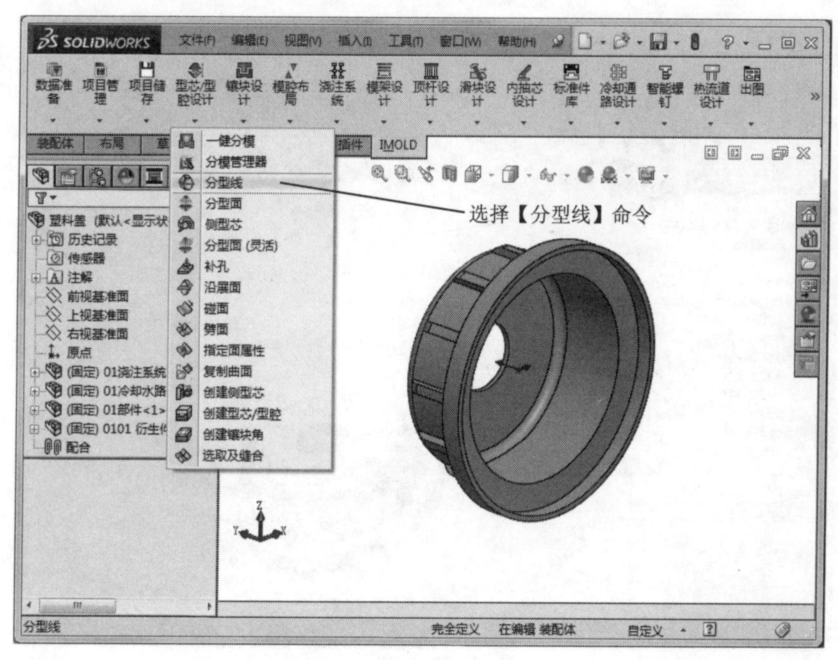

图 11-53　选择分型线命令

Step6 创建分型线，如图 11-54 所示。

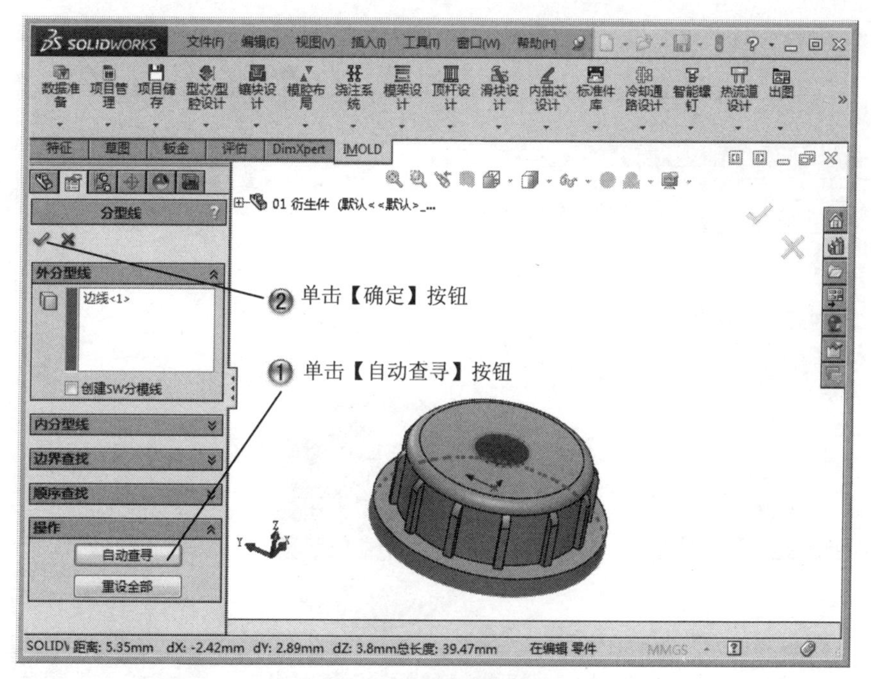

图 11-54　创建分型线

Step7 选择分型面命令，如图 11-55 所示。

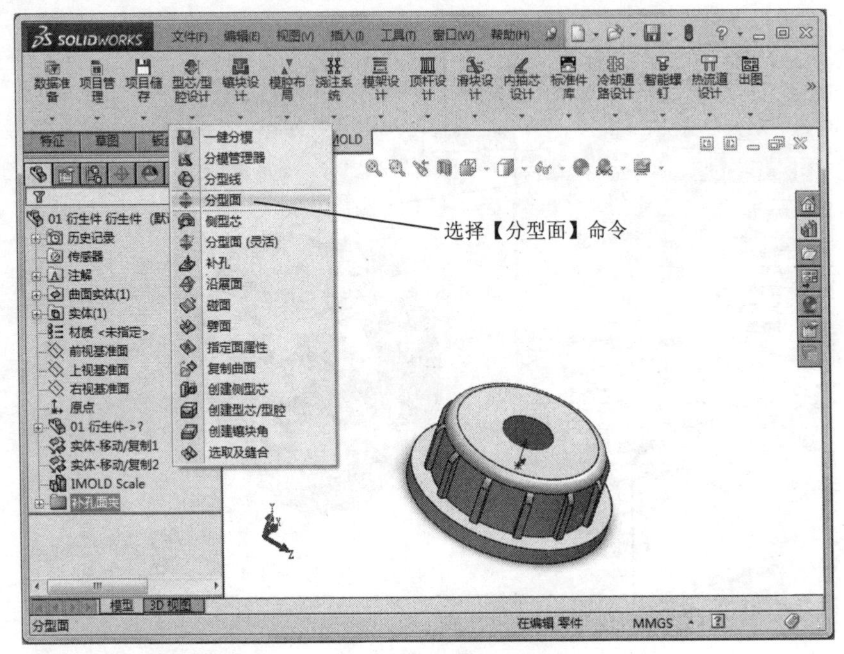

图 11-55　选择分型面命令

Step8 创建分型面，如图 11-56 所示。

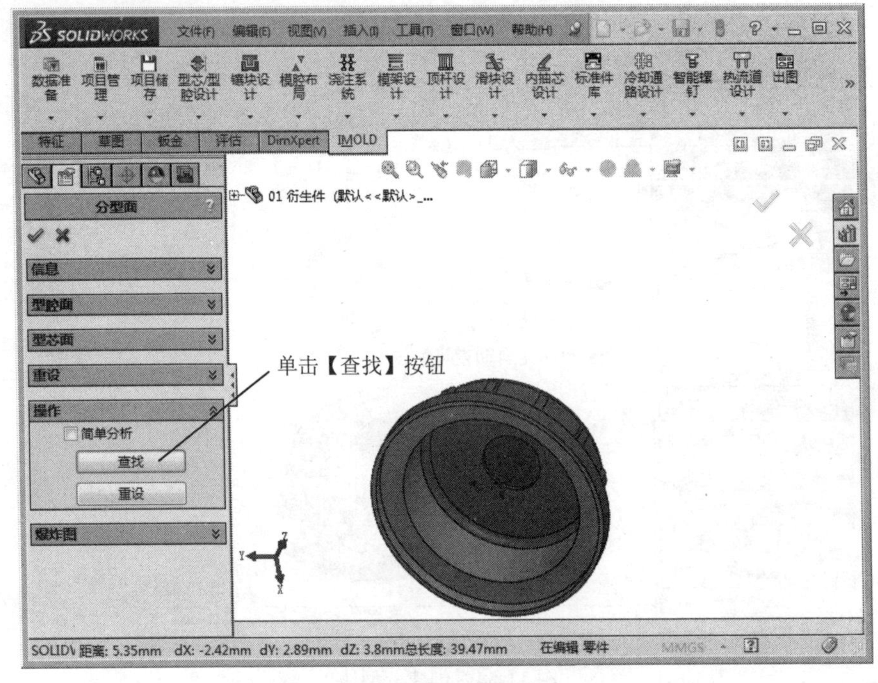

图 11-56　创建分型面

Step9 选择型芯面，如图 11-57 所示。

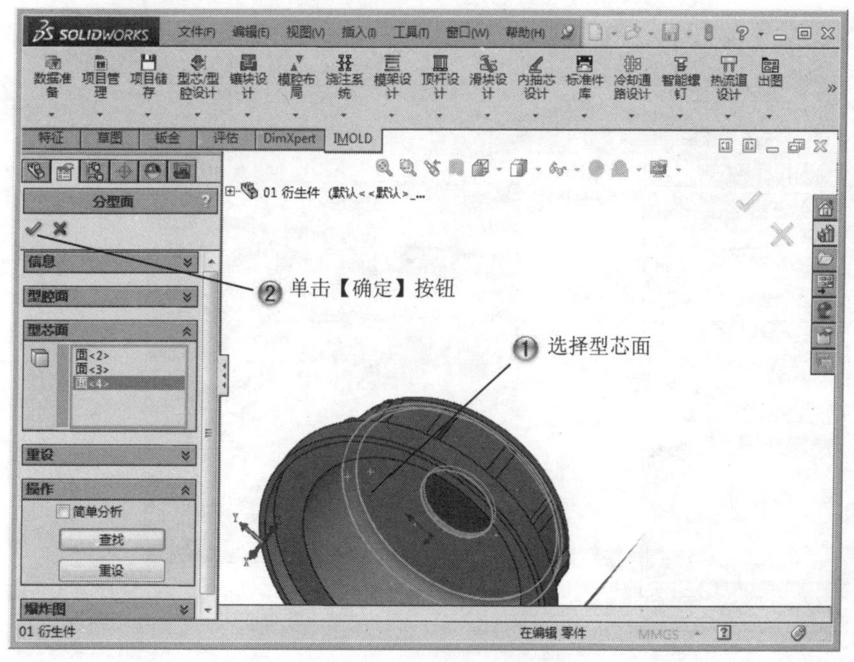

图 11-57　选择型芯面

Step10 选择创建型芯/型腔命令，如图 11-58 所示。

图 11-58　选择创建型芯/型腔命令

Step11 创建型芯/型腔，如图 11-59 所示。

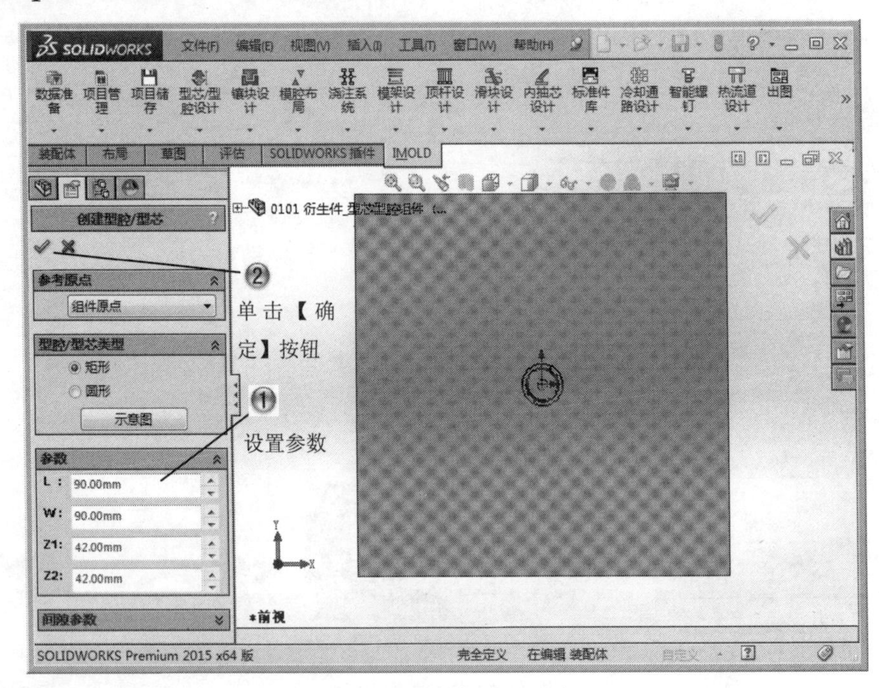

图 11-59　创建型芯/型腔

Step12 选择沿展面命令，如图 11-60 所示。

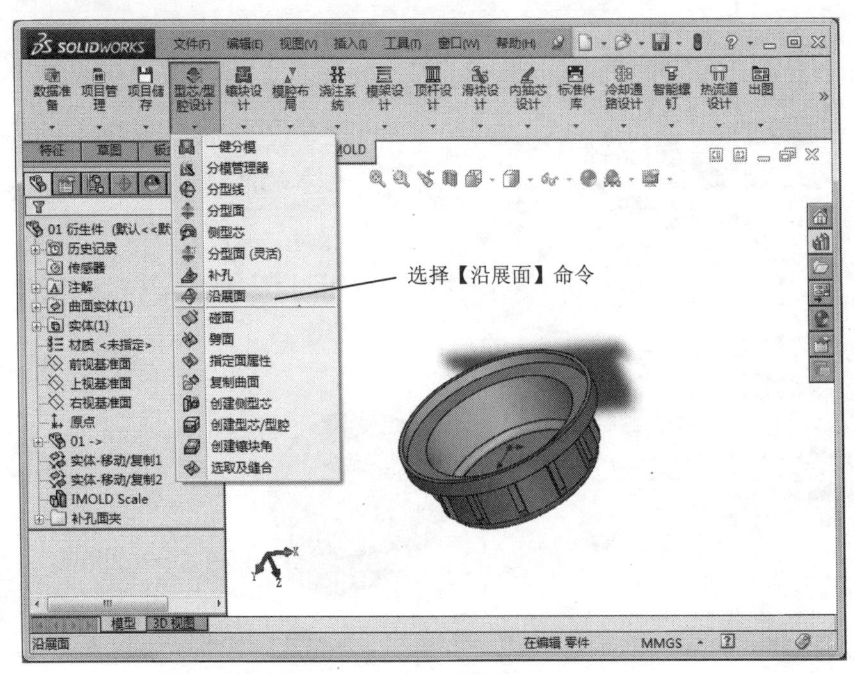

图 11-60　选择沿展面命令

Step13 创建沿展面，如图 11-61 所示。

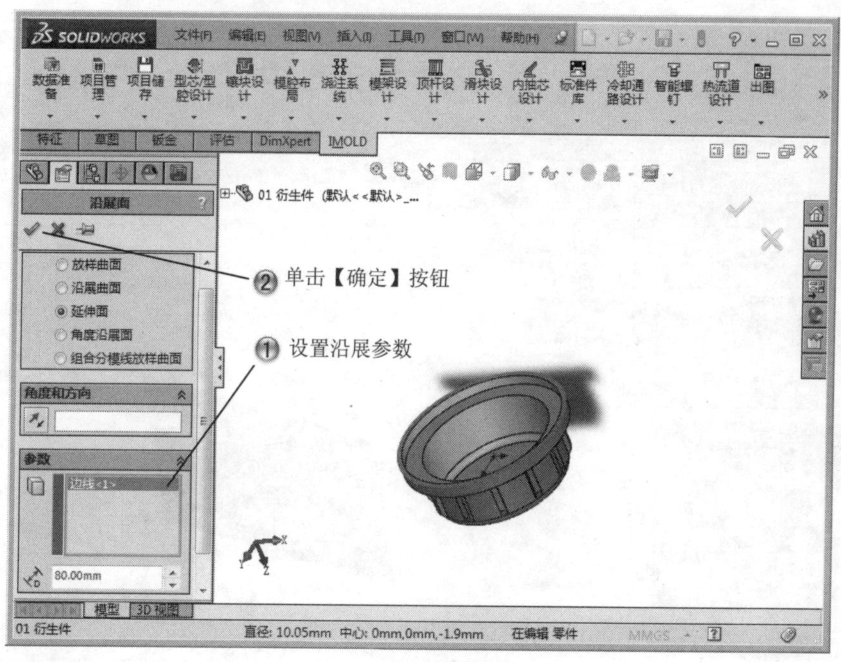

图 11-61 创建沿展面

Step14 选择复制曲面命令，如图 11-62 所示。

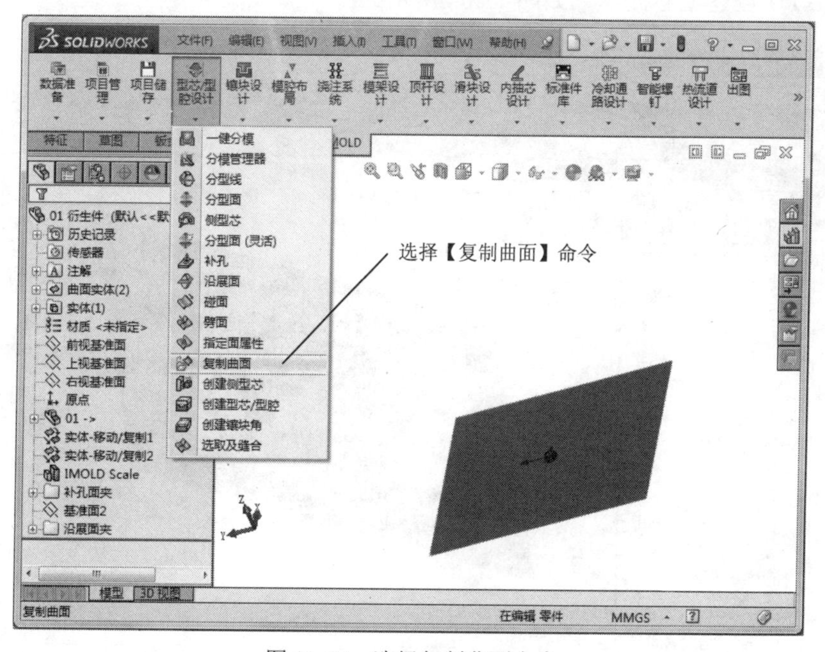

图 11-62 选择复制曲面命令

Step15 创建型腔曲面，如图 11-63 所示。

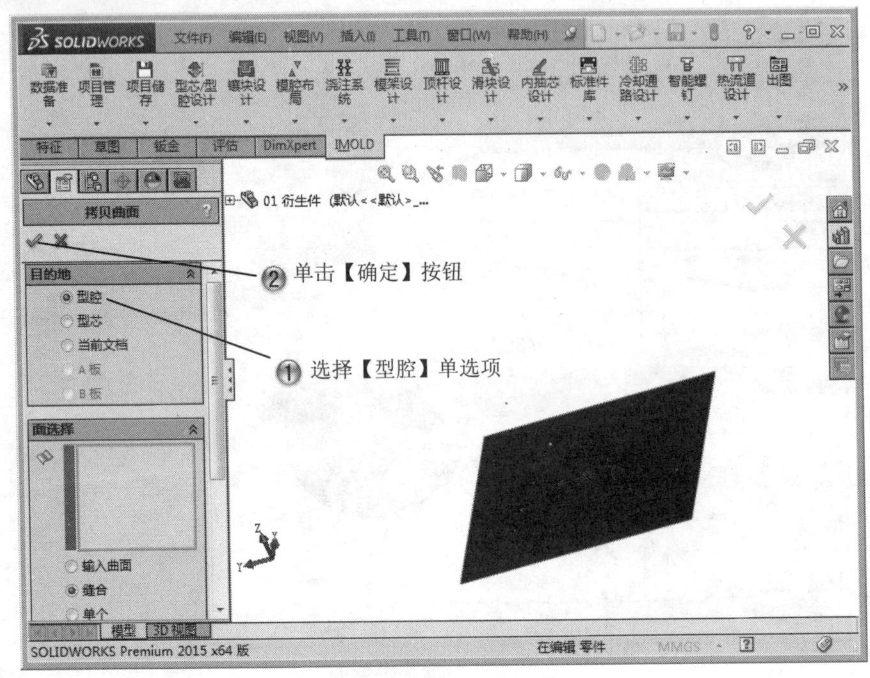

图 11-63 创建型腔曲面

Step16 创建型芯曲面，如图 11-64 所示。

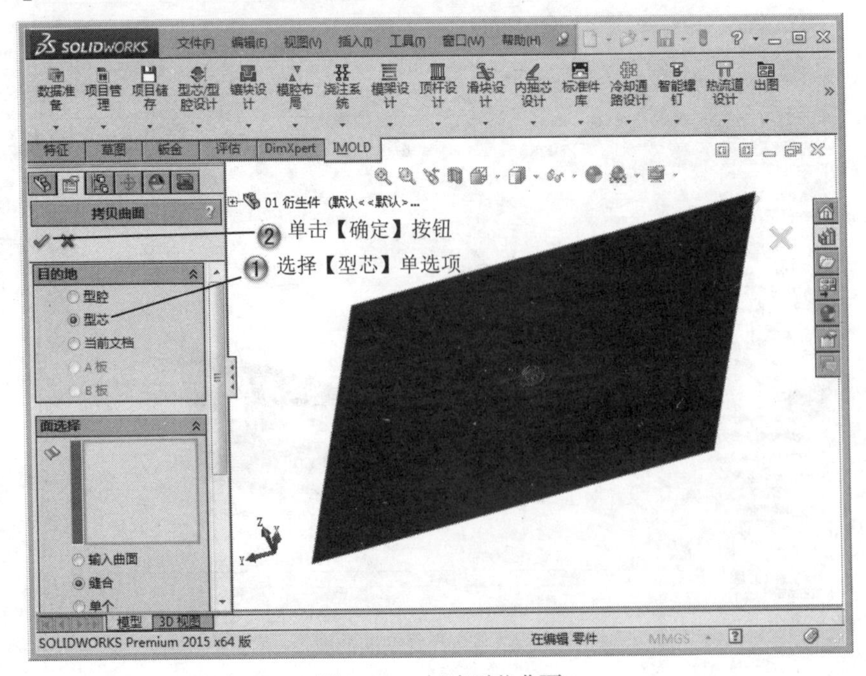

图 11-64 创建型芯曲面

Step 17 完成分型设计，如图 11-65 所示。

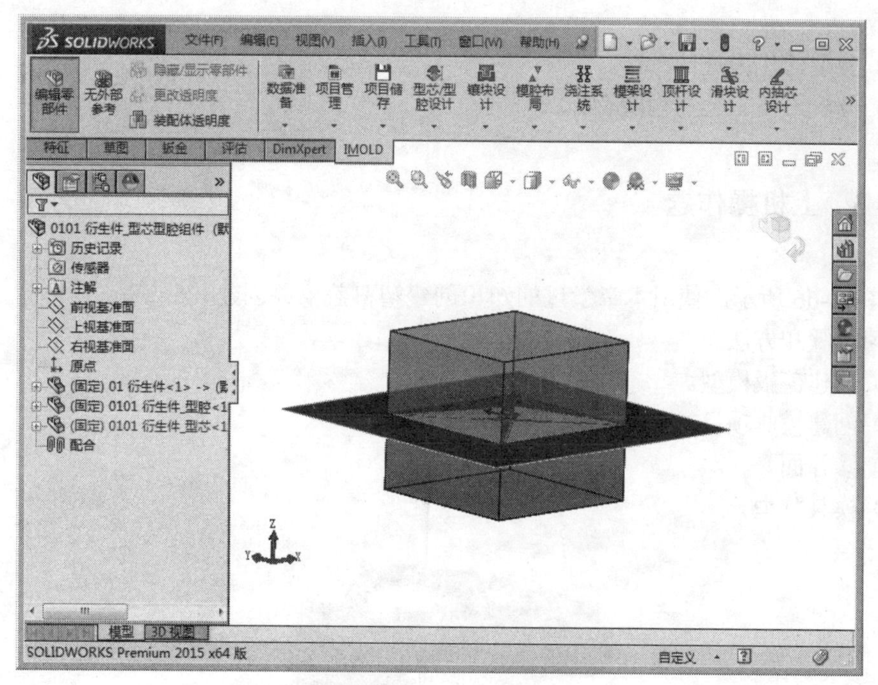

图 11-65　完成分型设计

11.4　专家总结

本章主要介绍了注塑模具的一些基本知识，包括模具成型工艺的基本介绍，模具结构和类别，以及型腔设计的基本流程。模具准备工作完成之后，需要进行分析，分析之后进行分型。模具分型之后一般要进行分割，切削分割的结果是一个多实体零件，包含模具零件、型芯和型腔，以及侧型芯等。本章的重点和难点是分模，灵活运用分模工具是本章的学习目的。

11.5　课后习题

11.5.1　填空题

（1）模具设计的流程有________种。

（2）模具分析诊断工具有________、________、________。

（3）分型的流程步骤是________、________、________、________。

11.5.2 问答题

（1）分型的作用是什么？

（2）分析诊断工具的功能有什么不同？

11.5.3 上机操作题

如图 11-66 所示，使用本章学过的知识创建塑料盖板并创建其分模。

练习步骤和方法：

（1）创建盖板模型。

（2）创建模具项目。

（3）修补面。

（4）模具分型。

图 11-66 塑料盖板